高等学校“十三五”重点规划

机械设计制造及其自动化系列

JIXIE SHEJI JICHU

机械设计基础

主　编◆李立全　庞永刚　杨恩霞

副主编◆赵亚楠　李　江　郭旭伟

HEUP 哈尔滨工程大学出版社

内容简介

本书是根据国家教育部高等学校机械基础课程教学指导分委员会颁发的"机械设计基础课程教学基本要求"和最新颁发的有关国家标准编写而成。

全书除绪论外，共18章。第1章至第8章着重研究机械中的常用机构及机器动力学的基本知识；第9章讲述机械设计的一些共性知识和理论；第10章至第18章着重研究常用的连接（如螺纹连接、键连接），机械传动（螺旋传动、带传动、链传动、齿轮传动和蜗杆传动），轴系零、部件（轴、轴承、联轴器）及弹簧的工作原理、特点、选用及设计方法，并扼要介绍相关国家标准和规范。

本书可作为高等工科院校机械设计基础课程的教材，也可供相关工程技术人员参考。

图书在版编目(CIP)数据

机械设计基础／李立全，庞永刚，杨恩霞主编．—哈尔滨：哈尔滨工程大学出版社，2018.2(2025.1重印)
ISBN 978-7-5661-1752-6

Ⅰ．①机… Ⅱ．①李… ②庞…③杨… Ⅲ．①机械设计 Ⅳ．①TH122

中国版本图书馆CIP数据核字(2018)第007350号

选题策划 石 岭
责任编辑 马佳佳
封面设计 博鑫设计

出版发行 哈尔滨工程大学出版社
社　　址 哈尔滨市南岗区南通大街145号
邮政编码 150001
发行电话 0451-82519328
传　　真 0451-82519699
经　　销 新华书店
印　　刷 哈尔滨午阳印刷有限公司
开　　本 787 mm×1 092 mm 1/16
印　　张 24.25
字　　数 625千字
版　　次 2018年2月第1版
印　　次 2025年1月第8次印刷
定　　价 48.00元
http://www.hrbeupress.com
E-mail:heupress@hrbeu.edu.cn

前　　言

本书是根据国家教育部高等学校机械基础课程教学指导分委员会颁发的“机械设计基础课程教学基本要求”和新近颁发的有关国家标准,并结合多年的教学实践经验编写而成。

在本书的编写过程中,编者从满足教学基本要求、贯彻精选内容的原则,适当拓展知识的广度和深度。在教材体系方面,以培养学生综合素质和工程能力为主线,突出了内容的完整性和设计性。

本书各章均采用最新颁布的国家标准,各章后面附有习题。

全书共18章,由哈尔滨工程大学李立全、庞永刚、杨恩霞、赵亚楠、李江、郭旭伟共同编写完成,其中绪论、第10章、第12章、第14章、第16章由李立全编写;第1章、第2章、第3章、第4章由庞永刚编写;第11章、第13章由杨恩霞编写;第5章、第6章、第7章由赵亚楠编写;第8章、第17章、第18章由李江编写;第9章、第15章由郭旭伟编写。全书由李立全、庞永刚、杨恩霞担任主编,赵亚楠、李江、郭旭伟担任副主编。

本书在编写过程中,哈尔滨工程大学机电学院机械基础系的许多老师都提出了极为宝贵的意见;哈尔滨工程大学出版社的编审人员为本书的出版投入了大量的心血,编者在此一并致以最衷心的感谢!

由于编者学识水平有限,本书难免有错误及欠妥之处,殷切希望广大读者批评指正。

编　者

2018年1月

目　　录

绪　论

0.1　本课程研究的对象和内容

0.1.1　研究的对象

本课程研究的对象为机械。机械是人造的用来减轻或替代人类劳动的多件实物的组合体，是机器和机构的总称。

任何机械都经历了由简单到复杂的发展过程，例如起重机的发展历程：斜面→杠杆→起重轱辘→滑轮组→手动（电动）葫芦→现代起重机（龙门吊、鹤式吊、汽车吊、卷扬机、叉车、电脑控制的电梯等）。

人类在长期的生产实践中创造了机器，并使其不断发展形成当今多种多样的类型，常见的有缝纫机、洗衣机、各类机床、运输车辆、农用机器、起重机等。在现代生产和日常生活中，机器已成为代替或减轻人类劳动、提高劳动生产率的主要手段。使用机器的水平是衡量一个国家现代化程度的重要标志。

机器（例如，牛头刨床、起重机、汽车、拖拉机等）都装有一个（或几个）用来接受外界输入能源的原动机（如电动机、内燃机等），并通过机器中的一系列传动，把原动机的动作转变为执行机构的动作（如牛头刨床上刨刀的往复动作，起重机吊钩的升降动作等），用以克服工作阻力，输出机械功。所以，一台完整的机器，总是由原动部分、传动部分和执行部分所组成。原动部分（动力部分）可采用人力、畜力、风力、水力、电力、热力、磁力、压缩空气等作为动力源，其中利用电力和热力的原动机（电动机和内燃机）使用最广。传动部分和执行部分由各种机构组成，是机器的主体。当然，在一台现代化的机器中，通常包含机械、电气、液压、气动、润滑、冷却、控制、监测等系统中的部分或全部，但是机器的主体仍然是机械系统。

由上述介绍可知，机器是指一种执行机械运动的装置，可用来变换和传递能量、物料和信息。机器按其用途可分为两类：将其他形式的能量转换为机械能的机器称为原动机；利用机械能去变换或传递能量、物料、信息的机器称为工作机。例如，内燃机将热能变换为机械能，电动机将电能变换为机械能，它们都是原动机；发电机将机械能变换为电能，起重机传递物料，金属切削机床变换物料外形，录音机变换和传递信息，它们都属于工作机。

图 0－1 所示为单缸四冲程内燃机。它的工作原理是：活塞 2 下行，进气阀 3 开启，混合气体进入气缸体 1；活塞 2 上行，两气阀 3 和 4 关闭，混合气体被压缩，在顶部点火燃烧；高压燃烧气体推动活塞 2 下行，两气阀 3 和 4 关闭；活塞 2 上行，排气阀 4 开启，废气被排出气缸。内燃机工作过程中，燃气推动活塞 2 做往复移动，经连杆 5 转变为曲轴 6 的连续转动，凸轮 7 和顶杆 8 是用来启闭进气阀 3 和排气阀 4 的。为了保证曲轴 6 每转两周进气阀 3、排气阀 4 各启闭一次，曲轴 6 与凸轮 7 轴之间安装了齿数比为 1:2 的齿轮。这样，当燃气推动活塞 2 运动时，各构件协调地动作，进气阀 3、排气阀 4 有规律地启闭，加上汽化、点火等装

置的配合，就把热能转换为曲轴 6 回转的机械能。

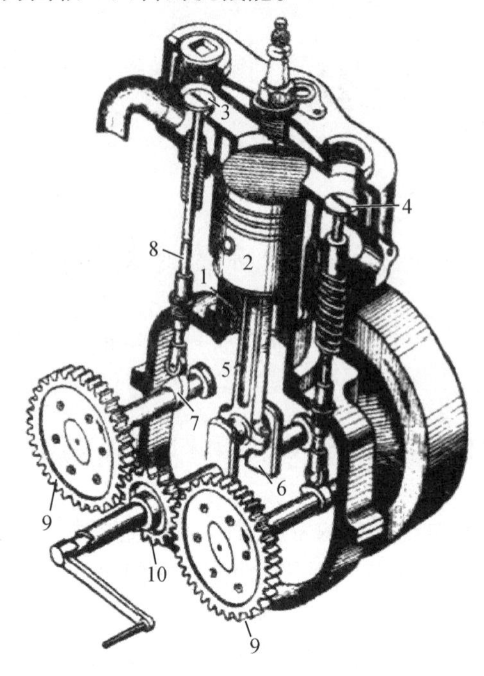

图 0－1 单缸四冲程内燃机

1—气缸体；2—活塞；3—进气阀；4—排气阀；5—连杆；6—曲轴；7—凸轮；8—顶杆；9—齿轮；10—齿轮

如图 0－2 所示为一工业机器人，它由铰接臂机械手、计算机控制台、液压装置和电力装置组成。当机械手 1 的大臂、小臂和手按指令有规律地运动时，手端夹持器（图中未示出）便将物料运送到预定的位置。在这部机器中，机械手 1 是传递运动和执行任务的装置，是机器的主体部分，电力装置 4 和液压装置 3 提供动力，计算机控制台 2 实施控制。

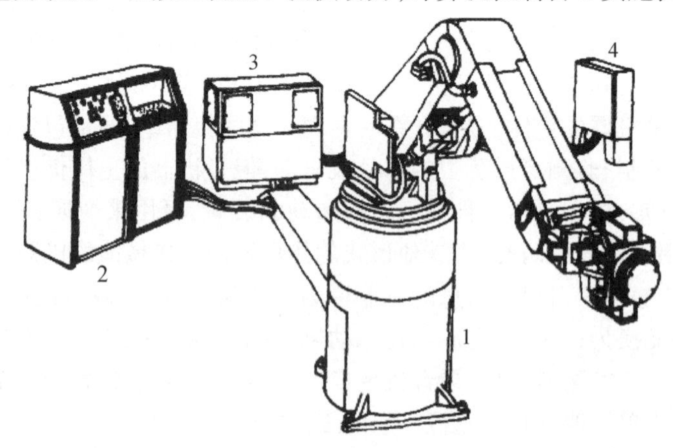

图 0－2 工业机器人

1—铰接臂机械手；2—计算机控制台；3—液压装置；4—电力装置

从以上两例可以看出，机器的共有特征是：人造的实物组合体，组成机器的各部分有确定的相对运动，代替或减轻人类劳动完成有用功或实现能量的转换。机器的主体部分是由许多运动构件组成的，用来传递运动和力的、有一个构件为机架的、用构件间能够相对运动的连接方式组成的构件系统称为机构。在一般情况下，为了传递运动和力，机构各构件间应具有确定的相对运动。例如在图 0－1 所示的内燃机中，活塞 2、连杆 5、曲轴 6 和气缸体 1 组成一个曲柄滑块机构，将活塞 2 的往复运动转变为曲轴 6 的连续转动。凸轮 7、顶杆 8 和气缸体 1 组成凸轮机构，将凸轮 7 轴的连续转动变为顶杆 8 有规律的间歇移动。曲轴 6 和凸轮 7 轴上的齿轮 10 及齿轮 9 组成齿轮机构，使两轴保持一定的速比。

机器的主体部分是由机构组成的，一部机器可以包含一个或若干个机构。例如，鼓风机和电动机只包含一个机构，而内燃机则包含曲柄滑块机构、凸轮机构、齿轮机构等若干个机构。机器中最常用的机构有连杆机构、凸轮机构、齿轮机构、轮系和间歇运动机构等。

机构与机器的区别在于：机构只是一个构件系统，而机器除构件系统之外还包含电气、液压等其他装置；机构只用于传递运动和力，机器除传送运动和力之外，还应当具有变换或传递能量、物料、信息的功能。但是，在研究构件的运动和受力情况时，机器与机构之间并无区别。因此，习惯上用“机械”一词作为机器和机构的总称。

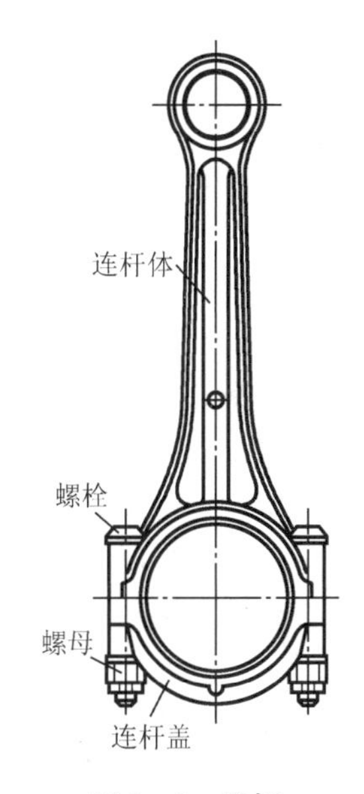

图 0－3　连杆

组成机构的构件是运动的单元。它可以是单一的整体，也可以是由几个零件组成的刚性结构。如图 0－3 所示内燃机的连杆就是由连杆体、连杆盖、螺栓以及螺母等几个零件组成的。这些零件之间没有相对运动，构成一个运动单元，成为一个构件。零件是制造的单元。机械中的零件可以分为两类：一类称为通用零件，它在许多机械中都能遇到，如齿轮、螺钉、轴、弹簧等；另一类称为专用零件，它只出现于某些机械之中，如汽轮机的叶片、内燃机的活塞、纺织机中的织梭与纺锭、往复机械中的曲轴等。部件是装配的单元。为完成同一使命在结构上组合在一起（可拆或不可拆）并协同工作的零件称为部件，如轴承、联轴器、减速器等。在一般论述中，对零件和部件往往不做严格区分。

0.1.2　本课程内容

“机械设计”就是应用新的原理或新的概念开发创造新的机器，或在已有机器的基础上重新设计或者做局部的改进。因此，增强机器工作能力、合并或简化机器结构、增多或减少机器功能、提高机器效率、变更机器零件、改用新材料等，都属于机械设计的范畴。

“机械设计基础”主要研究机械中的常用机构和通用零件（只讨论一般尺寸和参数的通用零件，不包括巨型、微型，以及在高速、高压、高温、低温条件下工作的通用零件）的工作原理、结构特点、基本的设计理论和计算方法。

本书第 1 章至第 8 章着重研究机械中的常用机构（连杆机构、凸轮机构、齿轮机构、轮系和间歇运动机构）及机器动力学的基本知识（如机械的调速和平衡）；第 9 章及其后各章着重研究常用的连接（如螺纹连接、键连接），机械传动（螺旋传动、带传动、链传动、齿轮传动和蜗杆传动），轴系零、部件（轴、轴承、联轴器）和弹簧等，并扼要介绍相关国家标准和规范（这些常用机构和通用零件的工作原理、设计理论和计算方法，对于专用机械和专用零件的设计也具有一定的指导意义）。

机械设计方法有常规设计方法和现代机械设计方法两种。常规设计方法主要有理论设计、经验设计和模型实验设计等。随着科学技术的发展与进步,机械设计技术近年来发展很快,已大量采用了新的设计理论和方法,如机械设计学、有限元计算、最优化设计、可靠性设计、计算机辅助设计、绿色设计等,使设计质量和速度得到了很大的提高。这些新的设计方法,目前已在我国高等学校单独设课讲授,故未列入本课程之中。

0.2 本课程在教学中的地位

随着机械化生产规模的日益扩大,除机械制造部门外,在动力、采矿、冶金、石油、化工、土建、轻纺、食品等许多部门工作的工程技术人员,都会经常接触到各种类型的通用机械和专用机械,他们必须具备一定的机械方面的基础知识。因此,机械设计基础同机械制图、电工学、计算机应用技术一样,是高等学校工科有关专业的一门重要的技术基础课。

机械设计基础将为有关专业的学生学习专业机械设备课程提供必要的理论基础。机械设计基础将使从事工艺、运行和管理的技术人员,在了解各种机械的传动原理,以及设备的选购、使用和维护及故障分析等方面获得必要的基本知识。

通过本课程的学习和课程设计实践,学生初步具备运用“手册”设计简单机械传动装置的能力,为其日后从事技术革新创造条件。

机械设计是多学科理论和实际知识的综合运用。机械设计基础的主要先修课程有机械制图、工程材料及机械制造基础、金工实习、理论力学和材料力学等。除此以外,考虑到许多近代机械设备中包含复杂的动力系统和控制系统,各专业的工程技术人员还应当了解液压传动、气压传动、电子技术、计算机应用等有关知识。

在各个生产部门实现机械化,对于发展国民经济具有十分重要的意义。为了加速社会主义现代化建设的步伐,应当对原有机械设备进行全面的技术改造,以充分发挥企业潜力;应当设计出各种高质量的、先进的成套设备来装备新兴的生产部门;还应当研究设计完善的、高度智能化的机械手和机器人,从事空间探测、海底开发和实现生产过程自动化。可以预见,在我国实现现代化强国的进程中,机械设计这门学科必将发挥越来越大的作用,其自身也将得到更大的发展。

0.3 机械设计的基本要求和一般过程

机械设计是指规划和设计实现预期功能的新机械或改进原有机械的性能。

0.3.1 机械设计的基本要求

机械设计应满足的基本要求如下:

(1)满足预期功能要求。满足预期功能要求是机械设计的首要要求。

(2)满足市场和经济性要求。机械产品设计中,应始终以满足市场和经济性要求为导向,将机械产品的设计、销售和制造三方面作为一个整体考虑。如果机械产品有市场需要,但其价格昂贵,则最终会被市场所淘汰;如果机械产品无市场需要,即使其价格再便宜,也不会被市场所接受。因此,要做到市场和经济性的统一。

(3)满足工艺性要求。机械产品的工艺性是指机械产品的加工和装配是否可行、合理、经济。设计人员必须关心产品的加工、装配,以及包装、运输整个过程。

(4)满足操作和维修方便要求。机械产品如果操作和维修不方便,它就不会被使用者所接受。

(5)保证安全性和可靠性要求。安全性和可靠性在机械设计中也是应该被十分重视的问题,如果机械产品的安全性和可靠性不够,就会出现事故,造成人身财产损失。

(6)符合环境保护和造型美观要求。随着社会的发展,环境和造型等问题越来越受到人们的关注。

0.3.2 机械设计的一般过程

机械设计一般可按下列的过程进行:

(1)明确设计要求,编制详细的任务书。进行机械设计,首先必须弄清设计对象的预期功能、有关指标及限制条件,并编制详细的任务书。任务书中应明确规定产品应具有的功能、预定成本、生产批量、工作环境条件、结构要求、使用要求及完成任务的时限等。

(2)确定总体设计方案。这一阶段的主要任务是根据设计任务书的要求,提出多种方案,再进行分析比较,从中选出一套最优的方案,并绘制出总体设计图、机构运动简图。

(3)进行结构设计。这一阶段的主要任务是完成施工所需的总装图和部件草图。

(4)进行零件设计。这一阶段的主要任务是完成各零件工作图,并根据定型的零件图重新绘制出总装图和部件装配图。

(5)进行试制和鉴定。这一阶段的主要任务是根据上述设计所提供的技术文件进行样机试制,并对试制出的样机进行试验,在技术和经济方面做出全面的评价,为修改设计提供依据。

(6)进行产品定型。最后根据样机试制中存在的问题修改设计方案,使设计更加完善,定型生产。

习　题

0-1　举例说明何谓零件、构件和机构。

0-2　机器与机构的共同特征有哪些,它们的区别是什么?

0-3　家用缝纫机、洗衣机、机械式手表是机器还是机构?

0-4　按机器的功能,分析一种机械装置(如机床、洗衣机、自行车、建筑用起重机等)由哪些部分组成。

0-5　机械设计基础课程主要包括哪些内容?

第1章　平面机构的自由度和速度分析

由绪论可知,机构是用来传递运动和力的构件系统。在分析或设计一个新机构时,要先判断该机构能否运动,在能够运动的前提下,还需分析在什么条件下才具有确定的相对运动。

在研究机构的工作特性和运动时,需要分析机构中有关构件的运动规律,如构件的位置、角速度、角加速度等,本章利用速度瞬心法对构件的速度进行分析,加速度等分析可以参考相关教材。

实际机构中,构件的真实结构及其连接方式可能比较复杂,如绪论中的内燃机,为了便于对现有机构分析研究或创造新机构,需要先用简单的线条和符号绘制机构运动简图来表示实际机械。如何正确绘制机构运动简图是本章内容之一。

如果组成机构的所有构件都在同一平面或相互平行的平面内运动,则这种机构称为平面机构,否则称为空间机构。工程中常见的机构多属于平面机构,因此本章只讨论平面机构。

1.1　运动副、运动链和机构

机构中两构件直接接触并能够有一定的相对运动的连接称为运动副。组成运动副的两构件只能相对做平面运动的运动副称为平面运动副。两构件组成运动副时,其接触分为点、线和面三种形式。按照接触情况和相对形式的不同,通常把平面运动副分为低副和高副两类。

1.1.1　运动副

1. 低副

两构件通过面接触组成的运动副称为低副。低副承受载荷后,由于载荷面较大,其接触部分压强较低,较为耐磨损。在平面机构中,低副又可以分为转动副和移动副两种。

(1)转动副

若组成运动副的两构件只能在某一平面内相对转动,则这种运动副称为转动副或铰链,如图1-1所示。

(2)移动副

若组成运动副的两构件只能沿着某一轴线相对移动,则这种运动副称为移动副,如图1-2所示。

2. 高副

两构件通过点或线接触组成的运动副称为高副。如图1-3所示,图1-3(a)中的凸轮1和从动件2、图1-3(b)中的轮齿1和轮齿2分别在接触处A组成高副,构件1与构件2之间的相对运动为沿着公切线方向的移动和在平面内的相对转动。

除上述平面运动副之外,机械中还经常见到球面副和螺旋副等。

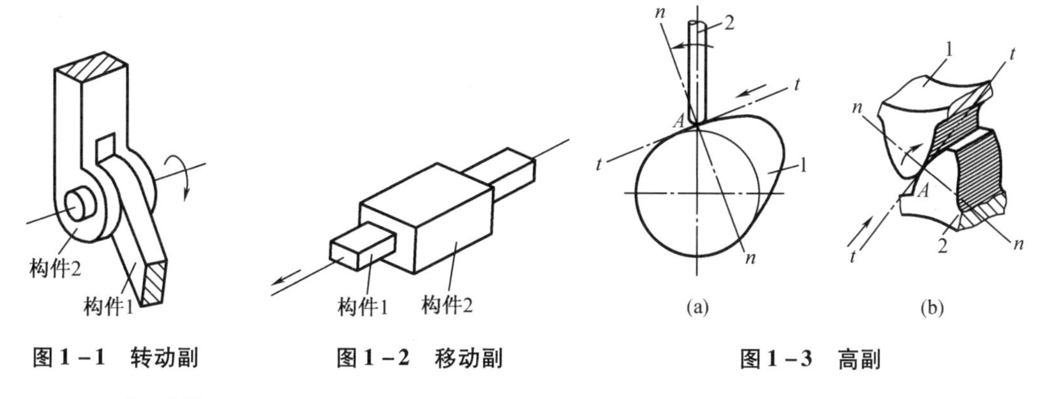

图1-1 转动副 **图1-2 移动副** **图1-3 高副**

1.1.2 运动链

构件通过运动副连接形成的相对可动的系统称为运动链。根据运动是否封闭,运动链可分为闭式运动链(图1-4(a))和开式运动链(图1-4(b))两类。闭式运动链广泛应用于各种机械中,只要动其中任一杆件(或少数杆件)就可以带动其余杆件,因此便于传递运动。开式运动链主要用于机械手、挖掘机等多自由度的机械中。

此外,根据在运动链中各构件的相对运动又可以分为平面运动链和空间运动链两类,图1-4(c)所示为一空间运动链。

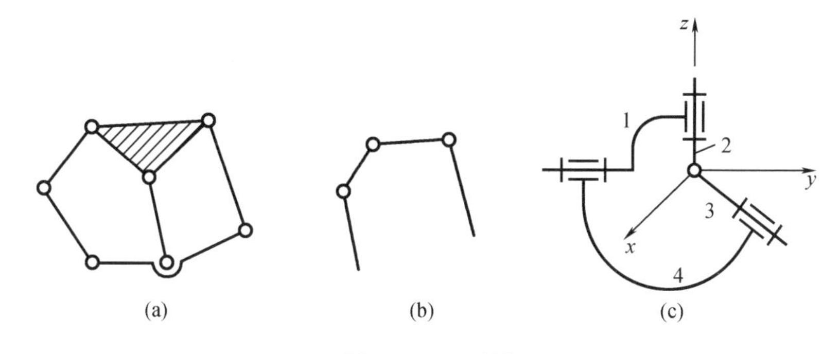

图1-4 运动链

(a)闭式运动链;(b)开式运动链;(c)空间运动链

1.1.3 机构

如果运动链中出现称之为机架的固定(或相对固定)的构件时,运动链即被称为机构。机构中的构件可以分为机架、原动件和从动件三种类型。

1. 机架

机架是固定或相对固定的一个构件,如内燃机的壳体部分,它支撑内部各构件,在分析机构的运动时可以将参考坐标与之固连。

2. 原动件

原动件又称为主动件或输入构件,它的运动和动力由该机构之外的构件或动力源提供,如内燃机中燃烧膨胀使活塞往复运动,活塞可以看作是机构中的原动件。

3. 从动件

机构中除原动件之外可动的构件均为从动件,其运动规律由原动件、运动副类型及运动副相对位置来限定,如内燃机中的连杆、曲轴、齿轮、凸轮和从动杆等均为从动件。

1.2 平面机构的运动简图

在实际研究机构运动时，可以不考虑机构中与运动无关的因素，如构件外形和断面尺寸、组成构件的零件数目、运动副的具体构造等，仅仅用简单的线条和规定的符号来代表构件和运动副，并按一定的比例表示各运动副的相对位置，这种能够准确表达机构运动特性的简单图形称为机构运动简图。如果仅以构件和运动副的符号表示机构，其图形不按精确比例绘制，而着重表达机构的结构特征，这种简图称为机构示意图。在 GB/T 4460—2013《机械制图 机构运动简图用图形符号》中对移动副、构件、构件的运动作了详细的规定。表 1 – 1 摘取了部分常用运动副、构件的表示法。

表 1 – 1　运动副、构件的表示法

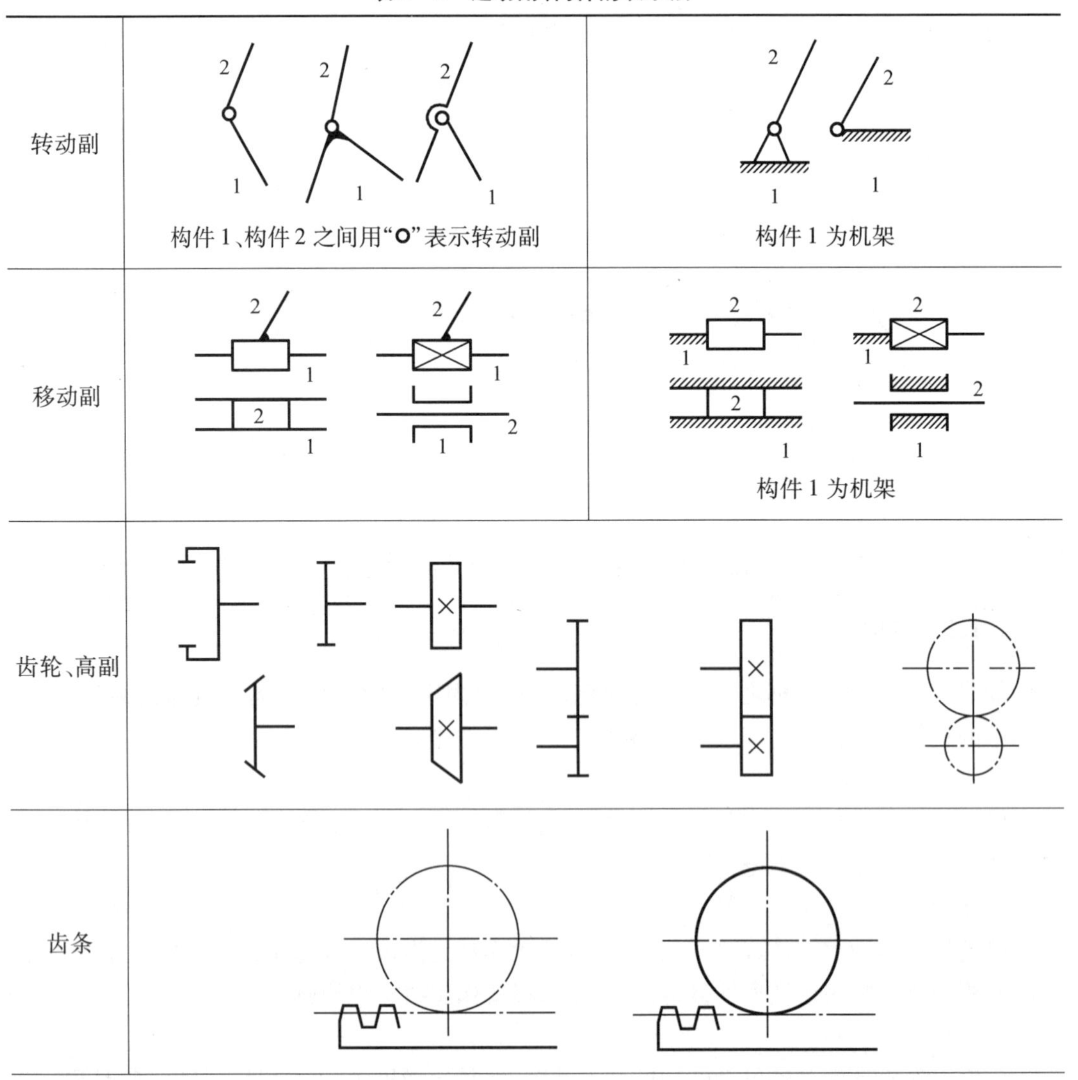

表 1-1(续)

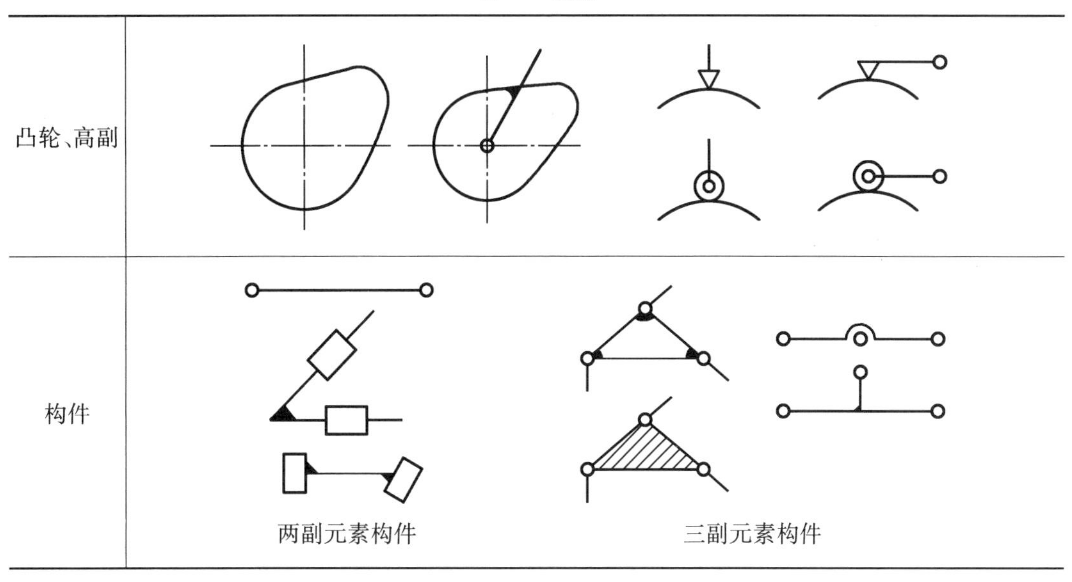

在绘制机构运动简图时:首先,要清楚机构的构件和运动原理;其次,从原动件开始,按照运动传递的顺序,仔细分析相邻构件之间的相对运动性质,如果为转动关系,找出转动中心,如果为移动关系,找出移动轴线,高副则找出构件间传递力的作用点,在此基础上确定运动副的类型及数目;再次,合理选择视图平面,通常选择与大多数构件的运动平面相平行的平面为视图平面;最后,选取适当的长度比例尺 μ_l(μ_l = 实际尺寸(m)/图上长度(mm)),按一定顺序进行绘图,并将比例尺标注在图上。绘制机构示意图的方法同上,但不需按比例尺绘制。

下面举例说明机构运动简图的绘制方法。

例 1-1　绘制如图 1-5 所示的机构运动简图。

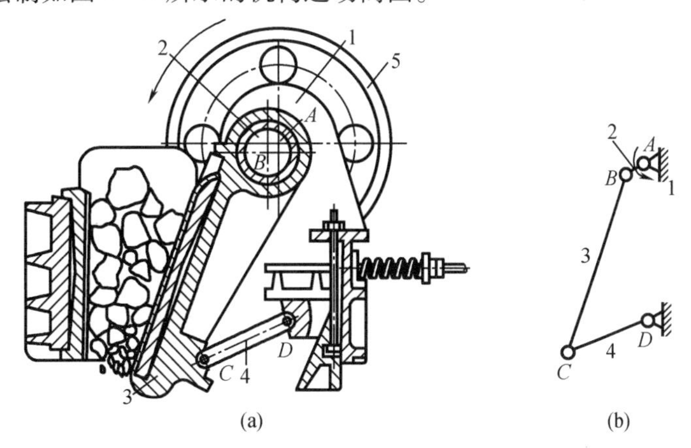

图 1-5　颚式破碎机及其机构运动简图

解　颚式破碎机的主体是机架 1、偏心轴 2、动颚 3、肘板 4 等,带轮 5 与偏心轴固连为一个整体,机构的输入件为 5,即原动件。当原动件绕轴 A 转动时,构件 3、构件 4 作从动,构件 2 与构件 3、构件 3 与构件 4、构件 4 与构件 1 之间均为转动关系,即转动副 A,B,C,D。

在确定机构构件数目、运动副类型和数目之后,本例题选择当前平面为视图平面即可,选定合适比例尺,根据图 1-5(a)的尺寸定出 A,B,C,D 的相对位置,用表 1-1 中规定的符号绘制出机构运动简图,标注出构件序号、运动副字母、机架和原动件箭头,如图 1-5(b)所示。注意:简图可以反映出颚式破碎机的运动特征,但是不能通过简图反推出机构原图的外形结构。

例 1-2 绘制如图 1-6(a)所示的摆动泵及其机构运动简图。

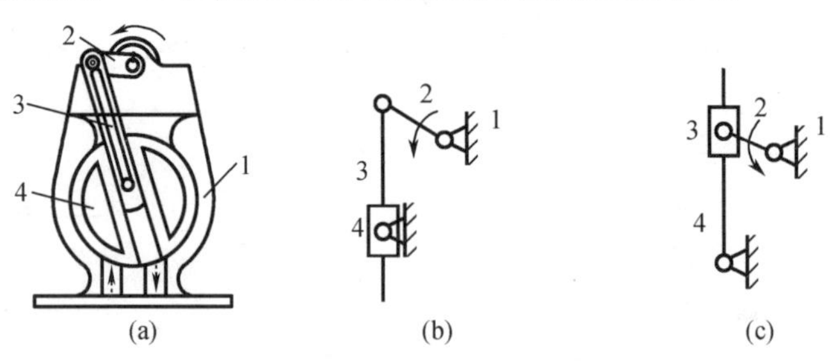

图 1-6 摆动泵及其机构运动简图

解 摆动泵由曲柄 2、导杆 3、摆动件 4 和机架 1 组成。曲柄 2 为原动件,构件 3、构件 4 为从动件。相邻连接构件运动关系为:曲柄 2 与机架 1 相对转动,曲柄 2 与导杆 3 相对转动,摆动件 4 与机架 1 相对摆动,导杆 3 与摆动件 4 之间相对移动。

在确定机构构件数目、运动副类型和数目之后,选择当前平面为视图平面即可选定合适比例尺,根据图 1-6(a)的尺寸定出三个转动副的相对位置和移动副的轴线,参照表 1-1 中移动副的绘制方法进行绘制,由于构件 3、构件 4 在简图中的画法不唯一,因此图 1-6(b)和图 1-6(c)均可以作为摆动泵的机构运动简图。

1.3 平面机构的自由度

机构是由若干具有确定相对运动的构件组成,构件是运动的基本单元。在平面直角坐标系中,一个平面运动的构件可以用三个独立的坐标表示,即沿 x 轴、沿 y 轴的移动和构件在平面内顺时针或逆时针的转动,如图 1-7 所示。因此,一个做平面运动的自由构件具有三个自由度。

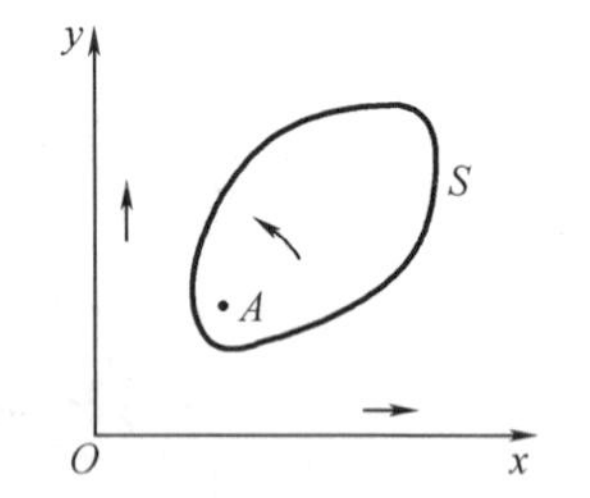

图 1-7 平面构件的自由度

当一个构件与其他构件连接时,这个构件的运动将受到限制,这种对构件独立运动所加的限制称为约束。独立构件受到约束后其自由度数会随之减少,约束的数目与构件的连接形式有关。

1.3.1 平面机构的自由度计算公式

由于机构是用来传递运动和力的,因此机构中的各构件相对机架要能够运动,并且在给定一个或数个独立的运动时其余各构件的运动应该是确定的。这样,机构就具备了确定的运动,也因此能够有效地传递运动和力。我们把机构中各构件相对机架的所有的独立运动的数目称为机构的自由度。显然,机构的自由度与机构构件数、运动副的类型和数目有关。

下面讨论平面机构的自由度。

设某一平面机构，如果活动构件数为 n，机构低副数为 p_L，机构高副数为 p_H，运动副将活动构件之间、活动构件与机架连接起来。在未用运动副连接之前，n 个活动构件应该有 $3n$ 个自由度。当引入一个低副后会增加 2 个约束，引入一个高副后会增加 1 个约束。显然，机构的自由度应为活动构件自由度数与运动副引入约束总数之差，即

$$F = 3n - 2p_L - p_H \tag{1-1}$$

例 1-3　计算如图 1-5 所示的颚式破碎机的自由度数。

解　在颚式破碎机机构中，有偏心轴、动颚、肘板共 3 个活动构件，A，B，C，D 共 4 个转动副，没有高副。由式(1-1)得机构自由度数为

$$F = 3n - 2p_L - p_H = 3 \times 3 - 2 \times 4 - 1 \times 0 = 1$$

该机构具有一个原动件，原动件数等于机构自由度数。

例 1-4　计算如图 1-8 所示机构的自由度数。

解　在机构运动简图中，有 4 个活动构件，5 个低副，没有高副。由式(1-1)得机构自由度数为

$$F = 3n - 2p_L - p_H = 3 \times 4 - 2 \times 5 - 1 \times 0 = 2$$

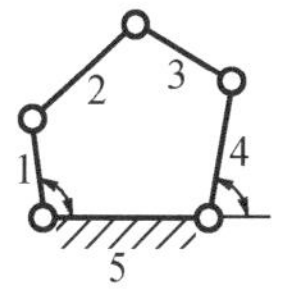

图 1-8　平面五杆机构

在该机构中可以选构件 1 和构件 4 为原动件，原动件数等于机构自由度数。

图 1-9(a)所示的机构自由度等于零，图 1-9(b)所示的机构自由度等于 -1，它们的各构件之间不可能产生相对运动。

综上可知，机构具有确定运动的条件是：机构自由度 $F > 0$，自由度数等于原动件数。

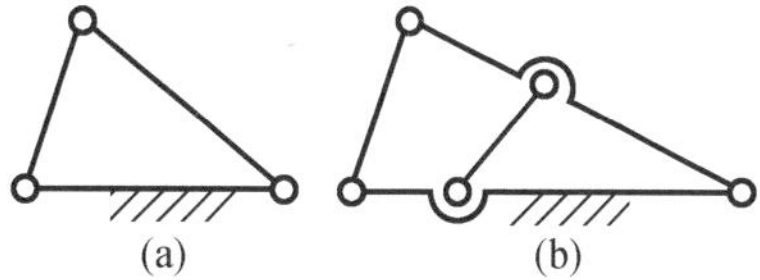

图 1-9　平面连杆机构

1.3.2　计算平面机构自由度的注意事项

在按照机构运动简图计算机构自由度时，还应当注意以下一些特殊问题。

1. 复合铰链

当多个转动副轴线间的距离为零时，即轴线重合，便可以得到如图 1-10 所示的复合铰链。这种由两个以上构件汇集而成的复合铰链包含多个转动副，容易被错当一个转动副计算，因此需加以注意。对于复合铰链，不难推想，由 m 个构件汇成的复合铰链应当包含 $m-1$ 个转动副。

如图 1-11 所示的平面六杆机构，在计算其自由度数时，构件 2、构件 3、构件 5 汇集成复合铰链，应当作两个转动副计算，因此机构自由度数为

$$F = 3n - 2p_L - p_H = 3 \times 5 - 2 \times 7 - 1 \times 0 = 1$$

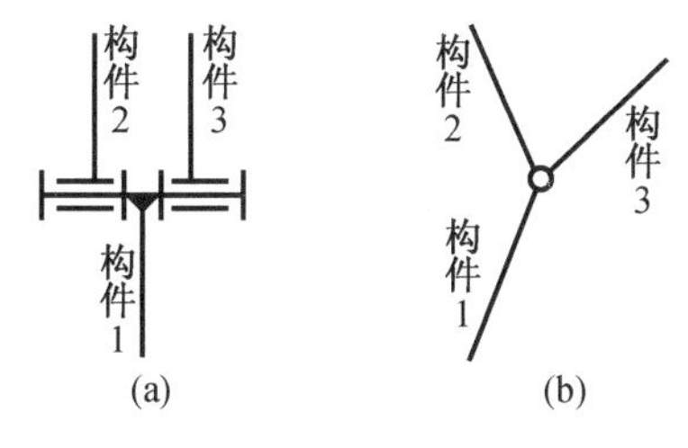

图 1-10　复合铰链

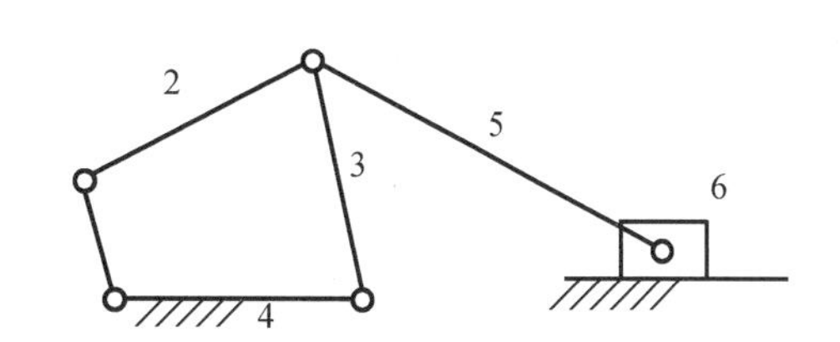

图 1-11　平面六杆机构

2. 局部自由度

在图 1－12(a)所示的凸轮机构中,凸轮是原动件,滚子和顶杆是从动件。当凸轮转动时,从动顶杆获得预期的运动规律,因此顶杆是运动输出件,而滚子只是为了减少磨损而加入的从动件。可以看出,圆形滚子绕其轴心(圆心)的自由转动不影响输出件的运动。这种与输出无关的自由度称为局部自由度。在计算机构自由度时,局部自由度应当除去不计,在图 1－12 中可以设想把滚子与顶杆焊成一体,如图 1－12(b)所示,然后计算凸轮机构自由度。

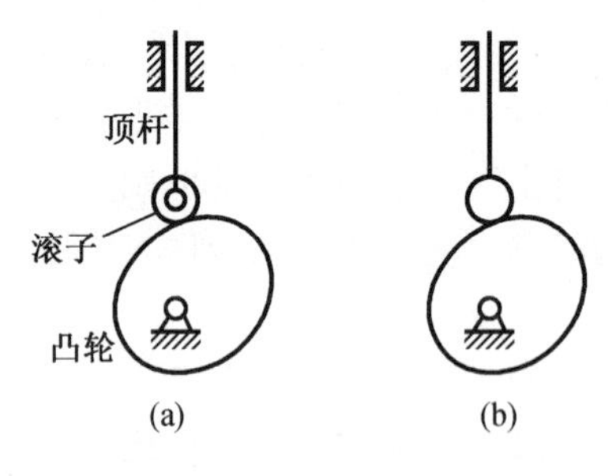

图 1－12　凸轮机构

3. 虚约束

机构的运动不仅与构件和运动副的数目及性质有关,还与转动副的距离、导路的方向、曲率中心的位置等几何条件密切相关。但是,式(1－1)并没有考虑这些影响。在某些几何条件下,有些约束所起的限制作用是重复的。这种不起独立限制作用的约束称为虚约束。在计算自由度时,虚约束应当除去不计。

如图 1－13(a)所示的机构,杆 1、杆 3、杆 5 平行且等长,是一个自由度等于 1 的平行四边形机构,显然去除杆 5 后,如图 1－13(b)所示,机构的自由度和运动没有变化。但是,若运用式(1－1)对图 1－13(a)进行自由度计算,则 $n=4$,$p_L=6$,$p_H=0$,由此得

$$F=3n-2p_L-p_H=3\times4-2\times6-1\times0=0$$

其计算结果与实际情况不符。

上述计算错误在于引入杆件 5(增加三个自由度)和两个转动副(增加四个约束),从而造成总的自由度减掉 1。因此,在计算自由度时,应将图 1－13(a)化为图 1－13(b)的形式,然后再进行自由度数的计算。

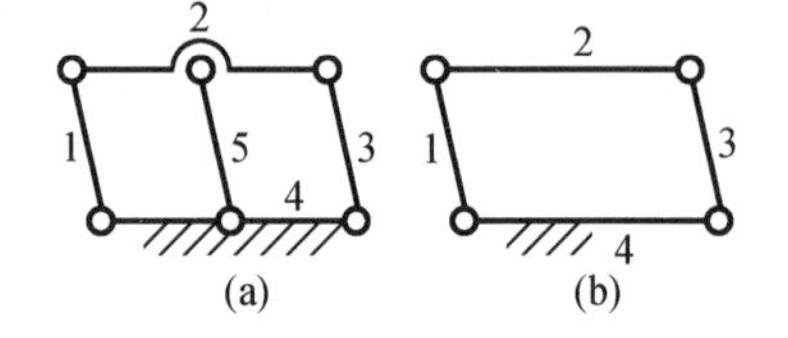

图 1－13　平行四边形机构

虚约束对机构的运动不起约束作用,但是设置虚约束对构件的强度和刚度的提高,以及保证机构的顺利运行等

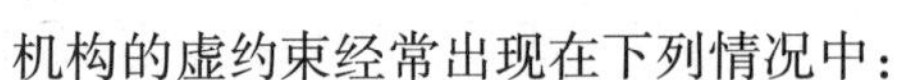

是有利的。

机构的虚约束经常出现在下列情况中:

(1)当不同构件上两点的距离保持恒定时,若在两点间加上一个构件和两个转动副,并不改变机构运动,但却引入了一个虚约束,图 1－13(a)所示;与此相似,如图 1－14 所示(B 点位置为直角三角形斜边中点),去掉任意一个滑块,并不改变机构的运动,因此该机构也存在虚约束。

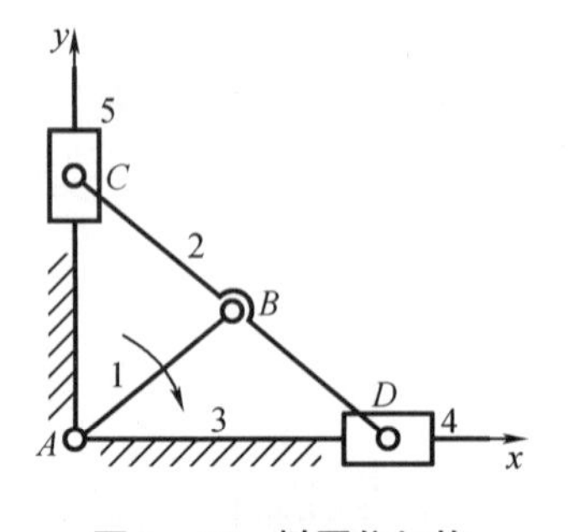

图 1－14　椭圆仪机构

(2)两构件构成多个移动副且其导路平行或重合,这时只有一个移动副起作用,其余移动副都是虚约束,如图 1－15(a)中的多个移动副,只有一个起约束作用。

(3)两构件构成多个转动副且其轴线重合,这时只有一个转动副起作用,其余都是虚约束,如图 1－15(b)所示。

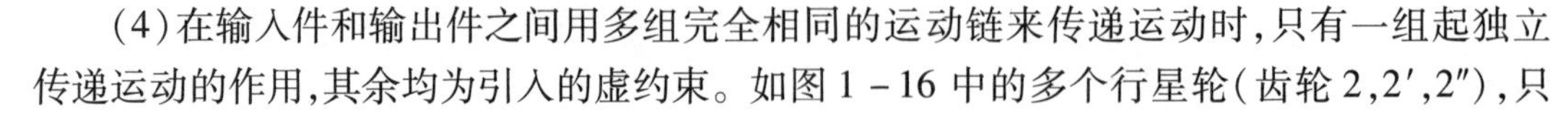

(4)在输入件和输出件之间用多组完全相同的运动链来传递运动时,只有一组起独立传递运动的作用,其余均为引入的虚约束。如图 1－16 中的多个行星轮(齿轮 2,2′,2″),只

需一个就能够满足运动需要。

(5)高副接触点共法线。如图1－17所示的等宽凸轮,两高副接触点共法线。两处高副在机构运动过程中仅需一个,因此存在虚约束。

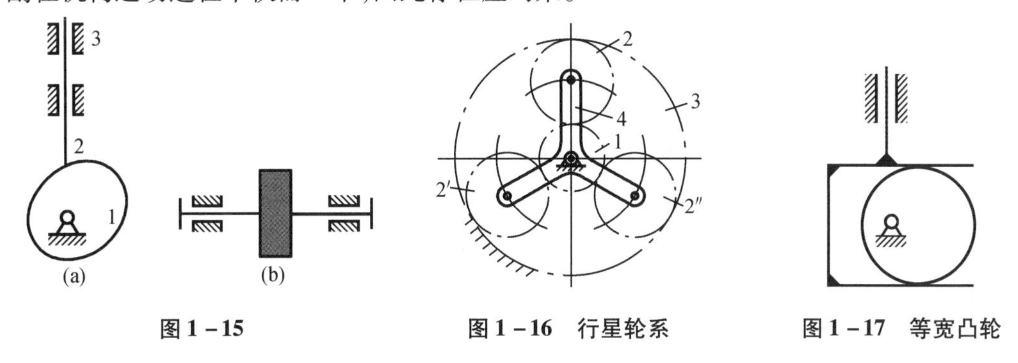

图1－15　　图1－16　行星轮系　　图1－17　等宽凸轮

综上所述,虚约束不影响机构的运动,但可以增加构件的刚性,并能使构件的受力均衡,所以实际机械中虚约束随处可见。只有将机构运动简图中的虚约束排除在外,才能计算出机构的真实自由度。必须指出,只有在特定的几何条件下才能构成虚约束,如果加工误差太大、不能满足这些特定条件时,虚约束就会成为实际约束,从而使机构失去运动的可能。

1.4　速度瞬心法及其在机构速度分析中的应用

用速度瞬心法分析平面机构的运动比较形象直观,特别是对某些构件数目相对较少的机构进行速度分析时十分简便清楚。

1.4.1　速度瞬心法

如图1－18所示,当任一构件2相对于另一构件1做平面运动时,在任一瞬时,其相对运动都可以看作是绕某一重合点的转动,该重合点称为瞬时回转中心或速度瞬心,通常也简称为瞬心。因此瞬心是该两构件上相对速度为零的重合点,或者说是瞬时绝对速度相同的重合点。如果两构件之一是静止的,其瞬心便称为绝对速度瞬心,简称绝对瞬心;如果两构件都是运动的,则其瞬心称为相对速度瞬心,简称相对瞬心。构件 i 和构件 j 的相对速度瞬心一般用符号 P_{ij} 或 P_{ji} 来表示。

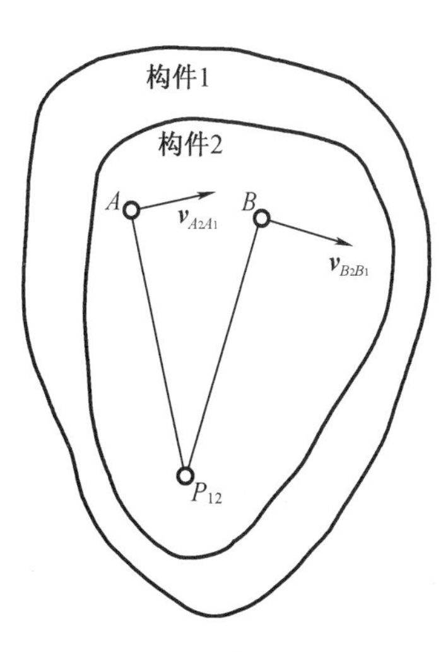

图1－18　构件相对瞬心

1.4.2　机构速度瞬心的数目

发生相对运动的任意两构件之间都可以找到一个瞬心,因此在一个由 k 个构件组成的机构中,瞬心总数应为

$$N=\frac{k(k-1)}{2} \tag{1-2}$$

1.4.3 速度瞬心的求法

1. 根据瞬心的定义直接求两构件的瞬心

当两构件用转动副连接时，其转动副中心就是它们的相对瞬心 P_{12}，如图 1－19(a) 所示；当两构件组成移动副时，由于它们的所有重合点的相对速度方向都平行于导路方向，所以其相对瞬心是位于导路的垂直方向的无穷远处，如图 1－19(b) 所示；当两构件组成纯滚动的高副时，接触点的相对速度为零，所以接触点就是相对瞬心，如图 1－19(c) 所示；当两构件组成滑动兼滚动的高副时，由于接触点的相对速度不为零且其方向是沿切线方向的，因此其相对瞬心应位于过接触点的公法线 $n-n$ 上，如图 1－19(d) 所示，不过因为滚动和滑动的数值尚不可知，所以还不能确定它是法线上的哪一点。

2. 根据三心定理求两构件的瞬心

做平面运动的三个构件共有三个瞬心，这三个瞬心位于同一条直线上，称为三心定理。三心定理可以用于不直接接触的两构件之间的求瞬心问题。

如图 1－20 所示，构件 1、构件 2、构件 3 位于同一平面，为证明方便，假定构件 1 固定(机架)，P_{12} 和 P_{13} 分别为构件 1 与 2 及构件 1 与 3 之间的绝对瞬心。假设平面上任意点 K 为构件 2 与 3 之间的瞬心 P_{23}，那么根据瞬心 P_{12} 和瞬心 P_{13} 可知，构件 2 和构件 3 上与 K 点重合的速度分为 $\boldsymbol{v}_{K2}$ 和 $\boldsymbol{v}_{K3}$(方向如图 1－20)。由于 K 为构件 2、构件 3 之间的瞬心(同速点)，显然 K 点必须与 P_{12} 点和 P_{13} 点在同一直线上才可能速度方向一致，所以 P_{12}，P_{13}，P_{23} 共线。

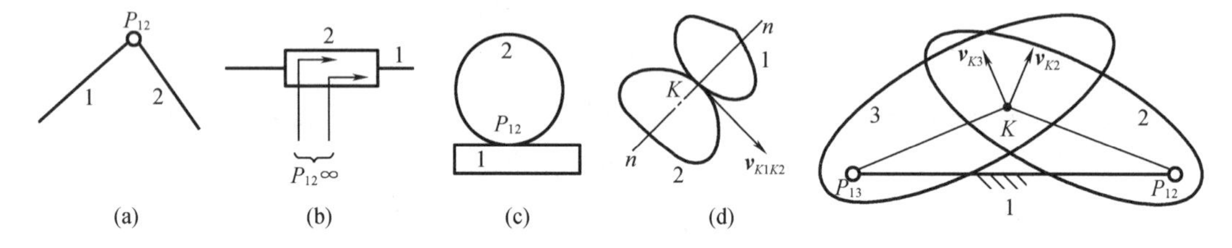

图 1－19 相接触两构件之间的速度瞬心

图 1－20 三心定理

1.4.4 速度瞬心的应用

1. 凸轮机构

在如图 1－21 所示的凸轮机构中，凸轮逆时针转动。P_{13} 位于转动中心，P_{23} 为从动件导路垂线的无穷远点。根据三心定理可知，P_{12} 在过 P_{13} 点的从动件导路垂线上，同时 P_{12} 还应该在构件 1、构件 2 之间高副接触点的法线上，所以可以确定瞬心 P_{12}，如图 1－21 所示。从动件速度可以表示为

$$v_2 = v_{P_{12}} = \omega_1 \cdot l_{P_{13}P_{12}}$$

2. 铰链四杆机构

如图 1－22 所示，4 个构件之间的四个转动副的转动中心为 P_{12}，P_{23}，P_{34}，P_{14}，根据三心定理可以找出不直接接触构件间的瞬心 P_{13} 和 P_{24}。如果杆 1 的角速度为 ω_1(逆时针)，则有

$$\omega_2 = \frac{l_{P_{14}P_{12}}}{l_{P_{24}P_{12}}}\omega_1 \quad (顺时针)$$

$$\omega_3 = \frac{l_{P_{13}P_{14}}}{l_{P_{13}P_{34}}}\omega_1 \quad (逆时针)$$

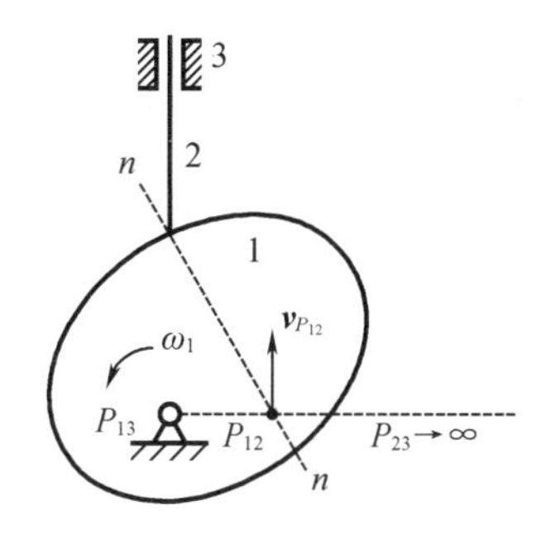

图1-21　直动从动件盘形凸轮机构
1—凸轮;2—顶杆;3—导路(机架)

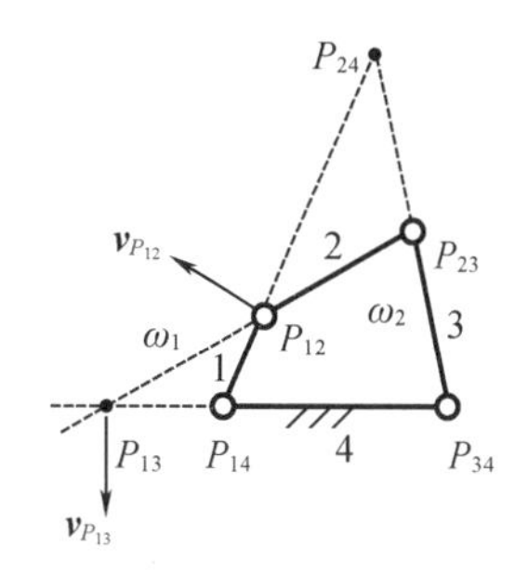

图1-22　铰链四杆机构的瞬心

通过上述例子可以看出,利用速度瞬心法对简单平面机构进行速度分析是比较方便的。但对于构件数目较多的复杂机构,由于瞬心数目较多,求解比较复杂,且作图时一些瞬心的位置可能位于图纸之外。

习　　题

1-1　何谓运动副,如何分类?

1-2　计算机构自由度应注意哪些事项?

1-3　机构具有确定运动的条件是什么?

1-4　如何确定机构中不互相直接连接的构件间相对瞬心?

1-5　绘制图1-23至图1-25中的机构运动简图。

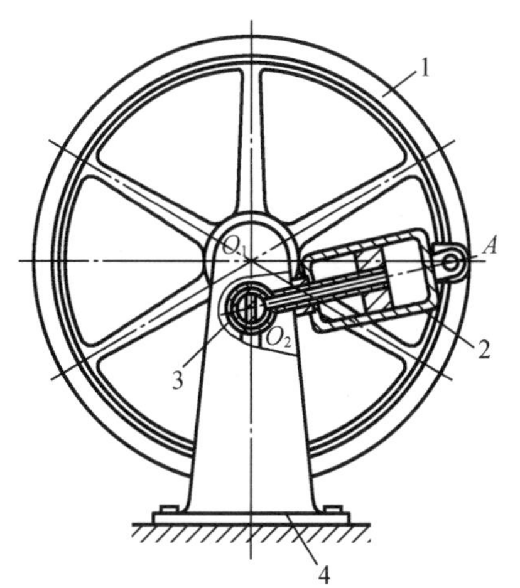

图1-23　回转柱塞泵

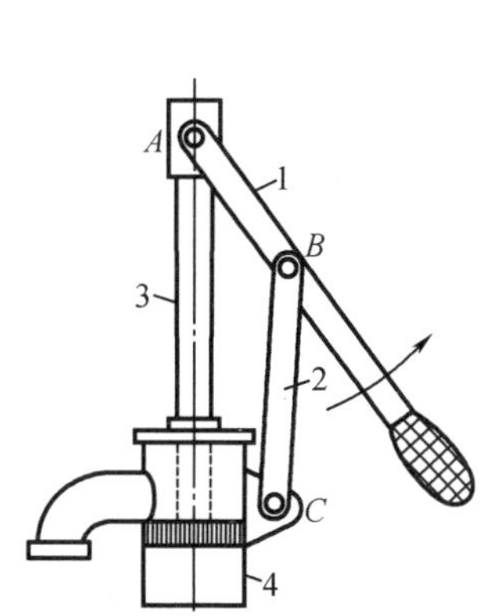

图1-24　唧筒机构

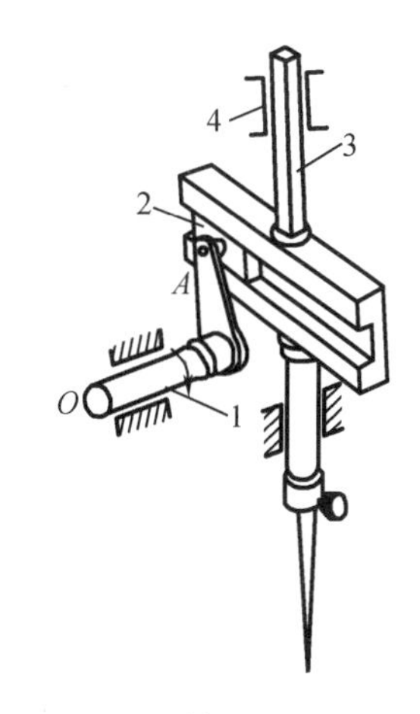

图1-25　缝纫机下针机构

1－6　求出图 1－26 机构中所有速度瞬心。

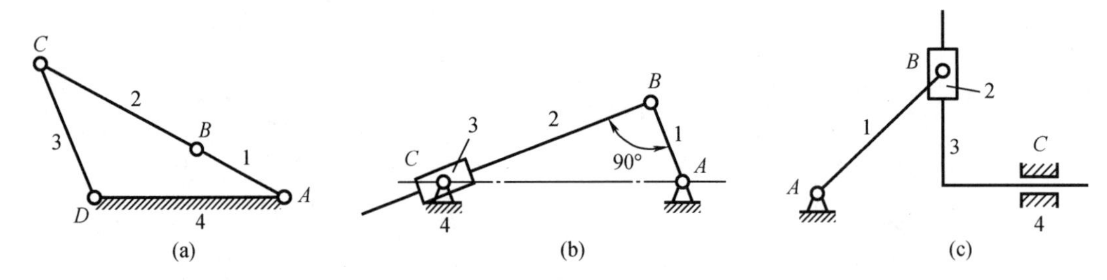

图 1－26　平面四杆机构

1－7　计算图 1－27 至图 1－32 中的机构自由度。

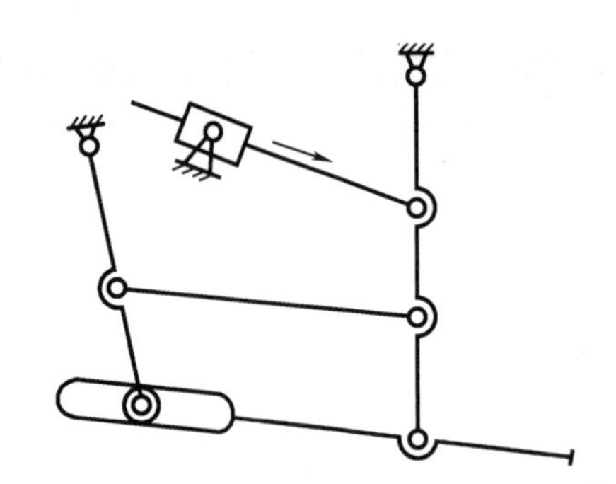

图 1－27　平炉渣口堵塞机构

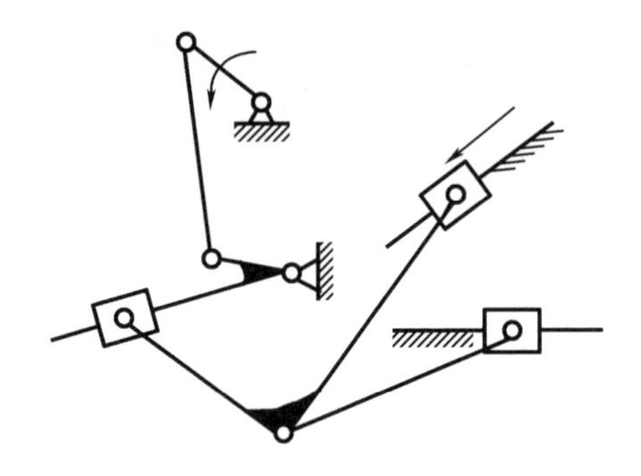

图 1－28　加药泵机构

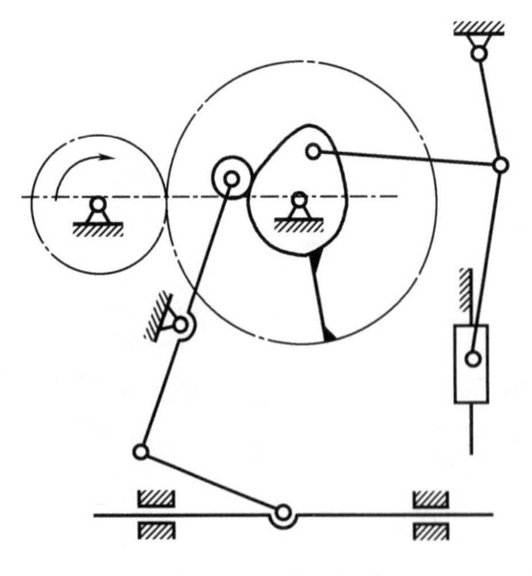

图 1－29　冲压机构

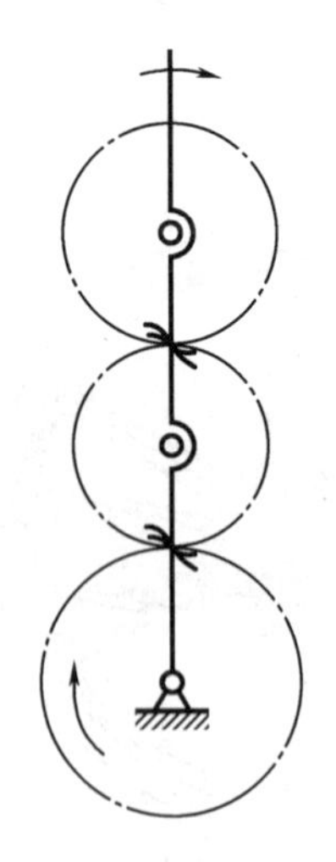

图 1－30　差动轮系

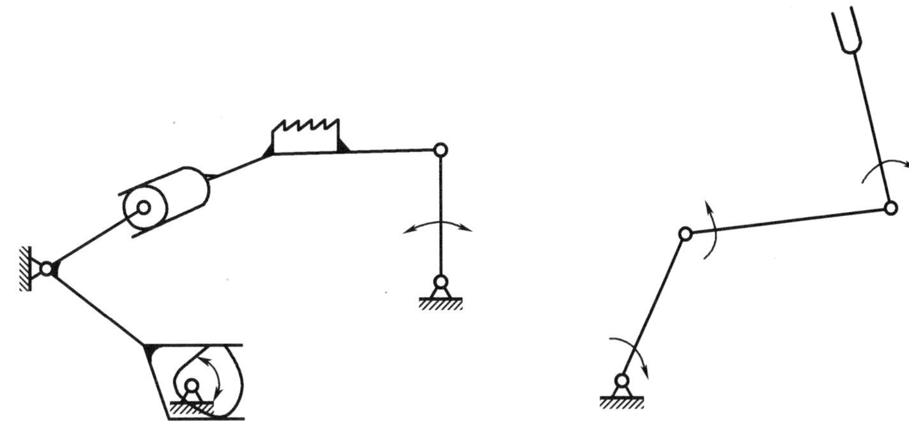

图 1-31　缝纫机送布机构　　　　**图 1-32　平面 3R 机械手**

1-8　求出图 1-33 中导杆 3 的角速度。

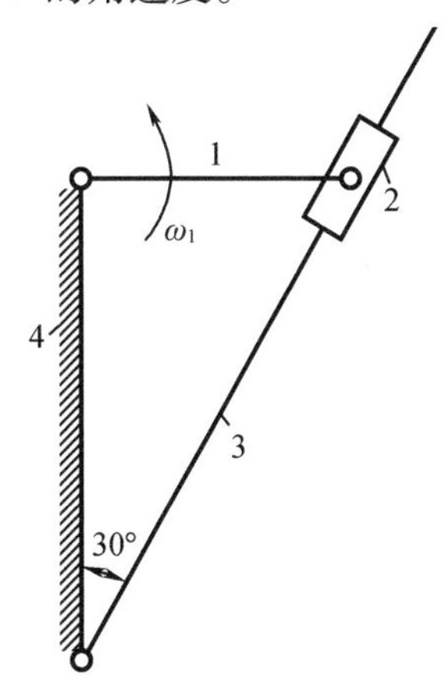

图 1-33　导杆机构

1-9　图 1-34 所示的平面六杆机构中，已知 $l_{AB}=100$ mm，$l_{BC}=l_{CD}=400$ mm，$l_{EF}=200$ mm，$\angle BCD=90°$，$\angle CFE=30°$，$\omega_1=100$ rad/s，用瞬心法计算角速度 ω_5、速度 v_{E4}。

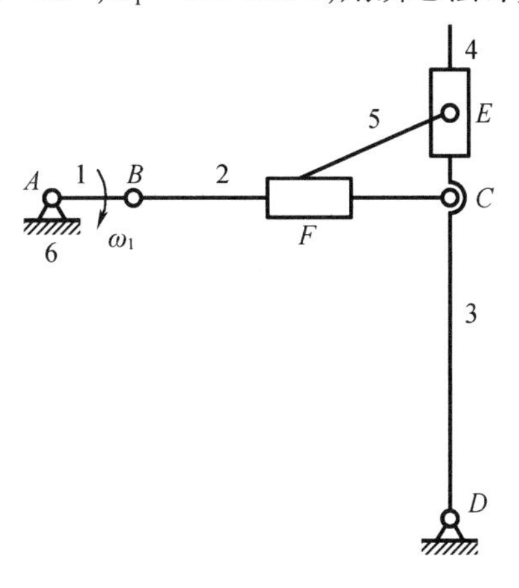

图 1-34　平面六杆机构

1-10　在图 1-35 所示的钻探机构中，已知 $l_{BC}=280$ mm，$l_{AB}=840$ mm，$l_{AD}=1\ 300$ mm，$\theta=15°$，等角速度 $\omega_{21}=1$ rad/s，用瞬心法求 C 点和 D 点速度。

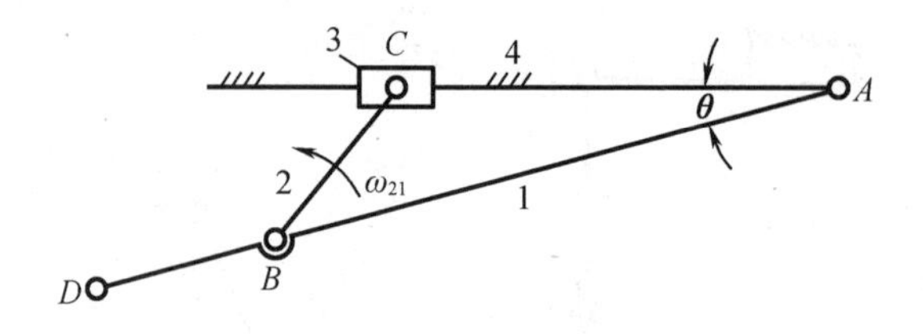

图 1-35　钻探机构

第2章　平面连杆机构

平面连杆机构是由若干构件由低副(转动副、移动副)连接组成的平面机构。平面连杆机构广泛应用于各种机械中,如内燃机中的曲柄滑块机构、颚式破碎机中的铰链四杆机构、缝纫机中的脚踏板驱动机构等。平面连杆机构也称为平面低副机构。

平面连杆机构的优点主要有:能够实现多种运动形式的转换,也可以用于实现预定运动规律和曲线轨迹,易于满足生产工艺中各种动作要求;构件间接触面上比压小、易润滑、磨损轻;机构中运动副的元素(圆柱、平面)形状简单,制造方便。平面连杆机构的缺点主要有:一般只能近似地实现规定的运动要求,且设计方法比较复杂;机构中做平面复杂运动和往复运动的构件所产生的惯性力难以平衡,高速时会引起较大的振动和动载荷,因此常用于低速场合。

最简单的平面连杆机构是两杆机构,如电动机、风机等。由于两杆机构除了一个机架外只有一个活动构件,因此不能实现运动的转换。满足运动转换要求的平面连杆机构至少应由四个构件组成,称为平面四杆机构,它是平面连杆机构的基本形式。本章着重介绍平面四杆机构的基本类型、基本性质及其常用设计方法。

2.1　平面四杆机构的基本类型及其应用

2.1.1　铰链四杆机构

所有运动副均为转动副的平面四杆机构称为铰链四杆机构,它是平面四杆机构的最基本形式,其他形式的平面四杆机构都可以看作是在它的基础上演化而成的。在图2-1中,构件4为机架,与机架相连的构件1和构件3称为连架杆,连接连架杆的杆2称为连杆。若组成转动副的两构件做整周相对运动,则该转动副称为整转副,否则称为摆转副。能够整周转动的连架杆称为曲柄,否则称为摇杆或摆杆。因此,铰链四杆机构可以分为三种基本形式:①曲柄摇杆机构,在图2-1(a)中连架杆1为曲柄,连架杆3为摇杆;②双曲柄机构,在图2-1(b)中连架杆1和连架杆3均为曲柄;③双摇杆机构,在图2-1(c)中连架杆1和连架杆3均为摇杆。

曲柄摇杆机构能够实现整周转动与往复摆动之间的转换。如果曲柄为主动件,则将曲柄的等速(或不等速)整周转动变为摇杆的不等速往复摆动,反之亦可,图2-2中的缝纫机脚踏板驱动机构就是以摇杆(脚踏板2)为主动件的曲柄摇杆机构的实例。

在双曲柄机构中,当一个曲柄做等速转动时,另一个曲柄一般做变速转动。图2-3(a)中的惯性筛里面杆1、杆2、杆3、杆4就是一个双曲柄应用实例,当等速转动的曲柄1做等速转动时,另一曲柄3做变速回转,从而使筛子获得较大的加速度。图2-3(b)也是一个双曲柄机构,因为是平行四边形机构,所以机构中曲柄转速相同。

如图2-4所示的车辆前轮转向机构是双摇杆机构的一个应用实例,根据运动学理论可知,当车辆转向时,会有一个唯一的速度瞬心P,这时车辆的四个车轮轴线要通过同一点P,这就要求两个前轮转角$\beta \neq \delta$,而图中的双摇杆机构就可以实现这一功能。

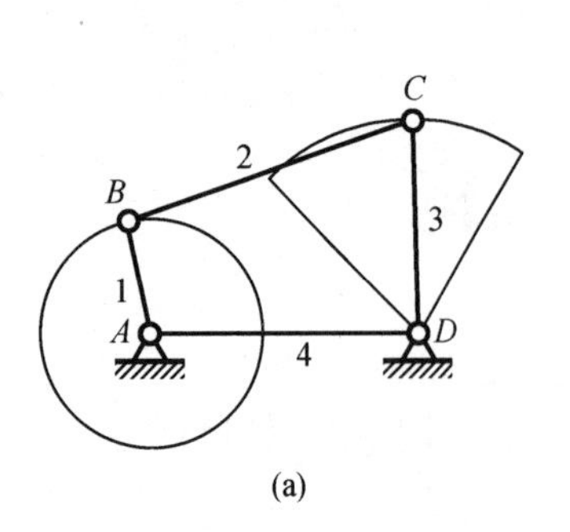

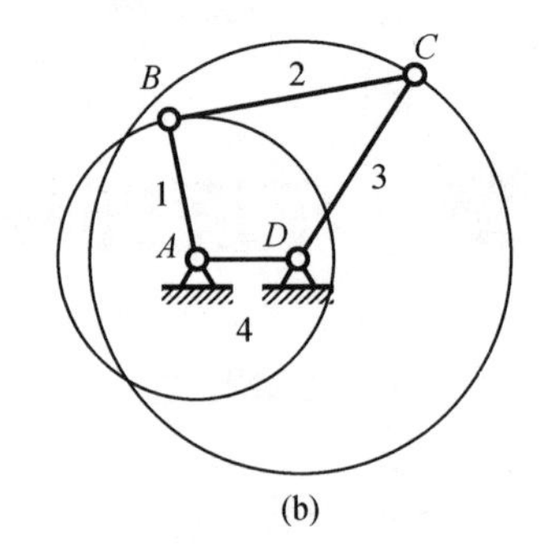

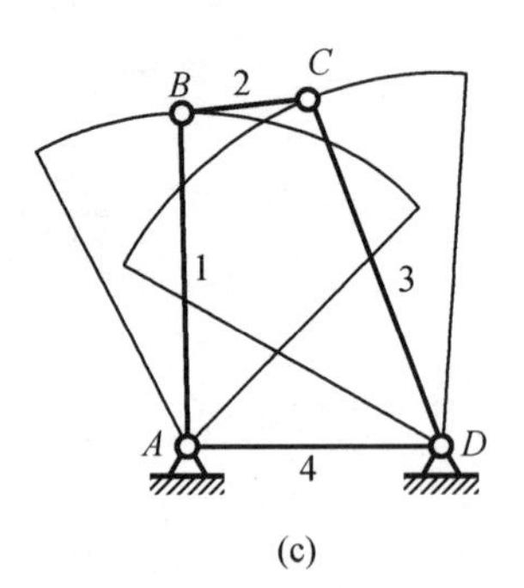

图 2－1　平面四杆机构基本型式

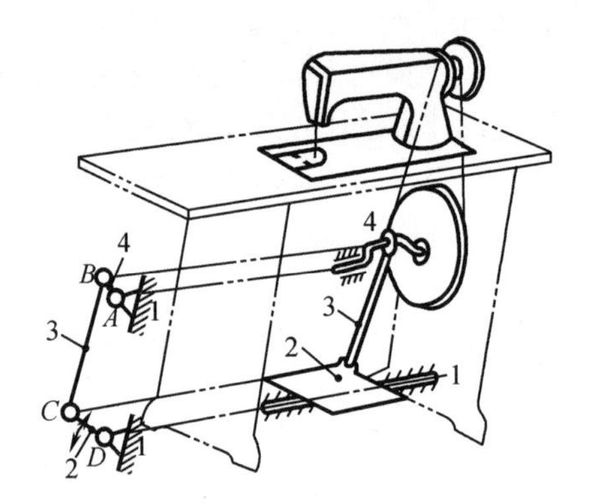

图 2－2　缝纫机脚踏板驱动机构

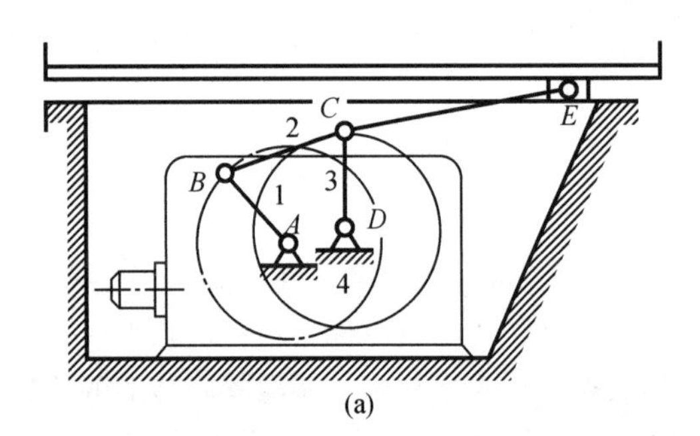

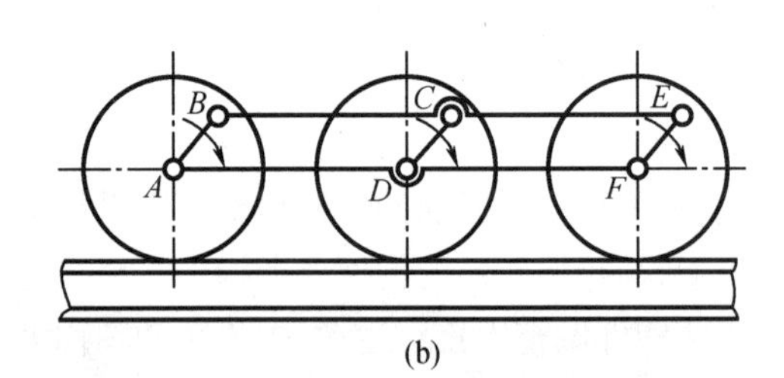

图 2－3　含有两个曲柄的机构

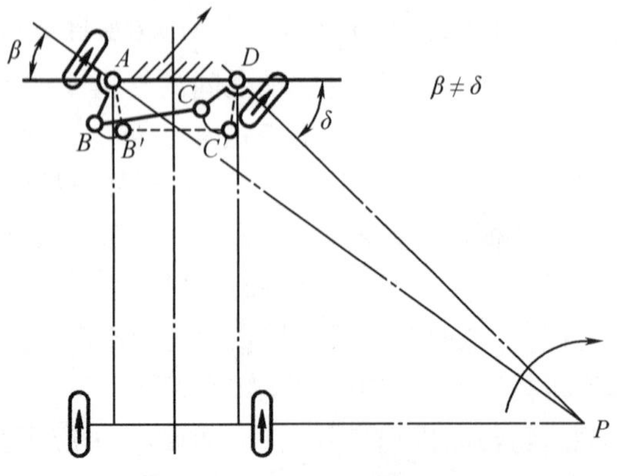

图 2－4　汽车前轮转向机构

2.1.2　含有一个移动副的四杆机构

移动副可以看作是由转动副演化而来的。在如图 2－5(a)所示的铰链四杆机构中,C 点轨迹是以 R 为半径绕 D 点的圆弧,因此可以用 2－5(b)中圆弧槽代替,如果 R 加大到无穷大圆,弧槽变为直槽,如图 2－5(c)所示,这时滑块做往复直线运动,从而转动副 D 演化为移动副,曲柄摇杆机构演化为一含有移动副的四杆机构,图 2－5(c)称为曲柄滑块机构。当 C 点直槽中心线经过 A 点,称为对心曲柄滑块机构;当 A 点到 C 点直槽中心线偏距 $e \neq 0$ 时,机构称为偏置曲柄滑块机构。这一机构在往复活塞式发动机、压缩机、冲床等机械中都有应用。

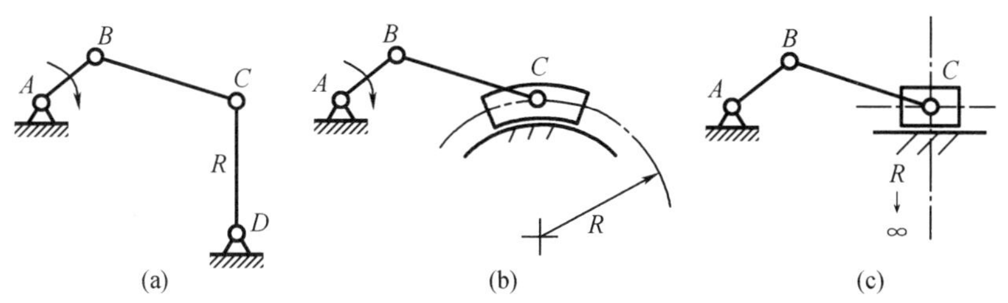

图 2－5　固定铰链向移动副的演化

图 2－5(c)的机构将曲柄变为机架,这时机构变为导杆机构,如图 2－6 所示。导杆机构在牛头刨床、回转式油泵等机械中都有应用。

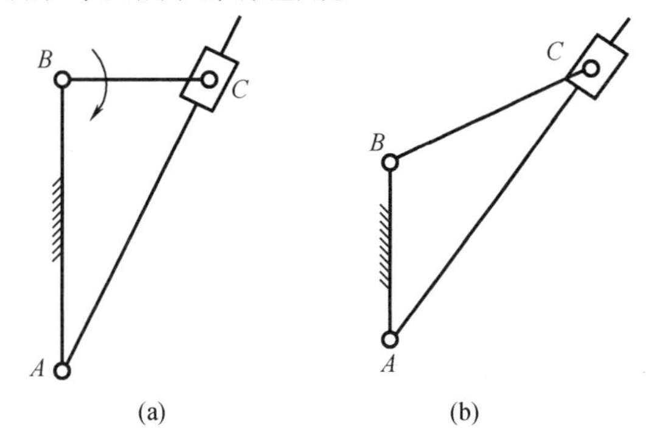

图 2－6　导杆机构

(a)摆动导杆机构($l_{AB} > l_{BC}$);(b)回转导杆机构($l_{AB} < l_{BC}$)

2.1.3　含两个移动副的四杆机构

如果将图 2－5(c)的曲柄滑块机构中滑块改为导杆,机构简图就变为图 2－7(a)的形式,参照上面的演化过程,可以形成图 2－7(c)所示的移动导杆机构,根据几何关系该机构又称为正弦机构。

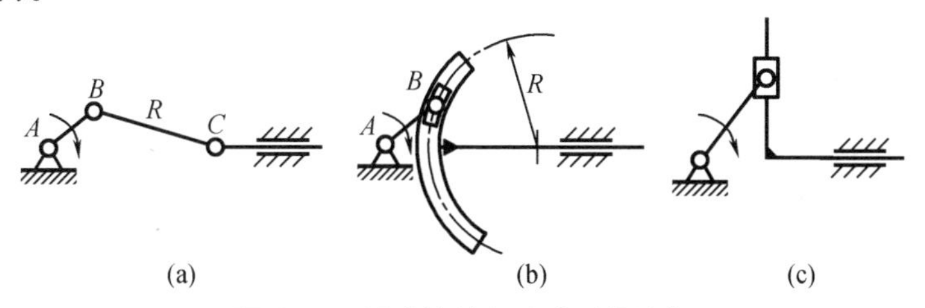

图 2－7　活动铰链向移动副的演化

在正弦机构的基础上,还可以演化出双转块机构(图2-8(a))、双移块机构(图2-8(b))和正切机构(图2-8(c))。

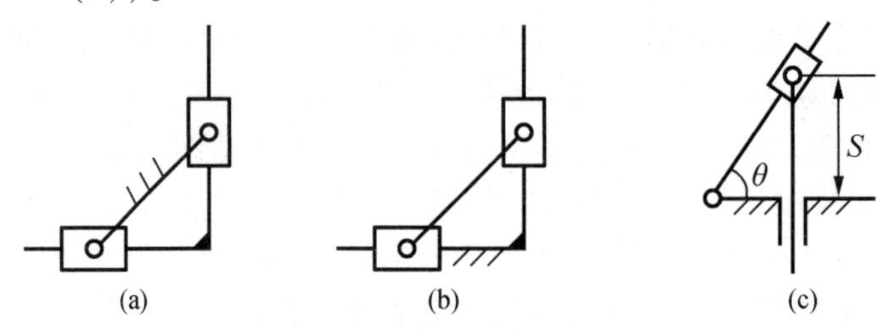

图2-8 含有两个移动副的机构

(a)双转块机构;(b)双移块机构;(c)正切机构

2.1.4 偏心轮机构

在图2-5(c)所示的曲柄滑块机构或其他含有曲柄的四杆机构中,如果曲柄长度很短,则在曲柄两端安装两个转动副存在结构设计上的困难,同时还存在运动干涉的情况。因此,工程中常常将曲柄设计成偏心距为曲柄长的偏心圆盘,此偏心圆盘称为偏心轮,如图2-9所示。

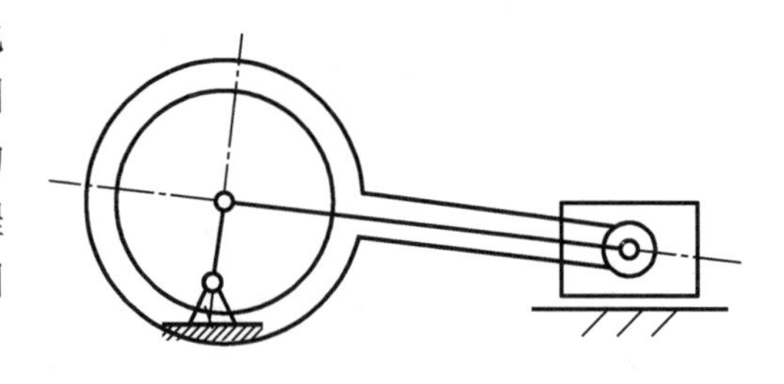

图2-9 偏心轮机构

综上所述,通过改变机架,或转动副转化为移动副和改变转动副结构可以演化为多种具有不同运动特点和不同结构的平面四杆机构。

2.2 平面四杆机构的基本特性

2.2.1 平面四杆机构有曲柄的条件

在实际应用中,用于驱动机构的原动机通常是整周运动的(如电动机),这就要求机构的主动件也要相应地可以整周旋转,即主动件为曲柄。因此,对平面四杆机构是否存在曲柄需要加以研究。

在图2-10所示的曲柄摇杆机构中,设杆AB为曲柄,杆CD为摇杆,杆BC为连杆,杆AD为机架,各杆长度分别为l_{AB},l_{CD},l_{BC},l_{AD}。由于杆AB为曲柄,因此B点轨迹是以A为圆心,半径为l_{AB}的圆,这时先假定曲柄长度小于机架长度。根据几何关系,在$\triangle BCD$中有

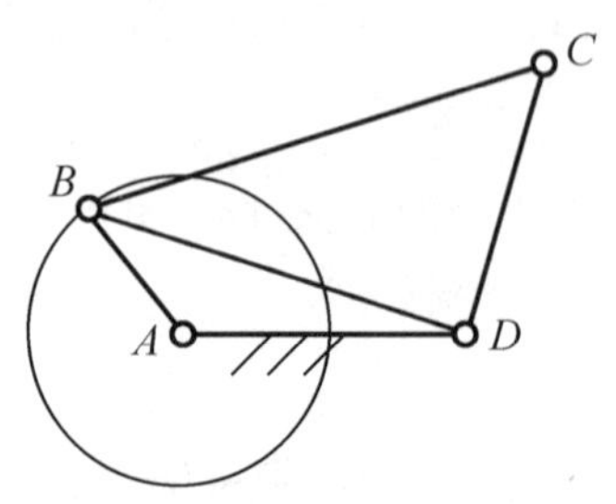

图2-10 铰链四杆机构

$$\begin{cases} l_{BD} \leqslant l_{BC} + l_{CD} \\ l_{BC} \leqslant l_{BD} + l_{CD} \\ l_{CD} \leqslant l_{BC} + l_{BD} \end{cases} \tag{2-1}$$

其中,l_{BD}值是变化的,观察B点的轨迹,可以看出l_{BD}的最大值为$l_{AB}+l_{AD}$,最小值为$l_{AD}-l_{AB}$,

带入式(2－1)得

$$\begin{cases} l_{AB}+l_{AD}\leqslant l_{BC}+l_{CD} \\ l_{AB}+l_{BC}\leqslant l_{AD}+l_{CD} \\ l_{AB}+l_{CD}\leqslant l_{BC}+l_{AD} \end{cases} \tag{2-2}$$

观察式(2－2),可知曲柄 AB 杆最短,并且最短杆与最长杆之和小于等于其余两边之和,此长度关系称为杆长之和条件。

通过以上分析,可以得出铰链四杆机构有整转副的条件是满足杆长之和条件,同时整转副位于最短杆与其相邻杆连接处。

曲柄是连架杆,整转副处于机架上才能形成曲柄,因此,当铰链四杆机构满足杆长之和条件时,还要根据哪个杆作为机架以判断铰链四杆机构是否存在曲柄:

(1)最短杆邻边作为机架,最短杆为曲柄,一个整转副在机架上,机构为曲柄摇杆机构;

(2)最短杆为机架,两个整转副均在机架上,机构为双曲柄机构;

(3)最短杆的对边为机架,两个整转副都不在机架上,机构为双摇杆机构。

当铰链四杆机构不满足杆长之和条件,即最短杆与最长杆之和大于另外两杆长之和时,该机构无整转副亦没有曲柄,无论哪个杆作为机架均为双摇杆机构。

对于最短杆与最长杆之和等于其余两杆之和时,情况会略有不同。如平行四边形机构,两个最短杆相等且为对边形式,因此该机构四个转动副均为整转副,这时无论哪个杆件作为机架,该机构均为双曲柄机构。

前面对铰链四杆机构进行了曲柄存在条件和机构类型的分析,对于有滑块的四杆机构上述结论依然适用。

2.2.2　急回特性和行程速度变化系数

做往复运动(往复摆动或移动)的构件,其往复运动区间的两个极端位置称为极限位置。机器运转过程中,往复运动的构件在工作行程(正行程)和空回行程(反行程)的位移量是相同的,均为极限位置之间的区间,但所需的时间一般不相等,工程中往往需要缩短空回行程的时间以提高机器工作效率,这样两个行程的平均速度也就不相等。这种现象称为机构的急回特性。为了反映机构急回特性的相对程度,引入了从动件行程速比变化系数(旧称行程速比系数),用 K 表示,其值为

$$K=\frac{\text{从动件快行程平均速度}}{\text{从动件慢行程平均速度}}\quad(\geqslant 1) \tag{2-3}$$

在图2－11所示的曲柄摇杆机构中,曲柄 AB 杆与连杆 BC 重叠共线的 B_1AC_1 和拉直共线的 AB_2C_2 分别对应从动件的两个极限位置 C_1D 和 C_2D,设曲柄 AB 顺时针旋转,可以看出从动件从左极限到右极限时,曲柄转过的圆心角为 φ_1,从动件从右极限到左极限时,曲柄转过的圆心角为 φ_2,从图中可以看出

$$\varphi_1=180°+\theta,\varphi_2=180°-\theta$$

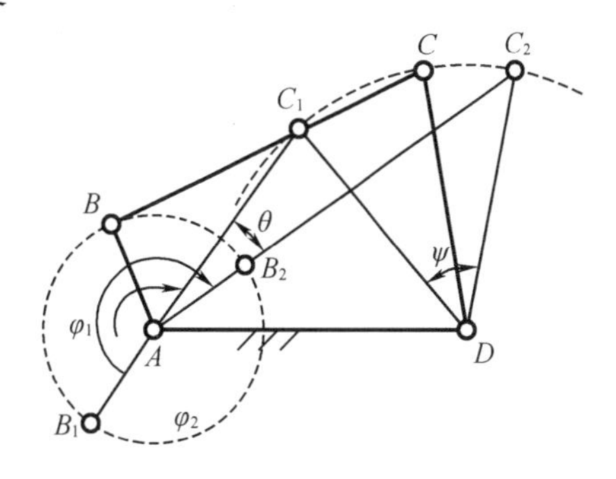

图2－11　曲柄摇杆机构

若曲柄为匀速转动,从动件慢行程和快行程对应的时间分别为 t_1 和 t_2,从动件摆角为 ψ,根据行程速比变化系数的定义,有

$$K=\frac{\psi/t_2}{\psi/t_1}=\frac{t_1}{t_2}=\frac{\varphi_1}{\varphi_2}=\frac{180^\circ+\theta}{180^\circ-\theta} \tag{2-4}$$

或

$$\theta=180^\circ\frac{K-1}{K+1} \tag{2-5}$$

因此,机构的急回特性也可以用 θ 角来表征。由于 θ 角与从动件极限位置对应的曲柄位置有关,故称为极位夹角。对于曲柄摇杆机构,极位夹角与机构尺寸有关,其一般范围为 $[0^\circ,180^\circ)$。

一般情况下,曲柄滑块机构极位夹角小于 90°,其中对心曲柄滑块机构极位夹角为 0°(行程速度变化系数等于 1)。摆动导杆机构的极位夹角范围为(0°,180°),并有极位夹角与摆角相等的特点,导杆慢行程摆动方向总与曲柄转向相同。

2.2.3 压力角和传动角

在图 2-12 所示的曲柄摇杆机构中,如果不考虑重力、惯性以及运动副中摩擦力的影响,当曲柄 2 为原动件时,通过连杆 3(可以看作是二力杆)作用于从动件 4 上的力 $\boldsymbol{F}$ 是沿二力杆 BC 的方向,从动件 CD 受到的驱动力 $\boldsymbol{F}$ 与力的作用点 C 的速度 $\boldsymbol{v}_C$ 之间所夹的锐角 α 称为压力角。从图中可以看出压力角越小,力 $\boldsymbol{F}$ 在速度 $\boldsymbol{v}_C$ 方向上的有效分力越大,力的有效利用程度越好。习惯上用压力角 α 的余角 γ 来判断传力性能,γ 称为传动角,传动角越大机构传力性能越好。

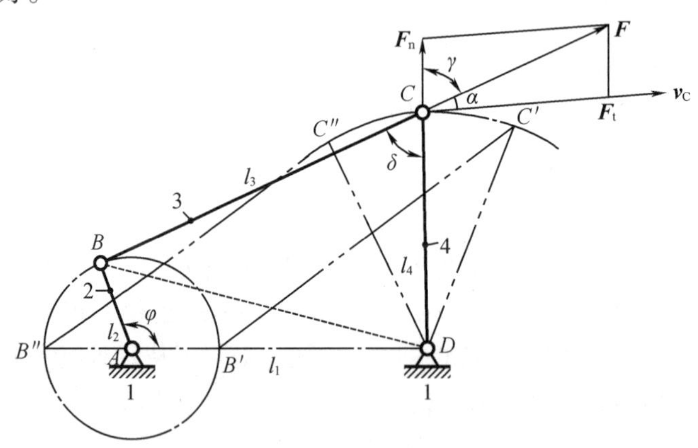

图 2-12 曲柄摇杆机构的压力角和传动角

当机构运动时,其传动角的大小一般是变化的,为了保证机构传动良好,设计时通常应使 $\gamma_{\min}\geqslant40^\circ$;对于高速和大功率的传动机械,应使 $\gamma_{\min}\geqslant50^\circ$。因此,需要确定 $\gamma=\gamma_{\min}$ 时的机构位置,并检验是否符合上述许用要求。

在图 2-12 中,连杆 3 与从动杆 4 的夹角为 0°~180°,其值为 δ。显然,当 $\delta\leqslant90^\circ$ 时,$\gamma=\delta$;当 $\delta>90^\circ$ 时,$\gamma=180^\circ-\delta$。当曲柄与机架两次共线时,δ 可以取极值,其值为

$$\cos\delta_{\min}=\frac{l_3^2+l_4^2-(l_1-l_2)^2}{2l_3l_4}$$

$$\cos\delta_{\max}=\frac{l_3^2+l_4^2-(l_1+l_2)^2}{2l_3l_4}$$

通过公式求出 δ 的两个极值，可以计算出两个传动角，其中较小的一个即为该机构的最小传动角 γ_{min}。

在曲柄滑块机构中，当曲柄为原动件时，最小传动角发生在曲柄与滑块导路垂直位置。在摆动导杆机构中，当导杆为从动件时，由于二力杆（滑块）传力方向始终垂直于导杆，因此压力角和传动角值不变。

2.2.4　死点

在图2－11中，如果摇杆 CD 为原动件，曲柄 AB 为从动件，当摇杆摆动到极限位置 C_1D 和 C_2D 时，连杆 BC 与从动件 AB 共线，这时从动件的传动角 $\gamma=0°$（压力角 $\alpha=90°$），连杆加于从动件上的有效分力为零。机构的这种传动角为零的位置称为死点位置。四杆机构是否存在死点位置，取决于连杆能否与转动从动件共线或与移动从动件导路垂直。

对于连续运动的机构，如果存在死点位置，则对传动不利，必须避免由死点位置开始运动，同时采取措施使机构在运动过程中顺利通过死点位置并使从动件按预期方向运动。例如，家用缝纫机中，踏板往复运动带动带轮单向转动（曲柄摇杆机构），通过带轮偏心质量（或手转动带轮）避免在死点位置启动，并借助带轮惯性使从动件带轮顺利通过死点位置。除曲柄摇杆机构（摇杆为主动件）和曲柄滑块机构（滑块为主动件）外，摆动导杆机构（导杆为主动件）也存在死点位置。

在工程中，有时也利用死点位置来实现一定的工作要求。例如图2－13（a）中所示的工件夹紧机构，当力 $\boldsymbol{P}$ 作用下夹紧工件5时，铰链中心 B,C,D 共线，机构处于死点位置，这时被夹紧工件的反作用力 $\boldsymbol{N}$ 无论多大，也不会使构件3转动。这就保证了去掉外力 $\boldsymbol{P}$ 之后，仍能可靠夹紧工件。又如图2－13（b）所示的飞机起落架机构，当机轮放下时铰链中心 A,B,C 共线，机构处于死点位置，地面反力同样不能使构件 AB 发生转动，保证了地面对飞机的支撑作用。

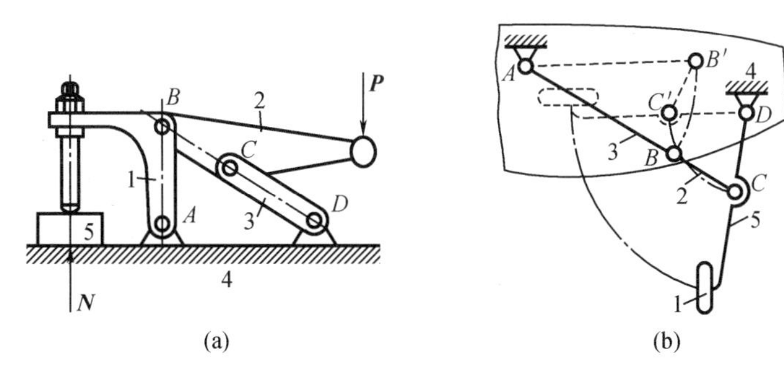

图2－13　利用死点位置机构

2.3　平面四杆机构的设计

平面四杆机构的设计是根据给定的运动条件来确定机构运动简图的尺寸参数，有时为了保证机构设计的可靠与合理性，还会有几何条件和传力条件的限制（如最小传动角）等。

总地来说，平面四杆机构的设计主要分为两类：按照给定从动件的运动规律（位置、速度、加速度）设计四杆机构，主要设计方法为解析法和图解法；按照给定点的运动轨迹设计四杆机构,主要设计方法为解析法和图谱法。

2.3.1 实现连杆给定位置的平面四杆机构运动设计

如图2-14(a)所示,连杆位置用铰链中心B和C表示。连杆通过三个预期位置,分别为B_1C_1,B_2C_2,B_3C_3,图解法设计过程如下:

(1)机构运动过程中,以固定铰链中心A为圆心,AB杆长度为半径作圆弧,则必有B_1,B_2,B_3点在圆弧上,因此以B_1,B_2,B_3点中任意两点作两次中垂线,其交点为固定铰链A的中心;

(2)同上原理,可以画出固定铰链D的中心位置;

(3)依次连接A,B_1,C_1,D,即为满足要求的铰链四杆机构。

特殊情况,如果B_1,B_2,B_3点或C_1,C_2,C_3点共线,则会设计出一个含有移动副的四杆机构。

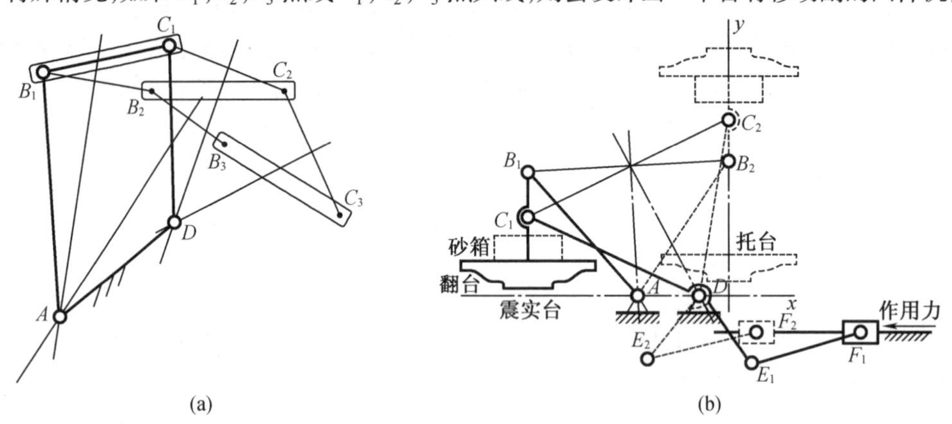

图2-14 实现连杆给定位置的平面四杆机构运动设计

上述作图过程,由于是实现连杆的三个位置,因此设计出的四杆机构是唯一的。如果仅给定连杆的两个位置,则可以有无穷多个满足要求的四杆机构。在图2-14(b)震实式造型机工作台翻转机构中,当翻台(连杆BC)在震实台上造型震实时,希望能处于图示B_1C_1位置;而当需要起模时,希望翻台能翻转180°到达图中B_2C_2位置,以便托台上升接触砂箱起模。四杆机构中固定铰链中心A和D要求在图上x轴线上。此时可选一比例尺,画出连杆的两个位置B_1C_1,B_2C_2,然后作B_1B_2和C_1C_2中垂线,它们分别与x轴交于点A和点D,于是$A\,B_1C_1D$即为满足要求的铰链四杆机构。

2.3.2 实现给定行程速度变化系数的平面四杆机构设计

在图2-15(a)中,给定行程速度变化系数K、摆杆l_{CD}长度和摆杆摆角ψ设计铰链四杆机构。图解法设计过程如下:

(1)根据行程速度变化系数K计算出极位夹角θ;

(2)选取适当比例尺,画出固定铰链中心D的位置,由摆杆l_{CD}长度和摆杆摆角ψ画出摆杆两个极限位置C_1D,C_2D;

(3)作$\angle C_1C_2O=90°-\theta$,$O$点在$C_1C_2$中垂线上,以$O$为圆心$C_1O$为半径作圆;

(4)选取圆上任一点为固定铰链中心A;

(5)曲柄AB与连杆BC长度之和应为AC_2长度,连杆BC与曲柄AB长度之差应为AC_1

长度，从而得出 $l_{AB}=(AC_2-AC_1)/2$，$l_{BC}=(AC_2+AC_1)/2$，画出 A 为圆心 l_{AB} 为半径的圆；

(6) AB_1C_1D 或 AB_2C_2D 即为摇杆处于极限位置时的铰链四杆机构。

由于 A 点是任意选取的，因此满足本要求的设计有无穷多的解。

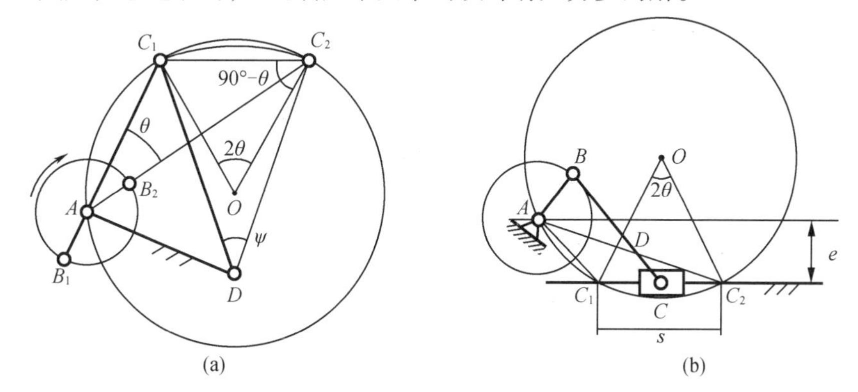

图 2-15　实现给定行程速度变化系数的平面四杆机构设计

在图 2-15(b) 中，给定行程速度变化系数 K、滑块行程 s 和偏置 e 设计偏置曲柄滑块机构。图解法设计过程如下：

(1) 根据行程速度变化系数 K 计算出极位夹角 θ；

(2) 选取适当比例尺，根据滑块行程 s 画出滑块极限位置 C_1C_2，由同上设计作出圆心 O 与辅助圆；

(3) 根据 e 画出固定铰链中心 A；

(4) 曲柄 AB 与连杆 BC 长度之和应为 AC_2 长度，连杆 BC 与曲柄 AB 长度之差应为 AC_1 长度，从而得出 $l_{AB}=(AC_2-AC_1)/2$，$l_{BC}=(AC_2+AC_1)/2$，画出 A 为圆心 l_{AB} 为半径的圆；

(5) ABC 即为设计的曲柄滑块机构。

2.3.3　实现已知运动轨迹的平面四杆机构运动设计

1. 解析法

铰链四杆机构中，由于连架杆上任意一点的轨迹都是圆弧，连杆上除铰链中心点外才可能实现复杂的运动轨迹，因此一般而言已知的运动轨迹是指连杆上的某一点。如图 2-16 所示，连杆上某点 E 实现图中运动轨迹，用解析法设计铰链四杆机构，设计过程如下：

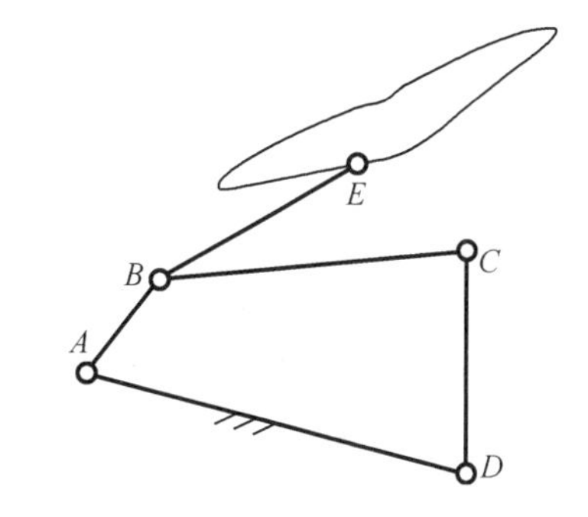

图 2-16　实现已知运动轨迹的平面四杆机构

(1) 建立直角坐标系 XOY，在坐标系中固定铰链中心 A 坐标为 (x_A, y_A)，有两个待定尺寸参数；

(2) 在坐标系中固定铰链中心 D 坐标为 (x_D, y_D)，有两个待定尺寸参数；

(3) 设连架杆和连杆长度为 l_{AB}，l_{CD}，l_{BC}，有三个待定尺寸参数；

(4) 设 E 点相对连杆 BC 的固定位置 (x_E, y_E) 有两个待定尺寸参数；

(5) E 点在直角坐标系 XOY 中的坐标为 (x, y)，因此有

$$f(x,y,x_A,y_A,x_D,y_D,l_{AB},l_{CD},l_{BC},x_E,y_E)=0$$

(6)式中有9个待定的尺寸参数，因此铰链四杆机构中连杆点最多可以精确通过给定规定轨迹上所选的9个点，即$x_i,y_i(i=1,2,\cdots,9)$，代入上式得到9个非线性方程，采用数值方法解方程组，最终求得机构的9个待定尺寸参数。

2. 图谱法

图谱法是利用编纂汇集的连杆曲线图册来设计平面连杆机构。例如设计图2－16中的平面四杆机构，首先在图册中找到与E点曲线最相似的轨迹，然后求出放大倍数，即可得到机构的真实尺寸参数。图谱法可以使设计过程大大简化。

习　　题

2－1　铰链四杆机构有哪几种基本形式，各有什么特点？

2－2　铰链四杆机构如何演化为曲柄滑块机构？

2－3　试画出偏置曲柄滑块机构中滑块行程、极位夹角，分别以曲柄和滑块为原动件时输出从动件的压力角和传动角。

2－4　试画出摆动导杆机构中导杆摆角、极位夹角，当导杆为原动件时机构的压力角和传动角。

2－5　试画出行程速度变化系数$K=1$的铰链四杆机构。

2－6　试分别画出偏置曲柄滑块机构、摆动导杆机构、双摇杆机构，合理选择原动件并找出死点位置。

2－7　铰链四杆机构中，各杆长依次为$l_1=120$ mm，$l_2=150$ mm，$l_3=90$ mm，$l_4=140$ mm。试问该机构是否存在曲柄，并指出作为机架的杆件。

2－8　题2－7中，如果取杆2为机架，计算该机构的极位夹角、摆杆摆角。

2－9　画出一偏置曲柄滑块机构，并验证曲柄存在条件。

2－10　试运用曲柄存在条件的结论，推导图2－17中偏置导杆机构成为摆动导杆机构的条件。并画出此摆动导杆机构中导杆两极限位置。

2－11　如图2－18所示，设计一偏置曲柄滑块机构，已知滑块的行程速度变化系数$K=1.5$，滑块的冲程$l_{C_1C_2}=50$ mm，导路的偏距$e=20$ mm，求曲柄长度l_{AB}和连杆长度l_{BC}。

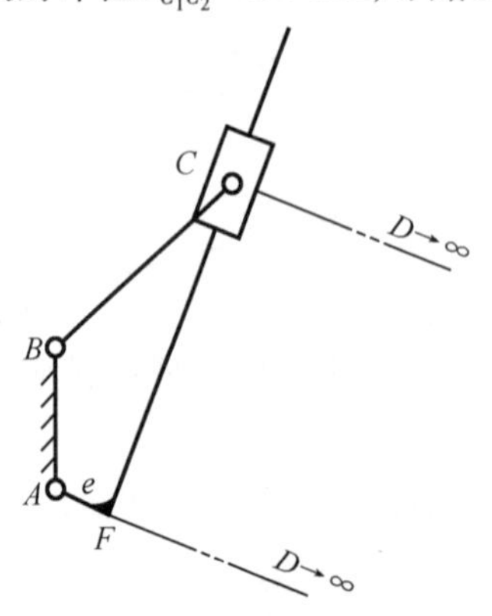

图2－17　偏置导杆机构

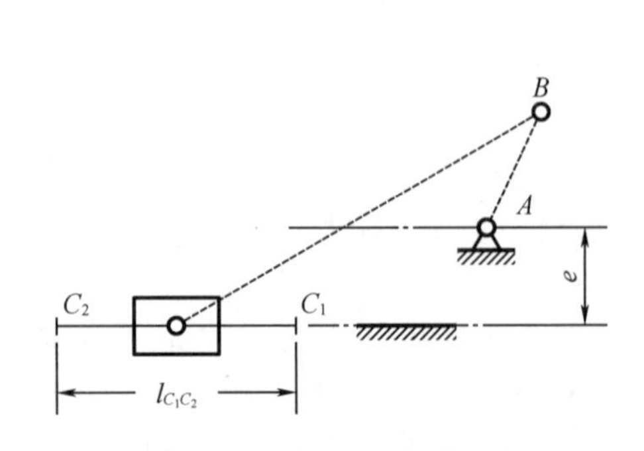

图2－18　偏置曲柄滑块机构

2－12　如图2－19所示,用铰链四杆机构作为加热炉炉门的启闭机构。炉门上两铰链的中心距为50 mm,炉门打开后成水平位置时,要求炉门的外边朝上,固定铰链装在 yy 轴线上,其相互位置的尺寸如图2－19所示。试设计此机构。

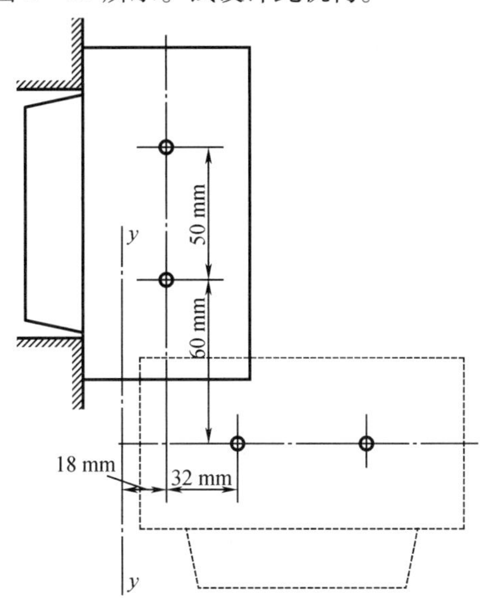

图2－19　加热炉炉门启闭机构的设计

第3章 凸轮机构

由前述可知,平面连杆机构一般只能近似地实现给定运动规律,而且设计较为复杂。当从动件的位移、速度和加速度必须严格地按照预定规律变化,尤其当原动件做连续运动而从动件必须做间歇运动时,则采用凸轮机构最为简便。

3.1 凸轮机构的组成、分类与应用

3.1.1 凸轮机构的组成

凸轮机构是机械中常用的一种机构,它是由凸轮、从动件和机架三部分组成的高副机构。图 3-1(a)所示为内燃机配气机构。气阀杆 2 的运动规律规定了凸轮 1 的轮廓外形。当矢径变化的凸轮 1 轮廓与气阀杆 2 的平底接触时,气阀杆 2 做往复运动;而当以凸轮 1 的圆弧轮廓与气阀杆 2 接触时,气阀杆 2 将静止不动。因此,随着凸轮 1 的连续运动,气阀杆 2 可获得间歇的、按预期规律的运动。

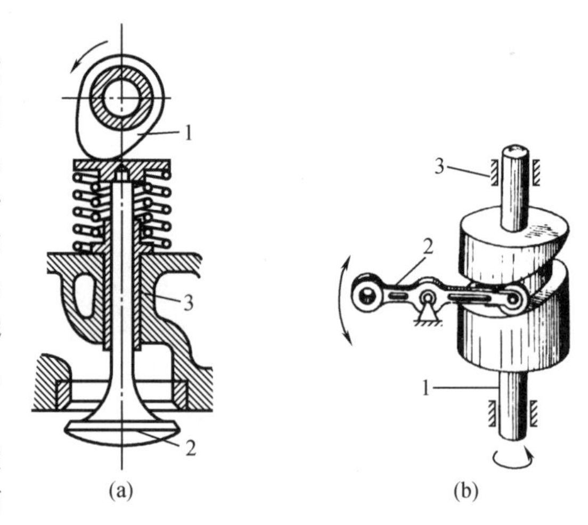

图 3-1 凸轮机构

(a)内燃机配气机构;

(b)自动机床上控制刀架运动的凸轮机构

图 3-1(b)为一自动机床上控制刀架运动的凸轮机构。当圆柱凸轮 1 回转时,凹槽侧面带动构件 2 摆动,从而驱动与之相连的刀架运动。刀架的运动规律取决于凹槽的形状。

3.1.2 凸轮机构的分类

凸轮机构种类很多,一般可以作如下分类。

1. 按凸轮形状分类

(1)盘形凸轮

它是凸轮的最基本形式。图 3-1(a)中的凸轮就是一盘形凸轮,这种凸轮是绕一个固定轴线转动并变化矢径的盘形构件。

(2)移动凸轮

当盘形凸轮的回转中心趋于无穷大时,凸轮相对机架做往复运动,这种凸轮称为移动凸轮。图 3-2 所示机构就是一移动凸轮机构。

(3)圆柱凸轮

图 3-1(b)中的凸轮是一个圆柱凸轮,这种凸轮是将移动凸轮卷成圆柱体而演化形

成的。

2. 按从动件的类型分类

(1)尖底从动件

从动件的尖底能与任意复杂的凸轮轮廓保持接触,从而实现从动件任意运动,如图3－2(b)所示。但是尖底易于磨损,仅适用于传力不大的低速凸轮机构。

(2)滚子从动件

这种从动件耐磨损,可以承受较大的载荷,故应用最普遍。图3－1(b)和图3－2(a)所示的凸轮机构就是滚子从动件。

(3)平底从动件

这种从动件的底面与凸轮之间易于实现楔形油膜,故常用于高速凸轮机构,如图3－1(a)所示。

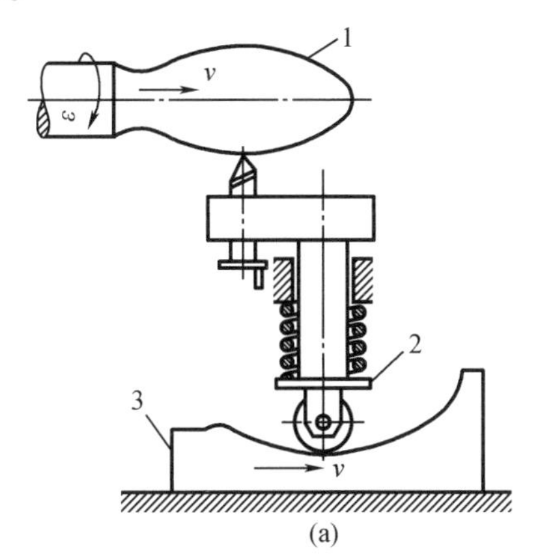

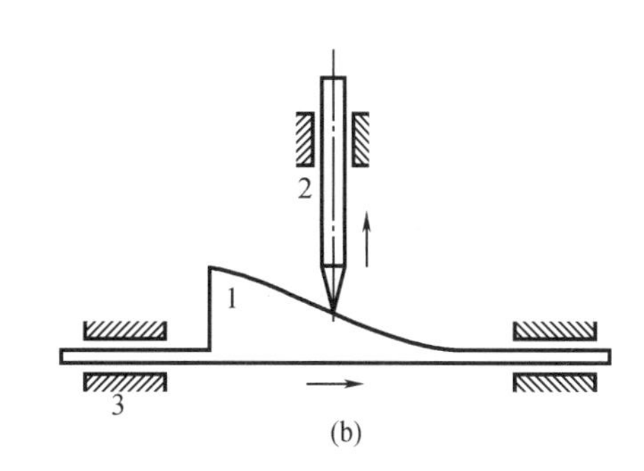

图3－2 移动凸轮机构

3. 按从动件运动方式分类

(1)移动从动件

如图3－2所示,从动件做往复移动。

(2)摆动从动件

如图3－1(b)所示,从动件做往复摆动。

4. 按从动件与凸轮保持接触的方式分类

(1)力锁合凸轮机构

图3－1(a)和图3－2(a)中的凸轮和从动件之间保持接触是通过弹簧力的作用来实现的。也可以用重力或其他外力实现同样功能。

(2)几何锁合

这种凸轮机构依靠凸轮和从动件的特殊几何形状而始终维持接触,如图3－3(a)所示的等径凸轮和图3－3(b)所示的等宽凸轮。

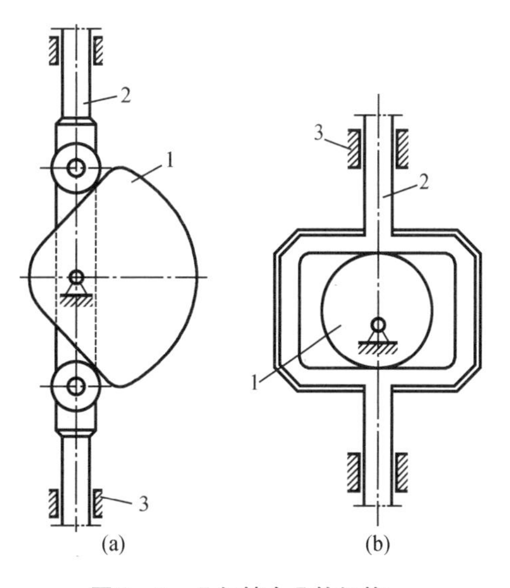

图3－3 几何锁合凸轮机构

3.1.3 凸轮机构的应用

凸轮机构的优点是只需要设计适当的凸轮廓线就可以实现从动件的任意预期的运动规律,并且结构简单、紧凑,设计方便,因此在自动机床、轻工机械、纺织机械、印刷机械、食品机械、包装机械和机电一体化产品中得到了广泛应用。凸轮机构由于是高副接触,因此仅适用于传力不大的场合,同时从动件行程不能过大。

3.2 凸轮机构的基本概念和参数

这里以凸轮转动一周,从动件做一次往复移动的凸轮机构来介绍其基本概念和参数。如图 3－4 所示为一尖底偏置直动从动件盘形凸轮机构,以凸轮轮廓曲线最小矢径 $\boldsymbol{r}_0$ 为半径所作的圆称为基圆,$\boldsymbol{r}_0$ 称为基圆半径。凸轮的回转中心 O 点至过接触点从动件导路之间的偏置距离为 e,如图 3－4 所示,以 O 为圆心,e 为半径所作的圆称为偏距圆。如图 3－5 所示,以从动件是滚子为例,取滚子中心为参考点,该点当作尖底从动件的尖底,在凸轮转动过程中,该点轨迹形成一封闭曲线称为此凸轮的理论轮廓曲线,或称理论廓线,凸轮的实际轮廓曲线也称为工作廓线,基圆是以理论廓线最小矢径为半径所作的圆。

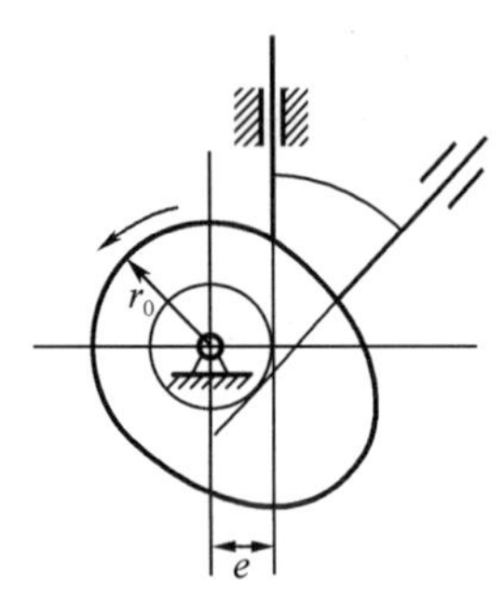

图 3－4　尖底偏置直动从动件盘形凸轮机构

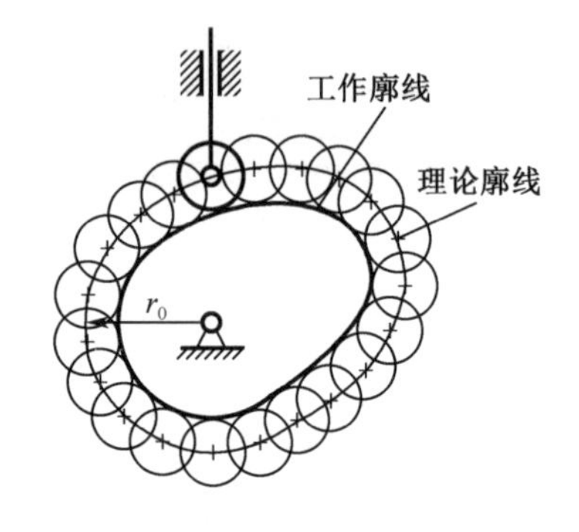

图 3－5　滚子对心直动从动件盘形凸轮机构

凸轮机构运动经历以下过程。

(1)推程。在图 3－6 的凸轮机构中,图示位置为从动件开始上升的位置,这时尖底与凸轮轮廓曲线上 O' 点接触。现凸轮逆时针转动,当矢径逐渐增加时,从动件逐渐远离凸轮,当接触点到 3″位置时,从动件上升到距离凸轮回转中心最远的位置。在此过程中从动件的位移 h 称为行程,凸轮对应转过的角度 δ_0 称为推程运动角。

(2)远休止。当凸轮继续转动 δ_{01} 角时,由于凸轮的矢径不变(凸轮此段廓线为以 O 为圆心的圆弧),从动件仍停留在最远处,凸轮转过的 δ_{01} 角称为远休止角。

(3)回程。凸轮继续转动,当凸轮和从动件尖底接触点到达基圆位置时,即凸轮转过了 δ_0' 角,这一过程中从动件逐渐从最远位置到达起始位置。这一过程称为回程,δ_0' 称为回程运动角。

(4)近休止。凸轮继续转动 δ_{02} 角($\delta_{02} = 360° - \delta_0 - \delta_{01} - \delta_0'$),由于接触点是基圆的圆弧,因此从动件不动,凸轮转过的 δ_{02} 角称为近休止角。

凸轮转动过程中,从动件重复进行升—停—降—停的运动循环。这一循环过程根据实际需要可以没有远休止或近休止，但是推程和回程必不可少。

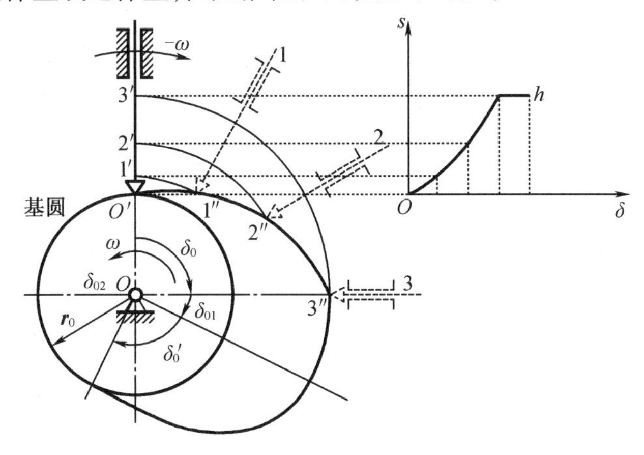

图 3－6　尖底对心直动从动件盘形凸轮机构

从动件位移 s 与凸轮转角 δ 之间的对应关系可用图 3－6 所示的从动件位移线图来表示。

3.3　从动件常用运动规律

凸轮设计的基本任务就是根据工作要求确定合适的凸轮机构形式和从动件运动规律，合理选定有关的结构尺寸，并根据从动件的运动规律确定凸轮轮廓曲线。因此，选定从动件运动规律并画出从动件位移曲线，是凸轮机构设计的重要环节。表 3－1 介绍凸轮机构中常用的几种从动件运动规律。

表 3－1　从动件常用运动规律

运动规律	运动方程		推程运动线图	冲击
等速运动（一次多项式）	推程	$s=\frac{h}{\delta_0}\delta$ $v=v_0=\frac{h}{\delta_0}\omega$ $a=0$	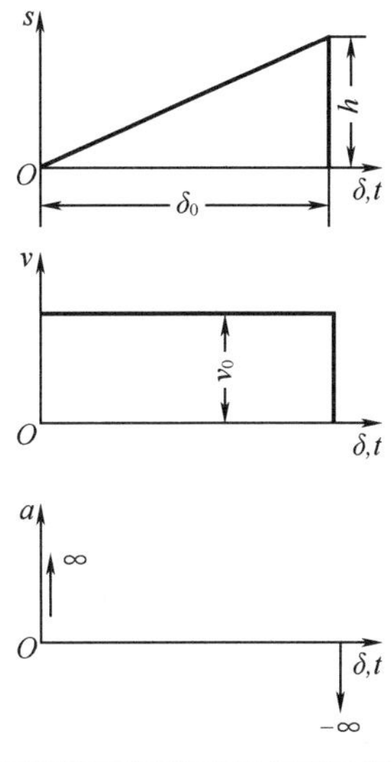	刚性冲击
	回程	$s=h-\frac{h}{\delta_0'}(\delta-\delta_0-\delta_{01})$ $v=-\frac{h}{\delta_0'}\omega$ $a=0$		

表 3-1(续 1)

运动规律		运动方程	推程运动线图	冲击
等加速等减速(二次多项式)	推程	等加速段$[0,\delta_0/2]$ $s=\frac{2h}{\delta_0^2}\delta^2, v=\frac{4h}{\delta_0^2}\omega\delta$ $a=a_0=\frac{4h}{\delta_0^2}\omega^2$ 等减速段$[\delta_0/2,\delta_0]$ $s=h-\frac{2h}{\delta_0^2}(\delta_0-\delta)^2$ $v=\frac{4h}{\delta_0^2}\omega(\delta_0-\delta), a=-\frac{4h}{\delta_0^2}\omega^2$	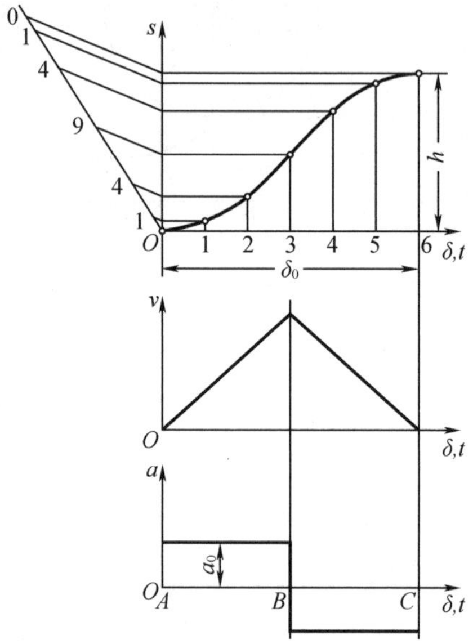	柔性冲击
	回程	等加速段$[\delta_0+\delta_{01},\delta_0+\delta_{01}+\delta_0'/2]$ $s=h-\frac{2h}{\delta_0'^2}(\delta-\delta_0-\delta_{01})^2$ $v=-\frac{4h}{\delta_0'^2}\omega(\delta-\delta_0-\delta_{01})$ $a=-\frac{4h}{\delta_0'^2}\omega^2$ 等减速段 $[\delta_0+\delta_{01}+\delta_0'/2,\delta_0+\delta_{01}+\delta_0']$ $s=\frac{2h}{\delta_0'^2}(\delta_0'-(\delta-\delta_0-\delta_{01}))^2$ $v=-\frac{4h}{\delta_0'^2}\omega(\delta_0'-(\delta-\delta_0-\delta_{01}))$ $a=\frac{4h}{\delta_0'^2}\omega^2$		
简谐运动(余弦加速度)	推程	$s=\frac{h}{2}(1-\cos\frac{\pi\delta}{\delta_0})$ $v=\frac{h\pi\omega}{2\delta_0}\sin\frac{\pi\delta}{\delta_0}$ $a=\frac{h\pi^2\omega^2}{2\delta_0^2}\cos\frac{\pi\delta}{\delta_0}$	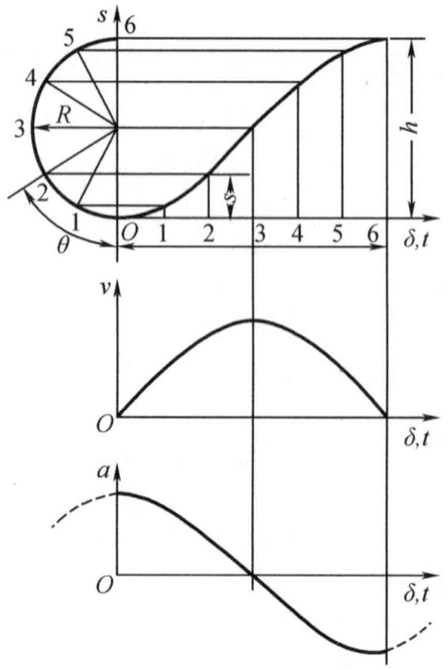	柔性冲击
	回程	$s=\frac{h}{2}(1+\cos\frac{\pi(\delta-\delta_0-\delta_{01})}{\delta_0})$ $v=-\frac{h\pi\omega}{2\delta_0}\sin\frac{\pi(\delta-\delta_0-\delta_{01})}{\delta_0}$ $a=-\frac{h\pi^2\omega^2}{2\delta_0^2}\cos\frac{\pi(\delta-\delta_0-\delta_{01})}{\delta_0}$		

表 3-1(续2)

运动规律	运动方程		推程运动线图	冲击
摆线运动(正弦加速度)	推程	$s=h(\frac{\delta}{\delta_0}-\frac{1}{2\pi}\sin\frac{2\pi}{\delta_0}\delta)$ $v=\frac{h\omega}{\delta_0}(1-\cos\frac{2\pi}{\delta_0}\delta)$ $a=\frac{2\pi h\omega^2}{\delta_0^2}\sin\frac{2\pi}{\delta_0}\delta$	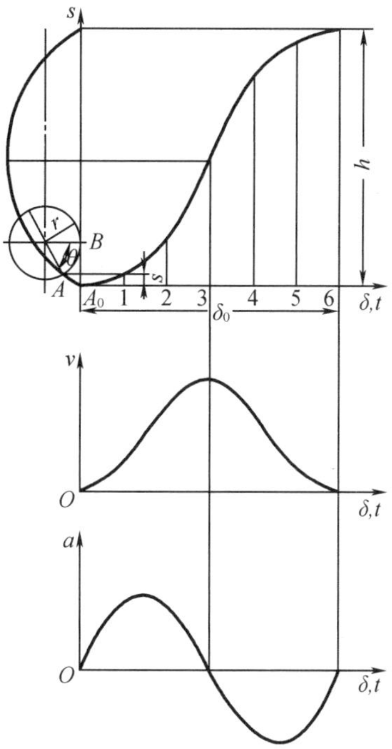	无冲击
	回程	$s=h[1-\frac{\delta-\delta_0-\delta_{01}}{\delta_0'}+\frac{1}{2\pi}\sin\frac{2\pi}{\delta_0'}(\delta-\delta_0-\delta_{01})]$ $v=h[-\frac{\omega}{\delta_0'}+\frac{\omega}{\delta_0'}\cos\frac{2\pi}{\delta_0'}(\delta-\delta_0-\delta_{01})]$ $a=-h\frac{2\pi\omega^2}{\delta_0'^2}\sin\frac{2\pi}{\delta_0'}(\delta-\delta_0-\delta_{01})$		

注:表中符号参考图 3-6。

3.3.1 等速运动

如表 3-1 所示,等速运动在行程开始和终止位置的加速度和惯性力在理论上突变为无穷大,致使机构受到强烈冲击,称为刚性冲击。等速运动规律不宜单独使用,运动开始和终止段必须加以修正。

3.3.2 等加速(等减速)运动

等加速(等减速)运动规律在开始、中点和终止位置加速度和惯性力存在有限度的突变,称为柔性冲击。因此,等加速(等减速)运动规律适用于中速的场合。

3.3.3 简谐运动

简谐运动在行程开始和终止位置,加速度有突变,会引起柔性冲击,只有在远近休止角均为零的时候才可以获得连续的加速度曲线。因此,简谐运动的运动规律也适用于中速的场合。

3.3.4 摆线运动

摆线运动加速度曲线连续,理论上不存在冲击。摆线运动规律的凸轮对加工误差敏感,适于高中速、轻载的场合。

3.3.5 组合运动规律

为了获得更好的运动特性，还可以把各种运动规律组合起来加以应用。组合时，两条曲线在连接位置必须保持连续，这样可以消除某些运动规律有冲击的部分，使速度和加速度曲线变得连续。在选择从动件运动规律时，除了考虑冲击之外，还要对各种运动规律的最大速度、最大加速度及其影响加以比较。若最大速度过大，则动量大，此时若从动件突然被阻止会产生过大冲击力，从而危害设备及人身安全。若最大加速度过大，则高副处应力大，此时对机构强度及耐磨性的要求也相应提高。

3.4 凸轮机构的压力角

3.4.1 凸轮机构压力角的确定

凸轮机构中从动件的受力方向与受力点的速度方向之间所夹的锐角称为压力角，如图3－7所示。压力角越大凸轮工作的性能越差，当压力角大到一定数值时，会导致机构产生自锁而无法运动。在实际设计中，规定了压力角的许用值：对直动从动件在推程运动时，$[\alpha]=30^\circ\sim40^\circ$；对摆动从动件在推程运动时$[\alpha]=40^\circ\sim50^\circ$。滚子接触、润滑良好和支撑有较好刚度时，取数据的上限；否则取下限。

3.4.2 压力角与基圆半径的关系

如图3－7所示，过凸轮与从动件接触点 B 作公法线 $n-n$，它与过凸轮转动中心且垂直于从动件导路的直线交于点 P，点 P 为凸轮1和从动件2之间的相对速度瞬心，可以得到

$$\tan\alpha=\frac{l_{CP}}{l_{CB}}=\frac{l_{OP}\mp e}{s+\sqrt{r_0^2-e^2}}=\frac{\dfrac{v_2}{\omega_1}\mp e}{s+\sqrt{r_0^2-e^2}}=\frac{\left|\dfrac{ds}{d\delta}\mp e\right|}{s+\sqrt{r_0^2-e^2}} \tag{3-1}$$

式中，s 是对应凸轮转角 δ 的从动件位移。

由式(3－1)可以看出，在其他参数相同的情况下，基圆半径越小，凸轮压力角越大。为了减小最大压力角可以适当增大凸轮基圆半径。由于基圆半径增大会增加凸轮的尺寸，因此基圆半径不宜过大。

3.4.3 压力角与偏置 e 的关系

如图3－8所示，凸轮逆时针转动，$n-n$ 为接触点法线，从动件处于位置“1”时($e=0$)，该点位置压力角为 α。当从动件处于“2”位置，从动件有一右偏置，压力角减小；当从动件处于“4”位置，从动件有一较大的右偏置，这时该点位置的压力角较之前有所增加；当从动件处于“3”位置，为左偏置，压力角增加。

综上所述，当凸轮逆时针转动时，采取适当的右偏置可以减小凸轮机构的推程压力角，但同时会使回程压力角增大。

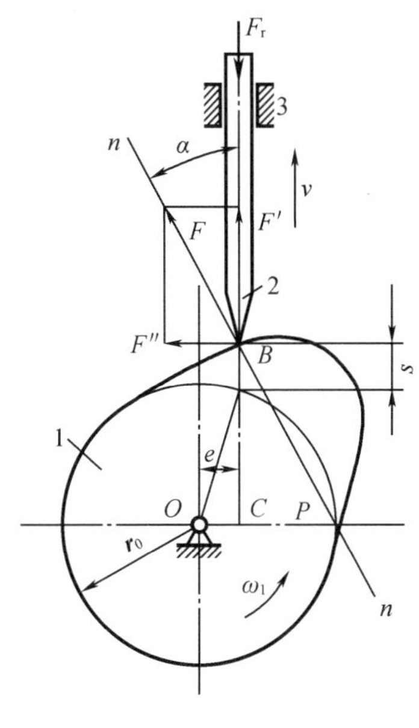

图3-7 凸轮机构压力角

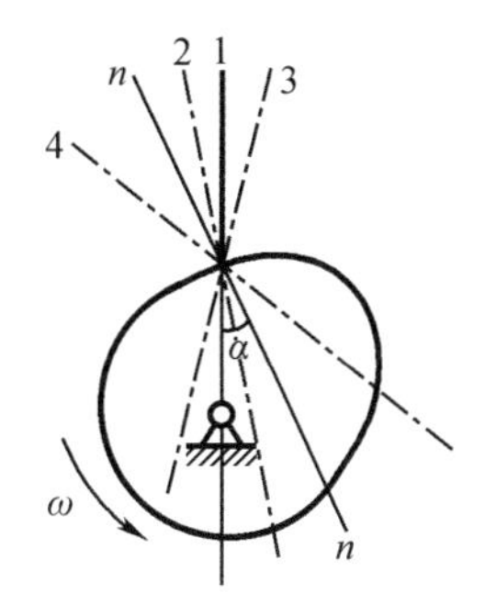

图3-8 不同偏置 e 时的压力角

3.5 盘形凸轮轮廓设计

凸轮轮廓设计方法分为图解法和解析法。图解法虽然直观,但精度较低,因此其仅适用于要求不高的场合。解析法设计的廓线精确,适用于要求较高的场合。

3.5.1 图解法设计盘形凸轮机构

设计凸轮廓线是采用反转法原理,即当尖底从动件凸轮机构以等角速度 ω 顺时针转动时,从动件按预期运动规律运动。现设想给该凸轮机构加一个等角速度 ω 逆时针转动时,显然凸轮机构中运动关系没变,但是根据运动合成,凸轮将静止不动,这时尖底运动的轨迹就是凸轮轮廓曲线。

1. 尖底偏置直动从动件盘形凸轮廓线的设计

在如图3-9(a)所示的凸轮机构中,若凸轮以等角速度 ω 顺时针旋转,基圆和偏距圆大小如图所示,图解法设计凸轮廓线步骤如下。

(1)选定凸轮转动中心 O,取与从动件位移曲线相同的比例尺,以 r_0 为半径作基圆,e 为半径作偏距圆,当前从动件("O"位置)为凸轮推程起始位置,从动件导路中心线与偏距圆相切。

(2)从动件位移线图如图3-9(b)所示,推程运动角为180°,远休止角为30°,回程运动角为90°,近休止角为60°,对线图进行若干等分。

(3)基于反转法原理,凸轮不动,从动件和机架以角速度 ω 逆时针转动,根据线图划分的角度分别作出从动件位置(保持与偏距圆相切),如图3-9(a)中"C_1","C_2",…,"C_9"等位置。

(4)根据从动件位移线图中位移量作出"B_1","B_2",…,"B_9"点,分别使 $B_1C_1=11'$,

$B_2C_2=22'$,…,$B_9C_9=99'$。

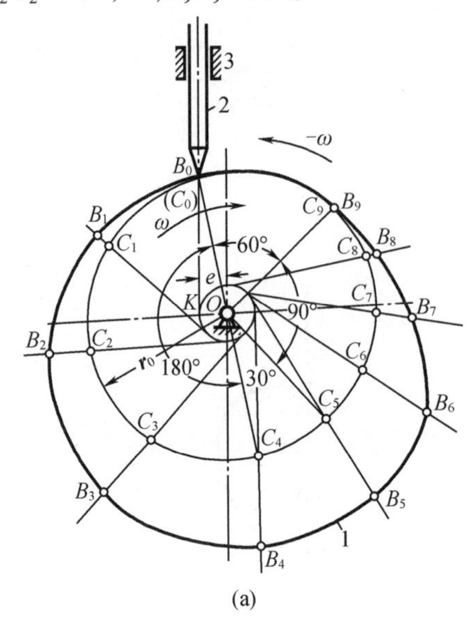

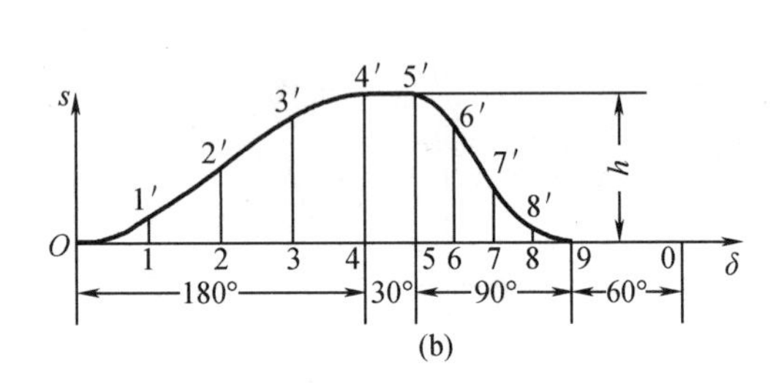

图 3－9 尖底直动偏置从动件凸轮机构

(5)将 B_0,B_1,B_2,…等点顺次连成光滑曲线(远、近休止部分用圆弧即可),就可得到所求的凸轮轮廓曲线。

同样的原理,不难作出对心从动件、偏置相反($-e$)、凸轮逆时针转动等条件下的凸轮轮廓曲线。

2. 偏置滚子直动从动件盘形凸轮廓线的设计

在设计滚子从动件盘形凸轮廓线的时候,首先设计滚子中心运动轨迹(即理论廓线 η,方法同上),然后在理论廓线上以滚子半径画出一系列的圆,作这些圆的包络线,如图 3－10 所示的曲线 η'和 η'',如果设计的凸轮是外凸轮,用 η'曲线作为工作廓线,否则用 η''曲线作为工作廓线。

需要指出的是,滚子半径的大小对凸轮的实际轮廓有很大的影响。当滚子半径 r_T 大于等于理论廓线最小曲率半径 ρ_{min}时,会使凸轮的实际轮廓产生尖点或失真(从动件部分运动规律无法实现)。因此,设计时建议取 $r_T \leq 0.8\rho_{min}$。

3. 平底直动从动件盘形凸轮廓线的设计

当从动件的端部是平底时,凸轮实际轮廓曲线的求法与滚子直动从动件相仿。如图 3－11 所示,首先作 B 点轨迹(即对心尖底直动从动件盘形凸轮廓线的设计),然后过 B_0,B_1,B_2,…等点作一系列平底,最后平底包络出的曲线即为凸轮工作廓线。从设计过程可以看出,对于平底直动从动件,只要不改变导路的方向,无论导路对心还是偏置,无论取哪一点为参考点,所得出的直线族和凸轮实际轮廓曲线都是一样的。

4. 尖底摆动从动件盘形凸轮廓线的设计

如图 3－12(a)所示,当采用反转法原理时,摆动中心 A 的轨迹是以凸轮转动中心 O 为圆心的圆弧,圆弧半径为 l_{OA}。作图步骤如下:

(1)选取适当作图比例尺,选定作出 O 点、基圆(半径 r_0)、摆动中心 A 的轨迹,选取 A 的初始点 A_0;

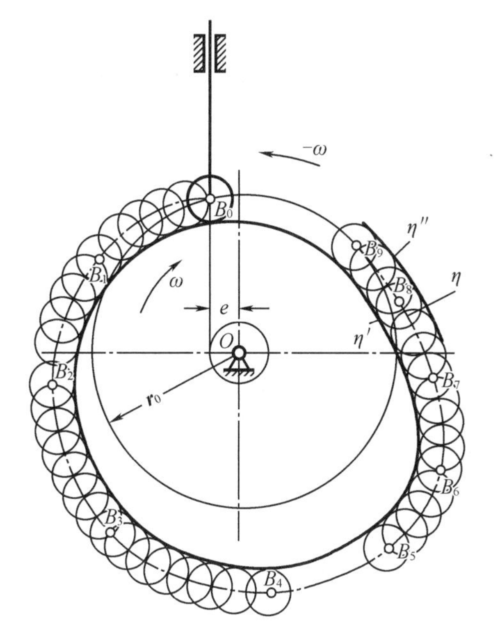

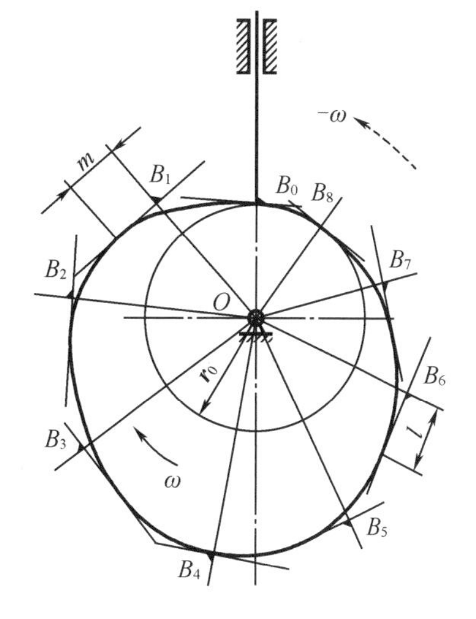

图 3－10　设计滚子直动从动件盘形凸轮　　　　**图 3－11　平底直动从动件盘形凸轮**

(2)等分摆动从动件角位移线图,如图 3－12(b)所示;

(3)根据从动件角位移,作出一系列 A 点位置,$\angle A_0OA_1=\angle A_1OA_2=\angle A_2OA_3=\angle A_3OA_4=45°$,$\angle A_4OA_5=30°$,$\angle A_5OA_6=\angle A_6OA_7=\angle A_7OA_8=\angle A_8OA_9=22.5°$;

(4)分别以 A_1,A_2,…为圆心,A_0B_0 为半径作圆弧,使$\angle C_1A_1B_1=\psi_1$,$\angle C_2A_2B_2=\psi_2$,…作出一些列 C 点,顺次连接 C_0,C_1,…形成的封闭光滑曲线即为凸轮的轮廓。

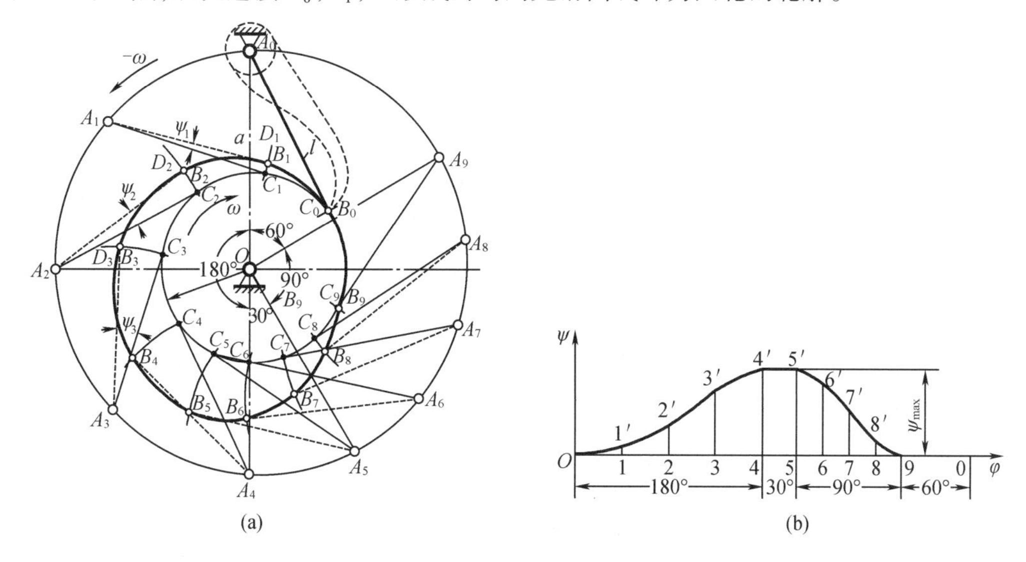

图 3－12　尖底摆动从动件盘形凸轮

3.5.2　解析法设计盘形凸轮机构

解析法设计凸轮轮廓就是列出凸轮轮廓的坐标表达式。现以如图 3－13(a)所示的偏

置尖底直动从动件盘形凸轮机构为例，当凸轮逆时针匀速转动时，图示位置 B 点坐标为

$$\begin{pmatrix} x' \\ y' \end{pmatrix} = \begin{pmatrix} e \\ \sqrt{r_0^2 - e^2} + s \end{pmatrix} \tag{3-2}$$

类似地，在图 3-13(b)所示的摆动尖底从动件凸轮机构中，取两转动中心为 x 轴，凸轮转动中心为坐标原点，摆杆从动件转动中心坐标为$(l_3, 0)$，推程起点坐标 $B_0(l_3 - l_2\cos\psi_0, l_2\sin\psi_0)$，其中 $\psi_0 = \arccos\dfrac{l_3^2 + l_2^2 - r_0^2}{2l_3 \cdot l_2}$，当凸轮转动 δ 角后接触点 B 坐标为

$$\begin{pmatrix} x' \\ y' \end{pmatrix} = \begin{pmatrix} l_3 - l_2\cos(\psi_0 + \psi) \\ l_2\sin(\psi_0 + \psi) \end{pmatrix} \tag{3-3}$$

式中，ψ 为对应凸轮转角 δ 的摆角。

对于平底直动从动件盘形凸轮(图 3-13(c))接触点 B 可以用下式表示，即

$$\begin{pmatrix} x' \\ y' \end{pmatrix} = \begin{pmatrix} l_{OP_{12}} \\ r_0 + s \end{pmatrix} = \begin{pmatrix} v/\omega \\ r_0 + s \end{pmatrix} \tag{3-4}$$

式中 v——从动件速度；

ω——凸轮转动角速度。

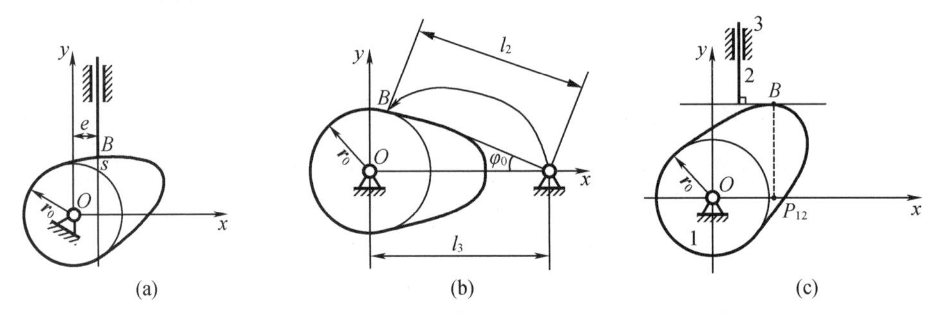

图 3-13 解析法设计凸轮轮廓

式(3-2)至式(3-4)均为凸轮转动而机架不动建立的接触点坐标，为了完整描述凸轮轮廓的表达式，必须应用反转法(凸轮不动而建立其轮廓表达式)，即上述公式引入凸轮转角 δ，因此对式(3-2)至式(3-4)用下式来修正，即

$$\begin{pmatrix} x \\ y \end{pmatrix} = \begin{bmatrix} \cos\delta & \sin\delta \\ -\sin\delta & \cos\delta \end{bmatrix} \begin{pmatrix} x' \\ y' \end{pmatrix} \tag{3-5}$$

当以滚子为从动件时，需要引入包络线方程(参考微分几何)，推导过程比较烦琐，这里仅给出实际轮廓曲线的参数表达式，即

$$\begin{cases} X = x \pm r_T \dfrac{dy/d\delta}{\sqrt{(dx/d\delta)^2 + (dy/d\delta)^2}} \\ Y = y \mp r_T \dfrac{dx/d\delta}{\sqrt{(dx/d\delta)^2 + (dy/d\delta)^2}} \end{cases} \tag{3-6}$$

式中 (x,y)——理论廓线任一点坐标，用尖底从动件的解析法求出；

“$\pm$”“$\mp$”——对应外、内包络线。

习　　题

3－1　凸轮机构中常见的凸轮形状与从动件的类型有哪些？各有何特点？

3－2　在直动从动件盘形凸轮机构中，试问同一凸轮采用不同端部形状的从动件时，其从动件运动规律是否相同？为什么？

3－3　设计滚子从动件盘形凸轮机构时，当出现运动失真时应该考虑用哪些方法消除？

3－4　什么是凸轮机构的压力角？它在凸轮机构的设计中有何意义？

3－5　当设计直动从动件盘形凸轮机构的凸轮廓线时，若机构的最大压力角超过了许用值，试问应采用什么措施降低压力角？

3－6　画出如图3－14所示凸轮机构的基圆半径 r_0 及机构在该位置的压力角 α。

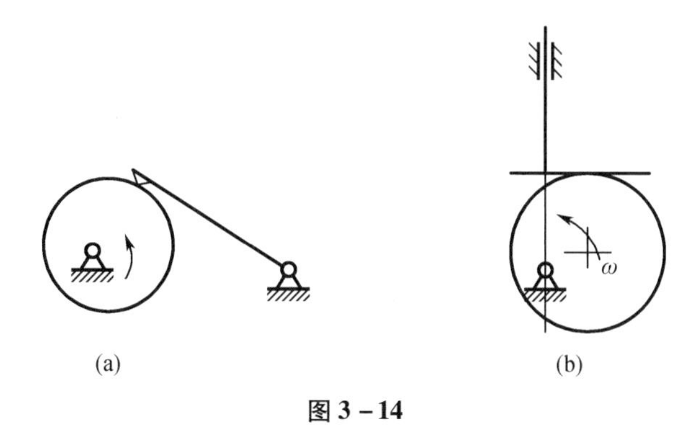

图3－14

3－7　在如图3－15所示的凸轮机构中，画出凸轮从图示位置转过70°时从动件的位置及从动件的位移 s。

3－8　已知一对心直动尖顶从动件盘状凸轮机构的凸轮轮廓曲线为一偏心圆，其直径 $D=50$ mm，圆盘几何中心到凸轮转动中心距离 $a=5$mm，如图3－16所示。试：

（1）画出基圆并计算 r_0；

（2）画出压力角 α。

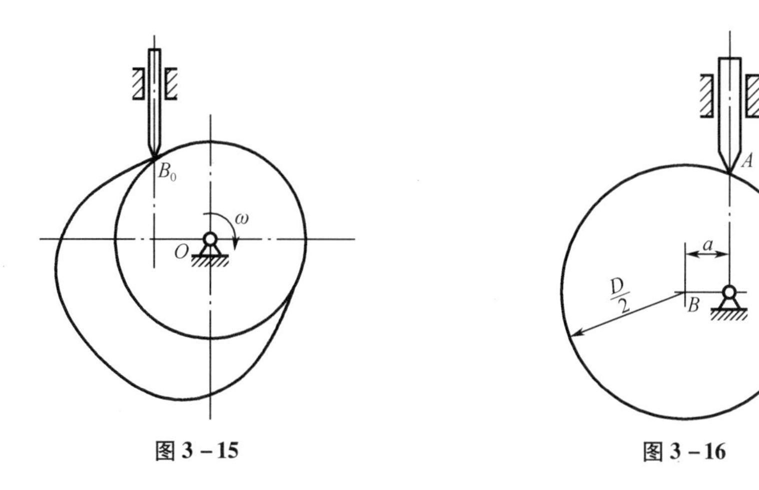

图3－15　　　　图3－16

3－9　在如图3－17所示的凸轮机构中，画出凸轮从图示位置转过45°时凸轮机构的压力角 α 及偏距圆。

3－10　如图3－18所示为偏置直动滚子从动件盘形凸轮机构，要求画出：

（1）凸轮的基圆；

（2）从升程开始到图示位置时从动件的位移 s、凸轮的转角 δ。

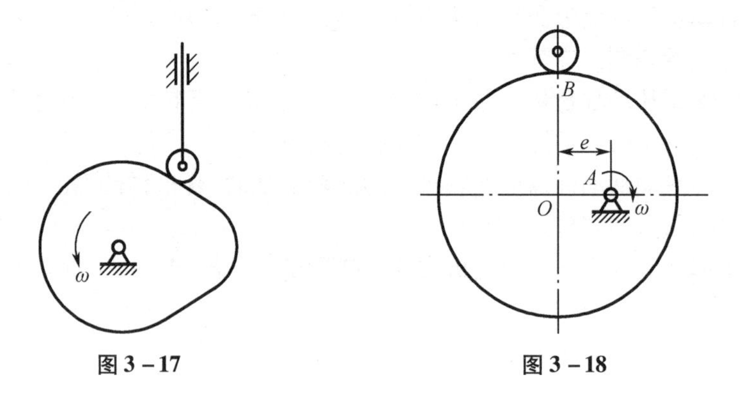

图3－17　　　　图3－18

3－11　在如图3－19所示的对心直动滚子从动件盘形凸轮机构中，凸轮的实际廓线为一圆，圆心在 O 点。半径 $R=40$ mm，凸轮绕回转中心 A 以逆时针方向转动，$L_{OA}=30$ mm，滚子半径 $r_T=10$ mm，试求：

（1）凸轮的基圆半径 r_0；

（2）从动件的行程 h。

3－12　在如图3－20所示的凸轮机构中，凸轮按逆时针方向转动，转动中心为 O 点，基圆半径 $r_{OB}=10$ cm，推程段廓线是以 A 为圆心的半圆，该圆半径 $R=AB=15$ cm。求在推程段，当从动杆与廓线接触点处压力角 $\alpha=20°$时，从动件位移 S 及凸轮相应转角 δ 的大小。

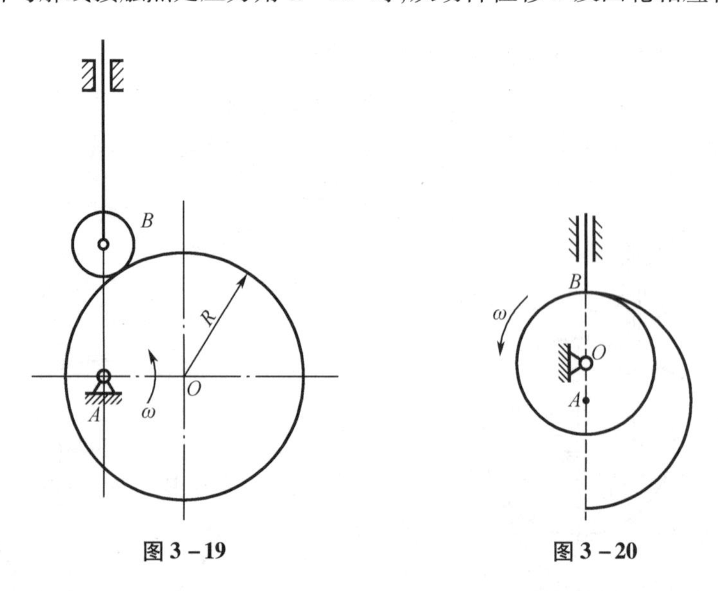

图3－19　　　　图3－20

3－13　在如图3－21所示的凸轮机构中，凸轮为一偏心圆盘，该圆盘几何中心为 A，半径 $R=6$ cm，又 $l_{AO}=2$ cm，$e=3$ cm，图示位置从动杆垂直 AO，原动件凸轮转向如图所示。试标出该位置从动件压力角 α 及从动件的行程 h,并计算出 α,h 的大小。

3-14 在如图3-22所示的凸轮机构中,已知基圆半径 $r_0=25$ mm,$\angle AOO'=90°$,凸轮廓线是以 O'为圆心的圆弧。当凸轮由图示位置转过45°时,求:

(1)从动件位移 s;

(2)凸轮机构的压力角 α。

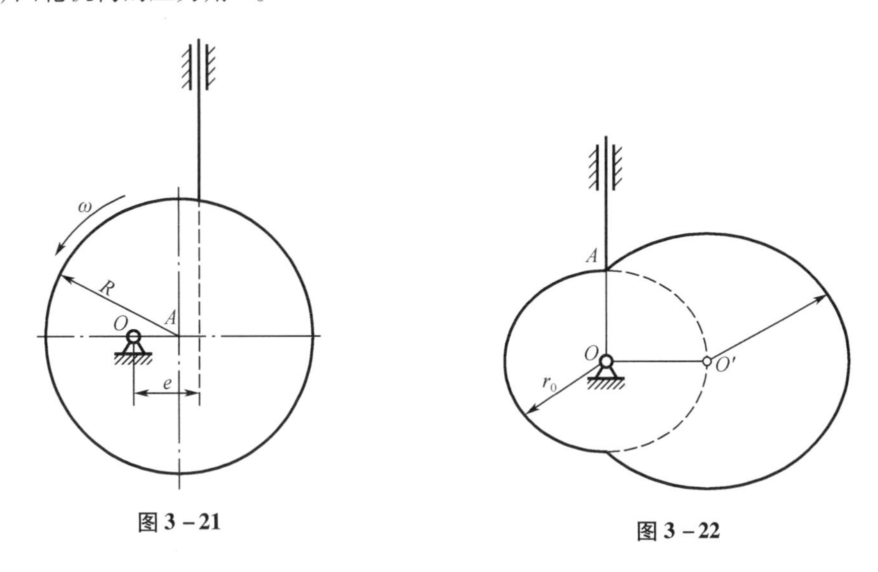

图3-21

图3-22

3-15 设计一对心式直动滚子从动件盘型凸轮机构。已知凸轮顺时针等速回转,从动件的运动规律为:当凸轮转过120°时,从动件以等加速度(或等减速度)规律上升50 mm;当凸轮继续回转60°时,从动件停留不动;当凸轮再转90°时,从动件以余弦加速度规律下降到初始位置;当凸轮再转90°时,从动件停留不动。凸轮基圆半径为60 mm,滚子直径为15 mm,试绘制该凸轮的轮廓曲线。

第4章　齿轮机构

4.1　齿轮机构的分类

齿轮机构用于传递空间任意两轴之间的运动和力,它是现代机械中应用最广泛的一种传动机构。其主要特点是:适用圆周速度和功率范围广、效率较高、传动比稳定、寿命和可靠性好,但同时要求较高的制造和安装精度,且不适合远距离传动。齿轮机构种类很多,按照一对齿轮传动的角速度比是否恒定,可以将齿轮机构分为圆形齿轮机构和非圆形齿轮机构两大类。非圆形齿轮机构的传动比是变化的,即主动齿轮等角速度转动时,被动齿轮按一定规律做变角速度转动。非圆齿轮机构常用于一些具有特殊要求的机械中。圆形齿轮机构的传动比及角速度是固定的,即主、被动齿轮均为等速转动,因此传动平稳,广泛应用于现代机械中。圆形齿轮机构又可以分为平面齿轮机构和空间齿轮机构。

4.1.1　平面齿轮机构

平面齿轮机构用于传递两平行轴之间的运动和力。由于其常用齿轮为圆柱形,因此又称其为圆柱齿轮。根据轮齿排列方向的不同,其可分为直齿圆柱齿轮机构、平行轴斜齿圆柱齿轮机构和人字齿圆柱齿轮机构。

1. 直齿圆柱齿轮机构

直齿圆柱齿轮简称直齿轮,其轮齿与齿轮转动轴线平行。按应用情况,其可分为外啮合直齿圆柱齿轮,两轮转动方向相反,如图4-1(a)所示;内啮合直齿圆柱齿轮,两轮转动方向相同,如图4-1(b)所示;齿轮齿条机构,一齿轮演化为均匀排列着齿的板条,即齿条,齿条做直线往复运动,如图4-1(c)所示。

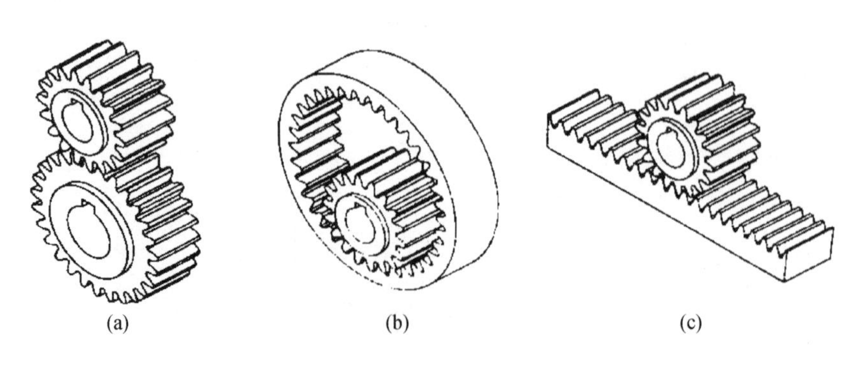

图4-1　直齿圆柱齿轮机构

(a)外啮合;(b)内啮合;(c)齿轮齿条

2. 平行轴斜齿圆柱齿轮机构

斜齿圆柱齿轮简称斜齿轮，其轮齿与齿轮转动轴线倾斜一个角度，如图4－2所示。按应用情况，其可分为外啮合斜齿圆、内啮合斜齿轮和斜齿轮齿条机构。

3. 人字齿圆柱齿轮机构

人字齿圆柱齿轮的齿形相当于由两个全等，但齿向倾斜方向相反的斜齿轮拼接而成，如图4－3所示。

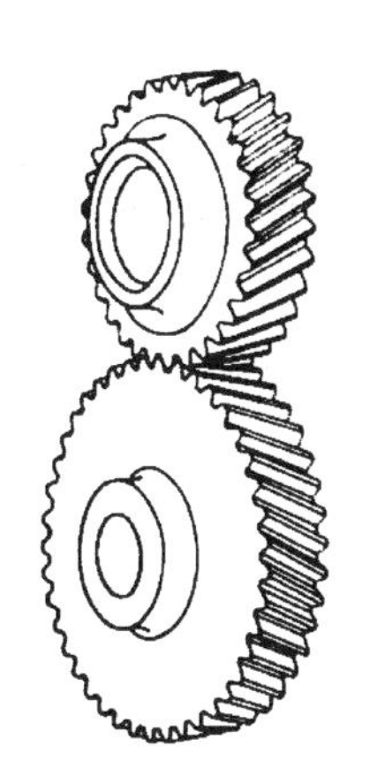

图4－2　平行轴斜齿圆柱齿轮机构

图4－3　人字齿圆柱齿轮机构

4.1.2　空间齿轮机构

空间齿轮机构用于传递两轴相交或交错之间运动和力。常见类型有圆锥齿轮机构、交错轴斜齿轮机构和蜗杆机构等。

1. 圆锥齿轮机构

圆锥齿轮机构两齿轮轴线相交，其轮齿均匀排列在圆锥体表面，有直齿、斜齿和曲线齿之分，如图4－4所示。

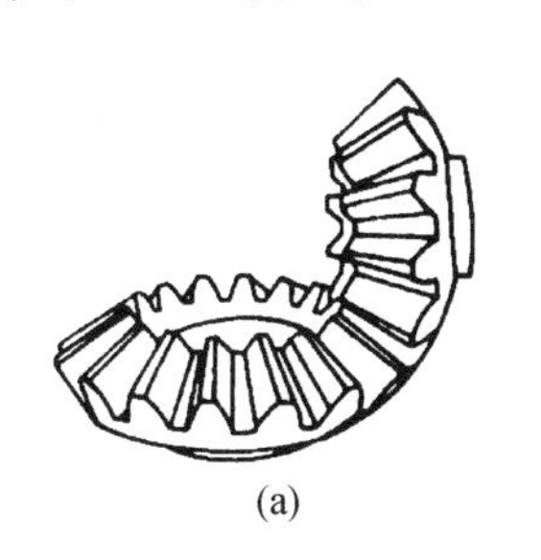

(a)

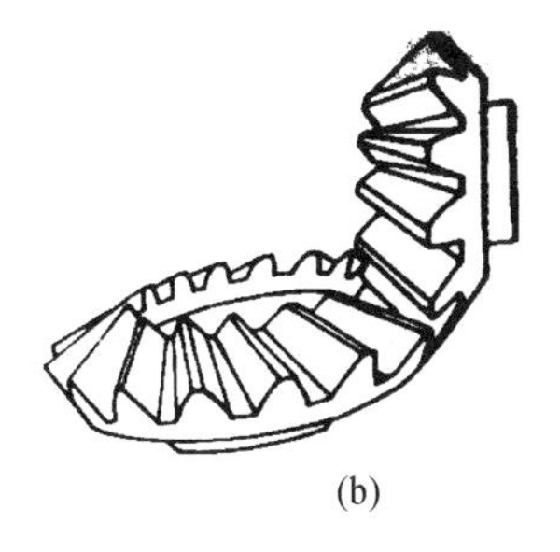

(b)

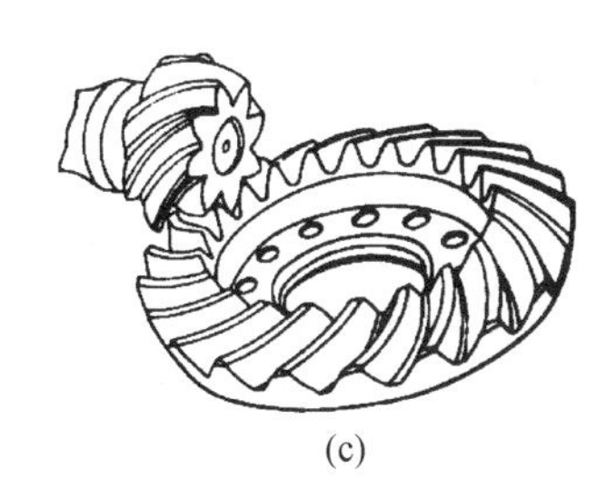

(c)

图4－4　圆锥齿轮机构

(a)直齿；(b)斜齿；(c)曲线齿

2. 交错轴斜齿轮机构

交错轴斜齿轮机构是由两个斜齿轮组成的两轮轴线成空间交错的齿轮机构，如图4－5所示。

3. 蜗杆机构

蜗杆机构的两轴一般是垂直交错的，如图4－6所示。

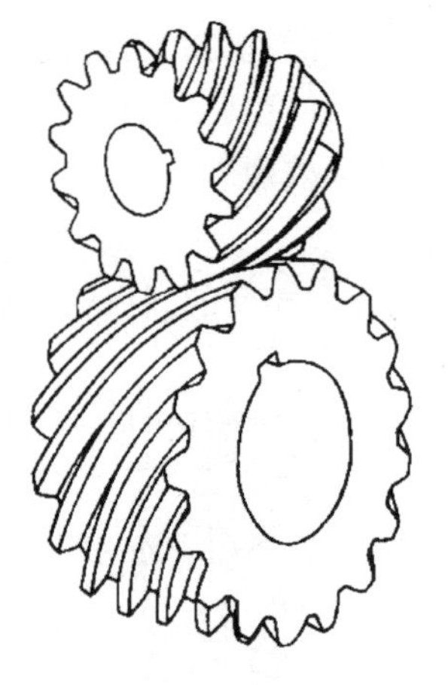

图 4-5 交错轴斜齿轮机构

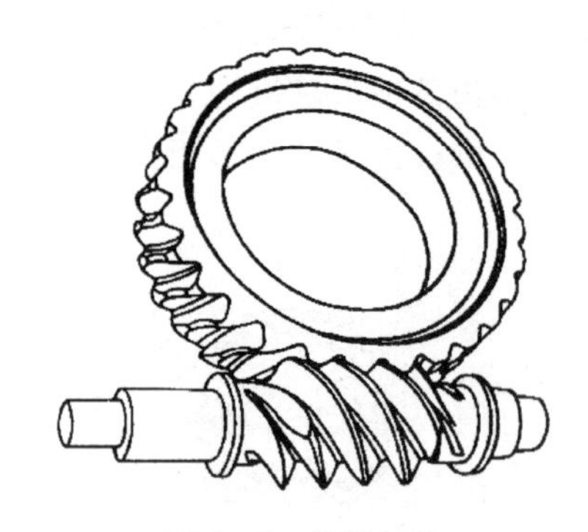

图 4-6 蜗杆机构

4.2 齿廓啮合基本定律

齿轮机构是依靠主动轮的齿廓推动从动轮的齿廓来实现运动的传递。两轮的瞬时角速度之比称为传动比 i,当不考虑转动方向时,传动比 i 的定义式为

$$i_{12}=\frac{\omega_1}{\omega_2} \tag{4-1}$$

通常情况下,主动轮用“1”表示,从动轮用“2”表示。

若齿廓曲线的形状不同,则两轮的瞬时传动比的变化规律也不同,即传动比可能是变化的,也可能是恒定的。在齿轮传动中,如果传动比是变化的,那么当主动齿轮等角速度转动时,从动齿轮的转动就是变角速度的,这样在传动过程中会产生惯性,进而影响强度并引起振动等。

如图 4-7 所示,当图示两齿轮的一对齿廓 E_1,E_2 在 K 点接触,过 K 点作两齿廓的公法线 $n-n$,它与连心线 O_1O_2 的交点 C 称为节点(即齿轮相对速度瞬心)。式(4-1)可以进一步表示为

$$i_{12}=\frac{\omega_1}{\omega_2}=\frac{O_2C}{O_1C} \tag{4-2}$$

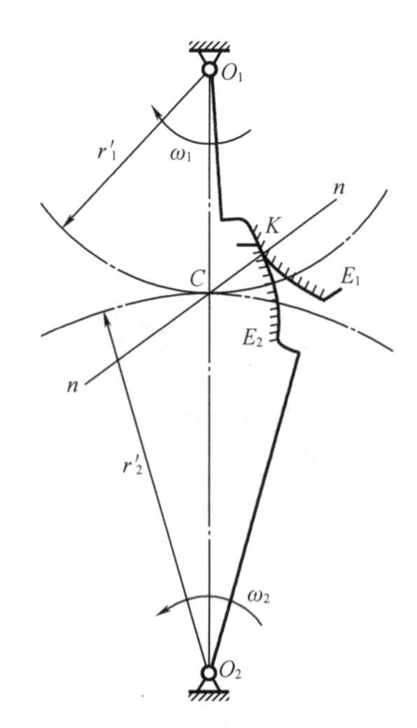

图 4-7 齿廓实现定传动比的条件

可以看出,在齿轮连续转动过程中,传动比是否变化取决于 C 点是否变化。如果传动比恒定,节点 C 位置固定不变,节点 C 在齿轮上画过的节曲线是两个圆,称为节圆,这种齿轮称为圆形齿轮。如果传动比是变化的,节点 C 在齿轮上画过的节曲线是两个非圆曲线,这种齿轮称为非圆齿轮。

综上所述,如果一对齿轮的传动比和中心距给定,那么节曲线就唯一确定。若要求一对

齿轮按给定变化规律的传动比实现运动的传递,则两轮的齿廓曲线必须满足的条件是:在啮合传动的瞬时,两轮齿廓曲线在相应的接触点的公法线必须通过按给定传动比确定的节点,这一条件称为齿廓啮合的基本定律。

凡满足齿廓啮合基本定律的一对齿轮的齿廓称为共轭齿廓。理论上,可用作共轭齿廓的曲线有无穷多种,但选择时还应考虑制造、安装和强度等要求。对于定传动比的齿轮机构,常用的齿廓曲线有渐开线、摆线和圆弧曲线等。

由于渐开线齿廓易于制造和安装,因此大多数齿轮齿廓都采用渐开线作为齿廓曲线。

4.3 渐开线及渐开线齿廓

4.3.1 渐开线

1. 渐开线的形成

如图4-8所示,当一条直线 $n-n$ 沿一固定圆做纯滚动时,该线上任意一点 K 在平面上的轨迹称为这个圆的渐开线。这个圆称为基圆,半径用 r_b 表示,直线 $n-n$ 称为发生线。

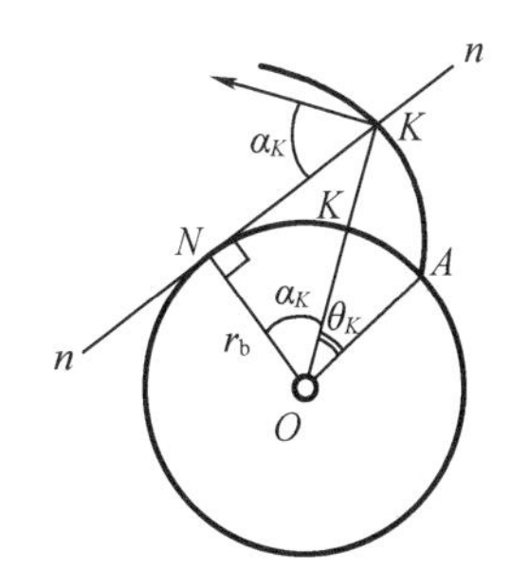

图4-8 渐开线的形成

2. 渐开线性质

根据渐开线的形成,可知渐开线有以下性质:

(1)发生线上沿基圆上滚过的长度等于基圆上被滚过的弧长,即 $\overline{NK}=\overset{\frown}{NA}$;

(2)渐开线上任一点法线与基圆相切;

(3)渐开线上各点的曲率半径不等;

(4)渐开线的形状取决于基圆的大小;

(5)基圆内无渐开线。渐开线是从基圆开始向外展开的,因此基圆内无渐开线。

3. 渐开线方程

如图4-8所示,渐开线上任一点 K 的向径 r_K 与起始点 A 之间的夹角 $\angle AOK$ 称为渐开线 AK 段的展角,用 θ_K 表示。若以此渐开线作齿轮的齿廓,当两齿轮在 K 点啮合时,其正压力方向沿着点 K 的法线方向,而 K 点的速度与向径垂直,因此 K 点的压力角为 α_K,且

$$\cos\alpha_K=\frac{r_b}{r_K} \tag{4-3}$$

可以看出渐开线上各点的压力角是不相等的,向径越大压力角越大。

在图4-8中,展角 θ_K 可以表示为

$$\theta_K=\angle NOA-a_K=\frac{\overset{\frown}{NA}}{r_b}-\alpha_K=\frac{\overline{NK}}{r_b}-\alpha_K=\tan\alpha_K-\alpha_K$$

即

$$\theta_K=\mathrm{inv}\,\alpha_K=\tan\alpha_K-\alpha_K \tag{4-4}$$

$\mathrm{inv}\,\alpha_K$称渐开线函数,式(4-3)与式(4-4)合称为渐开线方程。

4.3.2 渐开线齿廓

由渐开线的性质可知,过 K 点作两齿廓的公法线必同时与两基圆相切,即公法线为内公切线,如图 4－9 所示。在传动过程中,基圆的大小和位置均不变,所以公法线与连心线相交一固定点 C,渐开线齿轮的瞬时传动比是恒定不变的。

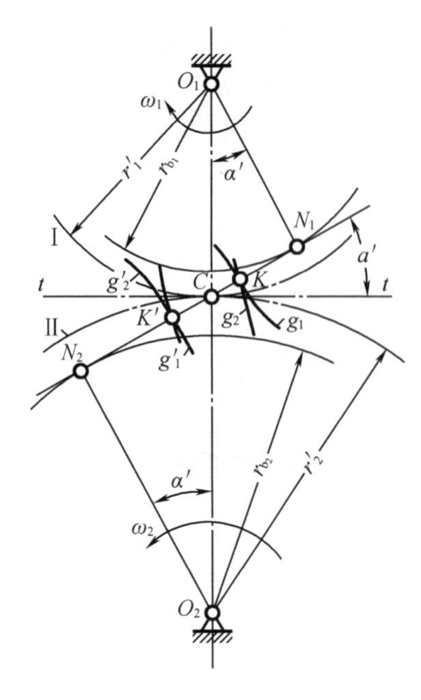

图 4－9 渐开线齿轮的啮合

渐开线齿廓啮合具有以下特点:

1. 渐开线齿廓啮合的啮合线是直线

各瞬时两齿廓接触点在机架固定平面上的轨迹称为啮合线,显然啮合线 N_1N_2 是直线,且一对渐开线齿廓的啮合线、公法线和两基圆内公切线三线重合。

2. 渐开线齿廓啮合的啮合角不变

两齿轮啮合的任一瞬时,过接触点的齿廓公法线与两轮节圆公切线之间所夹的锐角称为啮合角,用 α' 表示。显然渐开线齿廓的啮合角是不变的。在齿轮传动中,两齿廓间正压力的方向是沿接触点公法线方向,该方向随啮合角的变化而变化。渐开线齿廓啮合角不变,故齿廓间正压力的方向也始终不变。这对齿轮传动的平稳性是十分有利的。

3. 渐开线齿廓啮合具有可分性

如图 4－9 所示,渐开线齿轮的传动比也可以表示为基圆半径的反比,因此当两轮中心距略有改变时,两齿轮传动比仍能维持不变。这一特点对渐开线齿轮的制造、安装都十分有利。

4.4 渐开线标准直齿圆柱齿轮的主要参数和标准齿轮的尺寸

4.4.1 齿轮各部分名称

图 4－10 所示为一直齿圆柱外齿轮的一部分,齿轮上每一个用于啮合的凸起部分称为齿。每个齿都有两个对称分布的齿廓。

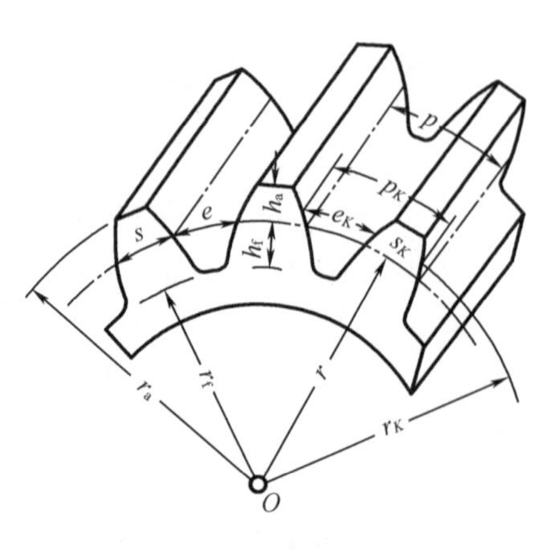

图 4－10 直齿圆柱外齿轮

1. 轮齿和齿槽

齿轮上的每一个用于啮合的凸起部分,均称为轮齿。在齿轮圆周上均匀分布的轮齿总数称为齿数,用 z 表示。齿轮上相邻轮齿之间的空间,称为齿槽。

2. 齿顶圆和齿根圆

通过齿轮所有轮齿顶部的圆,称为齿顶圆,其直径和半径分别用 d_a 和 r_a 表示。

通过齿轮所有齿槽底部的圆,称为齿根圆,其直径

和半径分别用 d_f 和 r_f 表示。

3. 齿厚、齿槽宽和齿距

在任意半径 r_K 的圆周上，一个轮齿两侧齿廓之间的弧长，称为该圆上的齿厚，用 s_K 表示。一个齿槽两侧齿廓之间的弧长，称为该圆上的齿槽宽，用 e_K 表示。相邻两齿同侧齿廓间的弧长，称该圆上的齿距，用 p_K 表示。齿距等于齿厚与齿槽宽之和，即 $p_K = s_K + e_K$。

4. 模数与标准模数

由齿距定义可知 $\pi d_K = p_K z$，则 $d_K = \dfrac{p_K}{\pi}z$，令 $m_K = \dfrac{p_K}{\pi}$，则 $d_K = m_K z$。

m_K 称为该圆上的模数，单位为 mm。为了便于设计、制造和互换，规定一个特定圆上的模数为标准值，称为标准模数，用 m 表示。标准模数如表 4－1 所示。模数是设计和制造齿轮的一个重要参数，模数的大小直接反映出齿轮的大小。

表 4－1　齿轮标准模数系列(GB/T 1357—2008)

第一系列	1	1.25	1.5	2	2.5	3	4	5	6
	8	10	12	16	20	25	32	40	50
第二系列	1.125	1.375	1.75	2.25	2.75	3.5	4.5	5.5	(6.5)
	7	9	11	14	18	22	28	36	45

注：1. 优先选用第一系列，括号内的模数尽可能不用。
2. 对于斜齿轮是指法向模数 m_n。

5. 标准压力角

渐开线齿廓上各点的压力角是不同的。为了便于设计和制造，将在特定圆上的压力角规定为标准值，这个标准值称为标准压力角。我国规定标准压力角为20°。

6. 分度圆

在齿轮上人为取一特定圆，使这个圆上具有标准模数，并使该圆上的压力角也为标准值，此圆称为分度圆，其直径和半径分别用 d 和 r 表示。为了简便，分度圆上的所有参数的符号不带下标，如分度圆的模数为 m，直径为 d，压力角为 α 等。

分度圆位于齿顶圆和齿根圆之间，是计算齿轮各部分尺寸的基准圆，$d = mz$。当齿数一定时，模数大的齿轮，其分度圆直径就大，轮齿也大，齿轮的承载能力也就大。

7. 齿顶和齿根

介于分度圆和齿顶圆之间的部分称为齿顶。介于分度圆和齿根圆之间的部分称为齿根。

8. 齿顶高、齿根高和齿高

齿顶的径向距离称为齿顶高，用 h_a 表示；齿根的径向距离称为齿根高，用 h_f 表示；齿顶圆和齿根圆之间的径向距离称为齿高，用 h 表示。齿高是齿顶高与齿根高之和，即 $h = h_a + h_f$。

9. 齿宽

齿轮的有齿部分沿齿轮轴线方向度量的宽度称为齿宽，用 b 表示。

10. 中心距

两个圆柱齿轮轴线之间的距离,称为中心距,用 a 表示。

4.4.2 标准齿轮的基本参数

如果一个齿轮的模数 m、压力角 α、齿顶高系数 h_a^*、顶隙系数 c^* 均为标准值,并且分度圆上的齿厚 s 与齿槽宽 e 相等,即 $s=e=\frac{p}{2}=\frac{m\pi}{2}$,则该齿轮称为标准齿轮。

标准直齿圆柱齿轮的基本参数有五个,即 z,m,α,h_a^*,c^*。其中我国的规定 h_a^*,c^* 标准值为:

对于正常齿制

$$h_a^*=1,c^*=0.25$$

对于短齿制

$$h_a^*=0.8,c^*=0.3$$

标准齿顶高和齿根高为

$$h_a=h_a^* m \tag{4-5}$$

$$h_f=h_a+c=h_a^* m+c^* m \tag{4-6}$$

其中,c 为顶隙,指的是在一对齿轮啮合传动中,一个齿轮的齿顶圆与另一个齿轮的齿根圆之间的径向距离。

4.4.3 标准齿轮的尺寸计算

标准直齿圆柱齿轮的所有尺寸均可用上述五个基本参数表示,各部分尺寸计算公式如表 4-2 所示。

表 4-2 外啮合标准直齿圆柱齿轮几何尺寸的计算公式

名称	符号	计算公式
分度圆直径	d	$d=mz$
基圆直径	d_b	$d_b=d\cos\alpha$
齿顶高	h_a	$h_a=h_a^* m$
齿根高	h_f	$h_f=h_a^* m+c^* m$
齿高	h	$h=h_a+h_f$
顶隙	c	$c=c^* m$
齿顶圆直径	d_a	$d_a=d+2h_a$
齿根圆直径	d_f	$d_f=d-2h_f$
齿距	p	$p=m\pi$
齿厚	s	$s=\frac{p}{2}=\frac{m\pi}{2}$
齿槽宽	e	$e=\frac{p}{2}=\frac{m\pi}{2}$
标准中心距	a	$a=\frac{m(z_1+z_2)}{2}$

4.4.4 齿条

当基圆半径趋向无穷大时，渐开线齿廓变成直线齿廓，齿轮变成齿条，齿轮上的各圆都变成齿条上相应的线。如图4－11所示，齿条上同侧齿廓互相平行，所以齿廓上任意点的齿距都相等，但只有在分度线上齿厚与齿槽宽才相等。齿条齿廓上各点压力角都相等，均为标准值。齿廓的倾斜角称为齿形角，其大小与压力角相等。

4.4.5 内齿轮

内齿轮的轮齿是内凹的，如图4－12所示。其齿厚和齿槽宽分别对应于外齿轮齿槽宽和齿厚。内齿轮的齿顶圆小于分度圆，而齿根圆大于分度圆。为了正确啮合，内齿轮的齿顶圆必须大于基圆。

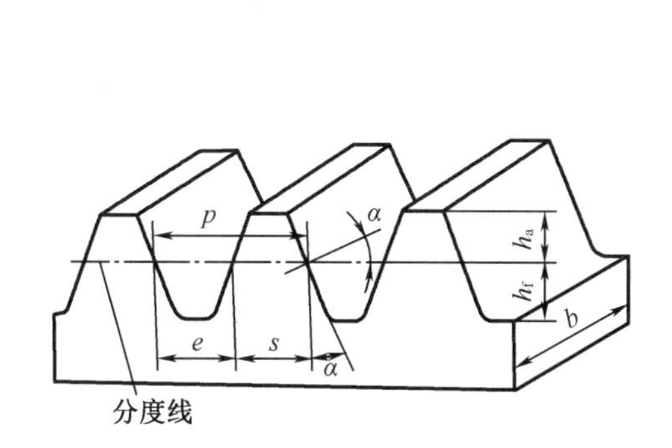

图4－11 标准齿条

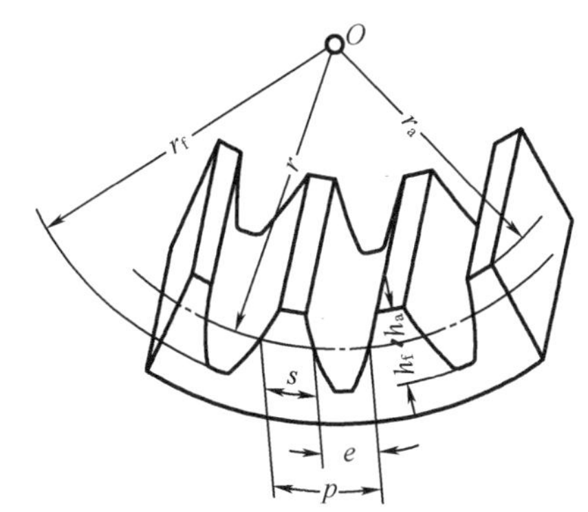

图4－12 内齿轮

4.4.6 任意圆上的齿厚

在设计和检验齿轮时，常常需要知道某一圆上的齿厚。例如，为了检查齿顶强度，需计算齿顶圆上的齿厚；或者为了确定齿侧间隙而需要计算节圆上的齿厚等。

如图4－13所示为外齿轮的一个齿。图中 r,s,α,θ 分别为分度圆的半径、齿厚、压力角和展角，β 为 s_K 所对应的圆心角。由于

$$\beta = \angle COC' - 2\angle COK = \frac{s}{r} - 2(\theta_K - \theta)$$

可得

$$s_K = r_K\beta = \frac{s}{r}r_K - 2r_K(\theta_K - \theta) = s\frac{r_K}{r} - 2r_K(inv\,\alpha_K - inv\,\alpha) \quad (5-7)$$

其中，$\alpha_K = \arccos\frac{r_b}{r_K}$。

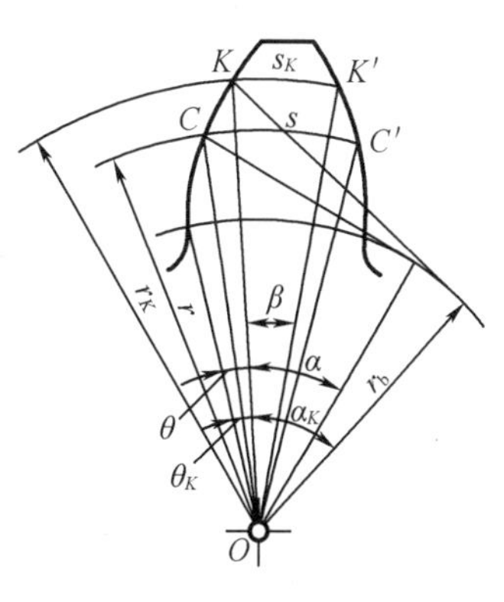

图4－13 齿厚计算

4.5 渐开线直齿圆柱齿轮的啮合传动

4.5.1 正确啮合条件

齿轮传动时,每一对齿仅啮合一段时间便要分离,而由后一对齿线接替。如图 4-14 所示,当前一对齿在啮合线上 K 点接触时,其后一对齿应在啮合线上另一点 K' 接触,这样前一对齿分离时,后一对齿才能不中断地接替传动。令 K_1 和 K_1' 表示轮 1 齿廓上的啮合点,K_2 和 K_2' 表示轮 2 齿廓上的啮合点。为了保证前、后两对齿有可能同时在啮合线上接触,轮 1 相邻两齿同侧齿廓间法线的距离 K_1K_1' 应与轮 2 相邻两齿同侧齿廓沿法线的距离 K_2K_2' 相等,即

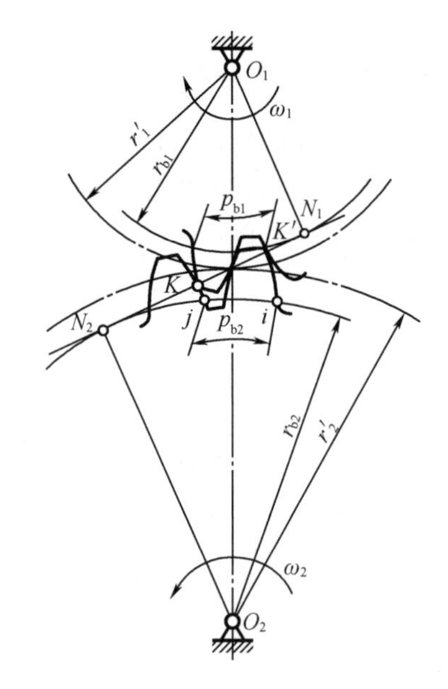

图 4-14 断开线齿轮正确啮合

$$K_1K_1' = K_2K_2'$$

设 $m_1, m_2, \alpha_1, \alpha_2, p_{b1}, p_{b2}$ 分别为两轮的模数、压力角和基圆齿距,根据渐开线性质,由轮 2 可得

$$K_2K_2' = N_2K' - N_2K = \widehat{N_2i} - \widehat{N_2j} = \widehat{ji} = p_{b1} = \frac{\pi d_{b2}}{z_2}$$

$$= \frac{\pi d_2}{z_2}\frac{d_{b2}}{d_2} = p_2\cos\alpha_2 = \pi m_2\cos\alpha_2$$

同理,由轮 1 可得

$$K_1K_2' = p_1\cos\alpha_2 = \pi m_1\cos\alpha_2$$

代入前式得正确啮合条件

$$m_1\cos\alpha = m_2\cos\alpha_2$$

由于模数和压力角已经标准化,事实上难以拼凑满足上述关系,所以必须使

$$m_1 = m_2 = m \tag{4-8}$$

$$\alpha_1 = \alpha_2 = \alpha \tag{4-9}$$

式(4-8)及式(4-9)表明,渐开线齿轮的正确啮合条件是两轮的模数和压力角必须分别相等。

这样,一对齿轮的传动比可表示为

$$i_{12} = \frac{\omega_1}{\omega_2} = \frac{d_2'}{d_1'} = \frac{d_{b2}}{d_{b1}} = \frac{d_2}{d_1} = \frac{z_2}{z_1} \tag{4-10}$$

4.5.2 正确安装条件

1. 齿侧间隙

一对齿轮传动时,两轮的节圆做纯滚动。一个齿轮节圆上的齿槽宽与另一个齿轮节圆上的齿厚之差称为齿侧间隙。在渐开线齿轮加工和齿轮传动中均要求无侧隙啮合。

实际上,为了保证轮齿齿面的润滑,避免轮齿因摩擦发生热膨胀而产生卡死现象,以及为了补偿制造、安装误差等,在齿轮传动过程中齿侧应留有适当的侧隙。此侧隙一般在制造

齿轮时由齿轮的公差来保证，而在设计计算齿轮尺寸时仍按无侧隙计算。

2. 标准安装

为了避免冲击、振动、噪声等，理论上齿轮传动应为无侧隙啮合。因此在设计时，标准安装就是按齿侧无间隙来设计其中心距尺寸。

由标准齿轮的定义可知，标准齿轮分度圆上的齿厚等于齿槽宽，而两轮要正确啮合必须保证 $m_1=m_2$，所以若要保证无侧隙啮合，就要求分度圆与节圆重合，即分度圆和节圆的直径相等。这样的安装称为标准安装，此时的中心距称为标准中心距，用 a 表示，即

$$a=r_1'+r_2'=r_1+r_2=\frac{m(z_1+z_2)}{2} \tag{4-11}$$

3. 非标准安装

当实际中心距（安装中心距）与标准中心距不相等时，节圆半径就会发生变化，这时分度圆与节圆分离，这样的安装称为非标准安装。非标准安装时啮合线位置变化，啮合角也发生变化，此时中心距为

$$a'=r_1'+r_2'=\frac{r_{b1}}{\cos\alpha'}+\frac{r_{b2}}{\cos\alpha'}=(r_1+r_2)\frac{\cos\alpha}{\cos\alpha'}=a\frac{\cos\alpha}{\cos\alpha'} \tag{4-12}$$

4. 顶隙

在一对齿轮啮合传动中，一个齿轮的齿根圆与另一个齿轮的齿顶圆之间在径向方向留有的间隙，称为标准顶隙，简称顶隙，用 c 表示。其值为一齿轮的齿根高减去另一齿轮的齿顶高，即

$$c=(h_a^*+c^*)m-h_a^*m=c^*m \tag{4-13}$$

顶隙的作用有两个：一是可以避免一个齿轮的齿顶与另一个齿轮齿槽底部发生顶死现象；二是为了储存润滑油以润滑齿廓表面。

5. 齿轮齿条啮合

当齿轮齿条啮合时，相当于齿轮的节圆与齿条的节线做纯滚动。当采用标准安装时，齿条的节线与齿轮的分度圆相切，此时 $a=a'$。当齿条远离或靠近齿轮时（相当于齿轮中心距改变），由于齿条的齿廓是直线，所以啮合线位置不变，啮合角不变，节点位置不变，所以不管是否为标准安装，齿轮与齿条啮合时齿轮的分度圆永远与节圆重合，啮合角恒等于压力角。但只有在标准安装时，齿条的分度线才与节线重合。

4.5.3 连续传动条件

齿轮传动是依靠两轮的轮齿依次啮合而实现的。为了保证一对渐开线齿轮能够连续传动，当前一对啮合轮齿在终止啮合时，后一对轮齿就必须已进入啮合或刚刚进入啮合，也就是说同时啮合的轮齿对数必须有一对或一对以上。只有这样，才能保证传动的连续进行。

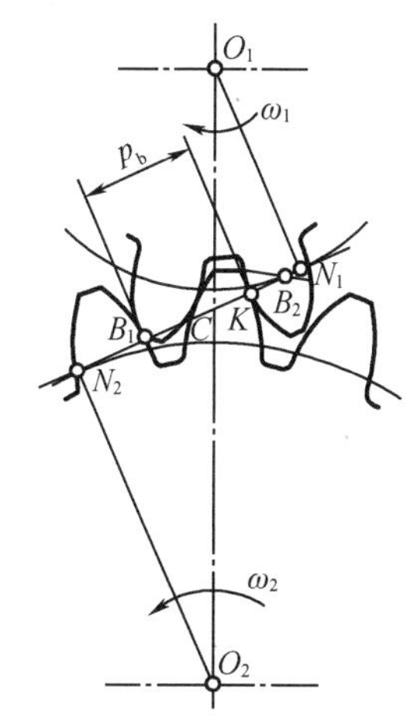

图 4-15 齿轮传动的重合度

如图 4-15 所示，齿轮 1 为主动轮时，齿轮 2 为从动轮，一对轮齿的啮合过程是主动齿轮的齿根推动从动轮的齿顶开始的，因此起始啮合点 B_2 是从动轮齿顶圆与啮合线 N_1N_2 的交点。随着齿轮传动的进行，两齿廓的啮合点沿啮合线向左下方移动。当啮合点移至主动轮的齿顶圆与啮合线 N_1N_2 的交点 B_1 时，齿廓啮合终止，B_1 为终止

啮合点。由此可见 B_1B_2 为齿廓啮合的实际啮合线段。显然,随着齿顶圆的增大,B_1B_2 线段可以加长,但因基圆内无渐开线,所以不会超过 N_1 和 N_2 点,N_1,N_2 点称为啮合极限点,N_1N_2 为理论上可能的最长啮合线段,称为理论啮合线段。

显然,为了保证连续传动实际啮合线段 B_1B_2 和 p_b 应满足

$$\overline{B_1B_2} \geqslant p_b$$

令

$$\varepsilon = \frac{B_1B_2}{p_b} \geqslant 1 \tag{4-14}$$

式中,ε 称为重合度,它表示一对齿轮在啮合过程中,同时参与啮合的轮齿的对数,其反映了齿轮传动的连续性。ε 大,表明同时参与啮合轮齿的对数多,每对齿的载荷小,载荷变动量也小,传动平稳。

4.6 渐开线齿廓的切齿原理

齿轮加工的方法很多,如铸造法、冲压法、挤压法及切削法等,其中最常用的方法是切削法。齿轮切削加工的工艺很多,但就其原理可分为两大类,即仿形法和展成法。

4.6.1 仿形法(成形法)

仿形法是在普通铣床上利用渐开线齿形的成形铣刀将齿坯齿槽部分的材料铣掉来切制齿形的一种加工方法。在刀具的轴向剖面内,刀刃的形状与齿坯齿槽的齿廓形状完全相同。常用的刀具有图 4-16(a)所示的盘状铣刀和图 4-16(b)所示的指状铣刀两种。加工时,铣刀绕自身的轴线旋转,同时齿坯沿齿轮轴线方向做直线运动。铣出一个齿槽后,再铣下一个齿槽。其余依此类推,直到加工出全部的轮齿。

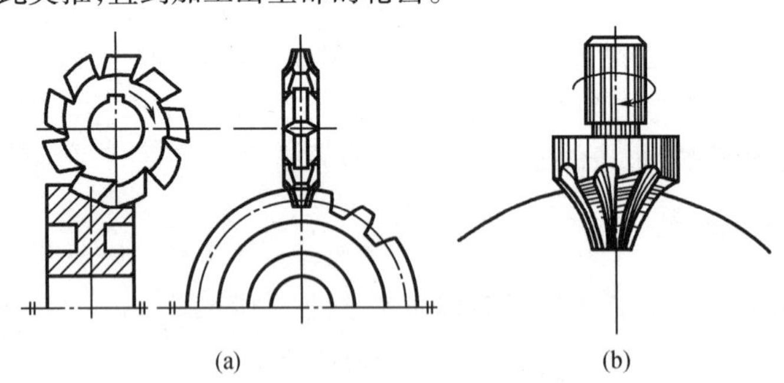

图 4-16 仿形法切制齿轮之常见刀具

(a)盘状铣刀;(b)指状铣刀

仿形法的优点是加工方法简单,不需要专用的机床,缺点是加工精度难以保证,生产效率低。因此,仿形法只适于修配、单件生产等加工精度要求不高的齿轮。

4.6.2 展成法(范成法)

展成法是利用一对齿轮无侧隙啮合时两轮的齿廓互为包络线的原理加工齿形的一种加工方法。加工时,刀具与齿坯的运动就像一对互相啮合的齿轮,最后刀具将齿坯切出渐开线

齿廓,这种方法采用的刀具主要有插齿刀和滚刀。展成法的加工精度较高,是目前轮齿切削加工的主要方法,在大批量生产中得到了广泛的应用。

展成法加工齿轮的具体方法有很多,应用最多的有插齿加工和滚齿加工。

1. 齿轮插刀切制齿轮

用齿轮插刀加工齿轮的情况如图4-17所示。齿轮插刀实际上就是一个齿廓为刀刃的外齿轮,刀具的模数、压力角与齿坯相同,但刀具的齿顶比标准齿轮高出一部分,即 $c=c^{*}m$,以便切出顶隙部分。在插齿过程中,插刀沿齿坯轴线方向做上下往复切削运动,同时插刀和齿坯模仿一对齿轮的传动,以一定的角速比相对转动,直至切出全部轮齿。用这种方法加工的齿轮齿廓为刀刃在各个位置的包络线,是标准的渐开线齿形。

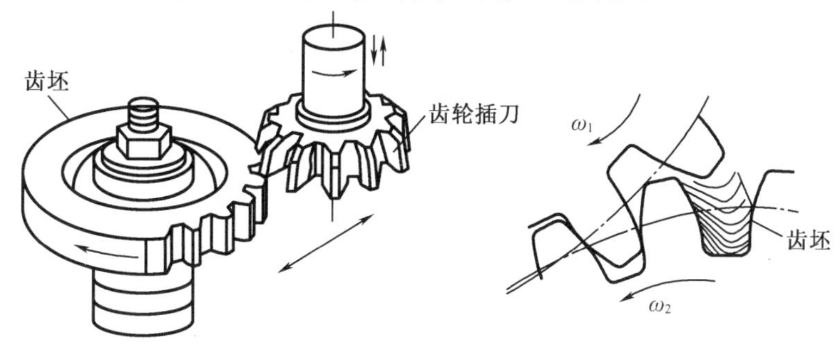

图4-17 齿轮插刀插齿

2. 齿条插刀切制齿轮

用齿条插刀加工齿轮的情况如图4-18所示。当齿轮插刀的齿数增至无穷多时,其基圆半径变为无穷大,插齿刀的齿廓成为直线,齿轮插刀变成齿条插刀。齿条插刀是一个齿廓为刀刃的齿条,其齿顶比标准齿条高出 $c=c^{*}m$ 的距离,这是为了保证传动时的顶隙。用齿条插刀加工齿轮的切齿原理与用齿轮插刀加工齿轮的原理一样。

3. 滚刀切制齿轮

滚齿加工是利用齿轮滚刀在滚齿机上加工齿轮。齿轮滚刀的外形类似一个开了纵向沟槽而形成刀刃的螺杆,它的轴向剖面为齿条,齿廓为精确的直线齿廓,如图4-19所示。滚刀转动时相当于齿条在移动,滚刀除旋转外,还沿齿坯的轴向逐渐移动,以便切出整个齿宽。这样就按展成原理切出齿坯的渐开线齿廓。

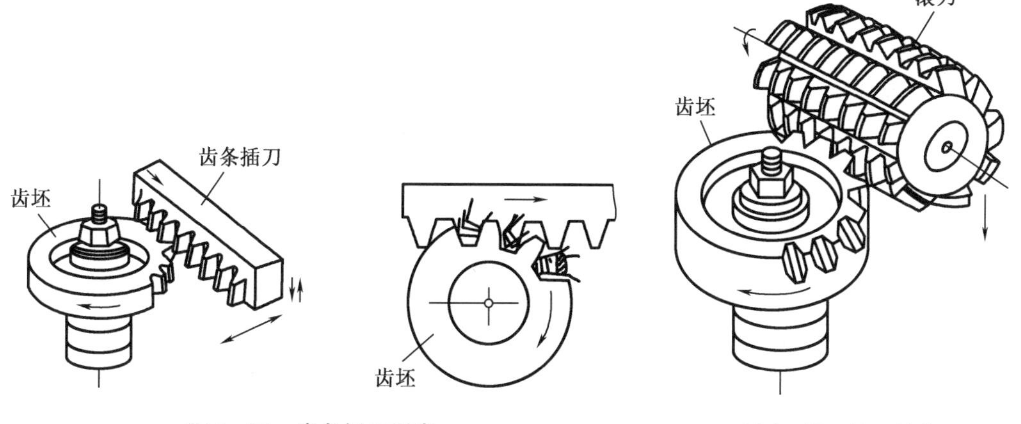

图4-18 齿条插刀插齿

图4-19 滚刀滚齿

滚齿加工的特点是滚刀连续切削,因此生产率较高,但需要专用机床。

用展成法加工齿轮时,只要刀具与齿坯的模数和压力角相同,不管齿坯的齿数是多少,都可以用同一把刀具来加工,这给生产带来了很大的方便,因此展成法得到了广泛应用。

4.7 渐开线齿廓的根切现象、最少齿数及变位齿轮

4.7.1 渐开线齿廓的根切现象

当用展成法加工齿轮时,若齿数过少,齿坯齿根附近的渐开线齿廓将被刀具的齿顶切去部分,这种现象称为根切,如图 4-20 所示。根切现象的发生是因为刀具的齿顶线与啮合线的交点超过理论啮合线的极限点 N,如图 4-21 所示。

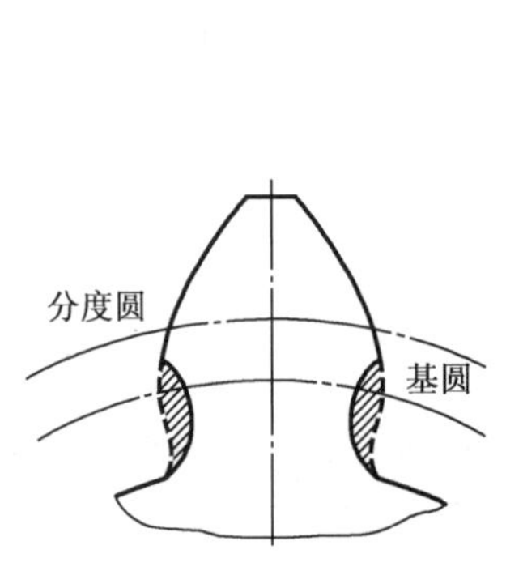

图 4-20 根切的现象图

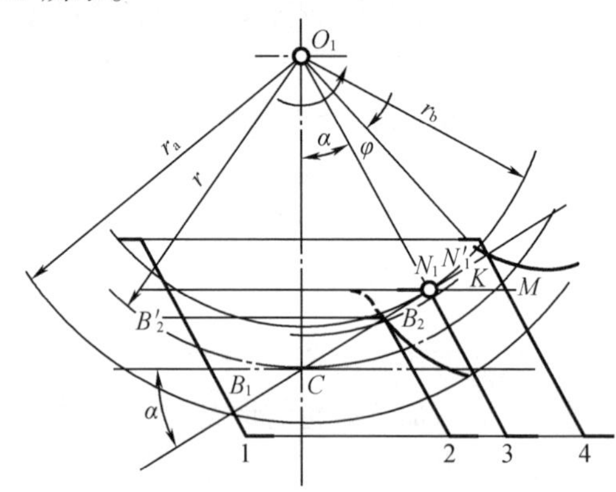

图 4-21 根切的产生

4.7.2 最少齿数

根切现象的发生是因为实际啮合线段超过理论啮合线段,不发生根切的条件就是保证实际啮合极限点 B_2 在 CN_1 之间,由图 4-22 可知

$$h_a = h_a^* m \leqslant \overline{CN_1} \cdot \sin\alpha = r \cdot \sin^2\alpha = \frac{mz}{2}\sin^2\alpha$$

整理后得出

$$z_{\min} \geqslant \frac{2h_a^*}{\sin^2\alpha} \tag{4-15}$$

对于标准直齿圆柱齿轮,当 $\alpha = 20°$,$h_a^* = 1$ 时,$z_{\min} = 17$。

4.7.3 变位齿轮

如图 4-23 所示,当齿条插刀按虚线位置安装时,齿顶线超过极限点 N_1,切出来的齿轮产生根切。为避免根切,应将齿条插刀的安装位置远离齿坯中心 O_1 一段距离至实线位置,使其齿顶线不再超过极限点 N_1,这时切出来的齿轮就不会发生根切,但此时齿条的分度线与齿轮的分度圆不再相切。这种改变刀具与齿坯的径向相对位置来加工齿轮的方法称为径向变位法,加工出来的非标准齿轮称为变位齿轮。

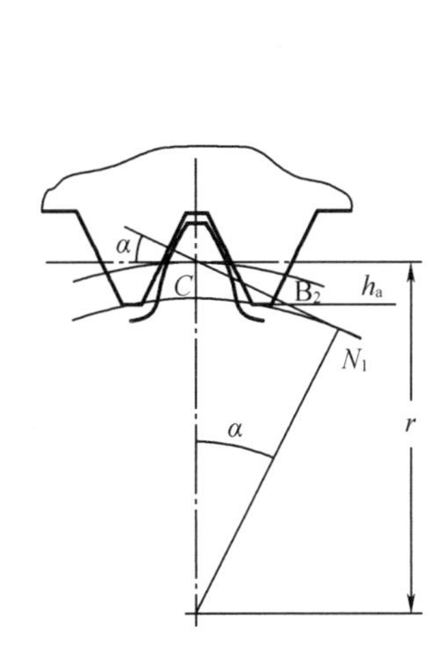

图 4-22 避免根切的条件

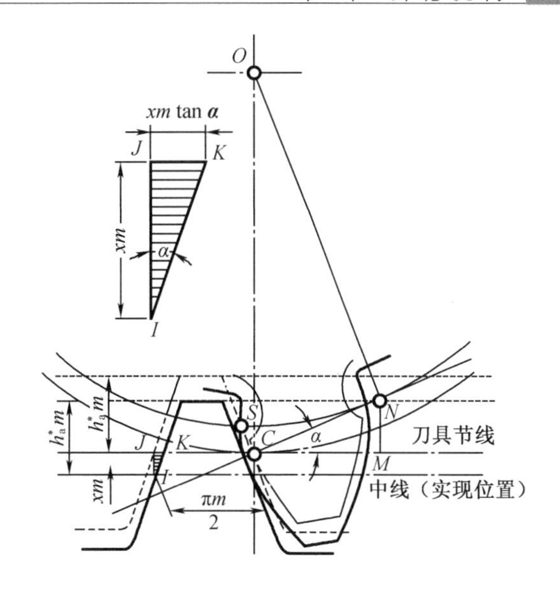

图 4-23 变位齿轮的切削

变位齿轮传动可以用来改变不发生根切的最少齿数、提高齿轮传动的性能和承载能力、满足采用标准齿轮无法达到的某些中心距的要求等。加工变位齿轮时，齿轮的模数、压力角、齿数以及分度圆、基圆均与标准齿轮相同。图 4-24 是参数 z,m,α,h_a^*,c^* 相同的标准齿与变位齿轮齿形和尺寸的比较。

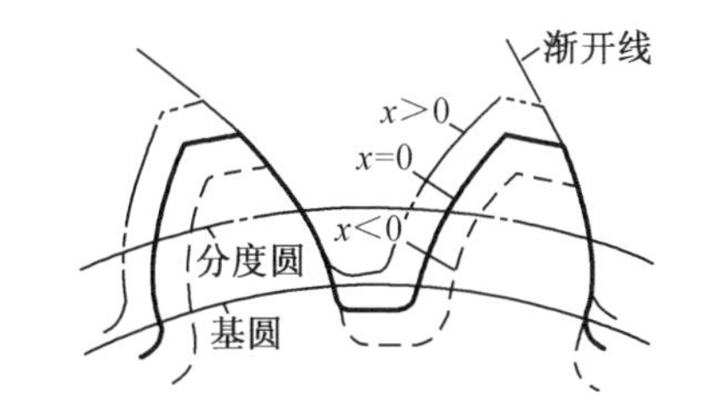

图 4-24 变位齿轮齿廓与标准齿轮齿廓比较

刀具移动的距离 xm 称为变位量，x 称为变位系数。刀具远离齿坯中心的变位称为正变位，此时 $x>0$ 称为正变位系数；而刀具靠近齿坯中心的变位称为负变位，此时 $x<0$ 称为负变位系数。标准齿轮就是变位系数 $x=0$ 的齿轮。

用展成法加工齿数少于最少齿数的齿轮时，为避免根切必须采用正变位齿轮。当刀具的齿顶线正好通过 N_1 点时，刀具的移动量为最小，此时的变位系数称为最小变位系数，用 $x_{\min}$表示。

如图 4-23 所示，引入变位系数后不发生根切的条件为

$$h_a^* m - xm \leqslant \overline{CN_1} \cdot \sin\alpha = r \cdot \sin^2\alpha = \frac{mz}{2}\sin^2\alpha$$

整理后得

$$x \geqslant h_a^* - \frac{z}{2}\sin^2\alpha \tag{4-16}$$

将式(4-15)带入式(4-16)，得

$$x \geqslant h_a^* \frac{z_{\min} - z}{z_{\min}} \tag{4-17}$$

当 $\alpha=20°, h_a^*=1$ 时，变位系数为

$$x \geqslant \frac{17-z}{17} \tag{4-18}$$

4.8 平行轴斜齿轮机构

在直齿圆柱齿轮啮合时，沿齿宽方向的齿面接触线是平行于齿轮轴线的直线。因此，一对轮齿是同时进入啮合、同时脱离啮合的，致使轮齿所承受的载荷沿齿宽突然加上、突然卸载。为了克服这个缺点，高速、大功率齿轮传动常采用斜齿圆柱齿轮。

4.8.1 斜齿圆柱齿轮齿廓的形成

斜齿轮齿廓曲面的形成方法与直齿轮相同，只不过直线 KK 不平行于母线而与它成一个角度 β_b。如图 4-25 所示，发生面沿基圆柱做纯滚动时，线 KK 上任一点的轨迹都是基圆柱的一条渐开线，而整个直线 KK 也展开出一个渐开线曲面，称为渐开线螺旋面。它在齿顶圆柱和基圆柱之间的部分构成了斜齿轮的齿廓曲面。渐开线螺旋面与基圆柱的交线是一条螺旋线，该螺旋线的切线与基圆柱母线的夹角称为基圆柱的螺旋角，用 β_b 表示。

4.8.2 斜齿轮基本参数

与直齿轮不同，斜齿轮由于齿向是倾斜的，因此它的每一个基本参数都可以分为法面（垂直于分度圆柱面螺旋线的切线的平面）参数、端面参数，分别用下角标 n，t 来表示。

1. 法面模数和端面模数

如图 4-26 所示，β 为分度圆柱的螺旋角，图中细斜线部分为轮齿。在△DFE 中有

$$p_n = p_t\cos\beta$$

式中 p_n——法面齿距；

p_t——端面齿距。

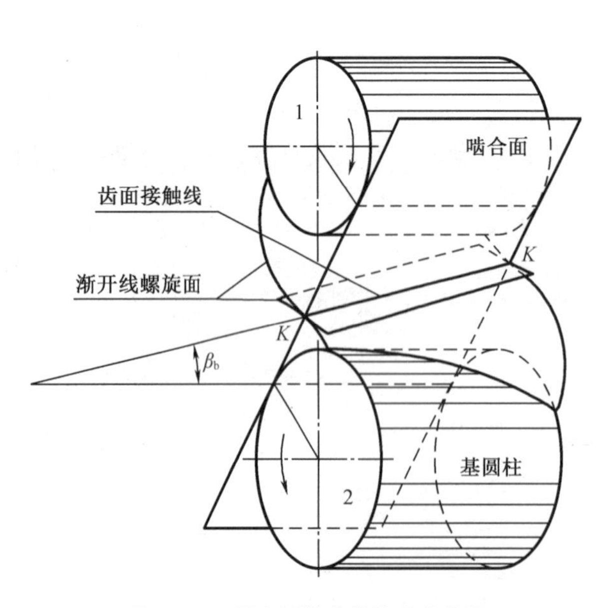

图 4-25 斜齿圆柱齿轮的齿廓曲面

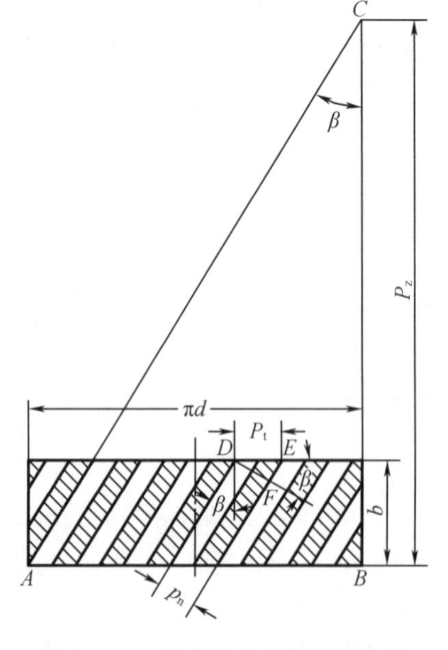

图 4-26 斜齿轮分度圆柱展开图

由 $p_n = \pi m_n$ 和 $p_t = \pi m_t$，得

$$m_n = m_t \cos\beta \tag{4-19}$$

2. 压力角 α_n 和 α_t

为了便于分析，我们用斜齿条来说明。在图 4-27 所示的斜齿条中，平面 ABD 为前端面，平面 ACE 为法面，$\angle ACB = 90°$。

在直角三角形 $\triangle ABD$, $\triangle ACE$ 及 $\triangle ABC$ 中

$$\tan\alpha_t = \frac{\overline{AB}}{\overline{BD}}, \tan\alpha_n = \frac{\overline{AC}}{\overline{CE}}, \overline{AC} = \overline{AB}\cos\beta$$

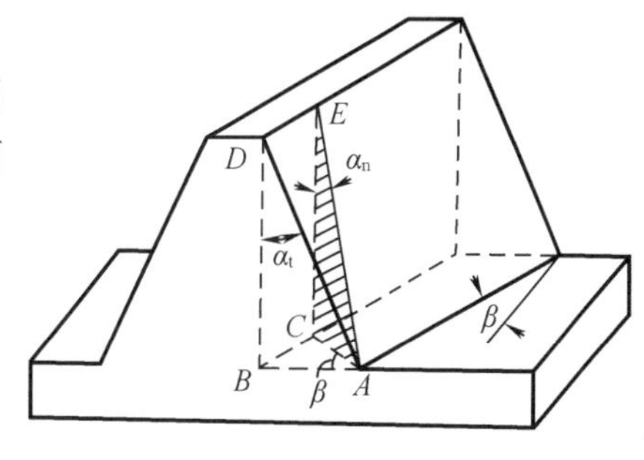

图 4-27 斜齿条的压力角

又因 $\overline{BD} = \overline{CE}$，得

$$\tan\alpha_n = \frac{\overline{AC}}{\overline{CE}} = \frac{\overline{AB}\cos\beta}{\overline{BD}} = \tan\alpha_t\cos\beta \tag{4-20}$$

3. 齿顶高系数和顶隙系数

斜齿轮的齿顶高和齿根高不论从端面还是从法面来看都是相等的，即

$$h_{an}^* m_n = h_{at}^* m_t, c_n^* m_n = c_t^* m_t \tag{4-21}$$

将式(4-19)带入式(4-21)得

$$\begin{cases} h_{at}^* = h_{an}^* \cos\beta \\ c_t^* = c_n^* \cos\beta \end{cases} \tag{4-22}$$

4. 螺旋角

螺旋线展开成一条斜直线，该直线与轴线的夹角称为分度圆柱上的螺旋角，简称螺旋角，用 β 表示，有

$$\tan\beta = \frac{\pi d}{p_z}$$

式中，p_z 为螺旋线的导程，即螺旋线绕一周时沿齿轮轴方向前进的距离。

因为斜齿轮各个圆柱面上的螺旋线的导程相同，所以基圆柱上的螺旋角 β_b 应为

$$\tan\beta_b = \frac{\pi d_b}{p_z}$$

由以上两式得

$$\tan\beta_b = \frac{d_b}{d}\tan\beta = \tan\beta\cos\alpha_t \tag{4-23}$$

5. 斜齿轮的几何尺寸计算

斜齿轮的啮合在端面上相当于一对直齿圆柱齿轮的啮合，因此将斜齿轮端面参数带入直齿轮的计算公式，就可以得到斜齿轮的相应尺寸，如表 4-3 所示。

表 4-3 渐开线正常齿外啮合标准斜齿圆柱齿轮的几何尺寸计算

序号	名称	符号	计算公式及参数选择
1	端面模数	m_t	$m_t = \frac{m_n}{\cos\beta}$，$m_n$ 为标准值
2	螺旋角	β	一般取 $\beta = 8° \sim 20°$

表 4-3(续)

序号	名称	符号	计算公式及参数选择
3	分度圆直径	d_1, d_2	$d_1 = m_t z_1 = \frac{m_n z_1}{\cos\beta}, d_2 = m_t z_2 = \frac{m_n z_2}{\cos\beta}$
4	齿顶高	h_a	$h_a = m_n$
5	齿根高	h_f	$h_f = 1.25m_n$
6	全齿高	h	$h = h_a + h_f = 2.25m_n$
7	顶隙	c	$c = h_f - h_a = 0.25m_n$
8	齿顶圆直径	d_{a1}, d_{a2}	$d_{a1} = d_1 + 2h_a, d_{a2} = d_2 + 2h_a$
9	齿根圆直径	d_{f1}, d_{f2}	$d_{f1} = d_1 - 2h_f, d_{f2} = d_2 - 2h_f$
10	中心距	a	$a = \frac{d_1 + d_2}{2} = \frac{m_t}{2}(z_1 + z_2) = \frac{m_n(z_1 + z_2)}{2\cos\beta}$

4.8.3 正确啮合条件和重合度

1. 一对外啮合平行轴斜齿轮传动的正确啮合条件

(1)两斜齿轮的法面模数相等,$m_{n1} = m_{n2} = m_n$;

(2)两斜齿轮的法面压力相等,$\alpha_{n1} = \alpha_{n2} = \alpha_n$;

(3)两斜齿轮的螺旋角大小相等,方向相反,即 $\beta_1 = -\beta_2$。

2. 斜齿轮传动的重合度

斜齿轮传动的重合度要比直齿轮大。以斜齿轮与斜齿条啮合为例,其前端面啮合等同于直齿轮与直齿条情况,当前端面一对轮齿开始脱离啮合时,后端面由于螺旋角的原因仍处在啮合区内,如图 4-28 所示。因此斜齿轮的重合度为

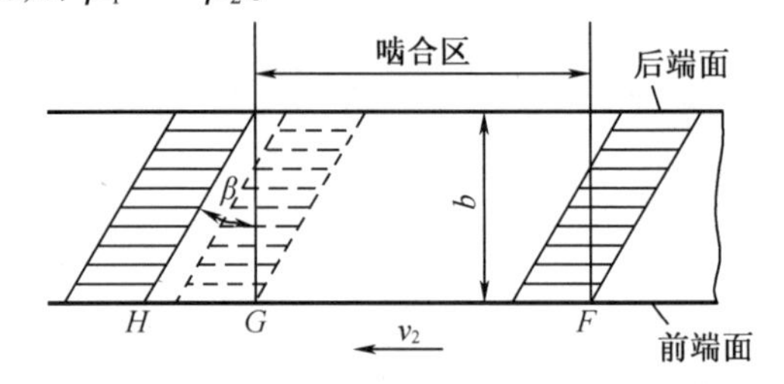

图 4-28 斜齿轮传动的重合度

$$\varepsilon = \frac{\overline{FH}}{p_t} = \frac{\overline{FG} + \overline{GH}}{p_t} = \varepsilon_t + \frac{b\tan\beta}{p_t} \tag{4-24}$$

式中,ε_t 为端面重合度,其值等于与斜齿轮端面齿廓相同的直齿轮传动的重合度。

4.8.4 斜齿轮的当量齿数和最少齿数

1. 当量齿数

斜齿轮在进行强度计算以及用仿形法加工选择刀具时,必须知道斜齿轮的法面齿形,但是精确地求出法面齿形是比较困难的,通常采用一个近似的方法,即借助于当量齿轮来分析斜齿轮的法面齿形。

在图 4-29 中,过斜齿轮分度圆柱上齿廓的任一齿的齿厚中点 C 作齿的法面 nn,该法面与分度圆柱面的交线为一椭圆。

椭圆的长半轴为 $a = \frac{d}{2\cos\beta}$,短半轴为 $b = \frac{d}{2}$。由高等数学知识可知,椭圆在点 C 的曲率半径为

$$\rho = \frac{a^2}{b} = \frac{d}{2\cos^2\beta} \tag{4-25}$$

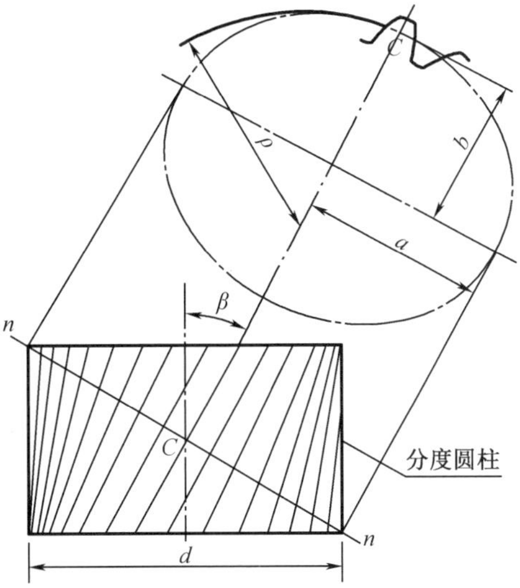

图4-29 斜齿轮的当量齿数

以ρ为分度圆半径，以斜齿轮法面模数m_n为模数，取压力角α_n为标准压力角作一直齿圆柱齿轮，则其齿形近似于斜齿轮的法面齿形。该直齿轮称为斜齿圆柱齿轮的当量齿轮，其齿数称为斜齿圆柱齿轮的当量齿数，用z_v表示，计算公式为

$$z_v = \frac{2\pi\rho}{\pi m_n} = \frac{2r}{m_n\cos^2\beta} = \frac{2}{m_n\cos^2\beta}\left(\frac{m_t z}{2}\right) = \frac{z}{m_n\cos^2\beta}\left(\frac{m_n}{\cos\beta}\right) = \frac{z}{\cos^3\beta} \tag{4-25}$$

2. 最少齿数

标准斜齿轮不发生根切的最少齿数可以由其当量直齿轮的最少齿数计算出来，即

$$z_{min} = z_{vmin}\cos^3\beta \tag{4-26}$$

4.8.5 斜齿轮优缺点

与直齿圆柱齿轮相比斜齿轮有以下优点：

(1)齿廓接触线是斜线，一对齿是逐渐进入啮合和逐渐脱离啮合的，故运转平稳，噪声小。

(2)重合度大，并随齿宽和螺旋角的增大而增大，故承载能力高，适于高速传动。

(3)斜齿轮不发生根切的最少齿数小于直齿轮。

斜齿轮由于有螺旋角β(设计时一般取$\beta = 8° \sim 20°$)，因此会产生轴向力，需要安装推力轴承克服轴向力。

4.9 锥齿轮机构

锥齿轮的轮齿分布在圆锥体上，因此它的轮齿一端大而另一端小，齿厚由大端到小端逐渐变小，模数和分度圆也随之变化。一对锥齿轮的运动可以看成是两个锥顶共点的圆锥体互做纯滚动，这两个锥顶共点的圆锥体就是节圆锥。此外，与圆柱齿轮相似，锥齿轮还有基圆锥、分度圆锥、齿顶圆锥、齿根圆锥，如图 4-30 所示。对于正确安装的标准锥齿轮传动，其节圆锥与分圆锥应该重合。

4.9.1 背锥和当量齿数

1. 背锥

锥齿轮转动时，其上任一点与锥顶 O 的距离保持不变，所以该点与另一锥齿轮的相对运动轨迹为一球面曲线。直齿锥齿轮的理论齿廓曲线为球面渐开线。因球面不能展开成平面，设计计算和制造都很困难，故采用下述近似方法加以研究。

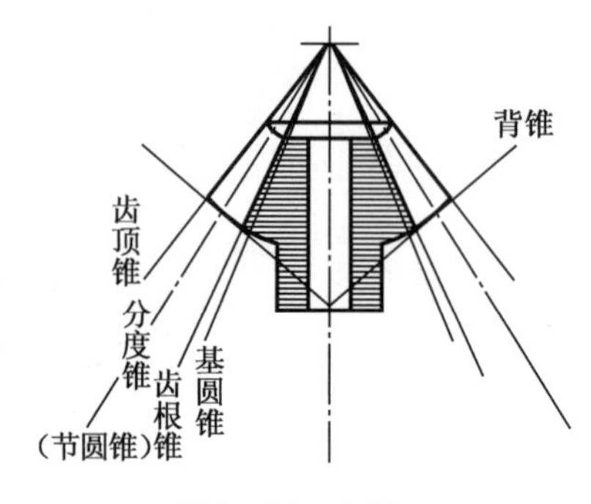

图 4-30 六锥

如图 4-30 所示，在锥齿轮大端与分度锥相切作一圆锥，此圆锥称为背锥。将球面上的轮齿向背锥投影，背锥投影出的齿高部分近似等于球面上的齿高部分，因此用背锥的齿形来代替大端球面上的理论齿形。与球面不同，背锥可以展开成平面。

2. 当量齿数

将背锥展开成平面，形成扇形齿轮，其分度圆半径用 r_{v1} 和 r_{v2} 表示。将扇形齿轮补足为完整的圆柱齿轮，这个圆柱齿轮称为锥齿轮的当量齿轮，其齿数称为当量齿数，用 z_v 表示。由图 4-31 可得

$$r_{v1}=\frac{r_1}{\cos\delta_1}=\frac{m_e z_1}{2\cos\delta_1}$$

带入 $r_{v1}=m_e z_{v1}/2$，可得

$$\left.\begin{aligned}z_{v1}&=\frac{z_1}{\cos\delta_1}\\ z_{v2}&=\frac{z_2}{\cos\delta_2}\end{aligned}\right\}\qquad(4-27)$$

显然，计算出来的当量齿数一般不是整数，但总是大于实际齿数。

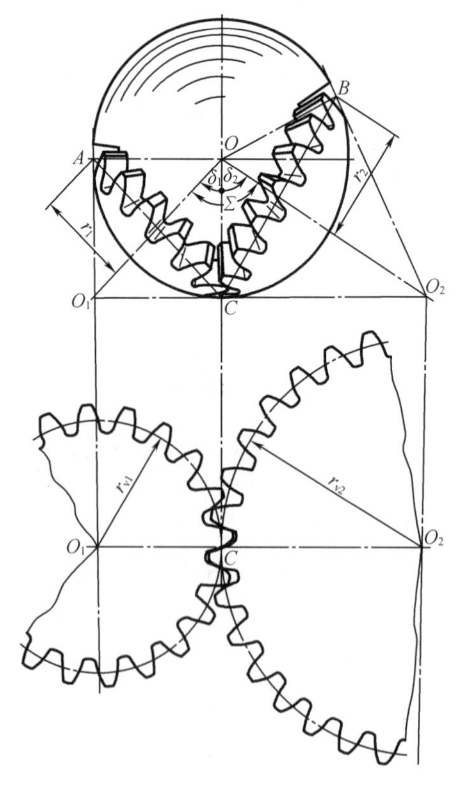

图 4-31 当量齿数

4.9.2 锥齿轮传动比

在图 4-31 中，两齿轮的分度圆锥角分别为 δ_1 和 δ_2，大端分度圆半径分别为 r_1 和 r_2，齿数分别为 z_1 和 z_2。两齿轮传动比为

$$i_{12}=\frac{\omega_1}{\omega_2}=\frac{n_1}{n_2}=\frac{z_2}{z_1}=\frac{r_2}{r_1}=\frac{\sin\delta_2}{\sin\delta_1}\qquad(4-28)$$

当锥齿轮两轴垂直，即轴交角 $\Sigma=\delta_1+\delta_2=90°$时，得

$$i_{12}=\frac{1}{\tan\delta_1}=\tan\delta_2\qquad(4-29)$$

4.9.3 标准直齿锥齿轮传动的几何尺寸

为了便于设计与制造，在进行直齿锥齿轮的几何计算时以大端为标准值，这是因为大端便于测量和计算。国标规定锥齿轮大端分度圆上的模数为标准值，压力角 $\alpha=20°$，齿顶高系数 $h_a^*=1$，顶隙系数 $c^*=0.2$。

直齿圆锥齿轮的正确啮合条件可以从当量圆柱齿轮的正确啮合条件得到，即大端模数和压力角相等。当轴交角等于90°时的一对锥齿轮各部分名称和计算公式见表4－4。

表4－4 标准直齿锥齿轮传动（$\Sigma=90°$）的几何尺寸计算

序号	名称	符号	计算公式及参数选择
1	大端模数	m_e	按GB/T 12368—1990 取标准值
2	传动比	i_{12}	$i_{12}=\frac{z_2}{z_1}=\tan\delta_2$，单级 $i<7$
3	分度圆锥角	δ_1,δ_2	$\delta_2=\arctan\frac{z_2}{z_1}$，$\delta_1=90°-\delta_2$
4	分度圆直径	d_1,d_2	$d_1=m_e z_1$，$d_2=m_e z_2$
5	齿顶高	h_a	$h_a=m_e$
6	齿根高	h_f	$h_f=1.2m_e$
7	全齿高	h	$h=2.2m_e$
8	顶隙	c	$c=0.2m_e$
9	齿顶圆直径	d_{a1},d_{a2}	$d_{a1}=d_1+2m_e\cos\delta_1$，$d_{a2}=d_2+2m_e\cos\delta_1$
10	齿根圆直径	d_{f1},d_{f2}	$d_{f1}=d_1-2.4m_e\cos\delta_1$，$d_{f2}=d_2-2.4m_e\cos\delta_2$
11	外锥距	R_e	$R_e=\sqrt{r_1^2+r_2^2}=\frac{m_e}{2}\sqrt{z_1^2+z_2^2}$
12	齿宽	b	$b\leqslant\frac{R_e}{3}$，$b\leqslant 10m_e$
13	齿顶角	θ_a	$\theta_a=\arctan\frac{h_a}{R_e}$（不等顶隙内）；$\theta_a=\theta_f$（等顶隙齿）
14	齿根角	θ_f	$\theta_f=\arctan\frac{h_f}{R_e}$
15	根锥角	δ_{f1},δ_{f2}	$\delta_{f1}=\delta_1-\theta_f$，$\delta_{f2}=\delta_2-\theta_f$
16	顶锥角	δ_{a1},δ_{a2}	$\delta_{a1}=\delta_1+\theta_a$，$\delta_{a2}=\delta_2+\theta_a$

习 题

4－1 渐开线齿廓为什么能满足定传动比的要求？

4－2 渐开线直齿圆柱标准齿轮的分度圆具有哪些特性？

4－3 渐开线直齿圆柱齿轮的分度圆和节圆有何区别？在什么情况下，分度圆和节圆是相等的？为了实现定传动比传动，对齿轮的齿廓曲线有什么要求？

4－4　与直齿轮传动相比较，斜齿轮传动的主要优点是什么？

4－5　试述外啮合渐开线斜齿圆柱齿轮传动的正确啮合条件及连续传动条件。

4－6　何谓斜齿轮的当量齿轮？对于螺旋角为β，齿数为z的斜齿圆柱齿轮，试写出其当量齿数的表达式。

4－7　图4－32为一渐开线AK，基圆半径$r_b=20$ mm，K点向径$r_K=35$ mm。试画出K点处渐开线的法线，并计算K点处渐开线的曲率半径ρ_K。

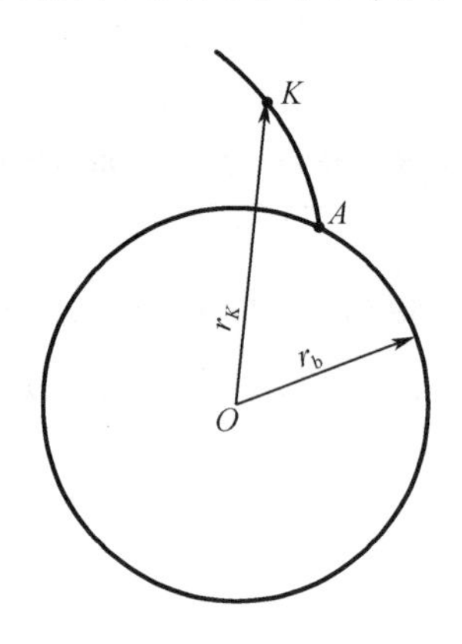

图4－32

4－8　已知两个渐开线直齿圆柱齿轮的齿数$z_1=20$，$z_2=40$，它们都是标准齿轮，而且m,α,h_a^*,c^*均相同，试用渐开线齿廓的一个性质，说明这两个齿轮的齿顶厚度哪一个大？基圆上的齿厚哪个大？

4－9　一根渐开线在基圆上发生，试求渐开线上哪一点的曲率半径为零？哪一点的压力角为零？

4－10　若渐开线直齿圆柱标准齿轮的$\alpha=20°$，$h_a^*=1$，$c^*=0.25$，试求基圆与齿根圆重合时的齿数。当齿数大于以上求出的数值时，试证明此时基圆与齿根圆哪个大？

4－11　现有四个渐开线标准直齿圆柱齿轮，压力角为20°，齿顶高系数为1，径向间隙系数为0.25。且：$m_1=5$ mm，$z_1=20$；$m_2=4$ mm，$z_2=25$；$m_3=4$ mm，$z_3=50$；$m_4=3$ mm，$z_4=60$。问：

（1）齿轮2和齿轮3哪个齿廓较平直，为什么？

（2）哪个齿轮的齿最高，为什么？

（3）哪个齿轮的尺寸最大，为什么？

（4）齿轮1和齿轮2能正确啮合吗，为什么？

4－12　现测得某渐开线直齿圆柱标准齿轮，其压力角$\alpha=20°$，$h_a^*=1$，基圆齿距$p_b=23.62$ mm，齿顶圆直径$d_a=176$ mm。试问：

（1）该齿轮的模数及分度圆半径是多少？

（2）用齿条插刀加工该齿轮能否发生根切，为什么？

4－13　若一对直齿圆柱齿轮传动的重合度$\varepsilon=1.65$，试说明若以啮合点移动一个基圆齿距p_b为单位，啮合时有多少时间为单对齿？多少时间为两对齿？试作图标出单齿啮合区域、双齿啮合区域，并标明实际啮合长度与p_b的关系。

4－14　已知某渐开线直齿圆柱标准齿轮的有关参数如下：$z=33$，$\alpha=20°$，$h_a^*=1$，

$c^* = 0.25$，齿顶圆直径 $d_a = 140$ mm。试求该齿轮的模数 m 、分度圆半径 r 、分度圆齿厚 s 、齿槽宽 e 及齿全高 h 。

4-15　已知一对渐开线直齿圆柱标准齿轮的参数为：$m = 10$ mm，$\alpha = 20°$，$z_1 = 30$，$z_2 = 54$，若安装时的中心距 $a' = 422$ mm，试计算这对齿轮传动的啮合角 α' 及节圆半径 r'_1 和 r'_2。

4-16　已知一渐开线直齿圆柱标准齿轮齿数 $z = 26$，模数 $m = 3$ mm，齿顶高系数 $h_a^* = 1$，压力角 $\alpha = 20°$。试求齿廓曲线在齿顶圆上的曲率半径及压力角。

4-17　一对外啮合的直齿圆柱标准齿轮，已知 $m = 4$ mm，$\alpha = 20°$，$h_a^* = 1$，$c^* = 0.25$，$z_2 = 30$，$|i_{12}| = 1.5$，其安装中心距 $a' = 102.5$ mm。试求：齿数 z_1，分度圆直径 d_1，d_2，齿顶圆直径 d_{a1}，d_{a2}，节圆直径 d'_1，d'_2。

4-18　一对外啮合直齿圆柱齿轮传动，已知 $i_{12} = 3$，$z_1 = 30$，$m = 10$ mm，$\alpha = 20°$，$h_a^* = 1$，$c^* = 0.25$。试：

(1)分别计算两轮的分度圆半径、基圆半径、节圆半径、标准中心距、无侧隙啮合角。

(2)若中心距加大，节圆半径、分度圆半径、传动比、啮合角、重合度如何变化？

4-19　已知一对渐开线外啮合直齿圆柱标准齿轮传动，其参数为 $z_1 = 50$，$z_2 = 100$，$m = 4$ mm，$a = 20°$，$h_a^* = 1$，$c^* = 0.25$，安装后，其啮合角为 20.26°，求其实际中心距 a'，两节圆半径 r'_1，r'_2 和实际齿顶间隙 c'。

4-20　已知一对渐开线外啮合直齿圆柱标准齿轮，$m = 4$ mm，$\alpha = 20°$，$h_a^* = 1$，$c^* = 0.25$，$z_1 = 20$，$z_2 = 40$。现装在中心距 $a' = 125$ mm 的减速箱中。试计算

(1)节圆半径 r'_1、r'_2；

(2)啮合角 α'；

(3)径向间隙 c；

(4)与正确安装相比，此时重合度 ε 是加大还是减小？为什么？

4-21　有一对标准斜齿圆柱齿轮传动，已知 $z_1 = 25$，$z_2 = 99$，$m_n = 3.5$ mm，$\alpha_n = 20°$，中心距 $a = 225$ mm，试求螺旋角 β。

4-22　一对斜齿圆柱标准齿轮外啮合传动，已知：$m_n = 4$ mm，$z_1 = 24$，$z_2 = 48$，$h_{an}^* = 1$，$a = 150$ mm，问：

(1)螺旋角 β 为多少？

(2)两轮的分度圆直径 d_1，d_2 各为多少？

(3)两轮的齿顶圆直径 d_{a1}，d_{a2} 各为多少？

4-23　设一对轴间角 $\Sigma = 90°$ 直齿圆锥齿轮传动的参数为：$m_e = 10$ mm，$\alpha = 20°$，$z_1 = 20$，$z_2 = 40$，$h_a^* = 1$。试计算下列值：

(1)两分度圆锥角；

(2)两分度圆直径；

(3)两齿顶圆直径。

第5章 轮　　系

5.1 轮系的类型

由一对齿轮啮合所组成的传动机构是齿轮传动中最简单的形式。但在实际应用中,为了获得很大的传动比,或为了将输入轴的一种转速变换为输出轴的多种转速,或为了改变从动轴的旋转方向等,常采用一系列依次相互啮合的齿轮传动来将输入轴的运动和力传递给输出轴。这种由一系列相互啮合的齿轮所组成的传动系统称为轮系,主要用于原动机和执行机构之间的运动和力的传递。

根据轮系传动时各个齿轮的几何轴线相对于机架位置是否固定,轮系可分为定轴轮系和周转轮系。

定轴轮系在传动时,轮系中各个齿轮的几何轴线位置相对于机架都是固定不动的,如图5-1所示。根据其传动时齿轮几何轴线是否平行,其又可分为平面定轴轮系(图5-1(a))和空间定轴轮系(图5-1(b))。

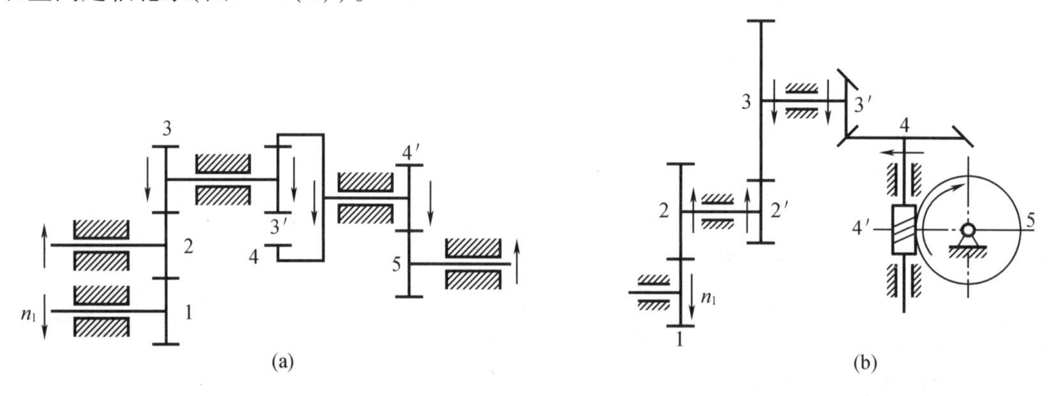

图5-1　定轴轮系

(a)平面定轴轮系;(b)空间定轴轮系

周转轮系在传动时,轮系中至少有一个齿轮的几何轴线相对于机架是不固定的,它围绕另一个齿轮的固定轴线转动,如图5-2所示。在图5-2所示的轮系中,齿轮1和齿轮3以及构件H各绕其固定的几何轴线O_1,O_3及O_H(三轴线重合),齿轮2空套在构件H的轴上。当构件H转动时,齿轮2一方面绕自己的几何轴线O_2转动(自转),同时又随构件H绕固定的几何轴线O_H转动(公转)。这样的轮系即为周转轮系。

根据周转轮系所具有的自由度不同,周转轮系可分为行星轮系和差动轮系两类。

1.行星轮系

如图5-2(b)所示的周转轮系,只有一个中心轮能转动,该机构的活动构件$n=3$,$p_L=3$,$p_H=2$,机构的自由度$F=3\times3-2\times3-2=1$,整个轮系只有一个独立运动,故只需要一个原动件。这种只有一个自由度的周转轮系称为行星轮系。

2. 差动轮系

如图5－2(c)所示的周转轮系,它的两个中心轮都能转动,该机构的活动构件 $n=4$,$p_L=4$,$p_H=2$,机构的自由度 $F=3\times4-2\times4-2=2$,即整个轮系有两个独立运动,需要两个原动件。这种有两个自由度的周转轮系称为差动轮系。

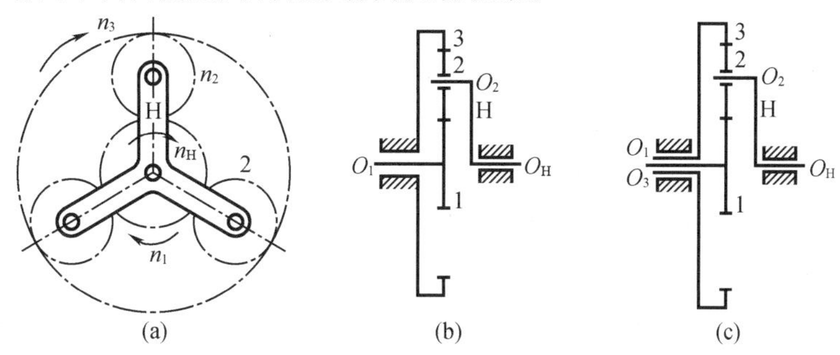

图5－2 周转轮系

在图5－2(a)中,为了平衡转动时的惯性及减轻齿轮上的载荷,常采用几个完全相同的行星轮均匀分布在中心轮的周围。由于行星轮的个数对研究周转轮系的运动没有任何影响(1.3节虚约束),所以在机构简图中只需画出一个。

5.2 定轴轮系及其传动比

轮系传动比是指轮系中首、末两轮的角速度(或转速)之比,用 i_{1K} 表示。下标1和K分别为首、末轮的代号。即

$$i_{1K}=\frac{\omega_1}{\omega_K}=\frac{n_1}{n_K} \tag{5-1}$$

计算轮系传动比不仅要确定传动比的大小,而且要确定首、末两轮的相对转动方向,这样才能完整表达输入轴与输出轴间的运动关系。定轴轮系各轮的相对转向可用正负号或通过逐对齿轮标注箭头(箭头方向表示在经过轴线的截面图中,齿轮可见侧的圆周速度方向)两种方法确定。

5.2.1 一对齿轮传动的传动比

1. 一对齿轮传动的传动比大小

一对齿轮传动可视为最简单的定轴轮系,如图5－3所示,其中的轮1为首轮、轮2为末轮。则其传动比的大小为

$$i_{12}=\frac{\omega_1}{\omega_2}=\frac{n_1}{n_2}=\frac{z_2}{z_1}$$

2. 一对齿轮传动首、末轮转向判断

(1)正负号法

当一对齿轮传动时,首、末轮的轴线平行时,可以用正号"＋"或负号"－"表示其转向。首、末轮转动方向相反,用"－"号,如图5－3(a)所示;首、末轮转动方向相同时,用"＋"号

表示,如图 5 -3(b)所示。

当一对齿轮传动时,首、末轮轴线为相交或交错传动时,其方向只能采用在图上画箭头的方法来表示,如图 5 -3(c)或图 5 -3(d)所示。

(2)箭头表示法

当一对平行轴外啮合齿轮传动时,其两轮转向相反,用方向相反的箭头表示(图 5 -3(a));一对平行轴内啮合齿轮传动,其两轮转向相同,用方向相同的箭头表示(图 5 -3(b));一对锥齿轮传动时,其啮合点具有相同的速度,故表示转向的箭头或同时指向啮合点,或同时背离啮合点(图 5 -3(c))。蜗轮的转向不仅与蜗杆转向相关,而且与其螺旋线的方向有关。具体判断时,可将蜗杆看作螺杆,蜗轮看作螺母,结合“左右手螺旋法则”来确定其相对运动。如图 5 -3(d)中,蜗杆 1 为右旋,借助右手判断:拇指伸直,其余四手握拳,令四指弯曲方向与蜗杆转动方向(向上)相同,则拇指的指向(向左)即是蜗杆 1 相对蜗轮 2 的前进方向。按照相对运动原理,蜗轮 2 相对蜗杆 1 的运动方向应与此相反,故蜗轮上的啮合点应向右运动,从而使蜗轮逆时针转动。同理,对于左旋蜗杆,则应借助左手按上述方法分析判断。

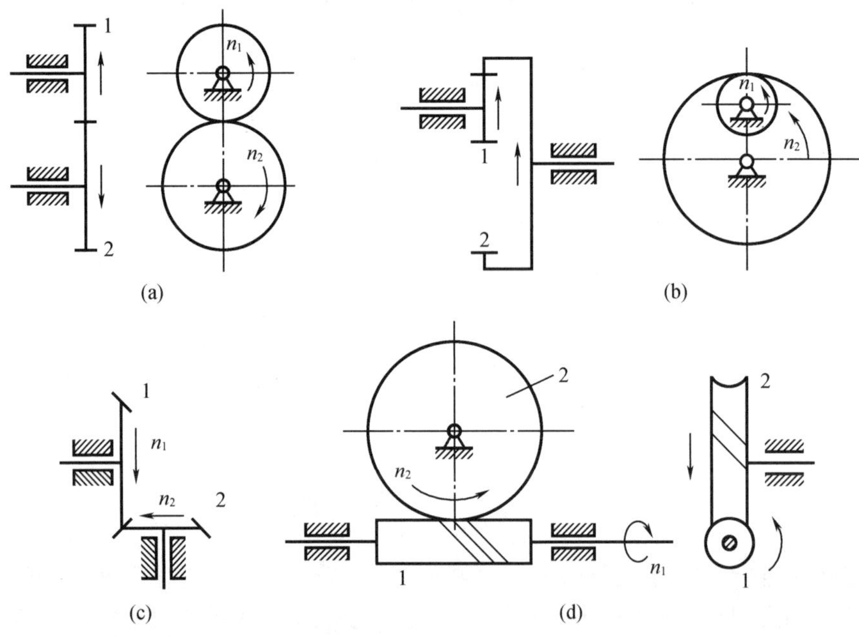

图 5 -3 一对齿轮的传动比

5.2.2 定轴轮系的传动比

现以图 5 -1(a)所示的定轴轮系为例来介绍定轴轮系的传动比计算方法。该轮系的齿轮 1 为首轮,齿轮 5 为末轮。$z_1, z_2, z_3, \cdots$表示各轮的齿数,$n_1, n_2, n_3, \cdots$表示各轮的转速。因同一轴上的齿轮转速相同,故 $n_3 = n_{3'}, n_4 = n_{4'}$。由前面章节可知,一对互相啮合的定轴齿轮的转速比等于其齿数的反比,故各对啮合齿轮的传动比数值为

$$i_{12} = \frac{n_1}{n_2} = \frac{z_2}{z_1}, \quad i_{23} = \frac{n_2}{n_3} = \frac{z_3}{z_2}$$

$$i_{3'4} = \frac{n_{3'}}{n_4} = \frac{z_4}{z_{3'}}, \quad i_{4'5} = \frac{n_{4'}}{n_5} = \frac{z_5}{z_{4'}}$$

由上式可得

$$i_{15}=\frac{n_1}{n_5}=\frac{n_1}{n_2}\cdot\frac{n_2}{n_3}\cdot\frac{n_{3'}}{n_4}\cdot\frac{n_{4'}}{n_5}=\frac{z_2}{z_1}\cdot\frac{z_3}{z_2}\cdot\frac{z_4}{z_{3'}}\cdot\frac{z_5}{z_{4'}}=i_{12}\cdot i_{23}\cdot i_{3'4}\cdot i_{4'5}$$

上式表明，定轴轮系传动比的数值等于组成该轮系的各对啮合齿轮传动比的连乘积，也等于各对啮合齿轮中所有从动轮齿数乘积与所有主动轮齿数的乘积之比。其中，齿轮2同时与轮1和轮3相啮合，对于齿轮1而言，齿轮2是从动轮；而对于齿轮3而言，齿轮2又是主动轮。在传动比i_{15}的计算式中也可以看到，分子、分母都有齿轮2的齿数z_2，说明齿轮2的齿数不影响轮系的传动比的大小。这种不影响传动比数值大小，只起改变从动轮转向作用的齿轮称为惰轮或过桥齿轮。

上述结论可推广到一般情况。设轮1为起始主动轮，轮K为最末从动轮，中间各轮的主、从动地位由传动关系确定，则定轴轮系首、末两轮的传动比数值计算的一般公式为

$$i_{1K}=\frac{n_1}{n_K}=\frac{\text{轮1至轮K间所有从动轮齿数的乘积}}{\text{轮1至轮K间所有主动轮齿数的乘积}}=\frac{z_2z_3z_4\cdots z_K}{z_1z_{2'}z_{3'}\cdots z_{(K-1)'}} \qquad (5-2)$$

式(5-2)即为传动比数值的大小，通常以绝对值表示。当$i_{1K}>1$时，首、末轮之间的传动是减速传动；当$i_{1K}<1$时，首、末轮之间的传动是增速传动。当K轮为主动轮、轮1为从动轮时，有

$$i_{K1}=\frac{n_K}{n_1}=\frac{1}{i_{1K}}$$

两轮的相对转动方向由正负号或图中箭头表示。当首、末轮的轴线平行或重合时，两轮转向的异同可用传动比的正负表达。两轮转向相同（n_1和n_K同号）时，传动比为“+”；两轮转向相反（n_1和n_K异号）时，传动比为“-”。因此，平行两轴间的定轴轮系传动比计算公式为

$$i_{1K}=\frac{n_1}{n_K}=\pm\frac{z_2z_3z_4\cdots z_K}{z_1z_{2'}z_{3'}\cdots z_{(K-1)'}} \qquad (5-3)$$

对于所有齿轮轴线都平行的定轴轮系，也可不标箭头，直接按轮系中外啮合的次数来确定其传动比的正负。当外啮合次数为奇数时，首、末两轮反向，传动比为“-”；当外啮合次数为偶数时，首、末两轮同向，传动比为“+”。其传动比也可用公式表示为

$$i_{1K}=\frac{n_1}{n_K}=(-1)^m\frac{z_2z_3z_4\cdots z_K}{z_1z_{2'}z_{3'}\cdots z_{(K-1)'}} \qquad (5-4)$$

式中，m为全平行轴定轴轮系齿轮1至齿轮K之间的外啮合次数。

在图5-1(a)所示的轮系中，轮1与轮5之间的全部轴线都平行，在1和5两轮之间共有三次外啮合(1-2,2-3,4′-5)，故i_{15}为“-”，轮5与轮1转向相反。

当首、末轮轴线不平行时，如图5-1(b)定轴轮系中有锥齿轮、蜗杆、蜗轮等空间齿轮机构，其传动比大小仍用式(5-2)表示，而其方向只能采用画箭头的方法确定。

例5-1 在图5-4所示的轮系中，已知各轮齿数$z_1=18$，$z_2=36$，$z_{2'}=20$，$z_3=80$，$z_{3'}=20$，$z_4=18$，$z_5=30$，$z_{5'}=15$，$z_6=30$，$z_{6'}=2$（右旋），$z_7=60$，$n_1=1\,440$ r/min，齿轮1转向如图5-4所示。求传动比i_{17}，i_{15}，i_{25}及蜗轮的转速和转向。

解 按图5-3判定转向规则。假定轮1可见侧转向向下，则从轮2开始，顺次标出各对啮合齿轮的转动方向，如图5-4所示。1和7两轮的轴线不平行，1和5两轮的轴线平行且其转向相反，2和5两轮的轴线平行且其转向相同，故由式(5-2)得

$$i_{17}=\frac{n_1}{n_7}=\frac{z_2z_3z_4z_5z_6z_7}{z_1z_{2'}z_{3'}z_4z_{5'}z_{6'}}$$

$$=\frac{36\times80\times18\times30\times30\times60}{18\times20\times20\times18\times15\times2}$$

$$=720(\downarrow,\curvearrowright)$$

$$i_{15}=\frac{n_1}{n_5}=-\frac{z_2z_3z_4z_5}{z_1z_{2'}z_{3'}z_4}=-12$$

$$i_{25}=\frac{n_2}{n_5}=+\frac{z_3z_4z_5}{z_{2'}z_{3'}z_4}=+6$$

$$n_7=\frac{n_1}{i_{17}}=\frac{1\ 440}{720}=2\ \text{r/min}$$

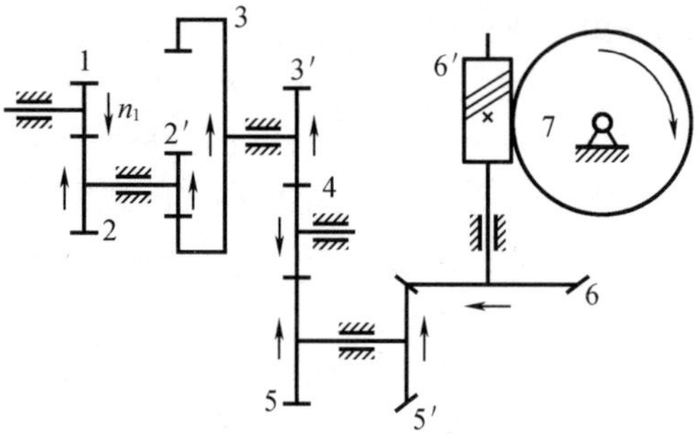

图 5-4 定轴轮系传动比

轮 1 与轮 7 两轮的轴线不平行，由所画箭头确定 n_7 为顺时针方向。

5.3 周转轮系及其传动比

5.3.1 周转轮系的组成

在周转轮系中，几何轴线位置固定的齿轮，称为中心轮或太阳轮，如图 5-5(a)中的齿轮 1 和齿轮 3；几何轴线位置变动的齿轮，即既作自转又作公转的齿轮，称为行星轮，如图 5-5(a)中的齿轮 2；支承行星轮作自转和公转的构件称为行星架（或称转臂、系杆），用 H 表示。要注意的是，在周转轮系中，必须保证行星架和中心轮的几何轴线重合，否则轮系不能传动。凡是轴线与主轴线重合而又承受外力矩的构件称为基本构件，因此图中的中心轮和行星架都是基本构件。

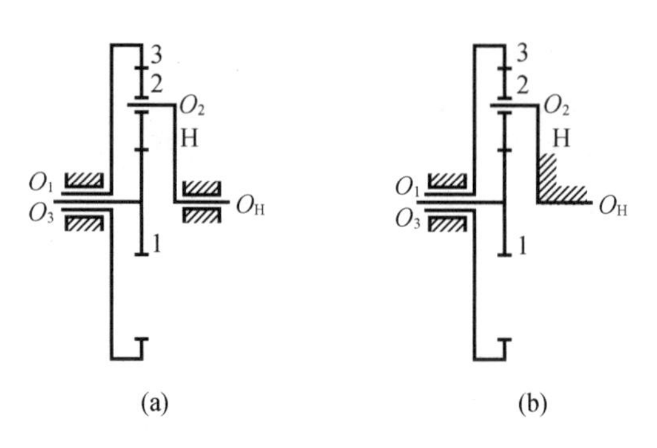

图 5-5 周转轮系及转化轮系

5.3.2 周转轮系传动比的计算

周转轮系运动时，由于其行星轮的运动不是简单地绕定轴转动，因此其传动比不能直接用定轴轮系的传动比计算方法求解，这也是周转轮系传动比计算的难点。

周转轮系与定轴轮系的根本区别在于周转轮系中有一个做回转运动的行星架。若能使行星架变为固定不动，同时保持原周转轮系中各个构件之间的相对运动关系不变，则该周转轮系就转化成一个假想的定轴轮系。此时，利用定轴轮系传动比计算式(5-2)就可以求出周转轮系传动比。这种方法称为反转法或转化机构法。

下面以差动轮系传动比计算为例介绍周转轮系的计算原理。在图 5-5(a)所示的周转轮系中，设 n_H 为行星架 H 的转速。根据相对运动原理，当给整个周转轮系加上一个绕轴线 O_H 转动、与行星架 H 转速 n_H 大小相等且方向相反的公共转速($-n_H$)后，行星架便静止不动，所有齿轮几何轴线的位置全都固定，原来的周转轮系便成了定轴轮系（图 5－5(b)）。这一假想的定轴轮系称为原周转轮系的转化轮系。转化轮系中各构件的转速见表 5－1。

表 5－1　周转轮系转化前后各构件转速

构件	周转轮系中各构件的转速（绝对转速）	转化轮系中各构件的转速（相对转速）
1	n_1	$n_1^H = n_1 - n_H$
2	n_2	$n_2^H = n_2 - n_H$
3	n_3	$n_3^H = n_3 - n_H$
H	n_H	$n_H^H = n_H - n_H = 0$

转化轮系中各构件的转速 n_1^H, n_2^H, n_3^H 及 n_H^H 的上角标“H”表示这些转速是各构件对行星架 H 的相对转速。转化轮系中行星架 H 的转速 $n_H^H = 0$，说明行星架静止，变成了机架，此时可以利用定轴轮系传动比计算公式求出任意两个齿轮的传动比。

根据传动比定义，图 5－5(b) 所示周转轮系的转化轮系中，齿轮 1 与齿轮 3 的传动比 i_{13}^H 为

$$i_{13}^H = \frac{n_1^H}{n_3^H} = \frac{n_1 - n_H}{n_3 - n_H} \tag{5-5}$$

特别注意：i_{13} 是齿轮 1 与齿轮 3 的真实传动比，而 i_{13}^H 是假想的转化轮系中两轮传动比，$i_{13} \neq i_{13}^H$。在转化轮系中，齿轮 1 与齿轮 3 的轴线平行，故由定轴轮系传动比计算式(5－3)可得

$$i_{13}^H = -\frac{z_3}{z_1} \tag{5-6}$$

式中，“－”号表示轮 1 和轮 3 在转化轮系中的转向相反（即 n_1^H 与 n_3^H 反向）。

合并式(5－5)和式(5－6)可得

$$i_{13}^H = \frac{n_1^H}{n_3^H} = \frac{n_1 - n_H}{n_3 - n_H} = -\frac{z_3}{z_1} \tag{5-7}$$

式(5－7)表明周转轮系中各齿轮转速与齿数之间的关系，若已知各轮的齿数，以及转速 n_1, n_3, n_H 中任意两值，就可确定另一转速。

现将以上分析推广到一般情况。设 n_G 和 n_K 为周转轮系中任意两个齿轮 G 和 K 的转速，n_H 为行星架 H 的转速，则有

$$i_{GK}^H = \frac{n_G^H}{n_K^H} = \frac{n_G - n_H}{n_K - n_H} = (\pm)\frac{\text{转化轮系从 G 至 K 所有从动轮齿数的乘积}}{\text{转化轮系从 G 至 K 所有主动轮齿数的乘积}} \tag{5-8}$$

式中　G——主动轮；

K——从动轮，中间各轮的主从地位应按这一假定去判断。

转化轮系中齿轮 G 和 K 的转向，用画箭头的方法判定。转向相同时，i_{GK}^H 为“＋”；转向相反时，i_{GK}^H 为“－”。在利用式(5－8)求解未知转速或齿数时，必须先确定 i_{GK}^H 的符号。

应用式(5－8)时必须注意：

(1) 轮 G、轮 K 和行星架 H 必须是同一个周转轮系中轴线平行或重合的三个构件，这样三个构件的转速才能代数相加减；

(2)齿数连乘积之比前的“ ± ”号取决于转化轮系中 G 轮和 K 轮的转向；

(3)将 n_G,n_K,n_H 代入式(5－8)时,必须带正号或负号。已知值应根据转向相同还是相反代入正负号,未知值的转向由计算结果判定。

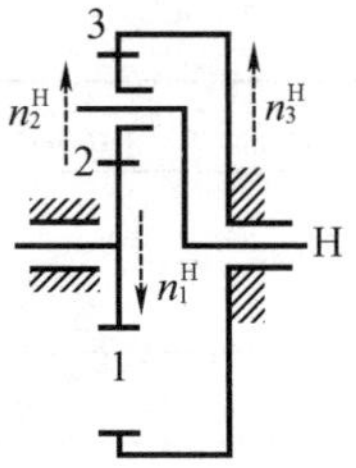

例 5－2 在图 5－6 所示的行星轮系中,已知各轮齿数 $z_1=27$,$z_2=17$,$z_3=61$,齿轮 1 的转速 $n_1=6\ 000$ r/min,求传动比 i_{1H}和 i_{12},以及行星架和轮 2 的转速 n_H,n_2。

解 将行星架视为固定,保持各构件相对运动关系不变,则原行星轮系变为行星架固定的假想定轴轮系(转化轮系)。在图 5－6 中用虚线箭头(实线箭头表示构件的真实转向,虚线箭头表示转化轮系中齿轮转向)画出各轮的转向。由式(5－8)得

图 5－6 行星轮系

$$i_{13}^H=\frac{n_1^H}{n_3^H}=\frac{n_1-n_H}{n_3-n_H}=-\frac{z_2\cdot z_3}{z_1\cdot z_2}$$

图 5－6 中轮 1 与轮 3 虚线箭头相反,故用“－”。由此得

$$\frac{n_1-n_H}{0-n_H}=-\frac{61}{27}$$

解得

$$i_{1H}=\frac{n_1}{n_H}=1+\frac{61}{27}\approx 3.26$$

$$n_H=\frac{n_1}{i_{1H}}=\frac{6\ 000}{3.26}\approx 1\ 840\ \text{r/min}$$

i_{1H}为正,n_H 转向与 n_1 相同。

利用式(5－8)求解轮 2 的转速 n_2,即

$$i_{12}^H=\frac{n_1^H}{n_2^H}=\frac{n_1-n_H}{n_2-n_H}=-\frac{z_2}{z_1}$$

代入已知数值得

$$\frac{6\ 000-1\ 840}{n_2-1\ 840}=-\frac{17}{27}$$

解得 $n_2\approx -4\ 767$ r/min,负号表示 n_2 的转向与 n_1 相反。

由此得传动比 i_{12},即

$$i_{12}=\frac{n_1}{n_2}=\frac{6\ 000}{-4\ 767}\approx -1.26$$

例 5－3 在图 5－7 所示的锥齿轮组成的差动轮系中,已知 $z_1=60$,$z_2=40$,$z_{2'}=z_3=20$,若 $n_1=120$ r/min,$n_3=80$ r/min,转向如图中实线箭头所示,求 n_H 的大小和方向。

解 将行星架 H 固定,画出转化轮系中各轮的转向,如虚线箭头所示。由式(5－8)得

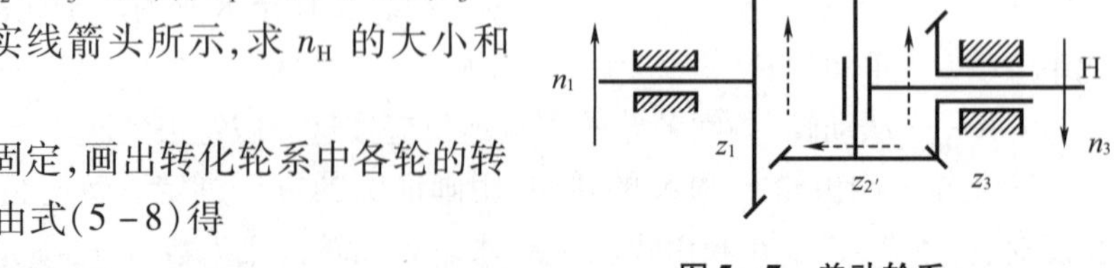

图 5－7 差动轮系

$$i_{13}^H=\frac{n_1^H}{n_3^H}=\frac{n_1-n_H}{n_3-n_H}=+\frac{z_2z_3}{z_1z_{2'}}$$

上式中“ + ”号是由转化轮系中假定轮 1 方向向上时,轮 3 虚线箭头与轮 1 同向而确定,

与实线箭头无关。假定实线箭头朝上为正，则 $n_1 = 120$ r/min，$n_3 = -80$ r/min，代入上式得

$$\frac{n_1 - n_H}{n_3 - n_H} = +\frac{40 \times 20}{60 \times 20}$$

解得

$$n_H = 3n_1 - 2n_3 = 3 \times 120 - 2 \times (-80) = 520 \text{ r/min}$$

n_H 的转向与 n_1 相同，箭头朝上。

图5－7中标注的两种箭头，实线箭头表示齿轮的真实转向，对应于 $n_1, n_3, \cdots$ 的转向；虚线箭头表示转化轮系中的齿轮转向，对应于 n_1^H, n_2^H, n_3^H。运用式(5－8)时，i_{13}^H 的正负取决于 n_1^H 和 n_3^H，即取决于两齿轮的虚线箭头方向是否一致。在代入已知的 n_1 和 n_3 数值时，必须根据实线箭头方向的异同来代入正负号，所求解的未知构件的转速方向，则要根据计算值的正负来确定其与已知转速的方向关系。

例5－4 在图5－8所示的双排外啮合行星轮系中，已知 $z_1 = 100, z_2 = 101, z_{2'} = 100, z_3 = 99$，均为标准齿轮传动，试求传动比 i_{H1}。

解 在图5－8中，齿轮3固定(即 $n_3 = 0$)，故该轮系为一行星轮系。将行星架H固定，画出转化轮系中各轮的转向，如虚线箭头所示。由式(5－8)得转化轮系中传动比为

$$i_{13}^H = \frac{n_1^H}{n_3^H} = \frac{n_1 - n_H}{0 - n_H} = +\frac{z_2 z_3}{z_1 z_{2'}}$$

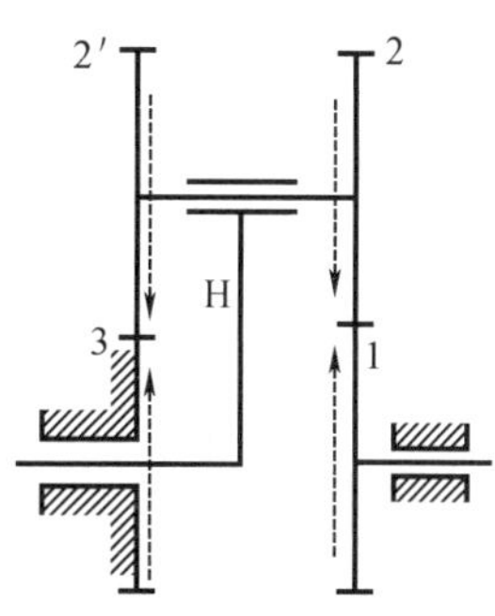

图5－8 行星轮系

由此得

$$i_{1H} = 1 - i_{13}^H = 1 - \frac{z_2 z_3}{z_1 z_{2'}} = 1 - \frac{101 \times 99}{100 \times 100} = \frac{1}{10\ 000}$$

故

$$i_{H1} = \frac{1}{i_{1H}} = 10\ 000$$

由此可以看出，当行星架H转10 000转时，齿轮1才转1转，且其转向与行星架H的转向相同。可见，行星轮系可获得极大的传动比。但这种轮系的传动效率很低，且当齿轮1主动时将发生自锁，不能用于增速传动机构。因此，这种轮系只适用于轻载下的运动传递或微调机构。

若将本例中的齿轮3的齿数改为 $z_3 = 100$，代入上式，得 $i_{H1} = \frac{1}{i_{1H}} = -100$，即行星架H转100转时，齿轮1反向转1转。可见，行星轮系中齿数的改变不仅会影响传动比的大小，而且还会改变从动轮的转向。这就是行星轮系与定轴轮系的不同之处，也说明了为什么周转轮系不能像定轴轮系那样直观地判断各构件间的真实转向关系。

5.4 复合轮系及其传动比

复合轮系也叫混合轮系，它是由几个基本周转轮系或定轴轮系和周转轮系组合而成的，如图5－9所示。计算复合轮系的传动比时，显然不能将其视为定轴轮系或单一的周转轮系；而应该将复合轮系分解成定轴轮系和基本周转轮系，然后分别列出计算这些基本轮系的

传动比计算公式,找出各基本轮系之间的关系,最后联立求解出复合轮系传动比。

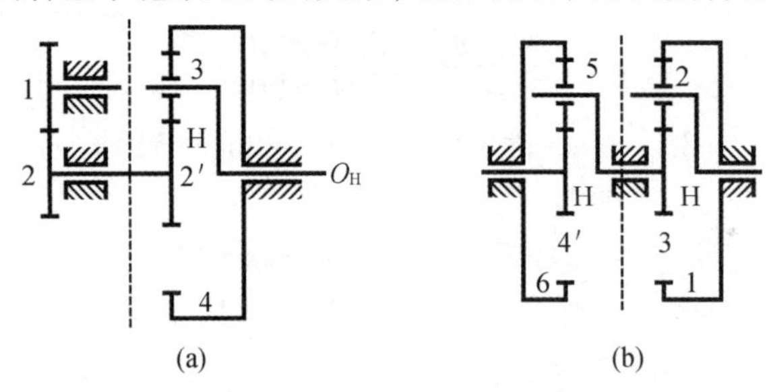

图 5-9 复合轮系及其分解

正确划分各个基本轮系是解决复合轮系传动比的关键一步。基本轮系是指单一的定轴轮系或单一的周转轮系。找基本周转轮系的一般方法是:先找出行星轮,即找出那些几何轴线绕另一齿轮的几何轴线转动的齿轮;支持行星轮做公转的构件就是行星架(注意,有时行星架不一定是杆状);而几何轴线与行星架的回转轴线相重合,且直接与行星轮相啮合的定轴齿轮就是中心轮。这组行星轮、行星架、中心轮便构成一个基本周转轮系。划分出一个基本周转轮系后,还要判断是否有其他行星轮被另一个行星架支撑,每一个行星架对应一个基本周转轮系。在逐一找出所有周转轮系后,剩下的就是定轴轮系。

如图 5-9(a)所示的复合轮系,其由齿轮 1-2 组成定轴轮系,2′-3-4-H 为周转轮系,齿轮 2 与 2′的转速相同。在图 5-9(b)中所示的复合轮系中,1-2-3-H 为一基本周转轮系,4′-5-6-H 为另一基本周转轮系,齿轮 3 的回转轴作为另一周转轮系的行星架。

例 5-5 图 5-10 所示的是电动卷扬机减速器,已知各轮齿数 $z_1=24, z_2=52, z_{2'}=21, z_3=78, z_{3'}=18, z_4=30, z_5=78$,求 i_{1H}。

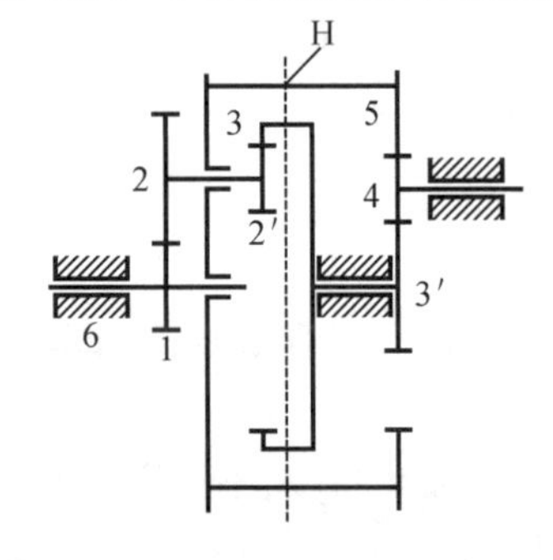

图 5-10 电动卷扬机减速器

解 (1)划分基本轮系

在该轮系中,双联齿轮 2-2′的几何轴线是绕着齿轮 1 和齿轮 3 的轴线转动的,所以是行星轮;支持它运动的构件(卷筒)就是行星架 H;与行星轮相啮合的齿轮 1 和 3 是两个中心轮。这两个中心轮都能转动,所以齿轮 1,2-2′,3 和行星架 H 组成一个差动轮系。3′,4,5 是一个定轴轮系。二者合在一起便构成一个复合轮系。其中齿轮 5 和卷筒 H 是同一个构件。

差动轮系:1,2-2′,3 和 H;

定轴轮系:3′,4,5。

(2)分列基本轮系的传动比方程

差动轮系中

$$i_{13}^{H}=\frac{n_1^{H}}{n_3^{H}}=\frac{n_1-n_H}{n_3-n_H}=-\frac{z_2z_3}{z_1z_{2'}}=-\frac{52\times78}{24\times21}=-\frac{169}{21} \tag{a}$$

定轴轮系中

$$i_{3'5}=\frac{n_{3'}}{n_5}=-\frac{z_5}{z_{3'}}=-\frac{78}{18}=-\frac{13}{3} \tag{b}$$

(3)基本轮系间的关系

$$n_3 = n_{3'} \tag{c}$$

$$n_5 = n_H \tag{d}$$

由式(b)、式(c)、式(d)得

$$n_3 = n_{3'} = -\frac{13}{3}n_5 = -\frac{13}{3}n_H$$

代入式(a)中,有

$$\frac{n_1 - n_H}{-\frac{13}{3}n_H - n_H} = -\frac{169}{21}$$

求得 $i_{1H} = 43.9$

例5-6 在图5-11所示的复合轮系中,齿数 $z_1 = 24$,$z_{1'} = 36$,$z_2 = 38$,$z_3 = z_5 = 100$,$z_4 = 32$,求 i_{1H}。

解 (1)划分基本轮系

在该轮系中,齿轮2与齿轮4的几何轴线是不固定的,所以是行星轮。划分两个基本轮系如下:

行星轮2的行星架是齿轮5,与行星轮2相啮合的齿轮1和齿轮3是两个中心轮,齿轮3固定,齿轮1转动,因此1,2,3,5构成一个行星轮系。

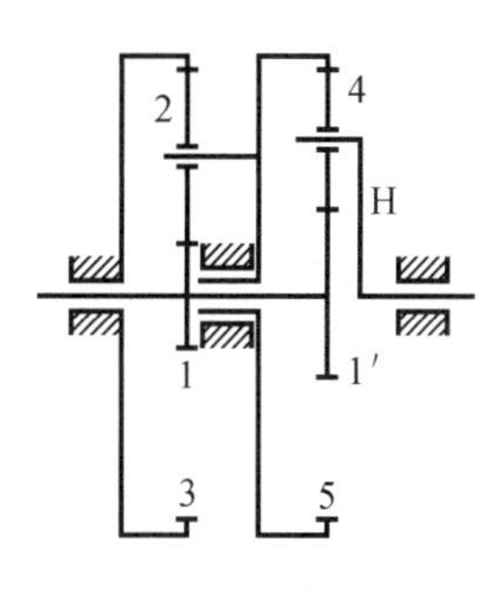

图5-11 复合轮系

行星轮4的行星架是H,与行星轮4相啮合的齿轮1′和齿轮5是两个中心轮,这两个中心轮都能转动,所以齿轮1′,4,5和H组成一个差动轮系。

(2)分列两个基本轮系的传动比方程

差动轮系中

$$i_{1'5}^H = \frac{n_{1'} - n_H}{n_5 - n_H} = -\frac{z_4 z_5}{z_{1'} z_4} \tag{a}$$

行星轮系中

$$i_{13}^5 = \frac{n_1 - n_5}{n_3 - n_5} = -\frac{z_2 z_3}{z_1 z_2} \tag{b}$$

(3)基本轮系间的关系

$$n_1 = n_{1'} \tag{c}$$

$$n_3 = 0 \tag{d}$$

联立式(a)、式(b)、式(c)、式(d)得 $i_{1H} = 2.46$,即行星架H与齿轮1的转速方向相同。

本节介绍例题为定轴轮系与周转轮系组成的复合轮体系,以及周转轮系与周转轮系组合成的复合轮系,更复杂的、多个周转轮系串联或并联而成的复合轮系,其求解方法请参看有关机械原理教材。

5.5 轮系的应用

轮系被广泛地应用于各种机械设备中,它的主要功用如下。

5.5.1 实现相距较远的两轴之间的传动

在如图 5-12 中,主动轴中心 O_1 和从动轴间中心 O_2 的距离较远,要求的传动比不大,如果仅用一对齿轮来传动(图 5-12 中点画线所示),则传动机构的外廓尺寸很大,既占空间又费材料,而且制造、安装都不方便。若改用若干对齿轮传动,如图中实线所示,通过 4 个齿轮(3 对齿轮副)组成的轮系将主动轴的运动传递给从动轴,便克服了上述缺点。

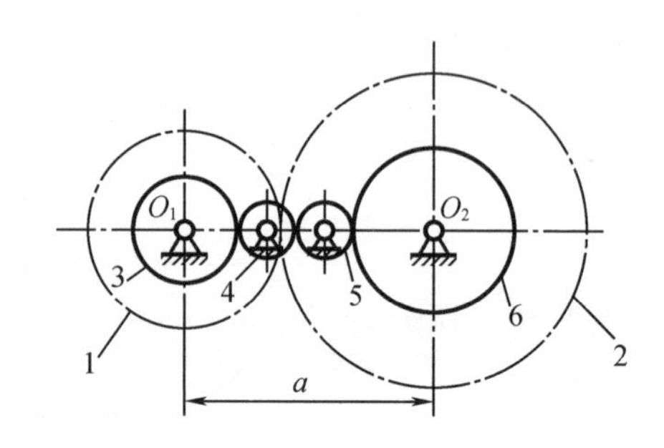

图 5-12 远距离齿轮传动

5.5.2 实现变速或变向传动

在主动轴(输入轴)转速及转向不变的情况下,利用轮系可使从动轴(输出轴)获得若干转速或改变从动轴的转向,这种传动称为变速变向运动。汽车、机床、起重设备等都需要这种变速传动。

图 5-13 所示为某汽车的变速箱传动简图。图中轴Ⅰ为动力输入的主动轴,轴Ⅱ为输出运动的从动轴,轴Ⅲ为传递运动的中间轴。1 和 2 为常啮合齿轮,4 和 6 为滑移齿轮,A 和 B 为牙嵌式离合器,括号内为相应齿轮的齿数。该变速箱可使输出轴得到四种转速。

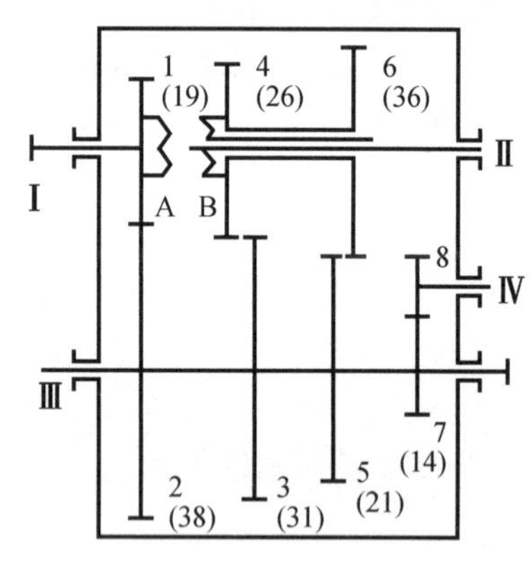

图 5-13 汽车变速箱传动简图

①低速挡(一挡) 离合器 A 与离合器 B 分离,齿轮 5 与齿轮 6 相啮合,齿轮 3,4 脱开,传动路线为 1—2—5—6;

②中速挡(二挡) 离合器 A 与离合器 B 分离,齿轮 3 与齿轮 4 相啮合,齿轮 5,6 脱开,传动路线为 1—2—3—4;

③高速挡(三挡) 离合器 A 与离合器 B 相嵌合,齿轮 3、齿轮 4、齿轮 5 及齿轮 6 均脱开,为直接挡;

④倒车挡 离合器 A 与离合器 B 分离,齿轮 6 与齿轮 8 相啮合,齿轮 3 和齿轮 4 以及齿轮 5 与齿轮 6 脱开,通过轴Ⅳ上的惰轮 8 改变输出轴Ⅱ的转动方向,其传动路线为 1—2—7—8—6。

另外,当离合器 A 和离合器 B 分离且轴Ⅱ上齿轮 4 及齿轮 6 不与轴Ⅲ上任何齿轮相啮合时,此时主动轴虽然转动,但是从动轴Ⅱ静止不动,没有动力输出。

5.5.3 获得大传动比和实现结构紧凑的大功率传动

一般一对定轴齿轮的传动比不宜大于5。当两轴之间需要很大的传动比时，虽然可以用多级齿轮组成的定轴轮系来实现，但由于轴和轮的增多，会导致结构复杂。若采用行星轮系，则只需很少几个齿轮就可获得很大的传动比，且结构紧凑，如图5－8所示的周转轮系。

图5－14为某型号涡轮螺旋桨航空发动机主减速器原理图，其外形尺寸为 $D_3 = D_6 = 430$ mm，采用4个行星轮 z_2 和6个中间轮 z_5。当 $z_1 = z_4 = 35$，$z_2 = z_5 = 31$，$z_3 = z_6 = 97$ 时，传动比 $i_{1H} = 11.45$，其传递功率可达到2 850 kW。

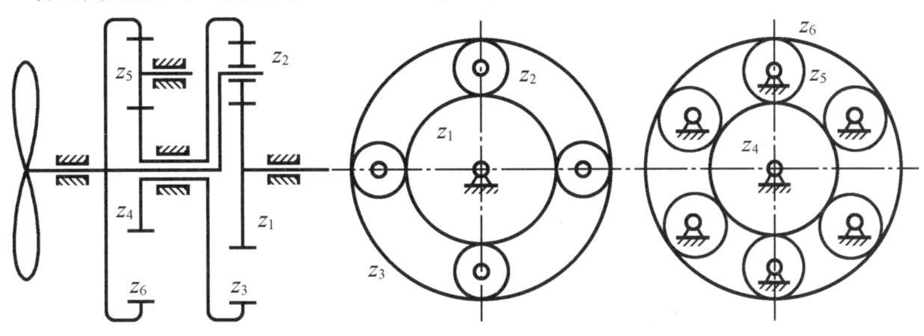

图5－14 涡轮螺旋桨发动机主减速器原理图

5.5.4 实现分路传动

轮系可以将主动轴的运动分别传递给不同的从动轴，实现分路传动。利用定轴轮系，可通过主动轴上的若干齿轮，将运动分别给若干个不同的执行机构，以完成生产上的各种动作要求和运动规律要求，这就是分路传动。在图5－15所示的滚齿机主传动系统中，主轴Ⅰ上有两个齿轮1和1′，齿轮1经锥齿轮2将运动传给滚刀7，即1—2—7；另一传动路线是：齿轮1′与轮3啮合，再经过齿轮副3′—4—5，蜗杆蜗轮副5′—6，带动工作台及其上固装的被切齿轮转动，与滚刀共同完成切齿的范成运动，即1′—3—3′—4—5—5′—6。这两路传动都是由定轴轮系完成的。

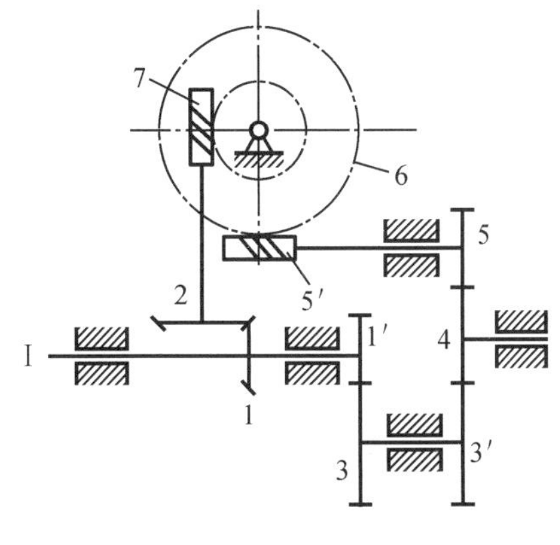

图5－15 滚齿机主传动系统

5.5.5 实现运动的合成与分解

运动的合成是将两个输入运动合为一个输出运动；运动的分解是将一个输入运动分解为两个输出运动。合成运动和分解运动都可用差动轮系实现。

最简单的用作合成运动的轮系如图5－16所示，其中 $z_1 = z_3$。由式(5－3)得

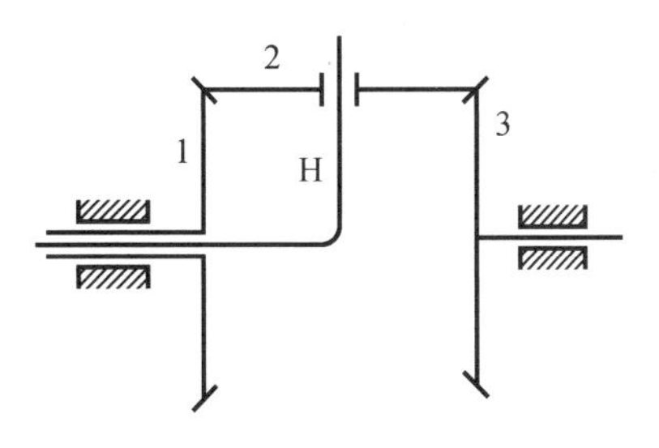

图5－16 加(减)法机构

$$i_{13}^{H} = \frac{n_1^{H}}{n_3^{H}} = \frac{n_1 - n_H}{n_3 - n_H} = -\frac{z_3}{z_1} = -1$$

解得

$$2n_H = n_1 + n_3 \tag{5-9}$$

$$n_1 = 2n_H - n_3 \tag{5-10}$$

$$n_3 = 2n_H - n_1 \tag{5-11}$$

该轮系可用作加(减)法机构。在式(5－9)中,当齿轮1与齿轮3作为被加数和加数的相应转角(速)时,行星架H的转角(速)即为两者和的一半,即加法机构;反之,利用式(5－10)、式(5－11)可实现减法功能。这种轮系在机床、计算机构和补偿装置中得到了广泛的应用。

图5－17为船用航向指示器传动装置,它是运动合成的实例。中心轮1的传动由右舷发动机通过定轴轮系4－1′传过来;中心轮3的传动由左舷发动机通过定轴轮系5－3′传过来。当两发动机转速相同时,航向指针不变,船舶直线行驶;当两发动机的转速不同时,船舶航向发生变化,转速差越大,指针M偏转越大,即航向转角越大,航向变化越大。

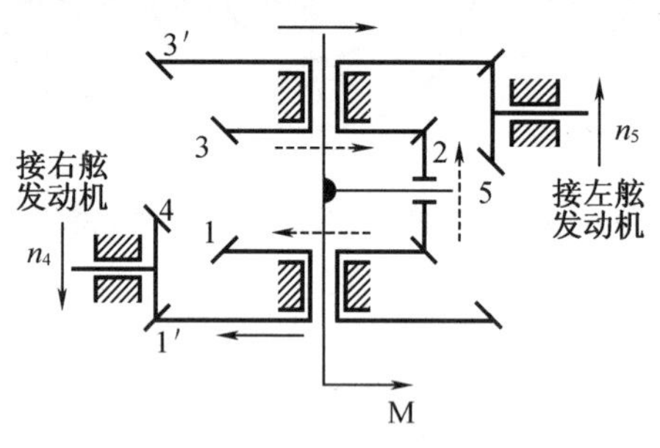

图5－17 船用航向指示器传动装置

图5－18所示为汽车后桥差速器作为差动轮系运动分解的实例。发动机的动力通过齿轮5和差速器(牙包)将动力分配给左、右车轮,其中$z_1 = z_3$,$n_H = n_4$。

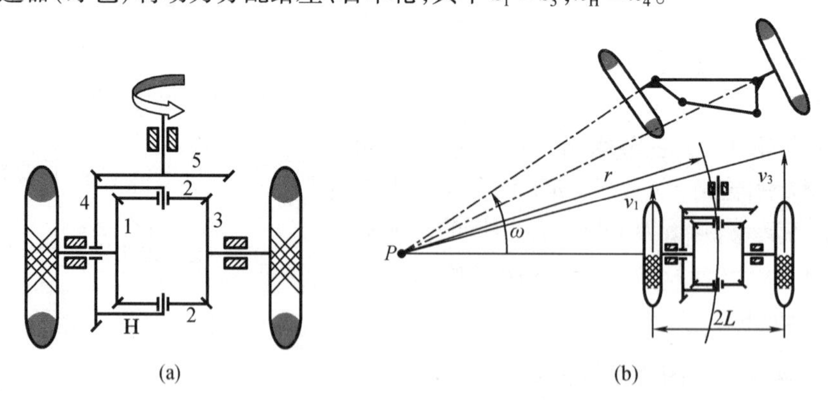

图5－18 汽车后桥差速器

图5－18(a)中,当汽车直线行驶时,若不打滑,左、右两轮滚过的距离相等,所以转速也相同,行星轮2不发生自转,齿轮1、齿轮2、齿轮3作为一个整体,随齿轮4一起转动,此时$n_1 = n_3 = n_4$。

当汽车拐弯时,为使两车轮与地面间不发生相对滑动以减小轮胎磨损,左、右两车轮行走的距离不相同,即要求左、右轮的转速也不相同。当汽车向左转弯时,齿轮1和齿轮3之间发生相对转动,齿轮2除随齿轮4绕后车轮轴线公转外,还绕自己的轴线自转,由齿轮1、

齿轮2、齿轮3和齿轮4(即行星架H)组成的差动轮系便发挥作用。该差动轮系与图5－17所示的机构完全相同,故有

$$2n_H = 2n_4 = n_1 + n_3 \tag{5-12}$$

以图5－18(b)的左转弯原理图为例。转弯时,车体将以ω绕瞬时回转中心P点旋转,左、右两轮所走过的弧长与其至P点的距离成正比,即

$$\frac{n_1}{n_3} = \frac{v_1}{v_3} = \frac{r-L}{r+L} \tag{5-13}$$

由式(5－12)和式(5－13)得

$$n_1 = \frac{r-L}{r}n_H$$

$$n_3 = \frac{r+L}{r}n_H \tag{5-14}$$

当汽车直行时,转弯半径$r\to\infty$,齿轮1与齿轮3的速度相同,行星轮2只绕后车轮轴线做公转而无自转。此时,转速关系为

$$n_H = n_1 = n_3 = n_4 = \frac{n_5 z_5}{z_4}$$

当汽车转弯时

$$n_1 = \left(\frac{r-L}{r}\right)\cdot\frac{z_5}{z_4}\cdot n_5 \tag{5-15}$$

$$n_3 = \left(\frac{r+L}{r}\right)\cdot\frac{z_5}{z_4}\cdot n_5 \tag{5-16}$$

若发动机传递的转速n_5、距离L和转弯半径r已知时,由式(5－15)和式(5－16)即可算出左、右两轮的转速n_1和n_3,实现发动机动力的分配。

差动轮系可分解运动的特性,在汽车、飞机等动力传动中得到了广泛应用。

5.6 行星轮系各轮齿数的确定

行星轮系是一种共轴式传动装置,即输出轴线与输入轴线重合。同时,为了使惯性力互相平衡并减轻轮齿上的载荷,一般采用两个以上的行星轮,且呈对称均布结构。为了实现这种结构并正常运转,行星轮系各轮齿数应满足以下四个条件,才能装配起来并正常运转和实现给定的传动比。现以图5－2(b)所示的行星轮系为例说明如下。

5.6.1 传动比条件

传动比条件即所设计的行星轮系必须实现给定的传动比i_{1H}。对于图5－2(a)的行星轮系,其各轮齿数的选择方式如下。

由$i_{13}^H = \dfrac{n_1 - n_H}{n_3 - n_H} = 1 - i_{1H} = -\dfrac{z_3}{z_1}$,得

$$z_3 = (i_{1H} - 1)z_1 \tag{5-17}$$

$$z_1 + z_3 = i_{1H}z_1$$

5.6.2 同心条件

同心条件即行星架的回转轴线与中心轮的几何轴线相重合。本例中,若采用标准齿轮或等变位齿轮传动时,则同心条件为:轮 1 和轮 2 的中心距(r_1+r_2)应等于轮 3 和轮 2 的中心距(r_3-r_2)。又由于轮 2 同时与轮 1 和轮 3 啮合,它们的模数应相同,因此

$$z_2=\frac{z_3-z_1}{2}=\frac{z_1(i_{1H}-2)}{2} \tag{5-18}$$

式(5-18)表明两中心轮的齿数应同时为偶数或同时为奇数。

5.6.3 均布安装条件

设计行星轮系时,其行星轮的数目和各轮的齿数必须正确选择,使行星轮数和各轮齿数之间满足一定的装配条件才能装配起来。其装配条件如下:

如图 5-19 所示,设 k 为均匀分布的行星轮个数,则相邻两行星轮 A 和 B 之间的夹角为 $\varphi=\frac{2\pi}{k}$。现将第一个行星轮在位置Ⅰ装入,然后固定中心轮 3,并沿逆时针方向使行星架转过 $\varphi_H=\varphi$ 达到位置Ⅱ。这时中心轮 1 转角为 θ。由于 $\frac{\theta}{\varphi}=\frac{n_1}{n_H}=i_{1H}=1+\frac{z_3}{z_1}$,得

$$\theta=(1+\frac{z_3}{z_1})\varphi=\frac{z_1+z_3}{z_1}\cdot\frac{2\pi}{k} \tag{5-19}$$

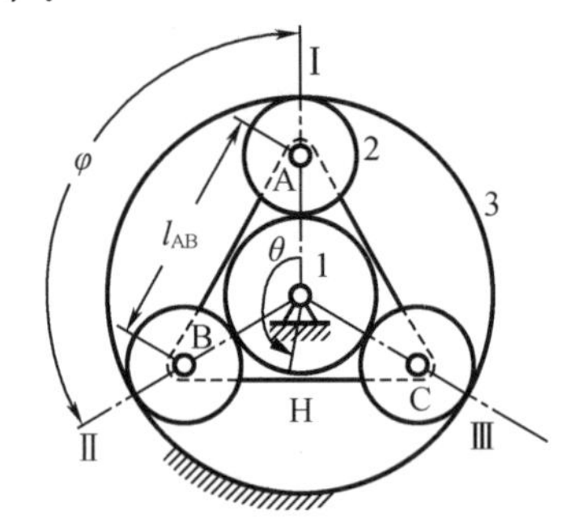

图 5-19 单排行星传动

如果此时中心轮 1 正好转过 N 个完整的齿,则中心轮 1 在生星轮 A 处又出现与安装第一个行星轮一样的情形,可在行星轮 A 处装入第二个行星轮。即当行星架 H 转过一个等分角 $\varphi=\frac{2\pi}{k}$时,若中心轮 1 转过 N 个完整的齿,就能实现均布安装。中心轮 1 的转角为

$$\theta=N\cdot\left(\frac{2\pi}{z_1}\right) \tag{5-20}$$

式中 $\frac{2\pi}{z_1}$ ——齿轮 1 的一个齿距所对的中心角;

N——某一个正整数。

由式(5-17)、式(5-19)及式(5-20)得

$$N=\frac{z_1+z_3}{k}=\frac{z_1\cdot i_{1H}}{k} \tag{5-21}$$

当行星轮数和各轮的齿数满足式(5-21)的条件时,就可以在位置Ⅰ装入第二个行星轮。同理,当第二个行星轮转到位置Ⅱ时,又可以在位置Ⅰ装入第三个行星轮,其余依此类推。式(5-21)表明,该行星轮系两中心轮的齿数之和应为行星轮个数 k 的整数倍。

5.6.4 邻接条件

为了保证行星轮系能够运动,其相邻两行星轮的齿顶圆不得相交,这个条件称为邻接条件。由图 5-19 可见,这时相邻两行星轮的中心距 l_{AB}应大于行星轮的齿圆顶直径 d_{a2}。若

采用标准齿轮,其齿顶高系数为 h_a^*,则

$$2(r_1+r_2)\sin\frac{\pi}{k}>2(r_2+h_a^* m)$$

代入 $r_1=\frac{z_1 m}{2}$ 和 $r_2=\frac{z_2 m}{2}$ 并整理得

$$z_2<\frac{z_1\sin\frac{\pi}{k}-2h_a^*}{1-\sin\frac{\pi}{k}} \tag{5-22}$$

为了设计时便于选择各轮齿数,通常又把前三个条件合并为一个总的配齿公式。由式(5-17)、式(5-18)和式(5-21)得

$$\begin{aligned} z_1:z_2:z_3:N &= z_1:\frac{z_1(i_{1H}-2)}{2}:z_1(i_{1H}-1):\frac{z_1 i_{1H}}{k} \\ &=1:\frac{i_{1H}-2}{2}:(i_{1H}-1):\frac{i_{1H}}{k} \end{aligned} \tag{5-23}$$

确定各轮齿数时,应根据式(5-23)选定 z_1 和 k,要保证 z_1,z_2,z_3,N 为正整数,且 z_1,z_2,z_3 均大于 $z_{\min}$。

5.7 几种特殊的行星传动简介

本节介绍几种特殊行星传动的原理、结构和应用。它们的基本原理与周转轮系相同,只是太阳轮固定,行星轮的运动由输出轴同步输出。

5.7.1 少齿差行星齿轮传动

少齿差行星齿轮传动机构是动轴传动的一种形式,按齿廓形状可以分为渐开线少齿差行星齿轮传动和摆线针轮行星齿轮传动。

1. 渐开线少齿差行星齿轮传动

图5-20所示为少齿差行星齿轮传动机构的运动简图,该机构由固定太阳轮1、行星轮2、行星架H(输入轴)、输出轴V、机架以及等角速比机构M组成。其中等角速比机构的功能是将轴线可动的行星轮2的运动,同步地传送给轴线固定的V轴,以便将运动和力输出。其传动比为

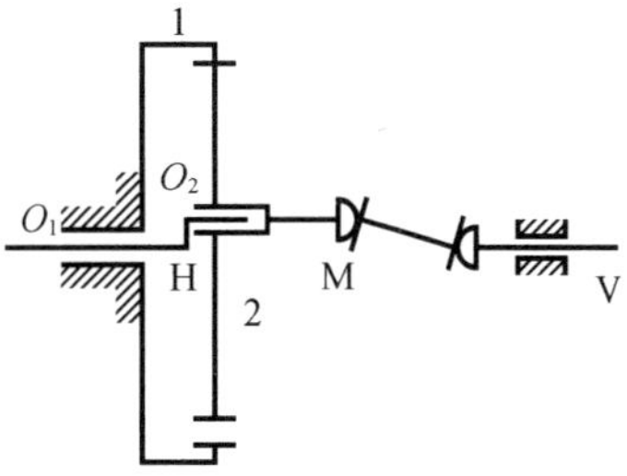

图5-20 少齿差行星齿轮传动机构

$$i_{12}^{H}=\frac{n_1-n_H}{n_2-n_H}=+\frac{z_2}{z_1}$$

因为

$$n_1=0$$

$$\frac{0-n_H}{n_2-n_H}=\frac{z_2}{z_1}$$

得

$$i_{H2}=-\frac{z_2}{z_1-z_2}$$

即
$$i_{HV}=i_{H2}=-\frac{z_2}{z_1-z_2} \tag{5-24}$$

由式(5-24)可知，齿数差(z_1-z_2)值越小，则传动比越大，通常齿数差为1~4。当齿数差$z_1-z_2=1$时，称为一齿差行星传动，这时传动比具有最大值，即

$$i_{HV}=-z_2$$

将行星轮的绝对转动不变地传到输出轴V的等角速比机构可以是双万向联轴节、十字槽联轴节及销孔式输出机构等。图5-20中的输出机构为双万向联轴节，不仅轴向尺寸大，而且不适用于有两个行星轮的场合，而十字槽联轴节效率低，因此工程上广泛采用的是销孔式输出机构，如图5-21所示。

在行星轮2的辐板上，沿半径为ρ的圆周开有J个均布的圆孔，圆孔的半径为r_w，圆孔的中心为O_w。在输出轴的圆盘上，沿半径为ρ的圆周又布有J个圆柱销，圆柱销上再套一半径为r_p的销套，销套的中心为O_p。将销套的圆柱销分别插入行星轮2的圆孔中，使行星轮和输出轴连接起来。设计时使$r_w-r_p=e$，e为轮1与轮2的中心距，也等于行星轮轴线与输出轴轴线间的距离。因此，这种传动仍能保证输入轴与输出轴的轴线重合。在平行四边形$O_2O_vO_pO_w$中，$O_2O_v=e=O_wO_p$，$O_2O_w=\rho=O_vO_p$，所以在任意位置，$O_2O_vO_pO_w$总保持为一平行四边形。由于O_vO_p总平行于O_2O_w，所以输出轴V的转速始终与行星轮的绝对转速相同。

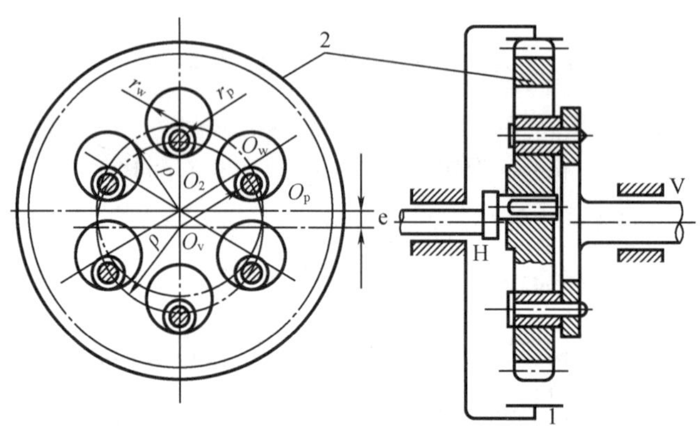

图5-21 等角速比机构

由于中心距e很小，故采用偏心轴作行星架。为了平衡和提高承载能力，通常用两个完全相同的行星轮对称安装。渐开线少齿行星减速器的优点是传动比大、结构紧凑、体积小、质量轻、加工容易，故适用于中小型动力传动，在起重运输、仪表、轻化、食品等工业部门广泛采用。它的缺点是同时啮合的齿数少、承载能力较低，而且为了避免干涉，还要进行复杂的变位计算。

2. 摆线针轮行星传动

摆线针轮行星传动的原理和结构与渐开线少齿差行星传动基本相同，如图5-22所示，它也由行星架H、行星轮2和内齿轮1组成。行星轮2采用摆线作齿廓，其运动也依靠等角速比的销孔机构传到输出轴上。摆线针轮传动的齿数差总是等于1，所以其传动比为

$$i_{HV}=\frac{n_H}{n_V}=-\frac{z_2}{z_1-z_2}=-z_2$$

摆线针轮行星传动与渐开线少齿差行星齿轮传动的不同之处在于齿廓曲线不同。在渐

开线少齿差行星传动中,内齿轮1和行星轮2都是渐开线齿廓;而摆线针轮行星传动中,轮1的内齿是带套筒的圆柱销形针齿,行星轮2的齿廓曲线则是短幅外摆线的等距曲线。

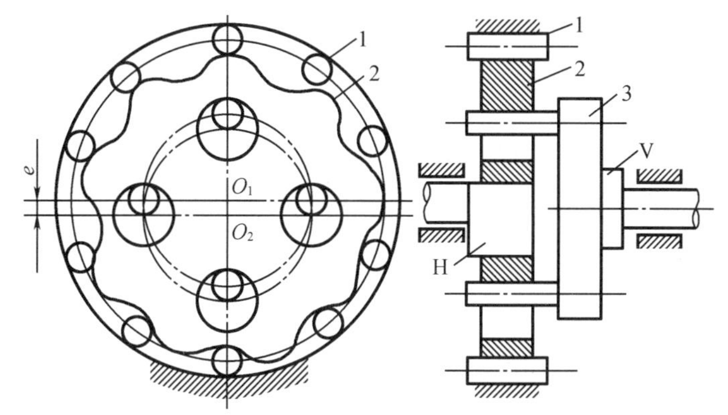

图5-22 摆线针轮行星传动

摆线针轮行星传动的优点是传动比大,其一级传动比可达135,二级传动比可达1 000以上;结构简单、体积小、质量轻,与同样传动比和同样功率的普通齿轮减速器相比,质量可减轻1/3以上;啮合齿数多,摩擦、磨损小,承载能力强,使用寿命长,但加工工艺较复杂,精度要求高,必须用专用机床刀具来加工摆线齿轮。其在矿山、冶金、造船等工业机械中广泛应用。

5.7.2 谐波齿轮行星齿轮传动

图5-23是一双波传动的谐波齿轮行星齿轮传动示意图。它主要由谐波发生器H(相当于行星架H)、刚轮1(相当于太阳轮)和柔轮2(相当于行星轮)组成。柔轮2是一个容易变形的外齿圈,刚轮1是一个刚性内齿圈,它们的齿距相等,但柔轮2比刚轮1少一个或几个齿。谐波发生器由一个转臂和几个滚子组成。通常谐波发生器H为输入端,柔轮2为输出端,刚轮1固定不动。

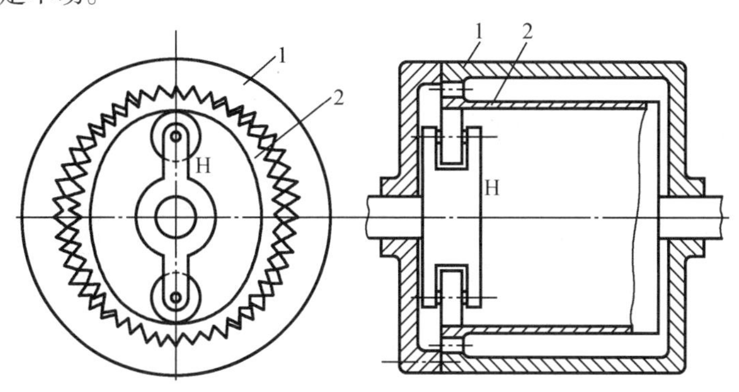

图5-23 谐波齿轮行星齿轮传动

把谐波发生器H装入柔轮2内后,当谐波发生器H转动时,因为柔轮2的内孔径略小于谐波发生器H的长度,所以迫使柔轮产生弹性变形而呈椭圆形。椭圆长轴两端轮齿进入啮合,而短轴两端轮齿脱开,其余处的轮齿处于过渡状态。随着波发生器回转,柔轮长、短轴位置不断周期性地变化,轮齿啮合位置也随着周期性地变化。由于刚轮不动,刚轮的齿数与柔轮齿数差为(z_1-z_2)，所以当波发生器转一周时，柔轮相对刚轮沿相反方向转过(z_1-z_2)个齿的角度，即反转$\frac{(z_1-z_2)}{z_2}$周，因此得传动比为

$$i_{H2}=\frac{n_H}{n_2}=-\frac{z_2}{z_1-z_2} \tag{5-25}$$

式(5－25)和渐开线少齿差行星传动的传动比计算式(5－24)完全相同。

按照波发生器上装的滚轮数不同，谐波齿轮行星齿轮传动可以分为双波传动(图5－23)和三波传动(图5－24)等，而最常用的是双波传动。谐波传动的齿数差应等于波数或波数的整数倍。

图5－24 三波传动

谐波齿轮传动与摆线针轮行星齿轮传动相比，传动比大，单级减速i_{1H}可达50～500；体积小、质量轻，因不需等角速比机构，结构简单紧凑，密封性好；齿侧间隙小，适于反向传动；由于同时参加啮合的齿数很多，故承载能力强，传动平稳。但由于柔轮周期性变形，容易发热和疲劳，故需用抗疲劳强度很高的材料，且对加工、热处理要求都很高。

谐波齿轮传动已广泛应用于机器人、仪表、船舶、机床、能源及军事装备等领域中。

习 题

5－1 在图5－25所示的双级蜗轮传动中，已知右旋蜗杆1的转向如图5－25所示，试判断蜗轮2和蜗轮3的转向，用箭头表示。

5－2 在图5－26所示轮系中，已知$z_1=15$，$z_2=25$，$z_{2'}=15$，$z_3=30$，$z_{3'}=15$，$z_4=30$，$z_{4'}=2$(右旋)，$z_5=60$，$z_{5'}=20$($m=4$ mm)，若$n_1=500$ r/min，求齿条6线速度v的大小和方向。

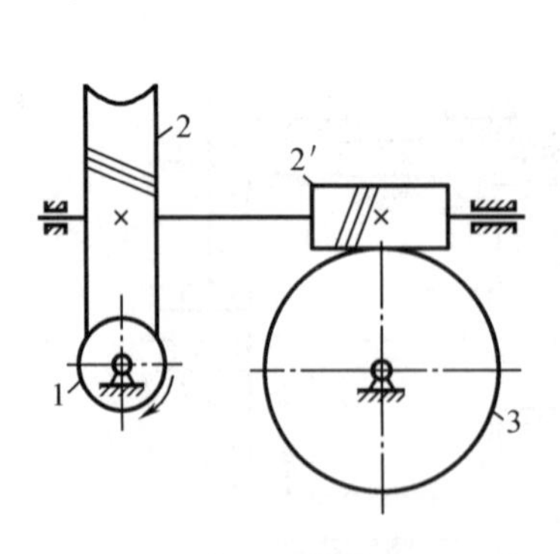

图5－25 双级蜗轮传动

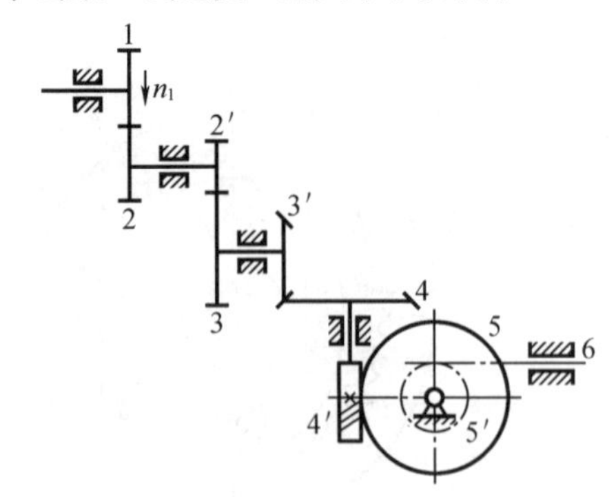

图5－26 轮系

5－3 在图5－27所示的钟表传动示意图中，E为擒纵轮，N为发条盘，S，M，H分别为秒针、分钟、时针。设$z_1=72$，$z_2=12$，$z_3=64$，$z_4=8$，$z_5=60$，$z_6=8$，$z_7=60$，$z_8=6$，$z_9=8$，$z_{10}=24$，$z_{11}=6$，$z_{12}=24$，求秒针与分针的传动比i_{SM}和分针与时针的传动比i_{MH}。

5－4 在图5－28所示的行星减速装置中，已知$z_1=z_2=17$，$z_3=51$。当手柄转过90°，转盘H转过多少角度？

5－5 在图5－29所示手动葫芦中，S为手动链轮，H为起重链轮。已知 $z_1=12, z_2=28, z_{2'}=14, z_3=54$。求传动比 i_{SH}。

5－6 在图5－30所示马铃薯挖掘机的机构中，齿轮4固定不动，挖叉A固连在最外边的齿轮3上。挖薯时，十字架1回转而挖叉却始终保持一定的方向。问各轮齿数应满足什么条件？

5－7 在图5－31所示为一装配用电动螺丝刀的传动简图。已知各轮齿轮为 $z_1=z_2=17, z_3=z_6=39$。若 $n_1=3\ 000$ r/min，试求螺丝刀的转速。

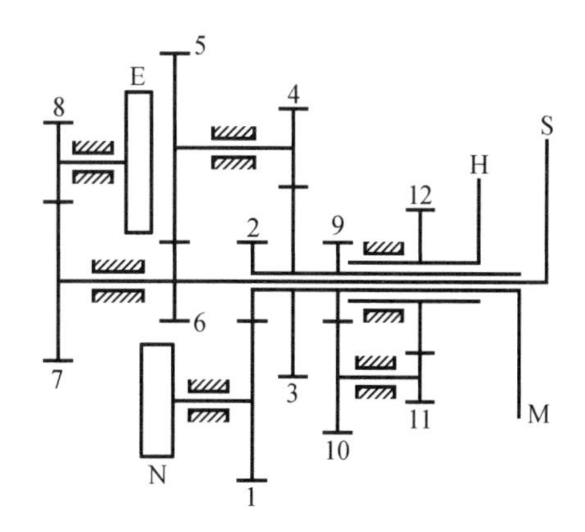

图5－27 钟表传动机构示意图

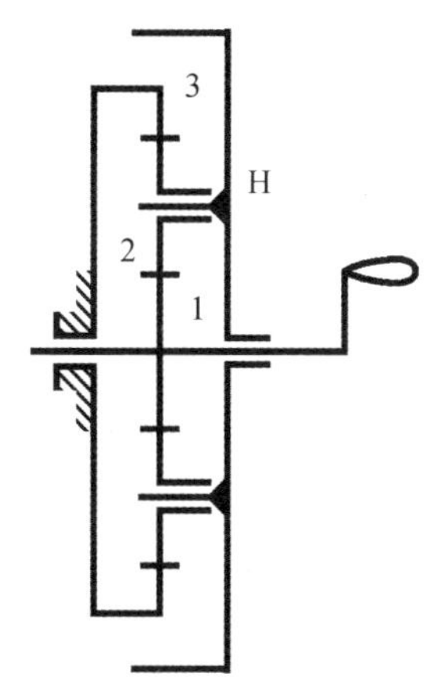

图5－28 行星减速装置

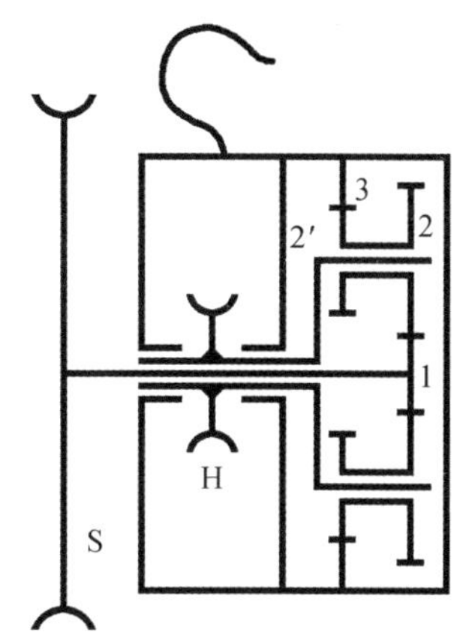

图5－29 手动葫芦

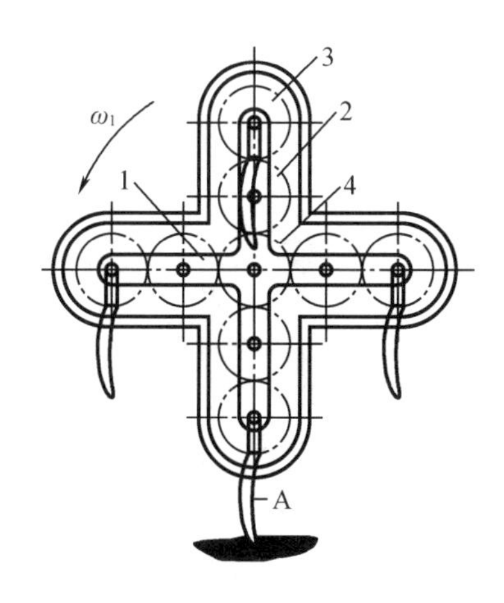

图5－30 马铃薯挖掘机

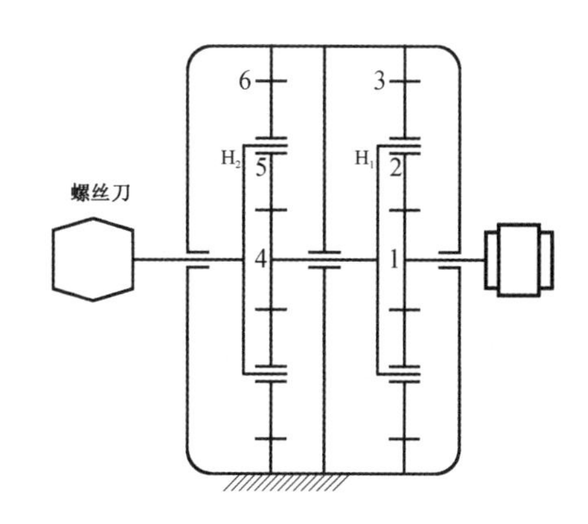

图5－31 电动螺丝刀

5－8 在图5－32所示差动轮系中，已知各轮的齿数 $z_1=30, z_2=25, z_{2'}=20, z_3=75$，齿轮1的转速为200 r/min（箭头向上），齿轮3的转速为50 r/min（箭头向下），求行星架转速 n_H 的大小和方向。

5－9 在图5－33所示机构中，已知 $z_1=17, z_2=20, z_3=85, z_4=18, z_5=24, z_6=21$，

$z_7=63$。求：(1)当 $n_1=10\ 001$ r/min，$n_4=10\ 000$ r/min 时，n_P 等于多少？(2)$n_1=n_4$ 时，n_P 等于多少？

(3)当 $n_1=10\ 000$ r/min，$n_4=10\ 001$ r/min 时，n_P 等于多少？

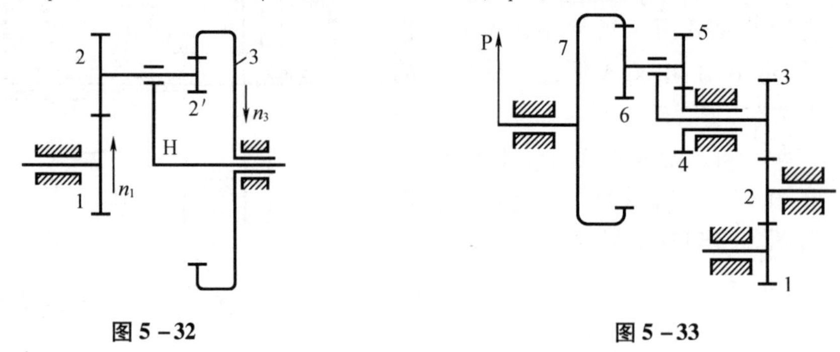

图 5－32　　图 5－33

5－10　图 5－6 所示直齿圆柱齿轮组成的单排内外啮合行星轮系中，已知两中心轮的齿数 $z_1=19$，$z_3=53$，若全部齿轮都采用标准齿轮，求行星轮齿数 z_2。

5－11　图 5－8 所示大传动比行星轮系中的两对齿轮，能否全部采用直齿标准齿轮传动？试提出两对齿轮传动的选择方案。

5－12　在图 5－18 所示汽车后桥差速器中，已知 $z_4=60$，$z_5=15$，$z_1=z_3$，$L=600$ mm，传动轴输入转速 $n_5=250$ r/min，当车身左转弯内半径 $r=3\ 000$ mm 时，左右两轮的转速各为多少？

5－13　如图 5－34 所示的轮系中，已知各轮齿数分别为 $z_1=40$，$z_{1'}=70$，$z_2=20$，$z_3=30$，$z_{3'}=10$，$z_4=40$，$z_5=50$，$z_{5'}=20$。若轴 A 按图示方向以 100 r/min 的转动速度，试确定轴 B 转速的大小及转向。

5－14　在图 5－35 所示大传动比减速器中，已知蜗杆 1 和 5 的线数 $z_1=1$，$z_5=1$，且均为右旋。其余各轮齿数为 $z_{1'}=101$，$z_2=99$，$z_{2'}=z_4$，$z_{4'}=100$，$z_{5'}=100$。求传动比 i_{1H}。

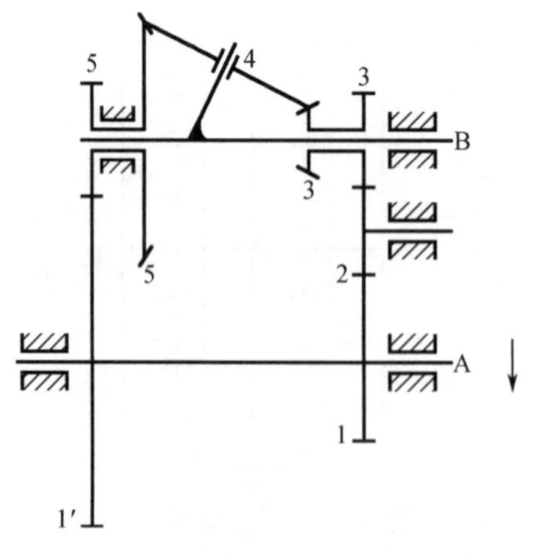

图 5－34

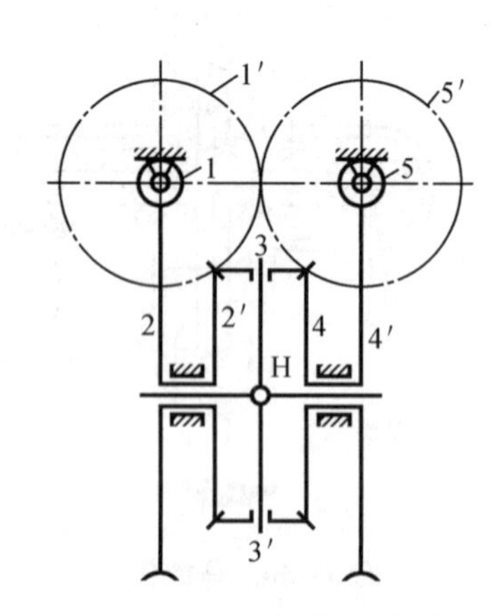

图 5－35　大传动比减速器

第6章　其他常用机构

前面讨论的平面连杆机构、凸轮机构和齿轮机构是组成机器的几种最主要的机构。除了这些机构以外,各种机器和仪器中还包含了许多其他各种类型和用途的机构。主动件连续运动(连续转动或往复摆动或往复移动)时,从动件做周期性时动、时停运动的机构称为间歇运动机构。间歇运动机构广泛应用于电子机械、轻工机械等设备中,用以实现转位、步进、计数等功能。间歇运动机构的类型很多,本章主要介绍棘轮机构、槽轮机构、不完全齿轮机构、凸轮间歇运动机构、擒纵机构几种较常用的间歇运动机构及非圆齿轮机构的工作原理、运动特性和应用情况。

6.1　棘轮机构

6.1.1　棘轮机构的工作原理和类型

1. 棘轮机构的工作原理

图6-1(a)所示为外啮合齿式棘轮机构。它由摇杆1、棘轮3、驱动棘爪4、止回棘爪5和机架2组成。通常以摇杆为主动件、棘轮为从动件。当摇杆1连同驱动棘爪4逆时针转动时,驱动棘爪4进入棘轮3的相应齿槽,并推动棘轮3转过相应的角度,此时止回棘爪5在棘轮的齿背部滑过;当摇杆1顺时针转动时,驱动棘爪4在棘轮3齿顶上滑过,止回棘爪5阻止棘轮发生顺时针转动,此时棘轮静止不动。这样,摇杆做连续的往复摆动时,棘轮便得到单向的间歇运动。摇杆1的摆动可由凸轮机构、连杆机构或电磁装置得到;止回棘爪可由簧片或弹簧等保持与棘轮接触。

2. 棘轮结构的分类

按照结构特点,常用的棘轮机构可分为齿式棘轮机构和摩擦式棘轮机构两大类。

(1)齿式棘轮机构

齿式棘轮机构的外缘、内缘或端面具有刚性的轮齿。

①按啮合方式分类

按啮合方式,其可分为外啮合(图6-1(a))和内啮合(图6-1(b))两种形式。当棘轮直径为无穷大时,变为棘条,如图6-1(c)所示,此时棘轮的单向转动变为棘条的单向移动。

②按运动形式分类

a. 单向式棘轮机构

单向式棘轮机构又分为单动式和双动式两种。图6-1(a)所示为单动式棘轮机构,其特点是当摇杆1向一个方向摆动时,棘轮3沿同方向转过某一角度;而摇杆1反向摆动时,棘轮3静止不动。图6-2所示为双动式棘轮机构,在主动摇杆1上安装两个驱动棘爪,在摇杆向两个方向往复摆动的过程中分别带动两个棘爪,依次推动棘轮做单向间歇转动两次,即棘轮均沿单一方向转动。双动式棘轮机构用于载荷较大、棘轮尺寸受限、齿数较少,而主动摆杆的摆角小于棘轮齿距的场合，它可使棘轮转速增加一倍。

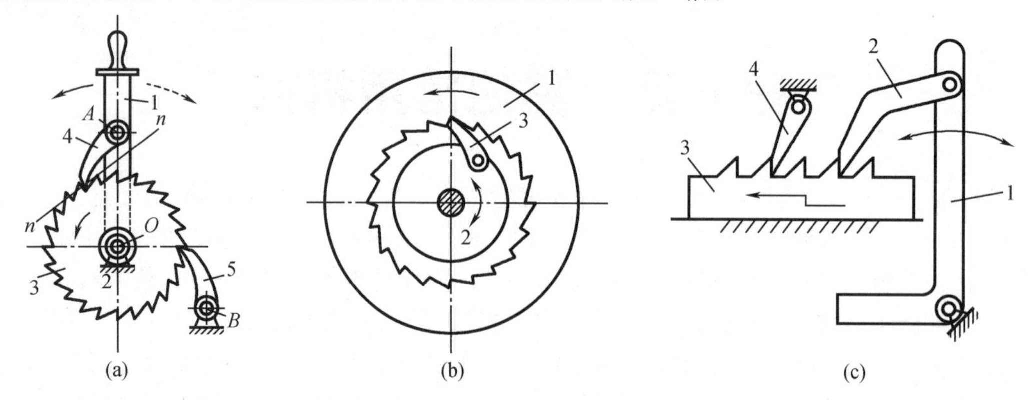

图 6－1　齿式棘轮机构

(a)外啮合；(b)内啮合；(c)移动棘轮(棘条)

单向式棘轮采用的是不对称齿形，如锯齿形、直线形三角齿及圆弧三角齿等。驱动棘爪可以制成直的(图 6－2(a))或带钩的(图 6－2(b))。

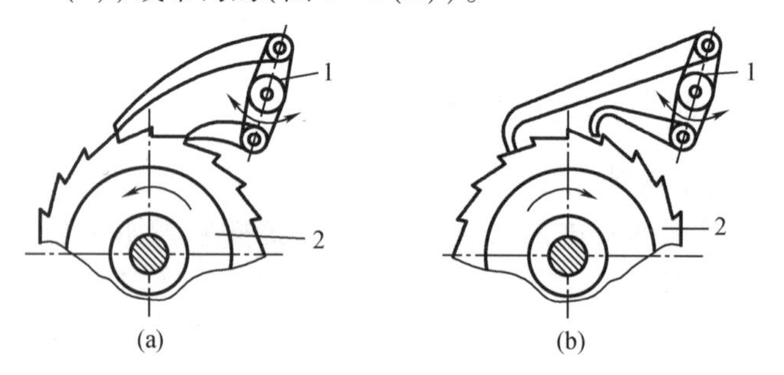

图 6－2　双动式棘轮机构

b. 双向式棘轮机构

双向式棘轮机构，其轮齿一般制成矩形，如图 6－3 所示。

图 6－3(a)中，当棘爪 1 在实线位置时，棘轮 2 将沿逆时针方向做间歇运动；当棘爪 1 翻转到虚线位置时，棘轮将沿顺时针方向做间歇运动。

图 6－3(b)为另一种双向棘轮机构。当棘爪 1 在图示位置时，棘轮 2 将沿顺时针方向做间歇运动；若将棘爪提起并绕自身轴线转 180°后再插入棘轮齿中，则可实现沿逆时针方向的间歇运动；若将棘爪提起并绕自身轴线转 90°后放下，架在壳体顶部的平台上，使轮与爪脱开，则当棘爪往复摆动时，棘轮静止不动。

齿式棘轮机构在回程时，棘爪在齿面上滑过，故有噪声，平稳性较差，且棘轮的步进转角又较小。如要调节棘轮的转角，可以改变棘爪的摆角或改变拨过棘轮齿数的多少。如图 6－4 所示，在棘轮 3 上的加一遮板 5，变更遮板 5 的位置，即可使棘爪行程的一部分在遮板上滑过，不与棘轮的齿接触，从而改变棘爪转角的大小。

(2)摩擦式棘轮机构

摩擦式棘轮机构是一种无棘齿的棘轮，靠摩擦力推动棘轮转动和止动，如图 6－5 所示。

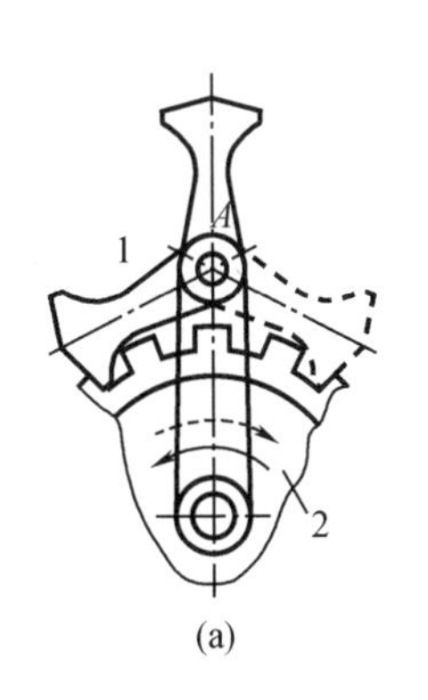

(a)

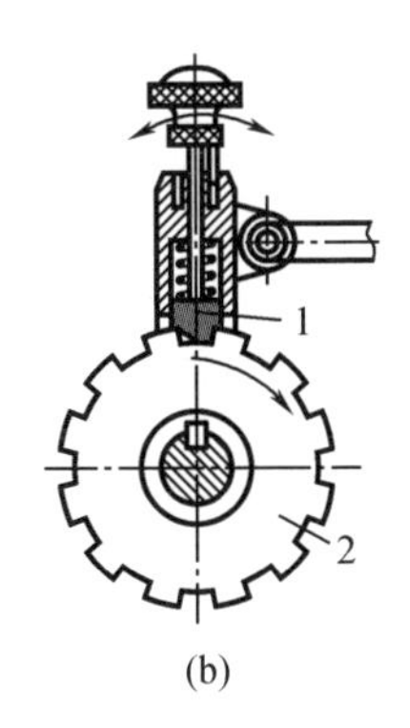

(b)

图6-3　双向式棘轮机构

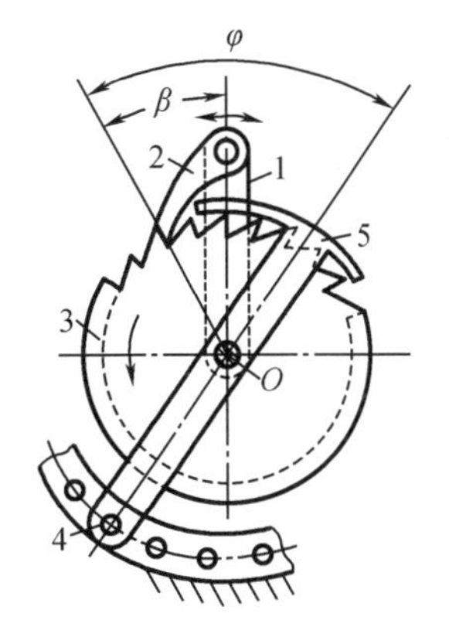

图6-4　可调转角式棘轮机构

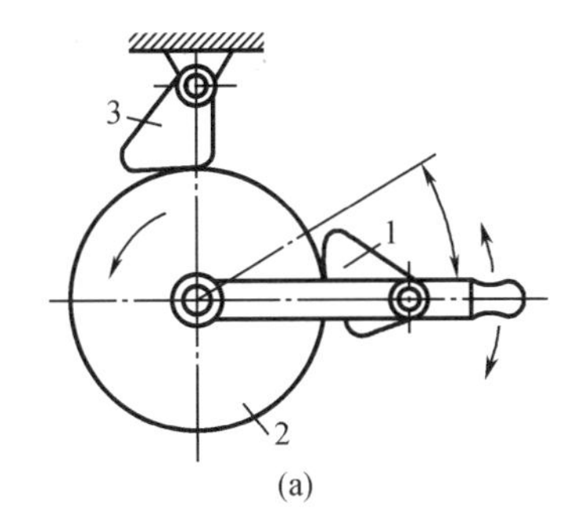

(a)

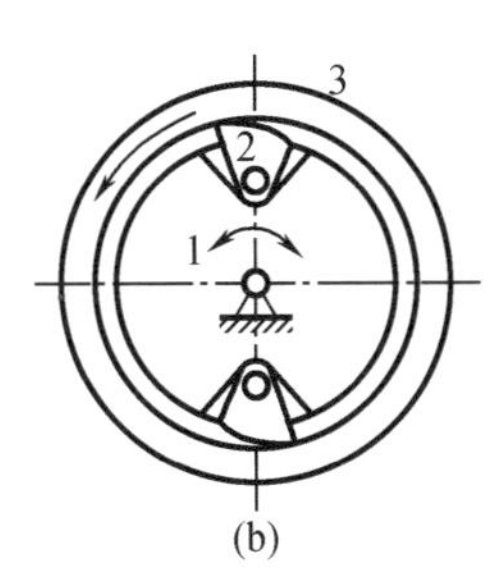

(b)

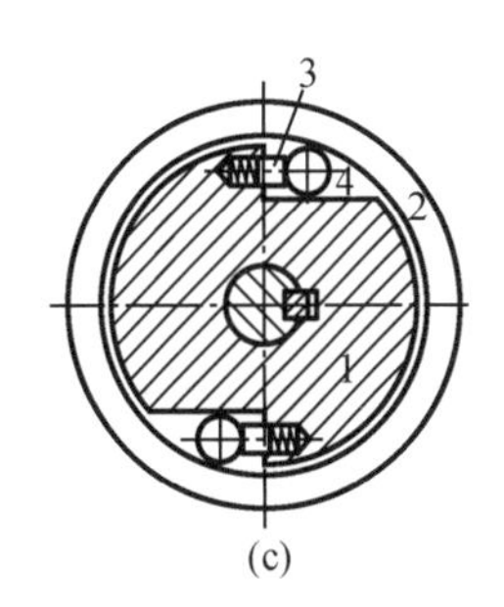

(c)

图6-5　摩擦式棘轮机构

图6-5(a)中,当摇杆做逆时针转动时,利用偏心楔块1与摩擦轮2之间的摩擦产生自锁,从而带动摩擦轮2和摇杆一起转动;当摇杆做顺时针转动时,偏心楔块1与摩擦轮2之间产生滑动。这时由于楔块3的自锁作用能阻止摩擦轮反转,这样,在摇杆不断做往复运动时,摩擦轮2便做单向的间歇运动。

图6-5(b)所示的内啮合式偏心楔块棘轮机构,通过凸块2与从动轮3间的摩擦力推动从动轮间歇转动。

图6-5(c)所示的滚子楔紧式棘轮机构,由构件1、套筒2、弹簧顶杆3及滚柱4等组成。当套筒2为主动件且顺时针方向转动时,由于摩擦力作用使滚柱4楔紧在构件1、套筒2的狭隙处,从而带动构件1一起转动;而当套筒2为主动件且逆时针方向转动时,滚柱4松开,构件1静止不动。反之,当构件1为主动件,在其逆时针回转时,套筒2随构件1一同回转;而在构件1顺时针回转时,套筒2静止不动。

6.1.2　棘轮机构的特点及应用

棘轮机构结构简单、制造方便、运动可靠、转角可调。但齿式棘轮机构的转角都是相邻齿所夹中心角的倍数,即棘轮的转角是有级性改变的,因此其工作时有较大的冲击和噪声,棘齿易磨损,在高速时尤其严重,所以适用于低速、轻载的场合。摩擦式棘轮机构克服了齿式棘轮机构冲击噪声大、棘轮每次转角的大小不能无级调节的缺点,在各种机构中实现进给或传递运动、超越运动,但其接触表面间容易发生滑动,故运动准确性差,不适合运动精度要求高的场合。

棘轮机构可用于机床中的间歇送进功能。图6－6所示为牛头刨床工作台横向间歇进给机构。为了切削工件，刨刀需做连续往复直线运动，工作台做间歇移动。当曲柄1转动时，经连杆2带动摇杆5做往复摆动；摇杆5上装有双向棘轮机构的棘爪3，棘轮4与丝杠6固连，棘爪带动棘轮做单方向间歇转动，从而使螺母（即工作台）做间歇进给运动。若改变驱动棘爪的摆角，可以调节进给量；改变驱动棘爪的位置（绕自身轴线转过180°后固定），可改变进给运动的方向。

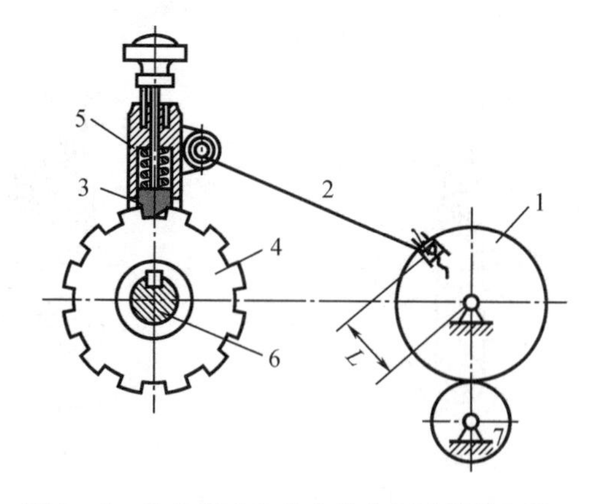

图6－6　牛头刨床工作台横向间歇进给机构

棘轮机构可起到制动作用。在一些起重、绞盘等机械装置或牵引设备中，常用棘轮机构使提升的重物能停止在任何位置上，以防止机构逆转或因停电等原因造成的事故。

棘轮机构可用于实现快速超越运动。如图6－7所示为自行车后轮轴上的棘轮机构，常称其为自行车后轴的“飞轮”。当脚蹬踏板时，经链轮1和链条2带动内圈具有棘齿的链轮3顺时针转动，再通过棘爪4的作用，使后轮轴5顺时针转动，从而驱使自行车前进；当自行车前进时，如果令踏板不动，后轮轴5便会超越链轮3而转动，让棘爪4在棘轮齿背上划过，从而实现不蹬踏板的自由滑行，实现超越运动。

棘轮机构还可用于实现转位运动、分度功能。图6－8所示为冲床工作台自动转位棘轮机构，其工作过程为：冲头D上升时，通过棘爪带动棘轮和工作台顺时针转位；冲头下降时，摇杆AB逆时针摆动，工作台不动，以实现冲床工作台自动转位功能。

利用图6－5(c)的摩擦式棘轮机构运动原理，还可将其用作单向离合器和超越离合器。所谓单向离合器，即当主动件向某一方向转动时，主从动件结合；当主动件向另一方向转动时，主从动件分离。所谓超越离合器，即当主动轮1逆时针转动时，如果套筒2逆时针转动的速度更高，两者便自动分离，套筒2可以较高的速度自由转动。

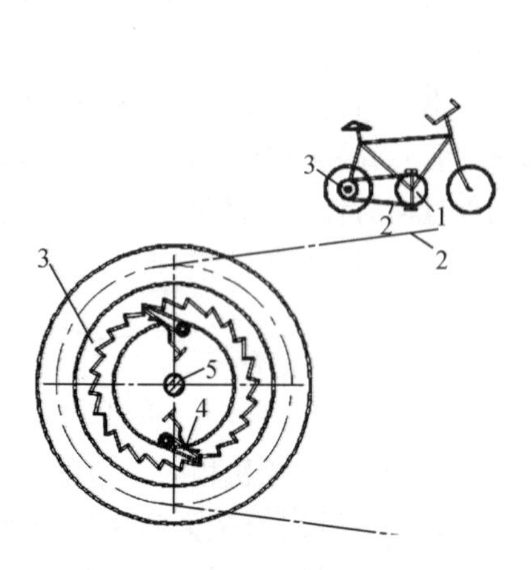

图6－7　超越式棘轮机构

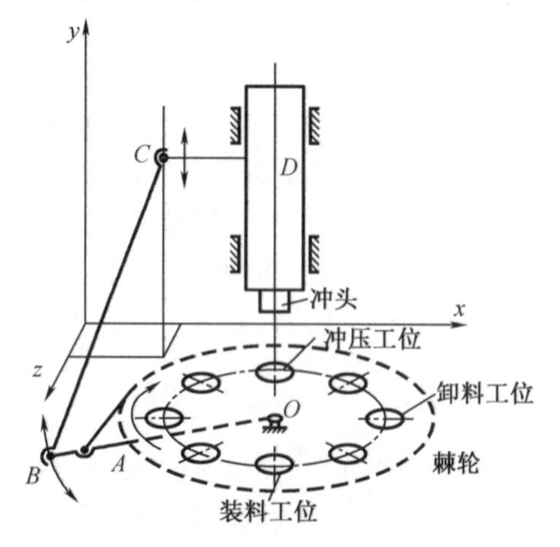

图6－8　冲床工作台自动转位工作原理

6.1.3 棘轮机构的棘爪工作条件

如图6-9所示，为了使棘爪受力最小，应使棘轮齿顶 A 和棘爪的转动中心 O_2 的连线垂直于棘轮半径 O_1A，即 $\angle O_1AO_2=90°$。轮齿对棘爪作用的力有：正压力 F_n 和摩擦力 F_f。当棘齿偏斜角为 φ 时，力 F_n 有使棘爪逆时针转动落向齿根的倾向；而摩擦力 F_f 阻止棘爪落向齿根。为了保证棘轮正常工作，使棘爪啮紧齿根，必须使力 F_n 对 O_2 的力矩大于 F_f 对 O_2 的力矩，即

$$F_nL\sin\varphi > F_fL\cos\varphi$$

将 $F_f=fF_n$ 和 $f=\tan\rho$ 代入上式得

$$\tan\varphi > \tan\rho$$

故
$$\varphi > \rho \tag{6-1}$$

式中，ρ 为齿与爪之间的摩擦角。

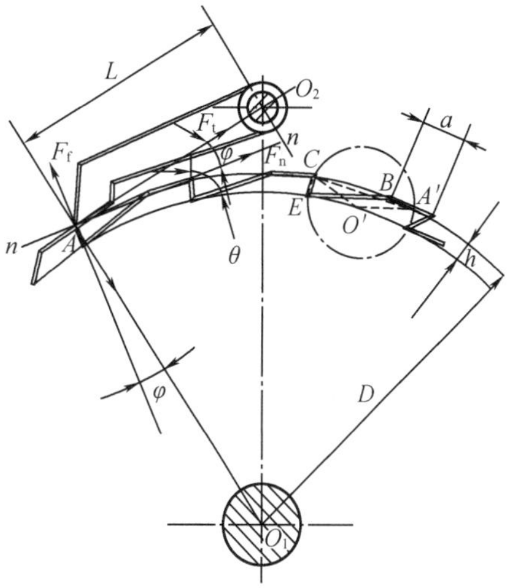

图6-9 棘爪受力分析

当摩擦因数为 $f=0.2$ 时，$\rho\approx 11°30'$。为可靠起见，通常取 $\varphi=20°$（一般机械设计手册中介绍的棘轮机构尺寸均能满足 $\varphi>\rho$ 的要求，可不必验算）。关于棘轮机构的其他参数和几何尺寸计算可参阅有关技术资料。

6.1.4 棘轮、棘爪的几何尺寸计算及棘轮齿形的画法

当选定齿数 z 和按照强度要求确定模数 m 之后，棘轮和棘爪的主要几何尺寸可按以下经验公式计算：

顶圆直径 $D=mz$；

齿高 $h=0.75m$；

齿顶厚 $a=m$；

齿槽夹角 $\theta=60°$或$55°$；

棘爪长度 $L=2\pi m$。

其他结构尺寸参考有关机械设计手册。

由以上公式算出棘轮的主要尺寸后，可按下述方法画出齿形：

(1)如图6-9所示，根据 D 和 h 先画出齿顶圆和齿根圆；

(2)按照齿数等分齿顶圆，得 A'，C 等点，并由任一等分点 A' 作弦 $A'B=a=m$；

(3)再由 B 到第二等分点 C 作弦 BC；

(4)自 B，C 点作角度 $\angle O'BC=\angle O'CB=90°-\theta$ 得 O' 点；

(5)以 O' 为圆心，$O'B$ 为半径画圆交齿根圆于 E 点，连 CE 得轮齿工作面，连 BE 得到全部齿形。

6.2 槽轮机构

6.2.1 槽轮机构的工作原理和类型

槽轮机构又称马耳他机构，如图 6－10 所示。它是由具有径向槽的槽轮 2、装有圆销 A 的拨盘 1 和机架组成。拨盘 1 做匀速转动时，驱动槽轮 2 做时转、时停的间歇运动。当拨盘 1 上的圆销 A 未进入槽轮 2 的径向轮槽时，由于槽轮 2 的内凹锁住弧 β 被拨盘 1 的外凸圆弧 α 卡住，故槽轮 2 静止不动。在图 6－10 中圆销 A 开始进入轮槽 2 的径向槽时，锁止弧被松开，槽轮 2 受圆销 A 的驱使沿逆时针转动；当圆销 A 离开径向槽时，槽轮的另一内凹锁住弧又被拨盘 1 的外凸圆弧卡住，致使槽轮 2 又静止不动。直到圆销 A 再进入槽轮 2 另一径向槽时，二者又重复上述的运动循环。为了防止槽轮在工作过程中发生偏移，除上述锁住弧之外，也可以采用其他专门的定位装置。

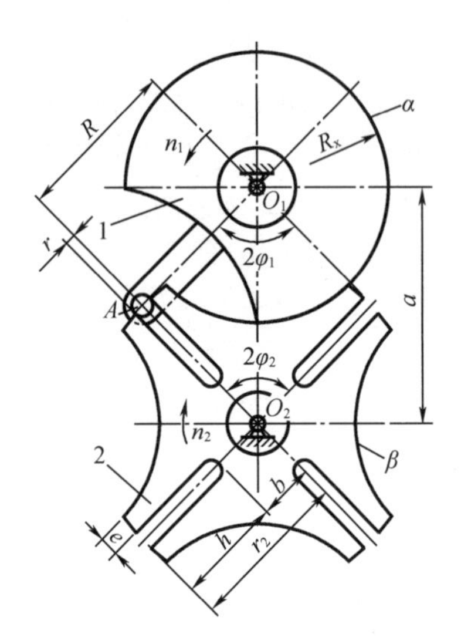

图 6－10　槽轮机构

平面槽轮机构有两种形式：一种是外槽轮机构，如图 6－10 所示，槽轮径向槽的开口是自圆心向外，主动构件与槽轮转向相反；另一种是内槽轮机构，如图 6－11 所示，其槽轮上径向槽的开口是向着圆心的，主动构件与槽轮的转向相同。这两种槽轮机构都是用于传递平行轴的运动，外槽轮机构应用比较广泛。

图 6－12 所示为球面槽轮机构，它是用于传递两垂直相交轴的间歇运动机构。从动槽轮 2 呈半球形，主动拨轮 1 的轴线与拨销 3 的轴线均通过球心。其工作原理与平面槽轮机构相似。主动拨轮上的拨销通常只有一个，槽轮的动、停时间相等。当主动构件 1 连续转动时，球面槽轮 2 得到间歇转动。如果在主动拨轮上对称地安装两个拨销，则当一侧的拨销由槽轮的槽中脱出时，另一拨销进入槽轮的另一相邻的槽中，故槽轮连续转动。

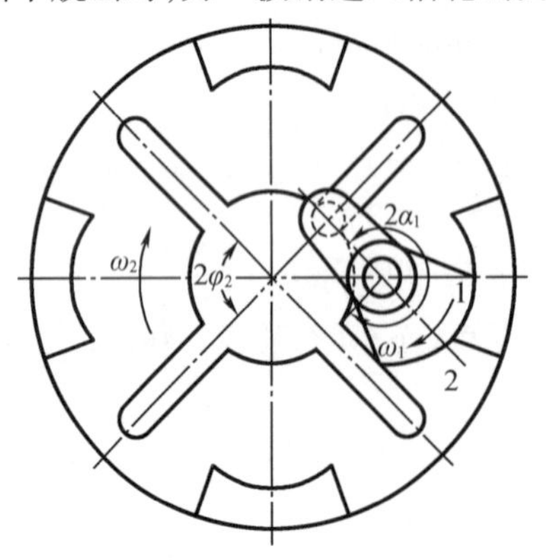

图 6－11　内槽轮机构

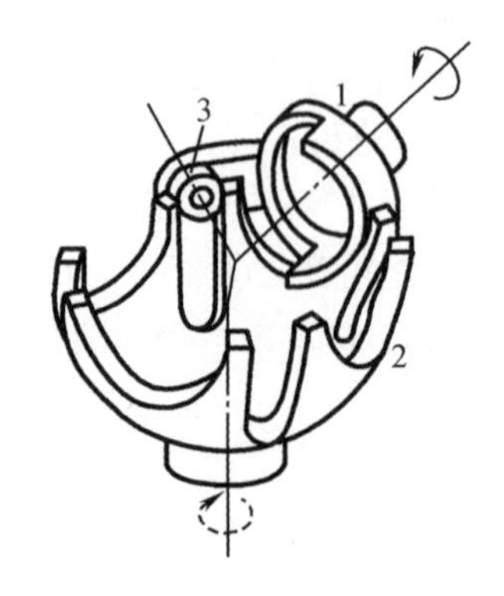

图 6－12　球面槽轮机构

6.2.2 槽轮机构的特点及应用

槽轮机构构造简单，机械效率高，并且运动平稳，因此在自动机床转位机构、电影放映机卷片机构等自动机械中得到广泛的应用。图6－13所示为电影放映机卷片机构，当槽轮2间歇运动时，胶片上的画面依次在方框中停留，通过视觉暂留而获得连续的场景。

图6－14为转塔车床的刀架转位机构。为了按照零件加工工艺的要求，能自动地改变需要的刀具，采用了槽轮机构。刀架上装有6种可以变换的刀具，槽轮上开有6个径向槽，当圆柱销进、出槽轮一次，推动槽轮转60°，这样可以间歇地将下一工步需要的刀具依次转换到工作位置上。

图6－13　电影放映机卷片机构

图6－14　转塔车床的刀架转位机构

6.2.3 槽轮机构的主要参数

槽轮机构的主要参数是槽数 z 和拨盘圆销数 K。

在图6－10所示的外槽轮机构中，为了使槽轮2在开始和终止转动时的瞬时角速度为零，以避免圆销 A 与槽轮2发生撞击，圆销进入或脱出径向槽的瞬时，径向槽的中心线应与圆销中心运动的圆周相切，即 O_2A 应与 O_1A 垂直。设 z 为均匀分布的径向槽数，当槽轮2转过 $2\varphi_2=2\pi/z$ 弧度时，拨盘1相应转过的转角为

$$2\varphi_1=\pi-2\varphi_2=\pi\left(1-\frac{2}{z}\right) \tag{6-2}$$

在一个运动循环内，槽轮2的运动时间 t_m 与主动拨盘1转一周的总时间 t 之比，称为槽轮机构的运动特性系数，用 τ 表示。当拨盘1匀速转动时，时间之比可用槽轮与拨盘相应的转角之比来表示。对于只有一个圆销的槽轮机构，t_m，t 分别对应于拨盘的转角 $2\varphi_1$ 和 2π，拨盘的转速为 n_1。因此其运动特性系数 τ 为

$$\tau=\frac{t_m}{t}=\frac{\dfrac{2\varphi_1}{\omega_1}}{\dfrac{2\pi}{\omega_1}}=\frac{\pi\left(1-\dfrac{2}{z}\right)}{2\pi}=\frac{1}{2}-\frac{1}{z}=\frac{z-2}{2z} \tag{6-3}$$

在一个运动循环内，槽轮的静止时间 t_s 为

$$t_s=t-t_m=t(1-\tau)=\frac{30}{n_1}\left(1+\frac{2}{z}\right) \tag{6-4}$$

为保证槽轮运动，其运动特性系数 τ 应大于零。由式(6－3)可知，槽轮的径向槽的数目 z 应等于或大于3。但槽数 $z=3$ 的槽轮机构，由于槽轮的角速度变化很大，圆销进入或脱出径向槽的瞬间，槽轮的角加速度也很大，会引起较大的振动和冲击，所以很少应用。又由

式(6－3)可知,这种槽轮机构的运动特性系数 τ 恒小于0.5,即槽轮的运动时间 t_m 总小于静止时间 t_s。

欲使槽轮机构的运动特性系数 τ 大于0.5,可在拨盘上装数个圆销。设拨盘上均匀分布的圆销数为 K,当拨盘转一整周时,槽轮2将被拨动 K 次。因此,槽轮的运动时间为单圆销时的 K 倍,即

$$\tau=\frac{K(z-2)}{2z} \tag{6-5}$$

运动特性系数 τ 还应当小于1,($\tau=1$ 表示槽轮2与拨盘1一样做连续转动,不能实现间歇运动),故由式(6－5)得

$$\frac{K(z-2)}{2z}<1 \tag{6-6}$$

即

$$K<\frac{2z}{z-2}$$

由式(6－6)可知,当 $z=3$ 时,圆销的数目可为1～5;当 $z=4$ 或5时,圆销数目为1～3;而当 $z\geqslant6$ 时,圆销的数目可为1或2。

从提高生产效率观点看,希望槽数 z 小些为好,因为此时 τ 也相应减小,槽轮静止时间(一般为工作行程时间)增大,故可提高生产效率。但从动力特性考虑,槽数 z 适当增大较好,因为此时槽轮角速度减小,可减小振动和冲击,有利于机构正常工作。但槽数 $z>9$ 的槽轮机构比较少见。因为槽数过多,则槽轮机构尺寸较大,且转动时惯性力矩也增大。另外,由式(6－3)可知,当 $z>9$ 时,槽数虽增加,运动特性系数 τ 的变化却不大,故 z 常取4～8。

6.3 不完全齿轮机构

6.3.1 不完全齿轮机构的工作原理和类型

不完全齿轮机构是由齿轮机构演变而来的一种间歇运动机构。即根据运动时间与停歇时间的要求在主动轮上只做出一部分齿,而在从动轮上做出与主动轮轮齿相啮合的轮齿。

在图6－15所示的不完全齿轮机构中,主动轮1为只有一个齿或几个齿的不完全齿轮,从动轮2可以是普通的完整齿轮,也可以由正常齿和带锁止弧的厚齿彼此相间地组成。当主动轮1的有齿部分作用时,从动轮2就转动;当主动轮1的无齿圆弧部分作用时,从动轮停止不动,因而当主动轮连续转动时,从动轮获得时转、时停的间歇运动。可以看出,每当主动轮1连续转过一圈时,图6－15(a)、图6－15(b)所示机构的从动轮分别间歇地转过1/8圈和1/4圈。为了防止从动轮在停歇期间游动,两轮轮缘上各装有锁止弧以起到定位作用。

不完全齿轮机构类型有外啮合(图6－15)和内啮合(图6－16)两种。与普通渐开线齿轮一样,外啮合的不完全齿轮机构两轮转向相反,内啮合的不完全齿轮机构两轮转向相同。当轮2的直径为无穷大时,变为不完全齿轮齿条机构,如图6－17所示。另外,还有圆柱不完全齿轮机构和圆锥不完全齿轮机构等。

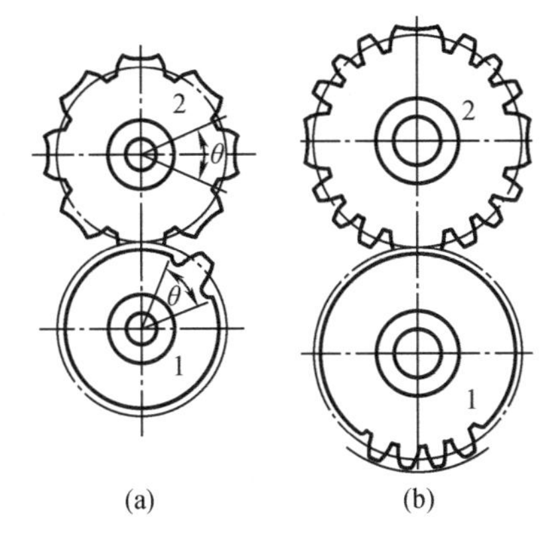

图6-15 外啮合不完全齿轮机构

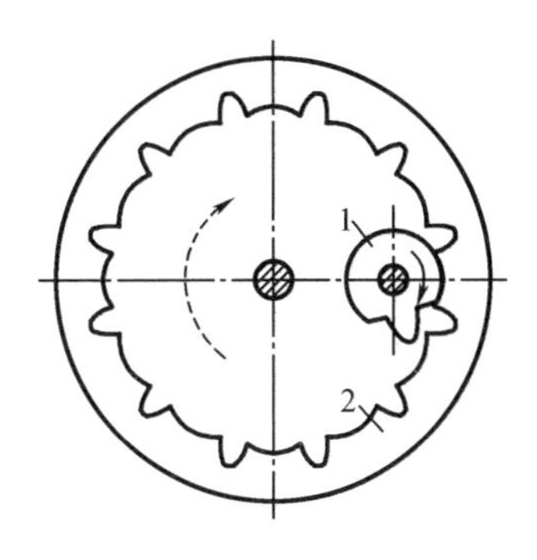

图6-16 内啮合不完全齿轮机构

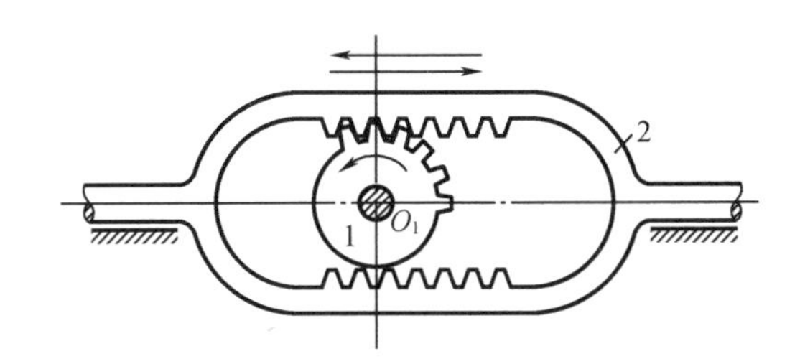

图6-17 齿轮齿条式不完全齿轮机构

6.3.2 不完全齿轮机构的特点及应用

不完全齿轮机构与槽轮机构相比，其从动轮每转一周的停歇时间、运动时间及每次转动的角度变化范围都比较大，设计较灵活。但其加工工艺较复杂，而且从动轮在运动的开始与终止时会像等速运动规律的凸轮机构那样产生刚性冲击，故一般用于低速、轻载的场合，如在自动和半自动机械中用于工作台的间歇转位，以及具有间歇运动要求的某些进给机构、计数器、电影放映机等专用机械中。

在图6-18所示的机构中，主动轴Ⅰ上装两个不完全齿轮A和B，当主动轴Ⅰ连续回转时，从动轴Ⅱ能周期性地输出“正转→停歇→反转运动”。为了防止从动轮在停歇期间游动，应在从动轴上加设阻尼装置或定位装置。

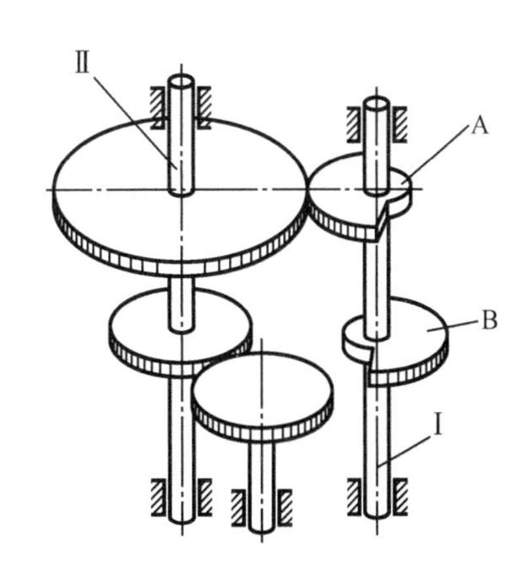

图6-18 不完全齿轮机构的应用

不完全齿轮机构多用于一些具有特殊运动要求的专用机械中。在图6-19所示的用于铣削乒乓球拍周缘的专用靠模铣床中就有不完全齿轮机构。加工时，主动轴1带动铣刀轴2转动。而另一个主动轴3上的不完全齿轮4和5分别使工件轴得到正、反两个方向的回转。当工件轴转动时，在靠模凸轮7和弹簧的作用下，使铣刀轴上的滚轮8紧靠在靠模凸轮7上，以保证加工出工件(乒乓球拍)的周缘。

图6-20所示为不完全齿轮机构所做的6位计数器，在电表、煤气表等的计数器中应用

很广。轮 1 为输入轮,它的左端只有 2 个齿,各中间轮 2 和轮 4 的右端均有 20 个齿,左端也只有 2 个齿(轮 4 左端无齿),各轮之间通过惰轮联系。当轮 1 转 1 转时,其相邻右侧轮只转过 1/10 转,依此类推,从右到左从读数窗口看到的读数分别代表了个、十、百、千、万、十万。

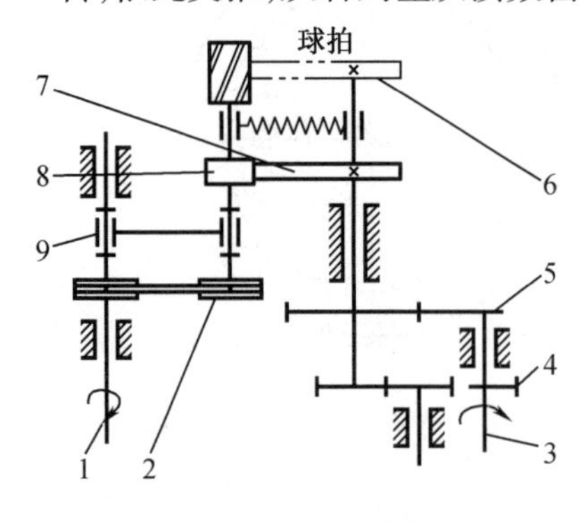

图 6－19 乒乓球拍专用靠模铣床

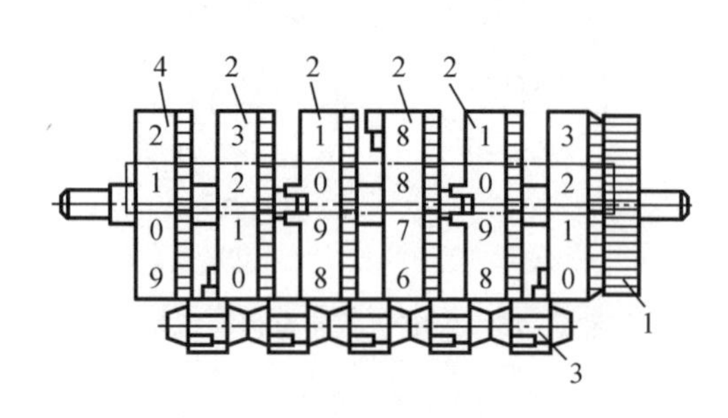

图 6－20 计数器

不完全齿轮机构在传动过程中,从动轮开始运动和终止运动的瞬时都存在刚性冲击,故不适用于高速传动。为了克服此缺点,可在两轮上加装瞬心线附加杆(图 6－21)。此附加杆的作用是使从动轮在开始运动阶段,由静止状态按某种预定的运动规律(取决于附加杆上瞬心线的形状)逐渐加速到正常的运动速度;而终止运动阶段,又借助于另一对附加杆的作用,使从动轮由正常运动速度逐渐减速到静止。由于不完全齿轮机构在从动轮开始运动阶段的冲击,一般都比终止运动阶段的冲击严重,故有时仅在开始运动处加装一对附加杆。

图 6－22 所示为蜂窝煤饼压制机工作台的传动图。工作台 7 用 5 个工位来完成煤粉的填装、压制、退煤等动作,因此工作台需间歇转动,每次转动 1/5 转。为此,在工作台上装有一大齿圈 7,用中间齿轮 6 来传动,而主动轮 3 为不完全齿轮,它与齿轮 6 组成不完全齿轮机构。为了减轻工作台间歇起动时的冲击,在不完全齿轮 3 和齿轮 6 上加装了一对瞬心线附加杆 4 和 5。同时还分别装设了凸形和凹形圆弧板,以起锁止弧的作用。

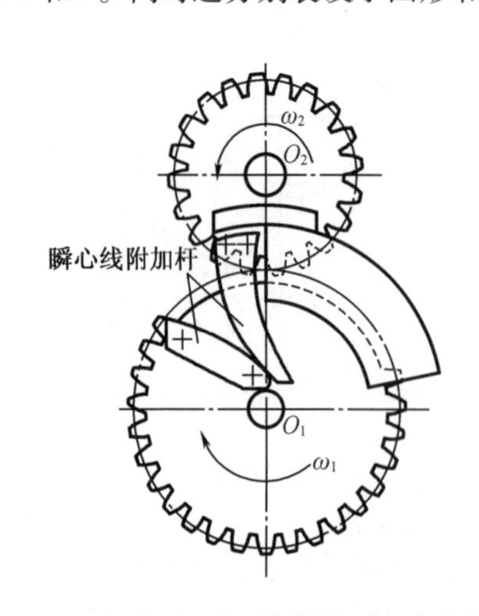

图 6－21 加装瞬心线附加杆的不完全齿轮机构

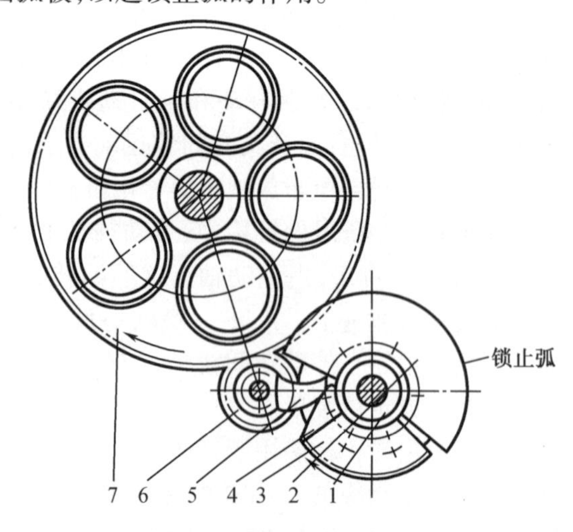

图 6－22 蜂窝煤饼压制机工作台

值得注意的是,在不完全齿轮机构中,为了保证主动轮的首齿能顺利地进入啮合状态而不与从动轮的齿顶相碰,需将首齿齿顶高做适当地削减。同时,为了保证从动轮停歇在预定位置,主动轮的末齿齿顶高也需要适当地修正。

6.4　凸轮间歇运动机构

6.4.1　凸轮间歇运动机构的工作原理和类型

1. 凸轮间歇运动机构的工作原理

凸轮间歇运动机构由主动凸轮、从动转盘和机架组成。其利用凸轮与转位拨销的相互作用,将凸轮的连续转动转换为转盘的间歇转动。

2. 凸轮间歇运动机构的类型

凸轮间歇运动机构通常有如下三种形式。

(1)圆柱凸轮间歇运动机构

如图6-23所示,凸轮1呈现圆柱形,滚子3均匀分布在转盘2的端面,滚子中心与转盘中心的距离等于R_2。当凸轮转过角度δ_t时,转盘以某种运动规律转过的角度$\delta_2=\frac{2\pi}{z}$(式中z为滚子数目);当凸轮继续转过其余角度$(2\pi-\delta_t)$时,转盘静止不动。当凸轮继续转动时,第二个圆销与凸轮槽相作用,进入第二个运动循环。这样,当凸轮连续转动时,转盘实现单向间歇转动。这种机构实质上是一个摆杆长度等于R_2,只有推程和远休止角的摆动从动件圆柱凸轮机构。常取凸轮槽数为1,柱销数一般$z_2\geqslant6$。圆柱凸轮间歇机构在轻载的情况下(如在纸烟、火柴包装、拉链嵌齿等机械中),间歇运动的频率每分钟可高达1 500次左右。

(2)蜗杆凸轮间歇运动机构

如图6-24所示,主动件凸轮1为圆弧面蜗杆式的凸轮,从动盘2为具有周向均布柱销的圆盘。当件1转动时,推动从动盘2做间歇转动。设计时,蜗杆凸轮通常也采用单头,从动盘上的柱销数一般取为$z_2\geqslant6$。

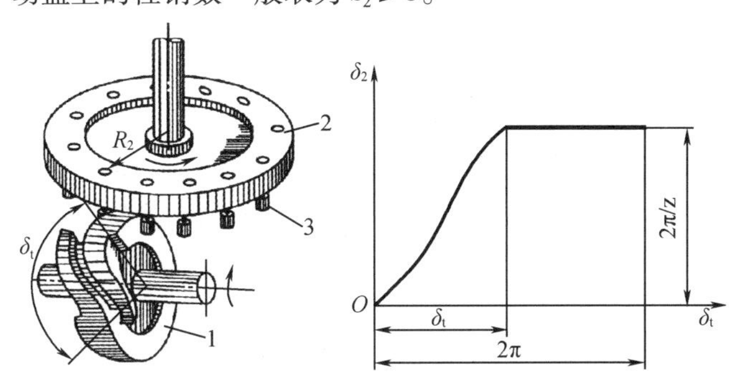

图6-23　圆柱形凸轮间歇运动机构

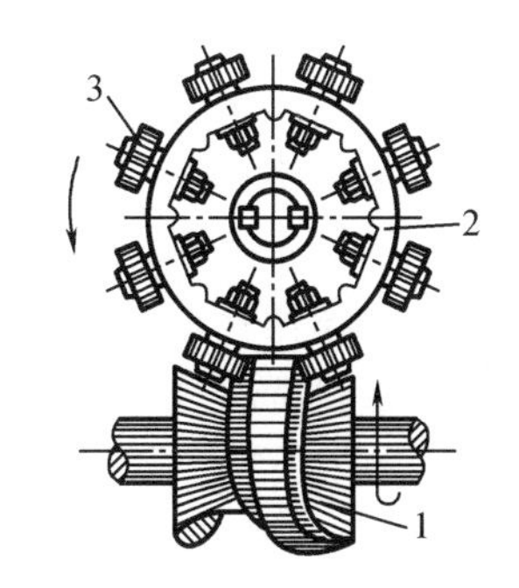

图6-24　蜗杆形凸轮间歇运动机构

从动盘上的柱销3可采用窄系列的球轴承。通过调整凸轮与转盘中心距的办法,来消除滚子表面和凸轮轮廓之间的间隙以补偿磨损,提高传动精度。

这种机构能在高速下承受较大的载荷,在要求高速、高精度的分度转位机械(如高速冲床、多色印刷机、包装机等)中,其应用日益广泛。它能实现每分钟1 200次左右的间歇动作,而分度精度可达30″。

(3)共轭凸轮式间歇运动机构

如图6－25所示,共轭凸轮式间歇运动机构由装在主动轴上的一对共轭平面凸轮1及平面凸轮1′,和装在从动轴上的从动盘2组成,在从动盘的两端面上各均匀分布有滚子3和滚子3′。

两个共轭凸轮分别与从动盘两侧的滚子接触,在一个运动周期中,两凸轮相继推动从动盘转动,并保持机构的几何封闭。

这种机构具有较好的动力特性,较高的分度精度(15″～30″)及较低的加工成本,因而在自动分度机构、机床的换刀机构、机械手的工作机构、X光医疗诊断台中得到广泛应用。

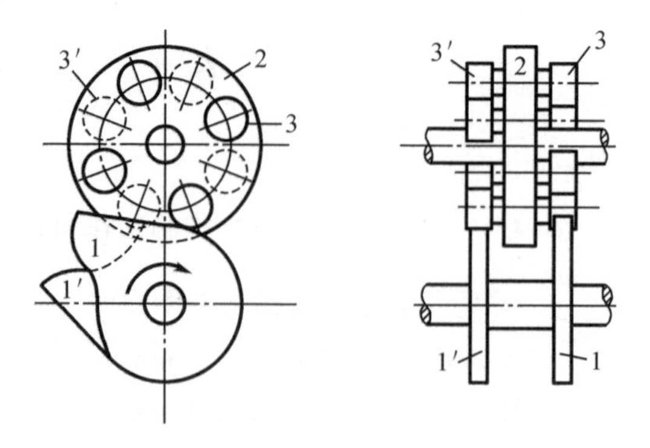

图6－25 共轭凸轮式间歇运动机构

6.4.2 凸轮间歇运动机构的特点及应用

凸轮间歇运动机构的优点是运转可靠,无刚性冲击和柔性冲击,传动平稳,定位精度高,适于高速传动。转盘可以实现任何运动规律,还可以用改变凸轮推程运动角来得到所需要的转盘转动与停歇时间的比值。缺点是凸轮加工较复杂、安装调整要求较为严格。多用于高速、高精度的分度转位机械中,如制瓶机、包装机、牙膏灌浆机、高速冲床和多色印刷机等机构中。

6.5 擒纵机构

6.5.1 擒纵机构工作原理和类型

擒纵机构是一种间歇运动机构,主要用于计时器、定时器等产品中。图6－26所示为机械手表中的擒纵机构,它由擒纵轮5、擒纵叉2及游丝摆轮6组成。

擒纵轮5受发条力矩的驱动,具有顺时针转动的趋势,但因受到擒纵叉的左卡瓦1的阻挡而停止。游丝摆轮6以一定的频率绕轴9往复摆动,当摆轮6逆时针摆动时,摆轮上的圆销4撞到叉头钉7时,使擒纵叉顺时针摆动,直至碰到右限位钉3才停止;这时左卡瓦1抬起,释放擒纵轮5使之顺时针转动,而右卡瓦1′落下,并与擒纵轮另一轮齿接触时,擒纵轮又被挡住而停止;当游丝摆轮沿顺时针方向摆回时,圆销4又从右边推动叉头钉7,使擒纵叉逆时针摆动,右卡瓦1′抬起,擒纵轮5被释放并转过一个角度,直到再次被左卡瓦1挡住为止。这样就完成了一个工作周期。这就是钟表产生滴答声响的原因。

摆轮的往复摆动是因为游丝摆轮系统是一个振动系统。为了补充其在运动过程中的能量损失,擒纵轮轮齿顶和卡瓦呈斜面形状,故可通过擒纵叉传递给摆轮少许能量,维持其振幅不衰减。

擒纵机构可分为有固有振动系统型擒纵机构(图6－26)和无固有振动系统型擒纵机构(图6－27)两类。在图6－27中,擒纵机构仅由擒纵轮3和擒纵叉4组成。擒纵轮在驱动力矩作用下保持顺时针方向转动趋势。擒纵轮倾斜的轮齿交替地与卡瓦1和卡瓦2接触，使擒纵叉往复振动。擒纵叉往复振动的周期与擒纵叉转动惯量的平方根成正比，与擒纵轮给擒纵叉的转矩大小的平方根成反比，因擒纵叉的转动惯量为常数，故只要擒纵轮给擒纵叉的力矩大小基本稳定，就能使擒纵轮做平均转速基本恒定的间歇运动。

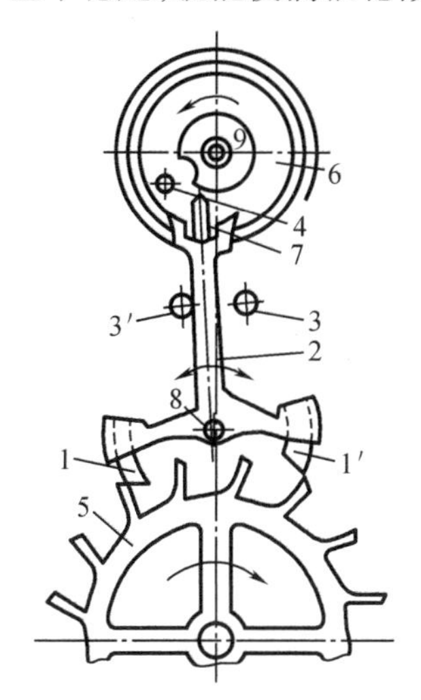

图6-26　有固有振动系统型的擒纵机构

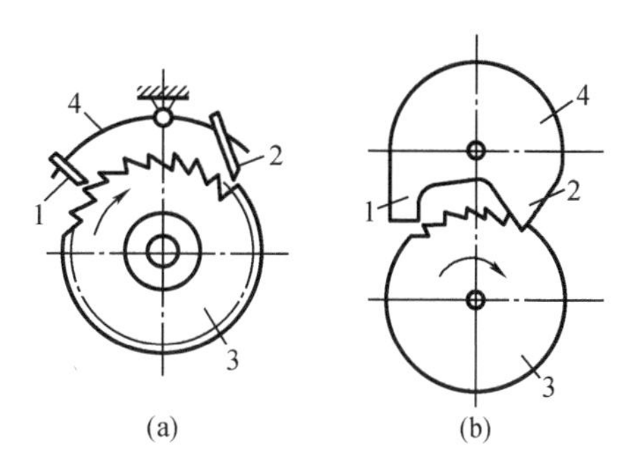

图6-27　无固有振动系统型的擒纵机构

6.5.2　擒纵机构的特点及应用

因固有振动系统型擒纵机构的游丝摆轮系统振动频率固定，故可用于计量时间，常用于机械手表、钟表中。无固有振动系统型擒纵机构结构简单，便于制造，价格低，但振动周期不稳定，主要用于计时精度要求不高，工作时间较短的场合，如自动记录仪、时间继电器、计数器、定时器、测速器及照相机快门和自拍器等。图6-28所示为机械式自拍机构示意图。其本质是一种齿轮传动的延时机构，一般可延时8～12 s。扇形齿轮的缺口控制着快门的释放。在弹簧的作用下，扇形齿轮做旋转运动，经齿轮系的加速传动使擒纵轮和卡子（擒纵叉）做无固有周期的擒纵运动，从而实现延时。

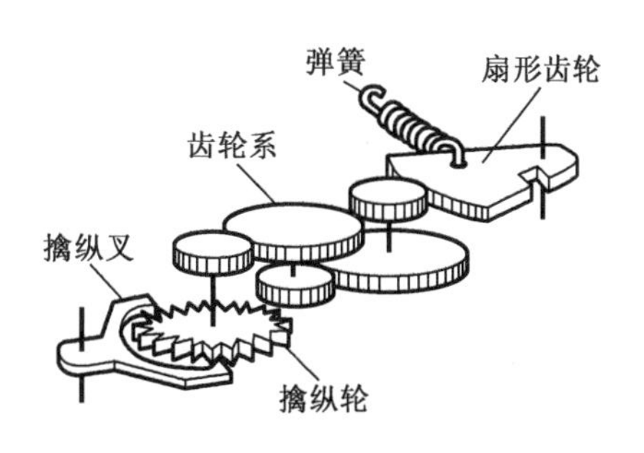

图6-28　机械式自拍机构示意图

6.6　非圆齿轮机构

非圆齿轮机构是一种用于变传动比传动的齿轮机构，其瞬时传动比按一定规律变化。根据齿廓啮合基本定律，一对齿轮做变速传动比传动，其节点不是定点，因此节线不是圆，而是两条非圆曲线。理论上讲，节线的形状是无限多的，但在生产实际中，常见的非圆齿轮的节线主要有椭圆形、变态椭圆（卵线）以及螺旋线形等几种，如图6-29所示。其中椭圆形节线最为常见。下面以椭圆齿轮机构为例简要说明其工作原理。

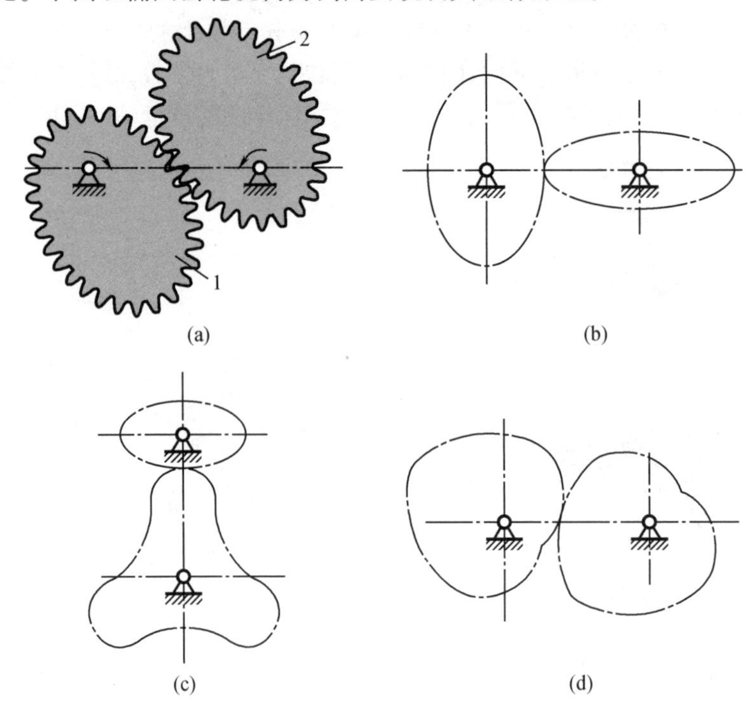

图 6-29 非圆齿轮的节线类型

(a)椭圆齿轮机构;(b)二叶卵线齿轮机构;(c)叶数不等卵线齿轮机构;(d)对数螺线齿轮机构

6.6.1 椭圆齿轮机构的工作原理

椭圆齿轮机构的工作原理示意图如图 6-30 所示。设 a,b,c 分别为椭圆的长半轴、短半轴和半焦距,则椭圆的离心率 $\varepsilon_e=\dfrac{c}{a}$。椭圆上任意一点到两焦点距离之和为常数,且等于其长轴 $2a$,故

$$\overline{O_1P_1}+\overline{P_1F_1}=r_1+r_2'=2a$$

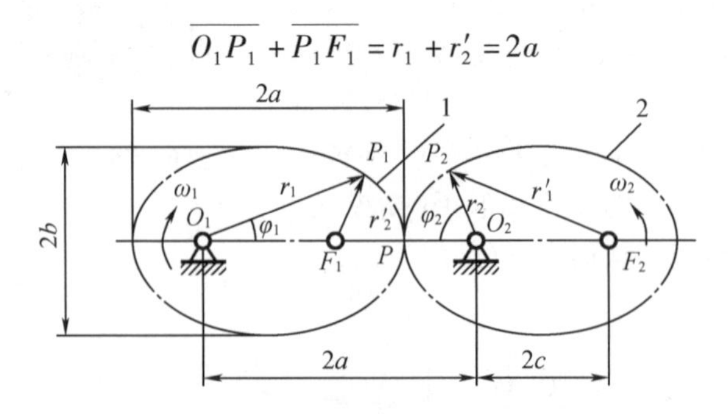

图 6-30 椭圆齿轮机构的工作原理示意图

设 P 点为图示位置时两轮的节点,若自 P 点在两椭圆节线上取$\overset{\frown}{PP_1}=\overset{\frown}{PP_2}$,则当轮 1 转过 φ_1 角时,轮 1 上 P_1 点将与轮 2 上 P_2 点在中心线 O_1O_2 上啮合。由于两椭圆完全相同,故 $r_1=r_1'$,$r_2=r_2'$,因此

$$r_1 + r_2' = r_1 + r_2 = 2a = \overline{O_1O_2} \tag{6-7}$$

即当传动中心距确定后,椭圆的长轴也随之而定。

在$\triangle O_1P_1F_1$中,由余弦定律有

$$r_2'^2 = r_1^2 + (2c)^2 - 2r_1(2c)\cos\varphi_1 \tag{6-8}$$

将$r_1 = 2a - r_2'$,$r_2' = r_2$,$c = \varepsilon_e a$代入式(6-8),经整理得

$$r_2 = a(1 + \varepsilon_e^2 - 2\varepsilon_e\cos\varphi_1)/(1 - \varepsilon_e\cos\varphi_1) \tag{6-9}$$

$$r_1 = a(1 - \varepsilon_e^2)/(1 - \varepsilon_e\cos\varphi_1) \tag{6-10}$$

从而可得椭圆齿轮机构的传动比为

$$i_{21} = \frac{n_2}{n_1} = \frac{r_1}{r_2} = \frac{1 - \varepsilon_e^2}{1 + \varepsilon_e^2 - 2\varepsilon_e\cos\varphi_1} \tag{6-11}$$

式(6-11)表明,椭圆齿轮机构的传动比i_{21}是主动轮1转角φ_1的函数,且与椭圆齿轮的离心率ε_e有关。

6.6.2 非圆齿轮机构的特点及应用

非圆齿轮机构啮合过程中,如果保持两齿轮中心距不变,由于啮合节点位置沿中心连线变化,故其传动比是变化的,而且传动比的变化规律由啮合节点在中心连线上的变化规律决定,即由两齿轮节曲向径的变化规律决定。因此,可将非圆齿轮机构应用于要求实现变传动比的机构上。并且,非圆齿轮机构综合了圆形齿轮和凸轮机构的优点,能准确地以变传动比传递较大的动力。

非圆齿轮机构可以实现主动件和从动件转角间的非线性关系,在仪器和机器制造业愈来愈多地采用非圆齿轮机构来替代凸轮机构、连杆机构和其他运动机构。

非圆齿轮机构一种典型的应用是作为连杆机构的驱动机构,以改变机构的输出位移或速度。当连续回转机械要求速度变化、具有急回特性时,可采用椭圆齿轮机构来实现,如印刷机、包装机、卷烟机、板坯连铸机等。图6-31所示为非圆齿轮机构在滚筒式平板印刷机上的应用。为了纸张在进给的过程中不被折压,把纸张运动到准确的位置上,将会用到非圆齿轮机构来确保在进给的过程中进给速度尽量保持最小,当进给过程结束后,纸张进入滚筒后,速度将会变大,来保证印刷的速度。

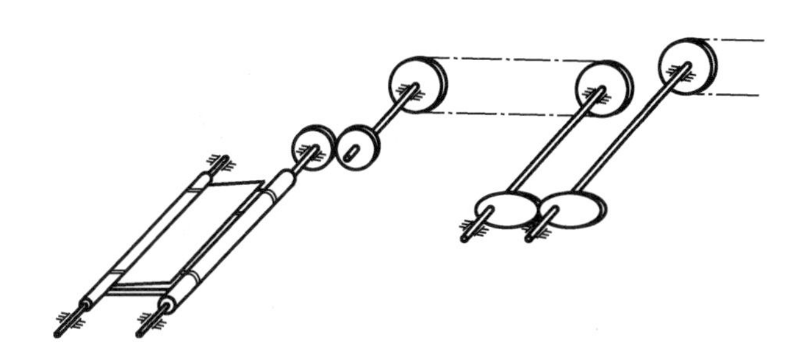

图6-31 滚筒式平板印刷机

利用椭圆齿轮机构带动曲柄滑块机构实现急回运动。在图6-32所示的压力机中,利用椭圆齿轮1带动曲柄滑块机构。这样使压力机的空回行程(滑块从左到右)时间缩短,而

工作行程时间增长。同时可使工作行程时的速度比较均匀，以改善机器的受力情况。

利用椭圆齿轮带动槽轮机构实现缩短运动时间，增加停歇时间。图 6－33 所示为自动机床上的转位机构。利用椭圆齿轮机构带动槽轮机构转位，图示槽轮 3 在拨杆 2′速度较高的时候转位，以缩短运动时间，增加停歇时间，从而延长机床的工作时间。若使槽轮 3 在拨杆 2′的速度较低的时候转位，则可降低转位时的加速度和振动。

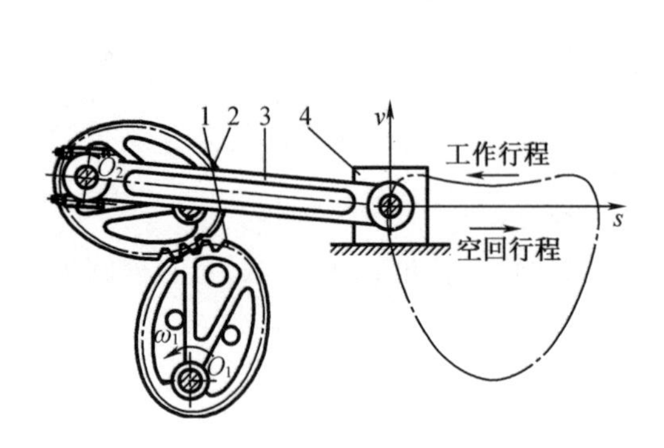

图 6－32 压力机

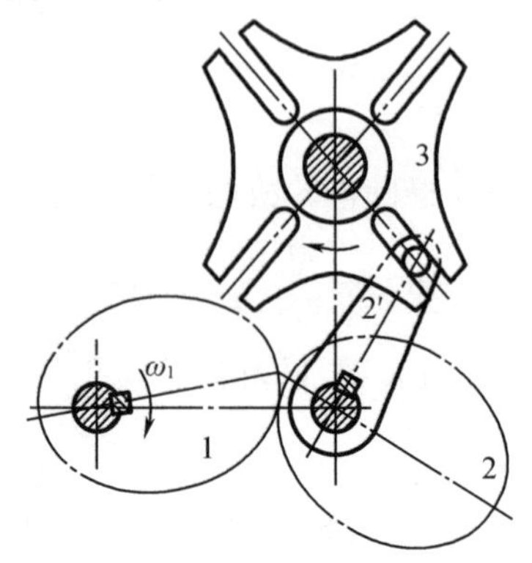

图 6－33 自动机床转位机构

非圆齿轮机构可作为函数发生器，在函数装置中再现某种函数；也可用于泵、流量计、抽油机等。液体流量计中应用一对卵形齿轮，使测量密室的密封性好，从而提高了计数器的校对度，且容积比优于一般用圆形齿轮做成的齿轮泵。图 6－34 所示为卵形非圆齿轮在水表中的应用，它利用进出口端水的微小压差，推动非圆齿轮和计数器转动。

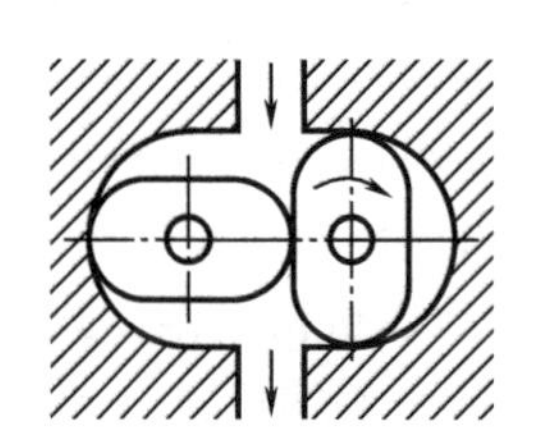
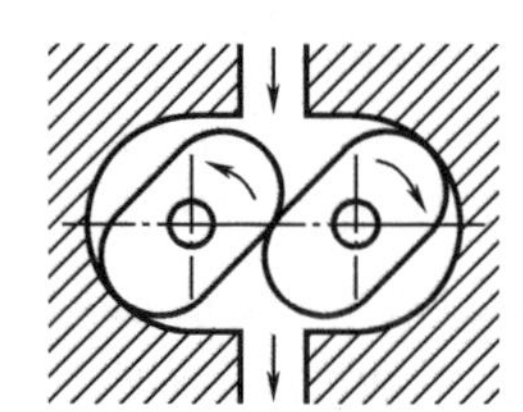
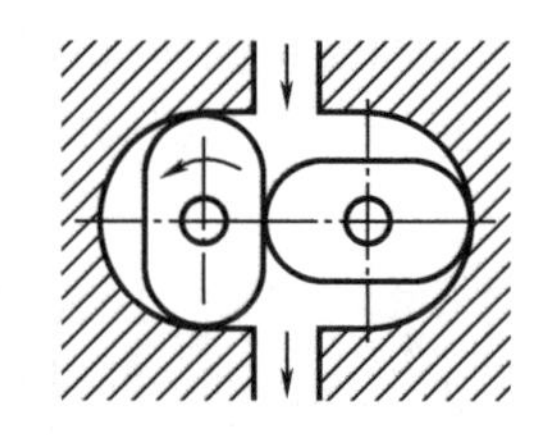

图 6－34 卵形非圆齿轮传动

图 6－35 为 SOK 型液压马达传动原理图。液压马达核心为非圆行星齿轮轮系，由一个内齿圈 3、一个太阳轮 1 和若干个行星轮 2 组成。齿轮 3 和齿轮 1 都是非圆齿轮，齿轮 2 是圆柱齿轮。该马达的工作原理为：齿轮 3 固定不动，齿轮 3 与齿轮 2、齿轮 1 与齿轮 2 分别啮合，三个齿轮就形成一个密闭的空间，通过配油盘的进油口液压油进入密闭的容腔，随着容腔的容积变化、压力的变化，推动行星轮进行自转和公转。由啮合原理可知，行星轮带动太阳轮围绕输出轴转动来输出动力。由于行星轮的个数决定了非圆齿轮的封闭空间的个数，所以这种马达在输出动力方面是非常大的，且马达具有尺

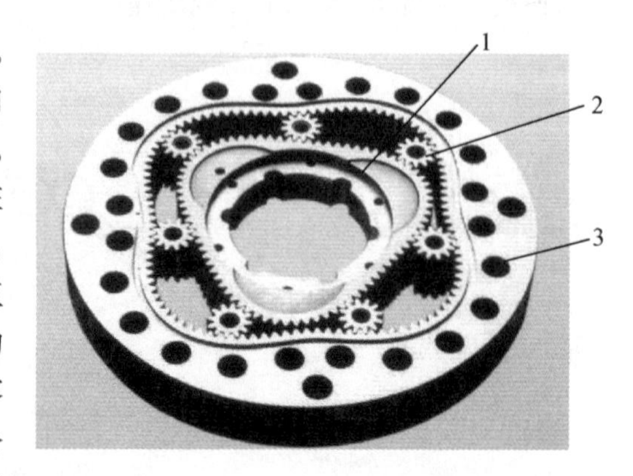

图 6－35 SOK 型液压马达传动原理图

寸小、结构简单、运转稳定等特点。

非圆齿轮机构还可应用在线性回转输入和非线性运动输出的计算机构上，如纺织机械的引纬系统、坦克火控系统的测距仪、导弹和航天器的地面作战设备的变频振动器等。

习 题

6-1 若使槽轮机构的拨盘连续转动时，从动槽轮也做连续转动，必须满足什么条件？

6-2 已知槽轮的槽数 $z=6$，拨盘的圆销数 $K=1$，转速 $n_1=120$ r/min，求槽轮的运动时间 t_m 和静止时间 t_s。

6-3 在转塔车床上六角刀架转位用的槽轮机构中，已知槽数 $z=6$，槽轮静止时间 $t_s=\frac{5}{6}$ s，运动时间 $t_m=2t_s$，求槽轮机构的运动特性系数 τ 及所需的圆销数 K。

6-4 设计一槽轮机构，要求槽轮的运动时间等于停歇时间，试选择槽轮的槽数和拨盘的圆销数。

6-5 棘轮机构、槽轮机构、不完全齿轮机构及凸轮式间歇运动机构均能使执行构件获得间歇运动，试从各自的工作特点、运动及动力性能分析它们各自的适用场合。

6-6 什么是槽轮机构的运动系数 τ，为什么运动系数 τ 应大于0小于1，分析运动系数 τ 有何实际意义，采用什么措施可以提高运动系数 τ 的值？

6-7 擒纵机构类型及其主要特点是什么？

6-8 非圆齿轮机构相对圆形齿轮机构，其优缺点有哪些？

第7章　机械运转速度波动的调节

7.1　机械运转速度波动调节的目的和方法

前面介绍齿轮等做回转运动的机构在进行运动分析或动力分析时，总是假定原动件运动已知或匀速。实际上，机械的运转总是在外力(驱动力、有效阻力、有害阻力及自身重力)作用下运转的。驱动力所做的功是机械的输入功，有效阻力所做的功是机械的输出功，有害阻力所做的功称为损失功。输入功与输出功和损失功之差形成机械动能的增减。基于能量守恒定律和功能原理，作用在机械上的力在任何时间间隔内所做的功应等于机械动能的增量。因此，若输入功在每段时间内都等于输出功与损失功之和，则机械的主轴将做匀速运动。但在实际情况下，驱动力和阻力常会发生变化，所以机械在某段时间内的输入功并不等于输出功，从而导致动能的增减。

机械动能的增减将导致机械运转速度的波动，而这种波动会使运动副中产生附加的作用力，降低机械效率和工作可靠性；会引起机械振动，影响零件的强度和寿命，消耗部分功率；还会降低机械的精度和工艺性能，使产品质量下降；载荷突然减小或增大时，还会发生飞车或停车事故。因此，对机械运转速度的波动必须进行调节，将其产生的不良影响控制在容许范围内。这是调节机器速度波动的目的之一。

7.1.1　机器运转的三个阶段

机器运转过程主要有三个阶段，即启动阶段、稳定运转阶段和停止阶段，如图7－1所示。

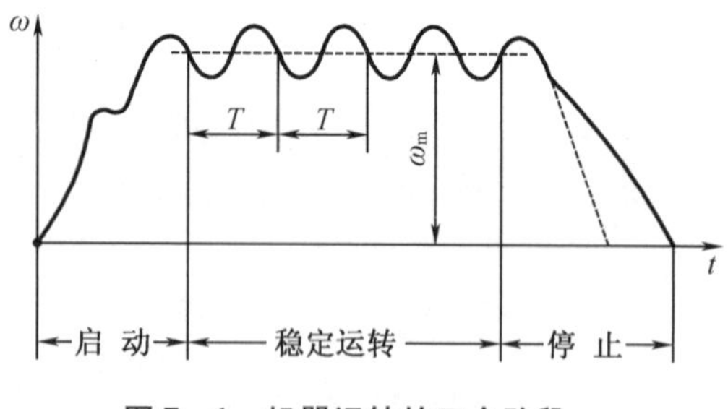

图7－1　机器运转的三个阶段

1. 启动阶段

该阶段的输入功大于输出功与损失功之和，出现盈功，盈功转化为动能使机械动能不断增加，此时机器主轴的角速度从零开始加速到正常工作速度 ω_m，该阶段为时较短，通称为开车阶段。

2. 稳定运转阶段

该阶段的机械驱动力所做的输入功与阻力所做输出功、损失功之和相等，机器的动能不再增加。机器主轴的平均角速度 ω_m 为常数，但其角速度 ω 通常还会出现波动。该阶段是机器真正工作的阶段，为时较长，亦是本章讨论的主要内容。该阶段机器主轴速度主要有以下两种情况。

(1)匀速稳定运转

该状态下的任一时间间隔内，机器的输入功等于输出功、损失功之和，主轴的角速度为常数。如鼓风机、提升机等的工作状态。匀速稳定运转是一种理想情况，匀速稳定运转不需要调节速度。

(2)变速稳定运转

该状态下机器的输入功不能满足时时与输出功、损失功之和相等,但在一个周期内能保持相等。此时主轴角速度在和它正常工作速度相对应的平均值的上下做周期性的反复波动,称为变速稳定运动,如各种活塞式原动机和工作机等的工作状态,多数机器如此。当机器主轴的位置、速度和加速度从某一原始值变回到该原始值时,此变化过程称为机器的运动循环,其所需的时间称为运动周期。

3. 停止阶段

该阶段输入功小于输出功与损失功之和,出现亏功,亏功需动能补偿,导致机器动能由正常工作速度减小到零。通常停止阶段不再加驱动力,并且为了缩短停车时间,还可采用制动机构来增加阻力,使之加快停车。

7.1.2　速度波动的分类

在机器的稳定运转阶段,将机械运动速度的波动分为周期性速度波动和非周期性速度波动两类。

当机器中驱动力(或阻力)呈现周期性变化时,机械主轴的角速度也呈周期性变化,这种有规律的、周期性的速度变化称为周期性速度波动。由图7-2(a)可见,主轴的角速度ω在经过一个运动周期T之后又变回初始状态,其动能没有增减。也就是说,在一个整周期内,驱动力所做的输入功与输出功、损失功之和是相等的,这是周期性速度波动的重要特征。但是在周期中的瞬时,输入功与输出功却是不相等的,因而出现速度的波动。运动周期T通常对应于机械主轴回转一转(如冲床)、两转(如单缸四冲程内燃机)或数转(如轧钢机)的时间。

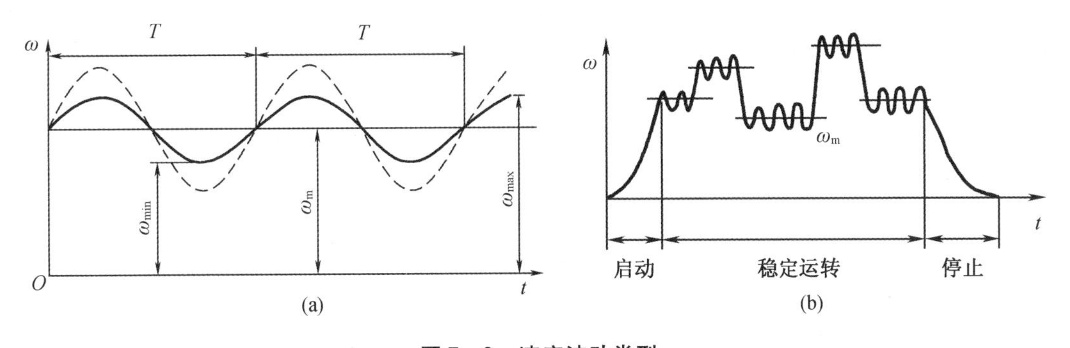

图7-2　速度波动类型

(a)周期性速度波动;(b)非周期性速度波动

如果输入功在很长一段时间内总是大于输出功,则机械运转速度将不断升高,直至超越机械强度所允许的极限转速而导致机械损坏;反之,如果输入功总是小于输出功,则机械运转速度将不断下降,直至停车。例如,汽轮发电机,当用电负荷增大时,必须开大汽阀更多地供汽,否则将导致“停车”;反之,当用电负荷减少时,必须关小汽阀,否则会导致“飞车”事故。这种速度波动是随机的、不规则的,没有一定的周期,因此,称为非周期性速度波动。常由载荷突然发生巨大变化而引起。这时,必须采用特殊的机构来调节汽轮机的供汽量,使其产生的功率与发电机的所需相适应,从而达到新的稳定运动。这时其平均速度已与调节之前不同,如图7-2(b)所示。防止非周期性速度波动所引起的机器毁坏或者停车乃是调节机器速度波动的另一目的。

7.1.3 速度波动的调节方法

1. 周期性速度波动的调节

调节周期性速度波动的常用方法是在机械中加上一个转动惯量很大的回转件——飞轮。当机器出现盈功时，飞轮把多余的能量吸收和储存起来，飞轮动能增加；当机器出现亏功时，飞轮把储存的能量释放和补偿出来，飞轮动能减小。这样，飞轮就能够降低机器运转速度的波动程度，即在机器内部起转化和调节作用，而机器本身并不能增加或减少能量。

飞轮动能的变化为 $\Delta E = \frac{1}{2}J(\omega^2 - \omega_0^2)$，显然，动能变化数值相同时，飞轮的转动惯量 J 越大，角速度 ω 的波动越小。例如图 7－2(a)中虚线为没有安装飞轮时主轴的速度波动，实线为安装飞轮后的速度波动。

此外，由于飞轮能利用储蓄的动能克服短时过载，因此在确定原动机额定功率时只需考虑它的平均功率，而不必考虑高峰负荷所需的瞬时最大功率。由此，在某些载荷大而集中且对运转速度波动要求不高的机器（如破碎机、冲压机、轧钢机等）上安装飞轮，不仅可避免机械运转速度过大，而且可以选择功率较小的原动机。

在实际应用中，飞轮的储能作用可以用来进行调速，如搅拌机；飞轮能提供动力，如惯性玩具小汽车；在选用较小功率原动机的情况下，飞轮能帮助机器克服很大的尖峰工作载荷，如锻压机械；飞轮能实现节能，如汽车上的曲轴飞轮组；飞轮还能用作太阳能发电、风能发电等发电装置的能量平衡器。

2. 非周期性速度波动的调节

非周期性速度波动的调节思路是设法使输入功与输出功恢复一定的平衡关系，即通过改变对原动机能量供应的方法予以调节，犹如汽车上坡时需加大油门以增大油量的供给，而下坡时减小油门以减小油量的供给一样。

常用调节方法有两种，一是利用原动机的自调性，二是采用反馈控制方法进行调节。

以电动机为原动机的机械，电动机本身就能使驱动力矩和阻力矩自动协调。这是因为当机械的阻力矩减小而使机械和电动机转速上升时，其驱动力矩又会自动减小，从而使驱动力矩和阻力矩自动地达到新的平衡。电动机的这种性能称为“自调性”，机器上不需要安装调速器。

如果机器以蒸汽机、内燃机、汽轮机等为原动机，由于这类原动机不具有自调性，所以这种速度波动不能依靠飞轮来进行调节，只能采用特殊的装置使输入功与输出功趋于平衡，以达到新的稳定运转。这种特殊装置称为调速器，例如拖拉机、工程机械、火车、中型卡车等就都装有调速器。调速器的种类很多，如机械式、气动式、液压式、电子式、组合式等。

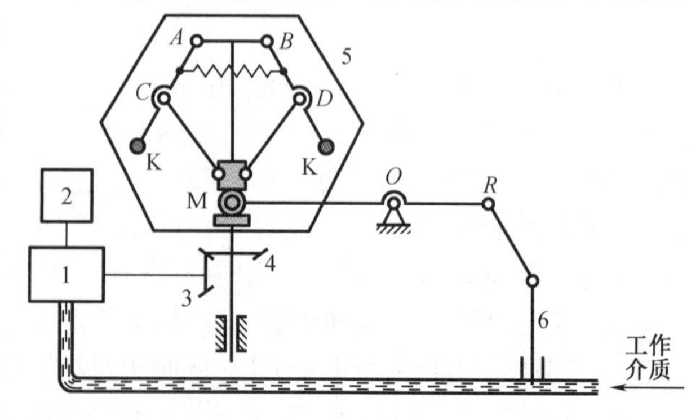

图 7－3 机械式离心调速器

图 7－3 所示为机械式离心式调速器的工作原理图。工作机 2 由内燃机 1 驱动，调速器 5 的主轴通过齿轮 3、齿轮 4 与内燃机 1 相连。当作用于工作机 2 上的载荷下降时，速度上升，重块 K 的

离心力增大,滑块M上升,通过连杆机构使阀芯6下降,油门减小,从而减小内燃机的输出动力,使整个系统的能量达到平衡,趋于稳定状态。如果转速过低则工作过程反之。

机械式离心调速器结构简单、成本低廉,但其体积庞大、灵敏度低,近代机器多采用电子调速装置实现自动控制。随着材料科学的发展,在能源、交通、电子等领域还利用形状记忆合金作为内燃机、蒸汽机的自动调节器及温控开启机构等。本章对调速器不作详细的讨论,只讨论飞轮设计的有关问题。

7.2 飞轮设计的近似方法

7.2.1 设计指标

在周期性速度波动的机器中,即使安装了飞轮,也只能使机器主轴的速度不发生无穷大的变化。若已知机械主轴角速度随时间变化的规律 $\omega = f(t)$,则一个周期角速度的实际平均值 ω_m 为

$$\omega_m = \frac{1}{T}\int_0^T f(t)\,dt \tag{7-1}$$

这个实际平均值 ω_m 称为机器的“额定转速”。

由于 $\omega = f(t)$ 的变化规律很复杂,故在工程计算中都以算术平均值作为实际平均值,即

$$\omega_m \approx \frac{\omega_{max} + \omega_{min}}{2} \tag{7-2}$$

式中,ω_{max},ω_{min}分别为最大角速度和最小角速度,如图7-2(a)所示。在各种原动机和工作机的铭牌上,通常就写出这个假定的平均转速(转速 $n_m = \frac{30\omega_m}{\pi}$),即所谓的“名义转速”。

$\omega_{max} - \omega_{min}$表示了机器主轴速度波动范围的大小,称为绝对不均匀度。但在差值相同的情况下,对平均速度的影响是不一样的。为此,定义速度不均匀系数 δ 表示机器运转速度波动的程度,即

$$\delta = \frac{\omega_{max} - \omega_{min}}{\omega_m} \tag{7-3}$$

若已知 ω_m,δ,则由式(7-2)、式(7-3)可得

$$\omega_{max} = \omega_m\left(1 + \frac{\delta}{2}\right) \tag{7-4}$$

$$\omega_{min} = \omega_m\left(1 - \frac{\delta}{2}\right) \tag{7-5}$$

由式(7-4)和式(7-5)可知,ω_m 一定时,δ 越小,则差值 $\omega_{max} - \omega_{min}$ 也越小,主轴越接近匀速转动。

各种不同机械许用的速度不均匀系数 δ 是根据它们的工作要求确定的。例如驱动发电机的活塞式内燃机,如果主轴速度波动范围太大,势必影响输出电压的稳定性,故这类机械的 δ 应取小些;反之,如冲床、破碎机等机械,速度波动稍大也不影响其工艺性能,故可取大一些。几种常见机械的速度不均匀系数可按表7-1选取。

表 7-1 机械运转速度不均匀系数 δ 的取值范围

机械名称	交流发电机	直流发电机	纺纱机	汽车、拖拉机	造纸机、织布机
[δ]	$\frac{1}{200}\sim\frac{1}{300}$	$\frac{1}{100}\sim\frac{1}{200}$	$\frac{1}{60}\sim\frac{1}{100}$	$\frac{1}{20}\sim\frac{1}{60}$	$\frac{1}{40}\sim\frac{1}{50}$
机械名称	水泵、鼓风机	金属切削机床	轧压机	碎石机	冲床、剪床
[δ]	$\frac{1}{30}\sim\frac{1}{50}$	$\frac{1}{30}\sim\frac{1}{40}$	$\frac{1}{10}\sim\frac{1}{25}$	$\frac{1}{5}\sim\frac{1}{20}$	$\frac{1}{7}\sim\frac{1}{10}$

7.2.2 飞轮设计的基本原理

飞轮设计的基本问题是：已知作用在主轴上的驱动力矩和阻力矩的变化规律，要求在机械运转速度不均匀系数 δ 的容许范围内，确定安装在主轴上的飞轮的转动惯量。

在一般机械中，其他构件所具有的动能与飞轮相比，其值甚小，因此近似设计中可以认为飞轮的动能就是整个机械的动能。当主轴处于最大角速度 $\omega_{\max}$ 时，飞轮具有动能最大值 $E_{\max}$；反之，当主轴处于最小角速度 $\omega_{\min}$ 时，飞轮具有动能最小值 $E_{\min}$。$E_{\max}-E_{\min}$ 即为一个周期内动能的最大变化量，它是由最大盈亏功 $W_{\max}$（从 $\omega_{\min}$ 到 $\omega_{\max}$ 区间为最大盈功，从 $\omega_{\max}$ 到 $\omega_{\min}$ 区间为最大亏功）转化而来的，即

$$W_{\max}=E_{\max}-E_{\min}=\frac{1}{2}J(\omega_{\max}^2-\omega_{\min}^2)=J\omega_{\mathrm{m}}^2\delta$$

由此得到安装在主轴上的飞轮转动惯量，即

$$J=\frac{W_{\max}}{\omega_{\mathrm{m}}^2\delta}=\frac{900W_{\max}}{\pi^2n_{\mathrm{m}}^2\delta} \tag{7-6}$$

式中，$W_{\max}$ 为一个周期内最大盈亏功，用绝对值表示。

由式(7-6)可知：

(1)当 $W_{\max}$ 与 ω_{m} 一定时，飞轮转动惯量 J 与机械运转速度不均匀系数 δ 之间的关系为一等边双曲线，如图 7-4 所示。当 δ 很小时，略微减小 δ 的数值就会使飞轮转动惯量激增。因此，过分追求机械运转速度均匀将会使飞轮笨重，增加成本。

(2)当转动惯量 J 与平均角速度 ω_{m} 一定时，$W_{\max}$ 与 δ 成正比，即最大盈亏功越大，机械运转速度越不均匀。

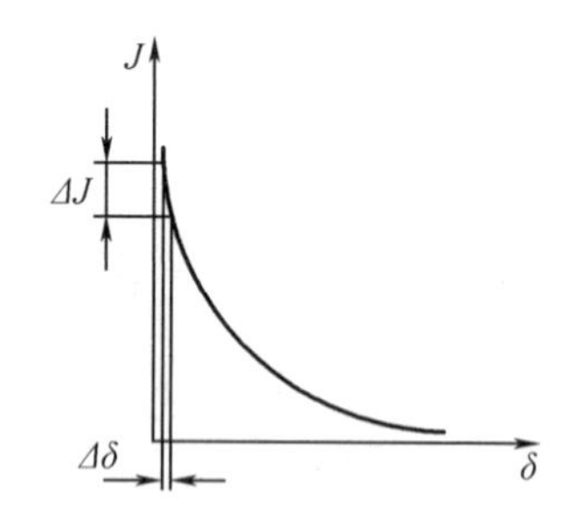

图 7-4 J-δ 变化曲线

(3)转动惯量 J 与 ω_{m} 的平方成反比，即主轴的平均转速越高，所需安装在主轴上的飞轮转动惯量越小。

通常机器的主轴具有良好的刚性，所以多数机器的飞轮安装在主轴上。但由式(7-6)可知，为了减小飞轮的转动惯量，也可以选取高于主轴转速的其他轴上，但要满足两个条件：

(1)安装飞轮的轴与主轴保持定角速比；

(2)该轴上安装的飞轮与主轴上安装的飞轮具有相等的动能，即

$$\frac{1}{2}J\omega_{\mathrm{m}}^2=\frac{1}{2}J'\omega'^2\text{，或 }J'=J\left(\frac{\omega_{\mathrm{m}}}{\omega'}\right)^2 \tag{7-7}$$

式中　ω'——任选飞轮轴的平均角速度；

J'——安装在该轴上的飞轮转动惯量。

7.2.3　最大盈亏功 W_{max} 的确定

计算飞轮转动惯量必须首先确定最大盈亏功。若给出作用在主轴上的驱动力矩 M_d 和阻力矩 M_r 的变化规律，W_{max} 便可确定如下：

图7-5(a)所示为某机组稳定运转一个周期中，作用在主轴上的驱动力矩 M_d 和阻力矩 M_r 随主轴转角变化的曲线。μ_M 为力矩比例尺，实际力矩值可用纵坐标高度乘以 μ_M 得到，即 $M = y\mu_M$；μ_φ 为转角比例尺，实际转角等于横坐标长度乘以 μ_φ，即 $\varphi = x\mu_\varphi$。$M_d-\varphi$ 曲线与横坐标轴所包围的面积表示驱动力矩所做的功(输入功)，$M_r-\varphi$ 曲线与横坐标轴所包围的面积表示阻力矩所做的功(输出功)。在 oa 区间，输入功与输出功之差为

$$W_{oa} = \int_o^a (M_d - M_r)\,d\varphi = \int_o^a \mu_M(y_d - y_r)\,dx\mu_\varphi = \mu_M\mu_\varphi[A_1] \tag{7-8}$$

式中　$[A_1]$——oa 区间 $M_d-\varphi$ 与 $M_r-\varphi$ 曲线之间的面积，单位 mm^2；

W_{oa}——oa 区间的盈亏功，以绝对值表示。

由图7-5可见，oa 区间阻力矩大于驱动力矩，出现亏功，机器动能减小，故标注负号；而 ab 区间驱动力矩大于阻力矩，出现盈功，机器动能增加，故标注正号。同理，bc，do 区间为负，cd 区间为正。

如前所述，盈亏功等于机器动能的增减量。设 E_o 为主轴角位置 φ_o 时机器的动能，则主轴角位置处于 φ_a，φ_b，φ_c，…时，对应的机器动能分别为

$$E_a = E_o - W_{oa} = E_o - \mu_M\mu_\varphi[A_1]$$
$$E_b = E_a - W_{ab} = E_a + \mu_M\mu_\varphi[A_2]$$
$$\vdots$$
$$E_o = E_d - W_{do} = E_d - \mu_M\mu_\varphi[A_5]$$

以上动能变化也可用能量指示图表示。如图7-5(b)所示，从 o 点出发，顺次作向量 oa，ab，bc，cd，do 表示盈亏功 W_{oa}，W_{ab}，W_{bc}，W_{cd}，W_{do}(盈功为正，箭头朝上；亏功为负，箭头朝下)。由于机器经历一个周期回到初始状态，其动能增减为零，所以该向量图的首尾应当封闭。由图7-5(b)可知，b 点具有最大动能，对应于 ω_{max}；a 点具有最小动能，对应于 ω_{min}；a，b 两位置动能之差即是最大盈亏功 W_{max}。

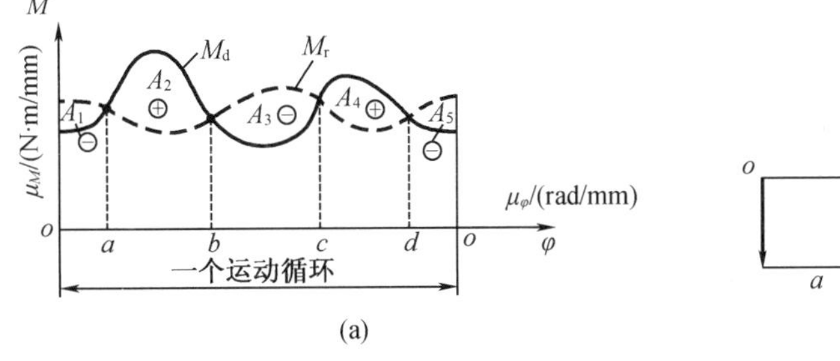

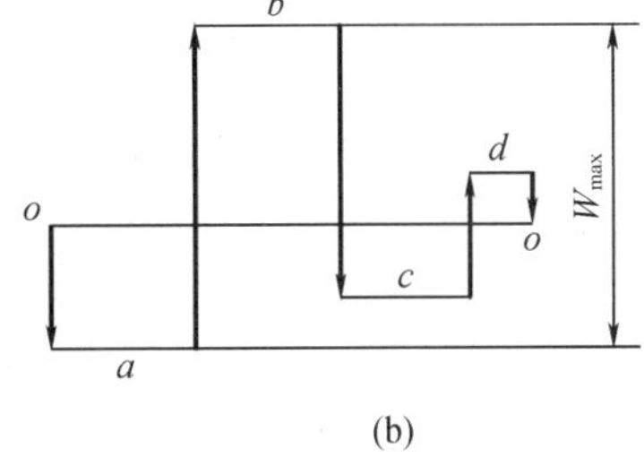

图7-5　最大盈亏功的确定

例7-1　某机组作用在主轴上的阻力矩变化曲线 $M_r-\varphi$ 如图7-6(a)所示。已知主轴上的驱动力矩 M_d 为常数，主轴平均角速度 $\omega_m = 25$ rad/s，机械运转速度不均匀系数

$\delta=0.02$。(1)求驱动力矩 M_d;(2)求最大盈亏功 W_{max};(3)求安装在主轴上飞轮的转动惯量 J;(4)若将飞轮安装在转速为主轴 3 倍的辅助轴上,求飞轮转动惯量 J'。

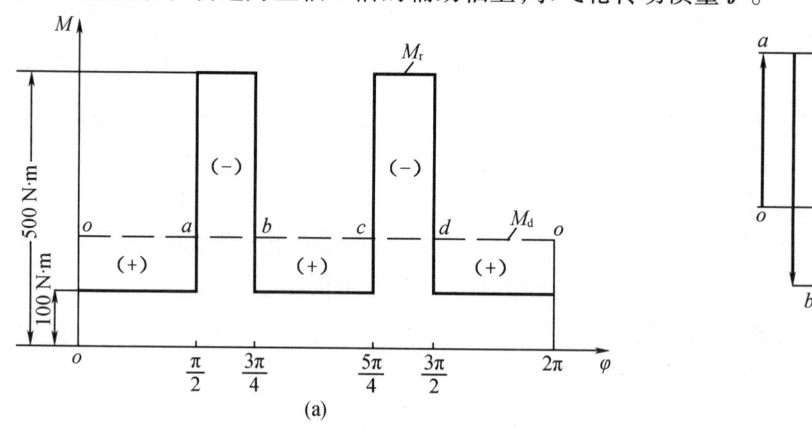

图 7-6 阻力矩变化

解 (1)驱动力矩 M_d

给定 M_d 为常数,故 $M_d-\varphi$ 为一水平直线。在一个运动循环中驱动力所做的功为 $2\pi M_d$,它应当等于一个运动循环中阻力矩所作的功,即

$$2\pi M_d=\left(100\times2\pi+400\times\frac{\pi}{4}\times2\right)\ \text{N}\cdot\text{m}$$

解上式得 $M_d=200\ \text{N}\cdot\text{m}$,由此可作出 $M_d-\varphi$ 水平直线。

(2)求最大盈亏功 W_{max}

将 $M_d-\varphi$ 与 $M_r-\varphi$ 曲线的交点分别标注 o,a,b,c,d,将各区间的 $M_d-\varphi$ 与 $M_r-\varphi$ 所围面积区分为盈功和亏功,并标注"+"或"−"号。分别求得各个区间的盈亏功如下:

oa 区间的盈功,$W_{oa}=100\times\frac{\pi}{2}\text{N}\cdot\text{m}$;

ab 区间的亏功,$W_{ab}=300\times\frac{\pi}{4}\text{N}\cdot\text{m}$;

bc 区间的盈功,$W_{bc}=100\times\frac{\pi}{2}\text{N}\cdot\text{m}$;

cd 区间的亏功,$W_{cd}=300\times\frac{\pi}{4}\text{N}\cdot\text{m}$;

do 区间的盈功,$W_{do}=100\times\frac{\pi}{2}\text{N}\cdot\text{m}$。

然后,根据上述各区间盈亏功的数值大小按比例作能量指示图(图 7-6(b)):首先自 o 向上作向量 $\boldsymbol{oa}$ 表示 oa 区间的盈功 W_{oa},接着向下作向量 $\boldsymbol{ab}$ 表示 ab 区间的亏功 W_{ab}。以此类推,直到画完最后一个封闭向量 $\boldsymbol{do}$。由图 7-6 可知,ad 区间出现最大盈亏功,其绝对值为

$$W_{max}=|-W_{ab}+W_{bc}-W_{cd}|=\left|-300\times\frac{\pi}{4}+100\times\frac{\pi}{2}-300\times\frac{\pi}{4}\right|\ \text{N}\cdot\text{m}$$
$$=314.16\ \text{N}\cdot\text{m}$$

(3)求安装在主轴上的飞轮转动惯量 J

$$J=\frac{W_{max}}{\omega_m^2\delta}=\frac{314.16}{25^2\times0.02}\ \text{kg}\cdot\text{m}^2=25.13\ \text{kg}\cdot\text{m}^2$$

(4)求安装在辅助轴上的飞轮转动惯量 J'

令 $\omega' = 3\omega_m$,故

$$J' = J\left(\frac{\omega_m}{\omega'}\right)^2 = 25.13 \times \frac{1}{9}\text{kg} \cdot \text{m}^2 = 2.79\ \text{kg} \cdot \text{m}^2$$

7.3 飞轮主要尺寸的确定

求出飞轮转动惯量 J 之后,还要确定它的直径、宽度、轮缘厚度等有关尺寸。

图7-7所示为带有轮辐的飞轮。这种飞轮的轮毂和轮辐的质量很小,回转半径也较小,近似计算时,可以将它们的转动惯量略去,认为飞轮质量 m 集中于轮缘。设轮缘的平均直径为 D_m,则

$$J = m\left(\frac{D_m}{2}\right)^2 = \frac{mD_m^2}{4} \tag{7-9}$$

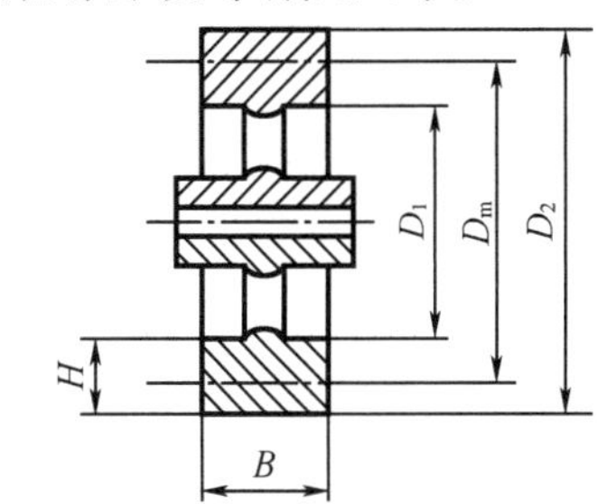

图7-7 带轮辐的飞轮结构图

按照机器的结构和空间位置选定轮缘的平均直径 D_m 之后,由式(7-9)便可求出飞轮的质量 m。设取轮缘为矩形断面,它的体积、厚度、宽度分别为 V,H,B,材料的密度为 ρ,则

$$m = V\rho = \pi D_m HB\rho \tag{7-10}$$

选定飞轮的材料与比值 H/B 之后,轮缘的截面尺寸便可以求出。

对于外径为 D 的实心圆盘式飞轮,由理论力学可知

$$J = \frac{1}{2}m\left(\frac{D}{2}\right)^2 = \frac{mD^2}{8} \tag{7-11}$$

选定圆盘直径 D,便可求出飞轮的质量 m,再从

$$m = V\rho = \frac{\pi D^2}{4}B\rho \tag{7-12}$$

选定材料之后便可得出飞轮的宽度 B。

飞轮的转速越高,其轮缘材质产生的离心力越大。当轮缘材料所受离心力超过其材料的强度极限时,轮缘便会爆裂。为了安全,在选择平均直径 D_m 和外缘直径 D 时,应使飞轮外缘的圆周速度不大于以下安全数值,即

对铸铁飞轮,$v_{max} < 36$ m/s;对铸钢飞轮,$v_{max} < 50$ m/s。

应当说明,飞轮不一定是外加的专门构件。实际机械中往往用增大带轮(或齿轮)的尺寸和质量的方法,使它们兼起飞轮的作用。这种带轮(或齿轮)也就是机器中的飞轮。还应指出,本章所介绍的飞轮设计方法,没有考虑除飞轮外其他构件动能的变化,因而是近似的。机械运转速度不均匀系数 δ 容许有一个变化范围,所以这种近似设计可以满足一般使用要求。

习　　题

7－1　为什么本章介绍的飞轮设计方法称为近似方法？试说明：哪些因素影响飞轮设计的精确性。

7－2　何谓周期性速度波动，何谓非周期性速度波动，它们各用何种装置进行调节，经过调节之后主轴能否获得匀速转动？

7－3　图7－8为作用在多缸发动机曲轴上的驱动力矩 M_d 和阻力矩 M_r 的变化曲线。其驱动力矩曲线与阻力矩曲线围成的面积（单位：mm^2）顺次为 +580，－320，+390，－520，190，－390，+260 及 －190，该图的比例尺 $\mu_M=100$ (N·m)/mm，$\mu_\varphi=0.01$ rad/mm，设曲柄平均转速为 120 r/min，其瞬时角速度不超过其平均角速度的 ±3%，求装在该曲柄轴上的飞轮的转动惯量。

7－4　在电动机驱动的剪床中，已知作用在剪床主轴上的阻力矩 M_r 的变化规律如图7－9所示。设驱动力矩 M_d 等于常数，剪床主轴转速为 60 r/min，机械运转速度不均匀系数 $\delta=0.15$。求：(1)驱动力矩 M_d 的数值；(2)安装在飞轮主轴上的转动惯量。

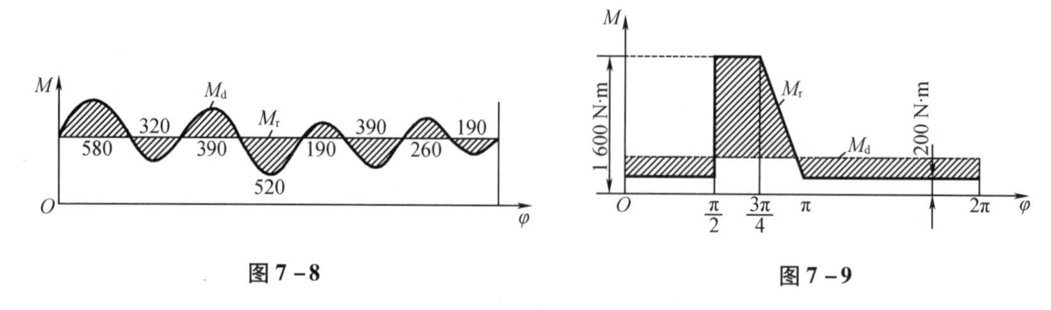

图7－8　　　　图7－9

7－5　某机组由发动机供给的驱动力矩 $M_d=\dfrac{1\ 000}{\omega}$ N·m（即驱动力矩与瞬时角速度成反比），阻力矩 M_r 的变化如图7－10所示，$t_1=0.1$ s，$t_2=0.9$ s，若忽略其他构件的转动惯量，求在 $\omega_{max}=134$ rad/s，$\omega_{min}=116$ rad/s 状态下飞轮的转动惯量。

7－6　某机组主轴上作用的驱动力矩 M_d 为常数，它的一个运动循环中阻力矩 M_r 的变化如图7－11所示。给定 $\omega_m=25$ rad/s，$\delta=0.04$，采用平均直径 $D_m=0.5$ m 的带轮辐的飞轮，试确定飞轮的转动惯量和质量。

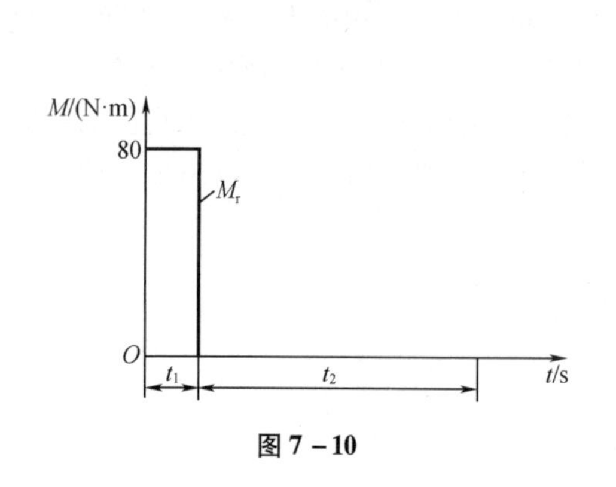

图7－10

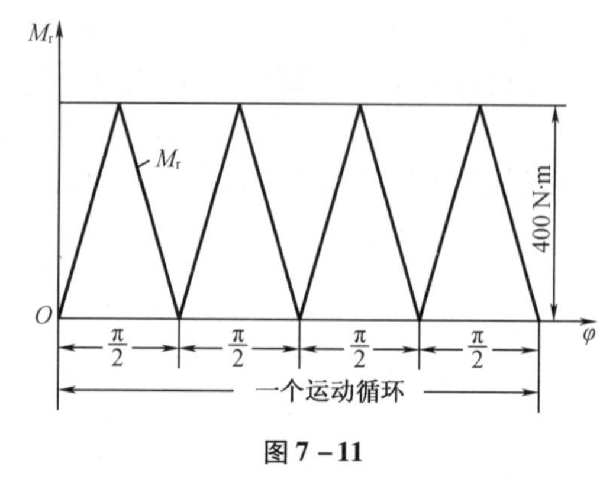

图7－11

第8章 回转件的平衡

8.1 回转件平衡的目的

回转件(也称转子)是机械中围绕某轴线进行回转运动的构件,如齿轮、带轮、链轮和凸轮等。如果回转件由于结构不对称、制造安装误差或材质不均匀等因素造成其质心与回转轴线不重合,在其运转过程中将产生离心惯性力,从而在运动副中引起动压力,造成轴承磨损,机械效率降低,使用寿命缩短,降低工作质量,严重时可能引起共振,造成破坏性事故,危及整机乃至人员安全。回转件平衡的目的就是研究回转件质量分布及其变化规律,并采取相应的措施,通过调整回转件质量分布使其惯性力(或惯性力偶矩)平衡,以减小或消除附加动压力,减轻有害振动,改善机械工作性能,延长机械寿命。

在机械工业中,发动机和车床主轴、电动机和汽轮机转子等高速回转件在使用前都需要进行动平衡。当然,回转件的不平衡也不只是带来危害,有些机器利用回转件的不平衡进行工作,如打夯机、惯性筛和打桩机等。

回转件的平衡可以分为以下两种:

(1)刚性回转件的平衡。当工作转速低于一阶临界转速,回转件旋转轴线挠曲变形可忽略不计,对其进行平衡时,可以不考虑其弹性变形。根据平衡条件的不同,刚性回转件的平衡可分为静平衡和动平衡。刚性回转件惯性力平衡称之为静平衡;若回转件不仅惯性力达到平衡,而且由惯性力引起的力偶矩也达到平衡,则称之为动平衡。本章主要介绍刚性回转件的动平衡与静平衡原理、方法与设备。

(2)挠性回转件的平衡。当工作转速高于一阶临界转速,回转件旋转轴线挠曲变形不可忽略,如航空发动机、汽轮机和发动机等大型高速装备中的回转件。挠性回转件的平衡必须考虑其旋转轴线变形的影响,问题复杂,本章不作介绍。

8.2 回转件平衡的计算

对于绕固定轴线转动的回转件,若已知组成该回转件的各质量大小和位置,可根据回转件质量是否分布在同一回转面内,用力学方法分析回转件达到平衡的条件,并求出所需平衡质量的大小和位置。

8.2.1 质量分布在同一回转面内

对于轴向尺寸很小的回转件,如飞轮、叶轮和砂轮等,可近似地认为其质量分布在同一回转面内,可以用平面平衡力系原理求解平衡质量大小和位置。

由理论力学可知,当距离回转中心为 r_i 的质量 m_i 以角速度 ω 围绕回转中心转动时,该

质量产生的离心力 F_i 表示为

$$F_i = m_i r_i \omega^2 \tag{8-1}$$

当回转件匀速转动时,回转件质量产生的离心力构成同一平面内汇交于回转中心的力系,如图 8-1(a)所示。

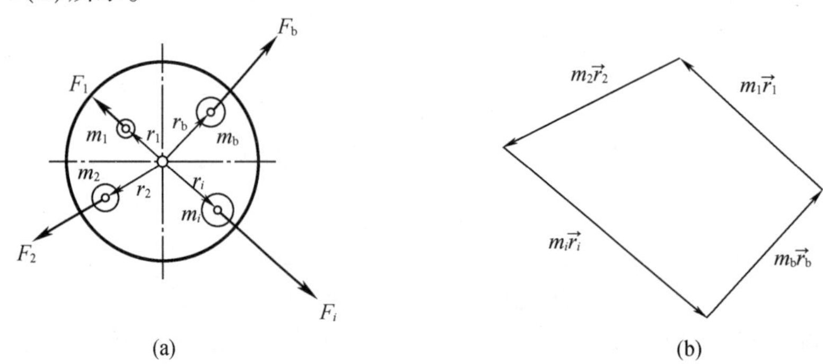

图 8-1 单面平衡向量图解法

如果该力系不平衡,则它们的合力 $\sum F_i$ 不等于零。由力学汇交力系平衡条件可知,只要在同一回转面内加上或减去一平衡质量,使它产生的离心力与原有力系构成平衡力系,则回转件达到平衡。即平衡条件为

$$F = F_b + \sum F_i = 0$$

式中,F,F_b 和 $\sum F_i$ 分别表示总离心力、平衡质量的离心力和原有质量离心力的合力。

由式(8-1)可得

$$me\omega^2 = m_b r_b \omega^2 + \sum m_i r_i \omega^2 = 0$$

则有

$$me = m_b r_b + \sum m_i r_i = 0 \tag{8-2}$$

式中 m,e——回转件的总质量和总质心向径;

m_b,r_b——平衡质量及其质心的向径;

m_i,r_i——原有各质量及其质心的向径。

式(8-2)中质量与向径的乘积为质径积,它表示各个质量所产生离心力的相对大小和方向。

式(8-2)表明,回转件平衡后,$e=0$,即总质心与回转轴线重合,此时回转件质量对回转轴线的静力矩 $mge=0$。该回转件可以在任何位置保持静止,而不会自行转动,因此将这种平衡称为静平衡(也称为单面平衡)。静平衡的条件是:分布于该回转件上各个质量离心力或质径积的向量和等于零,即回转件质心与回转件轴线重合。

式(8-2)有两种方法求解,分别是图解法和解析法。

解析法是通过将同一回转面内各质径积 $m_i r_i$ 向垂直的两个坐标轴投影,然后计算其代数和,最后合成总质径积 $\sum m_i r_i$。则与此质径积大小相等、方向相反的质径积 $m_b r_b$ 为平衡质径积。

图解法是应用向量多边形求解平衡质量,如图 8-1(b)所示。首先选定比例尺,依次作已知质径积向量 $m_1 r_1$,$m_2 r_2$ 和 $m_i r_i$,则以 $m_1 r_1$ 尾部为开始,以 $m_i r_i$ 头部为结束的向量表示

m_1r_1，m_2r_2 和 m_ir_i 的合成总质径积 $\sum m_ir_i$；而以 m_ir_i 尾部为开始，以 m_1r_1 头部为结束的向量 m_br_b 为平衡质径积。

在求出 m_br_b 后，根据回转件结构特点选定平衡质量向径 r_b 的大小，可以确定所需平衡质量 m_b，且平衡质量安装位置为质径积 m_br_b 所指方向，该平衡方法称为加重法。若在质径积 m_br_b 反方向选定平衡质量向径 r_b 的大小，并在该点减去平衡质量 m_b，该平衡方法称为减重法。一般平衡质量向径 r_b 尽可能取大些，使平衡质量 m_b 尽可能小些，以免使转子质量过大。

8.2.2　质量分布在不同回转面内

对于轴向宽度比较大的回转件，如电动机转子、多缸发动机曲轴、汽轮机转子以及机床主轴等，其质量分布不能再近似地认为是位于同一回转面内，而应该看作分布于沿轴向的相平行的回转面内。此时回转件转动时各质量所产生的离心力不再是平面汇交力系，而是空间力系。此时各质量离心力的合力不为零，其合力偶也不为零，我们称之为动不平衡。因此无法通过在某单一回转面内加一平衡质量的静平衡方法来消除这类回转件转动时的不平衡。欲实现此类回转件的动平衡，既要各质量转动时离心力合力为零，又要其合力偶也为零，我们称之为动平衡。此时有 $F_b + \sum F = 0$ 且 $M_b + \sum M = 0$。

动平衡原理是：预先选定两个平衡面，根据力系等效原理，将不平衡质量的离心力分别向两平衡面分解，然后在两平衡面内做平衡，则惯性力和惯性力矩都得到平衡。动平衡需要在任选的两个平面内添加两平衡质量来进行。选择平衡面的原则是：①结构上允许加重或去重的端面；②两平衡面间距离越大，平衡效果越好。

如图 8－2(a)所示，设回转件不平衡质量分布在 1,2 和 3 这三个回转面内，依次以 m_1，m_2 和 m_3 表示，其向径分别为 r_1，r_2 和 r_3。当转子以等角速度 ω 回转时，不平衡质量所产生的离心惯性力为

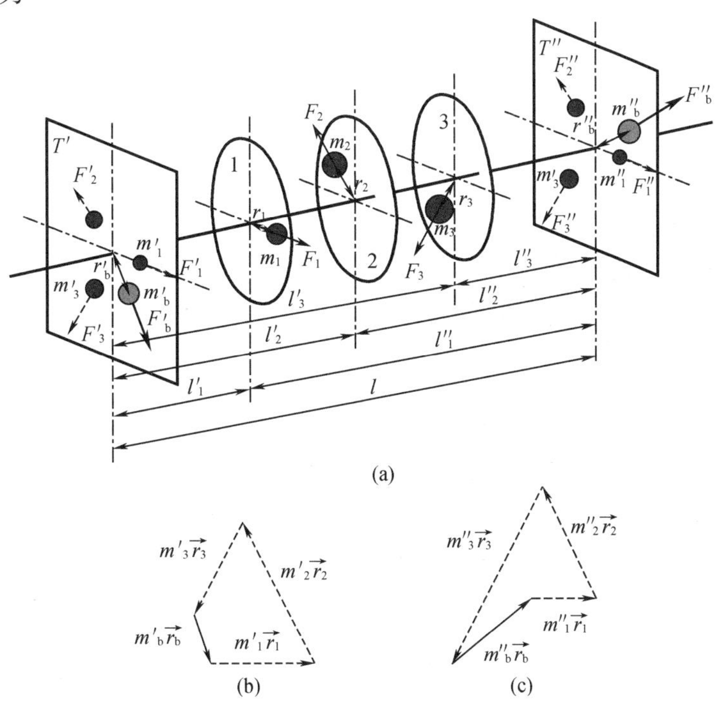

图 8－2　质量分布不在同一回转面内的平衡

$$F_i = m_i \omega^2 r_i \quad (i=1,2,3)$$

选 T' 和 T'' 两个平衡面，在 T' 和 T'' 中，m_1，m_2 和 m_3 的替代质量为

$$m_i' = \frac{l_i''}{l} m_i, \ m_i'' = \frac{l_i'}{l} m_i \quad (i=1,2,3)$$

分别在 T' 和 T'' 中按照静平衡方法计算质径积 $m_b' r_b'$ 和 $m_b'' r_b''$。根据式(8-2)可知

$$m_b' r_b' + m_1' r_1' + m_2' r_2' + m_3' r_3' = 0$$

$$m_b'' r_b'' + m_1'' r_1'' + m_2'' r_2'' + m_3'' r_3'' = 0$$

应用图解法，做质径积矢量封闭图，如图 8-2(b) 和 8-2(c) 所示，求得 $m_b' r_b'$ 和 $m_b'' r_b''$。选定 r_b' 和 r_b'' 后，即可确定 m_b' 和 m_b''。此时，惯性力分别在 T' 和 T'' 两个平衡面中得到平衡，同时惯性力矩也得到平衡。

由上述分析可以推知，质量分布不在同一回转面内的回转件，只要分别在任意选定的两个回转面（称为平衡平面或校正平面）内各加上适当的平衡质量就能达到完全平衡。所以这种类型的动平衡工业上称双面平衡。所以动平衡的条件是：回转件上各个质量离心力的向量和等于零，而且离心力所引起的力偶矩向量和也等于零。双面平衡不但可以实现质量分布在不同回转面内回转件的动平衡，还可以实现质量分布在同一回转面内，但由于实际结构限制，在所需平衡的回转面上无法安装平衡质量的回转件静平衡，如曲轴的静平衡就是在曲柄上进行的。

值得注意的是，动平衡条件中包含了静平衡的条件，所以动平衡的回转件一定是静平衡的。但是，静平衡的回转件却不一定是动平衡的。对于质量分布在同一回转面内的回转件，因离心力中轴面内不存在力臂，故这类回转件静平衡后也满足了动平衡的条件；对于质量分布在不同回转面内的回转件，因静平衡只能使各质量的离心力向量和为零，而离心力引起的力偶矩却不为零，所以虽然静平衡，但动不平衡。

8.3 平衡的试验方法

经过计算，在理论上是平衡的回转件，由于制造误差、材质不均匀、安装误差等因素，使实际回转件仍存在不平衡。要彻底消除不平衡，只有通过试验方法测出其不平衡质量的大小和方向。然后通过增加或除去平衡质量的方法予以平衡。根据质量分布的特点，平衡试验方法可以分为静平衡试验法和动平衡试验法。

8.3.1 静平衡试验法

利用静平衡架，找出静不平衡回转件不平衡质径积的大小与方向，从而确定平衡质量的大小与位置，使回转件质心移到回转轴线上而达到平衡，这种方法称为静平衡试验法。

图 8-3 所示为导轨式静平衡架，其主要工作件为相互平行的、被安装在同一水平面内的钢制刀口形（也可做成圆柱形或棱柱形）导轨。使用时，需要应用水准仪调整好导轨的水平。试验时将回转件的轴径放在导轨上。若回转件质心不在包含回转轴线的铅垂面内，则由于重力对回转轴线的静力矩作用，回转件将在导轨上滚动。滚动停止时，质心处于轴线正下方最低位置。然后用橡皮泥在质心相反方向加一适当的平衡质量，并逐步调整其大小或

距离轴心位置，直到该回转件在任意位置都能保持静止。这时所加的平衡质量与其向径的乘积即为该回转件达到静平衡所需加的质径积。根据该回转件的结构情况，也可在质心偏移方向去掉同等大小的质径积来实现静平衡。

导轨式静平衡架简单、可靠，其精度也能满足一般生产需要，缺点是它不能用于平衡两端轴径不等的回转件。

图 8－4 所示为圆盘式静平衡架，其主要工作件为四个可以自由转动的圆盘，两两组合支撑回转件。其静平衡方法与导轨式平衡架相同。圆盘式静平衡架的优点是一端的支撑高度可以调节，所以可以平衡两端轴径不等的回转件。其缺点是圆盘支撑轴承容易脏，使摩擦阻力矩增大，故精度往往低于导轨式平衡架。

图 8－3　导轨式静平衡架

图 8－4　圆盘式静平衡架

对于圆盘形回转件，设圆盘直径为 D，其宽度为 b，当 $D/b \geq 5$ 时，这类回转件可视为质量分布在同一回转面内，通常经静平衡试验矫正后，可不必进行动平衡。

8.3.2　动平衡试验法

当回转件直径与宽度比 $D/b < 5$ 时，或有特殊要求时，一般都要进行动平衡。

令回转件在动平衡试验机上运转，然后在两个选定的平面上分别找出所需平衡质径积的大小和方位，从而使回转件达到动平衡的方法称为动平衡试验法。

动平衡机是用来对回转件进行动平衡检测的专用设备。动平衡机的种类繁多，按照功能可以分为通用动平衡机和专用动平衡机。通用动平衡机可以适用于多种类型的回转件，而专用动平衡机是专为平衡某种特定的回转件而设计的，如曲轴动平衡机等。动平衡机的支撑是浮动的。按支撑刚度的高低可以分为软支撑动平衡机和硬支撑动平衡机。软支撑动平衡机的支撑很软，摆架系统固有频率很低，工作转速远高于共振转速；硬支撑动平衡机的支撑很硬，摆架系统固有频率很高，工作转速远低于共振转速。

应当说明，任何回转件，即使经过平衡试验也不可能达到完全平衡。因此需要根据回转件工作条件，在考虑成本的基础上规定许用不平衡量。

习　　题

8－1　回转件平衡的目的是什么？

8－2　刚性回转件的动平衡和静平衡有何相同与不同？平衡的条件分别是什么？

8－3　经过平衡设计后的刚性转子，在制造出来后是否还要进行平衡试验，为什么？

8－4　在工程上为什么要规定许用不平衡量？为什么说完全的绝对平衡是不可能的，也是不必要的？

8－5　如图8－5所示得盘状转子上有两个不平衡质量 m_1 和 m_2。已知 $m_1=1.5$ kg，$m_2=0.8$ kg，$r_1=140$ mm，$r_2=180$ mm，相位如图8－5所示。现用去重法来平衡，求所需挖去的质量的大小和相位（设挖去质量处的半径 $r=140$ mm）。

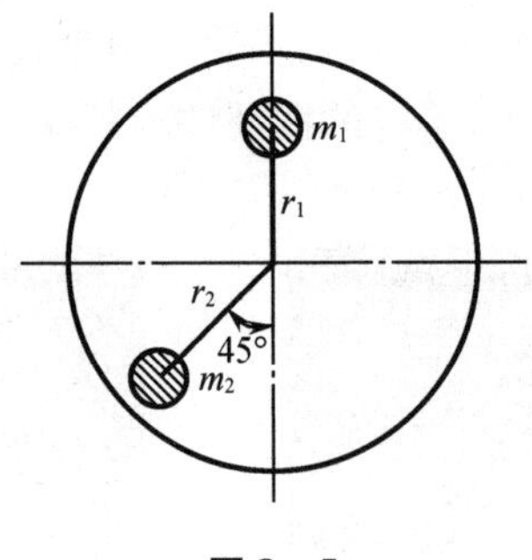

图8－5

8－6 高速水泵的凸轮轴系由三个互相错开120°的偏心轮所组成，每一偏心轮的质量为0.4 kg，其偏心距为12.7 mm。设在平衡面 A 和平面 B 处各装一个平衡质量 m_A 和 m_B 使之平衡，其回转半径为10 mm，其他尺寸如图8－6所示（单位：mm）。求 m_A 和 m_B 的大小和位置。

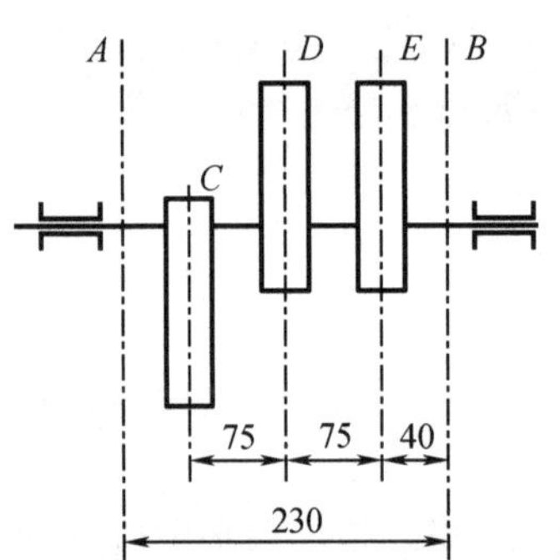

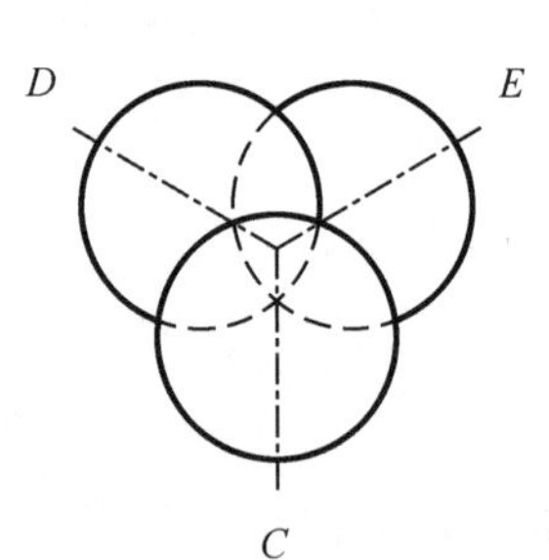

图8－6

第9章 机械零件设计概论

前面几章着重讲了常用机构和机器动力学的基本知识，以后各章主要从工作原理、承载能力和构造等方面论述通用机械零件的设计问题。其中包括如何合理确定零件的形状和尺寸，如何适当选择零件的材料，以及如何使零件具有良好的工艺性等。本章将扼要阐明机械零件设计计算的共性问题。

9.1 机械零件设计概述

机械零件是组成机器的基本要素。为了保证零件能安全、可靠地工作，在进行设计工作之前，首先应确定其相应的设计准则。为此，需要理解“失效”的概念。

9.1.1 机械零件的主要失效形式

机械零件由于某些原因丧失工作能力或达不到设计要求的性能时，称为失效。其主要失效形式如下。

1. 断裂

当零件在外载荷作用下，由于某一危险剖面上的应力超过零件的强度极限时将发生断裂；或者当零件在循环变应力重复作用下，由于危险截面上的应力超过零件的疲劳极限而发生的疲劳断裂。

断裂是一种严重的失效形式，它不但使零件失效，有时还会导致严重的人身及设备事故，是大多数机械零件的失效形式。

2. 过量弹性变形

机械零件受载时，必然会发生弹性变形，但过量的弹性变形会使零件或机器不能正常工作，有时还会造成较大振动，致使零件损坏。例如机器的轴，如果产生过大的弹性变形，轴颈将在轴承中倾斜；若轴上装有齿轮，则势必造成齿轮受载不均匀而影响正常工作。

3. 塑性变形

当零件过载时，塑性材料还会发生塑性变形。这会造成零件的尺寸和形状改变，从而破坏零件与零件间的相互位置和配合关系，使零件或机器不能正常工作。例如齿轮，整个轮齿发生塑性变形就会破坏正确啮合条件，在运转过程中会产生剧烈振动和大的噪声，甚至无法运转。

4. 零件的表面失效

绝大多数零件都与别的零件发生静的或动的接触和配合关系。载荷作用于表面、摩擦和磨损发生在表面、环境介质也包围着表面，因此表面失效是很多机械零件的主要失效形式。

零件的表面失效主要是磨损、疲劳点蚀和腐蚀等。零件表面失效后会增大摩擦，增加能量消耗，破坏零件的工作表面，最终造成零件报废。

5. 破坏正常工作条件引起的失效

有些零件只有在一定的工作条件下才能正常工作。例如,在带传动中,若传递的载荷超过了带与带轮接触面上产生的最大摩擦力,就会产生打滑,使传动失效;在高速转动件中,若其转速与转动件系统的固有频率相同,就会发生共振,使振幅增大,以致引起断裂失效。

9.1.2 机械零件的设计准则

为防止零件失效,在设计零件时所依据的基本原则,称为设计准则。机械零件常用的设计准则如下。

1. 强度准则

强度准则就是指零件中的应力不得超过允许的限度,即应使其危险剖面上或工作表面上的工作应力 σ 或 τ 不超过零件的许用应力 $[\sigma]$ 或 $[\tau]$。用公式可以表示为

$$\left.\begin{aligned} \sigma \leqslant [\sigma], \text{而} [\sigma] = \frac{\sigma_{\lim}}{S} \\ \tau \leqslant [\tau], \text{而} [\tau] = \frac{\tau_{\lim}}{S} \end{aligned}\right\} \tag{9-1}$$

式中 $\sigma_{\lim}$, $\tau_{\lim}$——分别为极限正应力和极限切应力;

S——安全系数。

满足强度要求的另一种表达方式是使零件工作时危险剖面上的实际安全系数不小于许用安全系数 $[S]$,即

$$\left.\begin{aligned} S = \frac{\sigma_{\lim}}{\sigma} \geqslant [S] \\ S = \frac{\tau_{\lim}}{\tau} \geqslant [S] \end{aligned}\right\} \tag{9-2}$$

材料的极限应力一般都是在简单应力状态下用试验方法测出的。对于在简单应力状态下工作的零件,可直接按式(9-1)和式(9-2)进行计算;对于在复杂应力状态下工作的零件,则应根据材料力学中所述的强度理论确定其强度条件。许用应力取决于应力的种类、零件材料的极限应力和安全系数等。

2. 刚度准则

刚度准则是指零件在载荷作用下产生的弹性变形量 y 不超过机器工作性能所允许的极限值,即许用变形量 $[y]$。其表达式为

$$y \leqslant [y] \tag{9-3}$$

许用变形量根据不同的机器类型及其使用场合,按理论或经验来确定其合理的数值。

3. 寿命准则

寿命准则就是要求零件在预期的工作期限内,能正常工作而不失效。而影响零件寿命的主要因素是材料的疲劳和由于磨损及腐蚀引起的表面失效。

依据材料的疲劳极限进行疲劳强度计算可防止发生疲劳失效。但是对于磨损,由于其类型多,产生的机理也不完全清楚,影响因素也很复杂,所以尚无通行的能够进行定量计算的方法。然而零件的磨损会使其工作性能降低,过度磨损常成为零件报废的主要原因之一。因此,除采用合理选择摩擦副的材料以提高其耐磨性、采用良好的润滑以减少磨损等措施外,还应限制与磨损有关的参数,例如限制比压 p(单位接触面积上的压力)和比压 p 与速

度 v 的乘积 pv 值,来保证零件表面有一层强度较高的边界膜,以保护零件表面不产生过量磨损。

至今尚未提出腐蚀寿命的计算方法,因而只好从材料选择和工艺措施两方面来提高零件的防腐蚀能力。例如选用耐腐蚀的材料,采用发蓝、表面镀层、喷涂漆膜及表面阳极化处理等措施。

4. 振动稳定性准则

机器中存在着很多周期性变化的激振源,如齿轮的啮合、滚动轴承中的振动、弹性轴的偏心振动等。如果某一零件本身的固有频率与激振源的频率重合或成整倍数关系时,这些零件就会发生共振,造成零件破坏或机器工作条件失常。因此,对易于丧失稳定性的高速机械应进行振动分析和计算,以确保零件及系统的振动稳定性,即在设计时要使机器中受激振作用的各零件的固有频率与激振源的频率错开。

5. 可靠性准则

可靠性表示零件在规定时间内能正常工作的程度,通常用可靠度 R 来表示。零件在规定的使用寿命内和预定的使用条件下,能正常实现其功能的概率,称为可靠度。

设有 N_0 个零件在预定的使用条件下进行试验,如在规定的使用时间 t 内,仍有 N 件在正常地继续工作,则可靠度为

$$R=\frac{N}{N_0} \tag{9-4}$$

一个由多个零件组成的串联系统,任意一个零件失效都会使整个机器失效,因此串联系统的可靠度一定低于最小可靠度零件的可靠度。串联的零件越多,则可靠度越低。在设计零件提出可靠度要求时,要考虑到现实的技术水平及零件的工作要求和经济性等,并不是越高越好。

9.1.3 机械零件的设计方法

机械零件的设计方法,可以从不同的角度作出不同的分类。目前较为流行的分类方法是把过去长期采用的设计方法称为常规的(或传统的)设计方法,近几十年发展起来的设计方法称为现代设计方法。

现代设计方法发展很快,目前常见的有:计算机辅助设计(CAD)、优化设计(OD)、可靠性设计(RD)、摩擦学设计(TD)、设计方法学设计(DMD)、参数化设计(PD)和智能设计(ID)等。这些新设计方法的出现使机械设计领域发生很大的变化,使机械设计更科学、更完善。本节主要阐明本书使用的常规设计方法。机械零件的常规设计方法可概括地分为以下三种。

1. 理论设计

根据现有的设计理论和实验数据所进行的机械零件设计,称为理论设计。理论设计分为:

(1)设计计算,由理论设计公式直接确定零件的主要参数和尺寸;

(2)校核计算,在按经验和某些简易的方法初步确定出零件的主要参数和尺寸后,用理论校核公式进行校核计算。

设计计算多用于能通过简单的力学模型进行设计的零件;而校核计算多用于结构复杂、应力分布复杂,但又能进行强度计算或刚度计算的零件。

2. 经验设计

根据某类零件已有的设计与使用实践中归纳出的经验公式和数据，或者用类比法所进行的设计，称为经验设计。经验设计对那些使用要求变动不大而结构形状已典型化的零件，是很有效的设计方法。例如，箱体、机架、传动零件的各结构要素等。

3. 模型实验设计

对于一些尺寸较大、结构复杂、工况条件特殊而又难以进行理论计算的重要零部件，为了提高设计质量，可采用模型实验设计的方法。即把初步设计的零部件或机器做成小模型或小尺寸的样机，通过对模型或样机的实验，考核其性能。然后根据实验结果修改原初步设计，使其逐步完善。这样的设计过程，称为模型实验设计。由于此设计方法费时、昂贵，因此只应用于特别重要的设计中。

9.1.4 机械零件的设计步骤

设计机械零件时，常根据一个或几个可能发生的主要失效形式，运用相应的判定条件，确定零件的形状和主要尺寸。一般设计步骤如下：

(1)根据零件的使用要求，选择零件的类型和结构。为此，必须对各种零件的类型、特点与使用范围等，进行综合对比并正确选用；

(2)根据机器的工作要求，计算作用在零件上的载荷；

(3)根据零件的工作条件及对零件材料的特殊要求（例如高温或在腐蚀性介质中工作等），选择合适的材料；

(4)分析零件可能的失效形式，从而确定零件的设计准则；

(5)根据设计准则进行计算，确定出零件的基本尺寸；

(6)根据结构工艺性及装配工艺性等原则进行零件的结构设计；

(7)细节设计完成后，必要时进行详细的校核计算，以判定结构的合理性；

(8)画出零件的工作图，并写出计算说明书。

9.2 机械零件的强度

在理想的平稳工作条件下作用在零件上的载荷称为名义载荷。但是，在实际工作条件下，机器运转时，零件还会受到其他各种附加载荷的作用。通常用引入载荷系数 K（有时只考虑工作情况的影响，则用工作情况系数 K_A）的办法来估计这些因素的影响。载荷系数与名义载荷的乘积，称为计算载荷。

9.2.1 应力的种类

按照名义载荷用力学公式求得的应力，称为名义应力；按照计算载荷求得的应力，称为计算应力。

按照随时间变化的情况，应力又可分为静应力和变应力。不随时间变化或缓慢变化的应力称为静应力（图 9-1(a)），如锅炉的内压力所引起的应力、拧紧螺母所引起的应力等；随时间变化的应力，称为变应力。变应力类型可以分为稳定循环变应力、非稳定循环变应力和随机变应力。

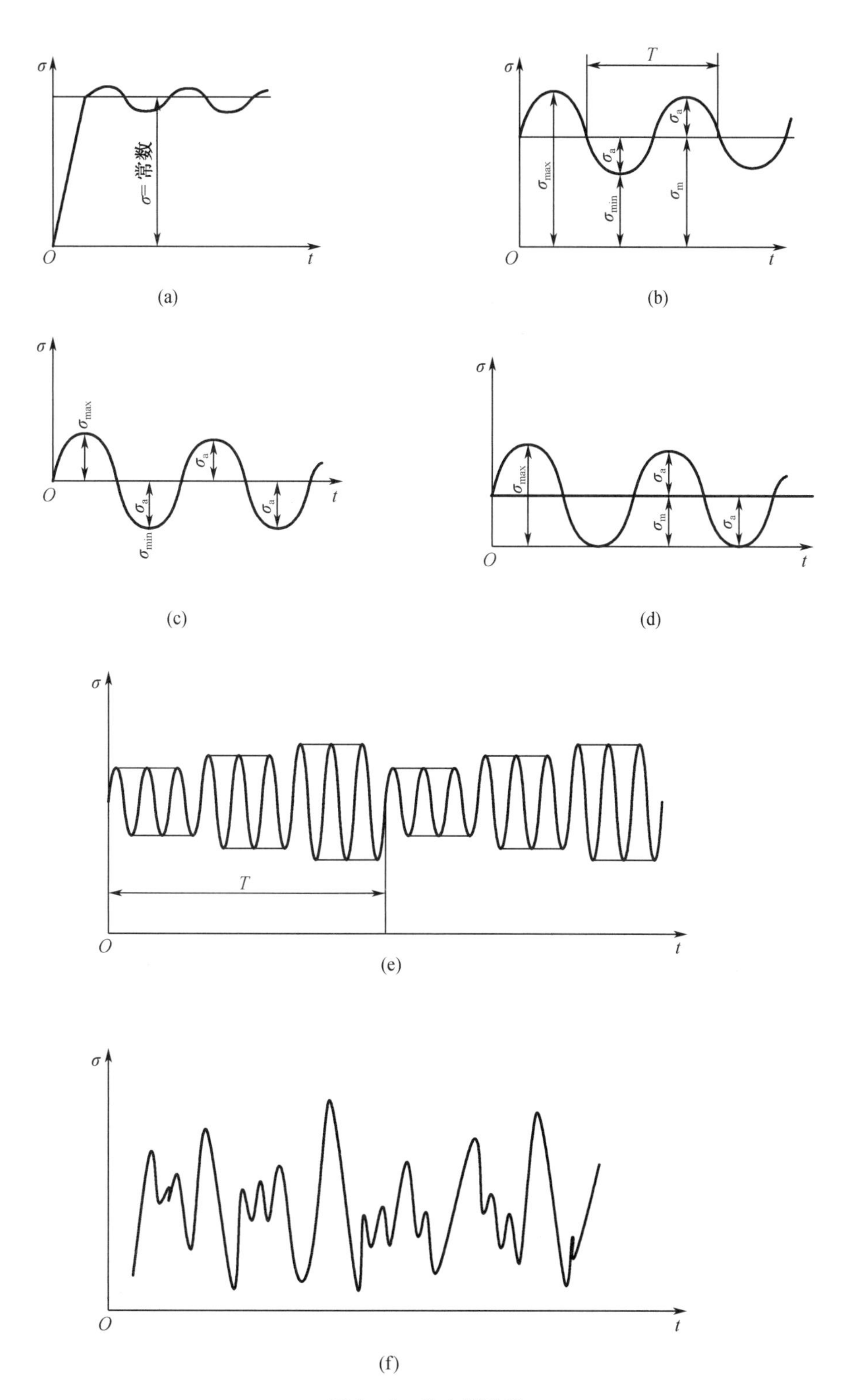
σ
O
t
σ=常数
(a)
σ
T
σmax
σa
σmin
σm
O
t
(b)
σ
σmax
σa
σmin
O
t
(c)
σ
σmax
σa
σm
O
t
(d)
σ
T
O
t
(e)
σ
O
t
(f)

图 9－1　应力的种类

稳定循环变应力是指随时间按一定规律周期性变化，而且变化幅度保持常数的变应力。其又可分为非对称循环变应力、对称循环变应力和脉动循环变应力三类。图 9－1(b)所示为非对称循环变应力，T 为应力循环周期。由图 9－1(b)可得：

$$\left.\begin{aligned}&\text{平均应力} &\sigma_m=\frac{\sigma_{max}+\sigma_{min}}{2}\\&\text{应力幅} &\sigma_a=\frac{\sigma_{max}-\sigma_{min}}{2}\end{aligned}\right\}\tag{9-5}$$

应力循环中的最小应力与最大应力之比，可用来表示变应力中应力变化的情况，通常称为变应力的循环特性，用 r 表示，即 $r=\frac{\sigma_{min}}{\sigma_{max}}$。

当 $\sigma_{max}=-\sigma_{min}$，循环特性 $r=-1$ 时，称为对称循环变应力(图 9－1(c))，其 $\sigma_a=\sigma_{max}=-\sigma_{min}$，$\sigma_m=0$；当 $\sigma_{max}\neq 0$，$\sigma_{min}=0$ 时，循环特性 $r=0$，称为脉动循环变应力(图 9－1(d))，其 $\sigma_a=\sigma_m=\frac{1}{2}\sigma_{max}$。静应力可看作稳定循环变应力的特例，其 $\sigma_{max}=\sigma_{min}$，循环特性 $r=+1$。

非稳定循环变应力是指随时间按一定规律周期性变化，而且变化幅度也是按一定规律周期性变化的变应力，如图 9－1(e)所示。如果幅度变化不呈周期性，而带有偶然性，则称为随机变应力，如图 9－1(f)所示。

静应力只能由静载荷产生，而变应力可能由变载荷产生，也可能由静载荷产生。

9.2.2 静应力下的许用应力

静应力下，零件材料有两种失效形式，即断裂或塑性变形。对于塑性材料，可按不发生塑性变形的条件进行计算。这时取材料的屈服极限 σ_s 作为极限应力，故许用应力为

$$[\sigma]=\frac{\sigma_s}{S}\tag{9-6}$$

对于用脆性材料制成的零件，应取强度极限 σ_B 作为极限应力，故许用应力为

$$[\sigma]=\frac{\sigma_B}{S}\tag{9-7}$$

对于组织均匀的脆性材料，如淬火后低温回火的高强度钢，还应考虑应力集中的影响。灰铸铁虽属脆性材料，但由于本身有夹渣、气孔及石墨存在，其内部组织的不均匀已远大于外部应力集中的影响，故计算时不考虑应力集中。

9.2.3 变应力下的许用应力

在变应力条件下，零件的损坏形式是疲劳断裂。疲劳断裂具有以下特征：① 疲劳断裂的最大应力远比静应力下材料的强度极限低；②不管是脆性材料还是塑性材料，其疲劳断口均表现为无明显塑性变形的脆性突然断裂；③疲劳断裂是损伤的积累，是一个发生、发展的过程。如图 9－2 所示，首先在零件表面上产生初始裂纹，形成裂纹源；随着应力循环次数的增加，裂纹沿尖端逐渐扩展，使零件断面的有效面积逐渐减小；当裂纹扩展到一定程度后，最终导致断裂。

疲劳断裂不同于一般静力断裂，它是损伤到一定程度后，即裂纹扩展到一定程度后才发生的突然断裂，所以疲劳断裂与应力循环次数(即使用期限或寿命)密切相关。

1. 疲劳曲线

由材料力学可知，表示应力 σ 与应力循环次数 N 之间的关系曲线称为疲劳曲线，如图9-3所示，横坐标为循环次数 N，纵坐标为断裂时的循环应力 σ。从图中可以看出，应力越小，试件能经受的循环次数就越多。

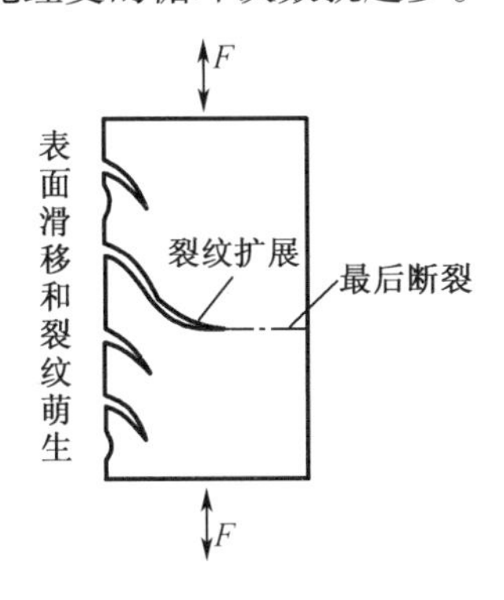

图9-2　疲劳断裂过程

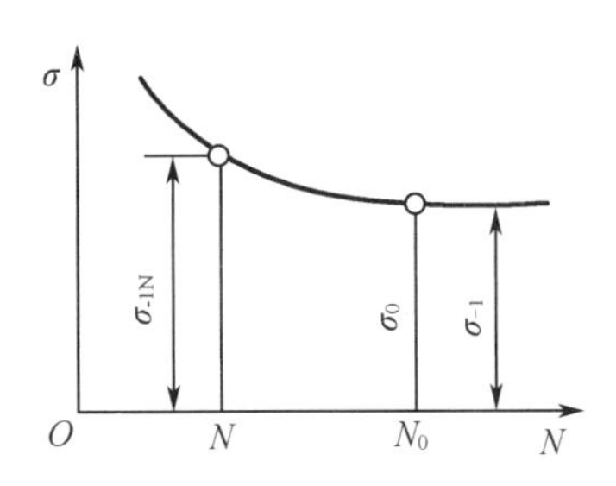

图9-3　疲劳曲线

从大多数黑色金属材料的疲劳试验可知，当循环次数 N 超过某一数值 N_0 以后，曲线趋向水平。N_0 称为应力循环基数，对于钢通常取 $N_0 \approx 10^7 \sim 25 \times 10^7$。对应于 N_0 的应力称为材料的疲劳极限，通常用 σ_{-1} 表示材料在对称循环变应力下的疲劳极限，用 σ_0 表示材料在脉动循环变应力下的疲劳极限。

疲劳曲线的左半部（$N < N_0$），可近似地用下列方程式表示，即

$$\sigma_{-1N}^{m} N = \sigma_{-1}^{m} N_0 = C \tag{9-8}$$

式中　σ_{-1N}——对应于循环次数 N 的疲劳极限；

C——常数；

m——随应力状态不同的幂指数，对受弯的钢制零件，$m=9$。

从式(9-8)可求得对应于循环次数 N 的弯曲疲劳极限，即

$$\sigma_{-1N} = \sigma_{-1}\sqrt[m]{\frac{N_0}{N}} = k_N \sigma_{-1} \tag{9-9}$$

式中　k_N——寿命系数，$k_N = \sqrt[m]{\frac{N_0}{N}}$，当 $N \geqslant N_0$ 时，取 $k_N = 1$。

2. 影响机械零件疲劳强度的主要因素

(1) 应力集中的影响

由于结构要求，实际零件一般都有截面形状的突然变化处（如孔、圆角、键槽、缺口等），零件受载时，它们会引起应力集中。常用有效应力集中系数 k_σ 来表示疲劳强度的真正降低程度。有效应力集中系数为：材料、尺寸和受载情况都相同的一个无应力集中试样与一个有应力集中试样的疲劳极限的比值，即

$$k_\sigma = \frac{\sigma_{-1}}{(\sigma_{-1})_k} \tag{9-10}$$

式中　σ_{-1} 和 $(\sigma_{-1})_k$——无应力集中试样和有应力集中试样的疲劳极限。

如果同一截面同时有几个应力集中源，应采用其中最大有效应力集中系数进行计算。

(2)零件尺寸的影响

当其他条件相同时,零件尺寸越大,则其疲劳强度越低。原因是由于尺寸大时,材料晶粒粗,出现缺陷的概率大,机械加工后表面冷作硬化层相对较薄,疲劳裂纹容易形成。

截面绝对尺寸对疲劳极限的影响,可用绝对尺寸系数 ε_σ 表示。绝对尺寸系数定义为:直径为 d 的试样的疲劳极限与直径 $d_0=6\sim10$ mm 的试样的疲劳极限的比值,即

$$\varepsilon_\sigma=\frac{(\sigma_{-1})_d}{(\sigma_{-1})_{d_0}} \tag{9-11}$$

(3)表面状态的影响

零件的表面状态包括粗糙度和表面处理的情况。零件表面光滑或经过各种强化处理(如喷丸、表面热处理或表面化学处理等),可以提高零件的疲劳强度。表面状态对疲劳极限的影响可用表面状态系数 β 表示。表面状态系数定义为:试样在某种表面状态下的疲劳极限 $(\sigma_{-1})_\beta$ 与精抛光试样(未经强化处理)的疲劳极限 $(\sigma_{-1})_{\beta_0}$ 的比值,即

$$\beta=\frac{(\sigma_{-1})_\beta}{(\sigma_{-1})_{\beta_0}} \tag{9-12}$$

3. 疲劳强度计算时的许用应力

在变应力下确定许用应力,应取材料的疲劳极限作为极限应力,同时还应考虑零件的切口和沟槽等截面突变、绝对尺寸和表面状态等影响。

当应力是对称循环变化时,许用应力为

$$[\sigma_{-1}]=\frac{\varepsilon_\sigma\beta\sigma_{-1}}{k_\sigma S} \tag{9-13}$$

当应力是脉动循环变化时,许用应力为

$$[\sigma_0]=\frac{\varepsilon_\sigma\beta\sigma_0}{k_\sigma S} \tag{9-14}$$

式中 S——安全系数。

σ_0——材料的脉动循环疲劳极限;

$k_\sigma,\varepsilon_\sigma,\beta$——有效应力集中系数、绝对尺寸系数及表面状态系数,其数值可在材料力学或有关设计手册中查得。

以上所述为“无限寿命”下零件的许用应力。若零件在整个使用期限内,其循环总次数 N 小于循环基数 N_0 时,可根据式(9-9)求得对应于 N 的疲劳极限 σ_{-1N}。代入式(9-13)后,可得“有限寿命”下零件的许用应力。由于 σ_{-1N} 大于 σ_{-1},故采用 σ_{-1N} 可得到较大的许用应力,从而减小零件的体积和质量。

9.2.4 安全系数

安全系数定得正确与否对零件尺寸有很大影响。如果安全系数定得过大,将使结构笨重;如果定得过小,又可能不够安全。

在各个不同的机械制造部门,通过长期生产实践,都制定了适合本部门的安全系数(或许用应力)表格。这类表格虽然适用范围较窄,但具有简单、具体及可靠等优点。本书中主要采用查表法选取安全系数(或许用应力)。

当没有专门的表格时,可参考下述原则选择安全系数:

(1)静应力下,塑性材料以屈服极限为极限应力。由于塑性材料可以缓和过大的局部

应力,故可取安全系数 $S=1.2\sim1.5$;对于塑性较差的材料(如$\frac{\sigma_s}{\sigma_B}>0.6$)或铸钢件,可取 $S=1.5\sim2.5$。

(2)静应力下,脆性材料以强度极限为极限应力,这时应取较大的安全系数。例如,对于高强度钢或铸铁可取 $S=3\sim4$。

(3)变应力下,以疲劳极限为极限应力,可取安全系数 $S=1.3\sim1.7$;若材料不够均匀、计算不够精确,可取 $S=1.7\sim2.5$。

安全系数也可用部分系数法来确定,即用几个系数的连乘积来表示总的安全系数:$S=S_1S_2S_3$。其中,S_1 考虑载荷及应力计算的准确性,S_2 考虑材料力学性能的均匀性,S_3 考虑零件的重要性。关于各项系数的具体数值可参阅有关资料。

例 9-1　一轴如图 9-4 所示,已知 $F_r=F=110$ kN,轴的材料为 Q275,$\sigma_B=550$ MPa,$\sigma_{-1}=220$ MPa,规定的最小安全系数 $S_{min}=1.4$。试校核 $A-A$ 截面的疲劳强度。

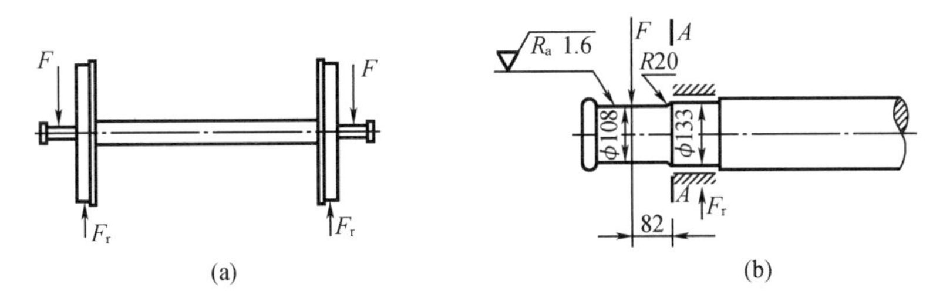

图 9-4　轴

解　轴转动时,载荷 F 的大小和方向不变,因此轴内弯曲应力是对称循环变应力,循环特性为 -1。

(1)计算 $A-A$ 截面的弯曲应力

弯矩 $M_A=110\times10^3\times82\ \text{N}\cdot\text{mm}=9.02\times10^6\ \text{N}\cdot\text{mm}$;

截面系数 $W=\frac{\pi d^3}{32}=\frac{\pi\times108^3}{32}\ \text{mm}^3=124\times10^3\ \text{mm}^3$;

弯曲应力 $\sigma_b=\frac{M_A}{W}=\frac{9.02\times10^6}{124\times10^3}\ \text{MPa}=72.7\ \text{MPa}$。

(2)求各项系数(可在材料力学教材或机械设计手册中查取)

由 $\sigma_B=550$ MPa,$\frac{D}{d}=\frac{133}{108}=1.23$,$\frac{r}{d}=\frac{20}{108}=0.185$ 查得:

弯曲时有效应力集中系数 $k_\sigma=1.34$;

尺寸系数 $\varepsilon_\sigma=0.68$;

按表面粗糙度 $Ra1.6$ 及 $\sigma_B=550$ MPa,查得:

表面状态系数 $\beta=0.95$。

(3)疲劳强度校核

弯曲时安全系数 $S_\sigma=\frac{\sigma_{-1}}{\frac{k_\sigma}{\varepsilon_\sigma\beta}\sigma_b}=\frac{220}{\frac{1.34}{0.68\times0.95}\times72.7}=1.46>S_{min}$

结论:安全。

9.3 机械零件的接触强度

通常,零件受载时是在较大的体积内产生应力,这种应力状态下的零件强度称为整体强度。若两个零件在受载前是点接触或线接触,受载后,由于变形其接触处为一面积,通常此面积甚小而表层产生的局部应力却很大,这种应力称为接触应力,用符号 σ_H 表示。这时零件强度称为接触强度。如齿轮、滚动轴承、凸轮等机械零件,都是通过很小的接触面积传递载荷的,因此它们的承载能力不仅取决于整体强度,还取决于表面的接触强度。

机械零件的接触应力通常是随时间做周期性变化的,在载荷重复作用下,首先在表层内的 20 μm 处产生初始疲劳裂纹,然后裂纹逐渐扩展(若有润滑油,则被挤进裂纹中产生高压,使裂纹加快扩展),终于使表层金属呈小片状剥落下来而在零件表面形成一些小坑(图 9-5)。这种现象称为疲劳点蚀。发生疲劳点蚀后,减少了接触面积,损坏了零件的光滑表面,因而也降低了承载能力,并引起振动和噪声。疲劳点蚀是齿轮、滚动轴承等零件的主要失效形式。

图 9-6 为两个半径为 ρ_1 和 ρ_2 的圆柱体相接触,在压力 F_n 作用下,由于材料的弹性变形,使接触处曲线接触变为面接触,成为一个狭长矩形($2a \times b$),最大接触应力 σ_H 位于接触面中线的各点上,而且由于接触应力是在两个圆柱体上的作用力与反作用力的影响下产生的,因此它在两个圆柱体的分布规律及数值都是相同的。

最大接触应力可按赫兹(Hertz)公式计算,即

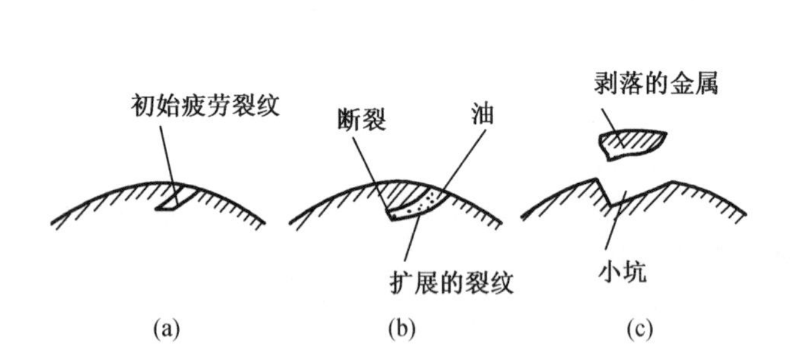

图 9-5 疲劳点蚀

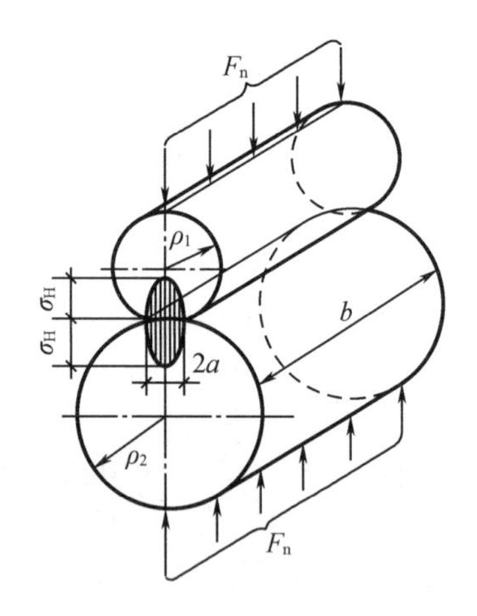

图 9-6 两圆柱的接触应力

$$\sigma_H = \sqrt{\frac{F_n}{\pi b} \frac{\frac{1}{\rho_1} \pm \frac{1}{\rho_2}}{\frac{1-\mu_1^2}{E_1} + \frac{1-\mu_2^2}{E_2}}} \tag{9-15}$$

令 $\frac{1}{\rho_1} \pm \frac{1}{\rho_2} = \frac{1}{\rho}$ 及 $\frac{1}{E_1} + \frac{1}{E_2} = 2\frac{1}{E}$,对于钢或铸铁取泊松比 $\mu_1 = \mu_2 = \mu = 0.3$,则式(9-15)可简化为

$$\sigma_H = \sqrt{\frac{1}{2\pi(1-\mu^2)} \frac{F_n E}{b\rho}} = 0.418\sqrt{\frac{F_n E}{b\rho}} \tag{9-16}$$

式中　σ_H——最大接触应力或赫兹应力；

F_n——作用接触面上的总压力；

b——接触长度；

ρ——综合曲率半径，$\rho=\dfrac{\rho_1\rho_2}{\rho_1\pm\rho_2}$，正号用于外接触，负号用于内接触；

E——综合弹性模量，$E=\dfrac{2E_1E_2}{E_1+E_2}$，$E_1$ 和 E_2 分别为两圆柱材料的弹性模量。

接触疲劳强度的判定条件为

$$\sigma_H\leqslant[\sigma_H]，而[\sigma_H]=\frac{\sigma_{Hlim}}{S_H} \tag{9-17}$$

式中，σ_{Hlim} 为由实验测得的材料的接触疲劳极限，对于钢，其经验公式为

$$\sigma_{Hlim}=2.76\ \text{HBS}-70\ \text{MPa}$$

当两零件硬度不同时，常以较软的接触疲劳极限为准。由于接触应力是局部性的应力，且应力的增长与载荷并不成直线关系，而要缓慢得多（见式（9-15）或式（9-16）），故安全系数 S_H 可取得等于或稍大于 1。

例 9-2　图 9.7 所示的摩擦轮传动，由两个相互压紧的钢制摩擦轮组成。已知 $D_1=100$ mm，$D_2=140$ mm，$b=50$ mm，小轮主动，主动轴传递功率 $P=5$ kW，转速 $n_1=500$ r/min，传动较平稳，载荷系数 $K=1.25$，摩擦因数 $f=0.15$。试求：（1）所需的法向压紧力 F_n；（2）两轮接触处最大接触应力；（3）若摩擦轮材料的硬度为 300 HBS，表面接触强度是否足够。

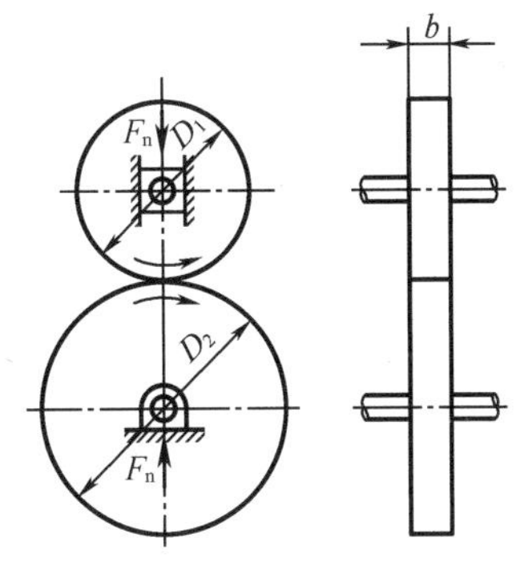

图 9-7　摩擦轮传动

解　（1）求法向压紧力 F_n

传动在接触处的最大摩擦力 fF_n，拖动从动轮所需的圆周力为 F，考虑附加载荷的影响和保证摩擦传动的可靠性，计算圆周力为 KF。为了防止打滑，应使 $fF_n\geqslant KF$。

小轮转矩 $T_1=9.55\times10^6\dfrac{P}{n_1}=9.55\times10^6\times\dfrac{5}{500}\ \text{N}\cdot\text{mm}=95\ 500\ \text{N}\cdot\text{mm}$；

圆周力 $F=\dfrac{2T_1}{D_1}=\dfrac{2\times95\ 500}{100}\ \text{N}\cdot\text{mm}=1\ 910\ \text{N}$；

法向压紧力 $F_n=\dfrac{KF}{f}=\dfrac{1.25\times1\ 910}{0.15}\ \text{N}=15\ 900\ \text{N}$。

（2）计算接触应力

接触应力的最大值按式（9-16）计算，即

$$\sigma_H=0.418\sqrt{\frac{F_nE}{b\rho}}$$

本题中 $F_n=15\ 900$ N，钢的弹性模量 $E=2.06\times10^5$ MPa，$b=50$ mm，综合曲率半径 $\rho=\dfrac{\rho_1\rho_2}{\rho_1+\rho_2}=\dfrac{50\times70}{50+70}\ \text{mm}=29.2\ \text{mm}$，故

$$\sigma_{H}=0.418\sqrt{\frac{15\ 900\times2.06\times10^{5}}{50\times29.2}}\ \text{MPa}=626\ \text{MPa}$$

(3)验算表面接触强度

如前所述,对于钢可取接触疲劳极限

$$\sigma_{\text{Hlim}}=2.76\ \text{HBS}-70=(2.76\times300-70)\ \text{MPa}=758\ \text{MPa}$$

安全系数 $S_{H}=1.1$,则

$$[\sigma_{H}]=\frac{\sigma_{\text{Hlim}}}{S_{H}}=\frac{758}{1.1}\text{MPa}=689\ \text{MPa}$$

结论:$\sigma_{H}\leqslant[\sigma_{H}]$,合宜。

9.4 机械零件的耐磨性

在运动副中,摩擦表面物质不断损失的现象称为磨损。磨损会逐渐改变零件尺寸和摩擦表面状态。零件抗磨损的能力称为耐磨性。除非运动副摩擦表面被一层润滑剂所隔开而不直接接触,否则磨损总是难以避免的。但是只要磨损速度稳定、缓慢,零件就能保持一定寿命。所以,在预定使用期限内,零件的磨损量不超过允许值时,就认定是自然磨损。

出现剧烈磨损时,运动副的间隙增大,能使机械的精度丧失,效率下降,振动、冲击和噪声增大。这时应立即停车检修、更换零件。

据统计,约有80%的损坏零件是因磨损而报废的。由此可见,研究零件磨损具有重要意义。

磨损现象是相当复杂的,有物理、化学和机械等方面原因。下面对机械中磨损的主要类型作一简略介绍。

(1)磨粒磨损

硬质颗粒或摩擦表面上硬的凸峰,在摩擦过程中引起的材料脱落现象称为磨粒磨损。硬质颗粒可能是零件本身磨损造成的金属微粒,也可能是外来的尘土杂质。摩擦面间的硬粒,能使表面材料脱落而留下沟纹。

(2)黏着磨损(胶合)

加工后的零件表面总有一定的粗糙度。摩擦表面受载时,实际上只有部分顶峰接触,接触处压强很高,能使材料产生塑性流动。若接触处发生粘着,滑动时会使接触表面材料由一个表面转移到另一个表面,这种现象称为粘着磨损(胶合)。所谓材料转移,是指接触表面擦伤和撕脱,严重时摩擦表面能相互咬死。

(3)疲劳磨损(点蚀)

在滚动或兼有滑动和滚动的高副中,如凸轮、齿轮等,受载时材料表层有很大的接触应力,当载荷重复作用时,常会出现表层金属呈小片状剥落,而在零件表面形成小坑,这种现象称为疲劳磨损或点蚀。

(4)腐蚀磨损

在摩擦过程中,与周围介质发生化学反应或电化学反应的磨损,称为腐蚀磨损。

实用耐磨计算是限制运动副的压强,即

$$p\leqslant[p] \tag{9-18}$$

式中,$[p]$为由实验或同类机器使用经验确定的许用压强。

相对运动速度较高时，还应考虑运动副单位时间接触面积的发热量 fpv。在摩擦因数一定的情况下，可将 pv 值与许用[pv]值进行比较，即

$$pv \leqslant [pv] \tag{9-19}$$

9.5 机械零件的常用材料及其选择

9.5.1 机械零件的常用材料

机械零件常用的材料是黑色金属、有色金属合金、非金属材料和复合材料等。其中黑色金属包括钢和铸铁，它们的应用最为广泛。

1. 铸铁

铸铁和钢都是铁碳合金，它们的区别主要在于含碳量（碳的质量分数）的不同。碳的质量分数小于2%的铁碳合金称为钢，碳的质量分数大于2%的铁碳合金称为铸铁。铸铁具有适当的易熔性，良好的液态流动性，因而可铸成形状复杂的零件。此外，它的减振性、耐磨性、切削性（指灰铸铁）均较好，且成本低廉，因此在机械制造中应用很广。常用的铸铁有灰铸铁、球墨铸铁、可锻铸铁、合金铸铁等。在上述铸铁中，以灰铸铁应用最广，其次是球墨铸铁。

灰铸铁的牌号由“灰铁”二字的汉语拼音字头“HT”和试样的最低抗拉强度极限值组成。如HT200表示抗拉强度极限 $\sigma_B = 200$ MPa的灰铸铁。灰铸铁的减振性能好，应用也最为广泛，常用来制造受力不大、冲击载荷小、需要减振或耐磨的各种零件，如机床床身、机座、箱壳、阀体等。

球磨铸铁有较高的力学性能，常用来制造一些受力复杂和强度、韧性、耐磨性要求较高的零件。球墨铸铁的牌号由“球铁”二字的汉语拼音字头“QT”与最低抗拉强度和最低延伸率两组数字组成，如QT500－7，其最低抗拉强度极限 $\sigma_B = 500$ MPa，延伸率 $\delta = 7\%$。

2. 钢

与铸铁相比，钢具有较高的强度、韧性和塑性，并可用热处理方法改善其力学性能和加工性能（见表9－1）。钢制零件毛坯可采用锻造、冲压、焊接或铸造等方法获得，因此其应用极为广泛。

按照用途，钢可分为结构钢、工具钢和特殊钢。结构钢用于制造各种机械零件和工程结构的构件；工具钢主要用于制造各种刃具、模具和量具；特殊钢（如不锈钢、耐热钢、耐酸钢等）用于制造在特殊环境下工作的零件。按照化学成分，钢可分为碳素钢和合金钢。按含碳量（碳的质量分数），钢又可分为低碳钢（$w(C) < 0.25\%$）、中碳钢（$w(C) = 0.25\% \sim 0.6\%$）和高碳钢（$w(C) > 0.6\%$）。含碳量越高（碳的质量分数越大），钢的强度和硬度越高，但塑性和韧性越低。为了改善钢的性能，特意加入了一些合金元素的钢称为合金钢。

表 9-1 主要热处理工艺的目的和应用

热处理工艺	主要目的	应用
退火	降低硬度,消除内应力,均匀组织,细化晶粒和预备热处理	铸件、焊接件、中碳钢、中碳合金钢和轧制件等
正火	调整硬度,细化晶粒,消除网状碳化物,淬火前的预备热处理,以减少淬火缺陷	改善低碳钢和某些低碳合金钢的切削性能;中碳钢和合金钢淬火前的预备热处理;对要求不高的零件可作为最终热处理,如大齿轮、轴等
淬火及回火	提高硬度、强度和耐磨性。回火作为淬火后继工序,目的是提高塑性和韧性、降低或消除残余应力并稳定零件形状和尺寸	低温回火(150~300 ℃)用于碳钢或合金工具钢消除内应力和渗碳、碳氮共渗或表面淬火零件的后继处理。高温回火(350~650 ℃)即调质处理,用于重要零件如齿轮、曲轴、轴等。调质也作为某些重要零件的预备热处理
调质	淬火后高温回火又称调质处理。高温回火能得到较高的综合力学性能	
表面淬火	使表面具有高硬度和高耐磨性及有利的残余应力分布,达到外硬内韧的效果,提高疲劳强度,延长工件的使用寿命	用于要求表面硬度高、内部韧性大的零件,如齿轮、蜗杆、丝杠、链轮等。多用于成批大量生产
渗碳淬火	提高表面硬度、耐磨性、疲劳强度,并保持原来材料的高塑性和韧性	齿轮、轴、活塞销、链、万向联轴器等要求表面硬度大而内部韧性大的重载零件
渗氮	能获得比渗碳淬火更高的表面硬度、耐磨性、疲劳强度和抗腐蚀性,渗氮后不再淬火,变形小	要求硬度、耐磨性高和不易磨削的零件和精密零件,如齿轮(尤其是内齿轮)、主轴、镗杆、精密丝杠、量具、模具等
碳氮共渗	提高表面硬度、耐磨性、疲劳强度、抗腐蚀能力,变形比渗碳淬火小,处理周期短	齿轮、轴、链等零件,可代替渗碳淬火

(1)碳素结构钢

常用的碳素结构钢有 Q215,Q235,Q255 等,牌号中的数字表示其屈服极限。因它主要保证力学性能,故一般不进行热处理,用以制造受载不大,且主要处于静应力状态下的一般零件,如螺栓、螺母、垫圈等。优质碳素结构钢的机械性能优于碳素结构钢,用于制造比较重要的零件,应用很广。

优质碳素结构钢的牌号用两位数表示钢中含碳量的万分数,如 20 钢、35 钢、45 钢分别表示碳的质量分数的平均值为 0.20%,0.35%,0.45%,可进行热处理。用于制造受载较大或承受一定的冲击载荷或变载的较重要的零件,如一般用途的齿轮、蜗杆、轴等。

(2)合金结构钢

钢中添加合金元素的作用在于改善钢的性能。例如:镍能提高强度而不降低钢的韧性;铬能提高硬度、高温强度、耐腐蚀性,以及高碳钢的耐磨性;锰能提高钢的耐磨性、强度和韧性;钼的作用类似于锰,其影响更大些;钒能提高韧性及强度;硅可提高弹性极限和耐磨性,但会降低韧性。合金元素对钢的影响是很复杂的,特别是当为了改善钢的性能需要同时加入几种合金元素时。应当注意,合金钢的优良性能不仅取决于化学成分,而且在更大程度上取决于适当的热处理。

合金结构钢的牌号是由“两位数字+元素符号+数字”来表示的。前面的两位数字表示钢中含碳量的万分数，元素符号表示加入的合金元素，其后的数字表示该合金元素的质量分数，当合金元素的质量分数小于1.5%时，不标注含量。如12GrNi2表示碳的质量分数的平均值为0.12%、铬的质量分数小于1.5%、镍的质量分数为2%的合金结构钢。

（3）铸钢

铸钢的液态流动性比铸铁差，所以用普通砂型铸造时，壁厚常不小于10 mm。铸钢件的收缩率比铸铁件大，故铸钢件的圆角和不同壁厚的过渡部分均应比铸铁件大些。铸钢的牌号用“ZG”表示。碳素铸钢后面的两组数字分别表示其屈服极限和抗拉强度极限。如铸造碳素钢ZG270－500，合金铸钢ZG42SiMn。铸纲主要用于制造尺寸较大或形状复杂的零件毛坯。

选择钢材时，应在满足使用要求的条件下，尽量采用价格便宜供应充分的碳素钢，必须采用合金钢时也应优先选用我国资源丰富的硅、锰、硼、钒类合金钢。例如，我国新颁布的齿轮减速器规范中，已采用35SiMn和ZG35siMn等代替原用的35Cr和40GrNi等材料。常用的钢铁材料的力学性能见表9－2。

表9－2 常用的钢铁材料的牌号及力学性能

材料		力学性能			试件尺寸 mm
类别	牌号	强度极限 σ_B/MPa	屈服极限 σ_s/MPa	延伸率 δ/%	
碳素结构钢	Q215	335～410	215	31	$d\leqslant16$
	Q235	375～460	235	26	
	Q275	490～610	275	20	
优质碳素结构钢	20	410	245	25	$d\leqslant25$
	35	530	315	20	
	45	600	355	16	
合金结构钢	35SiMn	883	735	15	$d\leqslant25$
	40Gr	981	785	9	$d\leqslant25$
	20GrMnTi	1 079	834	10	$d\leqslant15$
	65Mn	981	785	8	$d\leqslant80$
铸钢	ZG270－500	500	270	18	$d\leqslant100$
	ZG310－570	570	310	15	
	ZG42SiMn	600	380	12	
灰铸铁	HT200	200	—	—	壁厚 10～20
	HT250	250	—	—	
	HT300	300	—	—	
球墨铸铁	QT400－15	400	250	15	壁厚 30～200
	QT500－7	500	320	7	
	QT600－3	600	370	3	

注：钢铁材料的硬度与热处理方法、试件尺寸等因素有关，其数值详见机械设计手册或本书有关章节。

3. 铜合金

铜合金是机械零件中最常用的有色金属材料，铜合金有青铜和黄铜之分。黄铜是铜和锌的合金,并含有少量的锰、铝、铜等,它具有很好的塑性及流动性,故可进行碾压和铸造。青铜可分为含锡青铜和不含锡青铜两类,它们的减磨性和抗腐蚀性较好,也可碾压和铸造。铜合金是轴承、蜗轮的主要材料。此外,还有轴承合金(或称巴氏合金),主要用于制作滑动轴承的轴承衬。

4. 非金属材料

机械设计中,常用的非金属材料有橡胶、塑料、皮革、陶瓷、木材等。橡胶富有弹性,能缓冲减振,广泛用于皮带、轮胎、密封垫圈和减振零件;塑料具有质量轻、绝缘、耐热、耐蚀、耐磨、注塑成形方便等优点,近年来得到了广泛的应用。

9.5.2 机械零件材料的选择原则

在机械设计中,零件材料的选择是一个值得注意的问题。选择时,主要应考虑以下三个方面。

1. 使用要求

(1)受载及应力情况:如受拉伸载荷、冲击载荷、变载或受载后产生交变应力的零件应选用钢材;受压零件可选用铸铁。

(2)零件的工作条件:如做相对运动的零件应选用减磨、耐磨材料,如锡青铜、轴承合金等;高温环境中的零件应选用耐高温的材料;在腐蚀介质中工作的零件应选用耐蚀材料。

(3)零件尺寸和质量限制:如要求体积小时,宜选用高强度材料;要求质量轻时应选用轻合金或塑料。

(4)零件的重要程度:如危及人身和设备安全的零件,应选用性能指标高的材料。

2. 工艺要求

应使零件的材料与制造工艺相适应,如结构复杂的箱、壳、架、盖等零件多用铸坯,宜选用铸造性能好的材料,如铸铁;当尺寸大且生产批量小时可采用焊坯,宜选用可焊性好的材料;形状简单、强度要求较高的零件可采用锻坯,应选用塑性好的材料;需要热处理的零件,应选用热处理性能好的材料,如合金钢;对精度要求高、需切削加工的零件,宜选用切削加工性能好的材料。

3. 经济性要求

在机械产品的成本中,材料成本一般占1/3 ~ 1/4。应在满足使用要求的前提下,尽量选用价格低廉的材料。如用球墨铸铁代替钢材;用工程塑料代替有色金属;采用热处理或表面强化处理,充分发挥材料的潜在力学性能;设计组合式零件结构以节约贵重金属。经济性还包括生产费用,铸铁虽比钢便宜,但在单件或小批量生产时,铸模加工费用相对较大,故有时宁可用焊接件代替铸件。

9.6 极限与配合、表面粗糙度和优先系数

9.6.1 极限与配合

在机械和仪器制造工业中,零部件的互换性是指在同一规格的一批零件或部件中,任取其一,不需任何挑选或附加修配(如钳工修理)就能装在机器上,达到规定的性能要求。为满足机械制造中零件所具有的互换性,要求生产的零件尺寸必须介于两个极限尺寸之间,这两个极

限尺寸之差称为公差。因此互换性要求建立标准化的极限与配合制度。我国的极限与配合采用国际公差制，它既能适应我国生产发展的需要，也有利用国际技术交流与经济协作。

现以孔和轴为例，简要地介绍相配圆柱表面的极限与配合。

如图 9 - 8 所示，设计给定的尺寸称为公称尺寸。零线代表公称尺寸的位置。由代表极限偏差的两条直线所限定的区域称为公差带。同一公称尺寸的孔与轴的结合称为配合。根据公差带的相对位置，配合分为间隙配合、过渡配合和过盈配合三大类。间隙配合的孔比轴大，用于动连接，如轴颈与滑动轴承孔。过盈配合的孔比轴小，用于静连接，如火车车轮与轴。过渡配合可能具有间隙，也可能具有过盈，用于要求具有良好同轴性而又便于装拆的静连接，如齿轮与轴。

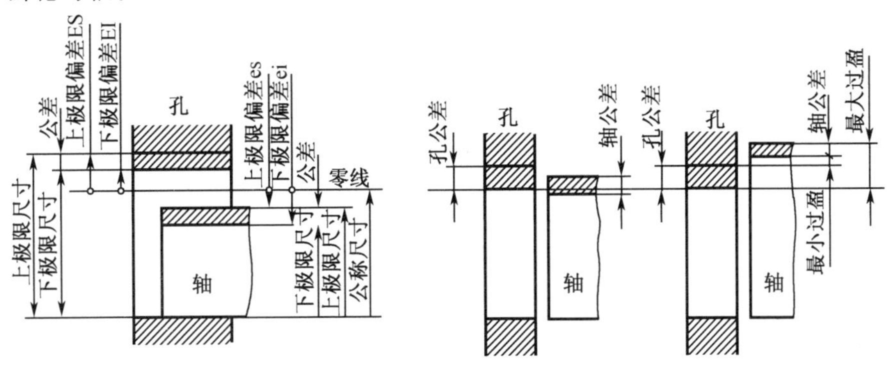

图 9 - 8　配合的种类

国家标准规定，孔与轴的公差带位置各有 28 个，分别用大写和小写拉丁字母表示。还规定了 20 个公差等级（即尺寸精度等级），用阿拉伯数字表示。例如，H7 表示孔的公差带为 H，后继数字表示 7 级公差等级；又如 f8 表示轴的公差带为 f，8 级公差等级。

机械制造中最常用的公差等级是 4 ~ 11 级。4 级、5 级用于特别精密的零件。6 ~ 8 级用于重要的零件，它们是现代生产中采用的主要精度等级。8 级、9 级用于工作速度中等及具有中等精度要求的零件。10 ~ 11 级用于低精度零件，允许直接采用棒料、管材或精密锻件而不需要再做切削加工。

配合制有基孔制和基轴制两种。基孔制的孔是基准孔，其下极限偏差为零，代号为 H，而各种配合特性是改变轴的公差带来实现的（图 9 - 9）。基轴制的轴是基准轴，其上极限偏差为零，代号为 h，而各种配合特性是改变孔的公差带来实现的。为了减少加工孔用的刀具（如铰刀、拉刀）品种，工程中广泛采用基孔制。但有时仍需采用基轴制，例如，光轴与具有不同配合特性的零件相配合时，滚动轴承外径与轴承孔配合时等。

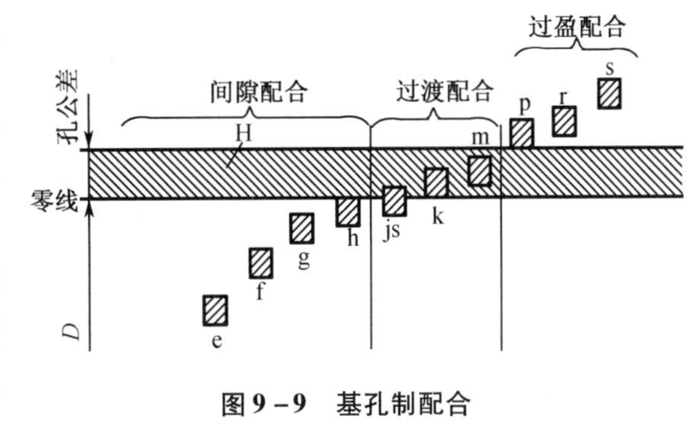

图 9 - 9　基孔制配合

9.6.2 表面粗糙度

表面粗糙度是指零件表面的微观几何形状误差。它主要是加工后的零件表面留下的微细凸凹不平的刀痕。

表面粗糙度的评定参数之一是轮廓算术平均偏差 Ra，它是指在取样长度 l 内，被测轮廓上各点至轮廓中线偏距绝对值的算术平均值(图 9 - 10)，即

$$Ra = \frac{1}{l}\int_0^l |y| \mathrm{d}x$$

近似为

$$Ra = \frac{1}{n}\sum_{i=1}^{n} |y_i|$$

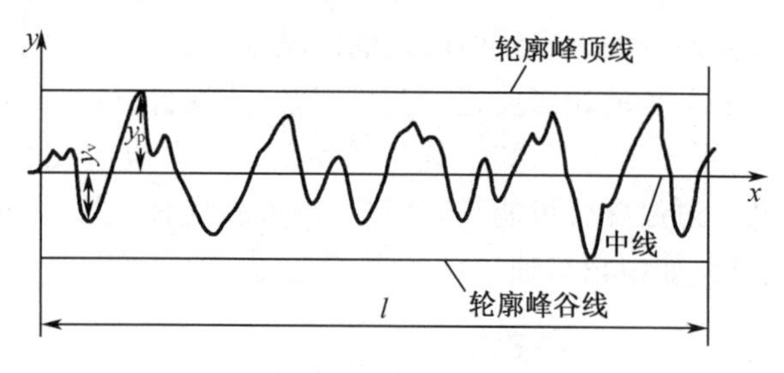

图 9 - 10 表征表面粗糙度的一些参数

y_p—轮廓峰高；y_v—轮廓谷深

表 9 - 3 列出了供优先选用的表面粗糙度 Ra 值与其对应的加工方法。

表 9 - 3 各种常用加工方法可能得到的 Ra 值

加工方法		表面粗糙度 Ra/μm													
		0.012	0.025	0.05	0.100	0.20	0.40	0.80	1.60	3.20	6.30	12.5	25	50	100
砂模铸造											——	——	——	——	——
压力铸造							——	——	——	——	——				
模锻									——	——	——	——	——	——	——
挤压							——	——	——	——	——	——			
刨削	粗										——	——	——		
刨削	半精								——	——	——				
刨削	精						——	——	——						
插削									——	——	——	——	——		
钻孔								——	——	——	——	——	——		
金刚镗孔				——	——	——	——								
镗孔	粗										——	——	——	——	
镗孔	半精								——	——	——				
镗孔	精						——	——	——						
端面铣	粗									——	——	——			
端面铣	半精						——	——	——	——	——				
端面铣	精					——	——	——	——						
车外圆	粗									——	——	——	——		
车外圆	半精								——	——	——	——			
车外圆	精					——	——	——	——						

9.6.3 优先数系

优先数系是用来使型号、直径、转速、承载量和功率等量值得到合理的分级,这样便于组织生产和降低成本。

GB/T 321—2005 规定的优先数系有四种基本系列,即 R5 系列,公比为 $\sqrt[5]{10}\approx1.6$;R10 系列,公比为 $\sqrt[10]{10}\approx1.25$;R20 系列,公比为 $\sqrt[20]{10}\approx1.12$;R40 系列,公比为 $\sqrt[40]{10}\approx1.06$。例如,R10 系列的数值为 1,1.25,1.6,2,2.5,3.15,4,5,6.3,8,10。其他系列的数值详见相关设计手册。优先数系中任何一个数值称为优先数。对于大于 10 的优先数,可将以上数值乘以 10,100 或 1 000 等。优先数和优先数系是一种科学的数值制度,在确定量值的分级时,必须最大限度地采用上述优先数及优先数系。

9.7 机械零件的工艺性和标准化

9.7.1 工艺性

设计机械零件时,不仅应使它满足使用要求,即具备所要求的工作能力,同时还应当满足生产要求,否则就可能制造不出来,或虽能制造但费工费料很不经济。

在具体的生产条件下,如所设计的机械零件既便于加工,又成本低廉,则这样的零件就称为具有良好的工艺性。有关工艺性的基本要求如下。

1. 毛坯选择合理

零件的毛坯制备的方法有:直接利用型材、铸造、锻造、冲压和焊接等。毛坯的选择与具体的生产技术条件有关,一般取决于生产批量、材料性能和加工可能性等。例如,单件小批量生产时,应充分利用已有的生产条件,但不宜采用铸件或模锻件,以免模具造价太高而提高零件成本。尺寸大、结构复杂且批量生产的零件,宜采用铸件。

2. 结构简单合理

设计零件的结构形状时,最好采用最简单的表面(如平面、圆柱面、螺旋面)及其组合,同时还应当尽量使加工表面数目最少和加工面积最小。

3. 规定适当的制造精度及表面粗糙度

零件的加工费用随着精度的提高而增加,尤其在精度较高的情况下,这种增加极为显著。因此,在没有充分根据时,不应当追求高的精度。同理,零件的表面粗糙度也应当根据配合表面的实际需要,做出适当的规定。

欲设计出工艺性良好的零件,设计者就必须与工艺技术人员紧密联系,并善于向他们学习。此外,在机械制造基础课程和有关手册中也都提供了一些有关工艺性的基本知识,可供参考。

9.7.2 标准化

标准化是指以制定标准和贯彻标准为主要内容的全部活动过程。标准化的研究领域十分宽广,就工业产品标准化而言,它是指对产品的品种、规格、质量、检验或安全、卫生要求等制定标准并加以实施。

产品标准化本身包括三个方面的含义：

1. 产品品种规格的系列化

将同一类产品的主要参数、形式、尺寸、基本结构等依次分档，制成系列化产品，以较少的品种规格满足用户的广泛需要。

2. 零部件的通用化

将同一类型或不同类型产品中用途、结构相近似的零部件（如螺栓、轴承座、联轴器和减速器等），经过统一后实现通用，可互换。

3. 产品质量标准化

产品质量是一切企业的“生命线”，要保证产品质量合格和稳定就必须做好设计、加工工艺、装配检验，甚至包装储运等环节的标准化。这样，才能在激烈的市场竞争中立于不败之地。

对产品实行标准化具有重大的意义：在制造上可以实行专业化大量生产，既可提高产品质量又能降低成本；在设计方面可减少设计工作量；在管理维修方面，可减少库存量和便于更换损坏的零件。

按照标准的层次，我国的标准分为国家标准、行业标准、地方标准和企业标准四级。按照标准实施的强度程度，国家标准又分为强制性（GB）和推荐性（GB/T）两种。例如《国际单位制及其应用》（GB 3100—1993）是强制性标准，必须执行；而《滚动轴承分类》（GB/T 271—2008）为推荐性标准，鼓励企业自愿采用。

为了增强企业的国际竞争力，我国鼓励积极采用国际标准和国外先进标准。近年发布的我国国家标准，许多采用了相应的国际标准。设计人员必须熟悉现行的有关标准。一般机械设计手册或机械工程手册中都收录了常用的标准和资料，以供查阅。

习　题

9－1　设计机械应满足的基本要求是什么？

9－2　提高设计制造经济性、使用经济性的主要措施有哪些？

9－3　简述机械零件的一般设计步骤。

9－4　应力可分为几类？

9－5　什么叫失效？机械零件中常见的失效形式有哪些？

9－6　机械零件的设计准则有哪些？

9－7　机械设计中选用材料时应考虑哪些原则？

9－8　何谓标准化？标准化的含义是什么？

第10章 连 接

机械中,常用的连接方式有两大类:一类是动连接,即前面各章中讨论过的运动副;另一类是静连接,即零件之间的固定连接,例如把某些零件组成构件的连接。本章所讲的连接一般指静连接。静连接一般由被连接件与连接件组合而成。就机械零件而言,被连接件有轴与轴上零件(如齿轮、带轮、链轮、联轴器、凸轮)、轮类零件的轮圈与轮芯、箱体与箱盖、焊接零件中的钢板与型钢等。连接件又称紧固件,如螺栓、螺母、销、铆钉等。有些静连接没有专门的连接件,如靠被连接件本身变形组成的过盈配合、利用分子间结合力组成的焊接和黏结等。

机械中的静连接分为可拆连接与不可拆连接两种。常用的可拆连接有螺纹连接、键连接、花键连接、无键连接、销连接等。可拆连接可多次装拆而无损坏,尤以螺纹连接和键连接应用最为广泛。常用的不可拆连接有焊接、铆接和粘接等。不可拆连接拆开后至少要损坏其中一个零件。过盈连接介于两者之间。

本章主要介绍可拆连接。螺旋传动是利用螺纹来工作的,所以也在本章加以介绍。

10.1 螺纹连接

10.1.1 概述

螺纹既可以构成固定连接,如螺纹连接,也可以构成动连接,即螺纹副,螺纹副的运动副元素是螺纹。螺纹连接和螺旋传动都是利用螺纹零件工作的,但两者的工作性质不同,在技术要求上也有差别。前者作为紧固件用,要求保证连接强度(有时还要求紧密性);后者则作为传动件用,要求保证螺纹副的传动精度、效率和磨损寿命等。

10.1.2 螺纹

1. 螺纹的类型

将一倾斜角为 ψ 的直线绕在圆柱体上便形成一条螺旋线(图 10-1(a))。取一平面图形(图 10-1(b)),使它沿着螺旋线运动,运动时保持此图形通过圆柱体的轴线,就得到螺纹。按照螺旋线的旋向,螺纹分为左旋螺纹和右旋螺纹。机械制造中一般采用右旋螺纹,有特殊要求时才采用左旋螺纹。按照螺旋线的数目,螺纹还分为单线螺纹和等距排列的多线螺纹(图 10-2)。为了制造方便,螺纹的线数一般不超过4。

螺纹有外螺纹和内螺纹之分,它们共同组成螺纹副。起连接作用的螺纹称为连接螺纹;起传动作用的螺纹称为传动螺纹,相应的传动称为螺旋传动。螺纹又分为米制和英制(螺距以每英寸牙数表示)两类。我国除管螺纹保留英制外,都采用米制螺纹。

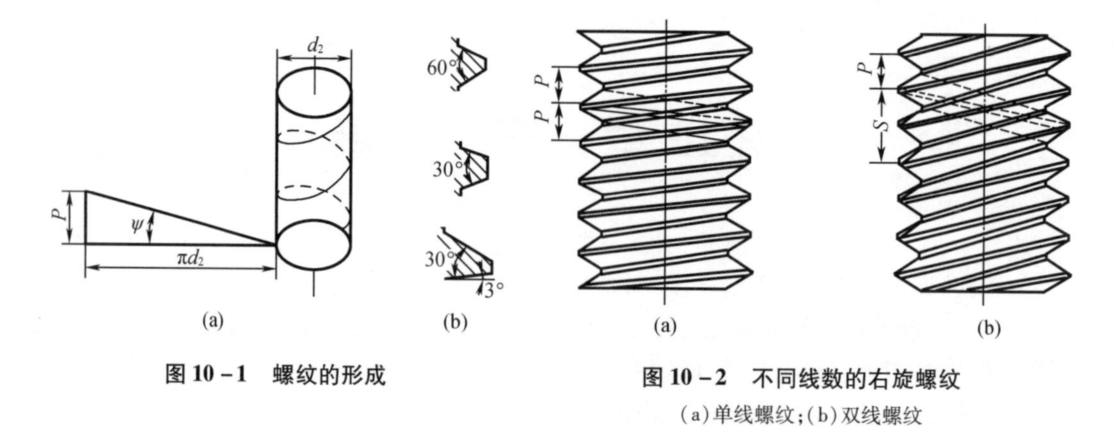

图 10－1　螺纹的形成

图 10－2　不同线数的右旋螺纹
(a)单线螺纹;(b)双线螺纹

常用螺纹的类型主要有普通螺纹、管螺纹、矩形螺纹、梯形螺纹和锯齿形螺纹。前两种主要用于连接,后三种主要用于传动。除矩形螺纹外,其他螺纹都已标准化。标准螺纹的基本尺寸可查阅有关标准。常用螺纹的类型、特点和应用如表 10－1 所示。

表 10－1　常用螺纹的类型、特点和应用

螺纹类型		牙形图	特点和应用
连接螺纹	普通螺纹		牙形为等边三角形,牙形角 $\alpha=60°$。内外螺纹旋合后留有径向间隙,外螺纹牙根允许有较大的圆角,以减小应力集中。同一公称直径按螺距大小,分为粗牙和细牙,细牙螺纹的牙形与粗牙相似,但螺距小,升角小,自锁性较好,强度高,因牙细不耐磨,容易滑扣 一般连接多用粗牙螺纹,细牙螺纹常用于细小零件、薄壁管件,或受冲击、振动和变载荷的连接中,也可作为微调机构的调整螺纹用
	55°非密封管螺纹		牙形为等腰三角形,牙形角 $\alpha=55°$。其牙顶和牙底均为圆弧形,公称直径近似为管子内径。内、外螺纹均为圆柱形的管螺纹,内、外螺纹配合后不具有密封性,在管路系统中仅起到机械连接的作用 用于电线保护等场合,由于可借助于密封圈在螺纹副之外的端面进行密封,也用于静载荷下的低压管路系统
	55°密封管螺纹		牙形为等腰三角形,牙形角 $\alpha=55°$,公称直径近似为管子内径。内、外螺纹旋合后不需要任何填料,依靠螺纹本身的变形就可以保证连接的紧密性。它有两种配合方式:①圆柱内螺纹/圆锥外螺纹,密封性好一些;②圆锥内螺纹/圆锥外螺纹,密封性稍差些,但不易破坏。圆锥螺纹的锥度为 1:16 ($\psi=1°47'24''$),牙顶和牙底均为圆弧形 ①圆柱内螺纹/圆锥外螺纹的配合,可用于低压、静载,水、煤气管多采用此种配合方式 ②圆锥内螺纹/圆锥外螺纹的配合,可用于高温、高压、承受冲击载荷的系统

表 10－1(续)

螺纹类型		牙形图	特点和应用
连接螺纹	60°密封管螺纹		牙形角 $\alpha=60°$ 的密封管螺纹,螺纹牙顶和牙底均为平顶,螺纹分布在锥度为 1:16($\psi=1°47'24''$)的圆锥管壁上,与 55°密封管螺纹的配合方式及性能相同 主要用于汽车、拖拉机、航空机械、机床等燃料、油、水、气输送系统的管连接
传动螺纹	矩形螺纹		牙形为正方形,牙形角 $\alpha=0°$,牙厚为螺距的一半,传动效率较其他螺纹高,但牙根强度差,对中性不好,螺纹副磨损后,间隙难以修复和补偿,工艺性差 矩形螺纹尚未标准化,目前仅用于对传动效率有较高要求的机件
	梯形螺纹		牙形为等腰梯形,牙形角 $\alpha=30°$,牙形高度为 $0.5P$,螺纹副的小径和大径处有相等的间隙,与矩形螺纹相比,传动效率略低,但工艺性好,牙根强度高,对中性好,如用剖分螺母,还可以调整间隙 其广泛应用于各种传动和大尺寸机件的紧固连接,常用于传动螺旋、丝杠、刀架丝杠等
	锯齿形螺纹		牙形为不等腰梯形,工作面的牙侧角为 3°,非工作面的牙侧角为 30°,外螺纹牙根有较大的圆角,以减小应力集中,内、外螺纹旋合后,大径处无间隙,便于对中,这种螺纹兼有矩形螺纹传动效率高和梯形螺纹牙根强度高、工艺性好的特点 其用于单向受力的传动和定位,如轧钢机的压下螺旋、螺旋压力机、水压机、起重机的吊钩等

2. 螺纹的主要参数

按照母体形状,螺纹分为圆柱螺纹和圆锥螺纹。下面以圆柱普通外(内)螺纹为例说明螺纹的主要参数(图 10－3)。

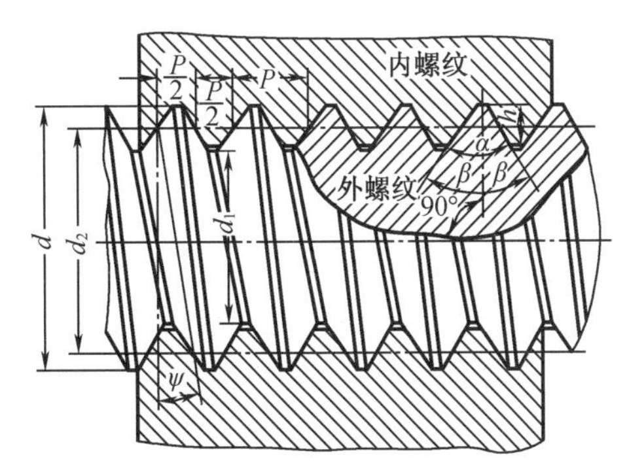

图 10－3 螺纹的主要参数

①大径 d,D——螺纹的最大直径,即与外螺纹的牙顶或内螺纹牙底相重合的假想圆柱面的直径。大径也称为螺纹的公称直径(管螺纹除外)。

②小径 d_1,D_1——螺纹的最小直径,即与外螺纹的牙底或内螺纹牙顶相重合的假想圆柱面的直径。常用作危险剖面的计算直径。

③中径 d_2,D_2——过螺纹轴向截面内,牙厚等于牙间处的假想圆柱面的直径。中径是确定螺纹几何参数和配合性质的直径。

④螺距 P——相邻两牙在中径线上对应两点间的轴向距离。

⑤线数 n——螺纹螺旋线的数目。由一条螺旋线形成的螺纹称为单线螺纹,由两条沿等距螺旋线形成的螺纹称为多线螺纹。连接螺纹有自锁要求,多为单线螺纹;传动螺纹要求

传动效率高,故用双线或三线螺纹。为了便于制造,一般用线数 $n\leqslant4$。

⑥导程 S——同一螺纹上相邻两牙在中径线上对应两点间的轴向距离。单头螺纹 $S=P$;多头螺纹 $S=nP$。

⑦螺纹升角 ψ——螺纹中径圆柱面上螺旋线的切线与垂直于螺纹轴线的平面的夹角。其计算式为

$$\psi=\arctan\frac{S}{\pi d_2}=\arctan\frac{nP}{\pi d_2} \tag{10-1}$$

⑧牙形角 α——轴向截面内,螺纹牙形两侧边的夹角。

⑨牙侧角 β——轴向截面内,螺纹牙形的侧边与螺纹轴线的垂线间的夹角。对于对称牙形有

$$\beta=\frac{\alpha}{2}$$

⑩工作高度 h——内外螺纹旋合后的接触面的径向高度。

10.1.3 螺纹副的受力分析、效率和自锁

1. 矩形螺纹($\beta=0°$)

螺纹副在力矩和轴向载荷作用下的相对运动,可看成作用在中径的水平力推动滑块(重物)沿螺纹运动,如图 10-4(a)所示。将矩形螺纹沿中径 d_2 展开可得一斜面,如图 10-4(b)所示,图中 ψ 为螺纹升角,F_a 为轴向载荷,F 为作用于中径处的水平推力,F_n 为法向反力;fF_n 为摩擦力,f 为摩擦因数,ρ 为摩擦角。

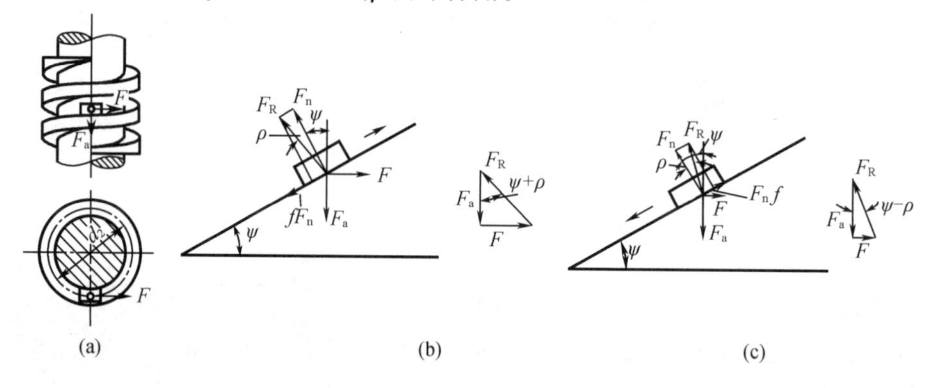

图 10-4 矩形螺纹的受力分析

当滑块沿斜面等速上升时,F_a 为阻力,F 为驱动力。因摩擦力向下,故总反力 F_R 与 F_a 的夹角为 $\psi+\rho$。由力的平衡条件可知,F_R,F 和 F_a 组成力多边形,如图 10-4(b)所示,由图可得

$$F=F_a\tan(\psi+\rho) \tag{10-2}$$

作用在螺纹副上的相应驱动力矩为

$$T=F\cdot\frac{d_2}{2}=F_a\frac{d_2}{2}\tan(\psi+\rho) \tag{10-3}$$

当滑块沿斜面等速下滑时,轴向载荷 F_a 变为驱动力,而 F 变为维持滑块等速运动所需的平衡力,如图 10-4(c)所示。由力多边形可得

$$F=F_a\tan(\psi-\rho) \tag{10-4}$$

作用在螺纹副上的相应力矩为

$$T=F_{a}\frac{d_{2}}{2}\tan(\psi-\rho) \tag{10-5}$$

式(10－4)求出的 F 值可为正，也可为负。当斜面倾角 ψ 大于摩擦角 ρ 时，滑块在重力作用下有向下加速的趋势。这时由式(10－4)求出的平衡力 F 为正，方向如图 10－4(c)所示。它阻止滑块加速以便保持等速下滑，故 F 是阻力(支持力)。当斜面倾角 ψ 小于摩擦角 ρ 时，滑块不能在重力作用下自行下滑，即处于自锁状态。这时由式(10－4)求出的平衡力 F 为负，其方向与图 10－4(c)相反(即 F 与运动方向成锐角)，F 为驱动力。它说明在自锁条件下，必须施加驱动力 F 才能使滑块等速下滑。

2. 非矩形螺纹

非矩形螺纹是指牙侧角 $\beta\neq0°$ 的三角形螺纹(普通螺纹、管螺纹等)、梯形螺纹和锯齿形螺纹。

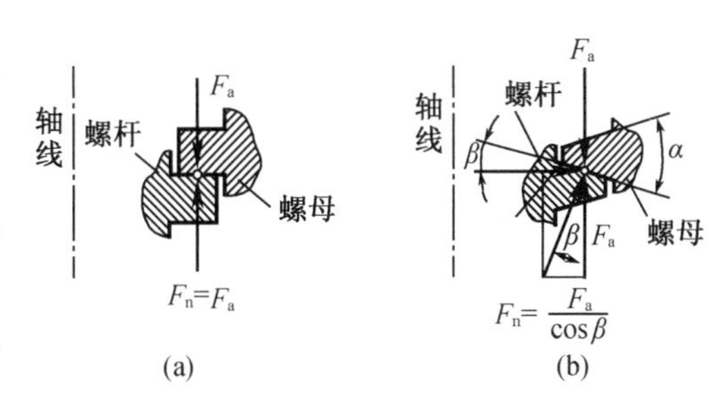

图 10－5 矩形螺纹与非矩形螺纹的法向力

对比图 10－5(a)和图 10－5(b)可知，若略去螺纹升角的影响，在轴向载荷 F_a 作用下，非矩形螺纹的法向力比矩形螺纹的大。若把法向力的增加看作摩擦因数的增加，则非矩形螺纹的摩擦阻力可写为

$$\frac{F_a}{\cos\beta}f=\frac{f}{\cos\beta}F_a=f'F_a$$

式中 β——牙侧角；

f'——当量摩擦因数。

即

$$f'=\frac{f}{\cos\beta}=\tan\rho' \tag{10-6}$$

式中 ρ'——当量摩擦角。

因此，将图 10－4 的 f 改为 f'，ρ 改为 ρ'，就可像矩形螺纹那样对非矩形螺纹进行力的分析。

当滑块沿非矩形螺纹等速上升时，可得水平推力

$$F=F_{a}\tan(\psi+\rho') \tag{10-7}$$

相应的驱动力矩

$$T=F\frac{d_{2}}{2}=F_{a}\frac{d_{2}}{2}\tan(\psi+\rho') \tag{10-8}$$

当滑块沿非矩形螺纹等速下滑时，可得

$$F=F_{a}\tan(\psi-\rho') \tag{10-9}$$

相应的力矩为

$$T=F_{a}\frac{d_{2}}{2}\tan(\psi-\rho') \tag{10-10}$$

与矩形螺纹分析相同，若螺纹升角 ψ 小于当量摩擦角 ρ'，则螺旋具有自锁特性，如不施加驱动力矩，无论轴向驱动力 F_a 多大，都不能使螺纹副相对运动。考虑到极限情况，非矩形螺纹的自锁条件可表示为

$$\psi\leqslant\rho' \tag{10-11}$$

为了防止螺母在轴向力作用下自动松开，用于连接的紧固螺纹必须满足自锁条件。

以上分析适用于各种螺旋传动和螺纹连接。归纳起来就是：当轴向载荷为阻力，阻止螺纹副相对运动时（例如，车床丝杠走刀时，切削力阻止刀架轴向移动；螺纹连接拧紧螺母时，材料变形的反弹力阻止螺母轴向移动；螺旋千斤顶举升重物时，重力阻止螺杆上升），相当于滑块沿斜面等速上升，应使用式（10－3）或式（10－8）。当轴向载荷为驱动力，与螺纹副相对运动方向一致时（例如旋松螺母时，材料变形的反弹力和螺母移动方向一致；用螺旋千斤顶降落重物时，重力与下降方向一致），相当于滑块沿斜面等速下滑，应使用式（10－5）或式（10－10）。

螺纹副的效率是有效功与输入功之比。若按螺旋转动一圈计算，输入功为 $2\pi T$，此时升举滑块（重物）所做的有效功为 F_aS，故螺纹副的效率为

$$\eta=\frac{F_aS}{2\pi T}=\frac{\tan\psi}{\tan(\psi+\rho')} \quad (10-12)$$

由式（10－12）可知，当量摩擦角 ρ'（$\rho'=\arctan f'$）一定时，效率只是螺纹升角 ψ 的函数。由此可绘出效率曲线，如图 10－6 所示。取 $\frac{d\eta}{d\psi}=0$，可得当 $\psi=45°-\frac{\rho'}{2}$ 时效率最高。由于过大的螺纹升角会使制造困难，且效率增高也不显著，所以一般 ψ 角不大于 25°。

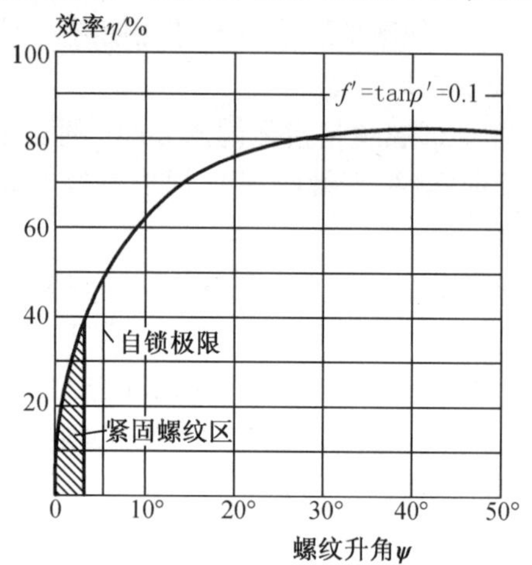

图 10－6　螺纹副的效率

10.1.4　螺纹连接的类型和标准连接件

1. 螺纹连接的基本类型

螺纹连接有以下四种基本类型。

（1）螺栓连接

常见的普通螺栓连接如图 10－7（a）所示。在被连接件上开有通孔，插入螺栓后在螺栓的另一端拧上螺母。这种连接的结构特点是被连接件上的通孔和螺栓杆间留有间隙，通孔的加工精度要求低，结构简单，装拆方便，使用时不受被连接件材料的限制，因此应用极广。图 10－7（b）是铰制孔用螺栓连接。孔和螺栓杆多采用基孔制过渡配合（H7/m6，H7/n6）。这种连接能精确固定被连接件的相对位置，并能承受横向载荷，但孔的加工精度要求较高。

（2）双头螺柱连接

如图 10－8（a）所示，这种连接末端拧入并紧定在被连接件之一的螺纹孔中，适用于受结构限制而不能用螺栓或希望连接结构较紧凑的场合。例如，被连接件之一太厚不宜制成通孔，材料又比较软（例如，用铝镁合金制造的壳体），且需要经常拆装时，往往采用双头螺柱连接。显然，拆卸这种连接时，不用拆下螺柱。

（3）螺钉连接

如图 10－8（b）所示，这种连接的特点是螺栓（或螺钉）直接拧入被连接件的螺纹孔中，不用螺母，而且能有光整的外露表面，在结构上比双头螺柱连接简单、紧凑。其用途和双头螺柱连接相似，但如经常拆装时，易使螺纹孔磨损，可能导致被连接件报废，故多用于受力不大，或不需要经常拆装的场合。

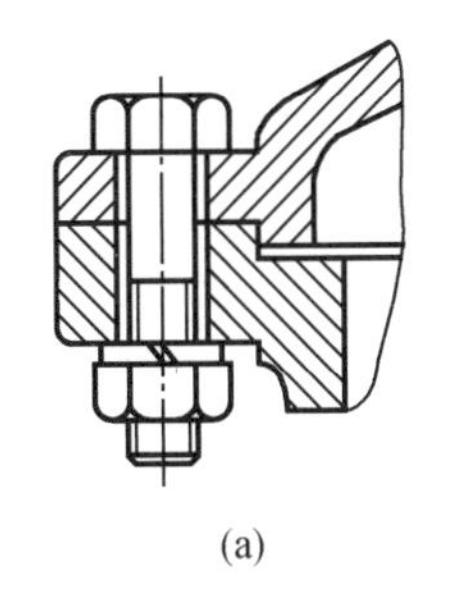

(a)

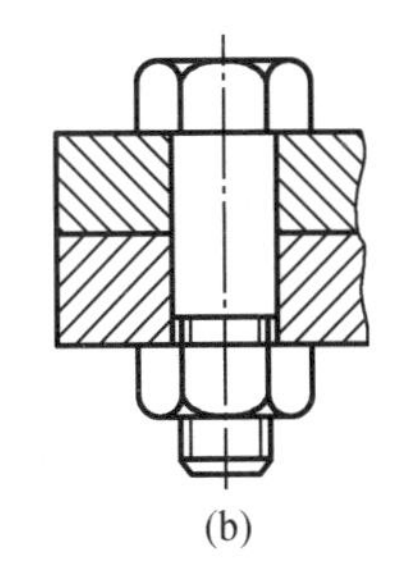

(b)

图10－7　螺栓连接

(a)普通螺柱连接;(b)铰制孔用螺丝连接

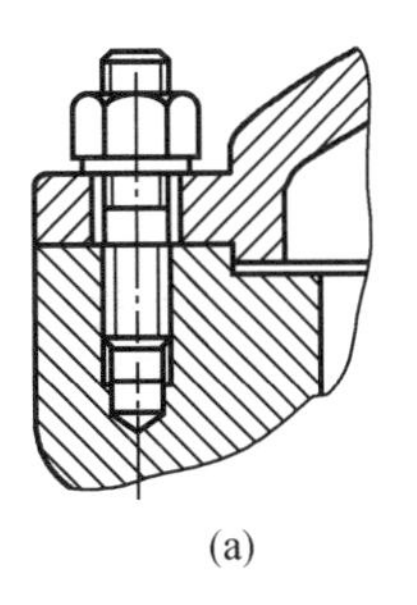

(a)

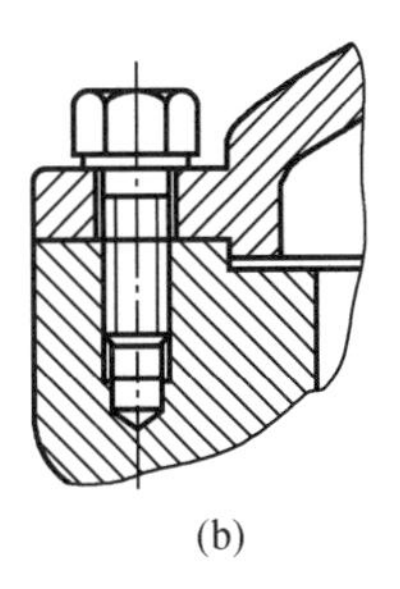

(b)

图10－8　双头螺柱、螺钉连接

(a)双头螺柱连接;(b)螺钉连接

(4)紧定螺钉连接

紧定螺钉连接是利用拧入零件螺纹孔中的螺钉末端顶住另一零件的表面(图10－9(a))或顶入相应的凹坑中(图10－9(b)),以固定两个零件的相对位置,并可传递不大的力或转矩。

除上述四种基本螺纹连接形式外,还有一些特殊结构的连接。例如,专门用于将机座或机架固定在地基上的地脚螺栓连接(图10－10),装在机器或大型零部件的顶盖或外壳上便于起吊用的吊环螺钉连接(图10－11)等。

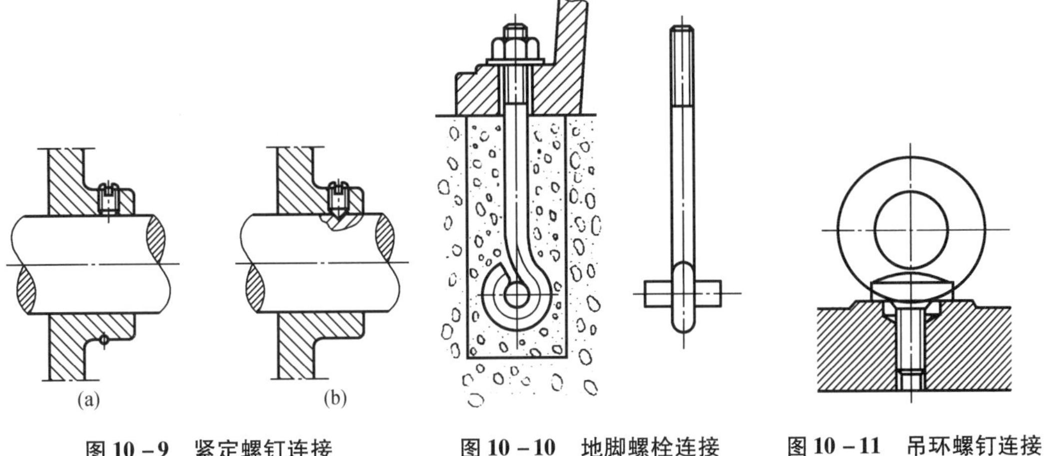

图10－9　紧定螺钉连接　**图10－10　地脚螺栓连接**　**图10－11　吊环螺钉连接**

2. 标准螺纹连接件

螺纹连接件的类型很多,在机械制造中常见的螺纹连接件有螺栓、双头螺柱、螺钉、螺母和垫圈等。这类零件的结构形式和尺寸都已标准化,设计时可根据有关标准选用。它们的结构特点和应用见表10－2。

表10－2　常用标准螺纹连接件

类型	图例	结构特点和应用
六角头螺栓	15°~30°　辗制末端　d_a　d_s　d　e　s　k'　l_s　k　l_g　b　l	种类很多,应用最广,精度分为A,B,C三级,通用机械制造中多用C级(左图)。螺栓杆部可制出一段螺纹或全螺纹,螺纹可用粗牙或细牙(A,B级)

表 10－2(续 1)

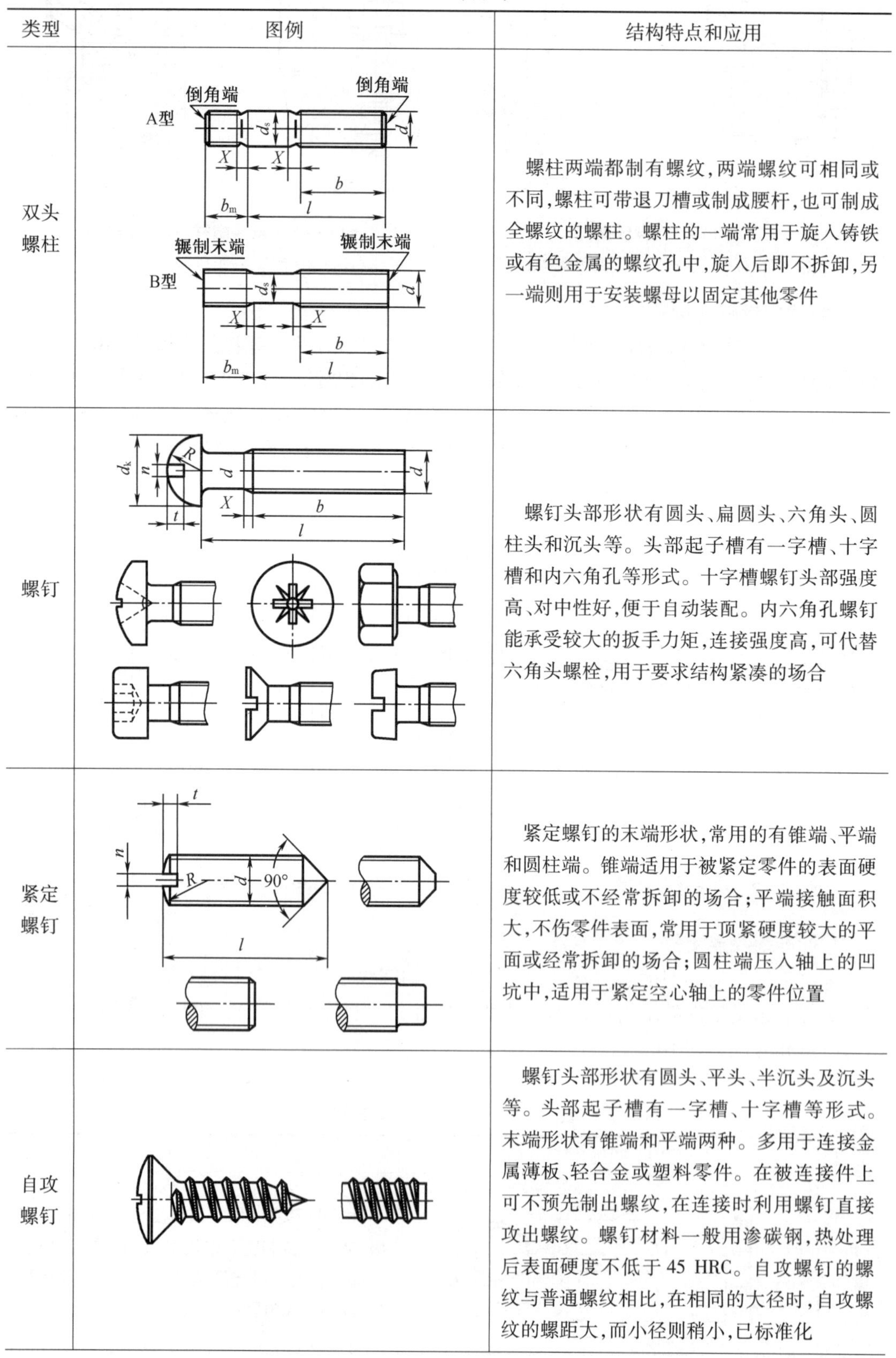

类型	图例	结构特点和应用
双头螺柱		螺柱两端都制有螺纹,两端螺纹可相同或不同,螺柱可带退刀槽或制成腰杆,也可制成全螺纹的螺柱。螺柱的一端常用于旋入铸铁或有色金属的螺纹孔中,旋入后即不拆卸,另一端则用于安装螺母以固定其他零件
螺钉		螺钉头部形状有圆头、扁圆头、六角头、圆柱头和沉头等。头部起子槽有一字槽、十字槽和内六角孔等形式。十字槽螺钉头部强度高、对中性好,便于自动装配。内六角孔螺钉能承受较大的扳手力矩,连接强度高,可代替六角头螺栓,用于要求结构紧凑的场合
紧定螺钉		紧定螺钉的末端形状,常用的有锥端、平端和圆柱端。锥端适用于被紧定零件的表面硬度较低或不经常拆卸的场合;平端接触面积大,不伤零件表面,常用于顶紧硬度较大的平面或经常拆卸的场合;圆柱端压入轴上的凹坑中,适用于紧定空心轴上的零件位置
自攻螺钉		螺钉头部形状有圆头、平头、半沉头及沉头等。头部起子槽有一字槽、十字槽等形式。末端形状有锥端和平端两种。多用于连接金属薄板、轻合金或塑料零件。在被连接件上可不预先制出螺纹,在连接时利用螺钉直接攻出螺纹。螺钉材料一般用渗碳钢,热处理后表面硬度不低于 45 HRC。自攻螺钉的螺纹与普通螺纹相比,在相同的大径时,自攻螺纹的螺距大,而小径则稍小,已标准化

表 10-2(续2)

类型	图例	结构特点和应用
六角螺母	15°~30° e d s m	根据螺母厚度不同,分为标准的和薄的两种。薄螺母常用于受剪力的螺栓上或空间尺寸受限制的场合。螺母的制造精度和螺栓相同,分为 A,B,C 三级,分别与相同级别的螺栓配用
圆螺母	30° C×45° 120° C1 D d D1 t b H 30° 30° 15° D d0 b 30° 30°	圆螺母常与止动垫圈配用,装配时将垫圈内舌插入轴上的槽内,而将垫圈的外舌嵌入圆螺母的槽内,螺母即被锁紧。常作为滚动轴承的轴向固定用
垫圈	平垫圈 斜垫圈 h d1 d2	垫圈是螺纹连接中不可缺少的附件,常放置在螺母和被连接件之间,起保护支承表面等作用。平垫圈按加工精度不同,分为 A 级和 C 级两种。用于同一螺纹直径的垫圈又分为特大、大、普通和小四种规格,特大垫圈主要在铁木结构上使用。斜垫圈只用于倾斜的支承面上

根据国标 GB/T 3103.1—2002 规定,螺纹连接件分为三个精度等级,其代号为 A,B,C 级。A 级精度的公差小,精度最高,用于要求配合精确、防止振动等重要零件的连接;B 级精度多用于受载较大且经常装拆、调整或承受变载荷的连接;C 级精度多用于一般的螺纹连接。常用的标准螺纹连接件(螺栓、螺钉)通常选用 C 级精度。

10.1.5 螺纹连接的预紧和防松

1. 螺纹连接的预紧

在实用上,绝大多数螺纹连接在装配时都必须拧紧,使连接在承受工作载荷之前,预先受到力的作用,这个预加作用力称为预紧力。预紧的目的在于增强连接的可靠性和紧密性,以防止受载后被连接件间出现缝隙或发生相对滑移。经验证明,适当选用较大的预紧力对螺纹连接的可靠性以及连接件的疲劳强度都是有利的(详见 10.1.8 节),特别对于像气缸盖、管路凸缘、齿轮箱、轴承盖等紧密性要求较高的螺纹连接,预紧更为重要。但过大的预紧力会导致整个连接的结构尺寸增大,也会使连接件在装配或偶然过载时被拉断。因此,为了保证连接所需要的预紧力,又不使螺纹连接件过载,对重要的螺纹连接,在装配时要控制预紧力。

通常规定,拧紧后螺纹连接件的预紧应力不得超过其材料的屈服极限 σ_s 的 80%。对于一般连接用的钢制螺栓连接的预紧力 F_0,推荐按下列关系确定:

$$\left.\begin{array}{ll}\text{碳素钢螺栓} & F_0 \leqslant (0.6 \sim 0.7)\sigma_s A_1 \\ \text{合金钢螺栓} & F_0 \leqslant (0.5 \sim 0.6)\sigma_s A_1\end{array}\right\} \tag{10-13}$$

式中 σ_s——螺栓材料的屈服极限;

A_1——螺栓危险截面的面积,$A_1 \approx \pi d_1^2/4$。

预紧力的具体数值应根据载荷性质、连接刚度等具体工作条件确定。对于重要的或有特殊要求的螺栓连接,预紧力的数值应在装配图上作为技术条件注明,以便在装配时加以保证。受变载荷的螺栓连接的预紧力应比受静载荷的要大些。

通常螺纹连接拧紧的程度是凭工人经验来决定的。为了保证质量,重要的螺纹连接应按计算值控制拧紧力矩,用测力矩扳手(图 10-12(a))或定力矩扳手(图 10-12(b))来获得所要求的拧紧力矩。

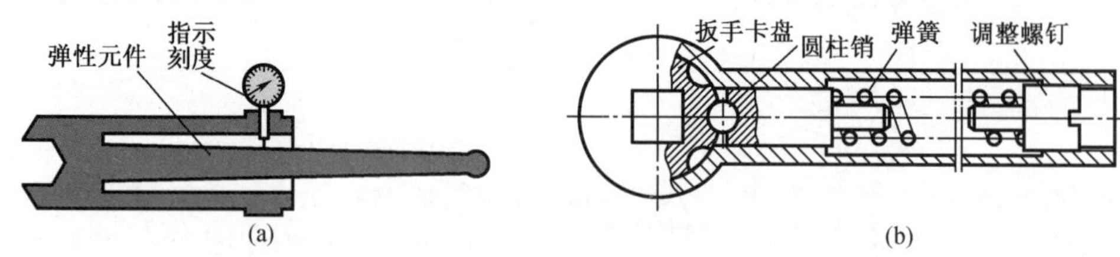

图 10-12 测力矩扳手和定力矩扳手

(a)测力矩扳手;(b)定力矩扳手

如上所述,装配时预紧力的大小是通过拧紧力矩来控制的。因此,应从理论上找出预紧力和拧紧力矩之间的关系。

如图 10-13 所示,由于拧紧力矩 $T(T=FL)$ 的作用,螺栓和被连接件之间产生预紧力 F_0。由机械原理可知,拧紧力矩 T 等于螺纹副间的摩擦阻力矩 T_1 和螺母环形端面与被连接件(或垫圈)支承面间的摩擦阻力矩 T_2 之和,即

$$T = T_1 + T_2 \tag{10-14}$$

螺纹副间的摩擦力矩为

$$T_1 = F_0 \frac{d_2}{2} \tan(\psi + \rho') \tag{10-15}$$

螺母与支承面间的摩擦力矩为

$$T_2 = \frac{1}{3} f_c F_0 \frac{D_0^3 - d_0^3}{D_0^2 - d_0^2} \tag{10-16}$$

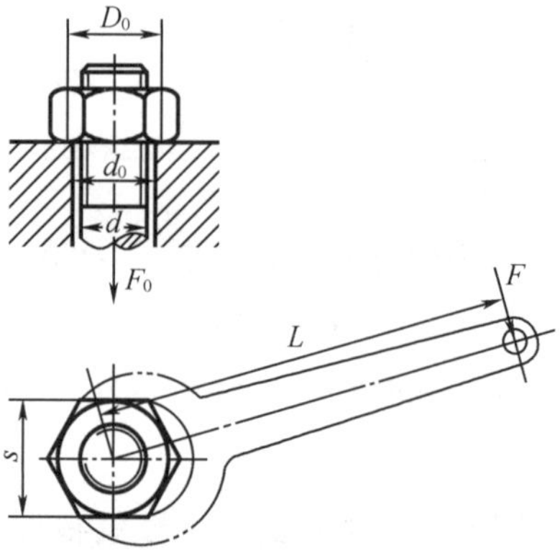

图 10-13 螺纹副的拧紧力矩

将式(10-15)、式(10-16)代入式(10-14),得

$$T = \frac{1}{2} F_0 \left[d_2 \tan(\psi + \rho') + \frac{2}{3} f_c \frac{D_0^3 - d_0^3}{D_0^2 - d_0^2} \right] \tag{10-17}$$

对于 M10 ~ M64 粗牙普通螺纹的钢制螺栓,螺纹升角 $\psi = 1°42' \sim 3°2'$;螺纹中径 $d_2 \approx 0.9d$;螺纹副的当量摩擦角 $\rho' \approx \arctan 1.155f$($f$ 为摩擦因数,无润滑时 $f \approx 0.1 \sim 0.2$);螺栓孔直径 $d_0 \approx 1.1d$;螺母环形支承面的外径 $D_0 \approx 1.5d$;螺母与支承面间的摩擦因数 $f_c = 0.15$。将上述各参数代入式(10- 17)整理后可得

$$T \approx 0.2 F_0 d \tag{10-18}$$

对于一定公称直径 d 的螺栓,当所要求的预紧力 F_0 已知时,即可按式(10-18)确定扳手的拧紧力矩 T。一般标准扳手的长度 $L \approx 15d$,若拧紧力为 F,则 $T = FL$。由式(10-18)可得 $F_0 \approx 75F$。假定 $F = 200$ N,则 $F_0 \approx 15\ 000$ N。如果用这个预紧力拧紧 M12 以下的钢制螺栓,就很可能过载拧断。因此,对于重要的连接,应尽可能不采用直径过小(例如小于 M12)

的螺栓。必须使用时，应严格控制其拧紧力矩。

采用测力矩扳手或定力矩扳手控制预紧力的方法，操作简便，但准确性较差（因拧紧力矩受摩擦因数波动的影响较大），也不适用于大型的螺栓连接。为此，可采用测定螺栓伸长量的方法来控制预紧力（图10－14）。所需的伸长量可根据预紧力的规定值计算。

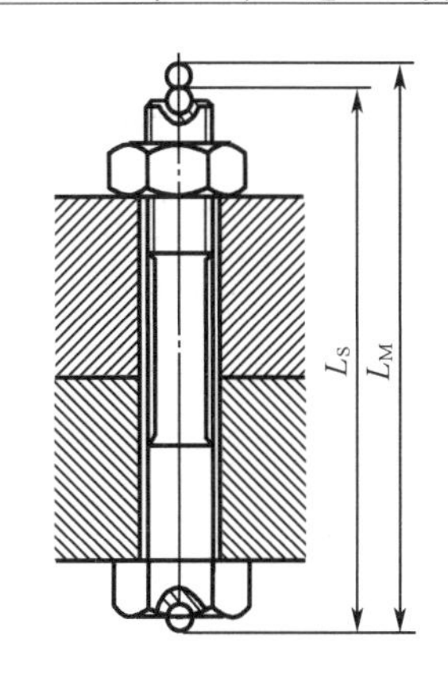

图10－14 测量螺栓伸长量

2. 螺纹连接的防松

由于螺纹连接件一般采用单线普通螺纹，且螺纹升角（$\psi=1°42'\sim3°2'$）小于螺纹副的当量摩擦角（$\rho'\approx6.5°\sim10.5°$），因此连接螺纹都能满足自锁条件（$\psi<\rho'$）。此外，拧紧以后螺母和螺栓头部等支承面上的摩擦力也有防松作用，所以在静载荷和工作温度变化不大时，螺纹连接不会自动松脱。但在冲击、振动或变载荷的作用下，螺纹副间的摩擦力可能减小或瞬时消失。这种现象多次重复后，连接可能松脱。在高温或温度变化较大的情况下，螺纹连接件和被连接件的材料发生蠕变和应力松弛，也会使连接中的预紧力和摩擦力逐渐减小，最终导致连接失效。

螺纹连接一旦出现松脱，轻者会影响机器的正常运转，重者会造成严重事故。因此，为了防止连接松脱，保证连接安全可靠，设计时必须采取有效的防松措施。

防松的根本问题在于防止螺纹副在受载时发生相对转动。具体的防松方法和装置很多，就其工作原理来看，可分为利用摩擦、直接锁住和破坏螺纹副关系三种。举例说明见表10－3。

表10－3 防松装置和方法举例

防松原理	防松装置或方法		
利用摩擦 使螺纹副中有不随连接载荷而变的压力，因而始终有摩擦力矩防止相对转动。压力可由螺纹副纵向或横向压紧而产生	对顶螺母 两螺母对顶拧紧，螺栓旋合段受拉而螺母受压，从而使螺纹副纵向压紧	弹簧垫圈 利用拧紧螺母时，垫圈被压平后的弹性力使螺纹副纵向压紧	
	金属锁紧螺母 利用螺母末端椭圆口的弹性变形箍紧螺栓，横向压紧螺纹	尼龙圈锁紧螺母 利用螺母末端的尼龙圈箍紧螺栓，横向压紧螺纹	楔紧螺纹锁紧螺母 利用楔紧螺纹，使螺纹副纵横压紧

表 10-3(续)

防松原理	防松装置或方法		
直接锁住 利用便于更换的金属元件约束螺纹副	开口销与槽形螺母 利用开口销使螺栓、螺母相互约束	止动垫片 垫片约束螺母而自身又约束在被连接件上(此时螺栓应另有约束)	串联金属丝 利用金属丝使一组螺钉头部相互约束,当有松动趋势时,金属丝更加拉紧
破坏螺纹副关系 把螺纹副转变为非运动副,从而排除相对转动的可能	焊住	冲点 用冲头冲 2~3 个点	黏结 涂黏结剂 在螺纹副间涂上金属黏结剂,拧紧螺母后黏结剂自行固化

10.1.6 螺纹连接的强度计算

螺纹连接包括螺栓连接、双头螺柱连接和螺钉连接等类型。下面以螺栓连接为代表讨论螺纹连接的强度计算方法。所讨论的方法对双头螺柱连接和螺钉连接也同样适用。

当两零件用螺栓进行连接时,常常同时使用若干个螺栓,称为螺栓组。在开始进行强度计算前,先要进行螺栓组的受力分析以找出其中受力最大的螺栓及其所受的力,作为进行强度计算的依据。对构成整个连接的螺栓组而言,所受的载荷可能包括轴向载荷、横向载荷、弯矩和转矩等。但对其中每一个具体的螺栓而言,其受载形式不外乎是受轴向力或受横向力。在轴向力(包括预紧力)的作用下,螺栓杆和螺纹部分可能发生塑性变形或断裂;而在横向力的作用下,当采用铰制孔用螺栓时,螺栓杆和孔壁的贴合面上可能发生压溃或螺栓杆被剪断等。根据统计分析,在静载荷下螺栓连接是很少发生破坏的,只有在严重过载的情况下才会发生。就破坏性质而言,约有 90% 的螺栓属于疲劳破坏。而且疲劳断裂常发生在螺纹根部，即截面面积较小并有缺口应力集中的部位（约占其中的85%），有时也发生在螺栓头与光杆的交接处（约占其中的15%）。

综上所述，对于受拉螺栓，其主要破坏形式是螺栓杆螺纹部分发生断裂，因而其设计准则是保证螺栓的静力或疲劳拉伸强度；对于受剪的铰制孔用螺栓，其主要破坏形式是螺栓杆和孔壁的贴合面上出现压溃或螺栓杆被剪断，其设计准则是保证连接的挤压强度和螺栓的剪切强度，其中连接的挤压强度对连接的可靠性起决定性作用。

螺栓连接的强度计算，首先是根据连接的类型、连接的装配情况（预紧或不预紧）、载荷状态等条件，确定螺栓的受力；然后按相应的强度条件计算螺栓危险截面的直径（螺纹小径）或校核其强度。螺栓的其他部分（螺纹牙、螺栓头、光杆）和螺母、垫圈的结构尺寸，是根据等强条件及使用经验规定的，通常都不需要进行强度计算，可按螺栓螺纹的公称直径按标准选定。

1. 松螺栓连接强度计算

松螺栓连接装配时不需要把螺母拧紧，在承受工作载荷前，除有关零件的自重（自重一般很小，强度计算时可略去）外，连接并不受力。这种连接应用范围有限，例如拉杆、起重吊钩等的螺纹连接均属此类。如图10-15所示，起重吊钩尾部的连接是其应用实例。当螺栓承受轴向工作载荷 F_a 时，其拉伸强度条件为

$$\sigma=\frac{F_a}{\frac{\pi d_1^2}{4}}\leqslant[\sigma] \tag{10-19}$$

式中 d_1——螺纹小径，mm；

$[\sigma]$——许用拉应力，MPa。

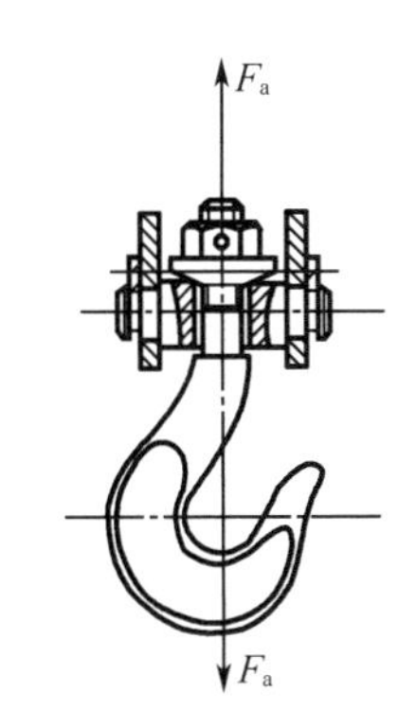

图10-15 起重吊钩

2. 紧螺栓连接强度计算

根据所受拉力不同，紧螺栓连接可分为仅承受预紧力、承受预紧力和静工作拉力，以及承受预紧力和变工作拉力三类。

（1）仅承受预紧力的紧螺栓连接

紧螺栓连接装配时，螺母需要拧紧，在拧紧力矩作用下，螺栓除受预紧力 F_0 的拉伸而产生拉伸应力外，还受螺纹摩擦力矩 T_1（见式(10-15)）的扭转而产生扭转切应力，使螺栓处于拉伸与扭转的复合应力状态下。因此，进行仅承受预紧力的紧螺栓强度计算时，应综合考虑拉伸应力和扭转切应力的作用。

螺栓危险截面的拉伸应力为

$$\sigma=\frac{F_0}{\frac{\pi}{4}d_1^2} \tag{10-20}$$

螺栓危险截面的扭转切应力为

$$\tau=\frac{T_1}{\pi d_1^3/16}=\frac{F_0\tan(\psi+\rho')\frac{d_2}{2}}{\pi d_1^3/16}=\frac{\tan\psi+\tan\rho'}{1-\tan\psi\tan\rho'}\cdot\frac{2d_2}{d_1}\cdot\frac{F_0}{\frac{\pi}{4}d_1^2} \tag{10-21}$$

对于M10～M64普通螺纹的钢制螺栓，可取 $\tan\rho'=f'\approx0.17$，$\frac{d_2}{d_1}=1.04\sim1.08$，

$\tan\psi \approx 0.05$，由此可得

$$\tau \approx 0.5\sigma \tag{10-22}$$

由于螺栓材料是塑性的，故可根据第四强度理论，求出螺栓预紧状态下的当量应力为

$$\sigma_e = \sqrt{\sigma^2 + 3\tau^2} = \sqrt{\sigma^2 + 3(0.5\sigma)^2} \approx 1.3\sigma \tag{10-23}$$

由此可见，对于 M10～M64 普通螺纹的钢制紧螺栓连接，在拧紧时虽同时承受拉伸和扭转的联合作用，但在计算时可以只按拉伸强度计算，并将所受的拉力（预紧力）增大 30% 来考虑扭转的影响，即

$$\sigma_e = \frac{1.3F_0}{\frac{\pi}{4}d_1^2} \leqslant [\sigma] \tag{10-24}$$

当普通螺栓连接承受横向载荷时，由于预紧力的作用，将在接合面间产生摩擦力来抵抗工作载荷（图 10-16）。

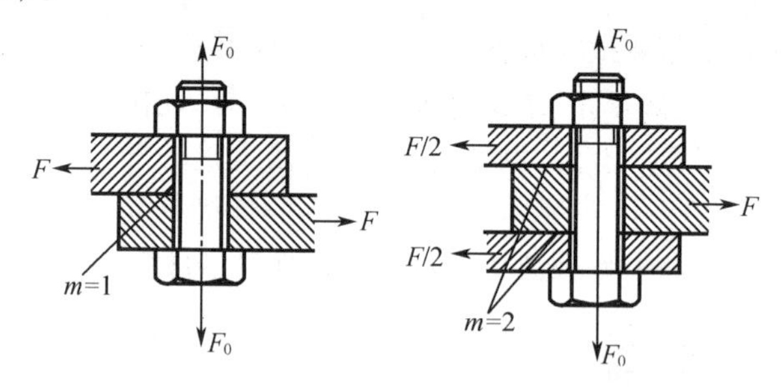

图 10-16　承受横向载荷的普通螺栓连接

这时，螺栓仅承受预紧力的作用，而且预紧力不受工作载荷的影响，在连接承受工作载荷后仍保持不变。预紧力 F_0 的大小根据接合面不产生滑移的条件确定

$$F_0 \geqslant \frac{CF}{mf} \tag{10-25}$$

式中　F_0——预紧力；

C——可靠性系数，通常取 $C = 1.1 \sim 1.3$；

m——接合面数目；

f——接合面摩擦因数，见表 10-4。

表 10-4　连接接合面的摩擦因数

被连接件	表面状态	f
钢对铸铁零件	干燥的加工表面 有油的加工表面	0.10～0.16 0.06～0.10
钢结构件	轧制表面，刷除浮锈 涂敷锌漆 喷砂处理	0.30～0.35 0.40～0.50 0.45～0.55

求出 F_0 值后，可按式（10-24）计算螺栓强度。

从式（10-25）来看，当 $f = 0.15$，$C = 1.2$，$m = 1$ 时，$F_0 \geqslant 8F$，即这种靠摩擦力抵抗工作载

荷的紧螺栓连接,要求保持较大的预紧力,会使螺栓的结构尺寸增加。此外,在振动、冲击或变载荷下,摩擦因数 f 的变动,将使连接的可靠性降低,有可能出现松脱。

为了避免上述缺陷,可以考虑用各种减载零件来承担横向工作载荷(图 10－17),这种具有减载零件的紧螺栓连接,其连接强度按减载零件的剪切、挤压强度条件计算,而螺纹连接只是保证连接,不再承受工作载荷,因此预紧力不必很大。但这种连接增加了结构和工艺的复杂性。也可以采用铰制孔用螺栓(图 10－18)来承受横向载荷。螺栓杆与孔壁之间无间隙,接触表面受挤压;在连接接合面处,螺栓杆则受剪切。

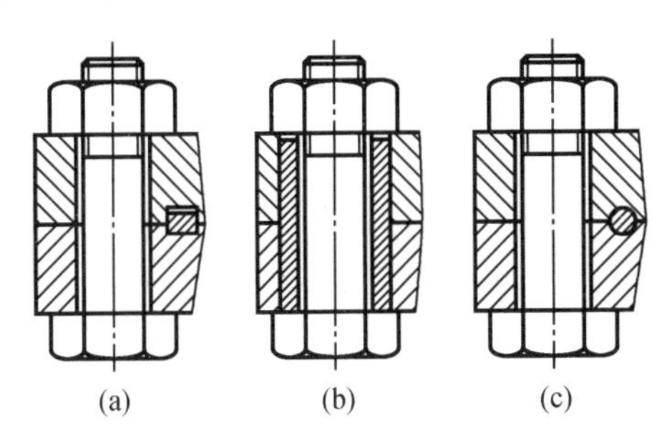

图 10－17　承受横向载荷的减载零件

(a)减载键;(b)减载套筒;(c)减载销

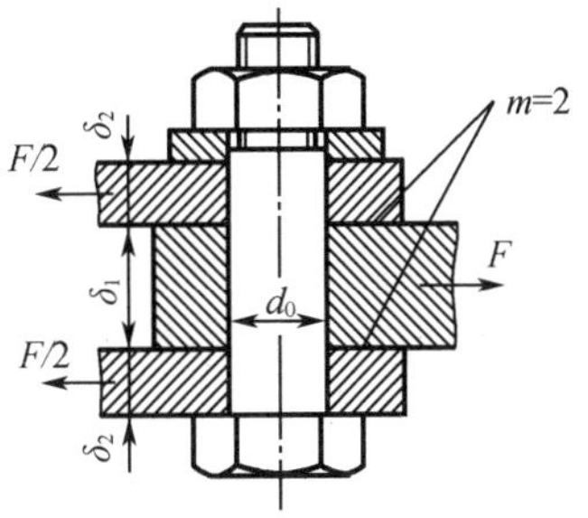

图 10－18　承受横向载荷的铰制孔用螺栓

计算时,假设螺栓杆与孔壁表面上的压力分布是均匀的,又因这种连接所受的预紧力很小,所以不考虑预紧力和螺纹摩擦力矩的影响。

螺栓杆与孔壁的挤压强度条件为

$$\sigma_p = \frac{F}{d_0 \delta} \leqslant [\sigma_p] \tag{10-26}$$

螺栓杆剪切强度条件为

$$\tau = \frac{F}{m \dfrac{\pi}{4} d_0^2} \leqslant [\tau] \tag{10-27}$$

式中　d_0——螺栓剪切面直径(可取为螺栓孔的直径),mm;

δ——螺栓杆与孔壁挤压面的高度,取 δ_1 和 $2\delta_2$ 两者之小值,mm;

$[\sigma_p]$——螺栓或孔壁材料的许用挤压应力,MPa;

$[\tau]$——螺栓材料的许用切应力,MPa;

m——接合面数目。

(2)受预紧力和工作拉力的紧螺栓连接

图 10－19 所示的气缸盖螺栓连接中,设流体压强为 p,螺栓数为 z(满足表 10－5 的条件),由流体压强 p 引起的轴向总载荷 F_Σ 的作用线与螺栓轴线平行,并通过螺栓组的对称中心。计算时,认为各螺栓平均受载,则每个螺栓所受的轴向工作载荷为 $F_E = \dfrac{F_\Sigma}{z}$。

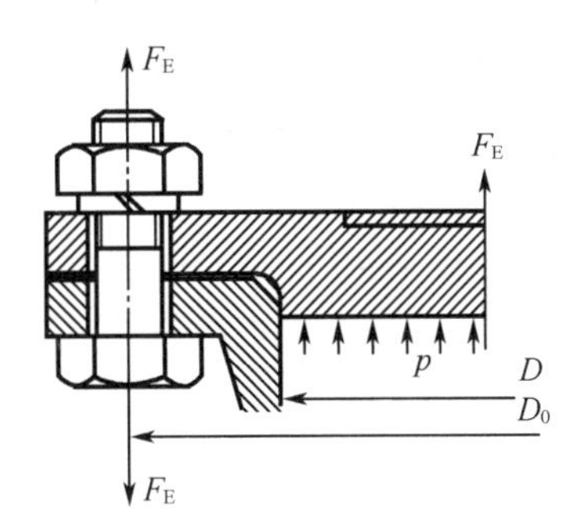

图 10－19　受轴向载荷的气缸盖螺栓连接

表 10-5　最大螺栓间距 l

工作压强 p/MPa		
≤1.6	1.6~10	10~30
$l=\frac{\pi D_0}{z}$/mm		
$7d$	$4.5d$	$4d \sim 3d$

注：表中 d 为螺纹公称直径。

这种受力形式在紧螺栓连接中比较常见，因而也是最重要的一种。这种紧螺栓连接承受轴向拉伸工作载荷后，由于螺栓和被连接件的弹性变形，螺栓所受的总拉力并不等于预紧力和工作拉力之和。根据理论分析，螺栓的总拉力除和预紧力 F_0、工作拉力 F_E 有关外，还受到螺栓刚度 k_b 及被连接件刚度 k_c 等因素的影响。因此，应从分析螺栓连接的受力和变形的关系入手，找出螺栓总拉力的大小。

图 10-20 表示单个螺栓连接在承受轴向拉伸载荷前后的受力及变形情况。

图 10-20(a)是螺母刚好拧到和被连接件相接触，但尚未拧紧。此时，螺栓和被连接件都不受力，因而也不产生变形。

图 10-20(b)是螺母已拧紧，但尚未承受工作载荷。此时，螺栓受预紧力 F_0 的拉伸作用，其伸长量为 δ_{b0}。相反被连接件则在 F_0 的压缩作用下，其压缩量为 δ_{c0}。

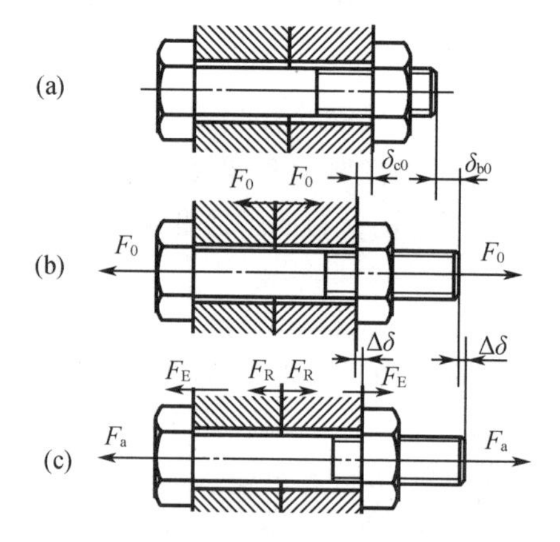

图 10-20　单个紧螺栓连接受力变形图

(a)螺母未拧紧；(b)螺母已拧紧；(c)已承受工作载荷

图 10-20(c)是承受工作载荷时的情况。此时若螺栓和被连接件的材料在弹性变形范围内，则两者的受力与变形关系符合拉(压)虎克定律。当螺栓承受工作载荷后，因所受的拉力由 F_0 增至 F_a 而继续伸长，其伸长量增加 $\Delta\delta$，总伸长量为 $\delta_{b0}+\Delta\delta$。与此同时，原来被压缩的被连接件，因螺栓伸长而被放松，其压缩量也随之减小。根据连接的变形协调条件，被连接件压缩变形的减小量应等于螺栓拉伸变形的增加量 $\Delta\delta$。因而总压缩量为 $\delta_{c0}-\Delta\delta$。而被连接件的压缩力由 F_0 减至 F_R，F_R 称为残余预紧力。

显然，连接受载后，由于预紧力的变化，螺栓的总拉力 F_a 并不等于预紧 F_0 与工作拉力 F_E 之和，而等于残余预紧力 F_R 与工作拉力 F_E 之和。

上述的螺栓和被连接件的受力与变形关系，还可以用线图表示。如图 10-21 所示，图中纵坐标代表力，横坐标代表变形。图 10-21(a)，(b)分别表示螺栓和被连接件的受力与变形的关系，在连接尚未承受工作拉力 F_E 时，螺栓的拉力和被联件的压缩力都等于预紧力 F_0。因此，为分析上的方便，可将图 10-21(a)和图 10-21(b)合并成图 10-21(c)。

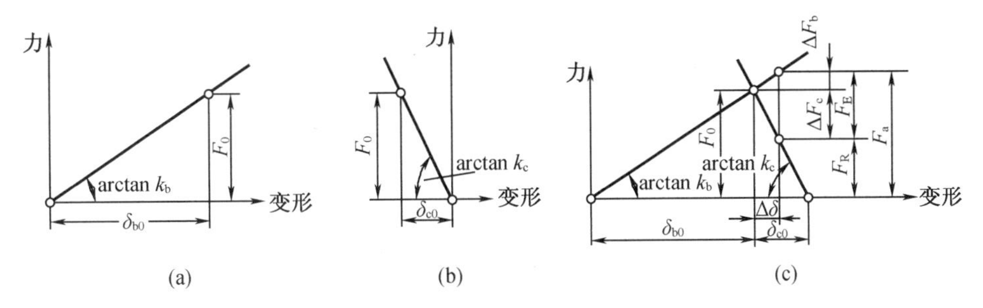

图 10-21 单个紧螺栓连接受力与变形关系线图

如图 10-21(c)所示，当连接承受工作载荷 F_E 时，螺栓的总拉力为 F_a，相应的总伸长量为 $\delta_{b0}+\Delta\delta$；被连接件的压缩力等于残余预紧力 F_R，相应的总压缩量为 $\delta_{c0}-\Delta\delta$。由图可见，螺栓的总拉力 F_a 等于残余预紧力 F_R 与工作拉力 F_E 之和，即

$$F_a = F_R + F_E \tag{10-28}$$

为了保证连接的紧密性，以防止连接受载后接合面间产生缝隙，应使 $F_R>0$。推荐采用的 F_R 为：对于有密封性要求的连接，$F_R=(1.5\sim1.8)F_E$；对于一般连接，工作载荷稳定时，$F_R=(0.2\sim0.6)F_E$；工作载荷不稳定时，$F_R=(0.6\sim1.0)F_E$；对于地脚螺栓连接，$F_R\geqslant F_E$。

螺栓的预紧力 F_0 与残余预紧力 F_R、总拉力 F_a 的关系，可由图 10-21 中的几何关系推出。由图 10-21 可得

$$\frac{F_0}{\delta_{b_0}}=k_b,\ \frac{F_0}{\delta_{c_0}}=k_c \tag{10-29}$$

式中 k_b，k_c——螺栓和被连接件的刚度，均为定值。

由图 10-21(c)得

$$F_0 = F_R + (F_E - \Delta F_b) \tag{10-30}$$

按图中的几何关系得

$$\frac{\Delta F_b}{\Delta F_c}=\frac{\Delta F_b}{F_E-\Delta F_b}=\frac{\Delta\delta\cdot k_b}{\Delta\delta\cdot k_c}=\frac{k_b}{k_c}$$

或

$$\Delta F_b=\frac{k_b}{k_b+k_c}F_E \tag{10-31}$$

将式(10-31)代入式(10-30)得螺栓的预紧力为

$$F_0=F_R+\frac{k_c}{k_b+k_c}F_E=F_R+\left(1-\frac{k_b}{k_b+k_c}\right)F_E \tag{10-32}$$

螺栓的总拉力为

$$F_a=F_0+\Delta F_b$$

或

$$F_a=F_0+\frac{k_b}{k_b+k_c}F_E \tag{10-33}$$

式(10-33)是螺栓总拉力的另一种表达形式。其中$\frac{k_b}{k_b+k_c}$称为螺栓的相对刚度，其大小与螺栓和被连接件的结构尺寸、材料以及垫片、工作载荷的作用位置等因素有关，其值在 0~1 之间变动。$\frac{k_b}{k_b+k_c}$值可通过计算或实验确定，一般可按表 10-6 选取。若被连接件的刚度很大，而螺栓的刚度很小(如细长的或中空螺栓)，则螺栓的相对刚度趋于零。此时，工

作载荷作用后,使螺栓所受的总拉力增加很少。反过来,当螺栓的相对刚度较大时,则工作载荷作用后,将使螺栓所受的总拉力有较大的增加。为了降低螺栓的受力,提高螺栓连接的承载能力,应使$\frac{k_b}{k_b+k_c}$值尽量小些。

表 10-6 螺栓的相对刚度

垫片类别	金属垫片或无垫片	皮革垫片	铜皮石棉垫片	橡胶垫片
$\frac{k_b}{k_b+k_c}$	0.2~0.3	0.7	0.8	0.9

设计时,可先根据连接的受载情况,求出螺栓的工作拉力 F_E,再根据连接的工作要求选取 F_R 值,然后按式(10-28)计算螺栓的总拉力 F_a。求得 F_a 值后即可进行螺栓强度计算。考虑到螺栓在总拉力 F_a 的作用下可能需要补充拧紧,故仿前将总拉力增加30%以考虑扭转切应力的影响。于是,螺栓危险截面的拉伸强度条件为

$$\sigma_e=\frac{1.3F_a}{\frac{\pi}{4}d_1^2}\leqslant[\sigma] \tag{10-34}$$

或

$$d_1\geqslant\sqrt{\frac{4\times1.3F_a}{\pi[\sigma]}} \tag{10-35}$$

式中各符号的意义及单位同前。

对于受轴向变载荷的重要连接(如内燃机气缸盖螺栓连接等),除按式(10-34)或式(10-35)做静强度计算外,还应根据下述方法对螺栓的疲劳强度做精度校核。

如图 10-22 所示,当工作拉力在 $0\sim F_E$之间变化时,螺栓所受的总拉力将在 $F_0\sim F_a$ 之间变化。如果不考虑螺纹摩擦力矩的扭转作用,则螺栓危险截面的最大拉应力为 $\sigma_{max}=\frac{F_a}{\frac{\pi}{4}d_1^2}$,最小拉应力(注意此时螺栓中的应力变化规律是 σ_{min}保持不变)为 $\sigma_{min}=\frac{F_0}{\frac{\pi}{4}d_1^2}$,应力幅为

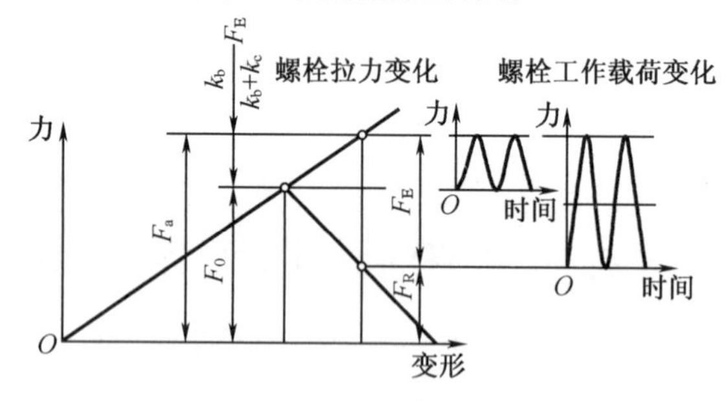

图 10-22 承受轴向变载荷的紧螺栓连接

$$\sigma_a=\frac{\sigma_{max}-\sigma_{min}}{2}=\frac{k_b}{k_b+k_c}\cdot\frac{2F_E}{\pi d_1^2}$$

故应力幅应满足的疲劳强度条件为

$$\sigma_a=\frac{k_b}{k_b+k_c}\cdot\frac{2F_E}{\pi d_1^2}\leqslant[\sigma_a] \tag{10-36}$$

式中 $[\sigma_a]$——螺栓的许用应力幅,单位为 MPa。

10.1.7 螺纹连接件的材料及许用应力

1. 螺纹连接件的材料

螺纹连接件有螺栓、双头螺柱、螺钉、螺母和垫圈等，这类零件的结构和尺寸都已标准化，设计时可根据有关标准选用。螺纹连接件的常用材料的力学性能见表10－7。

表10－7 螺纹连接件常用材料的力学性能

材料	抗拉强度极限 σ_B/MPa	屈服极限 σ_s（或 $\sigma_{0.2}$）/MPa	疲劳极限/MPa	
			弯曲 σ_{-1}	拉压 σ_{-1t}
10	340～420	210	160～220	120～150
Q215	340～420	220	—	—
Q235	410～470	240	170～220	120～160
35	540	320	220～300	170～220
45	610	360	250～340	190～250
40Cr	750～1 000	650～900	320～440	240～340

国家标准规定螺纹连接件按材料的力学性能分出等级（见表10－8，详见GB/T 3098.1—2010和GB/T 3098.2—2000）。螺栓、螺柱、螺钉的性能等级由4.6至12.9。小数点前的数字代表材料的抗拉强度极限的1/100（σ_B/100），小数点后的数字代表材料的屈服极限（σ_s或$\sigma_{0.2}$）与抗拉强度极限（σ_B）之比值（屈强比）的10倍（$10\sigma_s/\sigma_B$）。例如，性能等级4.6，其中4表示材料的抗拉强度极限为400 MPa，6表示屈服极限与抗拉强度极限之比为0.6。螺母的性能等级分为七级，从4到12。数字粗略表示螺母保证（能承受的）最小应力σ_{min}的1/100（σ_{min}/100）。选用时，须注意所用螺母的性能等级应不低于与其相配螺栓的性能等级。

表10－8 螺栓、螺钉和螺柱的性能等级和推荐材料

性能等级（标记）	4.6	4.8	5.6	5.8	6.8	8.8		9.8	10.9	12.9
						$d\leqslant16$ mm	$d>16$ mm			
抗拉强度极限 σ_{Bmin}/MPa	400		500		600	800		900	1 000	1 200
屈服极限 σ_{smin}（或 $\sigma_{0.2}$）/MPa	240	320	300	400	480	640		720	900	1 080
硬度（最小值）/（HBS）	114	124	147	152	181	245	250	286	316	380
推荐材料	碳钢或添加元素的碳钢					碳钢或添加元素的碳钢或合金钢，淬火并回火				合金钢淬火并回火
相配螺母的性能等级	4或5		5		6	8		9	10	12

注：规定性能等级的螺纹连接件在图纸中只标出力学性能等级，不应标出材料牌号。

2. 螺纹连接件的许用应力

螺纹连接件的许用应力与载荷性质（静、变载荷）、装配情况（松连接或紧连接）以及螺

纹连接件的材料、结构尺寸等因素有关。螺纹连接件的许用拉应力按下式确定，即

$$[\sigma]=\frac{\sigma_s}{S} \tag{10-37}$$

螺纹连接件的许用切应力$[\tau]$和许用挤压应力$[\sigma_p]$分别按下式确定，即

$$[\tau]=\frac{\sigma_s}{S_\tau} \tag{10-38}$$

对于钢

$$[\sigma_p]=\frac{\sigma_s}{S_p} \tag{10-39}$$

对于铸铁

$$[\sigma_p]=\frac{\sigma_B}{S_p} \tag{10-40}$$

式中　σ_s,σ_B——螺纹连接件材料的屈服极限和强度极限，见表 10-8，常用铸铁连接件的 σ_B 可取 200 MPa~250 MPa；

S,S_τ,S_p——安全系数，见表 10-9。

变载荷下螺纹连接的许用应力幅见表 10-10。

表 10-9　螺纹连接的安全系数 S

<table>
<tr><td colspan="3">受载类型</td><td colspan="4">静载荷</td><td colspan="4">变载荷</td></tr>
<tr><td colspan="3">松螺栓连接</td><td colspan="8">1.2~1.7</td></tr>
<tr><td rowspan="5">紧螺栓连接</td><td rowspan="4">受轴向及横向载荷的普通螺栓连接</td><td rowspan="3">不控制预紧力的计算</td><td></td><td>M6~M16</td><td>M16~M30</td><td>M30~M60</td><td></td><td>M6~M16</td><td>M16~M30</td><td>M30~M60</td></tr>
<tr><td>碳钢</td><td>4~3</td><td>3~2</td><td>2~1.3</td><td>碳钢</td><td>10~6.5</td><td>6.5</td><td>10~6.5</td></tr>
<tr><td>合金钢</td><td>5~4</td><td>4~2.5</td><td>2.5</td><td>合金钢</td><td>7.5~5</td><td>5</td><td>7.5~6</td></tr>
<tr><td>控制预紧力的计算</td><td colspan="4">1.2~1.5</td><td colspan="4">1.2~1.5
($S_a=1.5\sim2.5$)</td></tr>
<tr><td colspan="2">铰制孔用螺栓连接</td><td colspan="4">钢:$S_\tau=2.5,S_p=1.25$
铸铁:$S_p=2.0\sim2.5$</td><td colspan="4">钢:$S_\tau=3.5\sim5$
$[\sigma_p]$按静载荷的$[\sigma_p]$值降低 20%~30%</td></tr>
</table>

表 10-10　螺纹连接的许用应力幅 $[\sigma_a]=\frac{\varepsilon_\sigma k_u k_t \sigma_{-1t}}{k_\sigma S_a}$

<table>
<tr><td rowspan="2">尺寸系数 ε_σ</td><td colspan="2">螺栓直径 d/mm</td><td><12</td><td>16</td><td>20</td><td>24</td><td>30</td><td>36</td><td>42</td><td>48</td><td>56</td><td>64</td></tr>
<tr><td colspan="2">ε_σ</td><td>1</td><td>0.87</td><td>0.80</td><td>0.74</td><td>0.65</td><td>0.64</td><td>0.60</td><td>0.57</td><td>0.54</td><td>0.53</td></tr>
<tr><td>螺纹制造工艺系数 k_t</td><td colspan="12">切制螺纹 $k_t=1$，搓制螺纹 $k_t=1.25$</td></tr>
<tr><td>受力不均匀系数 k_u</td><td colspan="12">受压螺母 $k_u=1$，受拉螺母 $k_u=1.5\sim1.6$</td></tr>
<tr><td>试件的疲劳极限 σ_{-1t}</td><td colspan="12">见表 10-7</td></tr>
<tr><td rowspan="2">缺口应力集中系数 k_σ</td><td colspan="4">螺栓材料 σ_B/MPa</td><td colspan="2">400</td><td colspan="2">600</td><td colspan="2">800</td><td colspan="2">1 000</td></tr>
<tr><td colspan="4">k_σ</td><td colspan="2">3</td><td colspan="2">3.9</td><td colspan="2">4.8</td><td colspan="2">5.2</td></tr>
<tr><td rowspan="2">安全系数 S_a</td><td colspan="4">安装螺栓情况</td><td colspan="4">控制预紧力</td><td colspan="4">不控制预紧力</td></tr>
<tr><td colspan="4">S_a</td><td colspan="4">1.5~2.5</td><td colspan="4">2.5~5</td></tr>
</table>

10.1.8　提高螺纹连接强度的措施

以螺栓连接为例,螺栓连接的强度主要取决于螺栓的强度,因此,研究影响螺栓强度的因素和提高螺栓强度的措施,对提高连接的可靠性有着重要的意义。

影响螺栓强度的因素很多,主要涉及应力变化幅度、螺纹牙上的载荷分布、应力集中、附加应力、材料的机械性能和制造工艺等几个方面。下面分析各种因素对螺栓强度的影响以及提高强度的相应措施。

1. 降低影响螺栓疲劳强度的应力幅

根据理论与实践可知,受轴向变载荷的紧螺栓连接,在最小应力不变的条件下,应力幅越小,则螺栓越不容易发生疲劳破坏,连接的可靠性越高。当螺栓所受的工作拉力在 $0 \sim F_E$ 变化时,则螺栓的总拉力将在 $F_0 \sim F_a$ 变动。由式(10－33)与(10－36)可知,在保持预紧力 F_0 不变的条件下,若减小螺栓刚度 k_b 或增大被连接件刚度 k_c,都可以达到减小总拉力 F_a 的变动范围(即减小应力幅 σ_a)的目的。但由式(10－32)可知,在 F_0 给定的条件下,减小螺栓刚度 k_b 或增大被连接件的刚度 k_c,都将引起残余预紧力 F_R 减小,从而降低了连接的紧密性。因此,若在减小 k_b 和增大 k_c 的同时,适当增加预紧力 F_0,就可以使 F_R 不致减小太多或保持不变。这对改善连接的可靠性和紧密性是有利的。但预紧力不宜增加过大,必须控制在规定的范围内(见式(10－13)),以免过分削弱螺栓的静强度。

为了减小螺栓的刚度,可适当增加螺栓的长度,或采用图 10－23 所示的腰状杆螺栓和空心螺栓。如果在螺母下面安装上弹性元件(图 10－24),其效果和采用腰状杆螺栓或空心螺栓时相似。

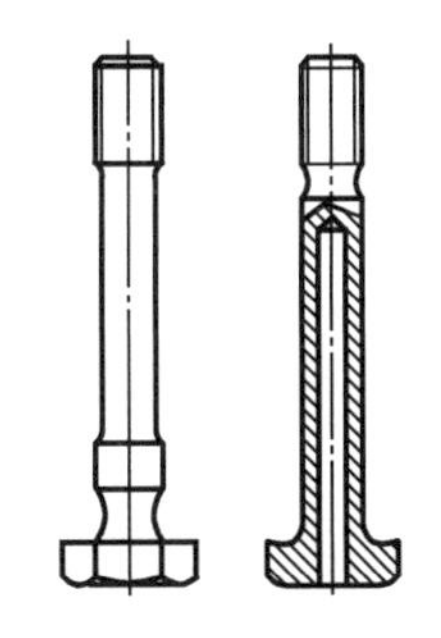

图 10－23　腰状杆螺栓与空心螺栓

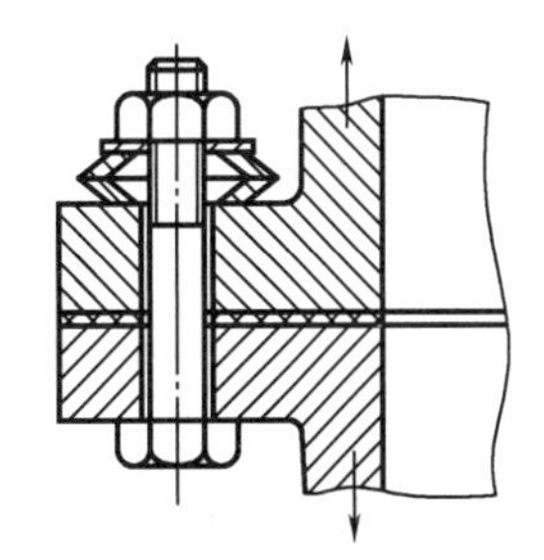

图 10－24　弹性元件

为了增大被连接件的刚度,可以不用垫片或采用刚度较大的垫片。对于需要保持紧密性的连接,从增大被连接件的刚度的角度来看,采用较软的气缸垫片(图 10－25(a))并不合适。此时以采用刚度较大的金属垫片或密封环较好(图 10－25(b))。

2. 改善螺纹牙上载荷分布不均的现象

不论螺栓连接的具体结构如何,螺栓所受的总拉力 F_a 都是通过螺栓和螺母的螺纹牙面相接触来传递的。由于螺栓和螺母的刚度及变形性质不同,即使制造和装配都很精确,各圈牙上的受力也是不同的。如图 10－26 所示,当连接受载时,螺栓受拉伸,外螺纹的螺距增大;而螺母受压缩,内螺纹的螺距减小。由图可知,螺纹螺距的变化差以旋合的第一圈处为最大,以后各圈递减。旋合螺纹间的载荷分布,如图 10－27 所示。实验证明,约有 1/3 的载荷集中在第一圈上,第八圈以后的螺纹牙几乎不承受载荷。因此,采用螺纹牙圈数过多的加厚螺母,并不能提高连接的强度。

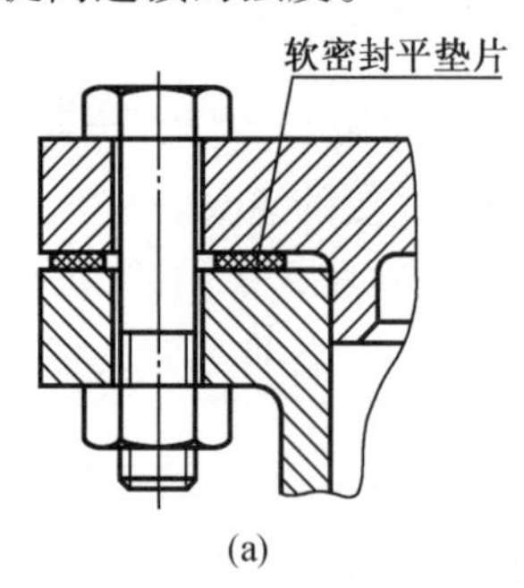

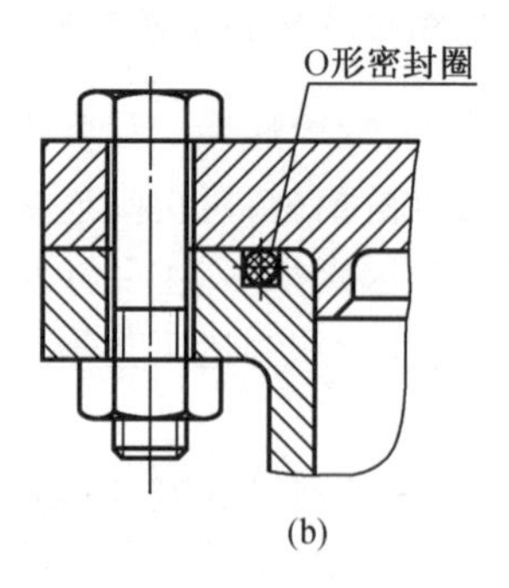

图 10-25 气缸密封元件

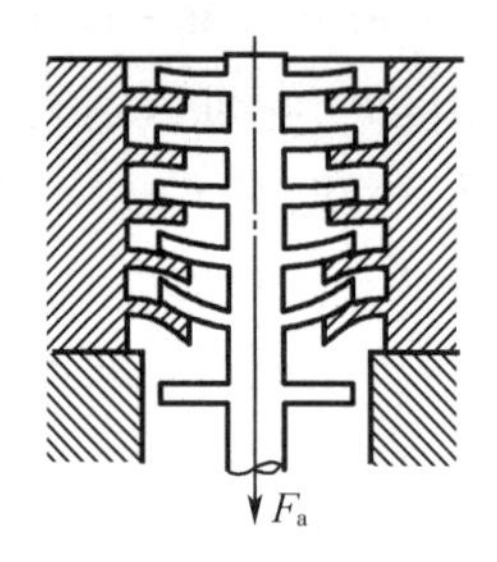

图 10-26 旋合螺纹的变形示意图

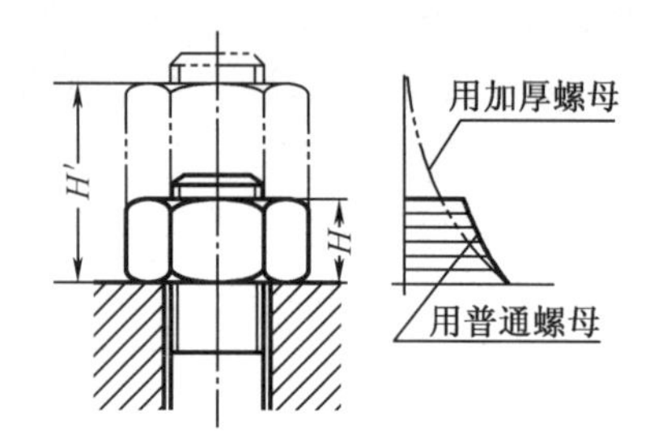

图 10-27 旋合螺纹间的载荷分布

为了改善螺纹牙上的载荷分布不均程度,常采用悬置螺母,减小螺栓旋合段本来受力较大的几圈螺纹牙的受力面或采用钢丝螺套,现分述于后。

图 10-28(a)为悬置螺母,螺母的旋合部分全部受拉,其变形性质与螺栓相同,从而可以减小两者的螺距变化差,使螺纹牙上的载荷分布趋于均匀。

图 10-28(b)为环槽螺母,这种结构可以使螺母内缘下端(螺栓旋入端)局部受拉,其作用和悬置螺母相似,但其载荷均布的效果不及悬置螺母。

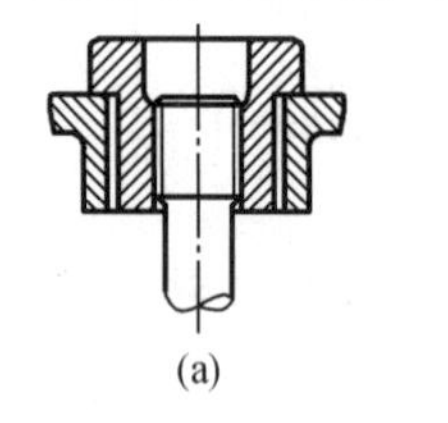

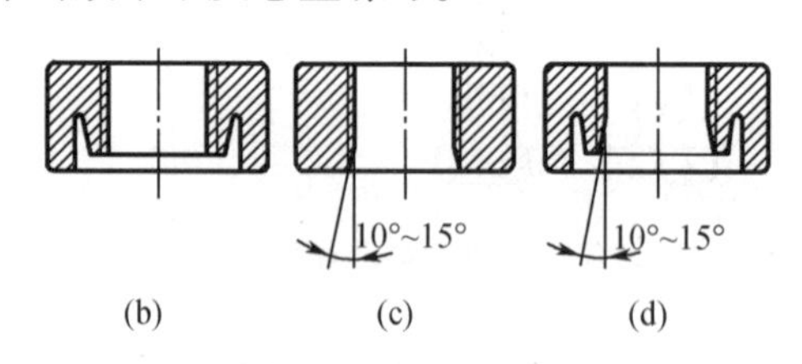

图 10-28 均载螺母结构

图 10-28(c)为内斜螺母。螺母下端(螺栓旋入端)受力大的几圈螺纹处制成 10° ~ 15°的斜角,使螺栓螺纹牙的受力面由上而下逐渐外移。这样,螺栓旋合段下部的螺纹牙在载荷作用下,容易变形,而载荷将向上转移使载荷分布趋于均匀。

图 10-28(d)所示的螺母结构,兼有环槽螺母和内斜螺母的作用。这些特殊结构的螺母,由于加工比较复杂,所以只限于重要的或大型的连接上使用。

图 10-29 为钢丝螺套。它主要用来旋入轻合金的螺纹孔内,旋入后将安装柄根在缺口处折断,然后才旋上螺栓。因它具有一定的弹性,可以起到均载的作用,再加上它还有减振的作用,故能显著提高螺纹连接件的疲劳强度。

3. 减小应力集中的影响

螺栓上的螺纹(特别是螺纹的收尾)、螺栓头和螺栓杆的过渡处以及螺栓横截面面积发生变化的部位等,都要产生应力集中,是产生断裂的危险部位。为了减小应力集中的程度,可以采用较大的圆角和卸载结构(图 10－30),或将螺纹收尾改为退刀槽等。但应注意,采用一些特殊结构会使制造成本增高。

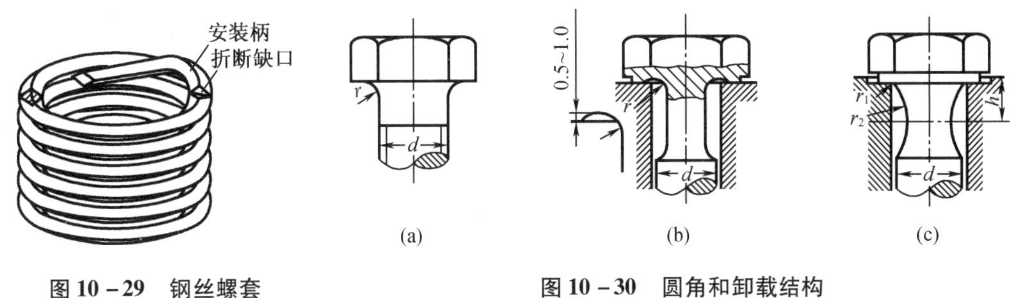

图 10－29 钢丝螺套

图 10－30 圆角和卸载结构

(a)加大圆角;(b)卸载槽;(c)卸载过渡结构

$r=0.2d$;$r_1\approx0.15d$;$r_2\approx1.0d$;$h\approx0.5d$

4. 避免或减小附加应力

由于设计、制造或安装上的疏忽,有可能使螺栓受到附加弯曲应力(图 10－31),这对螺栓疲劳强度的影响很大,应设法避免。例如,在铸件或锻件等未加工表面上安装螺栓时,常采用凸台或沉头座等结构,经切削加工后可获得平整的支承面(图 10－32);或者采用球面垫圈(图 10－33)、带有腰环(图 10－34)或细长的螺栓等来保证螺栓连接的装配精度。

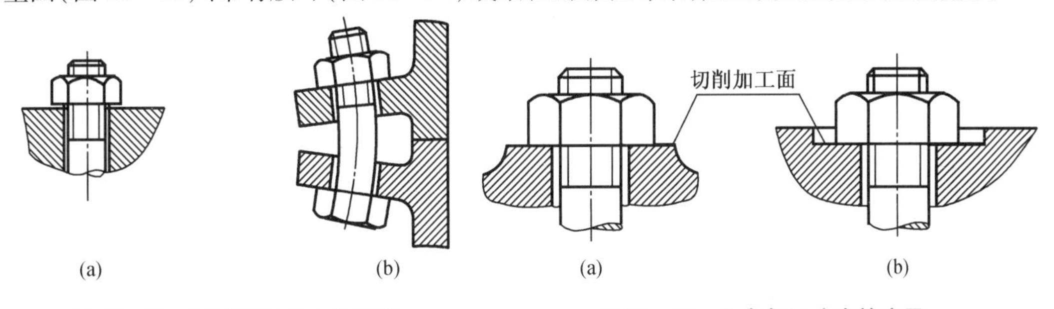

图 10－31 引起附加应力的原因

(a)支承面不平;(b)被连接件变形太大

图 10－32 凸台与沉头座的应用

(a)凸台;(b)沉头座

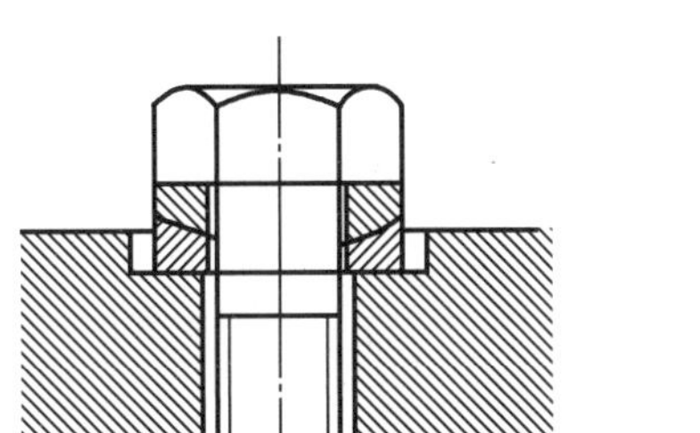

图 10－33 球面垫圈

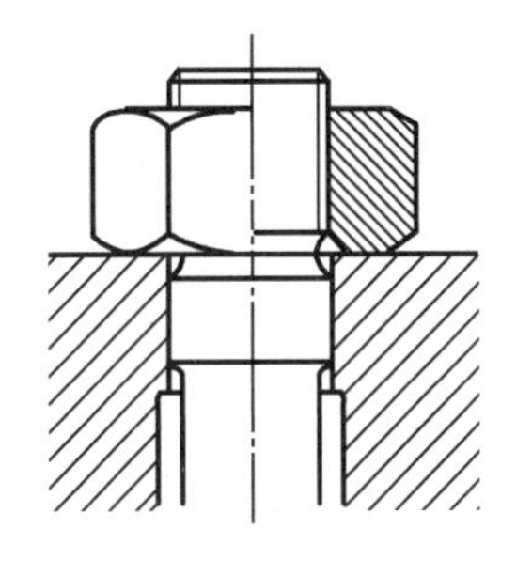

图 10－34 腰环螺栓连接

5. 采用合理的制造工艺方法

采用冷镦螺栓头部和滚压螺纹的工艺方法,可以显著提高螺栓的疲劳强度。这是因为除可降低应力集中外，冷镦和滚压工艺不切断材料纤维，金属流线的走向合理（图 10－35），而且有冷作硬化的效果，并使表层留有残余应力。因而滚压螺纹的疲劳强度可较切削螺纹的疲劳强度提高 30% ～40%。如果热处理后再滚压螺纹，其疲劳强度可提高 70% ～100%。这种冷镦和滚压工艺还具有材料利用率高、生产效率高和制造成本低等优点。

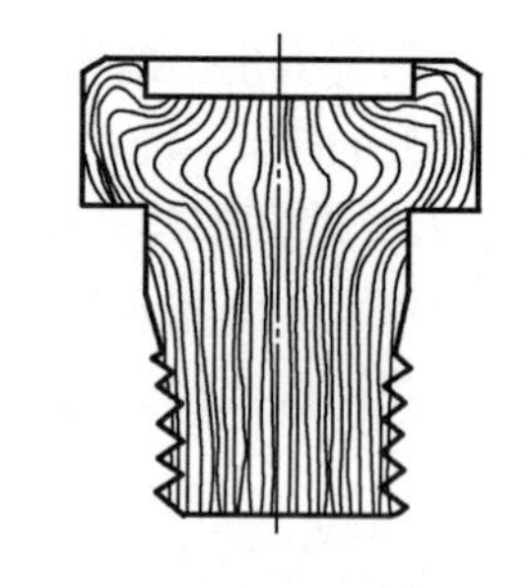

图 10－35 冷镦与滚压加工螺栓中的金属流线

此外，在工艺上采用氮化、氰化、喷丸等处理，都是提高螺纹连接件疲劳强度的有效方法。

例 10－1 试计算粗牙普通螺纹 M10 和 M30 的螺纹升角，并说明在静载荷下这两种螺纹能否自锁（已知摩擦因数 $f=0.1 \sim 0.15$）。粗牙普通螺纹的基本尺寸见表 10－11。

表 10－11 粗牙普通螺纹基本尺寸 单位：mm

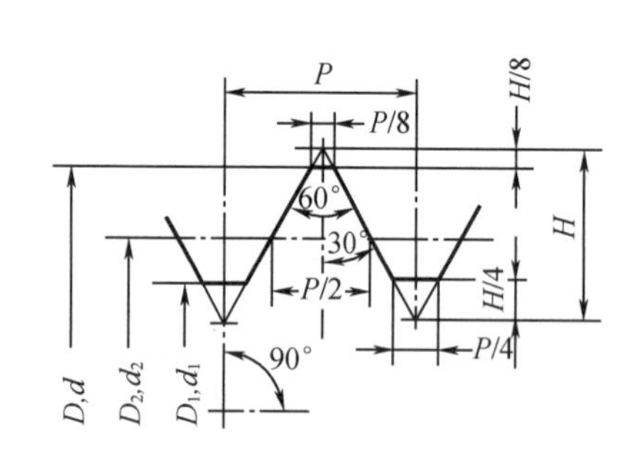

$H=0.866P$

$d_2=3-0.6495P$

$d_1=d-1.0825P$

D,d——内、外螺纹大径；

D_2,d_2——内、外螺纹中径；

D_1,d_1——内、外螺纹小径；

P——螺距。

标记示例：M24（粗牙普通螺纹，直径 24，螺距 3）；

M24 ×1.5（细牙普通螺纹，直径 24，螺距 1.5）

公称直径（大径）D,d	粗牙			细牙
	螺距 P	中径 D_2,d_2	小径 D_1,d_1	螺距 P
3	0.5	2.675	2.459	0.35
4	0.7	3.545	3.242	0.5
5	0.8	4.480	4.134	0.5
6	1	5.350	4.917	0.75
8	1.25	7.188	6.647	1,0.75
10	1.5	9.026	8.376	1.25,1,0.75
12	1.75	10.863	10.106	1.5,1.25,1
14	2	12.701	11.835	1.5,1.25,1
16	2	14.701	13.835	1.5,1
18	2.5	16.376	15.294	2,1.5,1
20	2.5	18.376	17.294	
22	2.5	20.376	19.294	
24	3	22.051	20.752	
27	3	25.051	23.752	
30	3.5	27.727	26.211	3,2,1.5,1

解 (1)螺纹升角

由表10－11查得M10的螺距 $P=1.5$ mm，中径 $d_2=9.026$ mm；M30的螺距 $P=3.5$ mm，$d_2=27.727$ mm。

对于M10

$$\psi=\arctan\frac{P}{\pi d_2}=\arctan\frac{1.5}{0.902\,6\pi}=3.03^\circ$$

对于M30

$$\psi=\arctan\frac{P}{\pi d_2}=\arctan\frac{3.5}{27.727\pi}=2.30^\circ$$

(2)自锁性能

普通螺纹的牙侧角 $\beta=\frac{\alpha}{2}=30^\circ$，按摩擦因数 $f=0.1$ 计算，相应的当量摩擦角为

$$\rho'=\arctan\frac{f}{\cos\beta}=\arctan\frac{0.1}{\cos 30^\circ}=6.59^\circ$$

$\psi<\rho'$，能自锁。

事实上，单线普通螺纹的升角约在 $1.5^\circ\sim3.5^\circ$ 之间，远小于当量摩擦角，因此在静载荷下都能保证自锁(见图10－6的紧固螺纹区)。

例10－2 一钢制液压油缸，油缸壁厚为10 mm，油压 $p=1.6$ MPa，$D=160$ mm，试计算其上盖的螺栓连接和螺栓分布圆直径 D_0(图10－19)。

解 (1)确定螺栓工作载荷 F_E

暂取螺栓数 $z=8$，则每个螺栓承受的平均轴向工作载荷 F_E 为

$$F_E=\frac{p\cdot\pi D^2/4}{z}=1.6\times\frac{\pi\times160^2}{4\times8}=4.02\ \text{kN}$$

(2)确定螺栓总拉伸载荷 F_a

根据前面所述，对于压力容器有密封性要求取残余预紧力 $F_R=1.8F_E$，则由式(10－28)可得

$$F_a=F_E+1.8F_E=2.8\times4.02=11.3\ \text{kN}$$

(3)求螺栓直径

选取螺栓材料为45钢，性能等级为4.8，$\sigma_s=320$ MPa(表10－8)，装配时不控制预紧力，按表10－9暂取安全系数 $S=3$，螺栓许用拉应力为

$$[\sigma]=\frac{\sigma_s}{S}=\frac{320}{3}=106.67\ \text{MPa}$$

由式(10－35)得螺纹的小径为

$$d_1\geqslant\sqrt{\frac{4\times1.3F_a}{\pi[\sigma]}}=\sqrt{\frac{4\times1.3\times11.3\times10^3}{\pi\times106.67}}=13.2\ \text{mm}$$

查表10－11，取M16螺栓(小径 $d_1=13.835$ mm)。按照表10－9可知所取安全系数 $S=3$ 是正确的。

(4)确定螺栓分布圆直径

螺栓置于凸缘中部。从图10－19可知，由机械设计手册可以决定螺栓分布圆直径 D_0 为

$$D_0=D+2e+2\times10=160+2\times[16+(3\sim6)]+2\times10=218\sim224\ \text{mm}$$

取 $D_0=220$ mm。螺栓间距 l 为

$$l=\frac{\pi D_0}{z}=\frac{\pi\times 220}{8}=86.4\ \text{mm}$$

由表10－5可知，当 $p\leqslant 1.6$ MPa 时，$l\leqslant 7d=7\times 16=112$ mm，所以选取的 D_0 和 z 是合适的。

10.2 螺旋传动

10.2.1 螺旋传动的类型和应用

螺旋传动是利用螺杆和螺母组成的螺纹副来实现传动要求的。它主要用于将回转运动转变为直线运动，同时传递运动和动力。

螺旋传动按螺杆和螺母的相对运动关系可分为四种情况：螺杆转动，螺母移动；螺母固定，螺杆转动并移动；螺母转动，螺杆移动；螺杆固定，螺母移动并转动。常用运动形式主要有以下两种：螺杆转动，螺母移动（图10－36（a）机床进给机构）；螺母固定，螺杆转动并移动（图10－36（b）螺旋压力机或图10－38螺旋起重器）。

螺旋传动按其用途又可分为传力螺旋、传导螺旋和调整螺旋三种。

传力螺旋以传递动力为主，要求以较小的转矩产生较大的轴向推力，用以克服工件阻力，用于各种起重或加压装置（图10－36（b））。这种传力螺旋承受很大的轴向力，一般为间歇性工作，每次的工作时间较短，工作速度也不高，而且通常需有自锁能力。

传导螺旋以传递运动为主，有时也承受较大的轴向载荷，如机床进给机构的螺旋等（图10－36（a））。传导螺旋常需在较长的时间内连续工作，工作速度较高，因此要求具有较高的传动精度。

调整螺旋用以调整、固定零部件之间的相对位置。实际中常用差动螺旋机构，如机床、仪器及测量装置中的微调螺旋（图10－37）。调整螺旋不经常转动，一般在空载下调整。

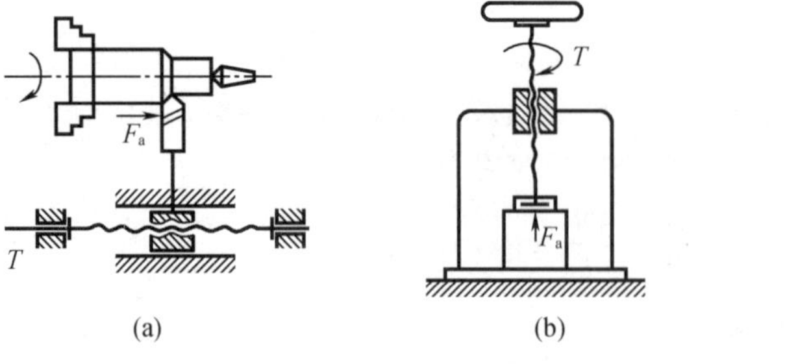

图10－36 螺旋传动的运动形式

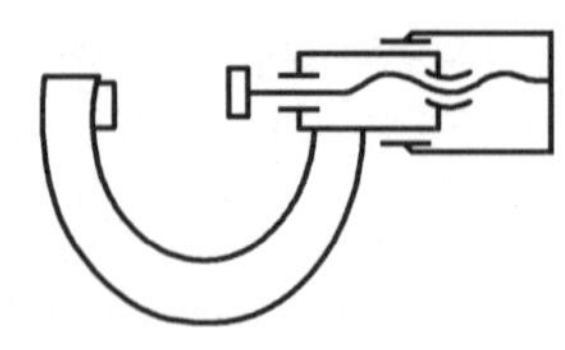

图10－37 微调螺旋

螺旋传动按其螺纹副的摩擦性质不同，又可分为滑动螺旋（滑动摩擦）、滚动螺旋（滚动摩擦）和静压螺旋（流体摩擦）。本节重点讨论滑动螺旋传动的设计和计算。

10.2.2 滑动螺旋的结构和材料

1. 滑动螺旋的结构

螺旋传动的结构主要是指螺杆、螺母的固定和支承的结构形式。螺旋传动的工作刚度

与精度等和支承结构有直接关系。当螺杆短而粗且垂直布置时，如起重及加压装置的传力螺旋，可以利用螺母本身作为支承（图 10－38）。当螺杆细长且水平布置时，如机床的传导螺旋（丝杠）等，应在螺杆两端或中间附加支承，以提高螺杆的工作刚度。螺杆的支承结构和轴的支承结构基本相同，可参看第 15 章、第 16 章两章有关内容。此外，对于轴向尺寸较大的螺杆，应采用对接的组合结构代替整体结构，以减少制造工艺上的困难。

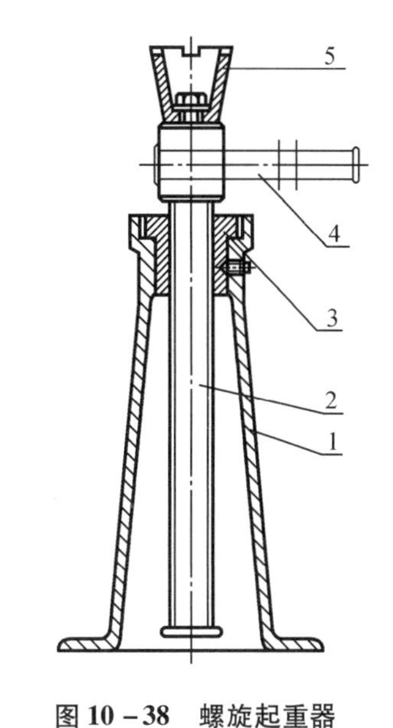

图 10－38 螺旋起重器

1—底座；2—螺杆；3—螺母；4—手柄；5—托杯

螺母的结构有整体螺母、组合螺母和剖分螺母等形式。整体螺母结构简单，但由磨损而产生的轴向间隙不能补偿，只适合在精度要求较低的螺旋中使用。对于经常双向传动的传导螺旋，为了消除轴向间隙和补偿旋合螺纹的磨损，避免反向传动时的空行程，常采用组合螺母或剖分螺母。

滑动螺旋采用的螺纹类型有矩形、梯形和锯齿形，其中以梯形和锯齿形螺纹应用最广。螺杆常用右旋螺纹，只有在某些特殊的场合，如车床横向进给丝杠，为了符合操作习惯，才采用左旋螺纹。传力螺旋和调整螺旋要求自锁时，应采用单线螺纹。对于传导螺旋，为了提高其传动效率及直线运动速度，可采用多线螺纹（线数 $n=3\sim4$，甚至多达 6）。

2. 螺杆和螺母的材料

螺杆材料要有足够的强度和耐磨性。螺母材料除要有足够的强度外，还要求在与螺杆材料配合时摩擦系数小、耐磨。螺旋传动常用的材料见表 10－12。

表 10－12 螺旋传动常用的材料

螺纹副	材料牌号	应用范围
螺杆	Q275，45，50，Y40，Y40Mn	材料不经淬硬处理，适用于经常运动，受力不大，转速较低的传动
	40Cr，65Mn，T12，40WMn 18CrMnTi，18CrMoAlA	材料需经淬硬处理，以提高其耐磨性，适用于重载、转速较高的重要传动
	9Mn2V，CrWMn 38CrMoAlA	材料经热处理后有较好的尺寸的稳定性，并在加工中进行适当次数时效处理，适用于精密传导螺旋传动
螺母	ZCuSn10P1，ZCuSn5Pb5Zn5	材料耐磨性好，适用于一般传动
	ZCuAl9Fe3 ZCuZn25Al6Fe3Mn3	材料耐磨性好，强度高，适用于重载、低速的传动。对于尺寸较大或高速传动，螺母可采用钢或铸铁做外套，内孔浇注青铜或巴氏合金

10.2.3 滑动螺旋传动的设计计算

滑动螺旋工作时，主要承受转矩及轴向拉力（或压力）的作用，同时在螺杆和螺母的旋合螺纹间有较大的相对滑动。由于其失效形式主要是螺纹磨损，因此，滑动螺旋的基本尺寸（即螺杆直径与螺母高度）通常是根据耐磨性条件确定的。对于受力较大的传力螺旋，还应校核螺杆危险截面以及螺母螺纹牙的强度，以防止发生塑性变形或断裂；对于要求自锁的螺杆应校核其自锁性；对于精密的传导螺旋应校核螺杆的刚度（螺杆的直径应根据刚度条件确定），以免受力后由于螺距的变化引起传动精度降低；对于长径比很大的螺杆，应校核其稳定性，以防止螺杆受压后失稳；对于高速的长螺杆还应校核其临界转速，以防止产生过度的横向振动等。在设计时，应根据螺旋传动的类型、工作条件及其失效形式等，选择不同的设计准则，而不必逐项进行校核。

下面主要介绍耐磨性计算和几项常用的校核计算方法。

1. 耐磨性计算

滑动螺旋的磨损与螺纹工作面上的压力、滑动速度、螺纹表面粗糙度，以及润滑状态等因素有关。其中最主要的是螺纹工作面上的压力，压力越大，螺纹副间越容易形成过度磨损。因此，滑动螺旋的耐磨性计算，主要是限制螺纹工作面上的压力 p，使其小于材料的许用压力 $[p]$。

如图 10－39 所示，假设作用于螺杆的轴向力为 F_a，螺纹的承压面积（指螺纹工作表面投影到垂直于轴向力的平面上的面积）为 A（单位为 mm^2），螺纹中径为 d_2（单位为 mm），螺纹工作高度 h（单位为 mm），螺纹螺距为 P（单位为 mm），螺母高度为 H（单位为 mm），螺纹工作圈数 $u=\frac{H}{P}$，则螺纹工作面上的耐磨性条件为

$$p=\frac{F_a}{A}=\frac{F_a}{\pi d_2 hu}=\frac{F_a P}{\pi d_2 hH}\leqslant[p] \qquad (10-41)$$

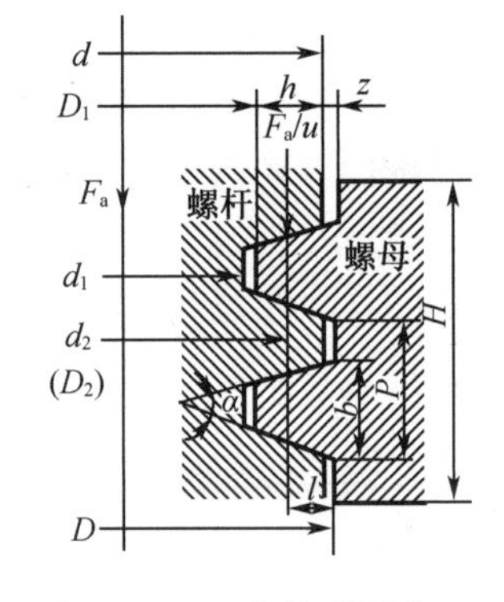

图 10－39 螺纹副受力

上式可作为校核计算用。为了导出设计计算式，令 $\varphi=\frac{H}{d_2}$，则 $H=\varphi d_2$。代入式（10－41）整理后可得

$$d_2\geqslant\sqrt{\frac{F_a P}{\pi h\varphi[p]}} \qquad (10-42)$$

对于矩形和梯形螺纹，$h=0.5P$，则

$$d_2\geqslant 0.8\sqrt{\frac{F_a}{\varphi[p]}} \qquad (10-43)$$

对于 30°锯齿形螺纹，$h=0.75P$，则

$$d_2\geqslant 0.65\sqrt{\frac{F_a}{\varphi[p]}} \qquad (10-44)$$

螺母高度

$$H=\varphi d_2 \qquad (10-45)$$

式中 $[p]$——材料的许用压力，单位为 MPa，见表 10－13；

φ 值一般取 1.2 ~ 3.5。

表 10-13 滑动螺纹副材料的许用压力[p]及摩擦因数 f

螺杆-螺母的材料	滑动速度/($m \cdot s^{-1}$)	许用压力/MPa	摩擦因数 f
钢-青铜	低速	18 ~ 25	0.08 ~ 0.10
	≤0.05	11 ~ 18	
	0.1 ~ 0.2	7 ~ 10	
	>0.25	1 ~ 2	
淬火钢-青铜	0.1 ~ 0.2	10 ~ 13	0.06 ~ 0.08
钢-铸铁	<0.04	13 ~ 18	0.12 ~ 0.15
	0.1 ~ 0.2	4 ~ 7	
钢-钢	低速	7.5 ~ 13	0.15 ~ 0.17

注:①表中许用压力值适用于 $\varphi = 2.5 \sim 4$ 的情况。
②当 $\varphi < 2.5$ 时可提高 20%;若为剖分螺母时应降低 15% ~ 20%。

对于整体螺母,由于磨损后不能调整间隙,为使受力分布比较均匀,螺纹工作圈数不宜过多,故取 $\varphi = 1.2 \sim 2.5$;对于剖分螺母和兼作支承的螺母,可取 $\varphi = 2.5 \sim 3.5$;只有传动精度较高,载荷较大,要求寿命较长时,才允许取 $\varphi = 4$。

根据公式算得螺纹中径 d_2 后,应按国家标准选取相应的公称直径 d 及螺距 P。螺纹工作圈数不宜超过 10 圈。

螺纹几何参数确定后,对于有自锁性要求的螺纹副,还应校核螺纹副是否满足自锁条件,即

$$\psi \leqslant \rho' = \arctan \frac{f}{\cos \beta} = \arctan f' \tag{10-46}$$

式中 ψ——螺纹升角;
f'——螺纹副的当量摩擦因数;
f——摩擦因数,见表 10-13。

2. 螺杆的强度计算

受力较大的螺杆需进行强度计算。螺杆工作时承受轴向压力(或拉力)F_a 和扭矩 T 的作用。螺杆危险截面上既有压缩(或拉伸)应力,又有切应力。因此,校核螺杆强度时,应根据第四强度理论求出危险截面上的当量应力 σ_e,其强度条件为

$$\sigma_e = \sqrt{\sigma^2 + 3\tau^2} = \sqrt{\left(\frac{F_a}{A}\right)^2 + 3\left(\frac{T}{W_T}\right)^2} \leqslant [\sigma]$$

或

$$\sigma_e = \frac{1}{A}\sqrt{F_a^2 + 3\left(\frac{4T^2}{d_1}\right)} \leqslant [\sigma] \tag{10-47}$$

式中 F_a——螺杆所受的轴向压力(或拉力),N;

A——螺杆螺纹段的危险截面面积,$A = \frac{\pi}{4}d_1^2$,mm^2;

W_T——螺杆螺纹段的抗扭截面系数，$W_T=\frac{\pi d_1^3}{16}=A\frac{d_1}{4}$，$mm^3$；

d_1——螺杆螺纹小径，mm；

T——螺杆所受的扭矩，$T=F_a\tan(\psi+\rho')\frac{d_2}{2}$，N · mm；

$[\sigma]$——螺杆材料的许用应力（表 10－14），MPa。

表 10－14　滑动螺纹副材料的许用应力

螺纹副材料		许用应力/MPa		
		$[\sigma]$	$[\sigma_b]$	$[\tau]$
螺杆	钢	$\frac{\sigma_s}{3\sim5}$	$(1\sim1.2)[\sigma]$	$0.6[\sigma]$
螺母	青铜	—	40～60	30～40
	耐磨铸铁	—	50～60	40
	铸铁	—	45～55	40
	钢	$\frac{\sigma_s}{3\sim5}$	$(1.0\sim1.2)[\sigma]$	$0.6[\sigma]$

注：①σ_s 为材料屈服极限。

②载荷稳定时，许用应力取大值。

3. 螺母螺纹牙的强度计算

螺纹牙多发生剪切和挤压破坏，一般螺母的材料强度低于螺杆，故只需校核螺母螺纹牙的强度。

如图 10－40 所示，如果将一圈螺纹沿螺母的螺纹大径 D 处展开，则可看作宽度为 πD 的悬臂梁。假设螺母每圈螺纹所承受的平均压力为$\frac{F_a}{u}$，并作用在以螺纹中径 D_2 为直径的圆周上，则螺纹牙危险截面 $a-a$ 的剪切强度条件为

$$\tau=\frac{F_a}{\pi Dbu}\leqslant[\tau] \tag{10-48}$$

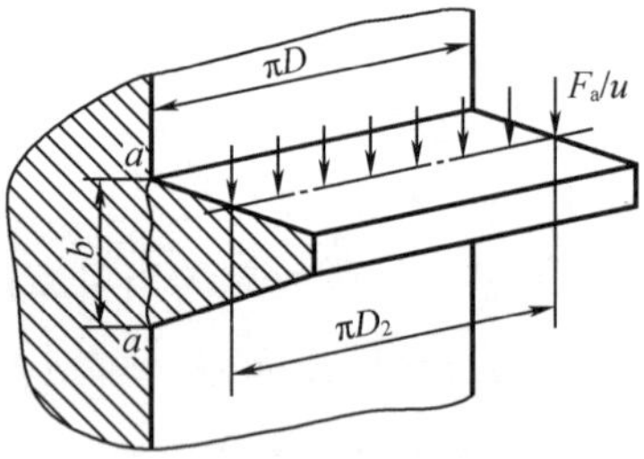

图 10－40　螺母螺纹圈的受力

螺纹牙危险截面 $a-a$ 的弯曲强度条件为

$$\sigma_b=\frac{6F_a l}{\pi Db^2 u}\leqslant[\sigma_b] \tag{10-49}$$

式中　b——螺纹牙根部的厚度，mm，对于矩形螺纹，$b=0.5P$；对于梯形螺纹，$b=0.65P$；对于 30°矩齿形螺纹，$b=0.75P$；P 为螺纹螺距；

l——弯曲力臂，（参看图 10－39，$l=\frac{D-D_2}{2}$），mm；

$[\tau]$——螺母材料的许用切应力（表 10－14），MPa；

$[\sigma_b]$——螺母材料的许用弯曲应力（表 10－14），MPa。

其余符号的意义和单位同前。

当螺杆和螺母的材料相同时，由于螺杆的小径 d_1 小于螺母螺纹的大径 D，故应校核螺杆螺纹牙的强度。此时，式(10－48)、式(10－49)中的 D 应改为 d_1。

4. 螺母外径与凸缘的强度计算

在螺旋起重器螺母的设计计算中，除了进行耐磨性计算与螺纹牙的强度计算外，还要进行螺母下段与螺母凸缘的强度计算。图10－41所示的螺母结构形式，工作时，在螺母凸缘与底座的接触面上产生挤压应力，凸缘根部受到弯曲及剪切作用。螺母下段悬置，承受拉力和螺纹牙上的摩擦力矩作用。

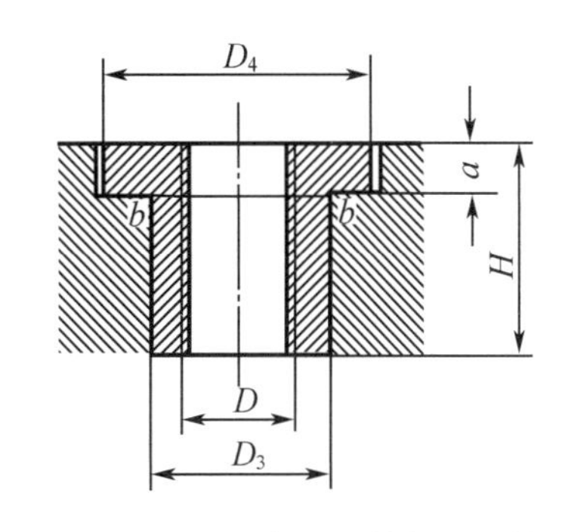

图10－41 螺旋起重器的螺母结构

设悬置部分承受全部外载荷 F_a，并将 F_a 增加20%～30%来代替螺纹牙上摩擦力矩的作用，则螺母悬置部分危险截面 $b-b$ 内的最大拉伸应力为

$$\sigma=\frac{(1.2\sim1.3)F_a}{\frac{\pi}{4}(D_3^2-D^2)}\leqslant[\sigma] \tag{10-50}$$

式中 $[\sigma]$——螺母材料的许用拉伸应力，$[\sigma]=0.83[\sigma_b]$；

$[\sigma_b]$——螺母材料的许用弯曲应力，见表10－14。

螺母凸缘的强度计算如下：

(1)凸缘与底座接触表面的挤压强度计算

$$\sigma_p=\frac{F_a}{\frac{\pi}{4}(D_4^2-D_3^2)}\leqslant[\sigma_p] \tag{10-51}$$

式中 $[\sigma_p]$——螺母材料的许用挤压应力，可取 $[\sigma_p]=(1.5\sim1.7)[\sigma_b]$。

(2)凸缘根部的弯曲强度计算

$$\sigma_b=\frac{M}{W}=\frac{F_a\cdot\frac{1}{4}(D_4-D_3)}{\frac{1}{6}\pi D_3a^2}=\frac{1.5F_a(D_4-D_3)}{\pi D_3a^2}\leqslant[\sigma_b] \tag{10-52}$$

式中各尺寸符号的意义见图10－41。

凸缘根部被剪断的情况极少发生，故强度计算从略。

5. 螺杆的稳定性计算

对于长径比大的受压螺杆，当轴向压力 F_a 大于某一临界值时，螺杆就会突然发生侧向弯曲而丧失其稳定性。因此，在正常情况下，螺杆承受的轴向力 F_a 必须小于临界载荷 F_c，则螺杆的稳定性条件为

$$S_{ca}=\frac{F_c}{F_a}\geqslant S \tag{10-53}$$

式中 S_{ca}——螺杆稳定性的计算安全系数；

S——螺杆稳定性安全系数，对于传力螺旋(如起重螺旋等)，$S=3.5\sim5.0$，对于传导螺旋(机床走刀丝杆)，$S=2.5\sim4.0$，对于精密丝杆或水平长丝杆 $S>4$；

F_c——螺杆的临界载荷，根据螺杆的柔度 λ（螺杆长细比）值的大小选用不同的公式计算，$\lambda = \frac{\mu l}{i}$。

此处，μ 为螺杆的长度系数，见表 10-15；l 为螺杆的工作长度，mm；螺杆两端支承时取两支点间的距离作为工作长度 l，螺杆一端以螺母支承时以螺母中部到另一端支点的距离作为工作长度 l；i 为螺杆危险截面的惯性半径，mm；若螺杆危险截面面积 $A = \frac{\pi}{4}d_1^2$，则 $i = \sqrt{\frac{I}{A}} = \frac{d_1}{4}$。

表 10-15　螺杆的长度系数 μ

端部支承情况	长度系数 μ
两端固定	0.50
一端固定，一端不完全固定	0.60
一端固定，一端铰支	0.70
两端铰支	1.00
一端固定，一端自由	2.00

注：判断螺杆端部支承情况的方法：

①若采用滑动支承时，则以轴承长度 l_0 与支承孔直径 d_0 的比值来确定。$l_0/d_0 < 1.5$ 时，为铰支；$l_0/d_0 = 1.5 \sim 3.0$ 时，为不完全固定；$l_0/d_0 > 3.0$ 时，为固定支承。

②若采用滚动支承且只有径向约束时，可作为铰支；径向和轴向约束都有时，可作为固定支承。

当 $\lambda \geqslant 100$ 时，临界载荷 F_c 可按欧拉公式计算，即

$$F_c = \frac{\pi^2 EI}{(\mu l)^2} \quad \text{N} \tag{10-54}$$

式中　E——螺杆材料的拉压弹性模量，MPa；

I——螺杆危险截面的惯性矩，$I = \frac{\pi d_1^4}{64}$，mm^4。

当 $40 < \lambda < 100$ 时，对于 $\sigma_B \geqslant 370$ MPa 的碳钢，取

$$F_c = (304 - 1.12\lambda)\frac{\pi d_1^2}{4} \quad \text{N} \tag{10-55}$$

对于 $\sigma_B \geqslant 470$ MPa 的优质碳钢（如 35 钢、40 钢）取

$$F_c = (461 - 2.57\lambda)\frac{\pi d_1^2}{4} \quad \text{N} \tag{10-56}$$

当 $\lambda < 40$ 时，可以不必进行稳定性校核。若上述计算结果不满足稳定性条件，应适当增加螺杆的小径 d_1。

10.3 键 连 接

10.3.1 键连接的功能、类型、结构形式及应用

键是一种标准零件,通常用来实现轴与轮毂之间的周向固定以传递转矩,有的还能实现轴上零件的轴向固定或轴向滑动的导向。键连接的主要类型有:平键连接、半圆键连接、楔键连接和切向键连接。

1. 平键连接

图10-42(a)为普通平键连接的结构形式。键的两侧面是工作面,工作时靠键位键槽侧面的挤压来传递转矩。键的上表面和轮毂的键槽底面间则留有间隙。平键连接具有结构简单、装拆方便、对中性较好等优点,因而得到广泛应用。这种连接不能承受轴向力,因而对轴上的零件不能起到轴向固定的作用。

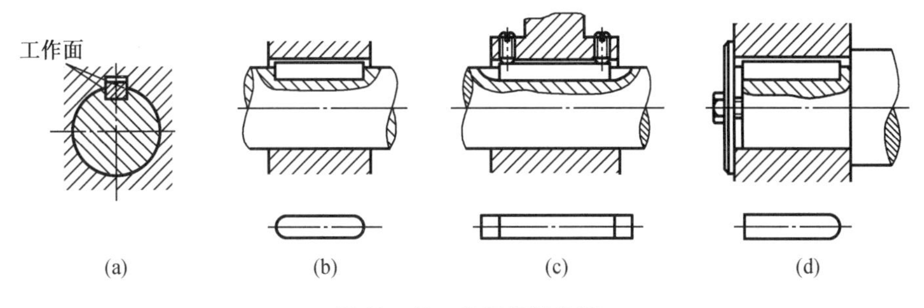

图10-42 普通平键连接

(图(b)(c)(d)下方为键及键槽示意图)

(a)普通平键的横截面图;(b)圆头;(c)平头;(d)单圆头

根据用途的不同,平键分为普通平键、薄型平键、导向平键和滑键四种。其中普通平键和薄型平键用于静连接,导向平键和滑键用于动连接。

普通平键按构造分,有圆头(A型)、平头(B型)及单圆头(C型)三种。圆头平键(图10-42(b))宜放在轴上用键槽指状铣刀铣出的键槽中,键在键槽中轴向固定良好。缺点是键的头部侧面与轮毂上的键槽并不接触,因而键的圆头部分不能充分利用,而且轴上键槽端部的应力集中较大。平头平键(图10-42(c))是放在用盘铣刀铣出的键槽中,因而避免了上述缺点,但对于尺寸大的键,宜用紧定螺钉固定在轴上的键槽中,以防松动。单圆头平键(图10-42(d))则常用于轴端与毂类零件的连接。

薄型平键与普通平键的主要区别是键的高度约为普通平键的60%~70%,也分为圆头、平头和单圆头三种形式,但传递转矩的能力较低,常用于薄壁结构、空心轴及一些径向尺寸受限制的场合。

当被连接的毂类零件在工作过程中必须在轴上做轴向移动时(如变速箱中的滑移齿轮),则须采用导向平键或滑键。导向平键(图10-43(a))是一种较长的平键,用螺钉固定在轴上的键槽中,为了便于拆卸,键上制有起键螺孔,以便拧入螺钉使键退出键槽。轴上的传动零件则可沿键做轴向滑移。当零件需滑移的距离较大时,因所需导向平键的长度过大,

制造困难，故宜采用滑键（图 10－43（b））。滑键固定在轮毂上，轮毂带动滑键在轴上的键槽中做轴向滑移。这样，只需在轴上铣出较长的键槽，而键可做得较短。

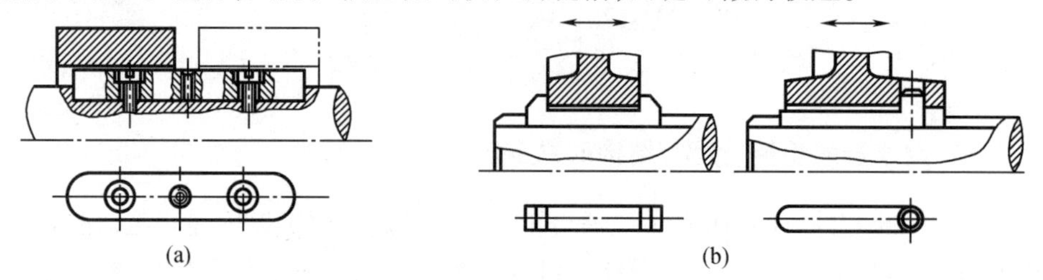

图 10－43　导向平键连接和滑键连接

（a）导向平键连接；（b）滑键连接（键槽已截短）

2. 半圆键连接

半圆键连接如图 10－44 所示。轴上键槽用尺寸与半圆键相同的半圆键槽铣刀铣出，因而键在槽中能绕其几何中心摆动以适应轮毂中键槽的斜度。半圆键工作时，靠其侧面来传递转矩。这种键连接的优点是工艺性较好，装配方便，尤其适用于锥形轴端与轮毂的连接。缺点是轴上键槽较深，对轴的强度削弱较大，故一般只用于轻载静连接中。

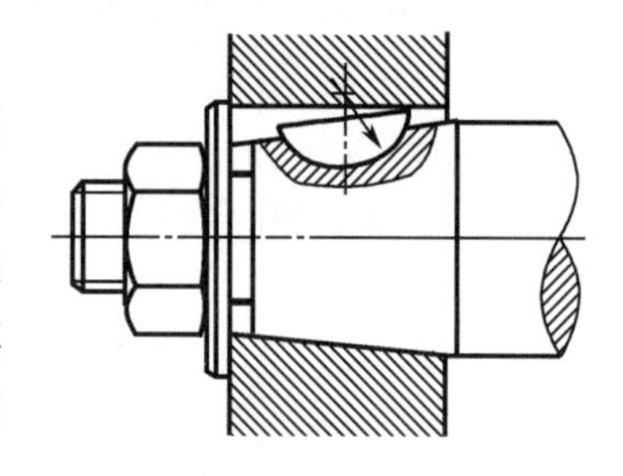

图 10－44　半圆键连接

3. 楔键连接

楔键连接如图 10－45 所示。键的上、下两面是工作面，键的上表面和与它相配合的轮毂键槽底面均具有 1:100 的斜度。装配后，键即楔紧在轴和轮毂的键槽里。工作时，靠键的楔紧作用来传递转矩，同时还可以承受单向的轴向载荷，对轮毂起到单向的轴向固定作用。楔键的侧面与键槽侧面间有很小的间隙，当转矩过载而导致轴与轮毂发生相对转动时，键的侧面能像平键那样参加工作。因此，楔键连接在传递有冲击和振动的较大转矩时，仍能保证连接的可靠性。楔键连接的缺点是键楔紧后，轴和轮毂的配合产生偏心和偏斜。因此主要用于毂类零件的定心精度要求不高和低转速的场合。

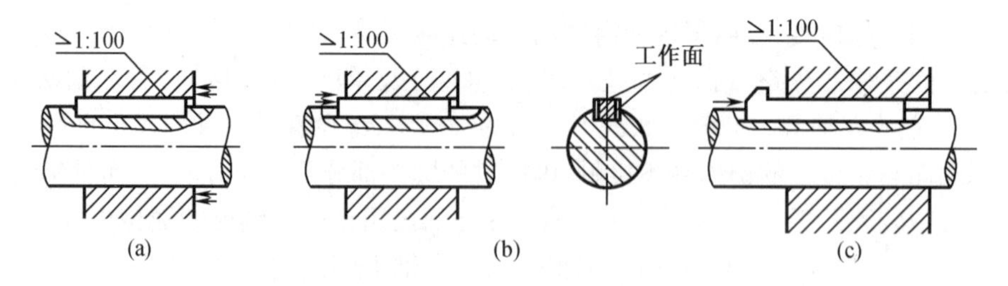

图 10－45　楔键连接

（a）圆头楔键；（b）平头楔键；（c）钩头楔键

楔键分为普通楔键和钩头楔键两种，普通楔键有圆头、平头和单圆头三种形式。装配时，圆头楔键要先放入轴上键槽中，然后打紧轮毂（图 10－45（a））；平头、单圆头和钩头楔键则在轮毂装好后才将键放入键槽并打紧。钩头楔键的钩头供拆卸用，安装在轴端时，应注意加装防护罩。

4. 切向键连接

切向键连接如图10－46所示。切向键是由一对斜度为1∶100的楔键组成。切向键的工作面是由一对楔键沿斜面拼合后相互平行的两个窄面，被连接的轴和轮毂上都制有相应的键槽。装配时，把一对楔键分别从轮毂两端打入，拼合而成的切向键就沿轴的切线方向楔紧在轴与轮毂之间。工作时，靠工作面上的挤压力和轴与轮毂间的摩擦力来传递转矩。用一个切向键时，只能传递单向转矩；当要传递双向转矩时，必须用两个切向键，两者间的夹角为120°～130°。由于切向键的键槽对轴的削弱较大，因此常用于直径大于100 mm的轴上。例如用于大型带轮、大型飞轮，矿山用大型绞车的卷筒及齿轮等与轴的连接。

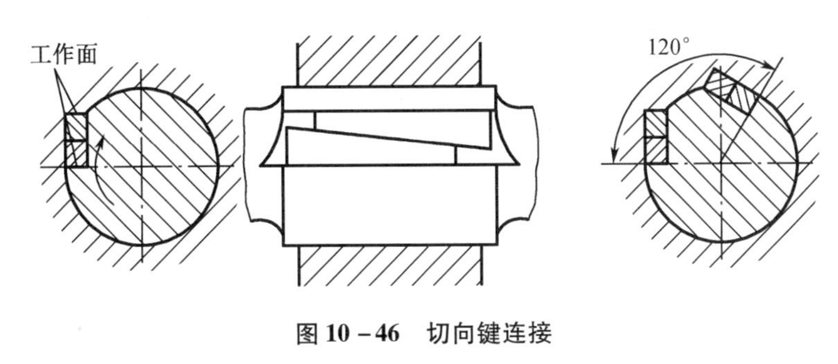

图10－46 切向键连接

10.3.2 键的选择及平键连接的强度计算

1. 键的选择

键的材料采用抗拉强度不小于600 MPa的钢，通常为45钢。键的选择包括类型选择和尺寸选择两个方面。键的类型应根据键连接的结构特点、使用要求和工作条件来选择；键的尺寸则按符合标准规格和强度要求来取定。键的主要尺寸为其截面尺寸（一般以键宽 $b\times$ 键高 h 表示）与长度 L。键的截面尺寸 $b\times h$ 按轴的直径 d 由标准中选定。键的长度 L 一般可按轮毂的长度而定，即键长等于或略短于轮毂的长度；而导向平键则按轮毂的长度及其滑动距离而定。一般轮毂的长度可取为 $L'\approx(1.5\sim2)d$，这里 d 为轴的直径。所选定的键长亦应符合标准规定的长度系列。普通平键和普通楔键的主要尺寸见表10－16。重要的键连接在选出键的类型和尺寸后，还应进行强度校核计算。

表10－16 普通平键和普通楔键的主要尺寸 单位：mm

轴的直径 d	6～8	>8～10	>10～12	>12～17	>17～22	>22～30	>30～38	>38～44
键宽 $b\times$ 键高 h	2×2	3×3	4×4	5×5	6×6	8×7	10×8	12×8
轴的直径 d	>44～50	>50～58	>58～65	>65～75	>75～85	>85～95	>95～110	>110～130
键宽 $b\times$ 键高 h	14×9	16×10	18×11	20×12	22×14	25×14	28×16	32×18
键的长度系列 L	12,14,16,18,20,22,25,28,32,36,40,45,50,56,63,70,80,90,100,110,125,140,160,180,200,250,280,320,360,400							

2. 平键连接的强度计算

平键连接传递转矩时，连接中各零件的受力情况如图10－47所示。对于采用常见的材料组合和按标准选取尺寸的普通平键连接(静连接),其主要失效形式是工作面被压溃。除非有严重过载,一般不会出现键的剪断(图 10-47 中沿 $a-a$ 面剪断)。因此,通常只按工作面的挤压应力进行强度校核计算。对于导向平键和滑键连接(动连接),其主要失效形式是工作面的过度磨损。因此,通过按工作面上的压力进行条件性的强度校核计算。

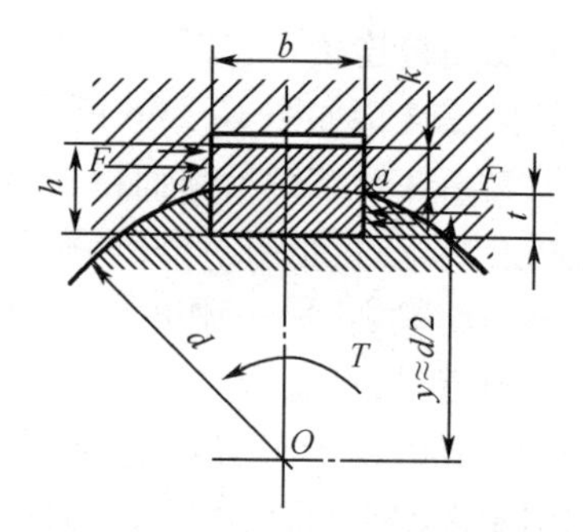

图 10-47 平键连接受力情况

假定载荷在键的工作面上均匀分布,普通平键连接的强度条件为

$$\sigma_p=\frac{2T\times10^3}{kld}\leqslant[\sigma_p] \tag{10-57}$$

导向平键连接和滑键连接的强度条件为

$$p=\frac{2T\times10^3}{kld}\leqslant[p] \tag{10-58}$$

式中 T——传递的转矩($T=F\times y\approx F\times d/2$),N·m;

k——键与轮毂键槽的接触高度,$k=0.5h$,此处 h 为键的高度,mm;

l——键的工作长度,圆头平键 $l=L-b$,平头平键 $l=L$,单圆头平键 $l=L-b/2$,这里 L 为键的公称长度,mm,b 为键的宽度,mm;

d——轴的直径,单位为 mm;

$[\sigma_p]$——键、轴、轮毂三者中最弱材料的许用挤压应力(表 10-17),MPa;

$[p]$——键、轴、轮毂三者中最弱材料的许用压力(表 10-17),MPa。

表 10-17 键连接的许用挤压应力、许用压力 单位:MPa

许用挤压应力、许用压力	连接工作方式	键或毂、轴的材料	载荷性质		
			静载荷	轻微冲击	冲击
$[\sigma_p]$	静连接	钢	125~150	100~120	60~90
		铸铁	70~80	50~60	30~45
$[p]$	动连接	钢	50	40	30

注:①$[\sigma_p]$、$[p]$应按连接中键、轴、轮毂三者中材料力学性能较弱的零件选取。

②如与键有相对滑动的被连接件表面经过淬火,则动连接的许用压力$[p]$可提高 2~3 倍。

在进行强度校核后,如果强度不够时,可采用双键。这时应考虑键的合理布置。两个平键最好布置在沿周向相隔 180°;两个半圆键应布置在轴的同一条母线上;两个楔键则应布置在沿周向相隔 90°~120°。考虑到两键上载荷分配的不均匀性,在强度校核中只按 1.5 个键计算。如果轮毂允许适当加长,也可相应地增加键的长度,以提高单键连接的承载能力。但由于传递转矩时键上载荷沿其长度分布不均,故键的长度不宜过大。当键的长度大于 $2.25d$ 时,其多出的长度实际上可认为并不承受载荷,故一般采用的键长不宜超过 $1.6d$。

例 10-3 已知减速器中某直齿圆柱齿轮安装在轴的两个支承点间,齿轮和轴的材料都是锻钢,用键构成静连接。齿轮的精度为 7 级,装齿轮处的轴径 $d=70$ mm,齿轮轮毂宽度为 100 mm,需传递的转矩 $T=2\ 200\ \mathrm{N\cdot m}$,载荷有轻微冲击。试设计此键连接。

解 (1)选择键连接的类型和尺寸

一般8级以上精度的齿轮有定心精度要求,应选用平键连接。由于齿轮不在轴端,故选用圆头普通平键(A型)。

根据 $d=70$ mm,从表10-16中查得键的截面尺寸为:宽度 $b=20$ mm,高度 $h=12$ mm。由轮毂宽度并参考键的长度系列,取键长 $L=90$ mm(比轮毂宽度小些)。

(2)校核键连接的强度

键、轴和轮毂的材料都是钢,由表10-17查得许用挤压应力 $[\sigma_p]=100\ \mathrm{MPa}\sim120\ \mathrm{MPa}$,取其平均值,$[\sigma_p]=110$ MPa。键的工作长度 $l=L-b=90-20=70$ mm,键与轮毂键槽的接触高度 $k=0.5h=0.5\times12=6$ mm。

$$\sigma_p=\frac{2T\times10^3}{kld}=\frac{2\times2\ 200\times10^3}{6\times70\times70}=149.7\ \mathrm{MPa}>[\sigma_p]=110\ \mathrm{MPa}$$

可见连接的挤压强度不够。考虑到相差较大,因此改用双键,相隔180°布置。双键的工作长度 $l=1.5\times70\ \mathrm{mm}=105$ mm。由式(10-57)可得

$$\sigma_p=\frac{2T\times10^3}{kld}=\frac{2\times2\ 200\times10^3}{6\times105\times70}=99.8\ \mathrm{MPa}<[\sigma_p]\text{(合适)}$$

键的标记为:GB/T 1096 键 20×12×90(GB/T 1096—2003,一般A型键可不标出“A”,对于B型或C型键,须将“键”标为“键B”或“键C”)。

10.4 花键连接

10.4.1 花键连接的特点、类型和应用

1. 花键连接特点

花键连接是由外花键(图10-48(a))和内花键(图10-48(b))组成。与平键连接比较,花键连接在强度、工艺和使用方面有如下一些优点:①因为在轴上毂孔上直线而匀称地制出较多的齿与槽,故连接受力较为均匀;②因槽较浅,齿根处应力集中较小,轴与毂的强度削弱较少;③齿数较多,总接触面积较大,因而可承受较大的载荷;④轴上零件与轴的对中性好(这对高速及精密机器很重要);⑤导向性较好(这对动连接很重要);⑥可用磨削的方法提高加工精度及连接质量。其缺点是齿根仍有应力集中;有时需用专门设备加工;成本较高。因此,花键连接适用于定心精度要求高、载荷大或经常滑移的连接。花键连接的齿数、尺寸、配合等均应按标准选取。

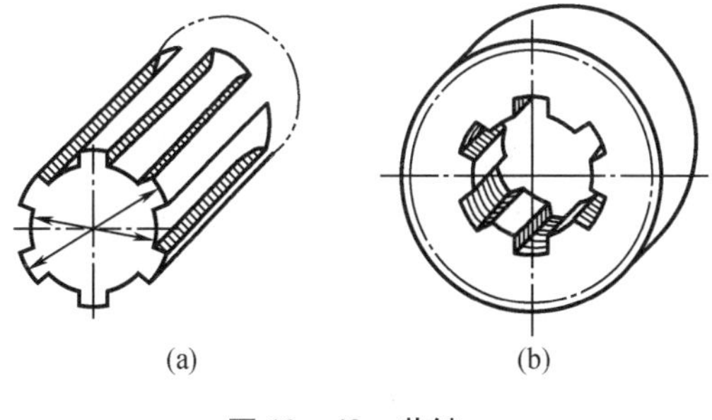

图10-48 花键

(a)外花键;(b)内花键

2. 花键连接类型

花键连接可用于静连接或动连接。按其齿型不同,可分为矩形花键和渐开线花键两类,

均已标准化。

(1)矩形花键

按齿高的不同,矩形花键的齿形尺寸在标准中规定了两个系列,即轻系列和中系列。轻系列的承载能力较小,多用于静连接或轻载连接;中系列用于中等载荷的连接。

矩形花键的定心方式为小径定心(图 10 – 49),即外花键和内花键的小径为配合面。其特点是定心精度高,定心的稳定性好,能用磨削的方法消除热处理引起的变形。矩形花键连接应用广泛。

(2)渐开线花键

渐开线花键的齿廓为渐开线,分度圆压力角有 30°,37.5°和 45°三种(图 10 – 50)。图中 d_i 为渐开线花键的分度圆直径。与渐开线齿轮相比,渐开线花键齿较短,齿根较宽,不发生根切的最小齿数较少。

渐开线花键可以用制造齿轮的方法来加工,工艺性较好,制造精度也较高,花键齿的根部强度高,应力集中小,易于定心,当传递的转矩较大且轴径也大时,宜采用渐开线花键连接。渐开线花键的定心方式为齿形定心。当齿受载时,齿上的径向力能起到自动定心作用,有利于各齿均匀承载。

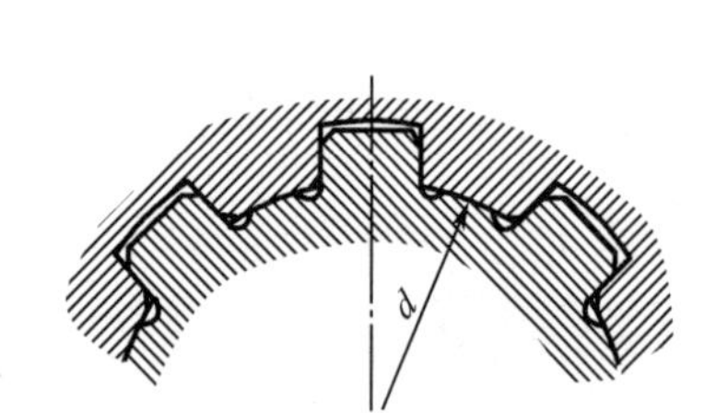

图 10 – 49　矩形花键连接

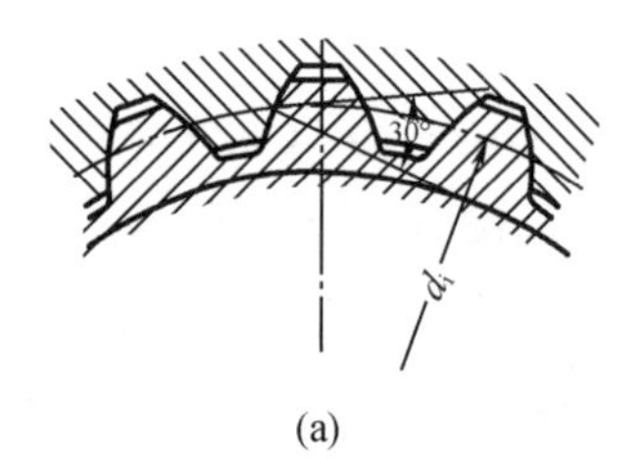

(b)

图 10 – 50　渐开线花键连接

(a)$\alpha = 30°$;(b)$\alpha = 45°$

10.4.2　花键连接的强度计算

花键连接的强度计算与键连接相似,首先根据连接的结构特点、使用要求和工作条件选定花键类型和尺寸,然后进行必要的强度校核计算。花键连接的受力情况如图 10 – 51 所示。其主要失效形式是工作面被压溃(静连接)或工作面过度磨损(动连接)。因此,静连接通常按工作面上的挤压应力进行强度计算,动连接则按工作面上的压力进行条件性的强度计算。

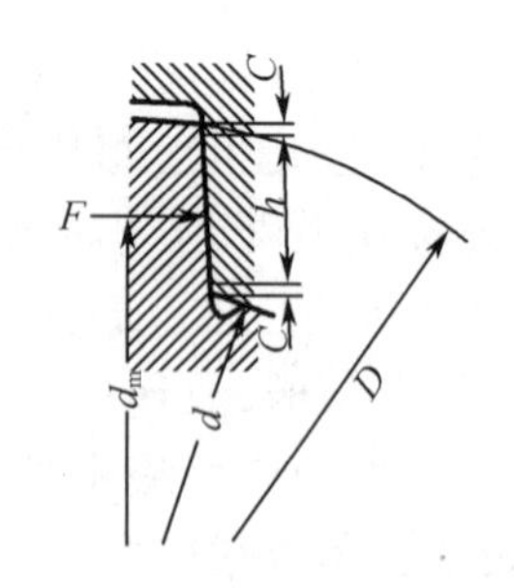

图 10 – 51　花键连接受力情况

计算时,假定载荷在键的工作面上均匀分布,每个齿工作面上压力的合力 F 作用在平均直径 d_m 处(图 10 – 51),即传递的转矩 $T = zF \times d_m/2$,并引入系数 ψ 来考虑实际载荷在各花键齿上分配不均的影响,则花键连接的强度条件为

$$\text{静连接}\quad \sigma_p = \frac{2T \times 10^3}{\psi zhld_m} \leqslant [\sigma_p] \qquad (10-59)$$

$$动连接\ p=\frac{2T\times10^3}{\psi zhld_m}\leqslant[p] \tag{10-60}$$

式中 ψ——载荷分配不均系数，与齿数多少有关，一般取 $\psi=0.7\sim0.8$，齿数多时取偏小值；

z——花键的齿数；

l——齿的工作长度，mm；

h——花键齿侧面的工作高度，矩形花键，$h=\frac{D-d}{2}-2C$，此处 D 为外花键的大径，d 为内花键的小径，C 为倒角尺寸（图 10-51），单位均为 mm；渐开线花键，$\alpha=30°$，$h=m$；$\alpha=45°$，$h=0.8\ m$，m 为模数；

d_m——花键的平均直径，矩形花键，$d_m=\frac{D+d}{2}$；渐开线花键，$d_m=d_i$，d_i 为分度圆直径，mm；

$[\sigma_p]$——花键连接的许用挤压应力（表 10-18），MPa；

$[p]$——花键连接的许用压力（表 10-18），MPa。

表 10-18 花键连接的许用挤压应力、许用压力 单位：MPa

许用挤压应力、许用压力	连接工作方式	使用和制造情况	齿面未经热处理	齿面经热处理
$[\sigma_p]$	静连接	不良	35~50	40~70
		中等	60~100	100~140
		良好	80~120	120~200
$[p]$	无载荷作用下移动的动连接	不良	15~20	20~35
		中等	20~30	30~60
		良好	25~40	40~70
	有载荷作用下移动的动连接	不良	—	3~10
		中等	—	5~15
		良好	—	10~20

注：①使用和制造情况不良系指受变载荷，有双向冲击、振动频率高和振幅大、润滑不良（对动连接）、材料硬度不高或精度不高等。

②同一情况下，$[\sigma_p]$或$[p]$的较小值用于工作时间长和较重要的场合。

③花键材料的抗拉强度极限不低于 600 MPa。

10.5 无 键 连 接

凡是轴与毂的连接不用键或花键时，统称为无键连接。下面介绍型面连接和胀紧连接。

10.5.1 型面连接

型面连接（图 10-52）是由轴与相应的轮毂沿光滑的非圆表面接触而成。轴表面可做成柱形（图 10-52(a)）或锥形（图 10-52(b)），并在轮毂上制成相应的孔。柱形只能传递转矩，锥形除传递转矩外，还能传递轴向力。

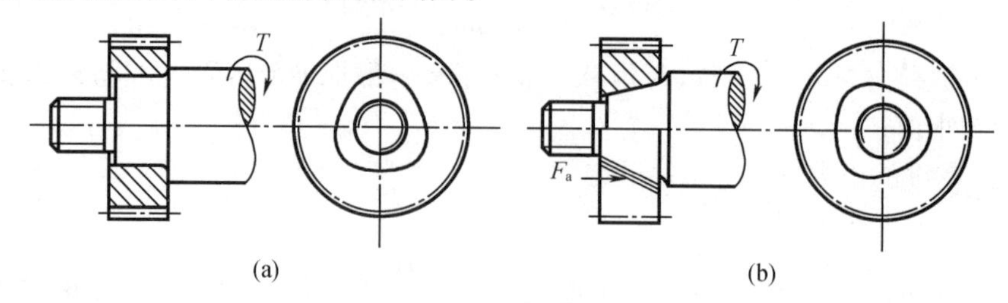

图 10－52　型面连接

型面连接装拆方便，能保证良好的对中性；连接面上没有键槽及尖角，从而减少了应力集中，故可传递较大的转矩。但被连接件上的挤压应力较高，加工比较复杂，特别是为了保证配合精度，最后工序多要在专用机床上进行磨削加工，故目前应用还不广泛。

如图 10－53(a)所示为三边形连接，图 10－53(b)所示为方形连接，二者均采用 H7/g6～H7/k6配合，其余尺寸可参考表 10－19。

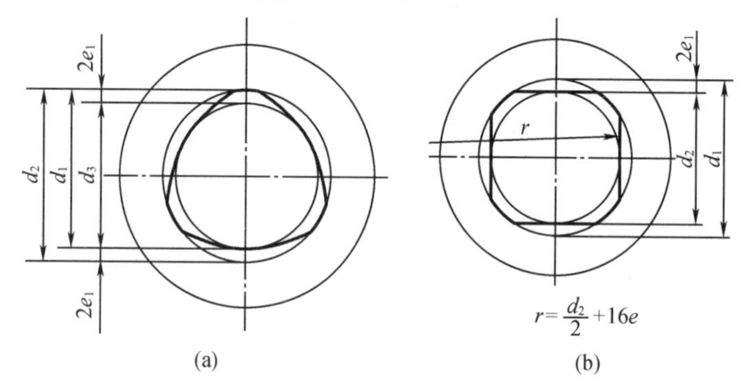

$r=\frac{d_2}{2}+16e$

图 10－53　型面连接用曲线

(a)三边形连接；(b)方形连接

表 10－19　多边形连接尺寸　　单位：mm

三边形连接								方形连接							
d_1	d_2	d_3	e_1	d_1	d_2	d_3	e_1	d_1	d_2	e	e_1	d_1	d_2	e	e_1
14	14.88	13.12	0.44	50	53.6	46.4	1.8	14	11	1.6	0.75	50	43	6	1.75
16	17	15	0.5	55	59	51	2	16	13	2	0.75	55	48	6	1.75
18	19.12	16.88	0.56	60	64.5	55.5	2.25	18	15	2	0.75	60	53	6	1.75
20	21.26	18.74	0.63	65	69.9	60.1	2.45	20	17	3	0.75	65	58	6	1.75
22	23.4	20.6	0.7	70	75.6	64.4	2.8	22	18	3	1	70	60	6	2.5
25	26.6	23.4	0.8	75	81.3	68.7	3.15	25	21	5	1	75	65	6	2.5
28	29.8	26.2	0.9	80	86.7	73.3	3.35	28	24	5	1	80	70	8	2.5
30	32	28	1	85	92.1	77.9	3.55	30	25	5	1.25	85	75	8	2.5
32	34.24	29.76	1.12	90	98	82	4	32	27	5	1.25	90	80	8	2.5
35	37.5	32.5	1.25	95	103.5	86.5	4.25	35	30	5	1.25	95	85	8	2.5
40	42.8	37.2	1.4	100	109	91	4.5	40	35	6	1.25	100	90	8	2.5
45	48.2	41.8	1.6					45	40	6	1.25				

注：三边形连接尺寸摘自 DIN 32711，方形连接尺寸摘自 DIN 32712。

10.5.2 胀紧连接

胀紧连接(图 10－54)是在轴与毂孔之间放置一对或数对与内、外锥面贴合的胀紧连接套(简称胀套),在轴向力作用下,内环缩小,外环胀大,与轴和轮毂紧密贴合,产生足够的摩擦力,以传递转矩、轴向力或两者的复合载荷。

根据胀套结构形式的不同,GB/T 28701—2012 规定了五种型号(ZJ1～ZJ5 型),下面简要介绍采用 ZJ1 型胀套的胀紧连接。采用 ZJ1 型胀套的胀紧连接如图 10－54 所示,在毂孔和轴的对应光滑圆柱面间,加装一个胀套(图 10－54(a))或两个胀套(图 10－54(b))。当拧紧螺母或螺钉时,在轴向力的作用下内外套筒互相楔紧。内套筒缩小而箍紧轴,外套筒胀大而撑紧毂,使接触面间产生压紧力。工作时,利用此压紧力所引起的摩擦力来传递转矩或(和)轴向力。

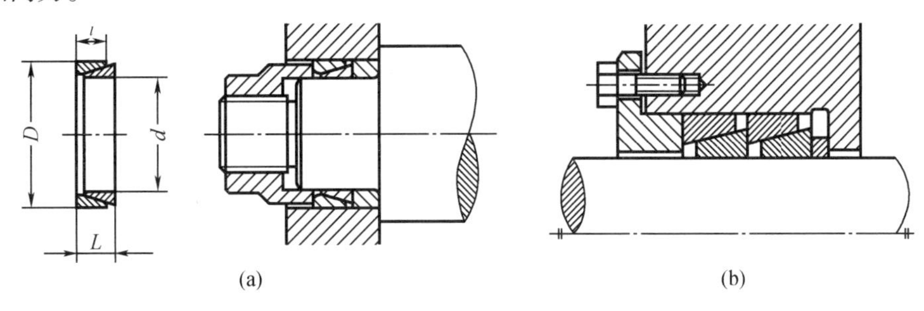

图 10－54　采用 ZJ1 型胀套的胀紧连接

(a)一个胀套;(b)两个胀套

各型胀套已标准化,选用时只需根据设计的轴和轮毂尺寸以及传递载荷的大小,查阅手册选择合适的型号和尺寸,使传递的载荷在许用范围内,亦即满足下列条件:

$$\text{传递的转矩 } T \leqslant [T] \tag{10-61}$$

$$\text{承受的轴向力 } F_a \leqslant [F_a] \tag{10-62}$$

$$\text{承受的径向力 } F_r \leqslant \frac{pdl}{1\ 000} \tag{10-63}$$

传递联合作用的转矩和轴向力时,则合成载荷 F_e 应满足

$$F_e = \sqrt{F_a^2 + \left(\frac{2\ 000T}{d}\right)^2} \leqslant [F_a] \tag{10-64}$$

式中　T——需传递的转矩,N·m;

$[T]$——胀套的额定转矩,N·m;

F_a——需承受的轴向力,N;

$[F_a]$——胀套的额定轴向力,N;

F_r——需承受的径向力,N;

d,l——胀套内径和内环宽度,mm;

p——胀套与轴结合面上的压强,MPa。

当一个胀套满足不了要求时,可用两个以上的胀套串联使用(这时单个胀套传递载荷的能力将随胀套数目的增加而降低,故套数不宜过多)。其总的额定载荷为(以转矩为例)

$$[T_n] = m[T] \tag{10-65}$$

式中 $[T_n]$——n 个胀套的总额定转矩,N·m;

m——额定载荷系数,见表 10-20。

表 10-20 胀套的额定载荷系数 m 值

连接中胀套的数量 n	m	
	ZJ1 型胀套	ZJ2 型胀套
1	1.00	1.00
2	1.56	1.80
3	1.86	2.70
4	2.03	—

胀紧连接的定心性好,装拆或调整轴与轮毂的相对位置方便,没有应力集中,承载能力高,可避免零件因键槽等原因而削弱,又有密封作用。

10.6 过盈连接

过盈连接是利用零件间的过盈配合形成的连接,其配合表面多为圆柱面,也有圆锥或其他形式的配合面。过盈连接使配合面间产生一定的压力,工作时靠此压力产生的摩擦力传递转矩或轴向力。

过盈连接在工程中有广泛的应用,图 10-55(a)所示为锡青铜的蜗轮轮缘与灰铸铁的轮芯的过盈连接;图 10-55(b)所示为滚动轴承与轴的过盈连接;10-55(c)所示为行星传动转臂与销轴的过盈连接;图 10-55(d)所示为圆锥面轮毂的过盈连接。过盈连接的特点是结构简单、对中性好、承载能力大、承受冲击性能好、对轴削弱少,但对配合面加工精度要求高,装拆不便。

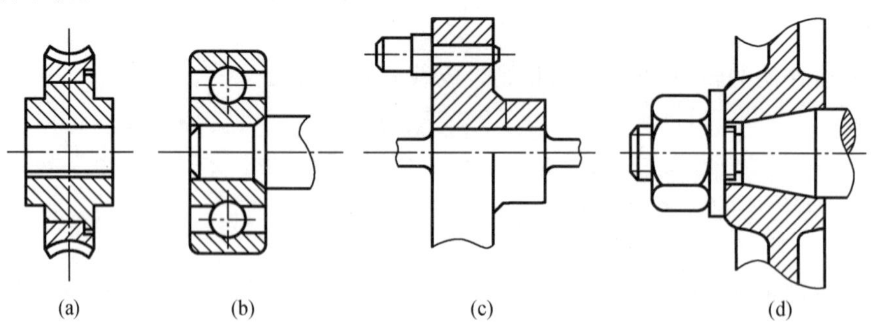

图 10-55 过盈连接

过盈连接装配时可采用机械压入法和胀缩法(温差法)两种装配方法。压入法利用工具(如螺旋式、杠杆式、气动式)或压力机将被包容件装入包容件内,易擦伤结合表面,降低传递载荷的能力。适用于小或中等过盈量,传递载荷较小的场合,如齿轮、车轮、飞轮、滚动轴承与轴的配合。

胀缩法装配时,将毂孔加热使其膨胀,或者将轴冷却使其收缩,也可以同时加热毂孔及冷却轴,以形成装配间隙顺利实现装配,从而达到连接的目的。胀缩法配合表面损伤较小,紧固性高,承载能力强,尺寸大或过盈量大时可采用胀缩法装配。

过盈连接的承载能力主要取决于连接的摩擦力和连接件的强度。

10.7 销 连 接

销主要用于零件之间的装配定位,称为定位销(图 10-56),它是组合加工和装配时的重要辅助零件;也可用于连接,称为连接销(图 10-57),可传递不大的载荷;还可作为安全装置中的过载剪断元件,称为安全销(图 10-58)。

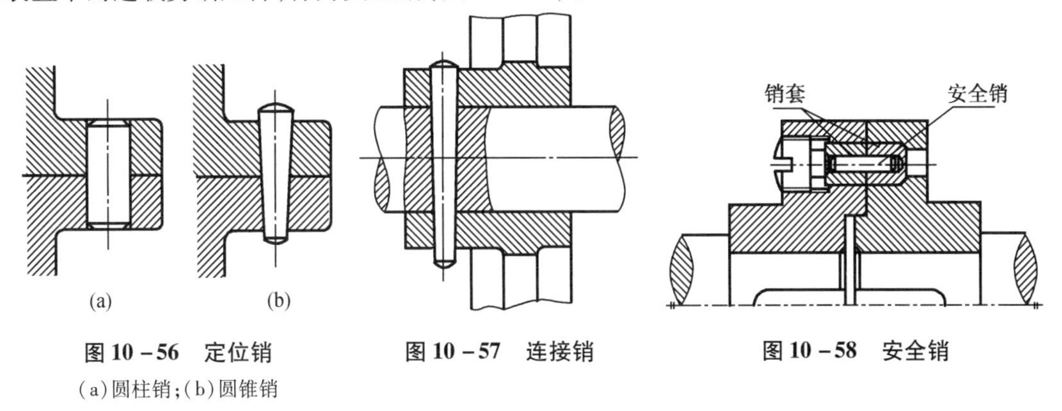

图 10-56 定位销

(a)圆柱销;(b)圆锥销

图 10-57 连接销

图 10-58 安全销

销有多种类型,如圆柱销、圆锥销、槽销、销轴和开口销等,这些销均已标准化。

圆柱销(图 10-56(a))主要用于定位,也可用于连接。圆柱销的直径偏差有 u8,m6,h8 和 h11 四种,以满足不同的使用要求。常用的加工方法是配钻、铰,以保证要求的装配精度。

圆锥销(图 10-56(b))具有 1:50 的锥度,与有锥度的铰制孔相配,在受横向力时可以自锁。它安装方便,定位精度比圆柱销高,多用于经常装拆的场合。

端部带螺纹的圆锥销(图 10-59)可用于盲孔或拆卸的场合,具有 1:50 的锥度,与有锥度的铰制孔相配。装拆方便,可多次装拆,定位精度比圆柱销高,能自锁。一般两端伸出被连接件,以便装拆。

开尾圆锥销(图 10-60) 具有 1:50 的锥度,与有锥度的铰制孔相配。打入销孔后,末端可以稍张开,避免松脱,适用于有冲击、振动的场合。

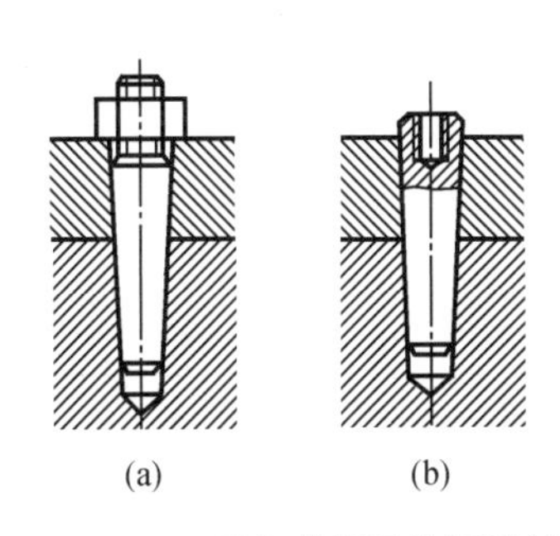

图 10-59 端部带螺纹的圆锥销

(a)螺尾圆锥销;(b)内螺纹圆锥销

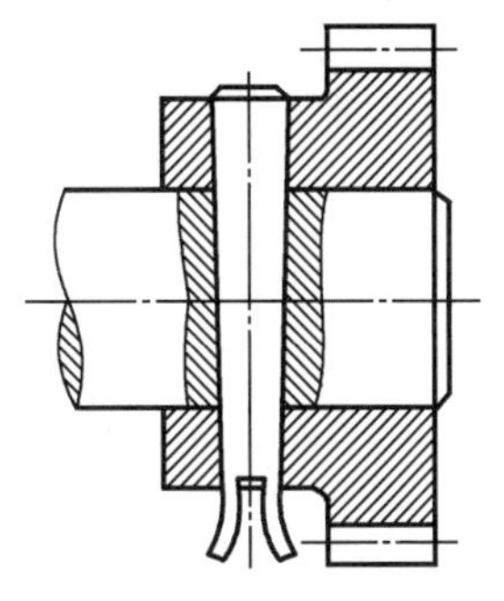

图 10-60 开尾圆锥销

槽销沿销体母线辗压或模锻出的三条不同形状和深度的沟槽(图 10-61),将槽销打入销孔后,由于材料的弹性使销挤在销孔中,不易松脱,因而能承受振动和变载荷。安装槽销的孔不需要铰光,加工方便,可多次装拆。

销轴也称轴销,常用于两零件的铰接处,构成铰链连接(图 10-62)。销轴通常用开口销锁定,工作可靠,拆卸方便。

开口销如图 10-63 所示。装配时,将尾部分开,以防脱出。开口销除与销轴配用外,还常用于螺纹连接的防松装置中(参看表 10-3)。

定位销通常不受载荷或只受很小的载荷,故不做强度校核计算,其直径可按结构确定,数目一般不少于 2 个,且分布在被连接件整体结构的对称方向上,两个定位销相距越远定位效果越好。销在每一被连接件内的长度约为销直径的 1~2 倍。

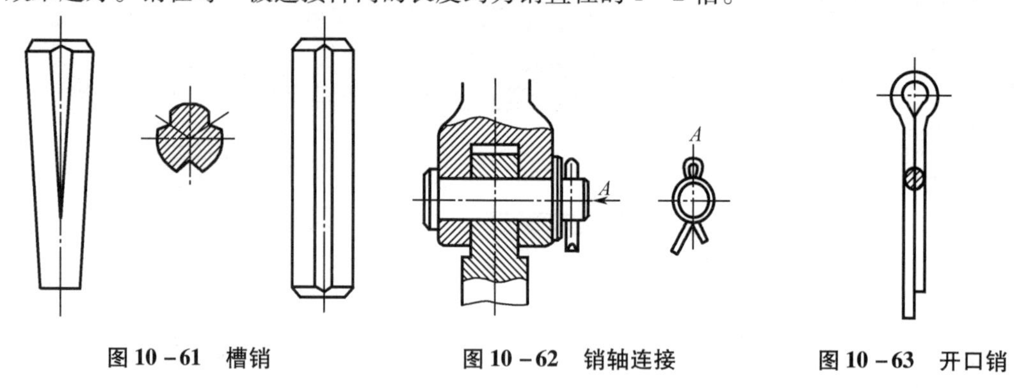

图 10-61 槽销　　图 10-62 销轴连接　　图 10-63 开口销

连接销的类型可根据工作要求选定,其尺寸可根据连接的结构特点按经验或规范确定,必要时再进行强度计算。

设计安全销时应考虑销剪断后不易飞出和易于更换。

销的常用材料为 35,45 钢,其热处理和表面处理见 GB/T 121—1986。

习　　题

10-1　为什么连接螺纹一定为单线三角形螺纹,而传动螺纹是梯形、矩形、锯齿形螺纹?

10-2　试证明具有自锁性的螺旋传动,其效率恒小于 50%。

10-3　将承受轴变载荷的连接螺栓的光杆部分做得细些有什么好处?

10-4　分析活塞式空气压缩机气缸盖连接螺栓在工作时的受力变化情况,它的最大应力、最小应力如何得出?当气缸内的最高压力提高时,它的最大应力、最小应力将如何变化?

10-5　试计算 M20,M20×1.5 螺纹的升角,并指出哪种螺纹的自锁性好(粗牙、细牙普通螺纹的基本尺寸可参照表 10-11 与表 10-21)。

表 10-21　细牙普通螺纹基本尺寸　　单位:mm

螺距 P	中径 D_2,d_2	小径 D_1,d_1	P	D_2,d_2	D_1,d_1	P	D_2,d_2	D_1,d_1
0.35	$d-1+0.773$	$d-1+0.621$	1	$d-1+0.350$	$d-2+0.918$	2	$d-2+0.701$	$d-3+0.835$
0.5	$d-1+0.675$	$d-1+0.459$	1.25	$d-1+0.188$	$d-2+0.647$	3	$d-2+0.052$	$d-4+0.752$
0.75	$d-1+0.513$	$d-1+0.188$	1.5	$d-1+0.026$	$d-2+0.376$			

10－6 有一升降装置如图 10－64 所示，螺纹副采用梯形螺纹，大径 $d=50$ mm，中径 $d_2=46$ mm，螺距 $P=8$ mm，线数 $n=4$，支承面采用推力球轴承。升降台的上下移动处采用导滚轮，它们的摩擦阻力忽略不计。设承受载荷 $F_a=50\ 000$ N，试计算：

(1)升降台稳定上升时的效率 η，已知螺纹副间摩擦系数 $f=0.1$；

(2)稳定上升时施加于螺杆上的力矩；

(3)若升降台以 640 mm/min 上升，则螺杆所需的转速和功率；

(4)欲使升降台在载荷 F_a 作用下等速下降，是否需要制动装置？若需要，则加于螺杆上的制动力矩是多少？

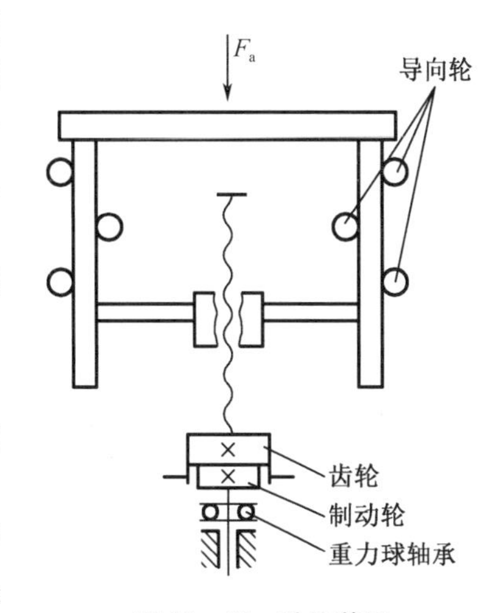

图 10－64 升降装置

10－7 如图 10－65 所示某重要拉杆螺栓连接中，已知拉杆所受拉力 $F_a=13$ kN，载荷稳定，拉杆材料为 Q275，试计算螺纹接头的螺纹。

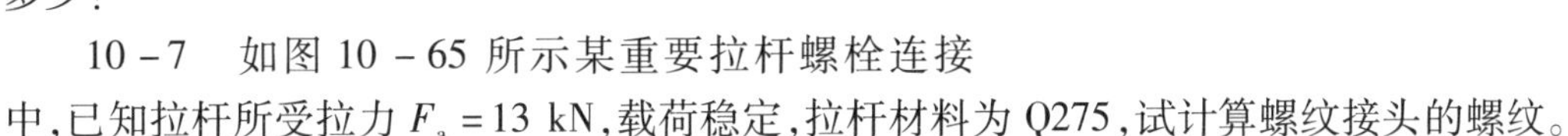

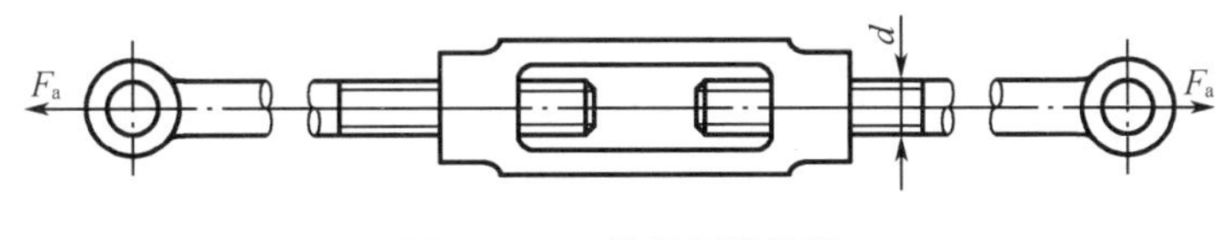

图 10－65 拉杆螺栓连接

10－8 如图 10－66 所示，用两个 4.6 级 M10 螺钉固定一牵曳钩，结合面摩擦系数 $f=0.15$，求其允许的牵曳力。

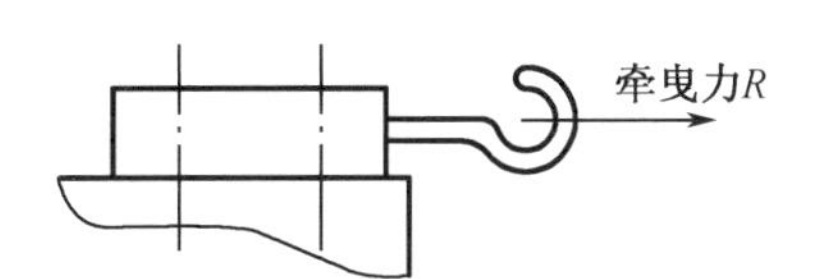

图 10－66 牵曳螺钉连接

10－9 如图 10－67 所示为一凸缘联轴器，用 6 个 M10 的铰制孔用螺栓连接，结构尺寸如图所示。两半联轴器材料为 HT200，其许用挤压应力 $[\sigma_{P1}]=100$ MPa，螺栓材料的许用切应力 $[\tau]=92$ MPa，许用挤压应力 $[\sigma_{P2}]=300$ MPa，许用拉伸应力 $[\sigma]=120$ MPa。试计算该螺栓组连接允许传递的最大转矩 T_{max}。若传递的最大转矩 T_{max} 不变，改用普通螺栓连接，试计算螺栓小径 d_1 的计算值(设两半联轴器间的摩擦系数 $f=0.16$，可靠性系数 $C=1.2$)。

10－10 受轴向载荷的紧螺栓连接，被连接钢板间采用橡胶垫片。已知螺栓预紧力 $F_0=15\ 000$ N，当受轴向工作载荷 $F_E=10\ 000$ N 时，求螺栓所受的总拉力及被连接件之间的残余预紧力。

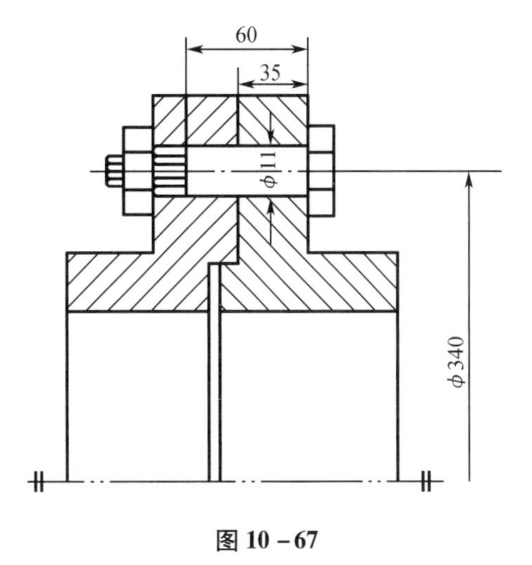

图 10－67

10－11　图 10－68 为一液压油缸(钢制)，缸内油压 $p=3$ MPa，内径 $D=160$ mm，双头螺柱均匀分布在 $D_0=200$ mm 的圆周上，为保证紧密性要求，螺柱间距不得大于 80 mm，试设计此连接。

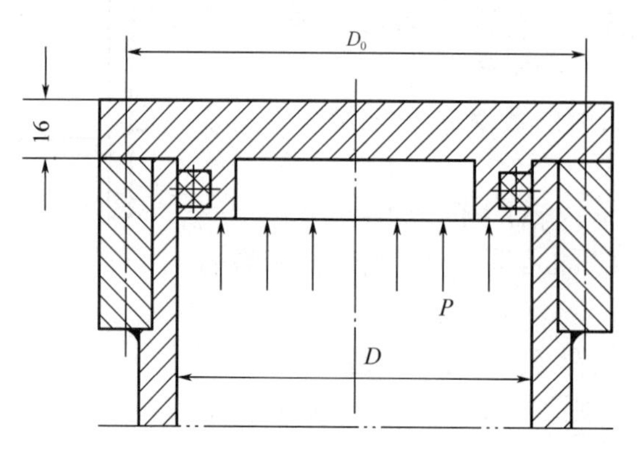

图 10－68　液压油缸

10－12　滑动螺旋和滚动螺旋传动的特点是什么？

10－13　试画出并比较普通平键、切向键和楔键的剖面示意图，指出各自的工作面。

10－14　在一直径 $d=80$ mm 的轴端，安装一钢制直齿圆柱齿轮(图 10－69)，轮毂宽度 $L'=1.5d$，工作时有轻微冲击。试确定平键连接的尺寸，并计算其允许传递的最大转矩。

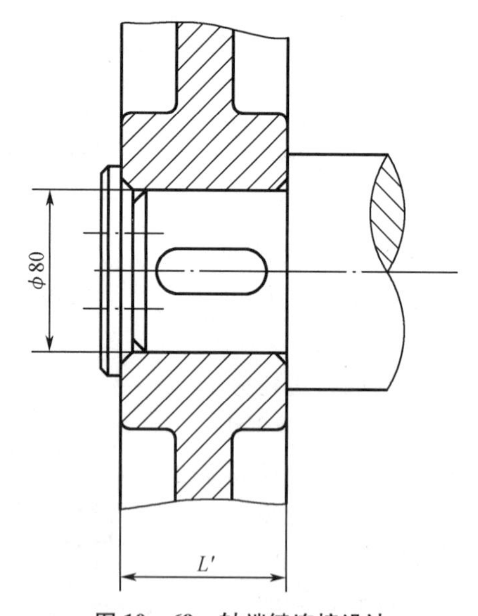

图 10－69　轴端键连接设计

10－15　花键连接的优、缺点是什么？

10－16　型面连接的优、缺点是什么？

10－17　胀套串联使用时，为何要引入额定载荷系数 m？为什么 ZJ1 型胀套和 ZJ2 型胀套的额定载荷系数有明显的差别？

10－18　过盈连接的装配方法有哪些？

10－19　销连接有哪些类型？

第11章 齿轮传动

大多数齿轮传动不仅用来传递运动,而且还要传递动力。因此齿轮传动除须满足运动平稳外,还必须具有足够的承载能力。有关齿轮机构的啮合原理、几何尺寸计算等已在第4章论述。本章以上述知识为基础,着重论述标准齿轮传动的强度计算。

按照齿轮工作条件不同,可分为闭式传动和开式传动两类。闭式传动的齿轮、轴及轴承等均安装在刚度很好的箱体内,安装精度高,能保证良好的润滑条件,应用最广。开式传动的齿轮完全外露,不能防尘,只能周期润滑,仅用于低速和低精度齿轮传动。故重要的齿轮,多采用闭式传动。

按照齿面硬度不同,齿轮传动可分为软齿面(齿面硬度≤350 HBS)齿轮传动和硬齿面(齿面硬度>350 HBS)齿轮传动。

11.1 齿轮传动的失效形式和设计准则

11.1.1 失效形式

齿轮传动的失效通常发生在轮齿部位,其主要失效形式有轮齿折断、齿面点蚀、齿面胶合、齿面磨损和齿面塑性变形。

1. 轮齿折断

齿轮传动时,轮齿像悬臂梁一样承受弯曲,其齿根处的弯曲应力最大,再加上齿根过渡部分的截面突变及加工刀痕等引起的应力集中作用,当齿根弯曲应力超过材料的弯曲疲劳极限应力且多次重复作用时,在齿根受拉一侧就会产生疲劳裂纹,裂纹逐步扩展,致使轮齿疲劳折断(图11-1)。

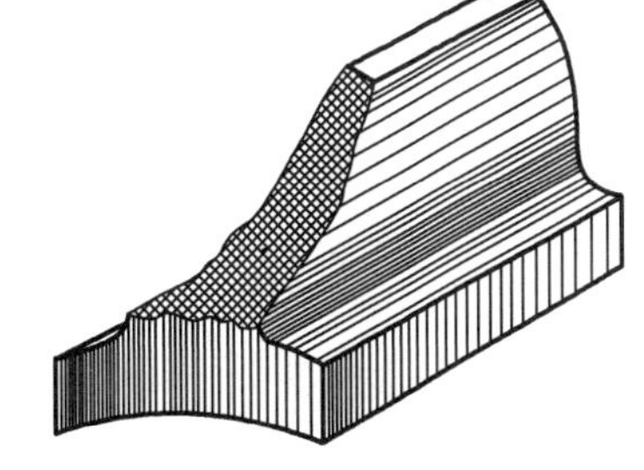

图11-1 轮齿折断

此外,用脆性材料(如铸铁、整体淬火钢等)制成的齿轮,当受到严重过载或很大冲击时,轮齿容易发生突然折断。

提高轮齿抗折断能力的措施如下:

(1)增大齿根过渡圆角半径,消除加工刀痕,减小齿根应力集中;

(2)增大轴及支承的刚度,使轮齿接触线上受载较为均匀;

(3)采用合适的热处理,使轮齿芯部材料具有足够的韧性;

(4)采用喷丸、滚压等工艺,对齿根表层进行强化处理。

2. 齿面点蚀

齿轮传动时,齿面间的接触相当于轴线平行的两圆柱滚子间的接触,在接触处将产生脉动循环变化的接触应力。在接触应力的反复作用下,轮齿表面产生疲劳裂纹,裂纹逐渐发展导致轮齿表面金属小片脱落,形成疲劳点蚀。点蚀首先出现在齿面节线附近的齿根部分(图 11-2)。点蚀使齿轮产生强烈振动和噪声,以致不能正常工作。

齿面点蚀是软齿面闭式齿轮传动的主要失效形式。而在开式齿轮传动中,由于磨损较快,接触疲劳裂纹产生后,即被迅速磨去,因此不会发生点蚀。

为避免点蚀失效,应进行齿面接触疲劳强度计算,提高齿面硬度,降低齿面粗糙度值,增加润滑油黏度,都能提高齿面的抗点蚀能力。

3. 齿面胶合

高速重载齿轮传动,齿面压力大,滑动速度高,因而摩擦发热多。当齿面瞬时温度过高时,润滑失效,致使相啮合两齿面金属直接接触而发生黏连。在运动时较软的齿面沿滑动方向被撕下而形成沟纹,这种现象称为齿面胶合。胶合主要发生在齿顶、齿根等滑动速度较大的部位(图 11-3)。低速重载齿轮传动,因不易形成油膜,虽然温度不高,也易产生胶合破坏。

提高齿面硬度,降低齿面粗糙度值,采用抗胶合能力强的润滑油和齿轮材料等,均可提高齿面抗胶合的能力。

4. 齿面磨损

当砂粒、金属屑等磨料性物质落入齿面之间时,会引起齿面磨损,磨损导致齿廓失去正确的形状,从而引起冲击、振动和噪声,严重时会因齿厚减薄而发生轮齿折断。磨损是开式齿轮传动的主要失效形式。

采用闭式齿轮传动,提高齿面硬度,降低齿面粗糙度值,过滤润滑油,均能提高抗磨损能力。

5. 齿面塑性变形

齿面塑性变形常发生在齿面材料较软、低速重载与频繁启动的传动中。它是由于在过大的应力作用下,轮齿材料处于屈服状态而产生的塑性流动所形成的。因为重载时摩擦力增大使齿面表层材料沿摩擦力方向流动,在从动轮节线处形成凸棱,而在主动轮节线处形成凹槽,这种现象称为齿面塑性变形(图 11-4)。

提高齿面硬度,采用高黏度润滑油可以防止或减轻轮齿的塑性变形。

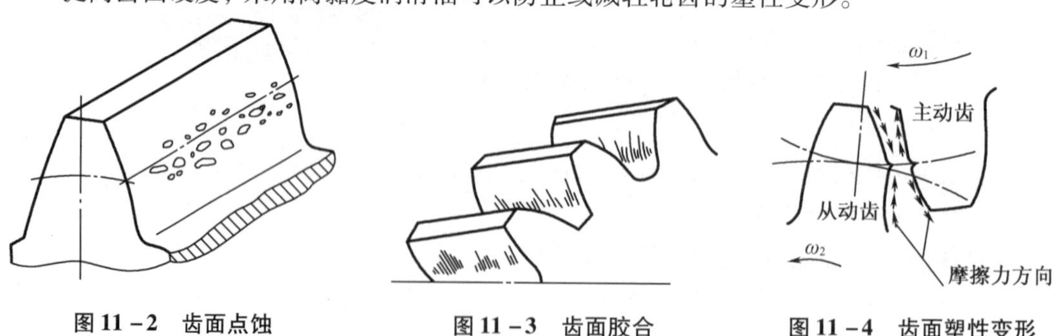

图 11-2 齿面点蚀　　图 11-3 齿面胶合　　图 11-4 齿面塑性变形

11.1.2 设计准则

齿轮的设计准则由可能的失效形式确定。由于齿面磨损、塑性变形还未建立方便工程使用的设计方法和数据,所以目前设计一般用途的齿轮传动时,通常只按保证齿根弯曲疲劳强度及保证齿面接触疲劳强度两准则进行计算;对于高速大功率的齿轮传动还要进行齿面抗胶合计算。

在软齿面闭式齿轮传动中,其主要失效形式为齿面点蚀,故通常先按齿面接触疲劳强度进行设计,然后再按齿根弯曲疲劳强度校核。

在硬齿面闭式齿轮传动中,其齿面接触承载能力较强,故通常先按齿根弯曲疲劳强度计算,然后再按齿面接触疲劳强度校核。

在开式齿轮传动中,其主要失效形式是齿面磨损,而且在轮齿磨薄后往往会发生轮齿折断,故通常只按齿根弯曲疲劳强度进行设计,并考虑到磨损的影响将模数值加大10% ~15%。

11.2 齿轮材料和热处理

制造齿轮常用的材料是钢,其次是铸铁,在某些场合也用非金属材料。常用的齿轮材料及其力学性能见表11-1。

表11-1 常用的齿轮材料及其力学性质

材料牌号	热处理方式	硬度	接触疲劳强度极限 $\sigma_{H\,lim}$/MPa	弯曲疲劳强度极限 σ_{FE}/MPa
45	正火	156 ~217 HBS	350 ~400	280 ~340
	调质	197 ~286 HBS	550 ~620	410 ~480
	表面淬火	40 ~50 HRC	1 120 ~1 150	680 ~700
40Cr	调质	217 ~286 HBS	650 ~750	560 ~620
	表面淬火	45 ~55 HRC	1 150 ~1 210	700 ~740
40CrMnMo	调质	229 ~363 HBS	680 ~710	580 ~690
	表面淬火	45 ~50 HRC	1 130 ~1 150	690 ~700
35SiMn	调质	207 ~286 HBS	650 ~760	550 ~610
	表面淬火	45 ~50 HRC	1 130 ~1 150	690 ~700
40MnB	调质	241 ~286 HBS	680 ~760	580 ~610
	表面淬火	45 ~55 HRC	1 130 ~1 210	690 ~720
38SiMnMo	调质	241 ~286 HBS	680 ~760	580 ~610
	表面淬火	45 ~55 HRC	1 130 ~1 210	690 ~720
	氮碳共渗	57 ~63 HRC	880 ~950	790
38CrMoAlA	调质	255 ~321 HBS	710 ~790	600 ~640
	渗氮	>850 HV	1 000	720
20CrMnTi	调质	>850 HV	1 500	850
	渗碳淬火,回火	56 ~62 HRC	1 500	850
20Cr	渗碳淬火,回火	56 ~62 HRC	1 500	850

表 11－1(续)

材料牌号	热处理方式	硬度	接触疲劳强度极限 $\sigma_{H\ lim}$/MPa	弯曲疲劳强度极限 σ_{FE}/MPa
ZG310－570	正火	163～197 HBS	280～330	210～250
ZG340－640	正火	179～207 HBS	310～340	240～270
ZG35SiMn	调质	241～269 HBS	590～640	500～520
	表面淬火	45～53 HRC	1 130～1 190	690～720
HT300	时效	187～255 HBS	330～390	100～150
QT500－7	正火	170～230 HBS	450～540	260～300
QT600－3	正火	190～270 HBS	490～80	280～310

注：$\sigma_{H\ lim}$，σ_{FE}值与材料硬度呈线性正相关。表中的$\sigma_{H\ lim}$，σ_{FE}数值，是根据 GB/T 3480—1997 提供的线图，依材料的硬度值查得，它适用于材质和热处理质量达到中等要求时。

11.2.1 锻钢

锻钢的力学性能比铸钢好，因此锻钢是首选的齿轮材料。常用的锻钢有碳钢或合金钢，其碳的质量分数为0.15%～0.6%。

1. 软齿面齿轮

软齿面齿轮的材料选用中碳钢或中碳合金钢，热处理方法为调质或正火。一般是在热处理后切齿，切齿后即为成品。此类齿轮制造简便，生产率高，但其承载能力低，传动尺寸大。一般用于对结构紧凑和精度要求不高，载荷和速度一般或较低的场合。

一对软齿面齿轮啮合时，由于小齿轮的啮合次数比大齿轮的多，为使大小齿轮接近等强度，常采用调质的小齿轮与正火的大齿轮配对，使小齿轮的齿面硬度比大齿轮的齿面硬度高20～50 HBS。

2. 硬齿面齿轮

硬齿面齿轮的材料可以用低碳钢或低碳合金钢及中碳钢或中碳合金钢，热处理方法所用材料可选择整体淬火、表面淬火、渗碳淬火和氮化等。一般是在正火或调质处理后切齿，再经表面硬化处理，最后进行磨齿等精加工。此类齿轮精度高，强度大，价格较贵，一般用于高速、重载及要求尺寸紧凑的场合。

由于硬齿面具有力学性能好、结构紧凑等优点，因此，采用硬齿面齿轮传动是当前的发展趋势。

11.2.2 铸钢

铸钢主要用于制造要求有较高力学性能的大齿轮，热处理方法为正火，必要时也可进行调质或表面淬火。

11.2.3 铸铁

灰铸铁的铸造性能和切削性能好，价格便宜，但抗弯强度和冲击韧性较差，通常用于低速、无冲击和大尺寸或开式传动的场合。

球墨铸铁的力学性能和抗冲击性能高于灰铸铁,可替代调质钢制造某些大齿轮。

11.2.4　非金属材料

在高速、轻载,以及要求低噪声而精度要求又不高的齿轮传动中,可采用塑料、夹布胶木和尼龙等非金属材料。由于非金属材料的导热性差,故要与齿面光洁的金属齿轮配对使用,以利于散热。

11.3　直齿圆柱齿轮传动的作用力及计算载荷

11.3.1　轮齿上的作用力

设一对标准直齿圆柱齿轮按标准中心距安装,其齿廓在 C 点接触,若不计齿面间的摩擦力,并用作用于齿宽中点处的集中力代替沿接触线的分布力,则齿面上只有沿啮合线的法向力 F_n。如图 11-5 所示,将 F_n 在节点 C 处分解为两个互相垂直的分力,即圆周力 F_t 和径向力 F_r。

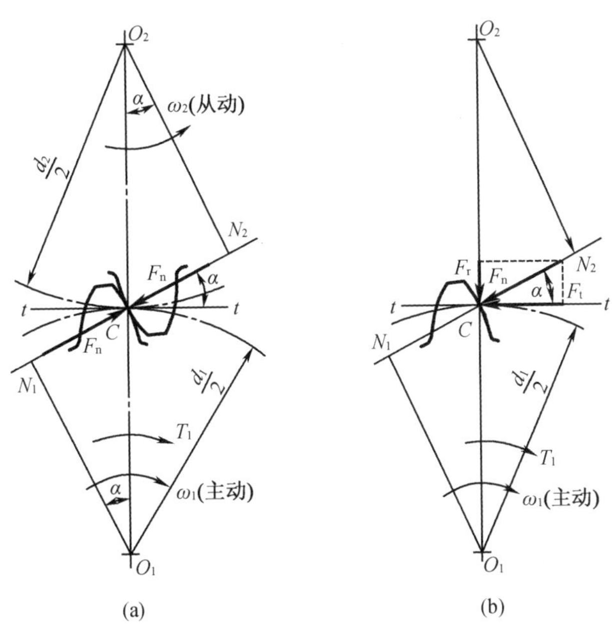

图 11-5　直齿圆柱齿轮的作用力

$$
\begin{cases}
\text{圆周力} \quad F_t = \dfrac{2T_1}{d_1} \\
\text{径向力} \quad F_r = F_t \tan\alpha \\
\text{法向力} \quad F_n = \dfrac{F_t}{\cos\alpha}
\end{cases}
\tag{11-1}
$$

式中　d_1——小齿轮的分度圆直径,mm;

T_1——小齿轮传递的转矩,N·mm;

α——压力角。

根据作用力与反作用力的关系,作用在主动轮和从动轮上的各力大小相等,方向相反。主动轮所受的圆周力是工作阻力,其方向与力作用点圆周速度方向相反;从动轮所受的圆周力是驱动力,其方向与力作用点圆周速度方向相同。径向力则指向各自的轮心。

11.3.2 计算载荷

由齿轮传递的额定功率及转速所计算出的载荷为齿轮传动的名义载荷。考虑到原动机和工作机的不平衡,轮齿啮合时产生的动载荷,载荷在同时啮合的齿对间分配的不均匀及沿同一齿面接触线分布不均匀等因素对齿轮强度的不利影响,在计算齿轮传动的强度时,应对名义载荷 F_n 乘以载荷系数 K,即按计算载荷 KF_n 计算,载荷系数 K 值可由表 11-2 查取。

表 11-2 载荷系数 K

原动机	工作机械的载荷特性		
	均匀	中等冲击	大的冲击
电动机	1~1.2	1.2~1.6	1.6~1.8
多缸内燃机	1.2~1.6	1.6~1.8	1.9~2.1
单缸内燃机	1.6~1.85	1.8~2.0	2.2~2.4

注:斜齿、圆周速度低、精度高、齿宽系数小时取小值,直齿、圆周速度高、精度低、齿宽系数大时取大值。齿轮在两轴承之间对称布置时取小值,齿轮在两轴承之间不对称布置及悬臂时取大值。

11.4 直齿圆柱齿轮传动的强度计算

11.4.1 齿面接触疲劳强度计算

齿面接触疲劳强度计算的目的是防止齿轮在预定寿命期限内发生疲劳点蚀。其强度条件式为 $\sigma_H \leqslant [\sigma_H]$。一对齿轮啮合时的齿面最大接触应力可近似地用赫兹公式进行计算,即

$$\sigma_H = \sqrt{\frac{F_n}{\pi b} \frac{\dfrac{1}{\rho_1} \pm \dfrac{1}{\rho_2}}{\dfrac{1-\mu_1^2}{E_1} + \dfrac{1-\mu_2^2}{E_2}}}$$

式中,正号用于外啮合,负号用于内啮合,各符号的意义见 9.3 节的式(9-15)。

实际上,点蚀往往先在节线附近的齿根表面产生,因此,接触强度计算通常以节点为计算依据。对于标准齿轮传动,由图 11-5(a)可知,节点 C 处的曲率半径

$$\rho_1 = \overline{CN_1} = \frac{d_1}{2}\sin\alpha, \rho_2 = \overline{CN_2} = \frac{d_2}{2}\sin\alpha$$

则

$$\frac{1}{\rho_1} \pm \frac{1}{\rho_2} = \frac{\rho_2 \pm \rho_1}{\rho_1\rho_2} = \frac{2}{d_1\sin\alpha} \cdot \frac{u \pm 1}{u}$$

式中 $u = d_2/d_1 = z_2/z_1$——齿数比。

在节点处一般只有一对齿啮合,即载荷由一对齿承担,因此

$$\sigma_H = \sqrt{\frac{F_n \frac{2}{d_1 \sin\alpha} \frac{u \pm 1}{u}}{\pi\left(\frac{1-\mu_1^2}{E_1}+\frac{1-\mu_2^2}{E_2}\right)b}} = \sqrt{\frac{\frac{F_t}{\cos\alpha} \frac{2}{d_1 \sin\alpha} \frac{u \pm 1}{u}}{\pi\left(\frac{1-\mu_1^2}{E_1}+\frac{1-\mu_2^2}{E_2}\right)b}}$$

令 $Z_E = \sqrt{\frac{1}{\pi\left(\frac{1-\mu_1^2}{E_1}+\frac{1-\mu_2^2}{E_2}\right)}}$,称为弹性系数,单位为 $\sqrt{\text{MPa}}$,其值可由表 11-3 查得。

表 11-3 弹性系数 Z_E　　单位:$\sqrt{\text{MPa}}$

	灰铸铁	球墨铸铁	铸钢	锻钢	夹布胶木
锻钢	162.0	181.4	188.9	189.8	56.4
铸钢	164.4	180.5	188.0	—	—
球墨铸铁	156.6	173.9	—	—	—
灰铸铁	143.7	—	—	—	—

令 $Z_H = \sqrt{\frac{2}{\sin\alpha\cos\alpha}}$,称为区域系数,对于标准齿轮来说,$Z_H = 2.5$。

将圆周力 $F_t = \frac{2T_1}{d_1}$ 代入上式,并计入载荷系数 K 得齿面接触强度的校核公式

$$\sigma_H = 2.5 Z_E \sqrt{\frac{KF_t}{bd_1} \cdot \frac{u \pm 1}{u}} = 2.5 Z_E \sqrt{\frac{2KT_1}{bd_1^2} \frac{u \pm 1}{u}} \leqslant [\sigma_H] \text{ MPa} \tag{11-2}$$

式中　b——工作齿宽,mm。

再将齿宽系数 $\phi_d = \frac{b}{d_1}$ 代入式(11-2)可得齿面接触强度的设计公式

$$d_1 \geqslant 2.32 \sqrt[3]{\frac{KT_1}{\phi_d} \frac{u \pm 1}{u} \left(\frac{Z_E}{[\sigma_H]}\right)^2} \text{ mm} \tag{11-3}$$

式中,许用接触应力 $[\sigma_H] = \frac{\sigma_{H\lim}}{S_H}$,$\sigma_{H\lim}$ 为接触疲劳强度极限,它与齿面硬度有关,见表 11-1;S_H 为安全系数,一般工业用齿轮传动可取 $S_H = 1$。

由式(11-2)与(11-3)可知,配对齿轮的齿面接触应力是相等的,即 $\sigma_{H1} = \sigma_{H2}$,但许用接触应力 $[\sigma_{H1}]$ 和 $[\sigma_{H2}]$ 分别与齿轮1和齿轮2的材料、热处理、应力循环次数有关,一般不相等。因此,若按齿面接触强度设计齿轮传动时,应将 $[\sigma_{H1}]$ 和 $[\sigma_{H2}]$ 中的小者代入设计公式进行计算。

11.4.2 齿根弯曲疲劳强度计算

齿根弯曲疲劳强度计算的目的是防止在预定寿命期限内发生轮齿疲劳折断。其强度条件为 $\sigma_F \leqslant [\sigma_F]$。

由于齿轮轮缘的刚度较大,因此可将轮齿看作是宽度为 b 的悬臂梁,其齿根处危险截面可用 30°切线法确定。如图 11-6 所示,作与轮齿对称线成 30°角并与齿根过渡曲线相切的

两条直线，通过两切点与齿轮轴线平行的截面即为齿根危险截面。为简化计算，假设全部载荷作用于一对齿啮合时的齿顶上。当不计摩擦力时，作用于齿顶的总载荷 F_n 沿啮合线方向，F_n 可分解为互相垂直的两个分力：切向力 $F_n\cos\alpha_F$ 使齿根产生弯曲应力和切应力，径向力 $F_n\sin\alpha_F$ 使齿根产生压应力。其中弯曲应力起主要作用，其他应力起的作用很小，可略去。齿根弯曲应力为

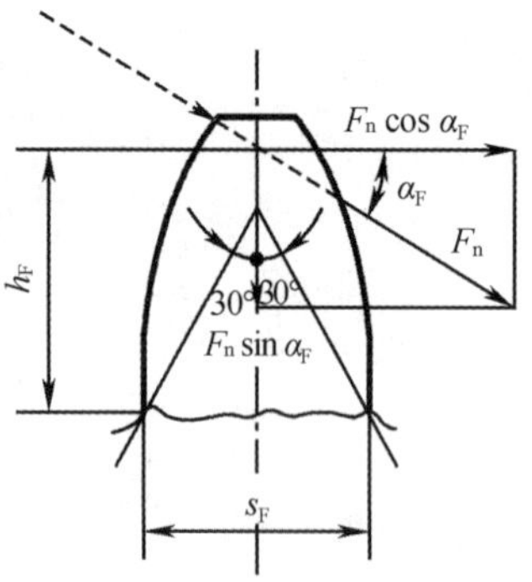

图 11-6 齿根危险截面

$$\sigma_F=\frac{M}{W}=\frac{KF_n\cos\alpha_F h_F}{\frac{bs_F^2}{6}}=\frac{KF_t}{bm}\cdot\frac{6\frac{h_F}{m}\cos\alpha_F}{\left(\frac{s_F}{m}\right)^2\cos\alpha}=\frac{KF_t}{bm}\cdot Y_F$$

其中

$$Y_F=\frac{6\frac{h_F}{m}\cos\alpha_F}{\left(\frac{s_F}{m}\right)^2\cos\alpha} \tag{11-4}$$

Y_F 称为齿形系数。因 h_F 和 s_F 均与模数成正比，故 Y_F 只与齿形中的尺寸比例有关而与模数无关，如图 11-7 所示。

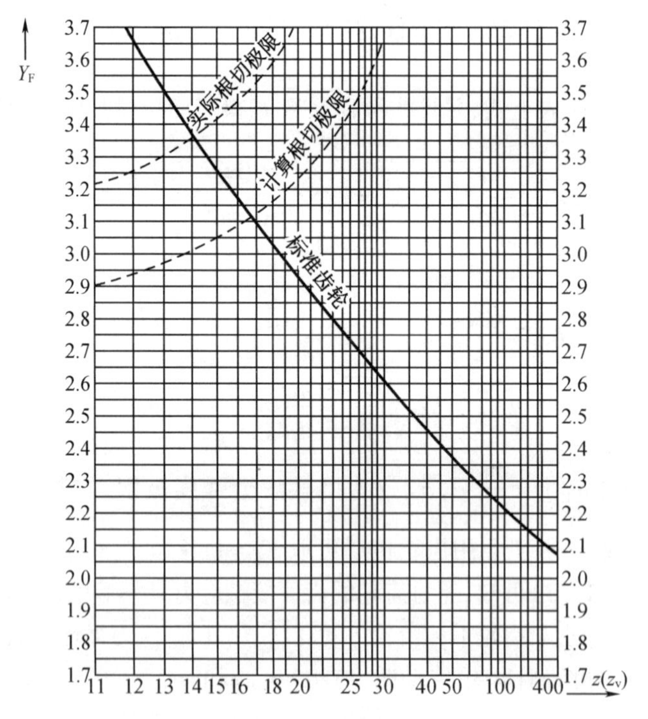

图 11-7 外齿轮的齿形系数 Y_F

考虑在齿根部有应力集中，引入应力修正系数 Y_S（图 11-8），$F_t=\frac{2T_1}{d_1}$，由此可得轮齿弯曲强度的校核公式

$$\sigma_F=\frac{KF_t}{bm}Y_FY_S=\frac{2KT_1Y_FY_S}{bm^2z_1}\leqslant[\sigma_F]\ \text{MPa} \tag{11-5}$$

将 $b=\phi_d d_1$，$d_1=mz_1$ 代入式(11－5)得

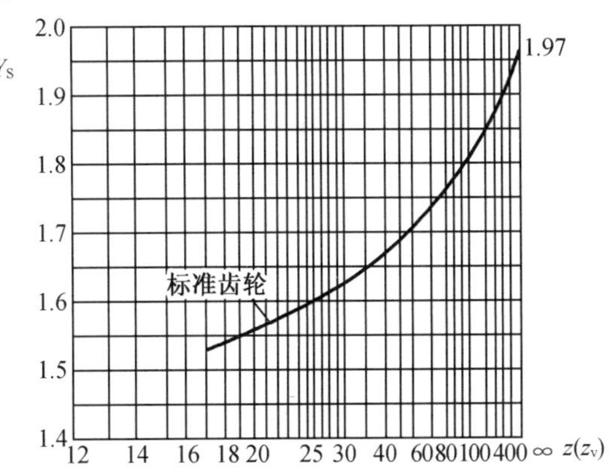

图11－8 外齿轮的应力修正系数 Y_S

$$m \geqslant \sqrt[3]{\frac{2KT_1}{\phi_d z_1^2}\frac{Y_F Y_S}{[\sigma_F]}}\ \mathrm{mm} \tag{11-6}$$

式中，许用弯曲应力 $[\sigma_F]=\frac{\sigma_{FE}}{S_F}$ MPa，其中，σ_{FE} 为齿根弯曲疲劳强度极限(表11－1)，若轮齿两面工作，应将表11－1中的数值乘以0.7；S_F 为安全系数，一般工业用齿轮传动可取 $S_F=1.25$。

用式(11－5)验算弯曲强度时，应该对大、小齿轮分别进行验算；用式(11－6)计算 m 时，式中的 $\frac{Y_F Y_S}{[\sigma_F]}$ 应代入 $\frac{Y_{F1} Y_{S1}}{[\sigma_{F1}]}$ 和 $\frac{Y_{F2} Y_{S2}}{[\sigma_{F2}]}$ 中的较大者。传递动力的齿轮，其模数不宜小于1.5 mm。

11.5 圆柱齿轮传动的设计

11.5.1 齿轮传动主要参数的选择

1. 齿数比 u

$u=z_2/z_1$ 由传动比而定，为避免大齿轮齿数过多，导致径向尺寸过大，一般应使 $u\leqslant 7$。

2. 模数 m 和齿数 z

模数 m 主要影响齿根弯曲强度，对齿面接触强度没有直接影响，齿面接触强度主要与 d_1 和齿数比 u 有关。因此，在按齿面接触强度设计时，求得 d_1 后可按齿数 z_1 计算模数 m，并取标准值。

对于闭式齿轮传动，在满足弯曲疲劳强度情况下，宜采用较多的齿数和较小的模数，以增加重合度，提高传动的平稳性，减小冲击振动，可以取小轮齿数 $z_1=20\sim40$。

在按弯曲强度设计时，应取较大的模数，因而齿数应少一些，一般取 $z_1=17\sim20$。对于开式齿轮传动，为了补偿因齿面磨损使轮齿减薄而造成的强度削弱，通常将计算得到的模数加大10%～15%。

注意 设计时最好使中心距 a 为整数，因中心距 $a=m(z_1+z_2)/2$，当模数 m 确定后，可

通过调整 z_1,z_2 使 a 为整数,并使 u 值与所要求的传动比的误差不超过 ±(3% ~5%)。

3. 齿宽系数 ϕ_d 及齿宽 b

在一定载荷作用下,增大齿宽可减小齿轮直径和传动中心距,但齿宽越大,齿向的载荷分布越不均匀,因此必须合理选择齿宽系数,可按表 11 -4 选取。

表 11 -4 齿宽系数 ϕ_d

齿轮相对于轴承的位置	齿面硬度	
	软齿面	硬齿面
对称布置	0.8 ~1.4	0.4 ~0.9
非对称布置	0.2 ~1.2	0.3 ~0.6
悬臂布置	0.3 ~0.4	0.2 ~0.25

注:轴及其支座刚性较大时取大值,反之取小值。

对于圆柱齿轮的齿宽,可按 $b=\phi_d d_1$ 计算后再做适当圆整,而且为了避免安装时大小齿轮轴向错位而使啮合齿宽减小,通常将小轮的齿宽加大 5 ~10 mm。

11.5.2 齿轮精度的选择

制造和安装齿轮传动装置时,不可避免地会产生误差(如齿形误差、齿距误差、齿向误差等)。按照误差的特性及它们对传动性能的主要影响,将齿轮的各项公差分成三个组,分别反映传递运动的准确性、传动的平稳性和载荷分布的均匀性。国家标准 GB/T 10095.1—2008,对圆柱齿轮及齿轮副规定了 0 ~12 共 13 个精度等级,其中 0 级的精度最高,12 级的精度最低,常用的是 6 ~9 级精度。常见机器所用齿轮传动精度等级的选择及应用见表 11 -5。

表 11 -5 齿轮传动精度等级的选择及应用

精度等级	圆周速度 v/(m/s)			应用
	直齿圆柱齿轮	斜齿圆柱齿轮	直齿锥齿轮	
6 级	≤15	≤30	≤12	高速重载的齿轮传动,如飞机、汽车和机床中的重要齿轮,分度机构的齿轮传动
7 级	≤10	≤15	≤8	高速中载或中速重载的齿轮传动,如标准系列减速器中的齿轮、汽车和机床中的齿轮
8 级	≤6	≤10	≤4	机械制造中对精度无特殊要求的齿轮
9 级	≤2	≤4	≤1.5	低速及对精度要求低的传动

例 11 -1 某两级直齿圆柱齿轮减速器用电动机驱动,高速级传动比 $i_{12}=3.7$,高速轴转速 $n_1=970$ r/min,传动功率 $P=10$ kW,单向运转,载荷有中等冲击。采用软齿面,试计算此高速级传动。

解 (1)选择材料及确定许用应力

小齿轮用 45 调质,齿面硬度为 197 ~286 HBS,相应的疲劳强度取均值,$\sigma_{H\,lim1}=$

585 MPa，$\sigma_{FE1}=445$ MPa，大齿轮用45正火，齿面硬度为156～217 HBS，$\sigma_{H\lim2}=375$ MPa，$\sigma_{FE2}=310$ MPa（表11－1）。取 $S_H=1.1$，$S_F=1.25$，则

$$[\sigma_{H1}]=\frac{\sigma_{H\lim1}}{S_H}=\frac{585}{1.1}\text{ MPa}=531.8\text{ MPa}$$

$$[\sigma_{H2}]=\frac{375}{1.1}\text{ MPa}=340.9\text{ MPa}$$

$$[\sigma_{F1}]=\frac{\sigma_{FE1}}{S_F}=\frac{445}{1.25}\text{ MPa}=356\text{ MPa}$$

$$[\sigma_{F2}]=\frac{310}{1.25}\text{ MPa}=248\text{ MPa}$$

（2）按齿面接触强度设计

设齿轮按8级精度制造。取载荷系数 $K=1.5$（表11－2），齿宽系数 $\phi_d=0.9$（表11－4），小齿轮上的转矩为

$$T_1=9.55\times10^6\times\frac{P}{n_1}=9.55\times10^6\times\frac{10}{970}\text{ N}\cdot\text{mm}=9.85\times10^4\text{ N}\cdot\text{mm}$$

取 $Z_E=189.8\sqrt{\text{MPa}}$（表11－3），$u=i_{12}=3.7$，则

$$d_1\geqslant2.32\sqrt[3]{\frac{KT_1}{\phi_d}\frac{u+1}{u}\left(\frac{Z_E}{[\sigma_H]}\right)^2}=2.32\sqrt[3]{\frac{1.5\times0.85\times10^4}{0.9}\frac{3.7+1}{3.7}\left(\frac{189.8}{340.9}\right)^2}\text{ mm}$$

$$=93.1\text{ mm}$$

齿数取 $z_1=32$，则 $z_2=3.7\times32\approx118$。故

实际传动比 $$i_{12}=\frac{118}{32}=3.69$$

模数 $$m=\frac{d_1}{z_1}=\frac{93.1}{32}\text{ mm}=2.91\text{ mm}$$

齿宽 $b=\phi_d d_1=0.9\times93.1\text{ mm}=83.8\text{ mm}$，取 $b_2=85$ mm，$b_1=90$ mm

取标准模数 $m=3$ mm，实际的 $d_1=z_1m=32\times3\text{ mm}=96\text{ mm}$，$d_2=z_2m=118\times3\text{ mm}=354\text{ mm}$，则

中心距 $$a=\frac{d_1+d_2}{2}=\frac{96+354}{2}\text{ mm}=225\text{ mm}$$

（3）校核轮齿弯曲强度

齿形系数 $Y_{F1}=2.56$，$Y_{F2}=2.13$（图11－7），$Y_{S1}=1.63$，$Y_{S2}=1.81$（图11－8）。由式（11－5）

$$\sigma_{F1}=\frac{2KT_1Y_{F1}Y_{S1}}{bm^2z_1}=\frac{2\times1.5\times9.85\times10^4\times2.56\times1.63}{85\times3^2\times32}\text{ MPa}=50.4\text{ MPa}$$

$$\leqslant[\sigma_{F1}]=356\text{ MPa}$$

$$\sigma_{F2}=\sigma_{F1}\frac{Y_{F2}Y_{S2}}{Y_{F1}Y_{S1}}=50.4\times\frac{2.13\times1.81}{2.56\times1.63}\text{ MPa}=46.5\text{ MPa}\leqslant[\sigma_{F2}]=248\text{ MPa}$$，安全。

（4）齿轮的圆周速度

$$v=\frac{\pi d_1n_1}{60\times1\,000}=\frac{3.14\times96\times970}{60\,000}\text{ m/s}=4.87\text{ m/s}$$

对照表11－5可知选用8级精度是合宜的。

齿轮结构设计从略。

11.6 斜齿圆柱齿轮传动

11.6.1 轮齿上的作用力

一对标准斜齿圆柱齿轮在节点 C 处啮合时，其法向力 F_n 垂直于齿面。如图 11－9(a)所示，F_n 可分解为三个相互垂直的分力，即圆周力 F_t、径向力 F_r 和轴向力 F_a，其计算公式可由图 11－9(b)导出：

$$\begin{cases} \text{圆周力} \quad F_t = \dfrac{2T_1}{d_1} \\ \text{径向力} \quad F_r = \dfrac{F_t \tan \alpha_n}{\cos \beta} \\ \text{轴向力} \quad F_a = F_t \tan \beta \end{cases} \tag{11-7}$$

式中 α_n——法面压力角，对于标准齿轮 $\alpha_n = 20°$；

β——螺旋角，β 越大，斜齿轮传动越平稳、承载能力越大，但轴向力 F_a 也随之增大，影响轴承部件结构。因此，一般取 $\beta = 8° \sim 20°$。

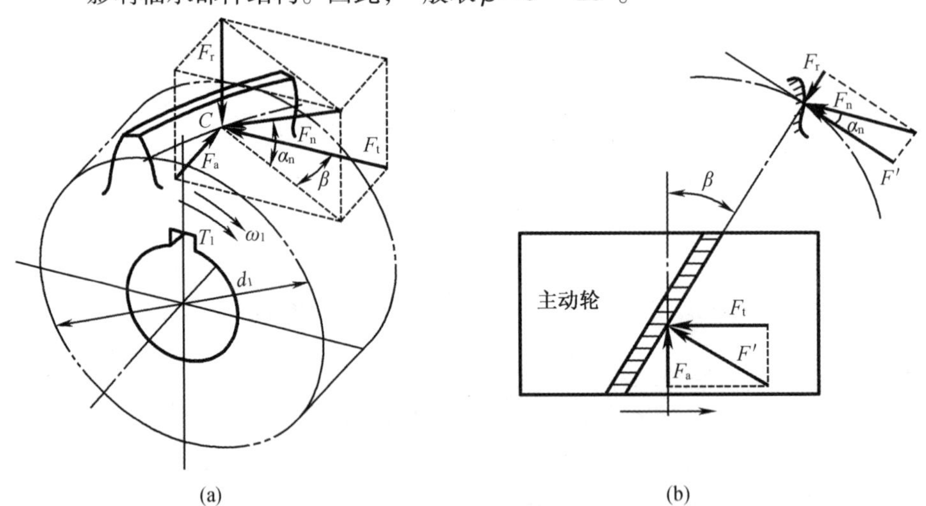

图 11－9 斜齿圆柱齿轮传动的作用力

圆周力 F_t 和径向力 F_r 方向的判断方法同直齿轮，轴向力 F_a 的方向可用主动轮左、右手法则判断：对主动轮，左旋用左手、右旋用右手握住其轴线，并使握紧的四指代表主动轮的回转方向，则拇指的指向即为主动轮的轴向力方向(图 11－10)。作用在主、从动轮上的各对力大小相等，方向相反。

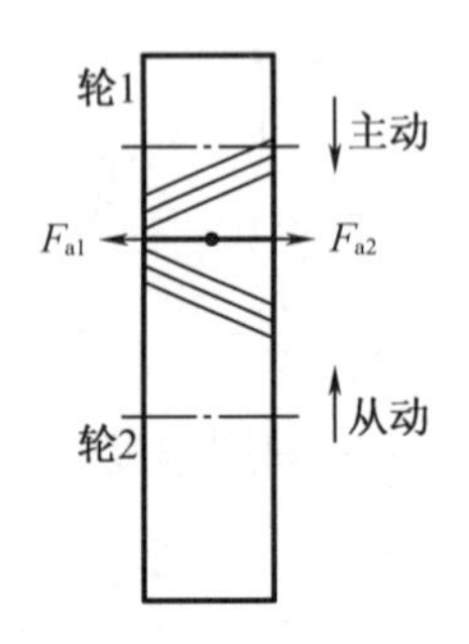

图 11－10 轴向力的方向

11.6.2 强度计算

斜齿圆柱齿轮传动的强度计算是按轮齿的法面进行分析的，其基本原理与直齿圆柱齿轮传动相似。但是斜齿圆柱齿轮传动的重合度较大，同时相啮合的轮齿较多，轮齿的接触线是倾斜的，而且在法面内斜齿轮的当量齿轮的分度圆半径也较大，因此斜齿轮的接触应力和弯曲应力均比直齿轮有所降低。关于斜齿轮问题的详细讨论，可参阅相关机械设计教材。下面直接写出经简化处理的斜齿轮强度计算公式。

齿面接触疲劳强度校核式和设计式为

$$\sigma_{\mathrm{H}}=3.54Z_{\mathrm{E}}Z_{\beta}\sqrt{\frac{KT_1}{bd_1^2}\frac{u\pm1}{u}}\leqslant[\sigma_{\mathrm{H}}]\ \mathrm{MPa} \tag{11-8}$$

$$d_1\geqslant2.32\sqrt[3]{\frac{KT_1}{\phi_{\mathrm{d}}}\frac{u\pm1}{u}\left(\frac{Z_{\mathrm{E}}Z_{\beta}}{[\sigma_{\mathrm{H}}]}\right)^2}\quad \mathrm{mm} \tag{11-9}$$

式中 $Z_{\beta}=\sqrt{\cos\beta}$螺旋角系数；其余各符号意义和单位同前。

齿根弯曲疲劳强度校核式和设计式为

$$\sigma_{\mathrm{F}}=\frac{2KT_1}{bd_1m_{\mathrm{n}}}Y_{\mathrm{F}}Y_{\mathrm{S}}\leqslant[\sigma_{\mathrm{F}}]\ \mathrm{MPa} \tag{11-10}$$

$$m_{\mathrm{n}}\geqslant\sqrt[3]{\frac{2KT_1}{\phi_{\mathrm{d}}z_1^2}\frac{Y_{\mathrm{F}}Y_{\mathrm{S}}}{[\sigma_{\mathrm{F}}]}\cos^2\beta}\quad \mathrm{mm} \tag{11-11}$$

式中 Y_{F}——齿形系数，按当量齿数 $z_{\mathrm{v}}=\frac{z}{\cos^3\beta}$由图11－7查取；

Y_{S}——应力修正系数，按 z_{v} 由图11－8查取。

例11－2 图11－11为带式输送机中的二级斜齿圆柱齿轮减速器，由电动机驱动，双向运转，载荷有中等冲击，长期工作。已知高速轴转速 $n_1=1\ 470$ r/min，传动功率 $P=40$ kW，高速级传动比 $i_{12}=3.3$，要求结构紧凑，试设计此减速器中高速级齿轮传动。

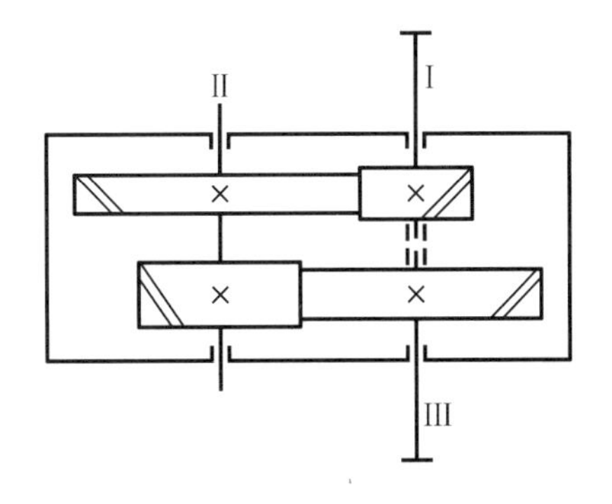

图11－11 同轴式二级圆柱齿轮减速器

解 （1）选择材料及确定许用应力

因要求结构紧凑，故采用硬齿面齿轮传动，小齿轮与大齿轮均选择20Cr渗碳淬火，齿面硬度为56～62 HRC，由表11－1查得：$\sigma_{\mathrm{H\,lim}}=1\ 500$ MPa，$\sigma_{\mathrm{FE}}=850$ MPa。

由表11－3查得：$Z_{\mathrm{E}}=189.8\sqrt{\mathrm{MPa}}$，取 $S_{\mathrm{H}}=1$，$S_{\mathrm{F}}=1.25$，则

$$[\sigma_{\mathrm{H1}}]=[\sigma_{\mathrm{H2}}]=\frac{\sigma_{\mathrm{H\,lim1}}}{S_{\mathrm{H}}}=\frac{1\ 500}{1}\mathrm{MPa}=1\ 500\ \mathrm{MPa}$$

$$[\sigma_{\mathrm{F1}}]=[\sigma_{\mathrm{F2}}]=\frac{0.7\sigma_{\mathrm{FE1}}}{S_{\mathrm{F}}}=\frac{0.7\times850}{1.25}\mathrm{MPa}=476\ \mathrm{MPa}$$

（2）按轮齿弯曲强度设计

设齿轮按8级精度制造。取载荷系数 $K=1.3$（表11－2），齿宽系数 $\phi_{\mathrm{d}}=0.8$（表11－4），初选螺旋角 $\beta=15°$。

小齿轮上的转矩 $T_1=9.55\times10^6\dfrac{P}{n_1}=9.55\times10^6\times\dfrac{40}{1\ 470}\ \mathrm{N\cdot mm}=2.6\times10^5\ \mathrm{N\cdot mm}$，取 $z_1=19$，则 $z_2=3.3\times19\approx63$，取 $z_2=63$。

实际传动比为 $i_{12}=u=\dfrac{63}{19}=3.32$。

当量齿数 $z_{v1}=\dfrac{19}{\cos^3 15^\circ}=21.08$，$z_{v2}=\dfrac{63}{\cos^3 15^\circ}=69.9$。

齿形系数 $Y_{F1}=2.88$，$Y_{F2}=2.27$（图 11－7），$Y_{S1}=1.57$，$Y_{S2}=1.75$（图 11－8）。

$$\frac{Y_{F1}Y_{S1}}{[\sigma_{F1}]}=\frac{2.88\times1.57}{476}=0.009\ 5$$

$$\frac{Y_{F2}Y_{S2}}{[\sigma_{F2}]}=\frac{2.27\times1.75}{476}=0.008\ 3$$

故应对小齿轮进行弯曲强度计算

$$m_n\geqslant\sqrt[3]{\frac{2KT_1}{\phi_d z_1^2}\frac{Y_{F1}Y_{S1}}{[\sigma_{F1}]}\cos^2\beta}=\sqrt[3]{\frac{2\times1.3\times2.6\times10^5}{0.8\times19^2}\times0.009\ 5\times\cos^2 15^\circ}\ \mathrm{mm}=2.75\ \mathrm{mm}$$

模数取标准值 $m_n=3$ mm。

中心距 $$a=\frac{m_n(z_1+z_2)}{2\cos\beta}=\frac{3\times(19+63)}{2\cos 15^\circ}\ \mathrm{mm}=127.34\ \mathrm{mm}$$

取整 $a=130$ mm。

螺旋角 $$\beta=\arccos\frac{m_n(z_1+z_2)}{2a}=\arccos\frac{3\times(19+63)}{2\times130}=18^\circ53'16''$$

分度圆直径 $d_1=m_n z_1/\cos\beta=3\times19/\cos 18^\circ53'16''\ \mathrm{mm}=60.244\ \mathrm{mm}$

齿宽 $b=\phi_d d_1=0.8\times60.244\ \mathrm{mm}=48.2\ \mathrm{mm}$

取 $b_2=50\ \mathrm{mm}$，$b_1=55\ \mathrm{mm}$

（3）校核齿面接触疲劳强度

$$\sigma_H=3.54Z_E Z_\beta\sqrt{\frac{KT_1}{bd_1^2}\frac{u\pm1}{u}}$$

$$=3.54\times189.8\times\sqrt{\cos 18^\circ53'16''}\sqrt{\frac{1.3\times2.6\times10^5}{50\times60.244^2}\times\frac{4.32}{3.32}}\ \mathrm{MPa}$$

$$=1\ 017\ \mathrm{MPa}<[\sigma_{H1}]=1\ 500\ \mathrm{MPa}，安全$$

（4）齿轮的圆周速度

$$v=\frac{\pi d_1 n_1}{60\times1\ 000}=\frac{\pi\times60.244\times1\ 470}{60\ 000}\ \mathrm{m/s}=4.6\ \mathrm{m/s}$$

对照表 11－5 可知选用 8 级精度是合宜的。

齿轮结构设计从略。

11.7 直齿圆锥齿轮传动

圆锥齿轮用于传递相交轴之间的运动和动力，有直齿、斜齿和曲齿之分。直齿锥齿轮制造精度低，振动和噪声大，一般用于低速场合。本书介绍轴交角 $\Sigma=90^\circ$ 的直齿锥齿轮传动的受力分析及强度计算。

11.7.1 轮齿上的作用力

设法向力 F_{n} 集中作用在齿宽中点分度圆的法截面内，则 F_{n} 可分解为互相垂直的三个分力（图 11－12），即

$$\begin{cases} \text{圆周力} \quad F_{\mathrm{t}} = \dfrac{2T_1}{d_{\mathrm{m1}}} \\ \text{径向力} \quad F_{\mathrm{r}} = F_{\mathrm{t}} \tan \alpha \cos \delta \\ \text{轴向力} \quad F_{\mathrm{a}} = F_{\mathrm{t}} \tan \alpha \sin \delta \end{cases} \tag{11-12}$$

式中 T_1——小齿轮传递的转矩，N·mm；

d_{m1}——小齿轮齿宽中点分度圆直径，$d_{\mathrm{m1}} = d_1 - b\sin\delta_1$，mm；

α——分度圆压力角，标准齿轮 $\alpha = 20°$。

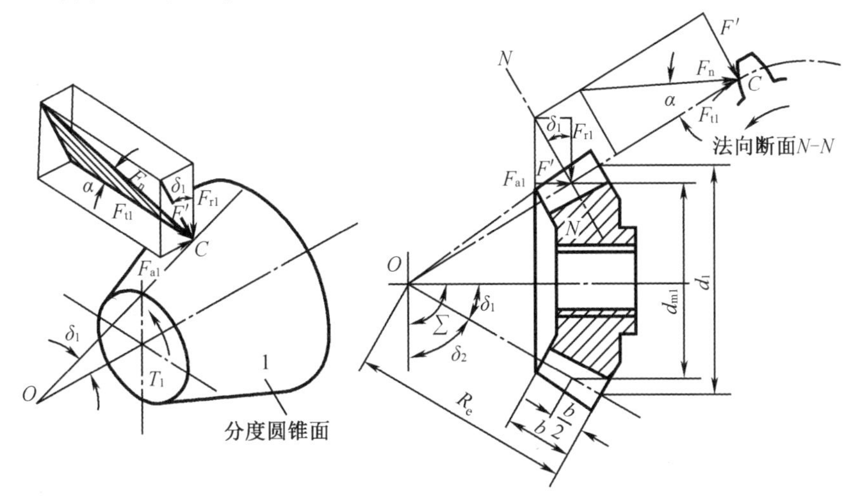

图 11－12 直齿圆锥齿轮传动的作用力

圆周力 F_{t} 的方向在主动轮上与其作用点圆周速度方向相反，在从动轮上与其作用点圆周速度方向相同；两轮径向力 F_{r} 的方向分别指向轮心；两轮轴向力 F_{a} 的方向分别由小端指向大端（图11－13）。且一个轮的轴向力与另一个轮的径向力大小相等，方向相反，即 $F_{\mathrm{r1}} = -F_{\mathrm{a2}}$，$F_{\mathrm{a1}} = -F_{\mathrm{r2}}$。

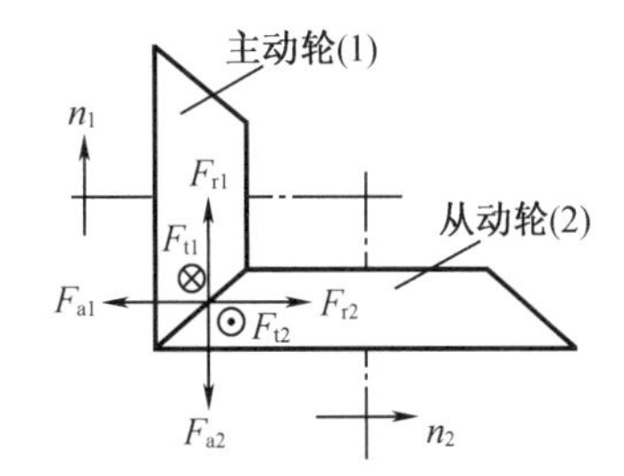

图 11－13 主、从动锥齿轮的作用力方向

11.7.2 强度计算

直齿圆锥齿轮传动的强度可近似地按齿宽中点处的当量齿轮计算，因而可由直齿圆柱齿轮强度计算公式导出圆锥齿轮强度计算公式。

1. 齿面接触疲劳强度计算

将当量齿轮的有关参数代入式（11－2），经整理得直齿圆锥齿轮的齿面接触疲劳强度的校核公式和设计公式

$$\sigma_{\mathrm{H}}=2.5Z_{\mathrm{E}}\sqrt{\frac{4KT_1}{0.85\phi_{\mathrm{R}}(1-0.5\phi_{\mathrm{R}})^2d_1^3u}}\leqslant[\sigma_{\mathrm{H}}]\quad \mathrm{MPa} \tag{11-13}$$

$$d_1\geqslant 1.84\sqrt[3]{\frac{4KT_1}{0.85\phi_{\mathrm{R}}(1-0.5\phi_{\mathrm{R}})^2u}\left(\frac{Z_{\mathrm{E}}}{[\sigma_{\mathrm{H}}]}\right)^2}\quad \mathrm{mm} \tag{11-14}$$

式中　d_1——小齿轮的分度圆直径；

K——载荷系数，查表 11－2 确定；

$\phi_{\mathrm{R}}=\frac{b}{R}$，其中 b 为齿宽，R 为锥距（图 11－12），一般取 $\phi_{\mathrm{R}}=0.25\sim0.35$；$u=\frac{z_2}{z_1}$，一般 $u\leqslant5$；

Z_{E}——弹性系数，查表 11－3 确定。

2. 齿根弯曲疲劳强度计算

将当量齿轮的有关参数代入式（11－5），经整理得直齿圆锥齿轮齿根弯曲疲劳强度校核公式和设计公式

$$\sigma_{\mathrm{F}}=\frac{4KT_1Y_{\mathrm{F}}Y_{\mathrm{S}}}{0.85\phi_{\mathrm{R}}(1-0.5\phi_{\mathrm{R}})^2z_1^2m_{\mathrm{e}}^3\sqrt{1+u^2}}\leqslant[\sigma_{\mathrm{F}}]\ \mathrm{MPa} \tag{11-15}$$

$$m_{\mathrm{e}}\geqslant\sqrt[3]{\frac{4KT_1}{0.85\phi_{\mathrm{R}}(1-0.5\phi_{\mathrm{R}})^2z_1^2\sqrt{1+u^2}}\frac{Y_{\mathrm{F}}Y_{\mathrm{S}}}{[\sigma_{\mathrm{F}}]}}\quad \mathrm{mm} \tag{11-16}$$

式中　m_{e}——大端模数，mm；

Y_{F}，Y_{S} 分别如图 11－7、图 11－8 所示，由当量齿数 $z_{\mathrm{v}}=\frac{z}{\cos\delta}$查得。

11.8　齿轮的构造

齿轮传动的强度计算和几何尺寸计算，只能确定出齿轮的齿数、模数、齿宽、螺旋角、分度圆直径、齿顶圆直径和齿根圆直径等主要尺寸，而轮缘、轮辐和轮毂的结构形式和尺寸大小，则需由结构设计确定。设计时通常根据齿轮尺寸、材料、制造方法等选择合适的结构形式，再根据经验公式确定具体尺寸。

对于直径较小的钢制齿轮，当齿根圆直径与轴径接近时，可将齿轮与轴做成一体，称为齿轮轴（图 11－14）。当齿顶圆直径 $d_{\mathrm{a}}\leqslant160$ mm 时，可以做成实心结构（图 11－15）。

当齿顶圆直径 $d_{\mathrm{a}}\leqslant500$ mm 时，为了减少质量和节约材料，通常采用腹板式齿轮（图 11－16），可以锻造也可以铸造。

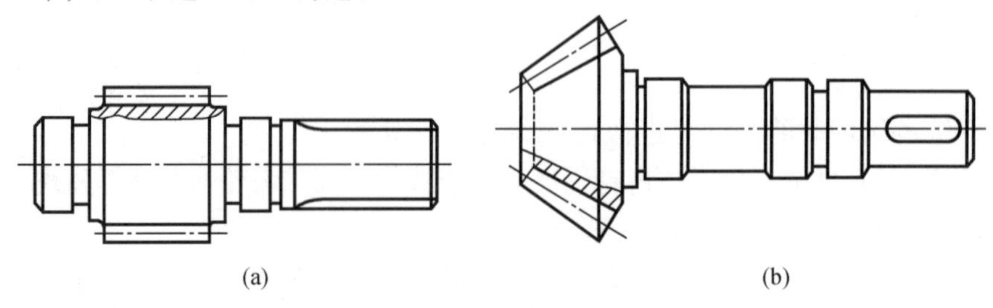

图 11－14　齿轮轴

（a）圆柱齿轮轴；（b）圆锥齿轮轴

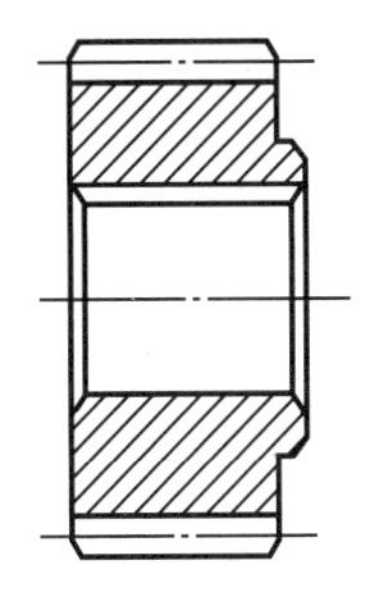

图 11－15 实心式齿轮

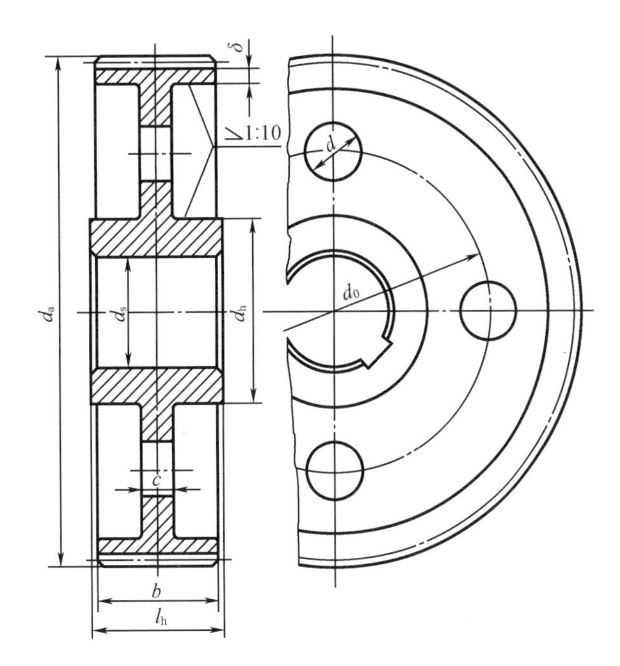

图 11－16 腹板式齿轮

$d_h=1.6d_s$；$l_h=(1.2\sim1.5)d_s$，并使 $l_h \geqslant b$；$c=0.3b$；$\delta=(2.5\sim4)m_n$，但不小于8 mm；d_0 和 d 按结构取定，当 d 较小时可不开孔

当直径较大，$d_a \geqslant 400$ mm 时，多采用轮辐式的铸造齿轮（图 11－17）。

图 11－18(a)为腹板式锻造锥齿轮，图 11－18(b)为带加强肋的腹板式铸造锥齿轮。

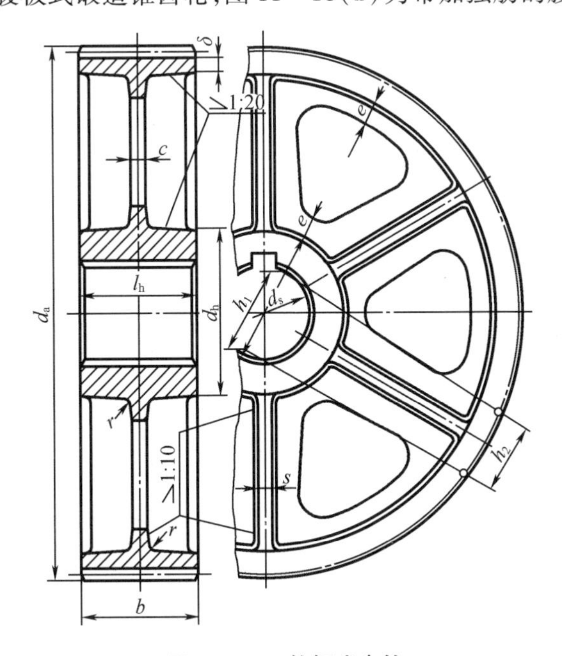

图 11－17 轮辐式齿轮

$d_h=1.6d_s$（铸钢），$d_h=1.8d_s$（铸铁）；$l_h=(1.2\sim1.5)d_s$，并使 $l_h \geqslant b$；$c=0.2b$，但不小于 10 mm；$\delta=(2.5\sim4)m_n$，但不小于 8 mm；$h_1=0.8d_s$；$h_2=0.8h_1$；$s=0.15h_1$，但不小于 10 mm；$e=(1-1.2)\delta$

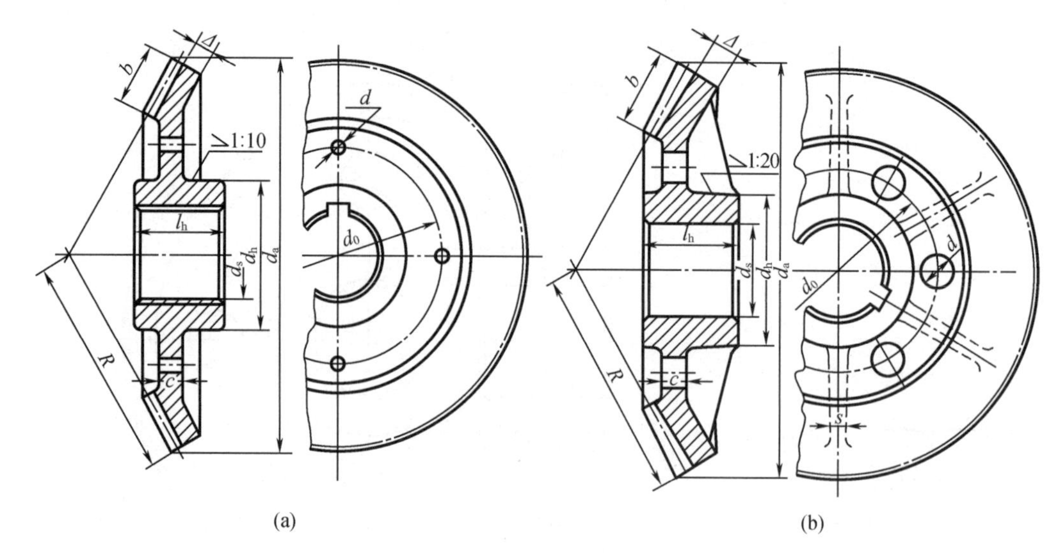

图 11-18 锥齿轮的结构

$d_h=1.6d_s$(钢材);$l_h=(1.2\sim1.5)d_s$(铸铁);$d_h=(1.6\sim1.8)d_s$;$l_h=(1.2\sim1.5)d_s$;$c=(0.2\sim0.3)b$;
$s=0.8c$;$\Delta=(2.5\sim4)m_n$,但不小于 10 mm;$\Delta=(2.5\sim4)m_n$,但不小于 10 mm;d_0 和 d 按结构取定

11.9 齿轮传动的润滑和效率

11.9.1 齿轮传动的润滑

齿轮在传动时,相啮合的齿面间有相对滑动,且齿面间接触应力高,因此,齿轮传动需要进行润滑。适当的润滑不仅可以减小摩擦损失,利于散热及防锈,还可以改善轮齿的工作状况,确保齿轮运转正常及预期的寿命。

1. 齿轮传动的润滑方式

对于开式齿轮传动,因速度低,一般是人工定期加油或在齿面涂抹润滑脂。

对于闭式齿轮传动,润滑方式取决于齿轮的圆周速度 v。当 $v\leqslant12$ m/s 时,可采用浸油润滑,如图 11-19 所示。将大齿轮浸入油池中,转动时,大齿轮将油带入啮合处进行润滑,同时,还将油甩到箱体内壁上散热。浸油深度一般不超过一个齿高,但一般不应小于 10 mm,锥齿轮应浸入全齿宽,至少应浸入齿宽的一半。在多级齿轮传动中,当几个大齿轮直径不相等时,可借油轮将油带到未浸入油池内的齿轮的齿面上。

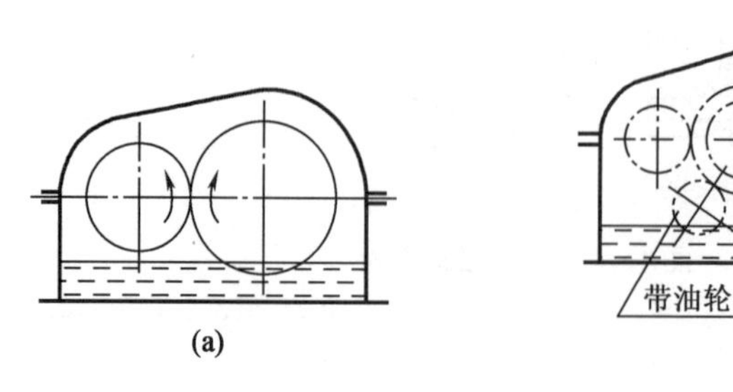

图 11-19 浸油润滑

当 $v>12$ m/s 时，应采用喷油润滑，如图 11－20 所示，用油泵将润滑油直接喷到啮合区。

2. 润滑剂的选择

选择润滑剂时，要考虑齿面上的载荷和齿轮的圆周速度及工作温度，以使齿面上能保持一定厚度且能承受一定压力的润滑油膜。齿轮传动润滑剂牌号的选择见表 11－6。

润滑油黏度一般根据齿轮的圆周速度 v 和环境温度来选择。表 11－7 为闭式齿轮传动推荐用的润滑油黏度。

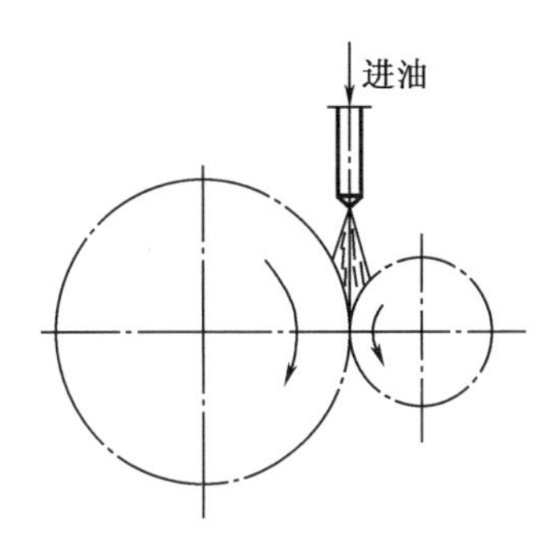

图 11－20 喷油润滑

表 11－6 齿轮传动润滑剂牌号选择

齿面接触应力 σ_H/MPa	润滑油牌号	
	闭式传动	开式传动
<500(轻负荷)	L－CKB(抗氧防锈工业齿轮油)	L－CKH
500～1 100(中负荷)	L－CKG(中负荷工业齿轮油)	L－CKJ
>1 100(重负荷)	L－CKD(重负荷工业齿轮油)	L－CKM

表 11－7 闭式齿轮传动润滑剂黏度选择

平行轴及锥齿轮传动	环境温度/℃			
低速级齿轮分度圆线速度 v/(m/s)	－40～－10	－10～10	10～35	35～55
	润滑油黏度 v_{40}/(mm^2/s)			
≤5	90～110	135～165	288～352	612～748
>5～15	90～110	90～110	198～242	414～506
>15～25	61.2～74.8	61.2～74.8	135～165	288～352
>25～80	28.8～35.2	41.4～50.6	61.2～74.8	90～110

注：对于锥齿轮传动，表中 v 是指锥齿轮齿宽中点的分度圆线速度。

11.9.2 齿轮传动的效率

齿轮传动的功率损耗主要包括：①啮合中的摩擦损耗；②搅动润滑油的油阻损耗；③轴承中的摩擦损耗。计入上述损耗时，齿轮传动的平均效率见表 11－8。

表 11－8 齿轮传动的平均效率

传动装置	6 级或 7 级精度的闭式传动	8 级精度的闭式传动	开式传动
圆柱齿轮	0.98	0.97	0.95
锥齿轮	0.97	0.96	0.93

习 题

11－1 闭式齿轮传动的主要失效形式及设计准则是什么？开式齿轮传动的主要失效形式及设计准则又是什么？

11－2 选择齿轮材料时，为何小齿轮的材料硬度要选得比大齿轮材料硬度高？

11－3 提高轮齿的抗弯曲疲劳折断能力和齿面抗点蚀能力有哪些可能的措施？

11－4 什么是硬齿面齿轮？什么是软齿面齿轮？各适用于什么场合？

11－5 齿轮产生齿面磨损的主要原因是什么？它是哪一种齿轮传动的主要失效形式？防止磨损失效的最有效办法是什么？

11－6 齿面接触疲劳强度计算的计算点在何处？其计算的力学模型是什么？齿面接触疲劳强度针对何种失效形式？

11－7 齿根弯曲疲劳强度计算的计算点是何处？其计算的力学模型是什么？它是针对何种失效形式？齿根弯曲疲劳危险截面在何处？试作图示之。

11－8 简述轮齿弯曲疲劳裂纹常发生在齿根受拉伸一侧的原因？

11－9 简述点蚀主要发生在节线靠近齿根面上的原因？

11－10 在计算齿轮强度时，为什么不用名义载荷而用计算载荷？哪些因素影响计算载荷的大小？

11－11 简述设计齿轮传动时，齿宽系数取值大小的利弊。

11－12 设计圆柱齿轮传动时，为什么使小齿轮齿宽 b_1 大于大齿轮齿宽 b_2？齿宽系数 $\phi_d = \dfrac{b}{d_1}$ 中的齿宽 b 应代入哪一个轮的齿宽？

11－13 一对闭式软齿面齿轮传动，若先按接触疲劳强度设计，再按弯曲疲劳强度校核时发现强度不够，可采取哪些改进的措施？

11－14 在设计齿轮传动选择齿数时，应考虑哪些因素？

11－15 现设计一对直齿圆柱齿轮传动，两轮材料均采用45钢调质，齿数 $z_1 = 30$，$z_2 = 60$，模数 $m = 3$ mm，若将两轮材料换成一对45钢表面淬火齿轮，齿数变为 $z_1 = 45$，$z_2 = 90$，模数变为 $m = 2$ mm。问：

（1）接触应力如何变化？

（2）接触强度如何变化？

（3）弯曲应力如何变化？

11－16 某正常齿标准渐开线直齿圆柱齿轮，模数 $m = 3.7$ mm，齿数 $z = 15$，压力角 $\alpha = 22°$。问：

（1）该齿轮的设计是否合理，为什么？

（2）若不合理，提出改进措施。

11－17 简述直齿圆柱齿轮传动、斜齿圆柱齿轮传动、直齿圆锥齿轮传动的应用场合。

11－18 有一对锻钢齿轮和一对灰铸铁齿轮，已知锻钢齿轮的许用应力 $[\sigma_H] = 610$ MPa，灰铸铁的许用应力 $[\sigma_H] = 370$ MPa。在齿数比、尺寸及载荷相同的情况下，问哪对齿轮接触应力大？哪对齿轮接触疲劳强度高？为什么？

11－19　如图所示为斜齿轮－圆锥齿轮传动。已知轮1为主动轮,其旋转方向如图11－21所示。试在图上画出轮2和轮3所受的各力。

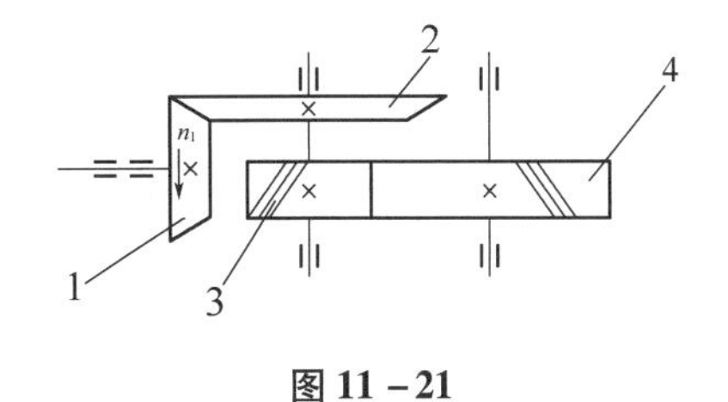

图11－21

11－20　在一对斜齿圆柱齿轮传动中,已知:小齿轮齿数 $z_1=23$,大齿轮齿数 $z_2=71$,法向模数 $m_n=5$ mm,中心距 $a=245$ mm,传递功率 $P=15$ kW,大齿轮转速 $n_2=145$ r/min,小齿轮螺旋线方向如图11－22所示,忽略摩擦。求:

(1)大齿轮螺旋角 β 的大小和方向;

(2)大齿轮转矩 T_2;

(3)大齿轮分度圆直径 d_2;

(4)大齿轮受力的大小和方向。

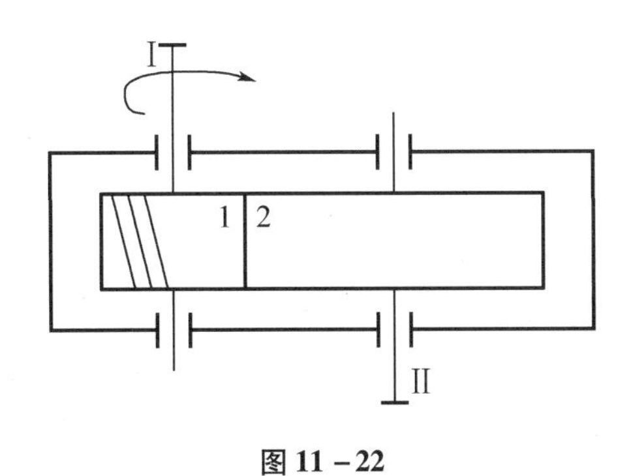

图11－22

11－21　在单级标准直齿圆柱齿轮减速器中,已知齿数 $z_1=30$,$z_2=90$,模数 $m=3$ mm,齿宽系数 $\phi_d=1.1$,小轮转速 $n_1=970$ r/min,若主、从动轮的许用接触应力分别为 $[\sigma_{H1}]=700$ MPa,$[\sigma_{H2}]=650$ MPa,载荷系数 $K=1.5$,弹性系数 $Z_E=188.9\sqrt{\text{MPa}}$,试按接触疲劳强度求该传动所能传递的功率。

11－22　单级闭式齿圆柱齿轮传动中,小齿轮的材料为45钢调质处理,大齿轮的材料为ZG310－570正火,$P=4$ kW,$n_1=720$ r/min,$m=4$ mm,$z_1=25$,$z_2=73$,$b_1=84$ mm,$b_2=78$ mm,单向转动,载荷有中等冲击,用电动机驱动,试验算此单级齿轮传动的强度。

11－23　已知闭式直齿圆柱齿轮传动的传动比 $i_{12}=4.6$,$n_1=730$ r/min,$P=30$ kW,长期双向转动,载荷有中等冲击,要求结构紧凑。$z_1=27$,大、小齿轮都用40Cr表面淬火,试确定合理的 d,m 值。

11－24　已知单级斜齿圆柱齿轮传动的 $P=22$ kW,$n_1=1\,470$ r/min,双向转动,电动机驱动,载荷平稳,$z_1=21$,$z_2=107$,$m_n=3$ mm,$\beta=16°15'$,$b_1=85$ mm,$b_2=80$ mm,小齿轮材料为40MnB调质,大齿轮为35SiMn调质,试校核此闭式传动的强度。

11－25　已知单级闭式斜齿轮传动 $P=10$ kW,$n_1=1\,210$ r/min,$i_{12}=4.3$,电动机驱动,中等冲击载荷,设小齿轮用40MnB调质,大齿轮用45钢调质,$z_1=21$,试计算此单级斜齿轮传动。

第12章　蜗杆传动

12.1　蜗杆概述

12.1.1　蜗杆蜗轮的形成

蜗杆传动是用来传递空间交错轴之间的回转运动和动力的，它由蜗杆和蜗轮组成，如图12－1所示。两轴线交错角 Σ 可为任意值，一般采用 $\Sigma=90°$，如图12－2所示。

图12－1　蜗杆蜗轮传动

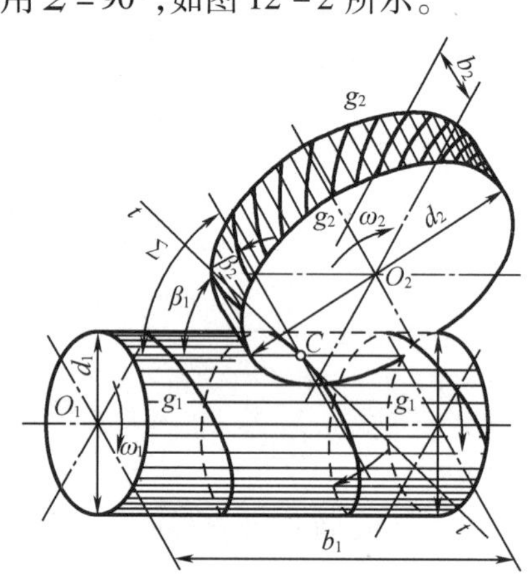

图12－2　蜗杆的形成

蜗杆蜗轮传动是由交错轴斜齿圆柱齿轮传动演变而来的。在交错角 $\Sigma=\beta_1+\beta_2=90°$ 的交错轴斜齿轮机构中，若小齿轮1的螺旋角 β_1 取得很大，其分度圆柱的直径 d_1 取得较小，且其轴向长度 b_1 较长、齿数 z_1 很少（一般 $z_1=1\sim4$），则其每个轮齿在分度圆柱面上能缠绕一周以上。这样的小齿轮外形像一根螺杆，称为蜗杆，如图12－2所示。大齿轮2的 β_2 较小，分度圆柱的直径 d_2 很大，轴向长度 b_2 较短，齿数 z_2 很多，它实际上是一个斜齿轮，称为蜗轮。这样的交错轴斜齿轮机构在啮合传动时，其齿廓间仍为点接触。为了改善啮合状况，将蜗轮分度圆柱面的直母线改为圆弧形，使它部分地包住蜗杆（图12－3(a)），并用与蜗杆形状和参数相同的滚刀范成加工蜗轮。这样加工出来的蜗轮与蜗杆啮合传动时，其齿廓间为线接触，可传递较大的动力。

12.1.2　蜗杆传动的类型

根据蜗杆形状的不同，蜗杆传动可分为圆柱蜗杆传动、环面蜗杆传动和锥蜗杆传动，如图12－3所示。

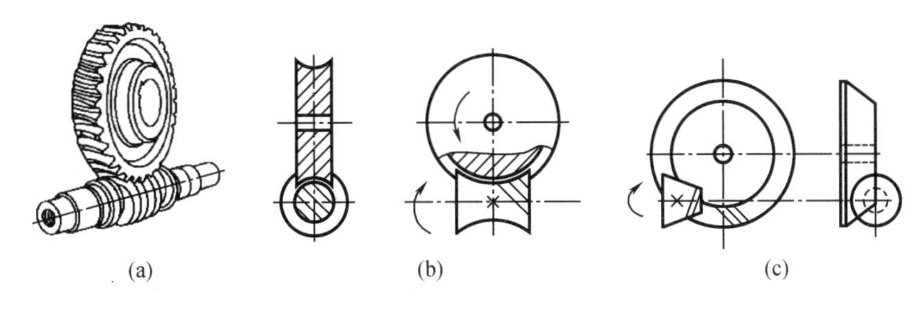

图 12－3　蜗杆传动的类型

(a)圆柱蜗杆传动；(b)环面蜗杆传动；(c)锥蜗杆传动

根据蜗杆齿廓形状及形成原理不同，蜗杆传动的分类如下。

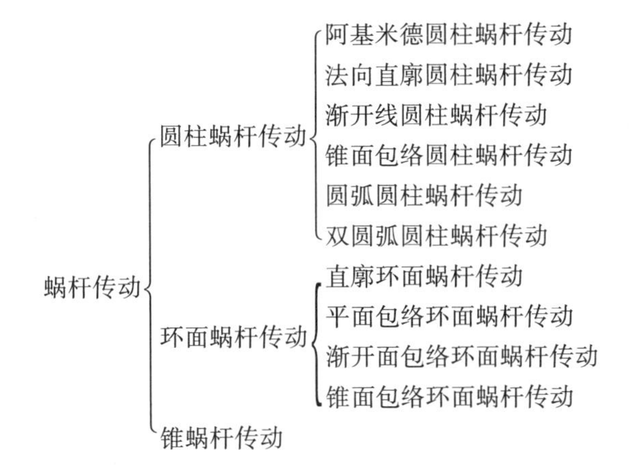

1. 圆柱蜗杆传动

圆柱蜗杆传动又可分为普通圆柱蜗杆传动和圆弧圆柱蜗杆传动两类。

(1)普通圆柱蜗杆传动

普通圆柱蜗杆的齿面(ZK 型蜗杆除外)一般是在车床上用直线刀刃的车刀车制的。根据车刀安装位置的不同，所加工出的蜗杆齿面在不同截面中的齿廓曲线也不同。根据不同的齿廓曲线，普通圆柱蜗杆可分为阿基米德圆柱蜗杆(ZA 蜗杆)、法向直廓圆柱蜗杆(ZN 蜗杆)、渐开线圆柱蜗杆(ZI 蜗杆)和锥面包络圆柱蜗杆(ZK 蜗杆)等四种。

①阿基米德圆柱蜗杆(ZA 蜗杆)

车削阿基米德圆柱蜗杆与加工梯形螺纹类似，其车刀车削刃夹角 $2\alpha=40°$，切削刃的顶面必须通过蜗杆的轴线(图 12－4)，这种蜗杆在垂直于蜗杆轴线的平面(即端面)上，齿廓为阿基米德螺旋线，在包含轴线的平面上的齿廓(即轴向齿廓)为直线。

②法向直廓圆柱蜗杆(ZN 蜗杆)

这种蜗杆的端面齿廓为延伸渐开线(图 12－5)，法面($N-N$)齿廓为直线。ZN 蜗杆也是用直线刀刃的单刀或双刀在车床上车削加工。刀具的安装形式如图 12－5 所示。这种蜗杆磨削起来也比较困难。

③渐开线圆柱蜗杆(ZI 蜗杆)

这种蜗杆的端面齿廓为渐开线(图 12－6)，所以它相当于一个少齿数(齿数等于蜗杆头数)、大螺旋角的渐开线圆柱斜齿轮。ZI 蜗杆可用两把直线刀刃的车刀在车床上车削加工。

刀刃顶面应与基圆柱相切,其中一把刀具高于蜗杆轴线,另一把刀具则低于蜗杆轴线,如图12-6所示。刀具的齿形角应等于蜗杆的基圆柱螺旋角。这种蜗杆可以在专用机床上磨削。

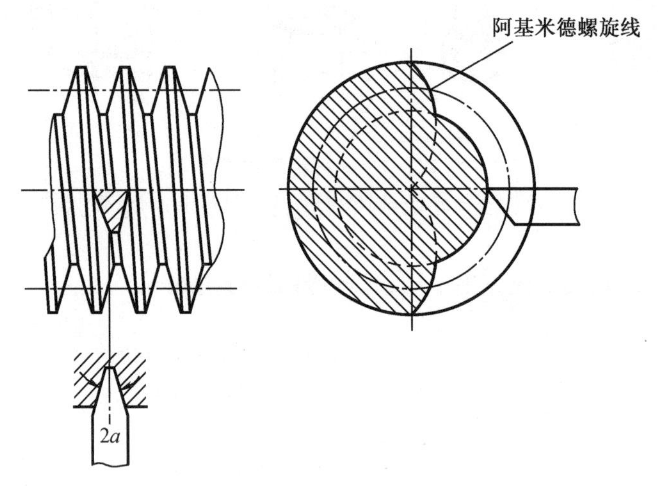

图 12-4 阿基米德圆柱蜗杆(ZA 蜗杆)

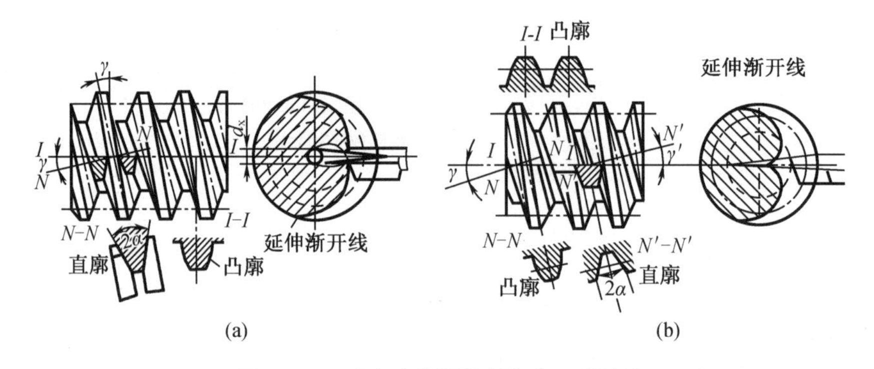

图 12-5 法向直廓圆柱蜗杆(ZN 蜗杆)

(a)车刀对中齿厚中线法面;(b)车刀对中齿槽中线法面

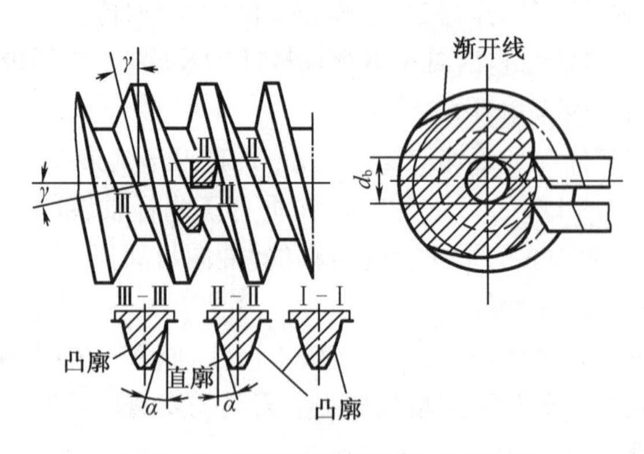

图 12-6 渐开线圆柱蜗杆(ZI 蜗杆)

④锥面包络蜗杆(ZK 蜗杆)

这是一种非线性螺旋齿面蜗杆。它不能在车床上加工,只能在铣床上铣制并在磨床上磨削。加工时，除工件做螺旋运动外，刀具同时绕其自身的轴线做回转运动。这时，铣刀（或砂轮）回转曲面的包络面即为蜗杆的螺旋齿面（图12－7），在 $I-I$ 及 $N-N$ 截面上的齿廓均为曲线（图12－7(a)）。这种蜗杆便于磨削，蜗杆的精度较高，应用日渐广泛。

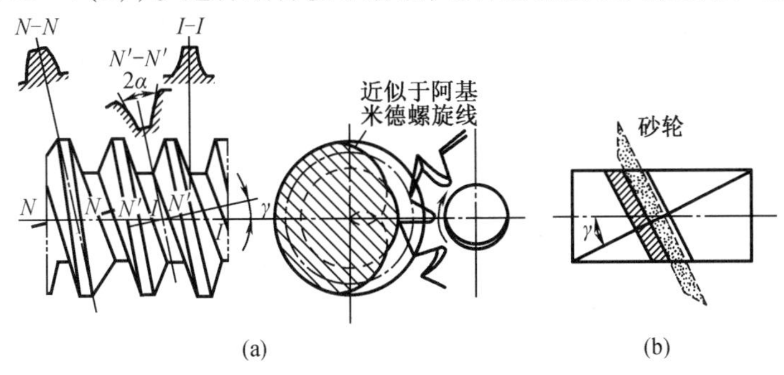

图12－7　锥面包络蜗杆（ZK 蜗杆）

至于与上述各类蜗杆配对的蜗轮齿廓，则完全随蜗杆的齿廓而异。蜗轮一般是在滚齿机上用滚刀或飞刀加工的。为了保证蜗杆和蜗轮能正确啮合，切削蜗轮的滚刀齿廓应与蜗杆的齿廓一致；滚切时的中心距也应与蜗杆传动的中心距相同。

（2）圆弧圆柱蜗杆传动（ZC 蜗杆）

图12－8所示的圆弧圆柱蜗杆传动和普通圆柱蜗杆传动相似，只是齿廓形状有所区别。这种蜗杆的螺旋面是用刃边为凸圆弧形的刀具切制的。而蜗轮是用范成法制造的。在中间平面（即蜗杆轴线和蜗杆副连心线所在的平面，图12－13）上，蜗杆的齿廓为凹弧形，而与之相配的蜗轮的齿廓则为凸弧形。所以，圆弧圆柱蜗杆传动是一种凹凸弧齿廓相啮合的传动，也是一种线接触的啮合传动。

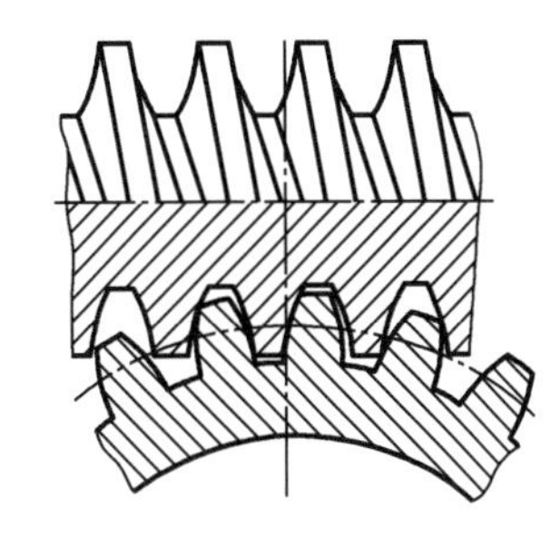

图12－8　圆弧圆柱蜗杆传动

2. 环面蜗杆传动

环面蜗杆传动的特征是，蜗杆体在轴向的外形是以凹圆弧为母线所形成的旋转曲面，所以把这种蜗杆传动叫作环面蜗杆传动（图12－3(b)）。在这种传动的啮合带内，蜗轮的节圆位于蜗杆的节弧面上，即蜗杆的节弧沿蜗轮的节圆包着蜗轮。在中间平面内，蜗杆和蜗轮都是直线齿廓。除上述环面蜗杆传动外，还有包络环面蜗杆传动，这种蜗杆传动分为一次包络和二次包络（双包）环面蜗杆传动两种。

3. 锥蜗杆传动

锥蜗杆传动也是一种空间交错轴之间的传动，两轴交错角通常为90°（图12－3(c)）。蜗杆是由在节锥上分布的等导程的螺旋所形成的，故称为锥蜗杆。而蜗轮在外观上就像一个曲线齿锥齿轮，它是用与锥蜗杆相似的锥滚刀在普通滚齿机上加工而成的，故称为锥蜗轮。

以上都是由蜗杆与蜗轮组成滑动副的一些滑动蜗杆传动，由于它们在传动过程中的摩擦与磨损严重，因而也研制出了许多滚动蜗杆传动，有滚动体安装于蜗杆上的，如图12－9和图12－10所示（沿蜗杆的螺旋线安装许多与蜗杆螺旋齿尺寸相当的圆锥滚子，从而组成与取代蜗杆齿），也有滚动体安装于蜗轮上的，如图12－11和图12－12所示。

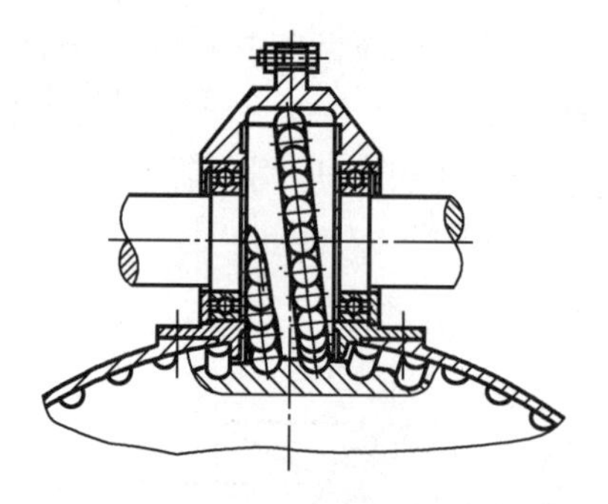

图 12-9 滚动蜗杆传动(滚珠齿蜗杆)

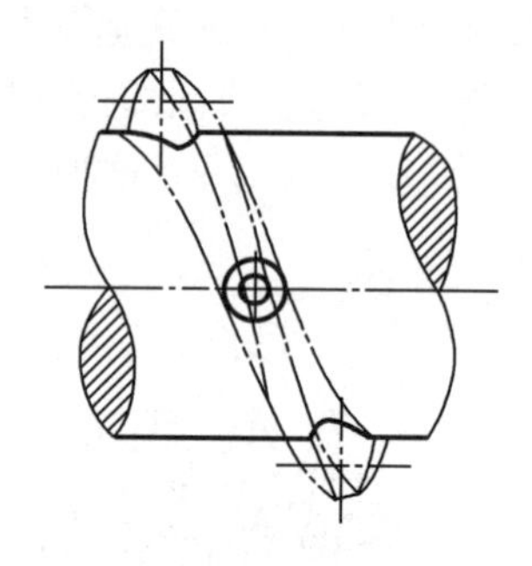

图 12-10 滚子齿蜗杆示意图

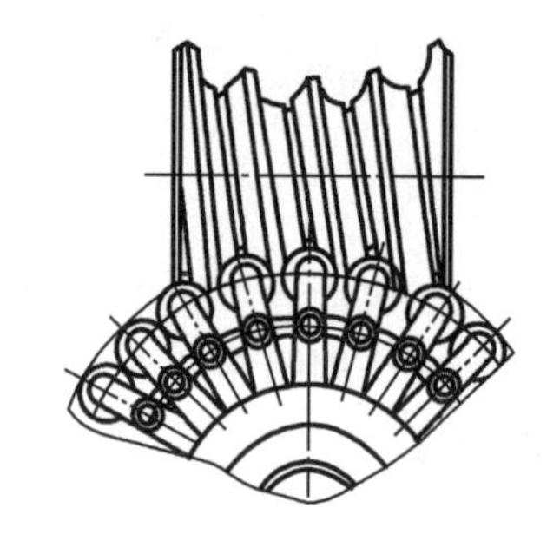

图 12-11 滚动蜗杆传动(滚珠齿蜗轮)

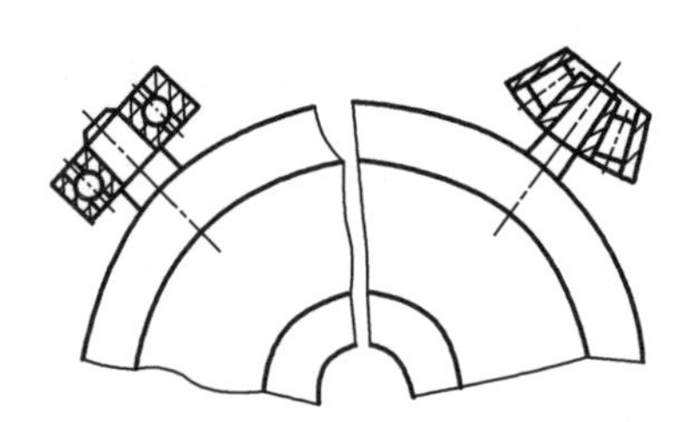

图 12-12 滚子齿蜗轮示意图

12.1.3 蜗杆传动的特点和应用

1. 蜗杆传动的特点

(1)当使用单头蜗杆(相当于单线螺纹)时,蜗杆旋转一周,蜗轮只转过一个齿距,因而能实现大的传动比。在动力传动中,一般传动比 $i=5\sim80$;在分度机构或手动机构的传动中,传动比可达300;若只传递运动,传动比可达1 000。由于传动比大,零件数目又少,因而结构很紧凑。

(2)在蜗杆传动中,由于蜗杆齿是连续不断的螺旋齿,它和蜗轮齿是逐渐进入啮合及逐渐退出啮合的,同时啮合的齿对又较多,故冲击载荷小,传动平稳,噪声低。

(3)当蜗杆的螺旋线升角小于啮合面的当量摩擦角时,蜗杆传动便具有自锁性。

(4)蜗杆传动与螺旋齿传动相似,在啮合处相对滑动。当滑动速度很大,工作条件不够良好时,会产生较严重的摩擦与磨损,从而引起过分发热,使润滑情况恶化。因此摩擦损失较大,效率低;当传动具有自锁性时,效率仅为0.4左右。同时由于摩擦与磨损严重,常需耗用有色金属制造蜗轮(或轮圈),以便与钢制蜗杆配对组成减摩性良好的滑动摩擦副。

2. 蜗杆传动的应用

由于蜗杆传动具有以上特点,故广泛用于两轴交错、传动比较大、传递功率不太大或间歇工作的场合。当要求传递较大功率时,为提高传动效率,常取蜗杆头数 $z_1=2\sim4$。此外,由于具有自锁性,故常用在卷扬机等起重机械中,起安全保护作用。

12.2 普通圆柱蜗杆传动的主要参数及几何尺寸计算

由图12-13可以看出,在中间平面上,普通圆柱蜗杆传动就相当于齿条与齿轮的啮合传动。故在设计蜗杆传动时,均取中间平面上的参数(如模数、压力角等)和尺寸(如齿顶圆、分度圆等)为基准,并沿用齿轮传动的计算关系。

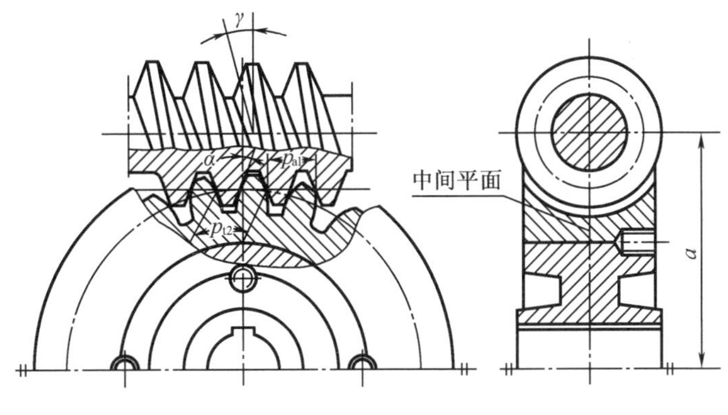

图12-13 普通圆柱蜗杆传动

12.2.1 普通圆柱蜗杆传动的主要参数及其选择

普通圆柱蜗杆传动的主要参数有模数 m、压力角 α、蜗杆的分度圆直径 d_1、蜗杆头数 z_1 及蜗轮齿数 z_2 等。进行蜗杆传动的设计时,首先要正确地选择参数。

1. 模数 m 和压力角 α

与齿轮传动一样,蜗杆传动的几何尺寸也以模数为主要计算参数。在中间平面内蜗杆蜗轮传动的正确啮合条件为:蜗杆的轴面模数、压力角应与蜗轮的端面模数、压力角相等,即

$$m_{a1}=m_{t2}=m,\alpha_{a1}=\alpha_{t2}$$

ZA蜗杆的轴向压力角 α_a 为标准值(20°),其余三种(ZN,ZI,ZK)蜗杆的法向压力角 α_n 为标准值(20°),蜗杆轴向压力角与法向压力角的关系为

$$\tan\alpha_a=\frac{\tan\alpha_n}{\cos\gamma} \tag{12-1}$$

式中 γ——导程角。

2. 蜗杆的分度圆直径 d_1 和直径系数 q

在蜗杆传动中,为了保证蜗杆与配对蜗轮的正确啮合,常用与蜗杆具有同样尺寸的蜗轮滚刀来加工与其配对的蜗轮。这样,只要有一种尺寸的蜗杆,就得有一种对应的蜗轮滚刀。对于同一模数,可以有很多不同直径的蜗杆,因而对每一模数就要配备很多蜗轮滚刀。显然,这样很不经济。为了限制蜗轮滚刀的数目及便于滚刀的标准化,就对每一标准模数规定了一定数量的蜗杆分度圆直径 d_1,而把比值

$$q=\frac{d_1}{m} \tag{12-2}$$

称为蜗杆的直径系数。d_1 与 q 已有标准值,常用的标准模数 m 和蜗杆分度圆直径 d_1 及直

径系数 q 见表 12－2。如果采用非标准滚刀或飞刀切制蜗轮，d_1 与 q 值可不受标准的限制。

3. 蜗杆头数 z_1

蜗杆头数 z_1 可根据要求的传动比和效率来选定。单头蜗杆传动的传动比可以较大，但效率较低。如果提高效率，应增加蜗杆的头数。但蜗杆头数过多又会给加工带来困难。所以，通常蜗杆头数取为 1，2，4，6。

4. 导程角 γ

蜗杆的直径系数 q 和蜗杆头数 z_1 选定之后，蜗杆分度圆柱上的导程角 γ 也就确定了。由图 12－14 可知

$$\tan\gamma=\frac{z_1 p_a}{\pi d_1}=\frac{z_1 m}{d_1}=\frac{z_1}{q} \tag{12-3}$$

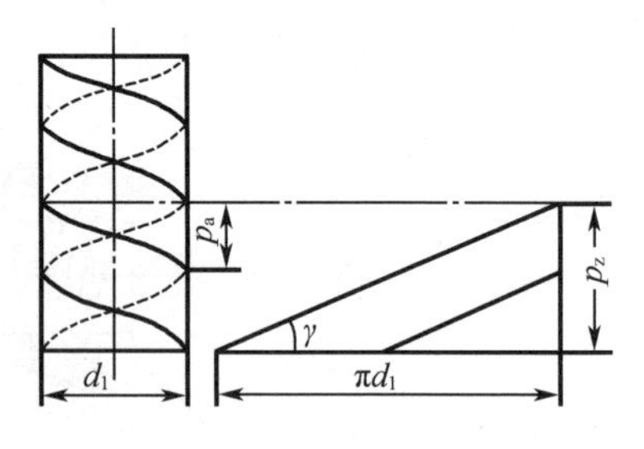

图 12－14 导程角与导程的关系

5. 传动比 i 和齿数比 u

传动比

$$i=\frac{n_1}{n_2}$$

式中 n_1, n_2——蜗杆和蜗轮的转速，单位为 r/min。

齿数比

$$u=\frac{z_2}{z_1}$$

式中 z_2——蜗轮的齿数。

当蜗杆为主动时

$$i=\frac{n_1}{n_2}=\frac{z_2}{z_1}=u \tag{12-4}$$

6. 蜗轮齿数 z_2

蜗轮齿数 z_2 主要根据传动比来确定。为了避免用蜗轮滚刀切制蜗轮时产生根切与干涉，理论上应使 $z_{2\min}\geqslant 17$。当 $z_2<26$ 时，啮合区要显著减小，将影响传动的平稳性，而在 $z_2\geqslant 30$ 时，则可始终保持有两对以上的齿啮合，所以通常规定 $z_2>28$。对于动力传动，z_2 一般不大于 80。这是由于当蜗轮直径不变时，z_2 越大，模数就越小，将使轮齿的弯曲强度削弱；当模数不变时，蜗轮尺寸将要增大，使相啮合的蜗杆支承间距加长，这将降低蜗杆的弯曲刚度，容易产生挠曲而影响正常的啮合。z_1，z_2 的推荐用值见表 12－1（具体选择时可考虑表 12－2 中的匹配关系）。当设计非标准或分度传动时，z_2 的选择可不受限制。

表 12－1 蜗杆头数 z_1 与蜗轮齿数 z_2 的推荐用值

$i=\frac{z_2}{z_1}$	z_1	z_2
7～13	4	28～52
14～27	2	28～54
28～40	2、1	28～80
>40	1	>40

7. 蜗杆传动的标准中心距 a

当蜗杆节圆与分度圆重合时称为标准传动，其标准中心距为

$$a=\frac{1}{2}(d_1+d_2)=\frac{1}{2}(q+z_2)m \tag{12-5}$$

标准普通圆柱蜗杆传动的基本尺寸和参数列于表 12－2。设计普通圆柱蜗杆减速装置时，在按接触强度或弯曲强度确定了中心距 a 或 m^2d_1 后，一般按表 12－2 的数据确定蜗杆与蜗轮的尺寸和参数，并按表值予以匹配。如可自行加工蜗轮滚刀或减速器箱体时，也可不按表 12－2 选配参数。

表 12－2　普通圆柱蜗杆基本尺寸和参数及其与蜗轮参数的匹配

模数 m/mm	直径 d_1/mm	蜗杆头数 z_1	直径系数 q	m^2d_1 /mm^3	模数 m/mm	直径 d_1/mm	蜗杆头数 z_1	直径系数 q	m^2d_1 /mm^3
1	18	1	18.00	18	6.3	63	1,2,4,6	10.00	2 500
1.25	20	1	16.00	31.25		112	1	17.778	4 445
	22.4	1	17.92	35	8	80	1,2,4,6	10.00	5 120
1.6	20	1,2,4	12.50	51.2		140	1	17.50	8 960
	28	1	17.50	71.68	10	90	1,2,4,6	9.00	9 000
2	22.4	1,2,4,6	11.20	89.6		160	1	16.00	16 000
	35.5	1	17.75	142	12.5	112	1,2,4	8.96	17 500
2.5	28	1,2,4,6	11.20	175		200	1	16.00	31 250
	45	1	18.00	281	16	140	1,2,4	8.75	35 840
3.15	35.5	1,2,4,6	11.27	352		250	1	15.625	64 000
	56	1	7.778	556	20	160	1,2,4	8.00	64 000
4	40	1,2,4,6	10.00	640		315	1	15.75	126 000
	71	1	17.75	1 136	25	200	1,2,4	8.00	125 000
5	50	1,2,4,6	10.00	1 250		400	1	16.00	250 000
	90	1	18.00	2 250					

注：①本表摘自 GB/T 10085—1988。

②本表中导程角 γ 小于 3°30′的圆柱蜗杆均为自锁蜗杆。

12.2.2 普通圆柱蜗杆传动的几何尺寸计算

普通圆柱蜗杆传动的几何尺寸如图 12－15 所示，其计算公式见表 12－3。设计蜗杆传动时，一般是先根据传动的功用和传动比的要求，选择蜗杆头数 z_1 和蜗轮齿数 z_2，然后再按强度计算确定中心距 a 和模数 m，上述参数确定后，即可根据表 12－3 计算出蜗杆、蜗轮的几何尺寸（两轴交错角为 90°，标准传动）。

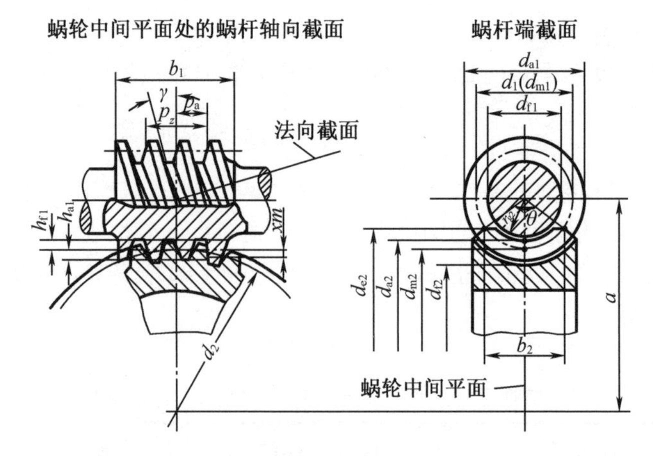

图 12-15 普通圆柱蜗杆传动的基本几何尺寸

表 12-3 普通圆柱蜗杆传动基本几何尺寸计算公式

名称	计算公式	
	蜗杆	蜗轮
蜗杆分度圆直径,蜗轮分度圆直径	$d_1=mq$	$d_2=mz_2$
齿顶高	$h_a=m$	$h_a=m$
齿根高	$h_f=1.2m$	$h_f=1.2m$
蜗杆齿顶圆直径,蜗轮喉圆直径	$d_{a1}=m(q+2)$	$d_{a2}=m(z_2+2)$
齿根圆直径	$d_{f1}=m(q-2.4)$	$d_{f2}=m(z_2-2.4)$
蜗杆轴向齿距,蜗轮端面齿距	$p_{a1}=p_{t2}=\pi m$	
径向间隙	$c=0.2m$	
中心距	$a=0.5(d_1+d_2)=0.5m(q+z_2)$	

注:蜗杆传动中心距标准系列为:40,50,63,80,100,125,160,(180),200,(225),250,(280),315,(355),400,(450),500。

例 12-1 在带传动和蜗杆传动组成的传动系统中,初步计算后取蜗杆模数 $m=2$ mm、头数 $z_1=2$、分度圆直径 $d_1=22.4$ mm、蜗轮齿数 $z_2=28$,试计算直径系数 q、导程角 γ 及蜗杆传动的中心距 a。

解 (1)蜗杆直径系数

$$q=\frac{d_1}{m}=\frac{22.4}{2}=11.2$$

(2)导程角

$$\tan\gamma=\frac{z_1}{q}=\frac{2}{11.2},\gamma=10.124\ 7^\circ$$

(3)传动的中心距

$$a=\frac{1}{2}(d_1+d_2)=\frac{1}{2}m(q+z_2)=39.2\ \text{mm}$$

讨论:(1)如果是单件生产又允许采用非标准中心距,则取 $a=39.2$ mm;

(2)在不改变蜗杆的传动比的情况下,若将中心距圆整为 $a=40$ mm,那么滚切蜗轮时应将滚刀相对于蜗轮中心向外移动 0.8 mm,使滚刀(相当于蜗杆)与被切蜗轮轮坯的中心距由 39.2 mm 增加到 40 mm,即采用变位传动。有关变位传动的计算见相关机械设计手册。

12.3 蜗杆传动的失效形式、设计准则及常用材料

12.3.1 失效形式和设计准则

和齿轮传动一样,蜗杆传动的失效形式也有点蚀(齿面接触疲劳破坏)、齿根折断、齿面胶合及过度磨损等。由于材料和结构的原因,蜗杆螺旋齿部分的强度总是高于蜗轮轮齿的强度,所以失效经常发生在蜗轮轮齿上。因此,一般只对蜗轮轮齿进行承载能力计算。

蜗杆与蜗轮齿面间有较大的相对滑动,从而增加了产生胶合和磨损失效的可能性,尤其在某些条件下(如润滑不良),蜗杆传动因齿面胶合而失效的可能性更大。因此,蜗杆传动的承载能力往往受到抗胶合能力的限制。

在开式传动中多发生齿面磨损及过度磨损引起的轮齿折断,因此应以保证齿根弯曲疲劳强度作为主要设计准则。

在闭式传动中,蜗杆副多因齿面胶合或点蚀而失效。因此,通常是按齿面接触疲劳强度进行设计,而按齿根弯曲疲劳强度进行校核。此外,闭式蜗杆传动,由于散热较为困难,还应做热平衡核算。

12.3.2 常用材料

由上述蜗杆传动的失效形式可知,蜗杆、蜗轮的材料不仅要求具有足够的强度,更重要的是要具有良好的减摩耐磨性能和抗胶合的能力。因此常采用青铜作蜗轮的齿圈,与淬硬的钢制蜗杆相配。

1. 蜗杆

一般是用碳钢或合金钢制成,要求齿面光洁并具有较高硬度。高速重载蜗杆常用20Cr,20CrMnTi(渗碳淬火到56~62 HRC)或40Cr,40SiMn,45 钢(表面淬火到45~55HRC)等,并应磨削。一般蜗杆可采用40 钢、45 钢,经调质处理(硬度为 220~250 HBS)。在低速或人力传动中,蜗杆可不经热处理,甚至可采用铸铁。

2. 蜗轮

常用的蜗轮材料为 10-1 锡青铜(ZCuSn10P1)、5-5-5 锡青铜(ZCuSn5Pb5Zn5)、10-3铝青铜(ZCuAl10Fe3)及灰铸铁(HT150,HT200)等。10-1 锡青铜的抗胶合和耐磨性能好,易于切削加工,但价格较高,允许的滑动速度可达 25m/s。在滑动速度 $v_s \leqslant 12$ m/s 的蜗杆传动中,可采用含锡量低的 5-5-5 锡青铜。10-3 铝青铜的抗胶合性较锡青铜差一些,切削性能差,但强度高、铸造性能好、耐冲击、价格便宜,一般用于滑动速度 $v_s \leqslant 6$ m/s 的传动;如果滑动速度不高($v_s < 2$ m/s),对效率要求也不高时,可采用球磨铸铁或灰铸铁。蜗轮也可用尼龙或增强尼龙材料制成。

12.4 蜗杆传动的受力分析

蜗杆传动的受力分析和斜齿圆柱齿轮传动相似。在进行蜗杆传动的受力分析时，通常不考虑摩擦力的影响。

图 12－16 所示是以右旋蜗杆为主动件，并沿图示的方向旋转时，蜗杆螺旋面上的受力情况。设 F_n 为集中作用于节点 C 处的法向载荷，它作用于法向截面 $Cabc$ 内（图 12－16（a））。

F_n 可分解为三个互相垂直的分力，即圆周力 F_t、径向力 F_r 和轴向力 F_a。显然在蜗杆与蜗轮之间，相互作用着 F_{t1} 与 F_{a2}，F_{r1} 与 F_{r2} 和 F_{a1} 与 F_{t2} 这三对大小相等，方向相反的力（图 12－16（c））。

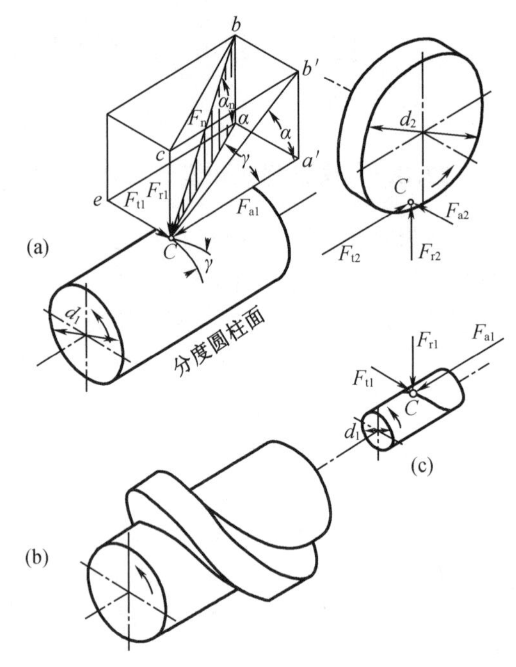

图 12－16 蜗杆传动的受力分析

在确定各力的方向时，尤其需注意蜗杆所受轴向力方向的确定。因为轴向力的方向是由螺旋线的旋向和蜗杆的转向来决定的。如图 12－16（a）所示，该蜗杆为右旋蜗杆，当其为主动件沿图示方向（由左端视之为逆时针方向）回转时，如图 12－16（b）所示，蜗杆齿的右侧为工作面（推动蜗轮沿图 12－16（c）所示方向转动），故蜗杆所受的轴向力 F_{a1}（即蜗轮齿给它的阻力的轴向分力）必然指向左端（图 12－16（c）下部）。如果该蜗杆的转向相反，则蜗杆齿的左侧为工作面（推动蜗轮沿图 12－16（c）所示方向的反方向转动），故此时蜗杆所受的轴向力必指向右端。至于蜗杆所受的圆周力 F_{t1} 的方向，总是与它的转向相反的；径向力的方向则总是指向轴心的。关于蜗轮上各力的方向，可由图 12－16（c）所示的关系定出。

不计摩擦力的影响时，各力的大小可按下列各式计算，即

$$F_{t1} = F_{a2} = \frac{2T_1}{d_1} \tag{12-6}$$

$$F_{a1} = F_{t2} = \frac{2T_2}{d_2} \tag{12-7}$$

$$F_{r1} = F_{r2} = F_{t2}\tan\alpha \tag{12-8}$$

$$F_n = \frac{F_{a1}}{\cos\alpha_n\cos\gamma} = \frac{F_{t2}}{\cos\alpha_n\cos\gamma} = \frac{2T_2}{d_2\cos\alpha_n\cos\gamma} \tag{12-9}$$

式中 T_1, T_2——蜗杆及蜗轮上的转矩，$T_2 = T_1 i_{12}\eta$，其中 η 为蜗杆传动的效率。

d_1, d_2——蜗杆及蜗轮的分度圆直径，mm。

12.5　圆柱蜗杆传动的计算

圆柱蜗杆传动的破坏形式，主要是蜗轮轮齿表面产生胶合、点蚀和磨损，目前在设计时用限制接触应力的办法来解决，而轮齿的弯断现象只有当 $z_2>80$ 时才发生（此时须校核弯曲强度）。对于开式传动，因磨损速度大于点蚀速度，故只需按弯曲强度进行设计计算。此外，还需校核蜗杆的刚度。对于闭式传动，还需进行热平衡计算。

12.5.1　蜗轮齿面接触疲劳强度计算

1. 计算应力

蜗轮齿面接触疲劳强度计算仍以赫兹公式为原始公式。其强度校核公式为

$$\sigma_H=Z_EZ_\rho\sqrt{\frac{K_AT_2}{a^3}}\leqslant[\sigma_H] \tag{12-10}$$

设计式为

$$a\geqslant\sqrt[3]{K_AT_2\left(\frac{Z_EZ_\rho}{[\sigma_H]}\right)^2} \tag{12-11}$$

式中　a——中心距，mm。

Z_E——材料综合弹性系数，钢与铸锡青铜配对时，取 $Z_E=150$；钢与铝青铜或灰铸铁配对时，取 $Z_E=160$。

Z_ρ——接触系数，用以考虑当量曲率半径的影响，由蜗杆分度圆直径与中心距之比（d_1/a）表示，如图 12－17 所示，一般 $d_1/a=0.3\sim0.5$，取小值时，导程角大，因而效率高，但蜗杆刚性较小。

K_A——使用系数，$K_A=1.1\sim1.4$，当冲击载荷、环境温度高（$t>35$ ℃）、速度较高时，取大值。

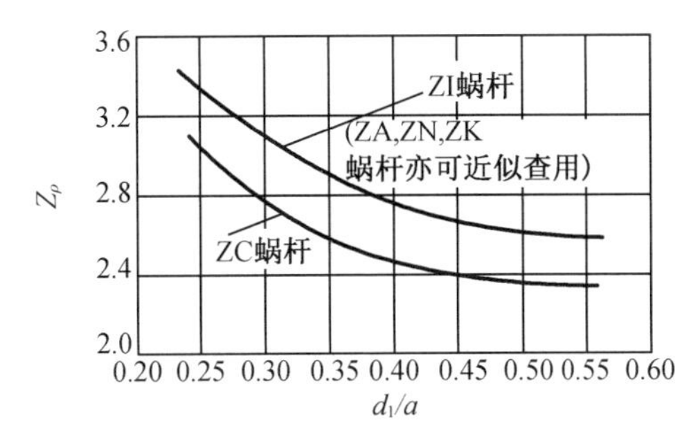

图 12－17　圆柱蜗杆传动的接触系数 Z_ρ

2. 许用接触应力$[\sigma_H]$

对于铸锡青铜，可由表 12－4 查取；对于铸铝青铜及灰铸铁，其主要失效形式是胶合而不是接触强度，而胶合与相对速度有关，其值应查表 12－5，上述接触强度计算可限制胶合的产生。

表 12-4 锡青铜蜗轮的许用接触应力[σ_H] 单位:MPa

蜗轮材料	铸造方法	适用的滑动速度 $v_s/(m \cdot s^{-1})$	蜗杆齿面硬度	
			HRC≤45	HRC>45
10-1 锡青铜	砂型	≤12	180	200
	金属型	≤25	200	220
5-5-5 锡青铜	砂型	≤10	110	125
	金属型	≤12	135	150

表 12-5 铝青铜及铸铁蜗轮的许用接触应力[σ_H] 单位:MPa

蜗轮材料	蜗杆材料	滑动速度 $v_s/(m \cdot s^{-1})$						
		0.5	1	2	3	4	6	8
10-3 铝青铜 HT150, HT200, HT150	淬火钢①	250	230	210	180	160	120	90
	渗碳钢	130	115	90	—	—	—	—
	调质钢	110	90	70	—	—	—	—

注:①蜗杆未经淬火时,需将表中[σ_H]值降低 20%。

由式(12-11)算出中心距 a 后,可由下列公式粗算出蜗杆分度因直径 d_1 和模数 m:

$$d_1 \approx 0.68a^{0.875}$$

$$m = \frac{2a - d_1}{z_2} \tag{12-12}$$

再由表 12-2 选定标准模数 m 及 q,d_1 的数值。

12.5.2 蜗轮齿根弯曲强度计算

由于蜗轮轮齿的齿形比较复杂,要精确计算齿根的弯曲应力是比较困难的,所以常用的齿根弯曲疲劳强度计算方法就带有很大的条件性。通常是把蜗轮近似地当作斜齿圆柱齿轮来考虑,其验算公式为

$$\sigma_F = \frac{1.53K_A T_2}{d_1 d_2 m \cos\gamma} Y_{F2} \leqslant [\sigma_F] \tag{12-13}$$

设计式为

$$m^2 d_1 \geqslant \frac{1.53K_A T_2}{z_2 \cos\gamma[\sigma_F]} Y_{F2} \tag{12-14}$$

式中 γ——蜗杆导程角,$\gamma = \arctan\frac{z_1}{q}$;

$[\sigma_F]$——蜗轮许用弯曲应力,查表 12-6 确定;

Y_{F2}——蜗轮齿形系数,由当量齿数 $z_v = \frac{z_2}{\cos^3\gamma}$,查渐开线齿轮齿形系数。

计算出 $m^2 d_1$(单位:mm^3)后,可从表 12-2 中确定主要尺寸。

表 12-6 铝青铜及铸铁蜗轮的许用应力[σ_F] 单位:MPa

蜗轮材料	ZCuSn10P1		ZCuSn5Pb5Zn5		ZCuAl10Fe3		HT150	HT200
铸造方法	砂模铸造	金属模铸造	砂模铸造	金属模铸造	砂模铸造	金属模铸造	砂模铸造	
单侧工作	50	70	32	40	80	90	40	47
双侧工作	30	40	24	28	63	80	25	30

12.5.3 蜗杆传动的刚度计算

蜗杆较细长,支承跨距较大,受力后如产生过大的变形,就会造成轮齿上的载荷集中,影响蜗杆与蜗轮的正确啮合,所以蜗杆还须进行刚度校核。校核蜗杆的刚度时,通常是把蜗杆螺旋部分看作以蜗杆齿根圆直径为直径的轴段,主要是校核蜗杆的弯曲刚度,其最大挠度 y(单位:mm)可按下式做近似计算,并得其刚度条件为

$$y=\frac{\sqrt{F_{t1}^2+F_{r1}^2}}{48EI}l^3\leqslant[y] \tag{12-15}$$

式中 F_{t1}——蜗杆所受的圆周力,N;

F_{r1}——蜗杆所受的径向力,N;

E——蜗杆材料的弹性模量,MPa,钢蜗杆 $E=2.06\times10^5$ MPa;

I——蜗杆危险截面的惯性矩,$I=\frac{\pi d_{f1}^4}{64}$,mm^4,其中 d_{f1} 为蜗杆齿根圆直径,mm;

l——蜗杆两端支承间的跨距,mm,视具体结构要求而定,初步计算时可取 $l\approx0.9d_2$,d_2 为蜗轮分度圆直径,mm;

$[y]$——许用最大挠度,$[y]=\frac{d_1}{1\ 000}$,此处 d_1 为蜗杆分度圆直径,mm。

12.6 普通圆柱蜗杆传动的效率、润滑及热平衡计算

12.6.1 蜗杆传动的效率

1. 传动效率

闭式蜗杆传动的功率损耗一般包括三部分,即啮合摩擦损耗、轴承摩擦损耗及浸入油浴中的零件搅油时的油阻损耗。其中最主要的是齿面相对滑动而引起的啮合损耗,相应的啮合效率可根据螺旋传动的效率公式求得,蜗杆主动时,蜗杆传动的总效率为

$$\eta=(0.95\sim0.96)\frac{\tan\gamma}{\tan(\gamma+\rho')} \tag{12-16}$$

式中 γ——普通圆柱蜗杆分度圆柱上的导程角;

ρ'——当量摩擦角,$\rho'=\arctan f'$,f'为当量摩擦因数,主要与蜗杆副材料、表面状况以及滑动速度 v_s 有关,其值可由表 12-7 中选取。

表 12－7 普通圆柱蜗杆传动的 v_s，f'，ρ'值

蜗轮齿圈材料	锡青铜				无锡青铜		灰铸铁			
蜗杆齿面硬度	≥45 HRC		其他		≥45 HRC		≥45 HRC		其他	
滑动速度 v_s/①(m/s)	f'②	ρ'②	f'	ρ'	f'②	ρ'②	f'②	ρ'②	f'	ρ'
0.01	0.110	6°17′	0.120	6°51′	0.180	10°12′	0.180	10°12′	0.190	10°45′
0.05	0.090	5°09′	0.100	5°43′	0.140	7°58′	0.140	7°58′	0.160	9°05′
0.10	0.080	4°34′	0.090	5°09′	0.130	7°24′	0.130	7°24′	0.140	7°58′
0.25	0.065	3°43′	0.075	4°17′	0.100	5°43′	0.100	5°43′	0.120	6°51′
0.50	0.055	3°09′	0.065	3°43′	0.090	5°09′	0.090	5°09′	0.100	5°43′
1.0	0.045	2°35′	0.055	3°09′	0.070	4°00′	0.070	4°00′	0.090	5°09′
1.5	0.040	2°17′	0.050	2°52′	0.065	3°43′	0.065	3°43′	0.080	4°34′
2.0	0.035	2°00′	0.045	2°35′	0.055	3°09′	0.055	3°09′	0.070	4°00′
2.5	0.030	1°43′	0.040	2°17′	0.050	2°52′				
3.0	0.028	1°36′	0.035	2°00′	0.045	2°35′				
4	0.024	1°22′	0.031	1°47′	0.040	2°17′				
5	0.022	1°16′	0.029	1°40′	0.035	2°00′				
8	0.018	1°02′	0.026	1°29′	0.030	1°43′				
10	0.016	0°55′	0.024	1°22′						
15	0.014	0°48′	0.020	1°09′						
24	0.013	0°45′								

注：①如滑动速度与表中数值不一致时，可用插入法求得f'和ρ'值。

②蜗杆齿面经磨削或抛光并仔细磨合、正确安装以及采用黏度合适的润滑油进行充分润滑。

由式(12－16)可知，增大导程角 γ 可提高效率，故在动力传动中多采用多头蜗杆。但导程角过大，会引起蜗杆加工困难，且导程角 $\gamma>28°$后，效率提高很少。

$\gamma<\rho'$时，蜗杆传动具有自锁性，但效率很低($\eta<50\%$)。必须注意，在振动条件下 ρ'值的波动可能很大，因此不宜单靠蜗杆传动的自锁作用来实现制动，在重要场合应另加制动装置。

当设计蜗杆传动时，由于参数未知，为了近似地求出蜗轮轴上的转矩 T_2，η 值可以由表 12－8 估算蜗杆传动的总效率。

表 12－8 蜗杆传动总效率初估值

z_1	η	
	闭式传动	开式传动
1	0.7～0.75	0.6～0.7
2	0.75～0.82	
4	0.87～0.92	

2. 滑动速度

滑动速度 v_s(单位为 m/s)由图 12－18 得

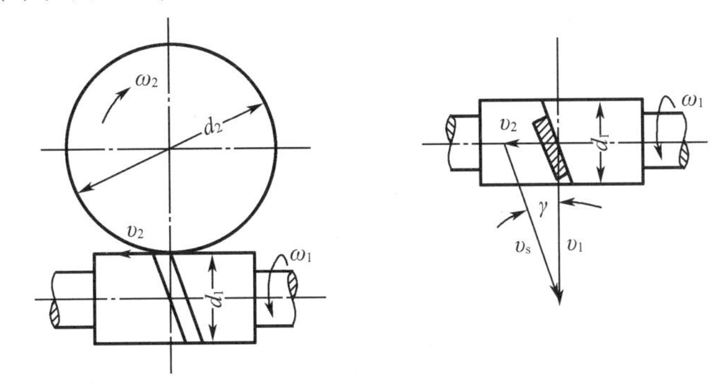

图 12－18　蜗杆传动的滑动速度

$$v_s = \frac{v_1}{\cos\gamma} = \frac{\pi d_1 n_1}{60 \times 1\,000\cos\gamma} \tag{12-17}$$

式中　v_1——蜗杆分度圆的圆周速度,m/s;

d_1——蜗杆分度圆直径,mm;

n_1——蜗杆的转速,r/min。

12.6.2　蜗杆传动的润滑

润滑对蜗杆传动来说,具有特别重要的意义。因为当润滑不良时,传动效率会显著降低,并且会带来剧烈的磨损和产生胶合破坏的危险,所以往往采用黏度大的矿物油进行良好的润滑,在润滑油中还常加入添加剂,使其提高抗胶合能力。一般蜗杆传动用润滑油的牌号为 L－CKE,重载及有冲击时用 L－CKE/P。润滑油黏度可按表 12－9 选取。

表 12－9　蜗杆传动的润滑油黏度荐用值及润滑方式

滑动速度 v_s/(m/s)	≤1.5	>1.5~3.5	>3.5~10	>10
运动黏度 ν_{40}/mm²/s	>612	414~506	288~352	198~242
润滑方式	油浴润滑	$v_s>5\sim10$ m/s 喷油润滑或油浴润滑		$v_s>10$ m/s 喷油润滑时的喷油压力/MPa

用油浴润滑,常采用蜗杆下置式,由蜗杆带油润滑。但当蜗杆线速度 $v_1>4$ m/s 时,为减小搅油损失常将蜗杆置于蜗轮之上,形成上置式传动,有蜗轮带油润滑。

12.6.3　蜗杆传动的热平衡计算

蜗杆传动由于效率低,所以工作时发热量大。在闭式传动中,如果产生的热量不能及时散逸,将因油温不断升高而使润滑油稀释,从而增大摩擦损失,甚至发生胶合。所以,必须根据单位时间内的发热量 Φ_1 等于同时间内的散热量 Φ_2 的条件进行热平衡计算,以保证油温稳定地处于规定的范围内。

因摩擦损耗的功率 $P_f=P(1-\eta)$,则产生的热流量(单位为 1 W＝1 J/s)为

$$\Phi_1 = 1\ 000P(1-\eta)$$

式中 P——蜗杆传递的功率,单位为 kW。

以自然冷却方式,从箱体外壁散发到周围空气中的热流量 Φ_2(单位为 W)为

$$\Phi_2 = \alpha_d S(t-t_0)$$

式中 α_d——箱体的表面传热系数,一般取 $\alpha_d=(10\sim17)\ \mathrm{W/(m^2\cdot℃)}$,当周围空气流通良好时,取偏大值;

S——散热面积,$\mathrm{m^2}$,指箱体外壁与空气接触的内壁被油飞溅到的箱壳面积,对于箱体上的散热片,其散热面积按 50% 计算;

t——油的工作温度,最高不应超过 90 ℃;

t_0——周围空气的温度,常温情况可取为 20 ℃。

按热平衡条件 $\Phi_1=\Phi_2$,可求得在既定工作条件下的油温 t 为

$$t = t_0 + \frac{1\ 000P(1-\eta)}{\alpha_d S}$$

在闭式传动中,热量通过箱壳散逸,要求箱体内的油温 t ℃和周围空气温度 t_0℃之差不超过允许值,即

$$\Delta t = \frac{1\ 000P(1-\eta)}{\alpha_d S} \leqslant [\Delta t] \tag{12-18}$$

式中,$[\Delta t]$为温差允许值,一般为 60 ~ 70 ℃,如果超过温差允许值,可采用下述冷却措施:

(1)增加散热面积

合理设计箱体结构,铸出或焊上散热片,如图 12-19 所示。

(2)提高表面传热系数

在蜗杆轴上装置风扇(图 12-19),或在传动箱内装循环冷却管路,如图 12-20 所示。

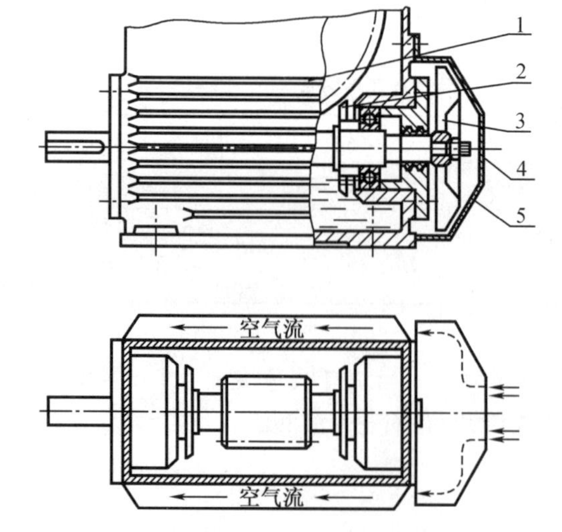

图 12-19 加散热片和风扇的蜗杆传动

1—散热片;2—溅油轮;3—风扇;4—过滤网;5—集气罩

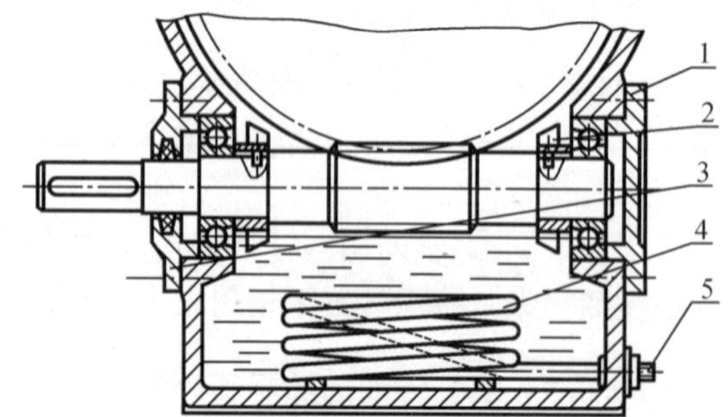

图 12-20 装有循环冷却管路的蜗杆传动

1—闷盖;2—溅油轮;3—透盖;
4—蛇形管;5—冷却水出、入接口

12.7 圆柱蜗杆和蜗轮的结构设计

12.7.1 蜗杆结构

蜗杆螺旋部分的直径不大，所以常和轴做成一个整体，结构形式如图 12－21 所示，其中图 12－21(a)所示的结构无退刀槽，加工螺旋部分时只能用铣制的办法；图 12－21(b)所示的结构有退刀槽，螺旋部分可以车制，也可以铣制，但这种结构的刚度比前一种差。当蜗杆螺旋部分的直径较大时，可以将蜗杆与轴分开制作。

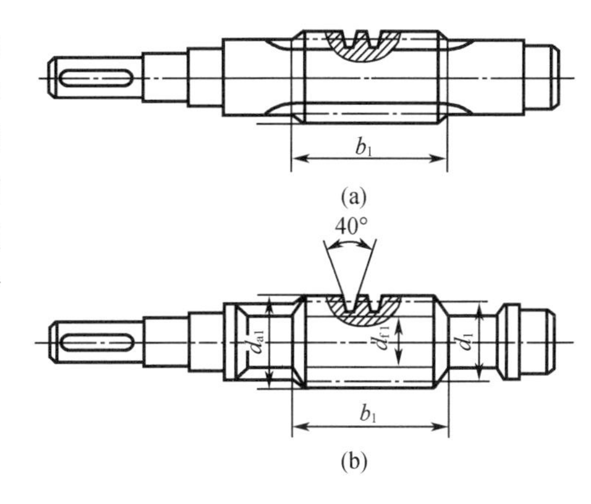

图 12－21　蜗杆轴

12.7.2 蜗轮结构

常用的蜗轮结构形式有以下几种。

1. 整体式(图 12－22(a))

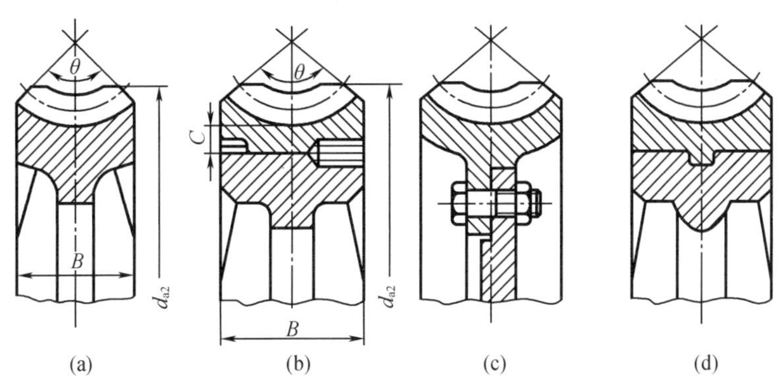

图 12－22　蜗轮的结构形式

（m 为蜗轮模数，m 和 C 的单位均为 mm）

主要用于铸铁蜗轮或尺寸很小的青铜蜗轮。

2. 组合式(图 12－22(b))

为了节约贵重的有色金属，对大尺寸的蜗轮通常采用组合式结构，即齿圈由青铜等有色金属制造，而轮芯用钢或铸铁制成。采用组合结构时，齿圈与轮芯多用过盈配合，并加装 4～8 个紧定螺钉(或用螺钉拧紧后将头部锯掉)，以增强连接的可靠性。螺钉直径取作 $(1.2\sim1.5)m$，m 为蜗轮的模数。螺钉拧入深度为 $(0.3\sim0.4)B$，B 为蜗轮宽度。为了便于钻孔，应将螺孔中心线由配合缝向材料较硬的轮芯部分偏移 2～3 mm。这种结构多用于尺寸不太大或工作温度变化较小的地方，以免热胀冷缩影响配合的质量。

3. 螺栓连接式(图 12－22(c))

轮圈与轮芯可用铰制孔用螺栓连接，螺栓的尺寸和数目可参考蜗轮的结构尺寸取定，然后做适当的校核。这种结构装拆比较方便，多用于尺寸较大或磨损后需要更换齿圈的场合。

4. 拼铸式(图 12 - 22(d))

这是在铸铁轮芯上加铸青铜齿圈,然后切齿,只用于成批制造的蜗轮。

蜗轮的结构尺寸可参考表 12 - 10。

表 12 - 10　蜗轮结构尺寸

蜗杆头数 z_1	1	2	4
蜗杆螺旋长度 b_1/mm	$b_1 \geqslant (11 + 0.06z_2)m$		$b_1 \geqslant (12.5 + 0.09z_2)m$
蜗轮顶圆直径(外径)d_{a2}/mm	$d_{a2} + 2m$	$d_{a2} + 1.5m$	$d_{a2} + 2m$
轮缘宽度 B/mm	$0.75d_{a1}$	$0.67d_{a1}$	
蜗轮齿宽角 θ/(°)	90 ~ 130		
轮圈厚度 C/mm	$1.65m + 1.5$		

例 12 - 2　试设计一由电动机驱动的单级圆柱蜗杆减速器中的蜗杆传动。电动机功率 $P_1 = 5.5$ kW,转速 $n_1 = 960$ r/min,传动比 $i = 21$,载荷平稳,单向回转。

解　(1)选择材料并确定其许用应力

蜗杆用 45 钢,表面淬火,硬度为 45 ~ 55 HRC;蜗轮用铸锡青铜 ZCuSn10P1,砂模铸造。

①许用接触应力,查表 12 - 4 得 $[\sigma_H] = 200$ MPa;

②许用弯曲应力, 查表 12 - 6 得 $[\sigma_F] = 50$ MPa。

(2)选择蜗杆头数 z_1 并估算传动效率 η

由 $i = 21$ 查表 12 - 1,取 $z_1 = 2$,则有 $z_2 = iz_1 = 21 \times 2 = 42$;

由 $z_1 = 2$ 查表 12 - 8,估计 $\eta = 0.8$。

(3)确定蜗轮转矩 T_2

$$T_2 = 9.55 \times 10^6 \frac{P\eta}{n_2} = 9.55 \times 10^6 \frac{P\eta i}{n_1}$$

$$= 9.55 \times 10^6 \times \frac{5.5 \times 0.8 \times 21}{960} = 919\ 188\ \text{N} \cdot \text{mm}$$

(4)确定使用系数 K_A、综合弹性系数 Z_E

取 $K_A = 1.2$,取 $Z_E = 150$(钢配锡青铜)。

(5)确定接触系数 Z_ρ

假定 $d_1/a = 0.4$,由图 12 - 17 得 $Z_\rho = 2.8$。

(6)计算中心矩 a

$$a \geqslant \sqrt[3]{K_A T_2 \left(\frac{Z_E Z_\rho}{[\sigma_H]}\right)^2} = \sqrt[3]{1.2 \times 919\ 188 \times \left(\frac{150 \times 2.8}{200}\right)^2} = 169\ \text{mm}$$

(7)确定基本参数

由式(12 - 12)得

$$d_1 \approx 0.68a^{0.875} = 0.68 \times 169^{0.875} = 61\ \text{mm}$$

$$m = \frac{2a - d_1}{z_2} = \frac{2 \times 169 - 61}{42}\ \text{mm} = 6.6\ \text{mm}$$

由表 12 - 2,取 $m = 8$ mm,$q = 10$,$d_1 = 80$ mm,$d_2 = 8 \times 42 = 336$ mm,由式(12 - 5)得

$a=0.5m(q+z_2)=0.5\times8(10+42)\text{ mm}=208\text{ mm}>169\text{ mm}$，接触强度满足要求。

由式(12-3)得导程角 $\gamma=\arctan\dfrac{2}{10}=11.309\ 9°$。

(8)校核弯曲强度

①蜗轮齿形系数

由当量齿数

$$z_v=\frac{z_2}{\cos^3\gamma}=\frac{42}{(\cos 11.309\ 9°)^3}=45$$

查图11-7得 $Y_{F2}=2.4$

②蜗轮齿根弯曲应力

$$\sigma_F=\frac{1.53K_AT_2}{d_1d_2m\cos\gamma}Y_{F2}=\frac{1.53\times1.2\times919\ 188}{80\times336\times8\times\cos 11.309\ 9°}\times2.4\text{ MPa}$$
$$\approx19.2\text{ MPa}<[\sigma_F]=50\text{ MPa}$$

弯曲强度足够。

习　　题

12-1　如图12-23所示蜗杆传动中均以蜗杆为主动件。确定蜗杆、蜗轮的的转向，蜗轮的螺旋线方向和蜗轮所受各分力的方向。

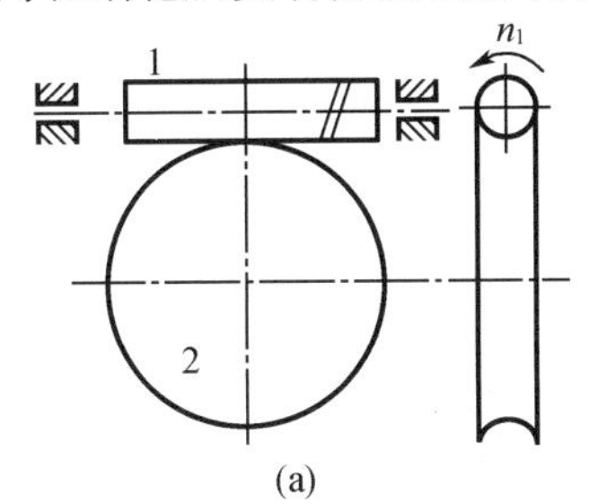

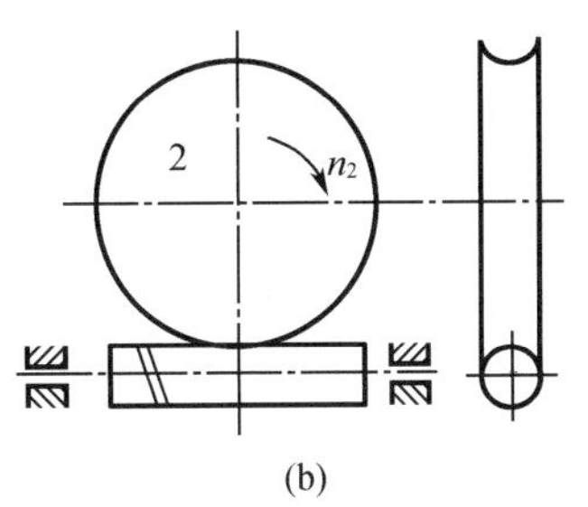

图12-23

12-2　如图12-24所示，蜗杆主动，$T_1=20\text{ N}\cdot\text{m}$，$m=5\text{ mm}$，$z_1=2$，$d_1=50\text{ mm}$，蜗轮齿数 $z_2=50$，传动的啮合效率 $\eta=0.75$。试确定：(1)蜗轮的转向；(2)蜗杆与蜗轮上作用力的大小和方向。

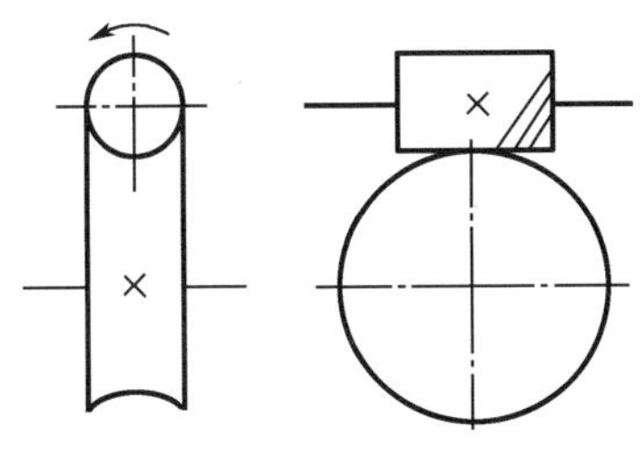

图12-24

12-3　如图12-25所示为蜗杆传动和圆锥齿轮传动的组合。已知输出轴上的锥齿轮z_4的转向n。(1)欲使中间轴上的轴向力能部分抵消,试确定蜗杆传动的螺旋线方向和蜗杆的转向;(2)在图中标出各轮轴向力的方向。

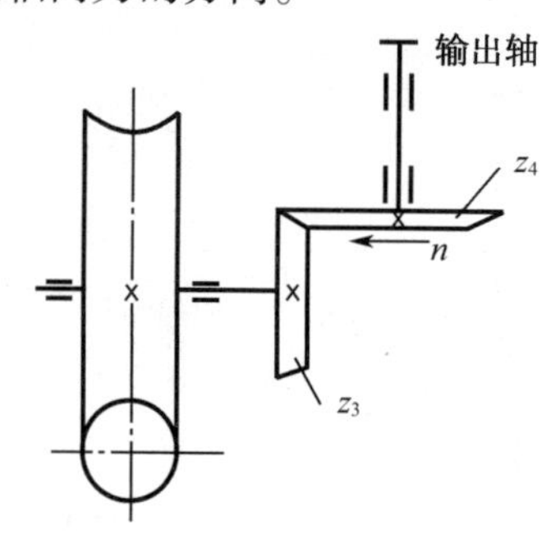

图12-25

12-4　如图12-26所示,某传动装置采用圆柱蜗杆传动。已知电动机功率$P=10$ kW,转速$n=960$ r/min,蜗杆传动参数$m=8$ mm,$z_1=2$,$z_2=60$,$d_1=80$ mm,右旋,蜗杆蜗轮啮合效率$\eta_1=0.75$,整个传动系统总效率$\eta=0.7$,卷筒直径$D=600$ mm。试求:(1)重物上升时,电动机的转向;(2)重物上升的速度;(3)重物的最大质量W;(4)蜗轮所受各力大小及方向。

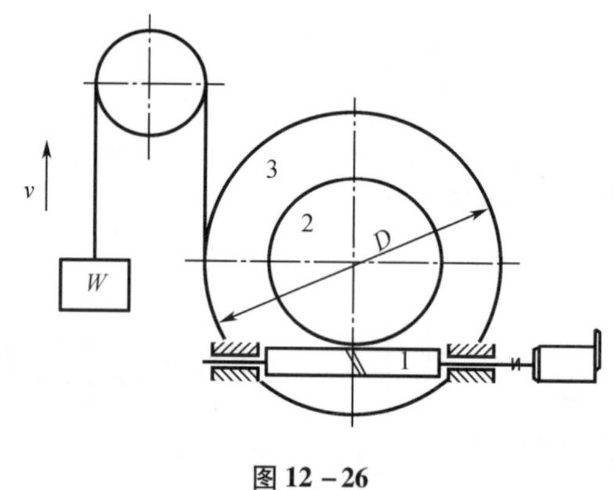

图12-26

12-5　已知一单级蜗杆减速器的输入功率$P=2.8$ kW,$n_1=960$ r/min,传动比$i=20$,蜗杆减速器的工作情况为单向传动,工作载荷稳定,长期连续运转,设计此蜗杆减速器。

12-6　计算例12-2的蜗杆和蜗轮的几何尺寸。

12-7　一单极蜗杆减速器,已知蜗杆轴输入功率$P_1=5.5$ kW,传动效率$\eta=0.8$,表面传热系数$\alpha_d=10.5$ W(m^2·℃),减速器散热面积$S=1.5$ m^2,要求油的工作温度$t\leqslant 80$ ℃,试对该减速器进行热平衡计算,并提出如不满足要求时,改善热平衡状况的措施。取环境温度$t_0=20$ ℃。

第13章 带传动和链传动

13.1 带传动的类型和应用

13.1.1 带传动的工作原理和特点

带传动由主动轮、从动轮和张紧在两轮上的传动带组成(图13－1)。它是利用带与带轮之间的摩擦或者啮合实现运动和动力的传递。其特点是:带具有良好的弹性,传动平稳,噪声小并有吸振和缓冲作用;过载时带与带轮间会出现打滑,可保护其他零件;结构简单,制造、安装及维护都较方便;适用于中心距较大的传动;由于存在相对滑动,不能保证准确的传动比;传动的外廓尺寸大,效率低;有较大的压轴力,寿命短。

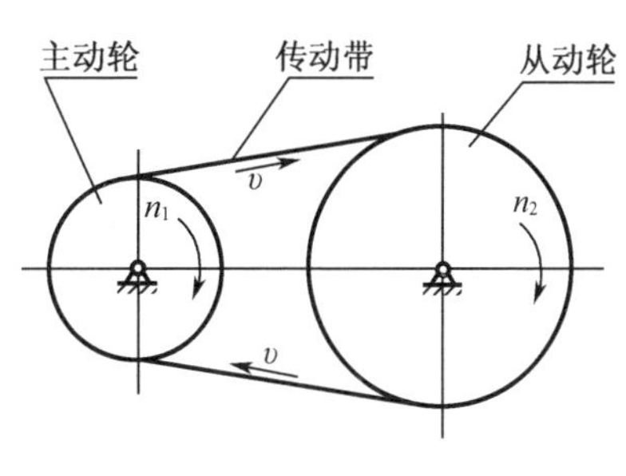

图13－1 带传动

13.1.2 传动带的类型与应用

带传动分为摩擦型和啮合型两大类。摩擦型传动带按截面形状分为平带(图13－2(a))、V带(图13－2(b))、圆带(图13－2(c))、多楔带(图13－2(d))。而同步齿型带(图13－2(e))属于啮合型传动带。

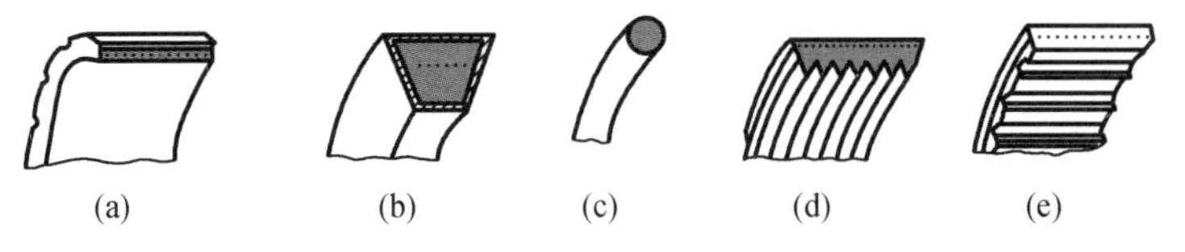

图13－2 带的类型

平带的工作表面是内周表面(图13－3(a)),V带的工作表面是两侧面(图13－3(b)),在压紧力Q相同的情况下,平带与V带传动能力不同。对于平带,带与轮缘表面间的摩擦力$F_f = fN = fQ$;而对于V带,其摩擦力为

$$F_f = 2fN = fQ/\sin\frac{\varphi}{2} = f'Q$$

式中 φ——V带轮槽的槽角;

f——为带与带轮间的摩擦因数;

$f' = f/\sin\frac{\varphi}{2}$——当量摩擦因数。

显然,$f' > f$,故在相同条件下,V带能传递较大的功率;在传递相同功率时,V带传动的结构较紧凑。圆带的牵引力小,常用于仪器和家用机械中。多楔带是平带和V带的组合结构，其楔形部分嵌入带轮上的楔形槽内（图 13－4），靠楔面之间产生的摩擦力工作。兼有平带和 V 带的优点，柔性好，摩擦力大，常用于结构要求紧凑、传递功率大的场合。

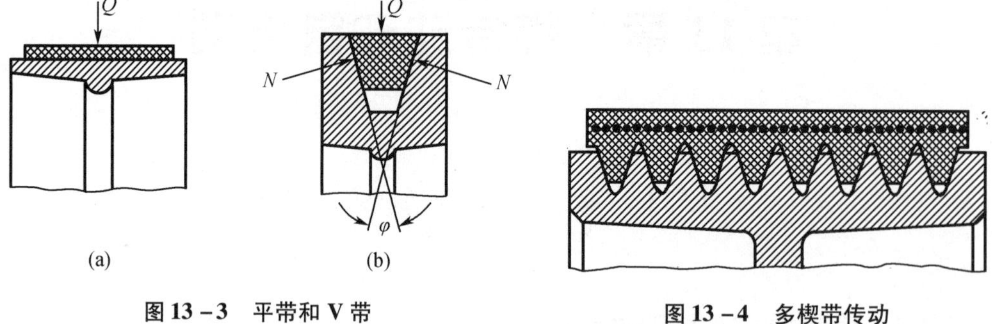

图 13－3 平带和 V 带

图 13－4 多楔带传动

同步带传动是通过带齿与轮齿的啮合传递运动和动力（图 13－5），带与轮齿间无相对滑动，能保证准确的传动比；传动效率高；带薄而轻，强力层强度高，结构紧凑，可在恶劣条件下，如高温、粉尘、积水及腐蚀介质中工作。其缺点是对制造安装精度要求高，带和带轮的制造工艺复杂，中心距的要求较为严格。

在一般机械中，目前应用最广泛的是 V 带传动。其带速 v 为 5～25 m/s，传动比 $i \leq 7$（不超过 10），传动效率 $\eta \approx 0.94 \sim 0.97$。

13.1.3 V 带的规格

V 带由外包层、顶胶层、抗拉层和底胶层构成（图 13－6），其截面呈梯形结构，外包层由涂胶布制成，顶胶层和底胶层由橡胶制成。抗拉层是 V 带的骨架层，分为帘布结构和线绳结构。帘布结构抗拉强度高，制造方便；线绳结构柔韧性好、抗弯强度高、寿命长，可用在转速高、直径小的传动中。V 带已标准化，见表 13－1。其中普通 V 带应用最广，分为 Y，Z，A，B，C，D，E 七种型号。各种型号的截面尺寸见表 13－2。

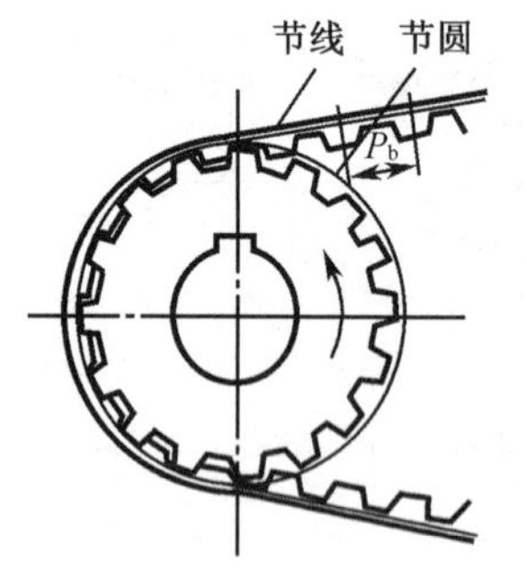

图 13－5 同步带传动

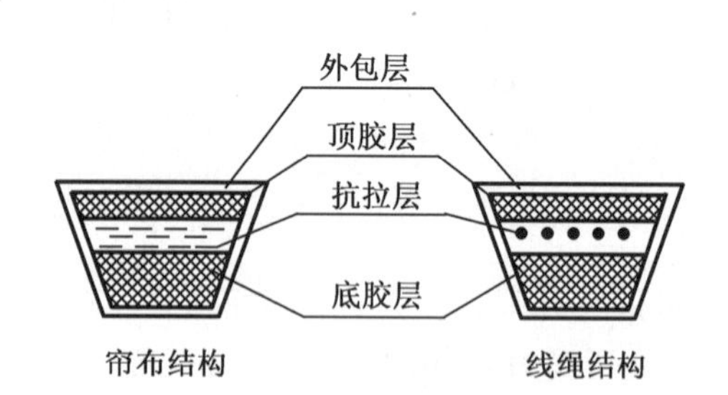

图 13－6 V 带的结构

表 13－1 V 带类型与结构

类型	简图	结构
普通 V 带	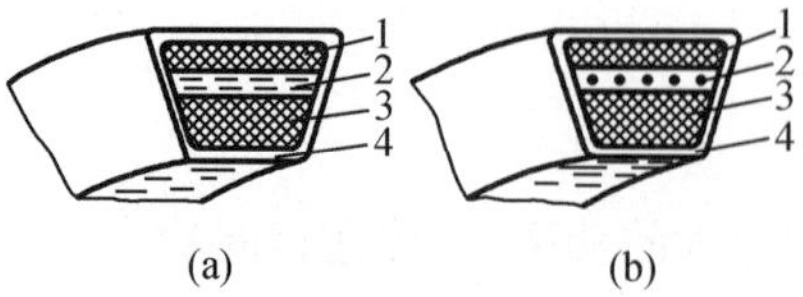 1 2 3 4 (a)　1 2 3 4 (b)	抗拉体为帘布芯或绳芯，楔角为 40°，相对高度近似为 0.7，梯形截面环形带

表 13-1(续)

类型	简图	结构
窄V带		抗拉体为绳芯,楔角为40°,相对高度近似为0.9,梯形截面环形带
联组V带		将几根普通V带或窄V带的顶面用胶帘布等距黏结而成,由2,3,4或5根联在一起
齿形V带	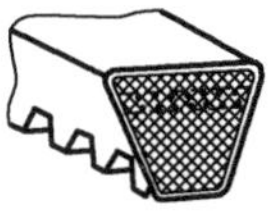	抗拉体为绳芯结构,内周制成齿型的V带
大楔角V带	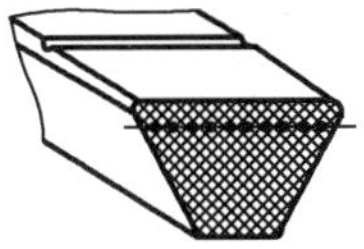	抗拉体为绳芯,楔角为60°的聚氮酯环形带
宽V带	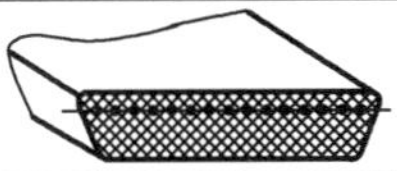	抗拉体为绳芯,相对高度近似为0.3的梯形截面环形带

V带受弯时,长度保持不变的周线称为节线,由节线组成的面称为节面。带的节面宽度称为节宽 b_p,在V带轮上,与节宽 b_p 相对应的带轮直径称为基准直径 d ,V带的节线长度称为基准长度 L_d,长度系列见表13-3。

表 13-2　V带的截面尺寸

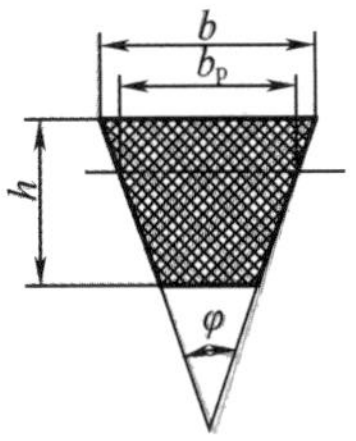

	类型		节宽 b_p	顶宽 b	高度 h	截面面积 A/mm^2	楔角 φ
	普通V带	窄V带					
	Y		5.3	6	4	8	40°
	Z		8.5	10	6	47	
		SPZ			8	57	
	A		11.0	13	8	81	
		SPA			10	94	
	B		14.0	17	10.5	138	
		SPB			14	167	
	C		19.22	22	13.5	230	
		SPC			18	278	
	D		27.0	32	19	476	
	E		32.0	38	23.5	692	

表 13－3 普通 V 带基准长度和长度系数

基准带长 L_d/mm	K_L						
	普通 V 带						
	Y	Z	A	B	C	D	E
355	0.92						
400	0.96	0.87					
450	1.00	0.89					
500	1.02	0.91					
560		0.94					
630		0.96	0.81				
710		0.99	0.82				
800		1.00	0.85				
900		1.03	0.87	0.81			
1 000		1.06	0.89	0.84			
1 120		1.08	0.91	0.86			
1 250		1.11	0.93	0.88			
1 400		1.14	0.96	0.90			
1 600		1.16	0.99	0.93	0.84		
1 800		1.18	1.01	0.95	0.85		
2 000			1.03	0.98	0.88		
2 240			1.06	1.00	0.91		
2 500			1.09	1.03	0.93		
2 800			1.11	1.05	0.95	0.83	
3 150			1.13	1.07	0.97	0.86	
3 550			1.17	1.10	0.98	0.89	
4 000			1.19	1.13	1.02	0.91	
4 500				1.15	1.04	0.93	0.90
5 000				1.18	1.07	0.96	0.92
5 600					1.09	0.98	0.95
6 300					1.12	1.00	0.97
7 100					1.15	1.03	1.00
8 000					1.18	1.06	1.02
9 000					1.21	1.08	1.05
10 000					1.23	1.11	1.07
11 200						1.14	1.10
12 500						1.17	1.12
14 000						1.20	1.15
16 000						1.22	1.18

13.2　带传动的基本理论

13.2.1　尺寸计算

带传动的主要几何参数包括带轮的基准直径、中心距 a、包角 α 及带的基准长度 L_d 等。带传动的几何关系，如图 13－7 所示。

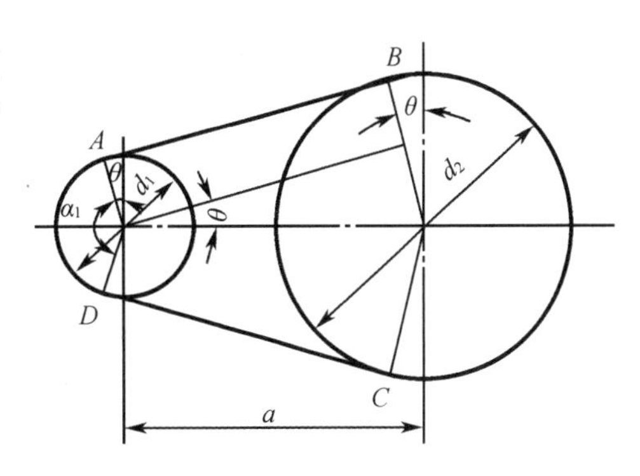

图 13－7　带传动的几何关系

带与带轮接触弧所对应的中心角称为包角。由图 13－7 可知，小带轮的包角 $\alpha_1 = 180° - 2\theta$。因 θ 角小，以 $\theta \approx \sin\theta = \dfrac{d_2 - d_1}{2a}$ 代入上式得

$$\alpha_1 = 180° - \frac{d_2 - d_1}{a} \times 57.3° \qquad (13-1)$$

式中　d_1, d_2——小带轮、大带轮基准直径。

带的基准长度 L_d 为

$$L_d = 2a + \frac{\pi}{2}(d_2 + d_1) + \frac{(d_2 - d_1)^2}{4a} \qquad (13-2)$$

已知带长时，由式(13－2)得中心距 a

$$a \approx \frac{2L_d - \pi(d_2 + d_1) + \sqrt{[2L_d - \pi(d_2 + d_1)]^2 - 8(d_2 - d_1)^2}}{8} \qquad (13-3)$$

13.2.2　受力分析

如图 13－8 所示，带静止时，带的两边受到相同的初拉力 F_0；传动时，由于带与轮面间摩擦力的作用，使带两边的拉力不等。绕上主动轮的一边，拉力由 F_0 增至 F_1，称为紧边，而带的另一边，拉力由 F_0 减为 F_2，称为松边。两边拉力之差称为带传动的有效圆周力 F，即

$$F = F_1 - F_2 \qquad (13-4)$$

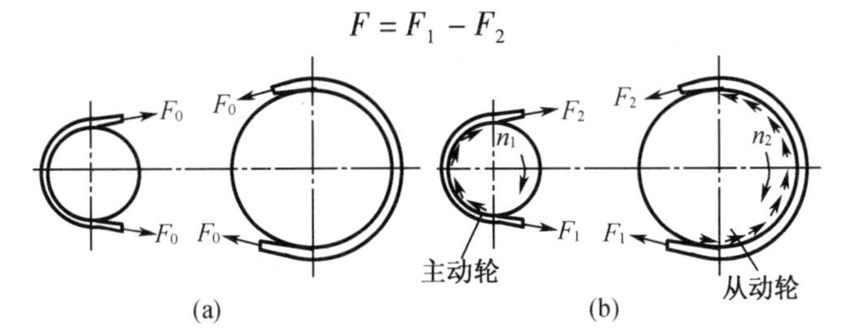

图 13－8　带传动的受力

设带的总长不变，紧边拉力的增加量应等于松边拉力的减少量，即 $F_1 - F_0 = F_0 - F_2$，则

$$F_0 = \frac{1}{2}(F_1 + F_2) \qquad (13-5)$$

有效圆周力 F、带速 v 和传递功率 P 之间的关系为

$$P = \frac{Fv}{1\,000}\ \text{kW} \qquad (13-6)$$

现以平带为例，分析带在即将打滑时紧边拉力 F_1 与松边拉力 F_2 的关系，如图 13－9 所示。在带上截取一微段 $dl = rd\alpha$，dN 为带轮对带的正压力，F 和 $F + dF$ 分别为作用在微段带上两端的拉力，fdN 为带轮对带的摩擦力，忽略离心力，由各力水平分量和垂直分量的平衡条件得

$$dN = F\sin\frac{d\alpha}{2} + (F + dF)\sin\frac{d\alpha}{2}$$

$$fdN = (F + dF)\cos\frac{d\alpha}{2} - F\cos\frac{d\alpha}{2}$$

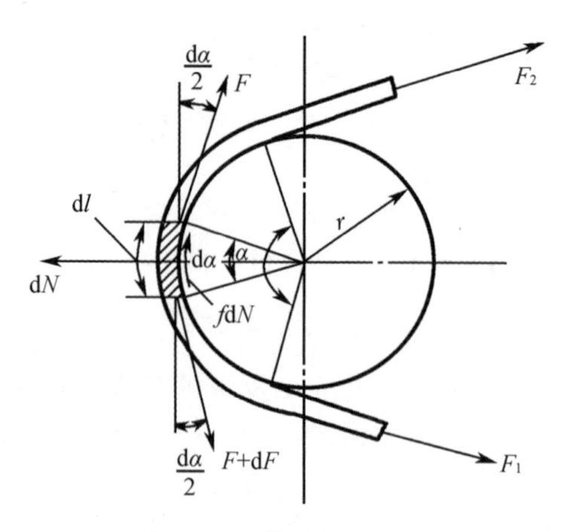

图 13－9 带松紧边拉力

因 $d\alpha$ 较小，取 $\sin\frac{d\alpha}{2}\approx\frac{d\alpha}{2}$，$\cos\frac{d\alpha}{2}\approx1$，并略去高阶微量 $dF\sin\frac{d\alpha}{2}$，得

$$dN = F \cdot d\alpha$$
$$fdN = dF$$

即 $\frac{dF}{F} = fd\alpha$，再对等式两边分别从 F_2 到 F_1 和 0 到 α_1 范围积分得挠性体摩擦的欧拉公式，即

$$\frac{F_1}{F_2} = e^{f\alpha} \tag{13－7}$$

式中 e——自然对数的底（e＝2.718…）；

f——带与轮面间的摩擦因数（V 带用当量摩擦因数 f'）；

α——带轮的包角，rad。

联解式（13－4）、式（13－7），得

$$\begin{cases} F_1 = F\dfrac{e^{f\alpha}}{e^{f\alpha}-1} \\ F_2 = F\dfrac{1}{e^{f\alpha}-1} \\ F = F_1 - F_2 = F_1\left(1-\dfrac{1}{e^{f\alpha}}\right) \end{cases} \tag{13－8}$$

由此可知，增大包角、摩擦因数和初拉力，都可提高带传动所能传递的有效圆周力。

13.2.3 应力分析

传动时，带中应力由三部分组成，如图 13－10 所示。

1. 拉力产生的拉应力

紧边拉应力 $\sigma_1 = \frac{F_1}{A}$ MPa

松边拉应力 $\sigma_2 = \frac{F_2}{A}$ MPa

式中 A——带的横截面积，单位为 mm^2。

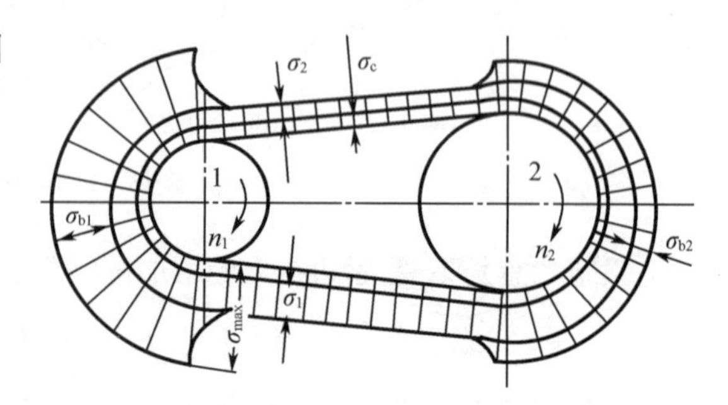

图 13－10 带的应力分布

2. 离心力产生的拉应力

带做圆周运动时，产生的离心力使带受到拉力的大小为

$$F_c = qv^2 \quad \text{N}$$

则

$$\sigma_c = \frac{qv^2}{A} \quad \text{MPa}$$

式中　q——每米带长的质量(表 13－4),kg/m;

v——带速,m/s。

表 13－4　普通 V 带每米长的质量 q

带型	Y	Z	A	B	C	D	E
q	0.04	0.06	0.10	0.17	0.30	0.60	0.87

3. 弯曲应力

带绕过带轮时,因弯曲而产生弯曲应力,由材料力学公式得带的弯曲应力为

$$\sigma_b \approx \frac{Eh}{d} \quad \text{MPa}$$

式中　E——带材料的弹性模量,MPa;

h——带的高度,mm;

d——带轮基准直径,mm。

由图 13－10 可知,在运转过程中,带受交变应力的作用。最大应力发生在紧边进入小带轮处,其值为

$$\sigma_{max} = \sigma_1 + \sigma_{b1} + \sigma_c$$

13.2.4　运动分析

1. 弹性滑动

带是弹性体,由于紧边拉力 F_1 大于松边拉力 F_2,因此紧边的伸长量大于松边的伸长量。在图 13－11 中,带的紧边在 A 点绕上主动轮到 B 点离开的过程中,拉力从 F_1 逐渐减小到 F_2,带因弹性伸长量的逐渐减小而后缩,使带的速度 v 小于主动轮圆周速度 v_1;与此相反,当带在 C 点绕上从动轮到 D 点离开的过程中,带的速度 v 将逐渐大于从动轮的圆周速度 v_2。这种由于带的弹性和松紧边拉力差引起接触弧后段局部微量的相对滑动现象称为弹性滑动。它是不可避免的。弹性滑动会引起从动轮的圆周速度下降,传动比不准确,降低传动效率和增加带的磨损。

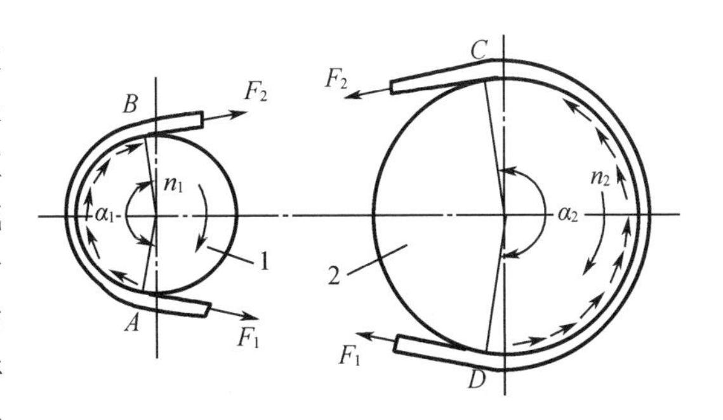

图 13－11　带传动的弹性滑动

将从动轮圆周速度的相对降低率称为滑动率

$$\varepsilon = \frac{v_1 - v_2}{v_1} = \frac{\pi d_1 n_1 - \pi d_2 n_2}{\pi d_1 n_1} \tag{13-9}$$

得传动比

$$i = \frac{n_1}{n_2} = \frac{d_2}{d_1(1-\varepsilon)} \tag{13-10}$$

一般滑动率 ε 为 1% ~2%，在一般工业传动中可略去不计。

2. 打滑现象

当带传动的载荷增大时，有效圆周力 F 相应增大，当 F 超过极限摩擦力时，带与带轮间发生全面滑动，这种现象称为打滑。因带在小带轮上的包角小，故打滑多发生在小带轮上。打滑会造成带的严重磨损并使从动轮转速急剧下降，致使传动失效，因此应避免打滑。

13.3 普通 V 带传动的设计

13.3.1 带传动的失效形式和设计准则

带传动的主要失效形式是打滑和带的疲劳破坏。因此，设计准则是在保证不打滑的前提下，具有一定的疲劳强度和寿命。

1. 疲劳强度条件

$$\sigma_{max}=\sigma_1+\sigma_c+\sigma_{b1}\leqslant[\sigma]$$

2. 不打滑条件

$$F\leqslant F_1\left(1-\frac{1}{e^{f'\alpha}}\right)=\sigma_1 A\left(1-\frac{1}{e^{f'\alpha}}\right)$$

由以上两式可得同时满足两个条件时单根普通 V 带能传递的额定功率 P_0，即

$$P_0=\frac{Fv}{1\,000}=\sigma_1 A\left(1-\frac{1}{e^{f'\alpha}}\right)\cdot\frac{v}{1\,000}=([\sigma]-\sigma_{b1}-\sigma_c)\left(1-\frac{1}{e^{f'\alpha}}\right)\frac{Av}{1\,000}\quad \text{kW}\qquad(13-11)$$

在载荷平稳，包角 $\alpha=\pi(i=1)$，特定带长条件下，由上式求得 P_0 值（表 13 -5）。

若实际工作条件与上述特定条件不同时，应对 P_0 值修正。经修正的单根普通 V 带的许用功率为

$$[P_0]=(P_0+\Delta P_0)K_\alpha K_L\quad \text{kW}\qquad(13-12)$$

式中 ΔP_0——单根普通 V 带额定功率的增量（表 13 -6）；

K_α——包角系数（表 13 -7）；

K_L——带长系数（表 13 -3）。

表 13 -5 单根普通 V 带的基本额定功率 P_0 单位：kW

型号	小带轮基准直径 d_1/mm	小带轮转速 n_1/(r/min)															
		200	400	800	950	1 200	1 450	1 600	1 800	2 000	2 400	2 800	3 200	3 600	4 000	5 000	6 000
Z	50	0.04	0.06	0.10	0.12	0.14	0.16	0.17	0.19	0.20	0.22	0.26	0.28	0.30	0.32	0.34	0.31
	56	0.04	0.06	0.12	0.14	0.17	0.19	0.20	0.23	0.25	0.30	0.33	0.35	0.37	0.39	0.41	0.40
	63	0.05	0.08	0.15	0.18	0.22	0.25	0.27	0.30	0.32	0.37	0.41	0.45	0.47	0.49	0.50	0.48
	71	0.06	0.09	0.20	0.23	0.27	0.30	0.33	0.36	0.39	0.46	0.50	0.54	0.58	0.61	0.62	0.56
	80	0.10	0.14	0.22	0.26	0.30	0.35	0.39	0.42	0.44	0.50	0.56	0.61	0.64	0.67	0.66	0.61
	90	0.10	0.14	0.24	0.28	0.33	0.36	0.40	0.44	0.48	0.54	0.60	0.64	0.68	0.72	0.73	0.56

表 13-5(续)

型号	小带轮基准直径 d_1/mm	小带轮转速 n_1/(r/min)															
		200	400	800	950	1 200	1 450	1 600	1 800	2 000	2 400	2 800	3 200	3 600	4 000	5 000	6 000
A	75	0.15	0.26	0.45	0.51	0.60	0.68	0.73	0.79	0.84	0.92	1.00	1.04	1.08	1.09	1.02	0.80
	90	0.22	0.39	0.68	0.77	0.93	1.07	1.15	1.25	1.34	1.50	1.64	1.75	1.83	1.87	1.82	1.50
	100	0.26	0.47	0.83	0.95	1.14	1.32	1.42	1.58	1.66	1.87	2.05	2.19	2.28	2.34	2.25	1.80
	112	0.31	0.56	1.00	1.15	1.39	1.61	1.74	1.89	2.04	2.30	2.51	2.68	2.78	2.83	2.64	1.96
	125	0.37	0.67	1.19	1.37	1.62	1.92	2.07	2.26	2.44	2.74	2.98	3.15	3.26	3.28	2.91	1.87
	140	0.43	0.78	1.41	1.62	1.96	2.28	2.45	2.66	2.87	3.22	3.48	3.65	3.72	3.67	2.99	1.37
	160	0.51	0.94	1.69	1.95	2.36	2.73	2.54	2.98	3.42	3.80	4.06	4.19	4.17	3.98	2.67	—
	180	0.59	1.09	1.97	2.27	2.74	3.16	3.40	3.67	3.93	4.32	4.54	4.58	4.40	4.00	1.81	—
B	125	0.48	0.84	1.44	1.64	1.93	2.19	2.33	2.50	2.64	2.85	2.96	2.94	2.80	2.61	1.09	
	140	0.59	1.05	1.82	2.08	2.47	2.82	3.00	3.23	3.42	3.70	3.85	3.83	3.63	3.24	1.29	
	160	0.74	1.32	2.32	2.66	3.17	3.62	3.86	4.15	4.40	4.75	4.89	4.80	4.46	3.82	0.81	
	180	0.88	1.59	2.81	3.22	3.85	4.39	4.68	5.02	5.30	5.67	5.76	5.52	4.92	3.92	—	
	200	1.02	1.85	3.30	3.77	4.50	5.13	5.46	5.83	6.13	6.47	6.43	5.95	4.98	3.47	—	
	224	1.19	2.17	3.86	4.42	5.26	5.97	6.33	6.73	7.02	7.25	6.95	6.05	4.47	2.14	—	
	250	1.37	2.50	4.46	5.10	6.4	6.82	7.20	7.63	7.87	7.89	7.14	5.60	5.12	—	—	
	280	1.58	2.89	5.13	5.85	6.90	7.76	8.13	8.46	8.60	8.22	6.80	4.26	—	—	—	
C	200	1.39	2.41	4.07	4.58	5.29	5.84	6.07	6.28	6.34	6.02	5.01	3.23				
	224	1.70	2.99	5.12	5.78	6.71	7.45	7.75	8.00	8.06	7.57	6.08	3.57				
	250	2.03	3.62	6.23	7.04	8.21	9.08	9.38	9.63	9.62	8.75	6.56	2.93				
	280	2.42	4.32	7.52	8.49	9.81	10.72	11.06	11.22	11.04	9.50	6.13	—				
	315	2.84	5.14	8.92	10.05	11.53	12.46	12.72	12.67	12.14	9.43	4.16	—				
	355	3.36	6.05	10.46	11.73	13.31	14.12	14.19	13.73	12.59	7.98	—	—				
	400	3.91	7.06	12.10	13.48	15.04	15.53	15.24	14.08	11.95	4.34	—	—				
	450	4.51	8.20	13.80	15.23	16.59	16.47	15.57	13.29	9.634	—	—	—				

注:本表摘自 GB/T 13575.1—2008。为了精简篇幅,表中未列出 Y 型、D 型和 E 型的数据,且分挡也较粗。

表 13-6　单根普通 V 带 $i \neq 1$ 时额定功率的增量 ΔP_0　　单位:kW

型号	传动比 i	小带轮转速 n_1/(r/min)									
		400	730	800	980	1 200	1 460	1 600	2 000	2 400	2 800
Z	1.35~1.51	0.01	0.01	0.01	0.02	0.02	0.02	0.02	0.03	0.03	0.04
	1.52~1.99	0.01	0.01	0.02	0.02	0.02	0.03	0.03	0.03	0.04	0.04
	≥2	0.01	0.02	0.02	0.02	0.03	0.03	0.03	0.04	0.04	0.04
A	1.35~1.51	0.04	0.07	0.08	0.08	0.11	0.13	0.15	0.19	0.23	0.26
	1.52~1.99	0.04	0.08	0.09	0.10	0.13	0.15	0.17	0.22	0.26	0.30
	≥2	0.05	0.09	0.10	0.11	0.15	0.17	0.19	0.24	0.29	0.34

表 13-6(续)

型号	传动比 i	小带轮转速 n_1/(r/min)									
		400	730	800	980	1 200	1 460	1 600	2 000	2 400	2 800
B	1.35~1.51	0.10	0.17	0.20	0.23	0.30	0.36	0.39	0.49	0.59	0.69
	1.52~1.99	0.11	0.20	0.23	0.26	0.34	0.40	0.45	0.56	0.62	0.79
	≥2	0.13	0.22	0.25	0.30	0.38	0.46	0.51	0.63	0.76	0.89
G	1.35~1.51	0.27	0.48	0.55	0.65	0.82	0.99	1.10	1.37	1.65	1.92
	1.52~1.99	0.31	0.55	0.63	0.74	0.94	1.14	1.25	1.57	1.88	2.19
	≥2	0.35	0.62	0.71	0.83	1.06	1.27	1.41	1.76	2.12	2.47

表 13-7 包角修正系数 K_α

包角 α_1(°)	180	170	160	150	140	130	120	110	100	90
K_α	1.00	0.98	0.95	0.92	0.89	0.86	0.82	0.78	0.74	0.69

13.3.2 设计计算步骤和参数选择

设计 V 带传动的依据是传动用途、工作情况、带轮转速(或传动比)、传递的功率、外廓尺寸和空间位置条件等。需要确定的是 V 带的型号、长度和根数、中心距、带轮结构尺寸及压轴力等。

1. 确定计算功率 P_c

$$P_c = K_A P \quad \text{kW}$$

式中 P——传递的额定功率,kW;

K_A——工况系数,查表 13-8。

表 13-8 工况系数 K_A

工作机		原动机					
		Ⅰ类			Ⅱ类		
		一天工作时间/h					
		≤10	10~16	>16	≤10	10~16	>16
载荷平稳	液体搅拌机、离心式水泵、通风机和鼓风机(≤7.5 kW)、离心式压缩机、轻型运输机	1.0	1.1	1.2	1.1	1.2	1.3
载荷变动小	带式运输机(运送砂石、谷物)、通风机(>7.5 kW)、发电机、旋转式水泵、金属切削机床、剪床、压力机、印刷机、振动筛	1.1	1.2	1.3	1.2	1.3	1.4
载荷变动较大	螺旋式运输机、斗式提升机、往复式水泵和压缩机、锻锤、磨粉机、锯木机和木工机械、纺织机械	1.2	1.3	1.4	1.4	1.5	1.6

表 13-8(续)

工作机		原动机					
		Ⅰ类			Ⅱ类		
		一天工作时间/h					
		≤10	10~16	>16	≤10	10~16	>16
载荷变动很大	破碎机(旋转机、颚式等)、球磨机、棒磨机、起重机、挖掘机、橡胶辊压机	1.3	1.4	1.5	1.5	1.6	1.8

注:(1) Ⅰ类——普通鼠笼式交流电动机、同步电动机、直流电动机(并激),$n \geqslant 600$ r/min 的内燃机。

Ⅱ类——交流电动机(双鼠笼式、滑环式、单相、大转差率)、直流电动机(复激、串激)、单缸发动机,$n \geqslant 600$ r/min 的内燃机。

(2)反复启动,正反转频繁、工作条件恶劣等场合,K_A 值应乘以 1.1。

2. 选择带型

根据计算功率 P_c 和小带轮转速 n_1,由图 13-12 初选带的型号。图中以粗斜直线划定型号区域,若坐标点在两种型号交界线附近时,可按两种型号同时进行计算,最后择优选定。

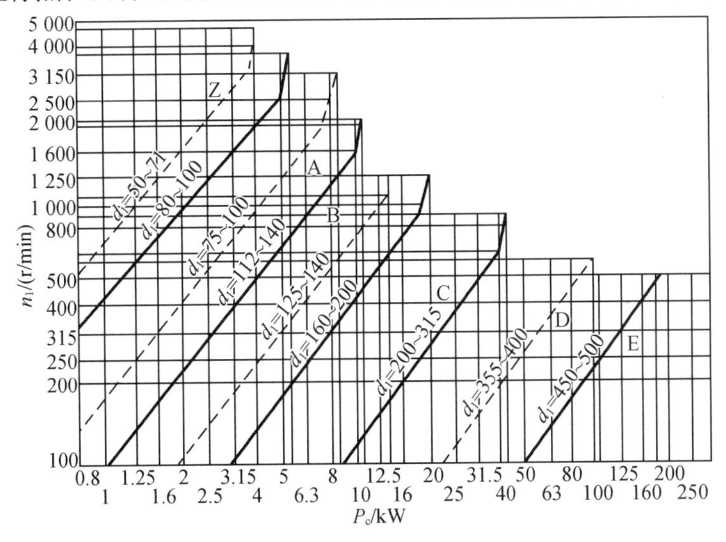

图 13-12　普通 V 带选型图

3. 选取带轮基准直径 d_1 和 d_2,验算带速 v

小带轮基准直径 d_1 小,则带传动外廓尺寸小,但 d_1 过小,弯曲应力 σ_{b1} 过大,故应限制小带轮基准直径。设计时满足 $d_1 \geqslant d_{min}$,并符合基准直径系列,d_{min} 值见表 13-9。

表 13-9　普通 V 带轮的最小基准直径　　单位:mm

槽型	Y	Z	A	B	C	D	E
d_{min}	20	50	75	125	200	355	500

注:带轮直径系列为 63,71,75,80,90,95,100,106,112,118,125,132,140,150,160,170,180,200,212,224,236,250,265,280,300,315,355,375,400,425,450,475,500,530,560,600,630,710,750,800,850,900,950,1 000 等。

若略去弹性滑动的影响，大带轮基准直径 $d_2=\frac{n_1}{n_2}d_1$，并按表13－9圆整为标准值。当要求传动比精确时，$d_2=\frac{n_1}{n_2}d_1(1-\varepsilon)$，取 $\varepsilon=0.015$。

带速高，则离心力大，从而降低传动能力；带速低，要求有效圆周力大，使带的根数过多。一般 v 应在5～25 m/s范围内，否则应重新选取 d_1。有

$$v=\frac{\pi d_1 n_1}{60\times 1\ 000}\quad \text{m/s}$$

4. 确定中心距 a 和V带的基准长度 L_d

带传动的中心距过大，将引起带的抖动，中心距过小，单位时间内带绕过带轮的次数增多，使带的寿命降低。一般根据传动需要，可按下式初定中心距 a_0，即

$$0.7(d_1+d_2)\leqslant a_0\leqslant 2(d_1+d_2)$$

由式(13－2)初算V带的基准长度 L_0，即

$$L_0=2a_0+\frac{\pi}{2}(d_1+d_2)+\frac{(d_2-d_1)^2}{4a_0}$$

按表13－3选取接近的标准长度 L_d，最后按下式近似确定中心距

$$a\approx a_0+\frac{L_d-L_0}{2} \tag{13－13}$$

为了安装和张紧V带，中心距应有 $\pm 0.03L_d$ 的调整余量。

5. 验算小带轮包角 α_1

α_1 可由式(13－1)计算。为保证传动能力，一般应使 $\alpha_1\geqslant 120°$。

$$\alpha_1=180°-\frac{d_2-d_1}{a}\times 57.3°$$

6. 确定V带的根数 z

V带根数按下式计算：

$$z=\frac{P_c}{[P_0]}=\frac{K_A P}{(P_0+\Delta P_0)K_\alpha K_L} \tag{13－14}$$

z 值应取整数，为使各带受力均匀，通常V带的根数 $z<10$。

7. 确定初拉力 F_0

初拉力 F_0 是保证带传动正常工作的重要条件。初拉力不足，会出现打滑；初拉力过大，又使带的寿命降低，轴和轴承所受的压力增大。单根普通V带合适的初拉力可按下式计算，即

$$F_0=\frac{500P_c}{vz}\left(\frac{2.5}{K_\alpha}-1\right)+qv^2\quad \text{N} \tag{13－15}$$

式中各符号意义同前。

8. 计算压轴力 F_Q

为计算轴和轴承，必须确定作用在轴上的压力 F_Q，如图13－13所示。若忽略带两边的拉力差，可近似地按下式计算，即

$$F_Q=2zF_0\sin\frac{\alpha_1}{2} \tag{13－16}$$

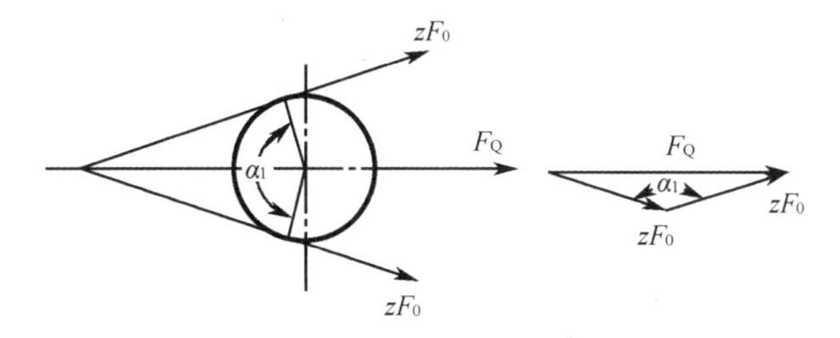

图 13－13　作用在轴上的压力

13.3.3　带轮设计

带轮通常由三部分组成,即轮缘(用以安装传动带)、轮毂(与轴连接部分)、轮辐(中间部分)。带轮的材料主要采用铸铁 HT150 或 HT200。$v>25$ m/s 时,宜采用铸钢;小功率时可采用铸铝或塑料。带轮的结构形式有:实心式(图 13－14(a)),用于尺寸较小的带轮;腹板式(图 13－14(b)),用于中等尺寸的带轮;轮辐式(图 13－15),用于尺寸较大的带轮。

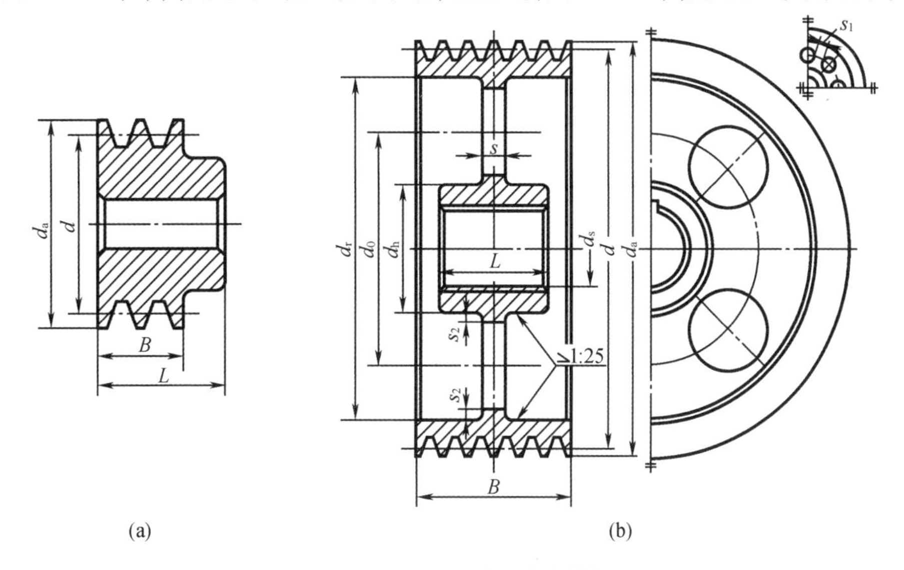

图 13－14　实心式和腹式带轮

(a)实心式;(b)腹板式

$d_h=(1.8-2)d_s$;$d_0=\frac{d_h+d_r}{2}$;$d_r=d_s-2(H+\delta)$,H、δ 见表 13－10;$s=(0.2\sim0.3)B$;$s_1\geqslant1.5s$,$s_2\geqslant0.5s$;$L=(1.5\sim2)d_s$

普通 V 带楔角为 40°,但轮槽角小于 40°,其原因是带绕过带轮时产生横向变形,使楔角变小,且带轮直径越小,楔角越小,为使带的侧面与轮槽侧面接触良好,轮槽角总是小于 V 带楔角。V 带轮的轮槽尺寸见表 13－10。V 带轮的结构设计,主要是根据直径大小选择结构形式,根据带型确定轮槽尺寸,其他结构尺寸可参考经验公式或有关资料。

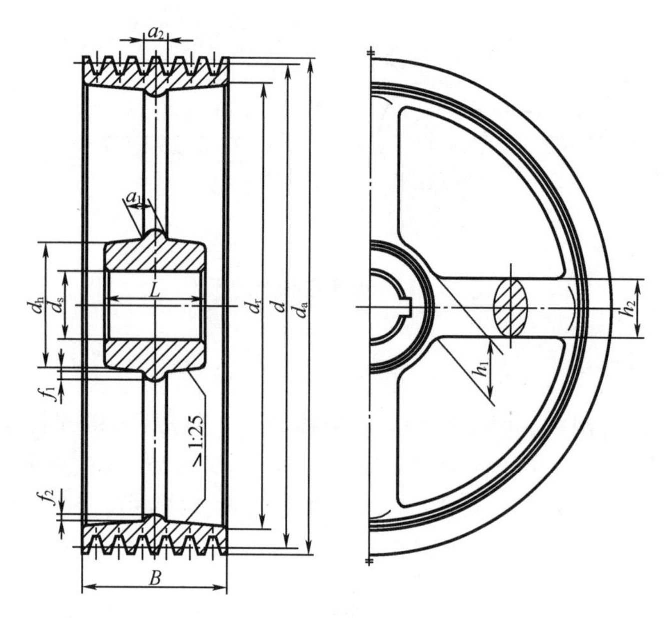

图 13－15　轮辐式带轮

$h_1=290\sqrt[3]{\dfrac{P}{nA}}$；$P$—传递速度，kW；$n$—带轮转速，r/min；$A$—轮辐数；

$h_2=0.8h_1$；$a_1=0.4h_1$；$a_2=0.8a_1$；$f_1=0.2h_1$；$f_2=0.2h_2$

表 13－10　V 带轮的轮槽尺寸

单位：mm

B
f
b_0
b_d
h_a
φ
h_f
H
δ
d_a
d
e

$\sqrt{x}=\sqrt{Ra1.6}$

$\sqrt{y}=\sqrt{Ra6.3}$

槽型			Y	Z	A	B	C
b_d			5.3	8.5	11	14	19
$h_{a\,min}$			1.6	20.0	2.75	3.5	4.8
e			8 ±9.3	12 ±0.3	15 ±0.3	19 ±0.4	25.5 ±0.5
f_{min}			6	7	9	11.5	16
h_{fmin}			6	7	9	11.5	16
δ_{min}			5	5.5	6	7.5	10
φ/(°)	32	对应的 d	≤60	—	—	—	—
	34		—	≤80	≤118	≤190	≤315
	36		>60	—	—	—	—
	38		—	>80	>118	>190	>315

注：δ_{min}是轮缘最小壁厚推荐值。

13.3.4　V带传动的张紧装置

因传动带的材料不是完全的弹性体,因此带在工作一段时间后会伸长而松弛,使初拉力下降,因此,为保证正常工作,应设置张紧装置。常见的张紧装置有以下几种。

1. 定期张紧装置

它是利用定期改变中心距的方法来调节带的初拉力,使其重新张紧。在水平或倾斜不大的传动中,可采用图13－16(a)所示滑道式结构。电动机装在滑轨上,通过旋动调节螺钉改变电动机位置。在垂直或接近垂直的传动中,可采用图13－16(b)所示的摆架式结构。电动机固定在摇摆架上,旋动螺钉使机座绕固定轴旋转。

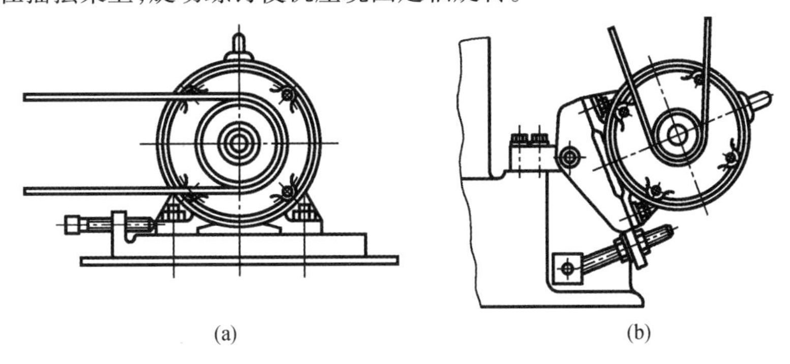

图13－16　定期张紧装置

2. 张紧轮张紧装置

当中心距不能调节时,可采用张紧轮把带张紧。张紧轮一般应放在松边内侧(图13－17(a)),尽量靠近大带轮,以减少对包角的影响。图13－17(b)是张紧轮压在松边的外侧,带受反向弯曲,会使寿命降低。

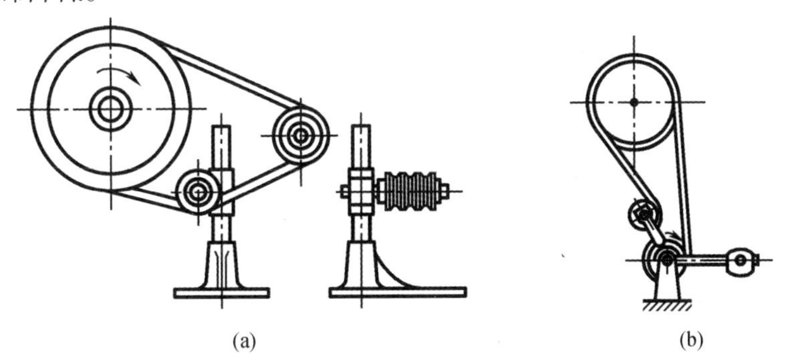

图13－17　张紧轮装置

例13－1　设计某带式输送机中的普通V带传动,已知电动机额定功率$P=7.5$ kW,满载转速$n_1=1\ 440$ r/min,传动比$i=3$,双班制工作,载荷平稳。

解　设计步骤和结果见表13－11。

表 13-11 设计步骤和结果

设计步骤		公式	图表	计算结果	
				方案 1	方案 2
1	求计算功率	$P_c = K_A P$	表 13-8	$K_A = 1.2, P_c = 9.0$ kW	同方案 1
2	选取 V 带型号		图 13-12	A 型	B 型
3	确定带轮基准直径	$d_2 = \frac{n_1}{n_2} d_1$	表 13-9	$d_1 = 112$ mm $d_2 = 336$ mm 取 $d_2 = 315$ mm	$d_1 = 132$ mm $d_2 = 396$ mm 取 $d_2 = 400$ mm
	验算带速	$v = \frac{\pi d_1 n_1}{60 \times 1\,000}$		$v = 8.44$ m/s	$v = 9.95$ m/s
4	确定中心距:初取 a_0	$0.7(d_2 + d_1) \leqslant a_0 \leqslant 2(d_1 + d_2)$		$299 \leqslant a_0 \leqslant 854$ 取 $a_0 = 400$ mm	$370 \leqslant a_0 \leqslant 1\,056$ 取 $a_0 = 700$ mm
	计算基准长度:初算 L_0	$L_0 = 2a_0 + \frac{\pi}{2}(d_2 + d_1) + \frac{(d_2 - d_1)^2}{4a_0}$		$L_0 = 1\,496.5$ mm	$L_0 = 2\,261.3$ mm
	实际中心距	$a \approx a_0 + \frac{L_d - L_0}{2}$		$a = 351.8$ mm	$a = 689.4$ mm
5	验算小带轮包角	$\alpha_1 = 180° - \frac{d_2 - d_1}{a} \times 57.3°$		$\alpha_1 = 146.9°$	$\alpha_1 = 157.7°$
6	确定带的根数	$z \geqslant \frac{P_c}{(P_0 + \Delta P_0) K_\alpha K_L}$	表 13-3 表 13-5 表 13-6 表 13-7	$K_L = 0.96$ $P_0 = 1.6$ kW $\Delta P_0 = 0.17$ kW $K_\alpha = 0.91$ $z = 5.82$ 取 $z = 6$	$K_L = 1.00$ $P_0 = 2.49$ kW $\Delta P_0 = 0.46$ kW $K_\alpha = 0.94$ $z = 3.25$ 取 $z = 4$
7	计算带的初拉力	$F_0 = \frac{500P_c}{zv}\left(\frac{2.5}{K_\alpha} - 1\right) + qv^2$	表 13-4	$q = 0.1$ kg/m $F_0 = 164.0$ N	$q = 0.17$ kg/m $F_0 = 206.5$ N
8	计算轴压力	$F_Q = 2zF_0 \sin \frac{\alpha_1}{2}$		$F_Q = 1\,886.5$ N	$F_Q = 1\,621$ N
9	带轮结构设计	略			
10	方案比较			带的根数多 带轮较宽 轴上压力大	外廓尺寸大 带的根数少 轴上压力小 所以若外廓尺寸允许方案 2 较好

13.4　链传动概述

13.4.1　链传动的特点、类型及应用

链传动由装在平行轴上的链轮1、链轮2和链条3组成(图13－18),链条为中间挠性件,通过链节与链轮齿的啮合传递运动和动力。

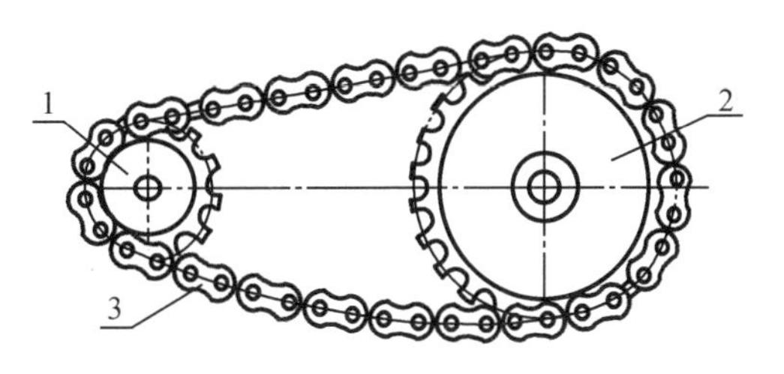

图13－18　链传动

与带传动相比,链传动的优点是没有弹性滑动和打滑,能保持准确的传动比;传动效率为0.95～0.98,高于带传动;压轴力较小;传递功率大,可在低速、重载、恶劣环境和较高温度下工作。与齿轮传动相比,链传动的优点是制造和安装精度较低;中心距较大时其传动结构简单;过载能力强。其缺点是瞬时链速和瞬时传动比不是常数,工作中有一定动载荷和冲击,噪声较大,不能用于高速。

按用途不同,链可分为传动链、输送链和起重链。传动链主要用于传递运动和动力,应用很广。其工作速度 $v \leqslant 15$ m/s;传递功率 $P \leqslant 100$ kW;最大速比 $i \leqslant 8$。起重链和输送链用于起重机械和运输机械中。

13.4.2　传动链和链轮

1. 传动链

传动链按结构不同分为滚子链(图13－19)和齿形链(图13－20)。

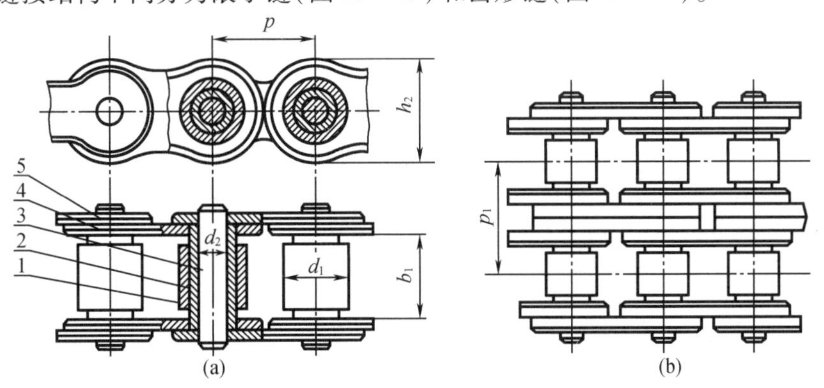

图13－19　滚子链

(a)单排链;(b)双排链

滚子链由滚子1、套筒2、销轴3、内链板4和外链板5组成。其中,内链板4与套筒2、外链板5与销轴3分别用过盈配合固联在一起,销轴3与套筒2之间为间隙配合,构成铰链,套筒2与滚子3之间也为间隙配合,工作时,滚子沿链轮齿滚动,可减轻链与轮齿的磨损。为减小质量和运动时的惯性,链板做成8字形。当传递较大动力时可采用多排链。其承载能力大,但较难保证链的制造和装配精度,容易受载不均。

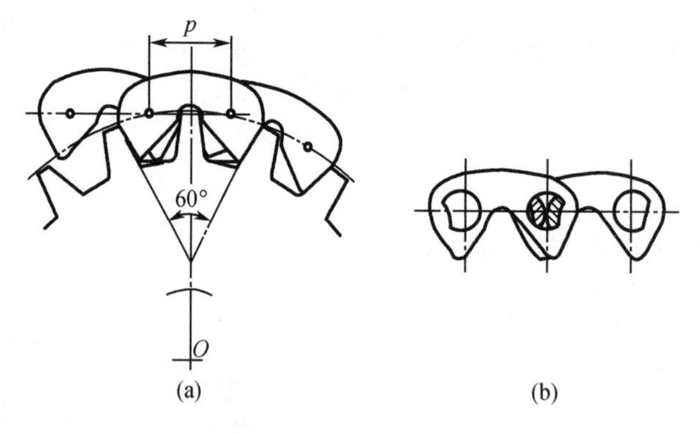

(a) (b)

图 13-20 齿形链

滚子链已标准化，分为 A,B 两种系列,其中 A 系列常用。表 13-12 列出了几种 A 系列滚子链的主要参数。

表 13-12 A 系列滚子链的主要参数

链号	节距 p/mm	排距 p_1/mm	滚子外径 d_1/mm	抗拉极限载荷 Q(单排)/N	单位长度质量 q(单排)/(kg/m)
08A	12.70	14.38	73.95	13 900	0.65
10A	15.875	18.11	10.16	21 800	1.00
12A	19.05	22.78	11.91	31 300	1.50
16A	25.40	29.29	15.88	55 600	2.60
20A	31.75	35.76	19.05	87 000	3.80
24A	38.10	45.44	22.23	125 000	5.06
28A	44.45	48.87	25.40	170 000	7.50
32A	50.80	58.55	28.58	223 000	10.10
40A	63.50	71.55	39.68	347 000	16.10
48A	76.20	87.83	47.63	500 000	22.60

注:1. 本表摘自 GB/T 1243—2006,表中链号与相应的国际标准链号一致,链号乘以$\frac{25.4}{16}$即为节距值(mm),后缀“A”表示 A 系列。

2. 使用过渡链节时,其极限载荷按表列数值 80% 计算。

3. 链条标记示例:10A-2-88 GB/T 1243—2006 表示链号为 10A、双排、88 节滚子链。

相邻两滚子中心的距离 p 称为节距,它是链的主要参数。p 越大,链的各部分尺寸相应增大,承载能力也越高,质量也随之增大。链条长度以链节数 L_p 表示。工作时用一个接头将其联成环形。当链节数为偶数时,接头处可用开口销(图 13-21(a))或弹簧夹锁紧(图 13-21(b)),当链节数为奇数时可用过渡链节(图 13-21(c)),过渡链节的链板受拉时将受到附加弯曲应力,其强度较低,故最好取为偶数。

齿形链由两组外形相同的链板交错排列,用铰链连接而成,链板两侧工作面为直边,夹角为 60°、铰链可做成滑动回转副或滚动回转副,图 13-20(b)为棱柱滚动式。由于齿形链的齿形特点，使传动较平稳，冲击小，噪声低（又称无声链），主要用于高速链传动（链速可达 40 m/s）或对运动精度要求较高的传动。但齿形链结构比较复杂，价格较贵，故目前应用较少。

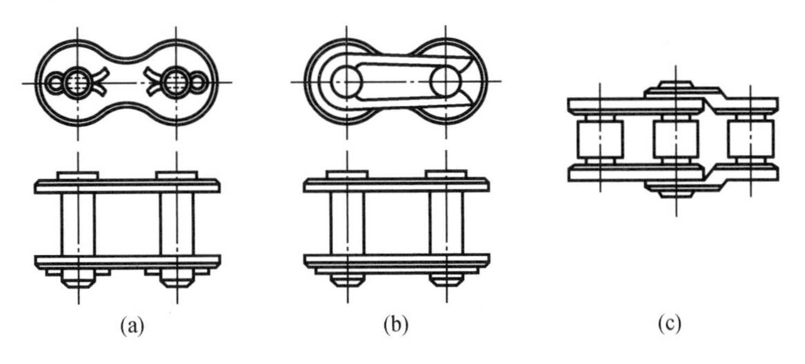

图 13－21　滚子链的接头形式

2. 链轮

图 13－22 为几种不同形式的链轮结构，对小直径链轮可做成整体式（图 13－22（a））；中等尺寸的链轮可做成孔板式（图 13－22（b））；尺寸较大的链轮可采用装配式，齿圈与轮毂可用焊接或螺栓连接（图 13－22（c）（d））。链轮轮毂的部分尺寸可参考带轮。

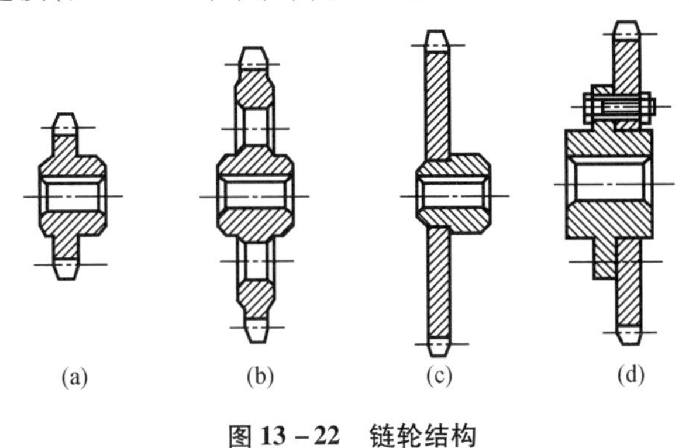

图 13－22　链轮结构

链轮轮齿的齿形应保证链节能自由地进入和退出啮合，啮合时应保证接触良好，且齿形要便于加工。

图 13－23 所示的端面齿形由三段圆弧（$\overset{\frown}{aa}$，$\overset{\frown}{ab}$，$\overset{\frown}{cd}$）和一段直线（bc）组成。这种“三圆弧一直线”齿形，具有较好的啮合性能，并便于加工。

链轮轴面齿形两侧呈圆弧状（图 13－24），以便于链节进入和退出啮合。

链轮上被链条节距等分的圆称为分度圆，其直径用 d 表示（图 13－23）。已知节距 p 和齿数 z，链轮主要尺寸的计算式为

$$\left\{\begin{aligned} &\text{分度圆直径}\quad d=\frac{p}{\sin\dfrac{180^\circ}{z}}\\ &\text{齿顶圆直径}\quad d_{a\max}=d+1.25p-d_1\\ &\qquad\qquad\qquad d_{a\max}=d+\left(1-\frac{1.6}{z}\right)p-d_1\\ &\text{齿根圆直径}\quad d_f=d-d_1\ (d_1\ \text{为滚子直径}) \end{aligned}\right. \tag{13-17}$$

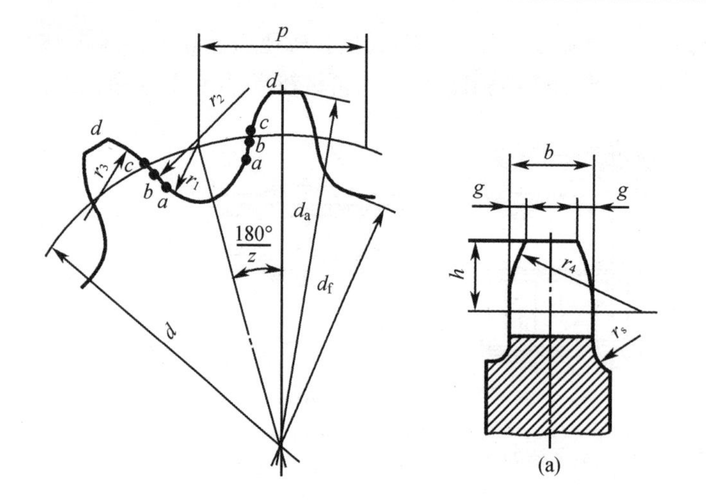

图 13-23 滚子链轮端面齿形

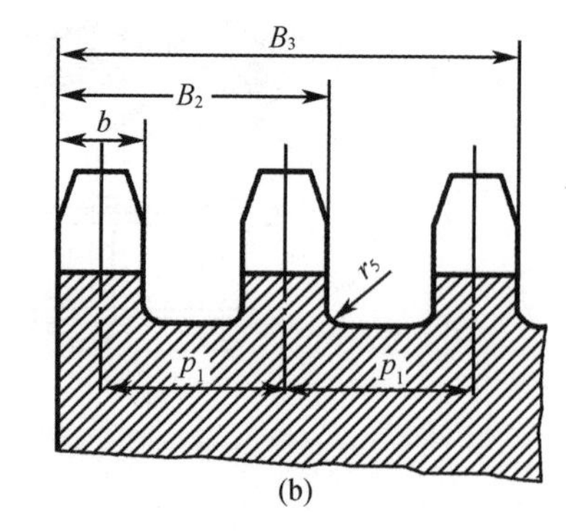

图 13-24 滚子链链轮轴面齿形

d_a 值应在 $d_{a\max}$ 与 $d_{a\min}$ 值之间。

如选用“三圆弧一直线”齿形，则

$$d_a = p\left(0.54 + \cot\frac{180^\circ}{z}\right)$$

齿形用标准刀具加工时，在链轮工作图上不必绘制端面齿形，只需绘出并标注 d, d_a, d_f，且须绘出链轮轴面齿形，以便车削链轮毛坯。轴面齿形的具体尺寸见有关设计手册。

链轮齿应有足够的接触强度和耐磨性，故齿面多经热处理。小链轮的啮合次数比大链轮多，所受冲击力也大，故所用材料一般优于大链轮。常用的链轮材料有碳钢（如 Q235，Q275，45，ZG310-570 等）、灰铸铁（如 HT200）等。重要的链轮可采用合金钢。

13.5 链传动的运动特性和受力分析

13.5.1 链传动的运动特性

链由很多刚性链节组成，链条绕上链轮后呈多边形状。传动时，链轮每回转一周，将带动链条移动正多边形周长 zp 的距离，故链的平均速度及平均传动比为

$$v = \frac{n_1 z_1 p}{60 \times 1\,000} = \frac{n_2 z_2 p}{60 \times 1\,000} \tag{13-18}$$

$$i = \frac{n_1}{n_2} = \frac{z_2}{z_1} \tag{13-19}$$

式中 p——链节距，mm；

z_1，z_2——主、从动轮的齿数；

n_1，n_2——主、从动轮的转速，r/min。

实际上，瞬时链速和瞬时传动比都不是定值。设链条紧边成水平位置（图 13-25），当主动链轮以 ω_1 等角速度转动时，其分度圆圆周速度为

$$v_1 = R_1 \omega_1$$

则链条的前进速度为

$$v_x = v_1 \cos \beta = R_1 \omega \cos \beta$$

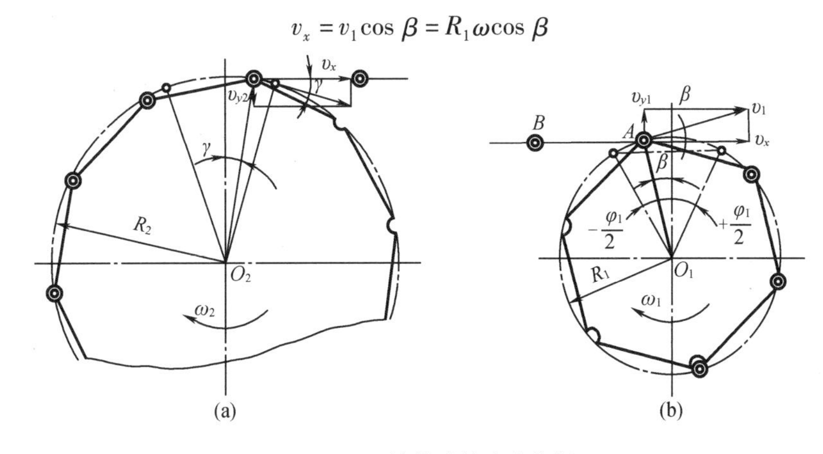

图 13－25　链传动的速度分析

β 是 A 点的圆周速度与水平线的夹角，其变化范围在 $\pm\frac{\varphi_1}{2}$之间，$\varphi_1=\frac{360°}{z_1}$。当 $\beta=\pm\frac{\varphi_1}{2}$ 时，链速最小，$v_{\min}=R_1\omega_1\cos\frac{\varphi_1}{2}$；当 $\beta=0$ 时，链速最大，$v_{\max}=R_1\omega_1$。链轮每转过一齿，链速 v 将周期性地变化一次。这种由于多边形啮合传动给链传动带来的速度不均匀性，称为多边形效应。

同样，设从动链轮的角速度为 ω_2，圆周速度为 v_2，由图 13－25 知

$$v_2=\frac{v_x}{\cos\gamma}=\frac{v_1\cos\beta}{\cos\gamma}=R_2\omega_2$$

则瞬时传动比为

$$i'=\frac{\omega_1}{\omega_2}=\frac{R_2\cos\gamma}{R_1\cos\beta}$$

由于 β 和 γ 随链轮转动而变化，虽然 ω_1 是定值，ω_2 却随 β 和 γ 的变化而变化，瞬时传动比 i'随之变化。同时链在垂直方向的分速度 v_y 也在做周期性的变化。链节这种忽快忽慢、忽上忽下的变化，将造成链传动工作时的不平稳性和有规律的振动。链的节距越大，链轮齿数越少，链速波动越大。

13.5.2　链传动的受力分析

安装链传动时，只需不大的张紧力，主要是使链松边的垂度不致过大，否则会产生显著振动、跳齿和脱链。若不考虑传动中的动载荷，作用在链上的力有圆周力（即有效拉力）F，离心拉力 F_c 和悬垂拉力 F_y。如图 13－26 所示，链的紧边拉力为

$$F_1=F+F_c+F_y \quad \text{N}$$

松边拉力为

$$F_2=F_c+F_y \quad \text{N}$$

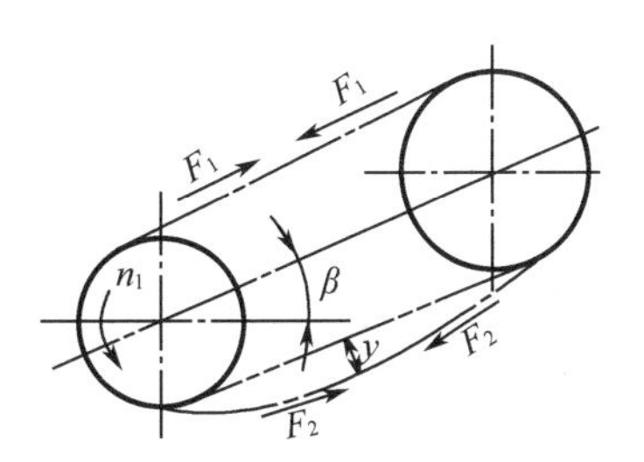

图 13－26　作用在链上的力

围绕在链轮上的链节在运动中产生的离心拉力为

$$F_c = qv^2 \quad \text{N}$$

式中 q——链的单位长度质量,kg/m,见表 13-12;

v——链速,m/s。

悬垂拉力可利用求悬索拉力的方法近似求得

$$F_y = K_s qga \quad \text{N}$$

式中 a——链传动的中心距,m。

g——重力加速度,$g = 9.81\ \text{m/s}^2$。

K_y——下垂量 $y = 0.02a$ 时的垂度系数,其值与中心连线和水平线的夹角 β(图 13-26)有关。垂直布置时,$K_y = 1$;水平布置时,$K_y = 6$,倾斜布置时,$K_y = 1.2(\beta = 75°)$,$2.8(\beta = 60°)$,$5(\beta = 30°)$。

链作用在链轮轴上的压力 F_Q 可近似取为

$$F_Q = (1.2 \sim 1.3)F$$

13.6 链传动的设计

13.6.1 链传动的主要失效形式

1. 铰链磨损

链条在工作中,销轴与套筒间有相对滑动,使铰链产生磨损,从而使链节变长,链与链轮的啮合点外移,这将引起跳齿和脱链,从而使传动失效。它是开式链传动的主要失效形式。

2. 链的疲劳破坏

由于链在运动过程中所受的载荷不断变化,因而链在变应力状态下工作,经过一定的循环次数后,链板会产生疲劳断裂,或者套筒、滚子表面产生冲击疲劳破坏。在润滑条件良好和设计安装正确的情况下,疲劳强度是决定链传动工作能力的主要因素。

3. 胶合

当转速很高或润滑不良时,润滑油膜难以形成,使销轴和套筒的工作表面在很高的温度和压力下直接接触,从而导致胶合。胶合限制了链传动的极限转速。

4. 过载拉断

在低速、重载的传动中或者尖锋载荷过大时,链会被拉断,其承载能力受到链元件静拉力强度的限制。

13.6.2 功率曲线图

链传动的工作情况不同,失效形式也不同,图 13-27 所示为链在一定寿命下,小链轮在不同转速时由各种失效形式所限定的极限功率曲线。图中的许用功率曲线所限定的范围是设计时所使用的曲线范围。虚线所示是在润滑条件不好或工作环境恶劣的情况下,磨损严重,许用功率大幅度下降。

图 13-28 所示为 A 系列滚子链在实验条件下的额定功率 P_0 曲线。实验条件:小链轮齿数 $z_1 = 19$;链长 $L = 100p$;单排链;载荷平稳;按图 13-29 所推荐的方式润滑;工作寿命为 15 000 h;链条因磨损而引起的相对伸长量不超过 3%。当实际情况不符合实验条件时,需

做适当修正。由此得链传动计算功率

$$P_c = K_A P \leqslant K_z K_L K_P P_0 \quad \mathrm{kW} \tag{13-19}$$

式中 K_A——工况系数，见表13-13；

K_z，K_L，K_P——小链轮齿数 z_1、链长 L 和链的排数不符合实验条件时的修正系数，见表13-14和表13-15；

P——传递的功率，kW。

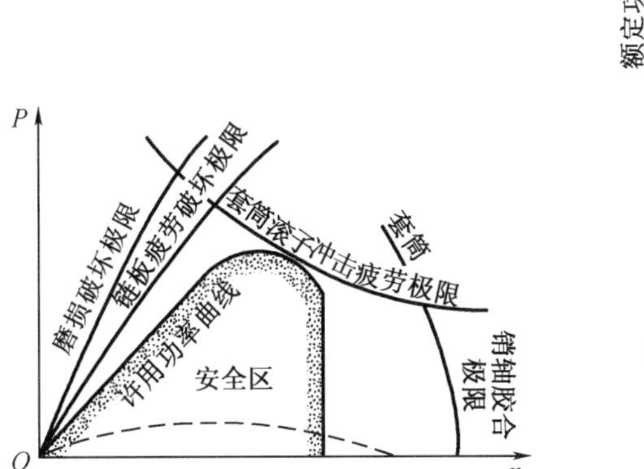

图13-27 极限功率曲线

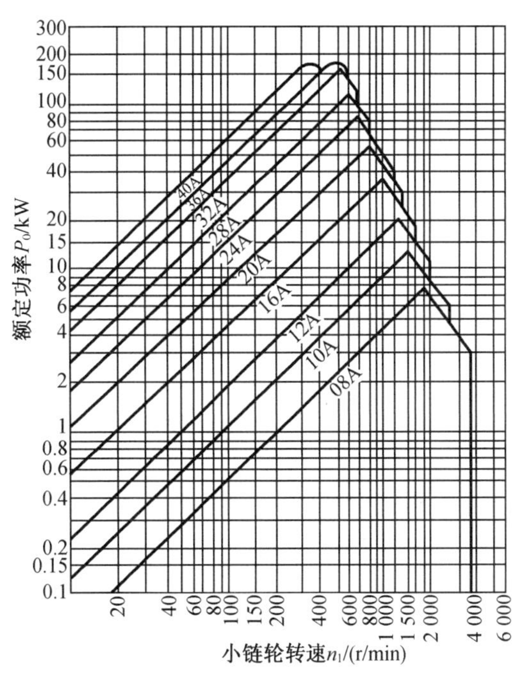

图13-28 A系列滚子链的额定功率曲线(v>0.6 m/s)

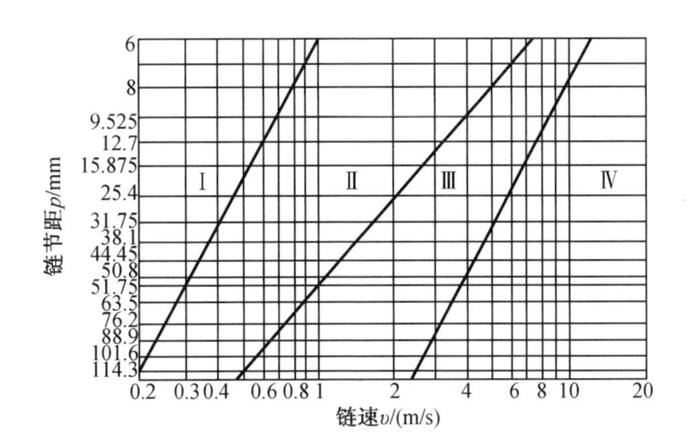

图13-29 推荐的润滑方式

Ⅰ—人工定期润滑；Ⅱ—滴油润滑；Ⅲ—油浴或飞溅润滑；Ⅳ—压力喷油润滑

表 13－13 工况系数 K_A

载荷种类	原动机	
	电动机或汽轮机	内燃机
载荷平稳	1.0	1.1
中等冲击	1.4	1.5
较大冲击	1.8	1.9

表 13－14 小链轮齿数系数 K_z 和链长系数 K_L

链传动工作在图 13－27 中的位置	位于功率曲线顶点左侧时（链板疲劳）	位于功率曲线顶点右侧时（滚子、套筒冲击疲劳）
小链轮齿数系数 K_L	$\left(\frac{z_1}{19}\right)^{1.08}$	$\left(\frac{z_1}{19}\right)^{1.5}$
链长系数 K_L	$\left(\frac{L_P}{100}\right)^{0.26}$	$\left(\frac{L_P}{100}\right)^{0.5}$

表 13－15 多排链系数 K_P

排数	1	2	3	4	5	6
K_P	1	1.7	2.5	3.3	4.0	4.6

若润滑不良或不能按图 13－29 推荐的方式润滑时，P_0 值应降低。当链速 $v \leqslant 1.5$ m/s 时，降到 50%；当 $1.5 \text{ m/s} < v \leqslant 7$ m/s 时，降到 25%；当 $v > 7$ m/s 时，链传动必须采用充分良好的润滑。

当链速 $v < 0.6$ m/s 时，链传动可能因强度不足而拉断，需进行静强度校核

$$S = \frac{Q}{K_A F_1} \geqslant 4 \sim 8 \tag{13-20}$$

式中 Q——链的极限拉伸载荷，见表 13－12；

F_1——链的紧边拉力。

13.6.3 主要参数的选择

1. 链轮齿数

为使链传动运动平稳，小链轮齿数不宜过少或过多，过少会使运动不均匀性加剧，过多则会因磨损引起的节距增长而发生跳齿和脱链，缩短链的使用寿命。小链轮齿数可根据表 13－16 选取，大链轮齿数 $z_2 = iz_1$。

表 13－16 小链轮齿数 z_1

链速 v/(m/s)	0.6～3	3～8	>8
z_1	≥17	≥21	≥25

若链条的铰链发生磨损,将使链条节距变长、链轮节圆 d' 向齿顶移动(图 13-30)。节距增长量 Δp 与节圆外移量 $\Delta d'$ 的关系,可由式(13-17)导出

$$\Delta d' = \frac{\Delta p}{\sin \dfrac{180^\circ}{z}}$$

由此可知,在 Δp 一定时,齿数越多节圆外移量 $\Delta d'$ 就越大,也越容易发生跳齿和脱链现象。所以大链轮齿数不宜过多,一般应使 $z_2 \leqslant 120$。一般链条节数为偶数,而链轮齿数最好为奇数,这样可使磨损较均匀。

2. 链节距

链的节距越大,其承载能力越高。但是当链节以一定的相对速度与链轮齿啮合的瞬间,将产生冲击和动载荷。如图 13-31 所示,根据相对运动原理,把链轮看作静止的,链节就以角速度 $-\omega$ 进入轮齿而产生冲击。根据分析,节距越大、链轮转速越高时冲击也越大。因此,设计时应尽可能选用小节距链,高速重载时可选用小节距多排链。

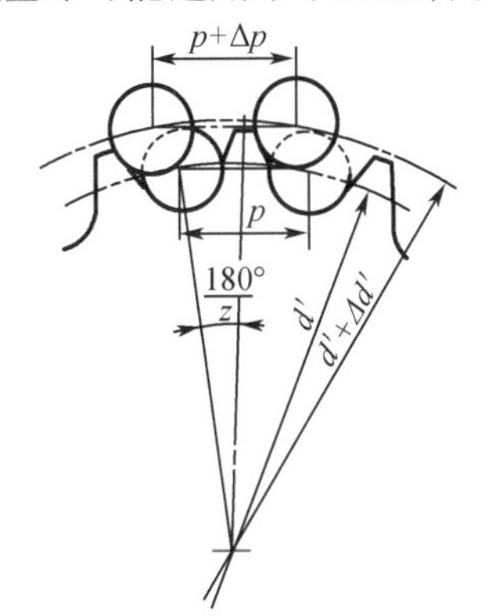

图 13-30　节圆外移量与链节距增长量的关系

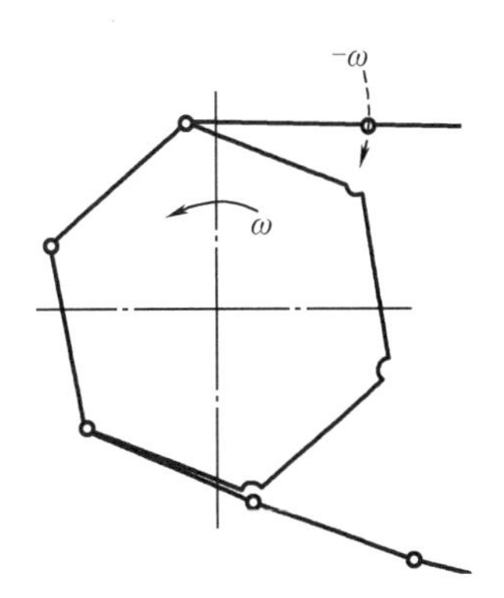

图 13-31　啮合瞬间的冲击

3. 中心距和链节数

链传动中心距过小,则小链轮上的包角也小,同时啮合的链轮齿数也减少;中心距过大,则易使链条抖动。一般可取中心距 $a=(30 \sim 50)p$,最大中心距 $a_{max} \leqslant 80p$。

链条长度用链节数 L_p 表示,可由带传动中带长的计算公式导出

$$L_p = 2\frac{a}{p} + \frac{z_1 + z_2}{2} + \frac{p}{a}\left(\frac{z_2 - z_1}{2\pi}\right)^2 \tag{13-21}$$

计算出的链节数须圆整为整数,最好取为偶数。

利用式(13-21)可解出中心距 a

$$a = \frac{p}{4}\left[\left(L_p - \frac{z_1 + z_2}{2}\right) + \sqrt{\left(L_p - \frac{z_1 + z_2}{2}\right)^2 - 8\left(\frac{z_2 - z_1}{2\pi}\right)^2}\right] \tag{13-22}$$

为使松边有合适的垂度,实际中心距应比计算出的中心距小 Δa,$\Delta a = (0.002 \sim 0.004)a$,中心距可调时取大值。为了便于安装链条和调节链的张紧程度,一般将中心距设计成可以调节的或安装张紧轮。

13.6.4　链传动的布置和润滑

链传动的布置应遵守以下原则:两链轮的回转平面应在同一铅垂平面内,尽量采用水平

或接近水平的布置，尽量使紧边在上。具体布置参看表 13－17。

润滑对链传动的工作能力和使用寿命有很大影响。良好的润滑有利于减少磨损、降低摩擦损失、缓和冲击。设计时应注意润滑剂和润滑方式的选择。润滑方式可根据图 13－29 确定，并在松边供油，因为链节处于松弛状态时润滑油容易进入摩擦面。

表 13－17　链传动的布置

传动参数	合理布置	不合理布置	说明
$i>2$ $a=(30\sim50)p$	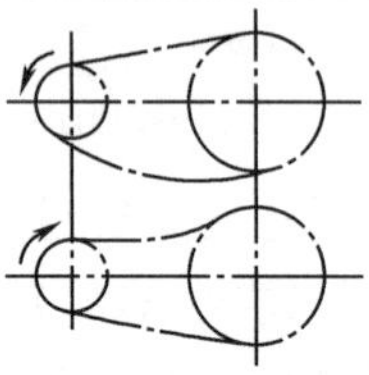		两轮轴线平行，并在同一平面内，紧边在上、在下均不影响工作
$i>2$ $a<30p$	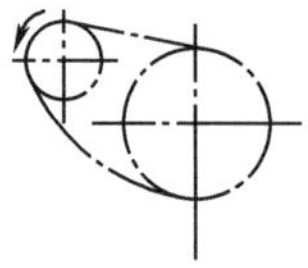	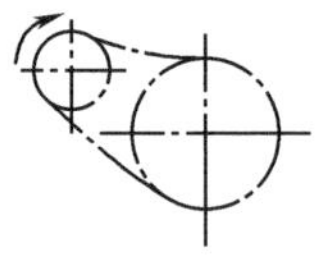	两轮轴线平行而不在同一水平面，松边应在下面，否则松边下垂量增大后，链条易与链轮卡死
$i<1.5$ $a>60p$	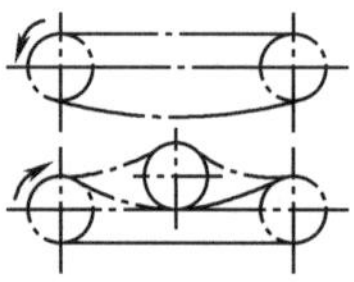		两轮轴线平行，并在同一水平面内，松边应在下面，否则下垂量增大后，松边会与紧边相碰，需经常调整中心距
i,a 为任意值	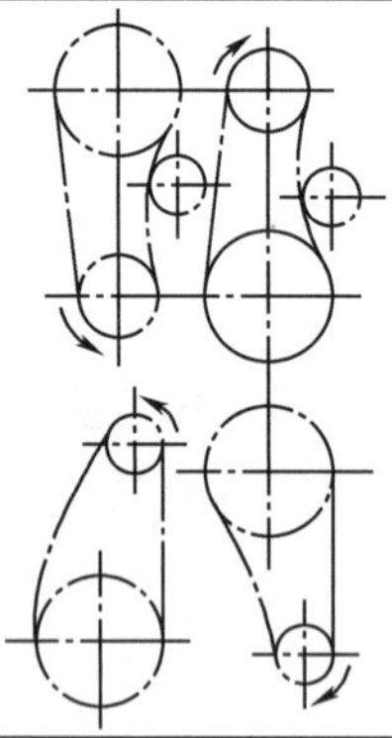	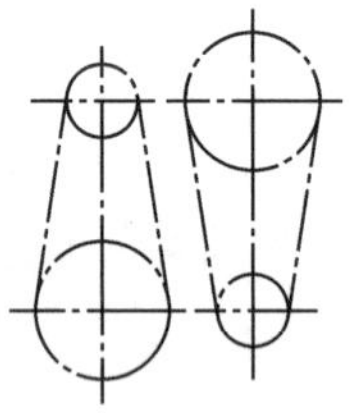	两轮轴线平行，并在同一铅垂面内，下垂量增大时会减少下链轮有效齿数并降低传动能力，为此应采用：①中心距可调；②张紧装置；③上、下两轮偏置，使其轴线不在同一铅垂面内

例 13－2　设计一带式运输机用的滚子链传动。已知电动机的功率 $P=5.5$ kW，$n_1=960$ r/min，$n_2=300$ r/min，载荷平稳，中心距可调。

解　①选择链轮齿数

由题意假定 v 在 3～8 m/s 之间，由表 13－16 选取小链轮齿数 $z_1=21$，大链轮齿数 $z_2=iz_1=\dfrac{n_1}{n_2}z_1=\dfrac{960}{300}\times21=67.2$，取 $z_2=67<120$，合适。

②定链节数 L_p

初选中心距 $a_0=40p$

$$L_{p0}=\frac{2a_0}{p}+\frac{z_1+z_2}{2}+\frac{p}{a_0}\left(\frac{z_2-z_1}{2\pi}\right)^2=2\times40\times\frac{21+67}{2}+\frac{1}{40}\left(\frac{67-21}{2\pi}\right)^2=125.3$$

取 $L_p=126$ 节。

③定链节距 p

由表 13－13 选 $K_A=1.0$。

假定工作点落在图 13－27 某曲线顶点的左侧,由表 13－14 得

$$K_z=\left(\frac{z_1}{19}\right)^{1.08}=\left(\frac{21}{19}\right)^{1.08}=1.11$$

$$K_L=\left(\frac{L_p}{100}\right)^{0.26}=\left(\frac{1.26}{100}\right)^{0.26}=1.06$$

选单排链,由表 13－15 得 $K_P=1$,则

$$P_0=\frac{K_AP}{K_zK_LK_p}=\frac{1.0\times5.5}{1.11\times1.06\times1}=4.67\ \text{kW}$$

由图 13－28 选用滚子链 08A,节距 $p=12.7$ mm。

④实际中心距

将中心距设计成可调节的,不必计算实际中心距,可取

$$a\approx a_0=40p=40\times12.7=508\ \text{mm}$$

⑤验算链速 v

$$v=\frac{z_1pn_1}{60\times1\ 000}=\frac{21\times12.7\times960}{60\times1\ 000}=4.27\ \text{m/s}$$

与原假设相符,z_1 选取合适。

⑥求压轴力 F_Q

工作拉力　$F=\frac{1\ 000P}{v}=\frac{1\ 000\times5.5}{4.27}=1\ 288\ \text{N}$

取　$F_Q=1.2F=1.2\times1\ 288=1\ 545.7\ \text{N}$

⑦链轮主要尺寸

(略)

习　题

13－1　在 V 带传动中,影响最大有效圆周力的因素有哪些? 其关系如何?

13－2　带传动的弹性滑动引起什么后果? 减少弹性滑动可采取哪些措施?

13－3　带传动的打滑通常在什么情况下发生? 打滑是发生在大带轮上还是小带轮上,为什么?

13－4　带传动的弹性滑动与打滑的区别是什么?

13－5　链轮齿数过少或过多对链传动有何影响?

13－6　链节距 p 的大小对链传动性能有何影响? 选择节距 p 的原则是什么?

13－7　链传动工作时,产生动载荷的原因有哪些?

13－8　简述中心距 a 的大小对链传动的影响。

13－9　如图 13－32 所示,一平带传动,已知两带轮直径分别为 150 mm 和 400 mm,中心

距为1 000 mm,小带轮主动、转速为1 460 r/min。试求:(1)小带轮包角;(2)带的几何长度;(3)不考虑带传动的弹性滑动时大带轮的转速;(4)滑动率 $\varepsilon=0.015$ 时大带轮的实际转速。

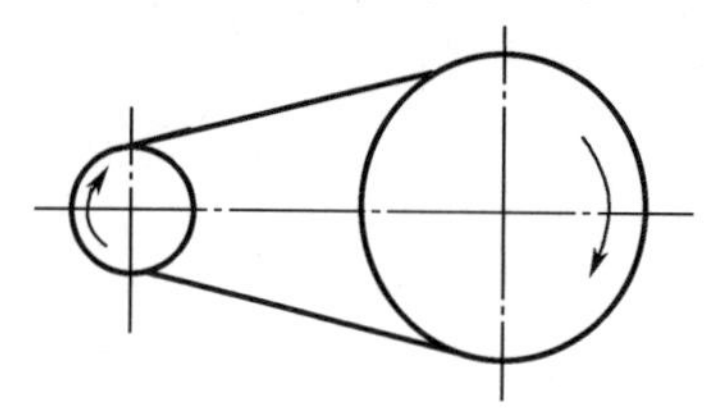

图13-32　题13-1图

13-10　题13-9中,若传递功率为5 kW,带与铸铁带轮间的摩擦因数 $f=0.3$,所用平带单位长度质量 $q=0.35$ kg/m,试求:

(1)带的紧边、松边拉力;

(2)此带传动所需的初拉力;

(3)作用在轴上的压力。

13-11　一普通V带传动,已知带的型号为A型,两个V带轮的基准直径分别为125 mm和250 mm,初定中心距 $a_0=450$ mm。试:(1)初步计算带的长度 L_0;(2)按表13-2选定带的基准长度 L_d;(3)确定实际的中心距。

13-12　题13-11中的普通V带传动,用于电动机与物料磨粉机之间,做减速传动,每天工作8 h。已知电动机功率 $P=4$ kW,转速 $n_1=1\ 440$ r/min,试求所需A型带的根数。

13-13　B型普通V带传动,两轮转速 $n_1=1\ 460$ r/min,$n_2=400$ r/min,小带轮的基准直径 $d_1=160$ mm,中心距 $a_0=1\ 500$ mm,根数 $z=4$,载荷有振动,两班制工作,求V带所能传递的功率。

13-14　有一带式输送装置,其异步电动机与齿轮减速器之间用普通V带传动,电动机功率 $P=7$ kW,转速 $n_1=960$ r/min,减速器输入轴的转速 $n_2=330$ r/min,运输装置工作时有轻度冲击,两班制工作,试设计此带传动。

13-15　某链传动的链轮齿数 $z_1=21$,$z_2=53$,链条号数为10A,链长 $L_p=100$ 节。试求两链轮的分度圆、齿顶圆和齿根圆直径以及传动的中心距。

13-16　已知主动链轮转速 $n_1=850$ r/min,齿数 $z_1=21$,$z_2=90$,中心距 $a=900$ mm,滚子链极限载荷为55.6 kN,工况系数 $K_A=1$,试求链所能传递的功率。

13-17　某链传动传递的功率 $P=1$ kW,链轮转速 $n_1=48$ r/min,$n_2=14$ r/min,载荷平稳,试设计此链传动。

第14章 轴

14.1 轴 概 述

14.1.1 轴的分类及用途

轴是机械设备中重要的零件之一。轴的主要功用是支承回转运动的传动零件，并传递运动和动力。例如，齿轮、蜗轮、凸轮、带轮、链轮、叶轮、车轮、电动机转子、铣刀等都必须安装在轴上才能旋转。

一般常见的轴按其轴线形状分为直轴（图14－1）和曲轴（图14－2）两类，本章只讨论直轴。直轴一般都做成实心的，若因机器需要（输送润滑油、切削液、安放其他零件等）或为减轻机器质量（航空、汽车及船舶工业等），也可制成空心轴。考虑加工方便，轴的截面多为圆形，为了轴上零件定位及装拆方便，轴多做成阶梯轴。只有一些结构简单或具有特殊要求的轴，才做成等直径轴（光轴），光轴形状简单，加工容易，应力集中少，但轴上零件不易装配及定位。

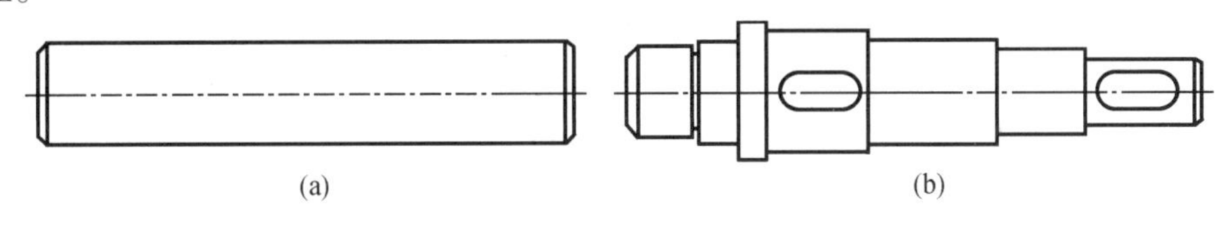

图14－1 直轴

（a）光轴；（b）阶梯轴

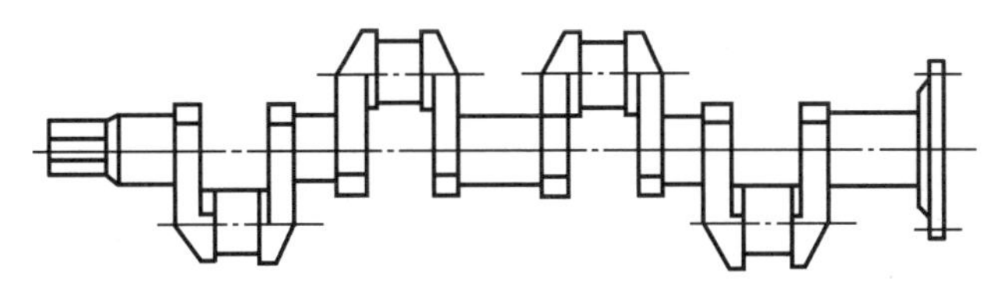

图14－2 曲轴

根据承载情况，轴可分为转轴、心轴和传动轴三类。转轴是工作中既受弯矩又受转矩的轴，如减速器中的各轴均为转轴（图14－3），这类轴在各种机器中最常见；心轴是工作中只承受弯矩而不承受转矩的轴，心轴有转动心轴和固定心轴两种（图14－4）；传动轴是工作中只传递转矩而不承受弯矩或弯矩很小的轴（图14－5）。

图14－6所示为一台起重机的起重机构，分析轴Ⅰ至轴Ⅴ的工作情况得知：轴Ⅰ只传递转矩，不受弯矩的作用（轴自身质量很小，可忽略），故为传动轴。轴Ⅱ～轴Ⅳ同时承受转矩及弯矩作用，为转轴。轴Ⅴ支承着卷筒，但驱动卷筒的动力由与之过盈配合的大齿轮直接传

给它，而不通过轴Ⅴ，因此，这根轴只承受弯矩作用，为转动心轴。

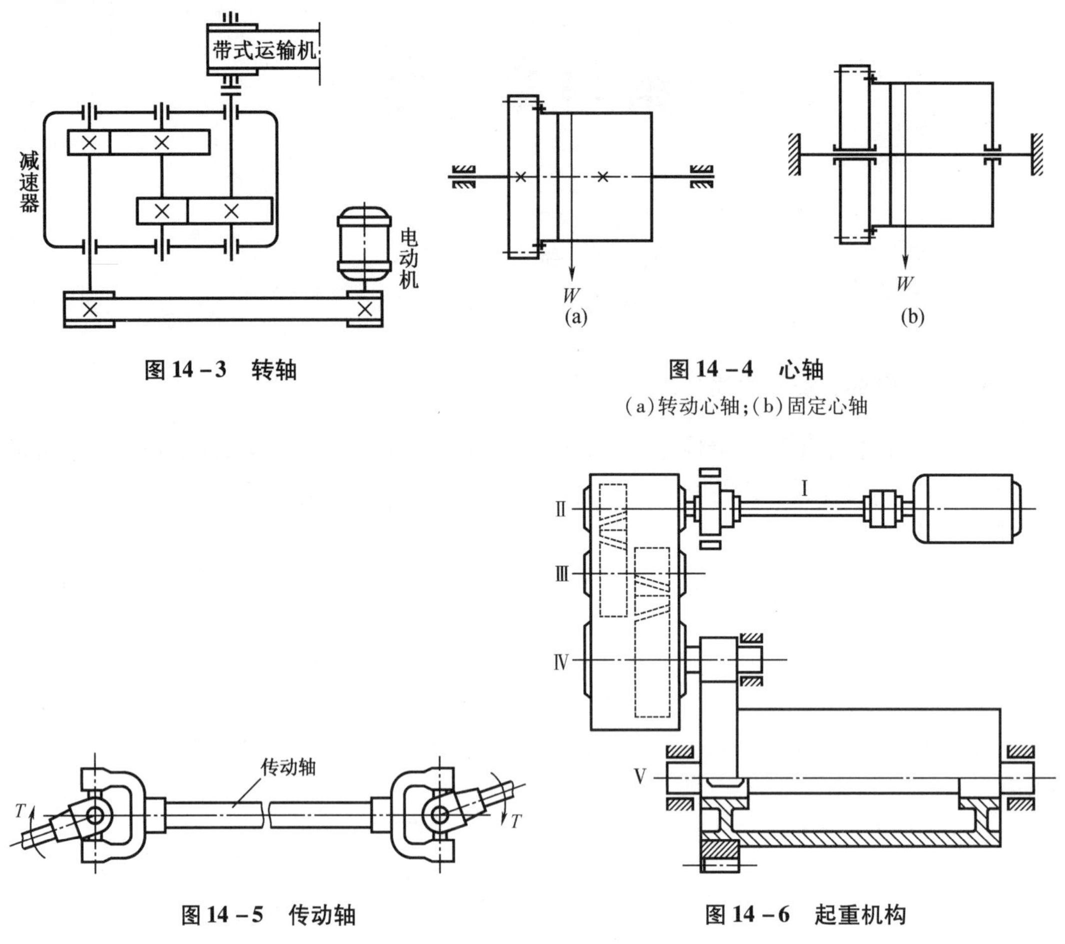

图 14－3 转轴

图 14－4 心轴

(a)转动心轴；(b)固定心轴

图 14－5 传动轴

图 14－6 起重机构

此外，还有一种钢丝软轴（图 14－7），又称钢丝挠性软轴。它是由多组钢丝分层卷绕而成的，它具有良好的挠性，能够把回转运动灵活地传到任意位置。

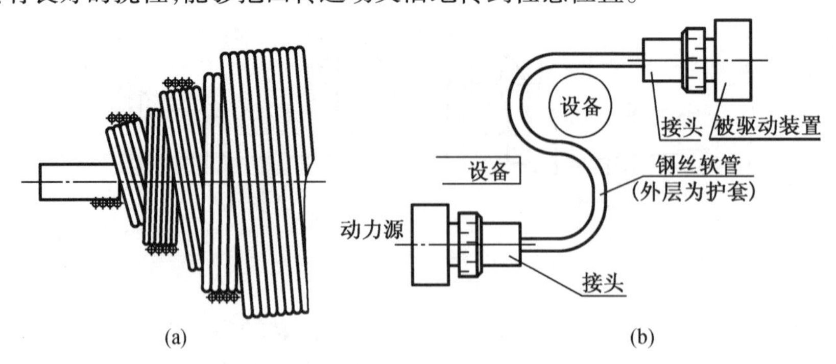

图 14－7 钢丝软轴

14.1.2 轴的材料

1. 轴毛坯的选择

对于光轴或轴段直径变化不大的轴、不太重要的轴，可选用轧钢圆棒做轴的毛坯，有条件的可直接用冷拔圆钢;直径大的轴可采用空心轴;对于重要的轴、受载较大的轴、直径变化较大的阶梯轴,一般采用锻坯;对于形状复杂的轴可用铸造毛坯。

2. 轴的材料选择

轴的材料是决定其承载能力的重要因素,多数轴既承受转矩又承受弯矩,多处于变应力条件下工作,因此轴的材料应具有较好的强度和韧性,用于滑动轴承时,还要具有较好的耐磨性。

轴的常用材料及其主要力学性能见表14-1,其中优质碳素结构钢使用广泛,45钢最为常用,调质后具有优良的综合力学性能。不重要的轴也可用Q235,Q275等普通碳素结构钢。高速、重载的轴,受力较大而尺寸小的轴以及有特殊要求的轴应选用合金结构钢,如铬钢、铬镍钢、硅锰钢及硼钢等。合金钢对应力集中敏感性高,所以采用合金钢的轴的结构形状应尽量减少应力集中源,并要求表面粗糙度值低。在一般工作温度下(如低于200 ℃),各种碳钢和合金钢弹性模量E的数值相差不多,热处理对它的影响也很小,因此采用合金钢只能提高其强度和耐磨性,对轴的刚度影响甚微。

对于形状复杂的轴,也可以采用合金铸铁和球墨铸铁铸造成形,易于得到更合理的形状,而且铸铁还有价廉、良好的吸振性、耐磨性及应力集中的敏感性较低等优点,但是铸造轴的机械性能不易控制,因此可靠性较差。

3. 轴的热处理和表面处理工艺

轴类零件的热处理工艺和表面处理工艺可以详见机械设计手册,表14-1的内容可供参考。

冷作硬化是一种机械表面处理工艺,也可以用来改善轴的表面质量,提高疲劳强度,其方法有喷丸和滚压等。喷丸表面产生薄层塑性变形和残余压缩应力,能消除微观裂纹和其他加工方法造成的残余应力,多用于热处理或锻压后不需要精加工的表面。滚压使表面产生薄层塑性变形,并大大降低表面粗糙度,硬化表层,也能消除微裂纹,使表面产生残余压缩应力。

表14-1 轴的常用材料及其主要力学性能

材料牌号	热处理	毛坯直径/mm	硬度(HBS)	抗拉强度极限σ_B	屈服极限σ_s	弯曲疲劳极限σ_{-1}	扭转疲劳极限τ_{-1}	备注
				不小于(MPa)				
Q235				440	240	180	105	用于不重要或载荷不大的轴
Q275				550	265	220	127	
20	正火	25	≤156	420	250	180	100	用于载荷不大,要求韧性较高的轴
	正火 回火	≤100	103~156	400	220	165	95	
		>100~300		380	200	155	90	
		>300~500		370	190	150	85	
		>500~700		360	180	145	80	

表 14－1(续 1)

材料牌号	热处理	毛坯直径/mm	硬度(HBS)	抗拉强度极限 σ_B	屈服极限 σ_s	弯曲疲劳极限 σ_{-1}	扭转疲劳极限 τ_{-1}	备注
				不小于(MPa)				
35	正火	25	≤187	540	320	230	130	应用最为广泛
		≤100		520	270	210	120	
	回火	>100～300	149～187	500	260	205	115	
		>300～500	143～187	480	240	190	110	
		>500～750	137～187	460	230	185	105	
		>750～1000		440	220	175	100	
	调质	≤100	156～207	560	300	230	130	
		>100～300		540	280	220	125	
45	正火	25	≤241	610	360	260	150	应用最为广泛
	正火回火	≤100	170～217	600	300	240	140	
		>100～300	162～217	580	290	235	135	
		>300～500	162～217	560	280	225	130	
		>500～750	156～217	540	270	215	125	
	调质	≤200	217～255	650	360	270	155	
40Cr	调质	25		1 000	800	485	280	用于载荷较大，而无很大冲击的重要轴
		≤100	241～286	750	550	350	200	
		>100～300	229～269	700	500	320	185	
35SiMn 42SiMn	调质	25		900	750	445	255	用于中小型轴，性能接近 40Cr
		≤100	229～286	800	520	355	205	
		>100～300	217～269	750	450	320	185	
40MnB	调质	25		1 000	800	485	280	用于较重要的轴，性能接近 40Cr
		≤200	241～286	750	500	335	195	
40CrNi	调质	25		1 000	800	485	280	用于很重要的轴
35CrMo	调质	25		1 000	850	500	285	用于重载荷的轴，性能接近 40CrNi
		≤100	207～269	750	550	350	200	
		>100～300	207～269	700	500	320	185	
38SiMnMo	调质	≤100	229～286	750	600	360	210	性能接近 35CrMo
		>100～300	217～269	700	550	335	195	
38CrMoAlA	调质	30	229	1 000	850	495	285	用于要求高的耐蚀性，高强度及热处理变形很小的轴

表 14－1(续2)

材料牌号	热处理	毛坯直径 /mm	硬度 (HBS)	抗拉强度极限 σ_B	屈服极限 σ_s	弯曲疲劳极限 σ_{-1}	扭转疲劳极限 τ_{-1}	备注
				不小于(MPa)				
20Cr	渗碳淬火并回火	15	表面 56～62 HRC	850	550	375	215	用于要求强度、韧性均较高的轴(如齿轮轴、蜗杆)
		30		650	400	280	160	
		≤60		650	400	280	160	
2Cr13	调质	≤100	197～248	660	450	295	170	用于腐蚀条件下工作的轴(如螺旋桨轴等)
1Cr18Ni9Ti	淬火	≤60	≤192	550	220	205	120	用于高、低温及强腐蚀条件下工作的轴
		＞60～100		540	200	195	115	
		＞100～200		500	200	185	105	
QT400－15	—	—	156～197	400	300	145	125	用于结构形状复杂的轴
QT450－10	—	—	170～207	450	330	160	140	
QT500－07	—	—	187～255	500	380	180	155	
QT600－03	—	—	197～269	600	420	215	185	

注：①表中疲劳极限数据均按以下关系算出：$\sigma_{-1} \approx 0.27(\sigma_B + \sigma_s)$，$\tau_{-1} \approx 0.156(\sigma_B + \sigma_s)$；球墨铸铁 $\sigma_{-1} \approx 0.36\sigma_B$，$\tau_{-1} \approx 0.31\sigma_B$。

②其他性能一般可取：$\tau_s = (0.55 \sim 0.62)\sigma_s$，$\sigma_0 \approx 1.4\sigma_{-1}$，$\tau_0 \approx 1.5\tau_{-1}$。

14.1.3　轴设计的主要问题

轴的设计包括轴的结构设计和轴的计算。

为了保证轴的正常工作，要对轴的工作能力进行计算，即对轴的强度、刚度和振动稳定性等方面进行计算。对于一般机器的轴，应进行强度校核，以防止因轴的强度不够而断裂；对于刚度要求较高的轴(如机床主轴)和受力大的细长轴(跨度大的蜗杆轴)等，还需进行刚度校核，以防止轴工作中产生过大的变形；对于高速运转的轴(如汽轮机轴)，还要进行振动稳定性计算，防止轴发生共振。

在设计轴时，首先根据机械传动方案的整体布局，确定轴上零、部件的布置和装配方案；选用合适的材料；在力的作用点及支点跨距尚不能精确确定的情况下，按纯扭工况初步估算轴的直径；通过考虑轴与轴上零件的安装、固定及制造工艺性等要求进行结构设计(确定各轴段的长度与直径及轴肩、键槽、圆角等)；根据轴的受载情况及使用情况，进行轴的强度和刚度校核计算；必要时还要进行轴强度的精确校核计算；对于转速高、跨度较大、外伸端较长的轴要进行考虑振动稳定性的临界转速计算。

14.2 轴的结构设计

轴的结构设计包括定出轴的合理外形和各部分结构尺寸,使轴的各段直径和长度,既要满足承载能力要求,又要符合标准零部件及标准尺寸的规范。另外,还要符合零件的安装、固定、调整原则以及轴的加工工艺规范。总之,影响轴结构的因素很多,所以轴的结构设计灵活多变,没有固定的标准结构。但轴的结构都应该满足:轴和装在轴上的零件要有准确的工作位置及恰当的固定;轴上的零件应便于装拆;轴应具有良好的结构工艺性;轴的受力要合理并尽量减小应力集中等。

14.2.1 轴的各部分名称及其功能

安装轮毂的轴段称轴头(图 14-8 中①④)。安装轴承的轴段称轴颈(图 14-8 中③⑦)。为轴向固定零件所制作出的阶梯称为轴肩(图 14-8 中⑧)或轴环(图 14-8 中⑤)。连接轴颈和轴头的部分称为轴身(如图 14-8 中②⑥)。

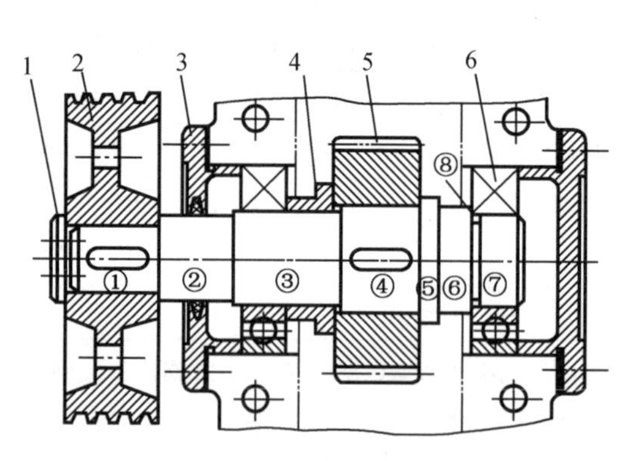

图 14-8 轴的结构

1—轴端挡圈;2—带轮;3—轴承盖;4—套筒;5—齿轮;6—滚动轴承

1. 轴头

轴头与回转件的配合性质、公差等级和表面粗糙度,应由传动系统对回转件的技术要求确定。轴头长度应稍小于轮毂宽度(图 14-8①④),否则不能达到回转件的轴向固定目的。

2. 轴颈

用滑动轴承支承的轴,轴颈与轴瓦为间隙配合。轴颈的公差级别和表面粗糙度应符合滑动轴承的技术要求。用滚动轴承支承的轴,轴颈与轴承内圈多为过渡配合或过盈配合。轴颈的公差级别和表面粗糙度,应按滚动轴承的技术要求设计。

3. 轴肩(或轴环)

轴肩分为定位轴肩和非定位轴肩。轴肩可用作轴向定位面,它是齿轮及滚动轴承等零部件的安装基准。

14.2.2 零件在轴上的固定

零件在轴上的固定,一般是指回转件如何安装在轴的确定位置并与轴连接成一体,轴上零件有游动或空转要求的除外,因而零件在轴上,既要轴向固定,又要周向固定。

1. 零件的轴向定位

轴上零件的轴向定位形式很多,其特点各异,常用的结构有轴肩、轴环、套筒、圆螺母、弹性挡圈等。轴肩(轴环)结构简单,可以承受较大的轴向力,应用最为普遍;轴肩的圆角半径 r 应小于毂孔的圆角半径 R 或倒角高度 C_1(图 14-9),以保证零件安装准确到位。定位轴肩(或轴环)其尺寸可按经验设计(图 14-9)。

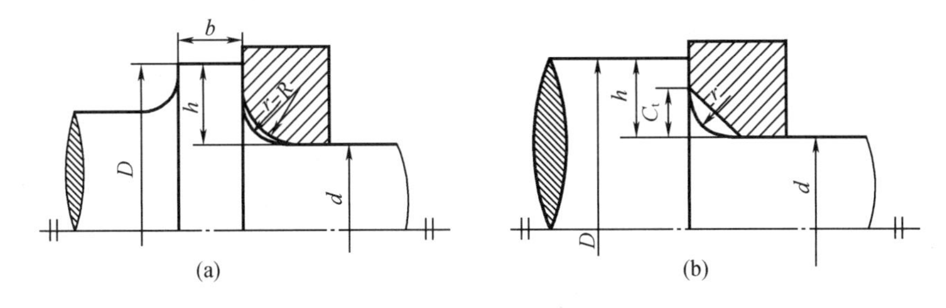

图 14－9 轴肩(或轴环)及其圆角设计

$h>R$ 或 $h>C_1$，$h\approx(0.07d+3)\sim(0.1d+5)$ mm；

$b\approx1.4h$(与滚动轴承相配合的 h 和 b 值，见滚动轴承标准)

轴端挡圈(图 14－10(a)(b)(c))常用于轴端上的零件固定，工作可靠，能够承受较大的轴向力，圆锥形轴头多用于同轴度要求较高的场合。

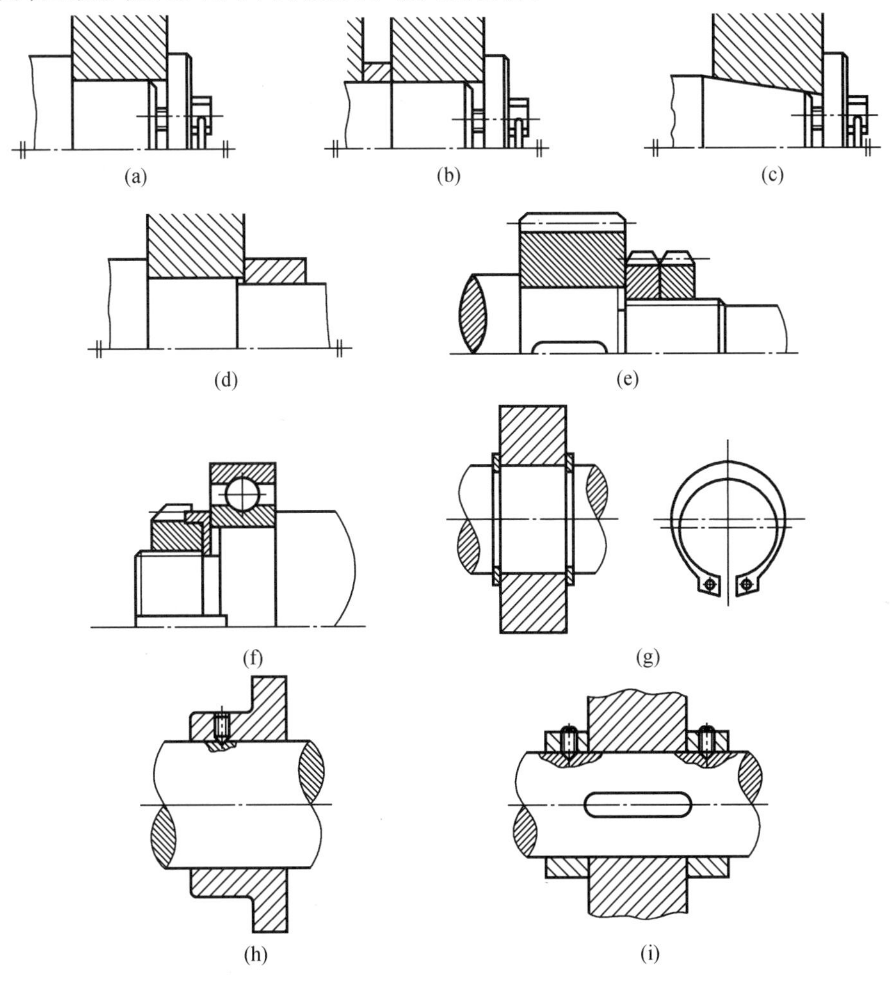

图 14－10 轴上零件的轴向定位方法

当轴上零件一边采用轴肩(轴环)定位时，另一边可采用套筒固定(图 14－10(d))，以便装拆，套筒定位结构简单，定位可靠，轴上不需开槽、钻孔和切制螺纹，因而不影响轴的疲劳强度,但套筒不宜过长,以免增大套筒的质量及材料用量,又因套筒与轴的配合较松,当轴的转速很高时,也不宜采用套筒定位。

如要求套筒较长时,可不采用套筒而用圆螺母固定轴上零件,圆螺母定位可承受较大的轴向力,但轴上螺纹处有较大的应力集中,会降低轴的疲劳强度,一般用于固定轴端的零件有双圆螺母(图 14-10(e))和圆螺母与止动垫片(图 14-10(f))两种形式。

利用弹簧挡圈(图 14-10(g))、紧定螺钉 (图 14-10(h))及锁紧挡圈(图 14-10(i))等进行轴向定位时,只适用于零件上的轴向力不大之处。紧定螺钉和锁紧挡圈常用于光轴上零件的定位,可任意调整轴上零件的位置,装拆方便。

2. 零件的周向定位

周向定位的目的是限制轴上零件与轴发生相对转动。轴上零件的周向固定通常是以轮毂与轴连接的形式出现,轴毂连接是为了可靠地传递运动和转矩。常用的周向定位方法有键、花键、销、紧定螺钉以及过盈配合(图 14-11)等,其中紧定螺钉只用在传力不大之处。

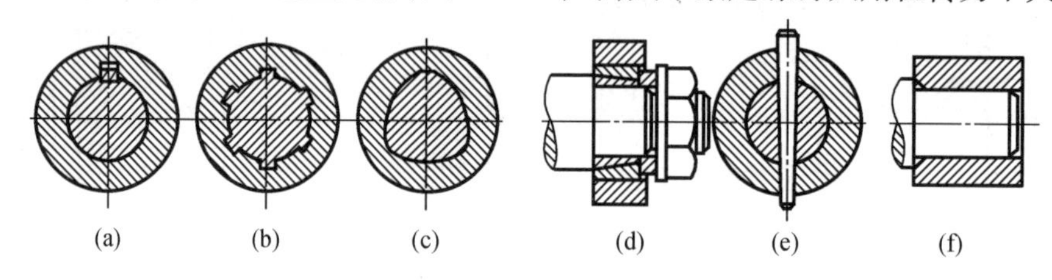

图 14-11 轴上零件的周向固定方法

(a)键连接;(b)花键连接;(c)型面连接;(d)胀紧环连接;(e)销连接;(f)过盈连接

14.2.3 轴上零件的装拆

为便于轴上零件的装拆,常将轴做成阶梯形。对于一般剖分式箱体中的轴,它的直径从轴端逐渐向中间增大。如图 14-8 所示,可依次将齿轮、套筒、左端滚动轴承、轴承盖和带轮从轴的左端装拆,另一滚动轴承从右端装拆。定位滚动轴承的轴肩高度,必须小于轴承的内圈厚度并应符合国标规定,以便轴承的拆卸 (图 14-10(f))。为使轴上零件易于安装并去掉毛刺,轴端及各轴段的端部应有倒角。为了使齿轮、轴承等有配合要求的零件装拆方便,并减少配合表面的擦伤,在配合段前应采用较小的直径,两段轴之间的非定位轴肩的高度,一般可取为 1.5 ~2 mm。为了使与轴做过盈配合的零件易于装配,相配轴段的压入端应制出锥度(图 14-12),或在同一轴段的两个部位上采用不同的尺寸公差(图 14-13)。为使轴上易于装拆,零件之间留有必要的轴向间隙。

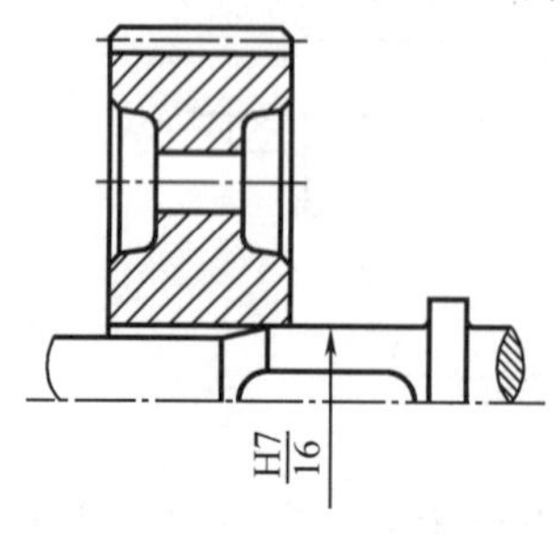

图 14-12 轴的装配锥度

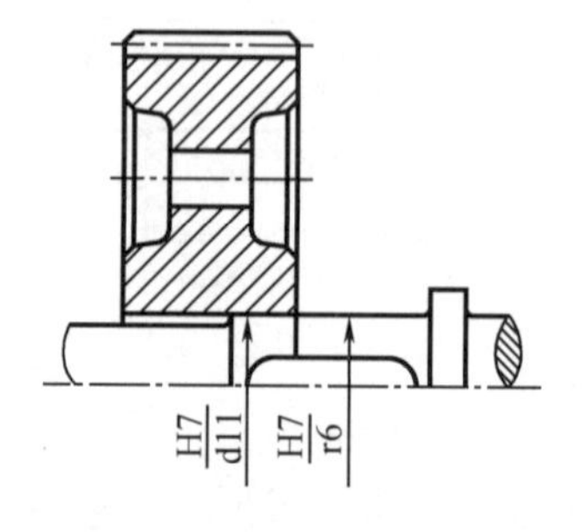

图 14-13 采用不同的尺寸公差

14.2.4 轴的结构工艺性

轴的结构工艺性是指轴的结构形式应便于加工和装配轴上的零件，并且生产率高，成本低。一般来说，轴的结构越简单，工艺性就越好。因此，在满足使用要求的前提下，轴的结构形式应尽量简化。

为了便于装配零件，轴端应制成45°的倒角并去掉毛刺；各轴段的圆角尽量统一，不同轴段的所有键槽在一条直线上（图14－14）；需要磨削加工的轴段，应留有砂轮越程槽（图14－15）；需要切制螺纹的轴段，应留有退刀槽（如图14－16）。它们的尺寸可参看机械设计手册；轴的长径比 l/d 大于4时，轴的两端应开设中心孔，以便于加工时用顶尖支承和保证轴段的同轴度。

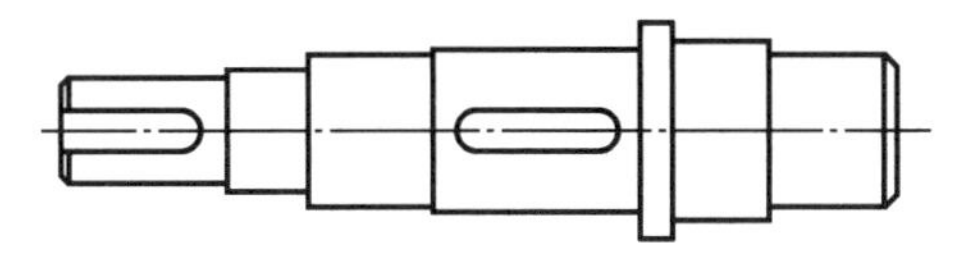

图14－14 键槽在同一加工直线上

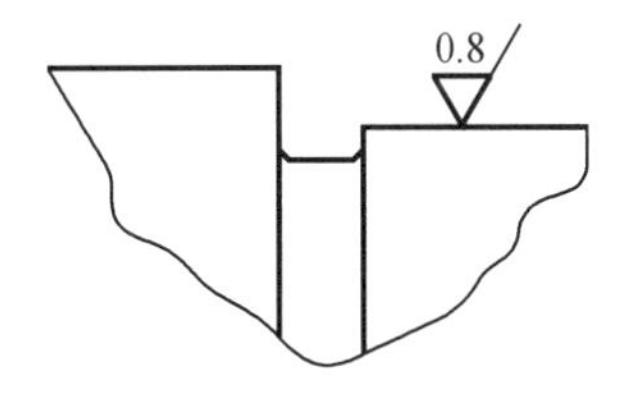

图14－15 磨削加工的轴段应留有砂轮越程槽

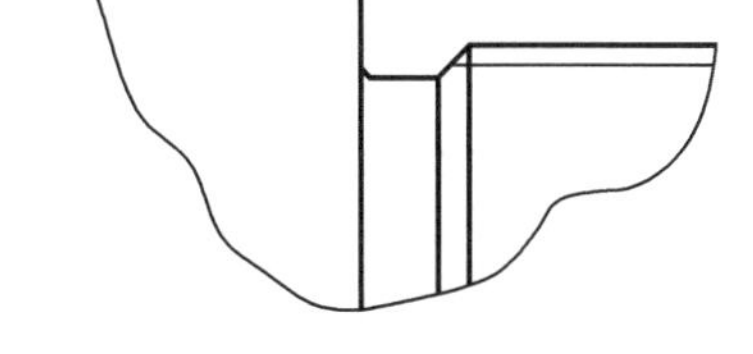

图14－16 切制螺纹的轴段应留有退刀槽

14.2.5 改善轴的受力状况，减小应力集中

可以从结构和工艺两方面采取措施来提高轴的承载能力。轴的尺寸如能减小，整个机器的尺寸也常会随之减小。

1. 合理布置轴上零件，减小轴所承受转矩

当转矩由一个传动件输入，而由几个传动件输出时，为了减小轴上的转矩，应将输入件放在中间，而不是置于一端。例如，将图14－17(a)中的输入轮1的位置放置在输出轮2和3之间（图14－17(b)），则轴所受的最大转矩将由 $T_2+T_3+T_4$，降低到 T_3+T_4。

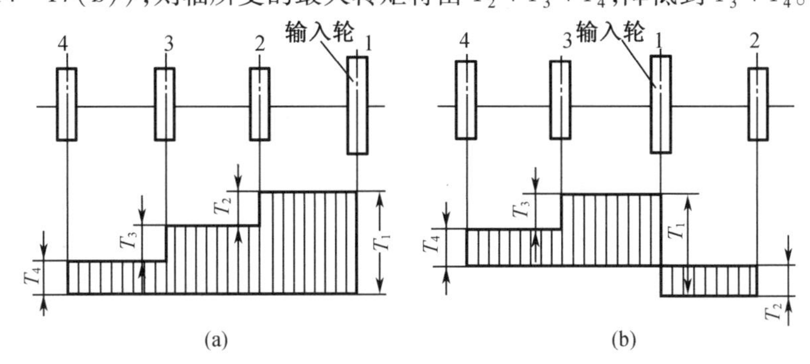

图14－17 轴上零件的布置

1—输入轮；2,3,4—输出轮

2. 合理布置轴上零件结构,减小轴所承受弯矩

为了减小轴所承受的弯矩,传动件应尽量靠近轴承,并尽可能不采用悬臂的支承形式,力求缩短支承跨距及悬臂长度。

例如图 14 - 18(a)中的卷筒的轮毂很长,轴的弯曲力矩较大,如把轮毂分成两段(图 14 - 18(b)),不仅可以减小轴的弯矩,提高轴的强度和刚度,而且能得到良好的轴孔配合。

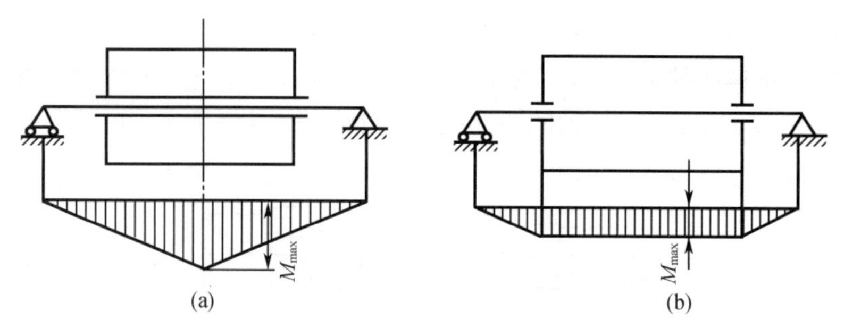

图 14 - 18 卷筒的轮毂结构

3. 改进轴上零件结构使轴上载荷的性质改变,减小轴上载荷

图 14 - 19 所示起重卷筒的两种安装方案中,图 14 - 19(a)的方案是大齿轮和卷筒连在一起,转矩经大齿轮直接传给卷筒,卷筒轴只受弯矩而不受扭矩;而图 14 - 19(b)的方案是大齿轮将转矩通过轴传到卷筒,因而卷筒轴既受弯矩又受扭矩。在同样的载荷 W 作用下,图 14 - 19(a)中的轴的直径显然可比图 14 - 19(b)中的轴径小。

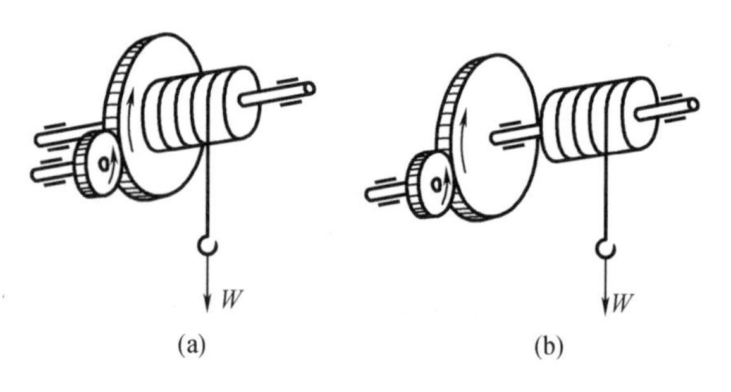

图 14 - 19 卷筒的轴转矩传递方案

4. 改进轴的结构,减少应力集中

轴截面突变,在轴上打孔、紧定螺钉端坑、键槽圆角过小等,都常会引起应力集中而降低轴的疲劳强度。

主要措施有:①尽量避免形状的突然变化,宜采用较大的过渡圆角,若圆角半径受到限制,可改用内圆角、凹切圆角(图 14 - 20(a))或肩环以保证圆角尺寸(图 14 - 20(b));②过盈配合的轴,可在轴上或轮毂上开减载槽及加大配合部分的直径(图 14 - 20(c))。

5. 改善表面品质,提高轴的疲劳强度

实验证明,表面愈粗糙,轴的疲劳强度愈低。采用表面强化处理方法,如辗压、喷丸等强化处理;氰化、氮化、渗碳等化学热处理;高频或火焰表面淬火等热处理,可以显著提高轴的承载能力。

通过讨论可知,轴上零件的装配方案对轴的结构形式起着决定性的作用。为了强调同时拟定不同的装配方案进行分析对比与选择的重要性,现以圆锥 - 圆柱齿轮减速器(图 14 - 21)输出轴的两种装配方案(图 14 - 22)为例进行对比。显而易见,图 14 - 22(b)较图 14 - 22(a)多了一个用于轴向定位的长套筒,使机器的零件增多,质量增大。相比之下,图 14 - 22(a)中的装配方案较为合理。

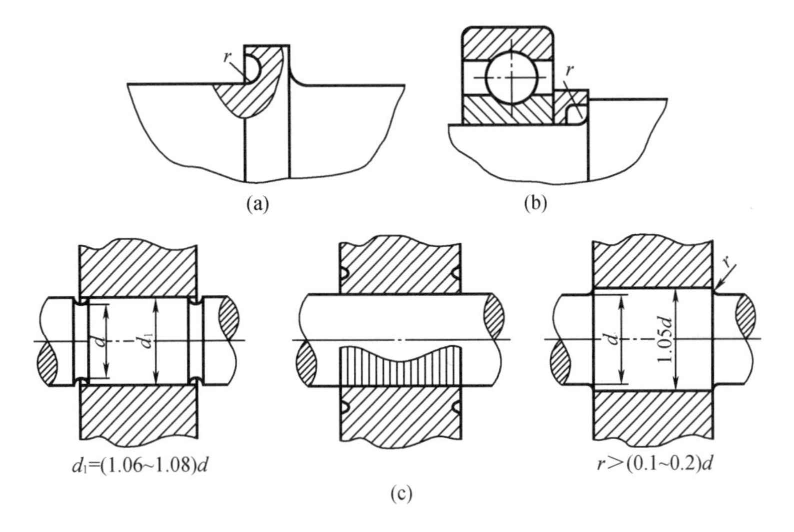

图 14－20　减小轴应力集中的措施

(a)凹切圆角;(b)应用肩环增大圆角;(c)轴和轮毂上开卸载槽及加大配合部分直径

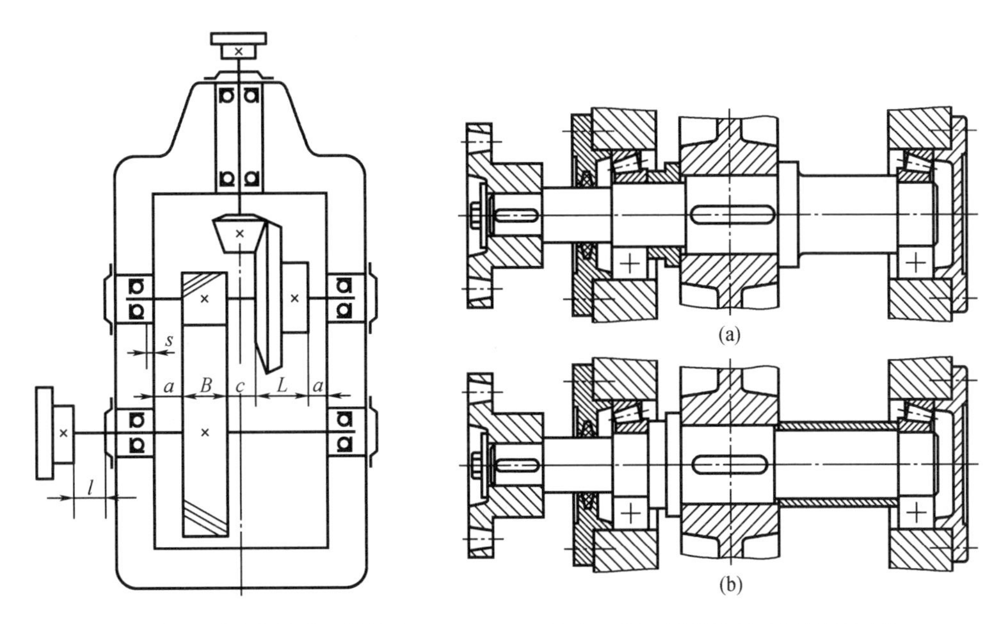

图 14－21　圆锥－圆柱齿轮减速器简图

图 14－22　输出轴的两种装配方案

14.2.6　各轴段直径和长度的确定

零件在轴上的定位和装拆方案确定后,轴的形状便大体确定。各轴段所需的直径与轴上的载荷大小有关。初步确定轴的直径时,通常还不知道轴承支反力的作用点,不能决定轴所承受弯矩的大小与分布情况,因而还不能按轴所受的具体载荷及其引起的应力来确定轴的直径。但在轴的结构设计前,通常已能求得轴所受的转矩。因此,可按轴所受的转矩初步估算轴所需的直径(见 14.3 节)。将初步求出的直径作为轴段的最小直径 d_{min},然后再按轴上零件的装配方案和定位要求,从 d_{min} 处起由外向内逐一确定各段轴的直径。在实际设计中,轴的直径亦可凭设计者的经验取定,或参考同类机器用类比的方法确定。

有配合要求的轴段,应尽量采用标准直径。安装标准件(如滚动轴承、联轴器、密封圈等)部位的轴径,应取为相应的标准值及所选配合的公差。

考虑轴上零件的定位和装拆要求,由内向外确定各轴段的轴向尺寸。确定各轴段长度时,应尽可能使结构紧凑,同时还要保证零件所需的装配或调整空间。轴的各段长度主要是根据各零件与轴配合部分的轴向尺寸和相邻零件间必要的空隙来确定的。

所确定各轴段长度要与其上相配合零件的宽度相对应,与齿轮和联轴器等零件相配合部分采用套筒、螺母、轴端挡圈做轴向固定时,应把装零件的轴段做得比零件轮毂短2~3 mm,以确保套筒、螺母或轴端挡圈能靠紧零件端面(图14-8、图14-10);其余轴段的长度要通过轴上相邻零件间必要的空隙来确定。

14.3 轴的计算

轴的计算通常是在初步完成结构设计之后进行的校核计算,计算准则是满足轴的强度和刚度要求,必要时还应校核轴的振动稳定性。

14.3.1 轴的强度计算

进行轴的强度校核计算时,应根据轴的具体受载及应力情况,采取相应的计算方法,并恰当地选取其许用应力。对于仅(或主要)承受转矩的轴(传动轴),应按扭转强度条件计算;对于只受弯矩的轴(心轴),应按弯曲强度条件计算;对于既承受弯矩又承受转矩的轴(转轴),应按弯扭合成强度条件进行计算;对于重要的轴和批量生产的轴通常还需采用安全系数法进行精确强度校核计算,包括疲劳强度安全系数校核和静强度安全系数校核。

1. 按扭转强度条件计算

这种方法是按扭转强度条件确定轴的最小直径,亦可用于传动轴的计算。对于转轴,由于跨距未知,无法计算弯矩,在计算中只考虑转矩,用降低许用应力的方法来考虑弯矩的影响。

由材料力学可知,轴受转矩作用时,其强度条件为

$$\tau=\frac{T}{W_{\mathrm{T}}}=\frac{9.55\times10^{6}P}{0.2d^{3}n}\leqslant[\tau]\quad \mathrm{MPa} \tag{14-1}$$

或

$$d\geqslant\sqrt[3]{\frac{9.55\times10^{6}}{0.2[\tau]}}\sqrt[3]{\frac{P}{n}}=C\sqrt[3]{\frac{P}{n}}\quad \mathrm{mm} \tag{14-2}$$

式中 τ——轴截面中最大扭转剪应力,MPa;

P——轴传递的功率,kW;

n——轴的转速,r/min

$[\tau]$——许用扭转剪应力,见表14-2,MPa;

C——由许用扭转剪应力确定的系数,见表14-2;

W_{T}——抗扭截面模量;

d——轴的直径,mm。

表14－2 轴的常用材料的许用扭转剪应力[τ]和C值

轴的材料	Q235－A,20	Q275,35	1Cr18Ni9Ti	45	40Cr,35SiMn,42SiMn,40MnB,38SiMnMo,3Cr13
[τ]/MPa	15～25	20～35	15～25	25～45	35～55
C	149～126	135～112	148～125	126～103	112～97

注:当轴上的弯矩比转矩小时或只有转矩时,C取较小值。

由式(14－2)计算出的直径为轴的最小直径d_{min},若该截面有键槽时,应将计算出的轴径适当加大以考虑键槽对轴的强度的削弱。对于直径$d>100$ mm的轴,当有一个键槽时增大3%,当有两个键槽时增大7%。对于直径$30\leqslant d\leqslant 100$ mm的轴,当有一个键槽时增大5%,当有两个键槽时增大10%;对于直径$d<30$ mm的轴,当有一个键槽时增大7%,当有两个键槽时增大15%。然后将轴径圆整为标准直径。应当注意,这样求出的直径,只能作为承受转矩作用的轴段的最小直径d_{min}。

2. 按弯扭合成强度条件计算

通过轴的结构设计,轴的主要结构尺寸,轴上零件的位置,以及外载荷和支反力的作用位置均已确定,轴上的载荷(弯矩和转矩)已可以求得,因而可按弯扭合成强度条件对轴进行强度校核计算。按弯扭合成强度计算,同时考虑弯矩和转矩的作用,对影响轴的疲劳强度的各个因素则采用降低许用应力值的办法来考虑,因而计算较简单,适用于一般转轴。其计算步骤如下。

(1)轴的计算简图(力学模型)

为了进行轴的强度和刚度计算,首先要作出计算简图,然后用材料力学方法进行计算。

①将阶梯轴简化为简支梁。

②齿轮、带轮等传动件作用于轴上的分布力,在一般计算中,简化为集中力,并作用在轮缘宽度的中点(图14－23(a)(b))。这种简化,一般偏于安全。

③作用在轴上的转矩,在一般计算中,简化为从传动件轮缘宽度的中点算起的转矩。

④轴的支承反力的作用点随轴承类型和布置方式而异,可按图14－23(c)(d)确定,其中a值参见滚动轴承样本。简化计算时,常取轴承宽度中点为作用点。简化后,将双支点轴当作受集中力的简支梁进行计算。

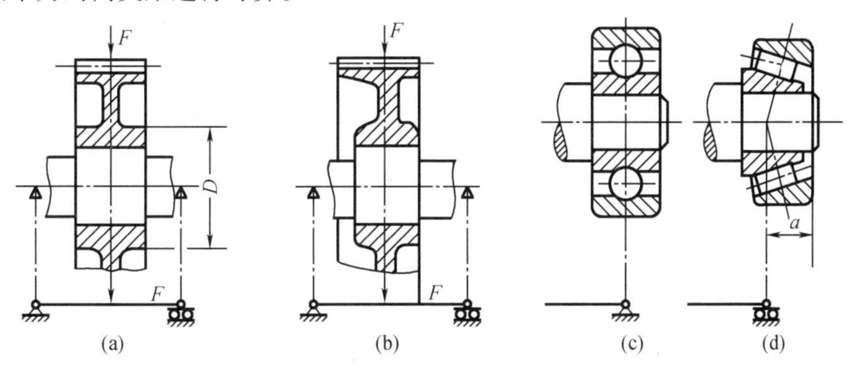

图14－23 轴的受力和支点简化

在作计算简图时,应先求出轴上受力零件的载荷,若为空间力系,应把空间力分解为圆周力、径向力、轴向力,然后把它们全部转化到轴上,并将其分解为水平分力和垂直分力,如图 14-24(a)所示。再求出支承处的水平反力 F_H 和垂直反力 F_V(轴向反力可表示在适当的面上,图 14-24(c)是表示在垂直面上,故标以 F'_{V1})。

(2)作出弯矩图

根据上述简图,分别按水平面和垂直面计算各力产生的弯矩,并按计算结果分别作出水平面上弯矩 M_H 图(图 14-24(b))和垂直面上的弯矩 M_V 图(图 14-24(c));然后计算总弯矩并作出 M 图(图 14-24(d))。有

$$M = \sqrt{M_H^2 + M_V^2}$$

(3)作出转矩图

转矩图如图 14-24(e)所示。

(4)校核轴的强度

对于同时承受弯矩和转矩的转轴,假设计算截面上的弯矩为 M,相应的弯曲应力 $\sigma_b = M/W$,转矩为 T,相应的扭转剪应力 $\tau = M/W_T$。根据第三强度理论,求出危险截面(计算弯矩大而直径可能不足的截面)的当量应力 σ_e,其强度条件为

$$\sigma_e = \sqrt{\sigma_b^2 + 4\tau^2} \leqslant [\sigma_b] \quad (14-3)$$

由于转轴的弯曲应力 σ_b 为对称循环,而扭转剪应力 τ 的循环特征经常与 σ_b 不同,考虑 σ_b 与 τ 的循环特征的不同带来的影响而引入折合系数 α,则

$$\begin{aligned}\sigma_e &= \sqrt{\sigma_b^2 + 4(\alpha\tau)^2} \\ &= \sqrt{\left(\frac{M}{W}\right)^2 + 4\left(\frac{\alpha T}{W_T}\right)^2} \\ &= \frac{\sqrt{M^2 + (\alpha T)^2}}{W} \\ &= \frac{M_e}{W} \leqslant [\sigma_{-1b}] \quad (14-4)\end{aligned}$$

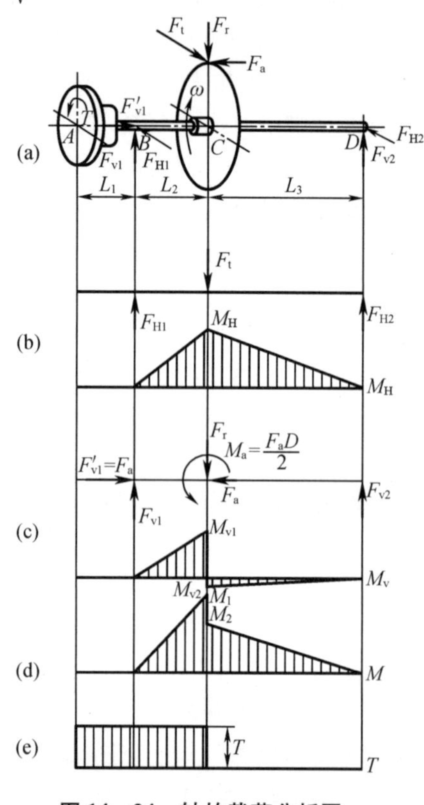

图 14-24 轴的载荷分析图

式中 W——抗弯截面模量(见表 14-3);

W_T——抗扭截面模量,对于圆轴 $W_T = 2W$(见表 14-3);

α——根据转矩性质而定的折合系数;

M_e——当量弯矩,$M_e = M_e = \sqrt{M^2 + (\alpha T)^2}$。

表 14-3 抗弯、抗扭截面模量计算公式

截面	W	W_T	截面	W	W_T
	$\frac{\pi d^3}{32} \approx 0.1d^3$	$\frac{\pi d^3}{16} \approx 0.2d^3$		$\frac{\pi d^3}{32} - \frac{bt(d-t)^2}{d}$	$\frac{\pi d^3}{16} - \frac{bt(d-t)^2}{d}$
	$\frac{\pi d^3}{32}(1-\beta^4)$ $\approx 0.1d^3(1-\beta^4)$ $\beta = \frac{d_1}{d}$	$\frac{\pi d^3}{16}(1-\beta^4)$ $\approx 0.2d^3(1-\beta^4)$ $\beta = \frac{d_1}{d}$		$\frac{\pi d^3}{32}$ $(1-1.54d_0/d)$	$\frac{\pi d^3}{16}$ $(1-1.54d_0/d)$
	$\frac{\pi d^3}{32} -$ $\frac{bt(d-t)^2}{2d}$	$\frac{\pi d^3}{16} -$ $\frac{bt(d-t)^2}{2d}$	渐开线花键与齿轮轴	$\frac{\pi d^3}{32} \approx 0.1d^3$	$\frac{\pi d^3}{16} \approx 0.2d^3$

对于不变的转矩,$\alpha = \frac{[\sigma_{-1b}]}{[\sigma_{+1b}]} \approx 0.3$;当转矩脉动变化时,$\alpha = \frac{[\sigma_{-1b}]}{[\sigma_{0b}]} \approx 0.6$;对于频繁正反转的轴,$\tau$ 可看成对称循环应力,$\alpha = 1$。对于一般单向转动或设计要求不指明性质的轴,一般可按脉动循环处理。

$[\sigma_{-1b}]$,$[\sigma_{0b}]$,$[\sigma_{+1b}]$分别为对称循环、脉动循环及静应力状态下的许用弯曲应力,见表 14-4。

表 14-4 轴的许用弯曲应力

单位:MPa

材料	σ_B	$[\sigma_{+1b}]$	$[\sigma_{0b}]$	$[\sigma_{-1b}]$
碳素钢	400	130	70	40
	500	170	75	45
	600	200	95	55
	700	230	110	65
合金钢	800	270	130	75
	1 000	330	150	90
铸钢	400	100	50	30
	500	120	70	40
灰铸铁	400	65	35	25

验算后,如发现轴的强度不够,应采取措施,例如减少应力集中、增大尺寸、改换材料、采

取工艺措施改善表面物理状态(降低表面粗糙度、表面处理、冷作硬化)等。如算出强度过分富裕,材料没有被充分利用,则影响成本。但是,是否减小轴的直径,还要综合考虑轴的刚度、结构要求、轴上零件的强度以及标准等因素,全面分析以后再作处理。

14.3.2 轴的刚度校核计算

轴受弯矩作用会产生弯曲变形,受转矩作用会产生扭转变形。如果轴的刚度不够,将影响轴上零件的正常工作。例如,安装齿轮的轴的弯曲变形会使齿轮啮合发生偏载。又如,滚动轴承支承的轴的弯曲变形,会使轴承内、外圈相互倾斜,当超过允许值时,将使轴承寿命显著降低。因此,设计时必须根据工作要求限制轴的变形量。即

挠度 $$y \leqslant [y] \tag{14-5}$$

偏转角 $$\theta \leqslant [\theta] \tag{14-6}$$

扭转角 $$\varphi \leqslant [\varphi] \tag{14-7}$$

式中 $[y]$,$[\theta]$,$[\varphi]$——轴的许用挠度、许用偏转角、许用扭转角,见表14-5。

表14-5 轴的许用挠度$[y]$、许用偏转角$[\theta]$及许用扭转角$[\varphi]$

变形	应用场合	许用值
许用挠度 y/mm	一般用途的轴	$(0.003 \sim 0.0005)l$
	金属切削机床主轴	$0.0002l$
	安装齿轮处	$(0.01 \sim 0.05)m_n$
	安装蜗轮的处	$(0.02 \sim 0.05)m_t$
许用偏转角 θ/rad	滑动轴承处	0.001
	向心球轴承处	0.005
	向心球面轴承处	0.05
	圆柱滚子轴承处	0.0025
	圆锥滚子轴承处	0.0016
	安全齿轮处	0.001~0.002
许用扭转角 φ/((°)/m)	一般轴	0.5°~1°
	精密传动轴	0.25°~0.5°
	精度要求不高的传动轴	≥1°
	起重机传动轴	15′~20′
	重型机床走刀轴	5′

注:l为轴的跨距,mm;m_n为齿轮法面模数;m_t为蜗轮端面模数。

1. 轴的弯曲刚度校核计算

常见的轴大多可视为简支梁。若是光轴可直接用材料力学中的公式计算其挠度或偏转角,等直径轴的挠曲线近似微分方程为

$$\frac{d^2y}{dx^2} = \frac{M}{EI} \tag{14-8}$$

式中 M——弯矩,N·mm;

E——材料的弹性模量,GPa;

I——轴的惯性矩，mm^4。

若是阶梯轴，如果对计算精度要求不高，则可用当量直径法作近似计算。即把阶梯轴看成是当量直径为 d_e

$$d_e = \sqrt[4]{\frac{L}{\sum_{i=1}^{z} \frac{l_i}{d_i^4}}} \tag{14-9}$$

式中 l_i——阶梯轴第 i 段的长度，mm；

d_i——阶梯轴第 i 段的直径，mm；

L——阶梯轴的计算长度，mm；

z——阶梯轴计算长度内的轴段数。

轴的弯曲刚度校核条件为

$$y \leqslant [y], \theta \leqslant [\theta] \tag{14-10}$$

式中，$[y]$的单位为 mm，$[\theta]$的单位为 rad。

2. 轴的扭转刚度校核计算

轴的扭转变形用每米长的扭转角 φ 来表示。圆轴的计算公式为

光轴

$$\varphi = \frac{Tl}{GI_p} \quad \text{rad} \tag{14-11}$$

阶梯轴

$$\varphi = \frac{1}{lG} \sum_{i=1}^{z} \frac{T_i l_i}{I_{pi}} \quad \text{rad} \tag{14-12}$$

式中，T——光轴所受的转矩，N · mm；

l——光轴受扭矩作用的长度，mm；

I_p——光轴的极惯性矩，对于实心圆轴，$I_p = \dfrac{\pi d^4}{32}$，$mm^4$；

G——轴的材料的剪切弹性模量，MPa；

T_i, l_i, I_{pi}——阶梯轴第 i 段的转矩、长度、极惯性矩，单位同前。

轴的扭转刚度校核条件为

$$\varphi \leqslant [\varphi] \tag{14-13}$$

式中，$[\varphi]$的单位为 rad。

应指出的是，由于轴的应力与其直径的三次方成反比，而变形与其直径的四次方成反比，因而，按强度条件确定出的小直径的轴，常发生刚度不足的问题；而按刚度条件确定出的大直径的轴，常发生强度不够的问题。

14.3.3 轴的临界转速校核

轴系（轴和轴上零件）是一个弹性体，当其回转时，一方面由于本身的质量（或转动惯量）和弹性产生自然振动，有其自振频率；另一方面由于轴系各零件的材料组织不均匀、制造误差及安装误差等原因造成轴系重心偏移，导致回转时产生离心力，从而产生以离心力为周期性干扰外力所引起的强迫振动，有其强迫振动频率。当强迫振动的频率与轴的自振频率接近或相同时，就会产生共振现象，轴的变形将迅速增大，严重时会造成轴系甚至整台机器破坏。产生共振现象时轴的转速称为轴的临界转速。临界转速的校核就是计算出轴的临界转速，以便使工作转速避开临界转速。

轴的振动的主要类型有横向振动(弯曲振动)、扭转振动和纵向振动。一般轴最常见的是横向振动,故本节仅介绍横向振动临界转速的校核。

轴的临界转速在数值上与轴横向振动的固有频率相同。一个轴在理论上可以有无穷多个临界转速,最低的一个称为一阶临界转速,其余为二阶、三阶……临界转速。为避免轴在运转中产生共振现象,所设计的轴不得与任何临界转速相接近,也不能与一阶临界转速的简单倍数重合。

转速低于一阶临界转速的轴一般称为刚性轴,转速超过一阶临界转速的轴称为挠性轴,机械中多采用刚性轴;但转速很高的某些轴(如离心机、汽轮机的轴),如采用刚性轴,则所需直径可能过大,使结构过于笨重,故常用挠性轴。

对于转速较高、跨度较大而刚性较小,或外伸端较长的轴,一般应进行临界转速的校核计算,使工作转速避开临界转速,并使其在各阶临界转速一定范围之外。对于刚性轴,应使 $n<0.75n_{c1}$;对于挠性轴,应使 $1.4n_{c1}<n<0.7n_{c2}$(n 为轴的工作转速,n_{c1},n_{c2}分别为一阶临界转速、二阶临界转速)。

临界转速大小与材料的弹性特性、轴的形状和尺寸、轴的支承形式和轴上零件的质量有关,与轴的空间位置(垂直、水平或倾斜)无关。

例 14-1 试按许用弯曲应力计算法求图 14-25 中小齿轮轴的直径。传动功率 $P=4$ kW,电动机转速 1 440 r/min,用 A 型 V 带三根,大带轮直径 $D=355$ mm,大带轮轮毂宽度 $L=50$ mm。斜齿圆柱齿轮传动,齿轮齿数 $z_1=18$,$z_2=80$,$m_n=3$ mm,$a=150$ mm。小齿轮轴转速 $n=450$ r/min,小齿轮宽度 $b=60$ mm。带轮作用在轴上的力 $F_Q=1\ 100$ N,水平方向。轴的结构如图 14-26(a)所示。

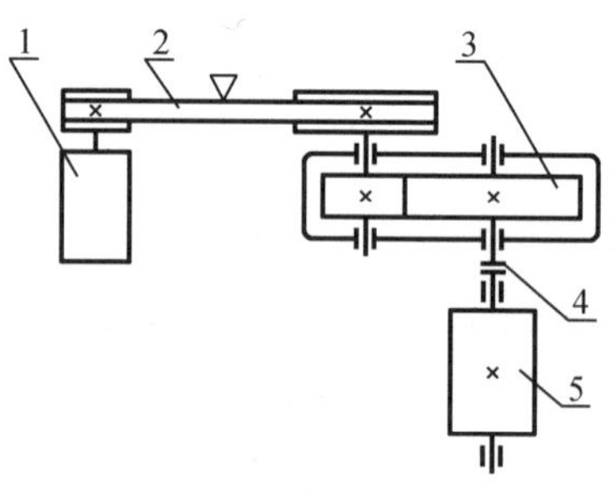

图 14-25 传动装置中的轴

1—电动机;2—带传动;3—齿轮传动;4—联轴器;5—滚筒

解 轴材料选用 45 钢调质处理,$\sigma_B=650$ MPa,$\sigma_s=360$ MPa。轴的计算步骤如下。

(1)计算齿轮受力

斜齿轮螺旋角 $\beta=\arccos\dfrac{m_n(z_1+z_2)}{2a}=\arccos\dfrac{3\times(18+80)}{2\times150}=11°28'42''$

齿轮直径 $d_1=\dfrac{m_n z_1}{\cos\beta}=\dfrac{3\times18}{\cos 11°28'42''}=55.102$ mm(小轮)

$d_2=\dfrac{m_n z_2}{\cos\beta}=\dfrac{3\times80}{\cos 11°28'42''}=244.898$ mm(大轮)

小齿轮受力:

转矩 $T_1=9.55\times10^6\dfrac{P}{n}=9.55\times10^6\times\dfrac{4}{450}=84\ 890\ \text{N}\cdot\text{mm}$

圆周力 $F_t=\dfrac{2T_1}{d_1}=\dfrac{2\times84\ 890}{55.102}=3\ 080$ N

径向力 $F_r=\dfrac{F_t\tan a_n}{\cos\beta}=\dfrac{3\ 080\times\tan 20°}{\cos 11°28'42''}=1\ 140$ N

轴向力 $F_a=F_t\tan\beta=3\ 080\times\tan 11°28'42''=625$ N

画小齿轮轴受力图如图 14-26(b)所示。

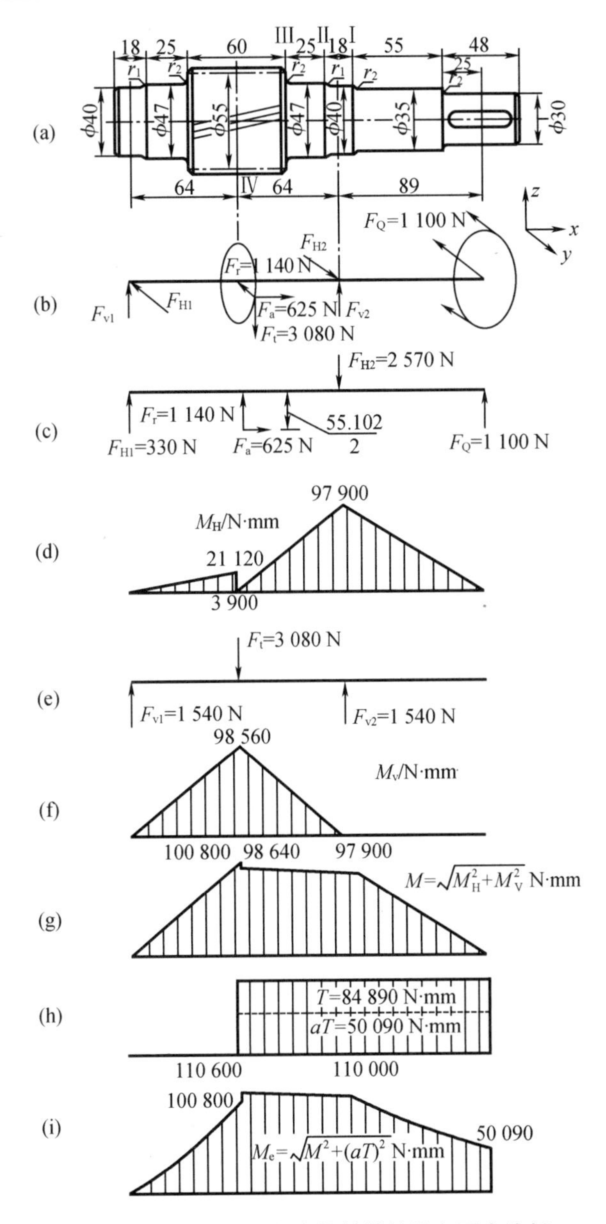

图 14－26 减速器小齿轮轴的结构和受力分析

(a)轴结构图;(b)轴受力图;(c)水平面受力图;(d)水平面弯矩图;(e)垂直面受力图;(f)垂直面弯矩图;(g)合成弯矩图;(h)转矩图;(i)当量弯矩图

(2)计算支承反力

水平面反力

$$F_{H1}=\frac{1\ 100\times89+625\times\dfrac{55.102}{2}-1\ 140\times64}{128}=330\ \text{N}$$

$$F_{H2}=\frac{1\ 100\times217+625\times\dfrac{55.102}{2}+1\ 140\times64}{128}=2\ 570\ \text{N}$$

垂直面反力 $F_{V1}=F_{V2}=\frac{3\ 080}{2}=1\ 540\ \mathrm{N}$

水平面受力图如图 14－26(c)所示;垂直面受力图如图 14－26(e)所示。

(3)画轴弯矩图

水平面弯矩图如图 14－26(d)所示;垂直面弯矩图如图 14－26(f)所示。

合成弯矩图如图 14－26(g)所示,合成弯矩 $M=\sqrt{M_H^2+M_V^2}$。

(4)画轴转矩图

$$T=T_1$$

转矩图如图 14－26(h)所示。

(5)许用应力

许用应力值用插值法,由表 14－4 查得$[\sigma_{0b}]=102.5\ \mathrm{MPa}$,$[\sigma_{-1b}]=60\ \mathrm{MPa}$,则折合系数为

$$\alpha=\frac{[\sigma_{-1b}]}{[\sigma_{0b}]}=\frac{60}{102.5}=0.59$$

(6)画当量弯矩图

当量转矩 $\alpha T=0.59\times 84\ 890=50\ 090\ \mathrm{N\cdot mm}$,如图 14－26(h)所示;

当量弯矩在小齿轮中间截面处

$$M_{e\text{IV}}=\sqrt{M^2+(\alpha T)^2}=\sqrt{98\ 640^2+50\ 090^2}=110\ 600\ \mathrm{N\cdot mm}$$

当量弯矩在右轴颈中间截面处

$$M_{e\text{I}-\text{II}}=\sqrt{M^2+(\alpha T)^2}=\sqrt{97\ 900^2+50\ 090^2}=110\ 000\ \mathrm{N\cdot mm}$$

当量弯矩图如图 14－26(i)所示。

(7)校核轴径

齿根圆直径 $d_{f1}=d_1-2(h_a^*+c^*)m_n=55.102-2(1+0.25)\times 3=47.602\ \mathrm{mm}$

轴径 $$d_{\text{IV}}=\sqrt[3]{\frac{M_{e\text{IV}}}{0.1[\sigma_{-1b}]}}=\sqrt[3]{\frac{110\ 600}{0.1\times 60}}=26.4<d_{f1}$$

$$d_{\text{I}-\text{II}}=\sqrt[3]{\frac{M_{e\text{I}-\text{II}}}{0.1[\sigma_{-1b}]}}=\sqrt[3]{\frac{110\ 000}{0.1\times 60}}=26.4<d_{f1}$$

(8)其他计算

(略)

习　　题

14－1　何为转轴、心轴和传动轴,自行车的前轴、中轴、后轴及脚踏板轴分别属于什么轴?

14－2　为提高轴的刚度,把轴的材料由 45 钢改为合金钢是否有效,为什么?

14－3　轴的设计包括哪些方面的问题?其中哪些问题是必须考虑的,哪些问题有特殊要求时才需考虑?

14－4　结构设计确定轴的各段直径和长度时,应考虑哪些问题?

14－5　轴的强度计算方法有哪几种，各适用于何种情况？

14－6　按弯扭合成强度和按疲劳强度校核轴时，危险截面应如何确定？

14－7　按当量弯矩计算轴的强度时，公式 $M_e=\sqrt{M^2+(\alpha T)^2}$ 中，α 的含义是什么，如何取值？

14－8　经校核发现轴的强度不够，可采取哪些措施？

14－9　若轴的刚度不足时，可采取哪些措施？

14－10　指出图14－27中轴的结构设计有哪些不合理，并画出改正后的轴结构图（齿轮箱内齿轮为油润滑，轴承为脂润滑）。

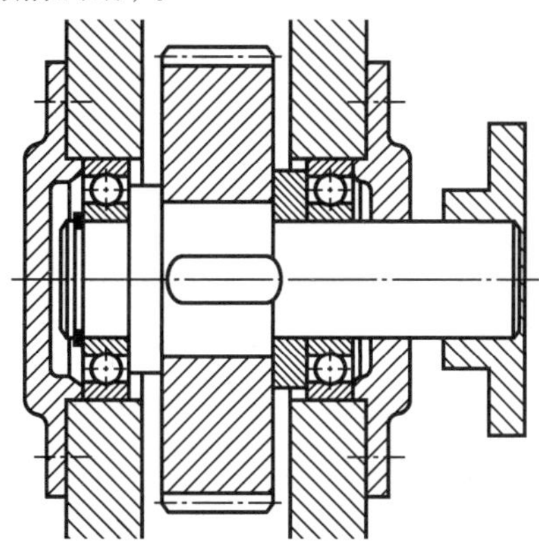

图14－27　结构错误分析图

14－11　齿轮轴上各零件的结构及位置如图14－28所示，试设计该轴的外形并定出各段轴的直径。

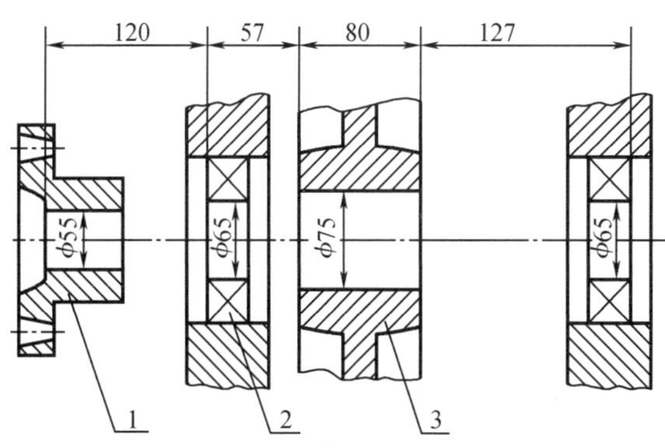

图14－28　结构设计图

1—联轴器；2—圆锥滚子轴承；3—圆柱齿轮

14－12　已知一传动轴直径 $d=32$ mm，转速 $n=900$ r/min，如果轴上的切应力不允许超过70 MPa，问该轴能传递多大功率？

14－13　试确定一传动轴的直径。已知：轴的材料为45钢，传递功率 $P=15$ kW，转速 $n=80$ r/min。(1)按扭转强度计算；(2)按扭转刚度计算。（设其扭转变形在1 000 mm长度上不允许超过0.5°，钢的剪切弹性模量 $G=8\times10^4$ MPa）

14－14　已知一单级直齿圆柱齿轮减速器，其主动轴材料为45钢调质处理，轴单向转动，载荷平稳，传递转矩 $T=143\times10^3$ N·mm，齿轮的模数 $m=4$ mm，齿数 $z_1=20$，若支承间

跨距 $l=160$ mm(齿轮位于跨距中央),试确定与齿轮配合处轴径。

14-15 两级展开式斜齿圆柱齿轮减速器的中间轴如图 14-29(a)所示,尺寸和结构如图 14-29(b)所示。已知:中间轴转速 $n_2=180$ r/min,传递功率 $P=5.5$ kW,有关的齿轮参数见表 14-6。

表 14-6 齿轮参数

	m_n/mm	α_n	z	β	旋向
齿轮 2	3	20°	112	10°44′	右
齿轮 3	4	20°	23	9°22′	右

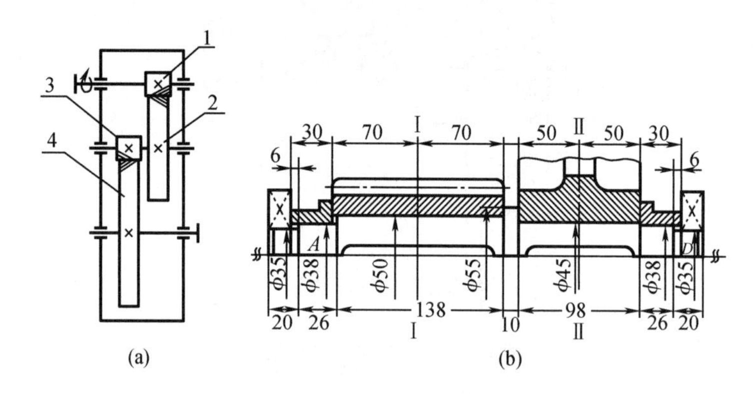

图 14-29 二级减速器中间轴

图 14-29(b)中 A,D 为圆锥滚子轴承的载荷作用中心,轴的材料为 45 钢(正火),试按弯扭合成理论验算截面Ⅰ和截面Ⅱ的强度。

第15章 滑动轴承

轴承的主要功用有二:一为支承轴及轴上零件,并保持轴的旋转精度;二为减少转轴与支承之间的摩擦和磨损,提高机械效率。它是机器及机械设备中常用的重要零件之一。根据工作时的摩擦性质不同,轴承分为滑动轴承和滚动轴承两大类。滑动轴承工作时,轴颈与轴承孔表面间为滑动摩擦。为减少摩擦和磨损,在轴承内需加入润滑剂。与滚动轴承相比,滑动轴承的主要优点是:结构简单,制造、装拆方便;具有良好的耐冲击性和吸振性能,噪声低,运转平稳,旋转精度高;承载能力大、寿命长。其主要缺点是:维护复杂、润滑条件要求高,当轴承处于边界润滑状态时,摩擦、磨损较严重。

由于其优异的性能,因而在汽轮机、内燃机、大型发电机、离心式压缩机、轧钢机、铁道机车车辆、金属切削机床、雷达、卫星通信地面站及天文望远镜中多采用滑动轴承。此外,在低速重载、有冲击和环境恶劣的场合,如水泥搅拌机、滚筒清砂机、破碎机等机器中也常采用滑动轴承。

15.1 摩擦学基本理论

摩擦是相对运动的物体表面间产生的相互抵抗滑动的阻力,其结果必然造成物体表面材料的损失或转移,即磨损。减少摩擦磨损的有效措施为润滑。研究有关摩擦、磨损和润滑的技术科学称为摩擦学。本节将介绍机械设计中有关摩擦学方面的基本理论。

15.1.1 摩擦状态

摩擦可分两大类:一类是发生在物质(如润滑油)内部、阻碍分子间相对运动的内摩擦;另一类是相互接触的两个物体发生相对滑动或有相对滑动趋势时,在接触表面上产生的阻碍相对滑动的外摩擦。仅有相对滑动趋势时的摩擦为静摩擦,相对滑动进行中的摩擦叫作动摩擦。根据摩擦副运动形式的不同,动摩擦又分为滑动摩擦和滚动摩擦。根据摩擦副的表面润滑情况,摩擦又分为干摩擦、边界摩擦、液体摩擦和混合摩擦。

1. 干摩擦

当两摩擦表面间没有任何润滑剂时,在相对滑动中摩擦表面直接接触,工程上称为干摩擦,如图15-1(a)所示。在滑动轴承中出现干摩擦时,将损耗大量的功并引起工作面的严重磨损和产生大量的摩擦热,致使轴承的温度升高,严重的会把轴瓦烧毁。所以在其使用时一般不允许出现干摩擦。

2. 边界摩擦

在两摩擦表面间存有润滑油,吸附作用使摩擦面上形成不到1 μm厚的边界油膜,如图15-1(b)所示。边界油膜不足以将两摩擦面分隔开,所以相互运动时,部分摩擦表面仍互相搓削,这种摩擦状态称为边界摩擦。一般而言,金属表面覆盖一层边界油膜后,虽不能绝对消除表面的磨损,却可以起到减轻磨损的作用。这种摩擦状态的摩擦因数 $f=0.1\sim0.3$。

3. 液体摩擦

在两摩擦表面间有足够的润滑油，又能在一定条件下使两摩擦表面间形成厚度达几十微米厚的压力油膜，将相对运动的两摩擦面完全隔开，如图 15－1(c)所示。这种摩擦状态下的摩擦只发生在液体分子之间，称为液体摩擦，又称为液体润滑。其摩擦阻力仅为润滑油的内摩擦阻力，摩擦因数很小(f≈0.001～0.01)，所以显著地减少了摩擦和磨损。

4. 混合摩擦

在两摩擦表面间处于边界摩擦与液体摩擦的混合状态时，称之为混合摩擦，如图 15－1(d)所示。此时，液体润滑油膜的厚度增大，表面轮廓高峰直接接触的部分就要减小，润滑油膜的承载比例也随之增加，摩擦因数远比边界摩擦小，因而能有效降低摩擦阻力。但因摩擦表面仍有轮廓高峰直接接触，所以混合摩擦不能避免磨损。

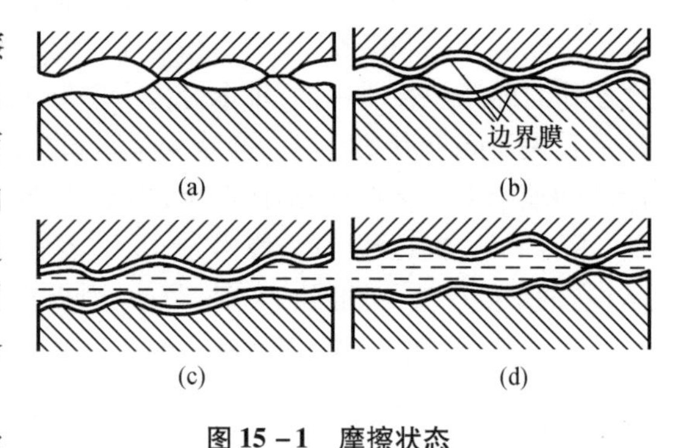

图 15－1 摩擦状态

(a)干摩擦；(b)边界摩擦；(c)液体摩擦；(d)混合摩擦

边界摩擦、液体摩擦和混合摩擦状态都必须在一定的润滑状态下实现，所以也称为边界润滑、液体润滑、混合润滑。

综上所述，在滑动轴承中应尽量杜绝干摩擦的出现。液体摩擦是最理想的情况，但在一般机械中滑动轴承多处于混合摩擦的情况下。

15.1.2 磨损

运动副表面材料不断损失的现象称为磨损。一个零件的磨损通常表现为出现磨屑或表现形状发生变化，影响机器正常工作，甚至促使机器提前报废。但是，在机器中的磨合(跑合)中，适当的磨损是有益的。

1. 磨损的过程

机械零件的磨损过程大致可分为三个阶段，即跑合磨损阶段、稳定磨损阶段和剧烈磨损阶段，如图 15－2 所示。

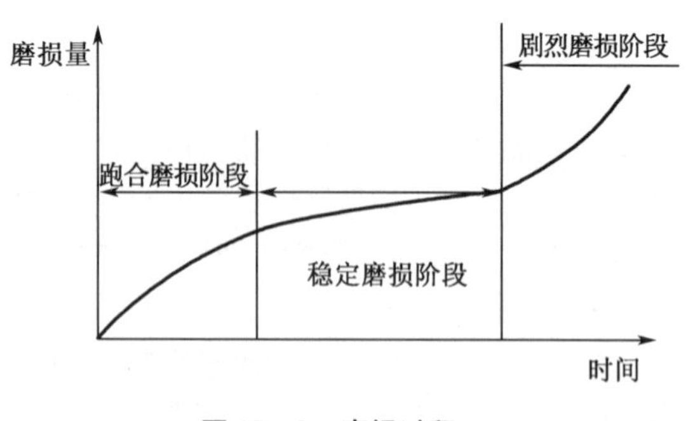

图 15－2 磨损过程

(1)跑合磨损阶段

由于机械零件加工后表面总有一定的粗糙度，在运动初期，摩擦副的实际接触面积较小，应力很大，使接触微峰压碎和塑性变形。因此，这一阶段磨损速度较大。

(2)稳定磨损阶段

随着跑合的进行，表现粗糙度微峰被磨平，实际接触面积不断增大，形成稳定的表面粗糙度。在这个阶段，零件以平稳而缓慢的速度磨损，这个阶段的时间长短代表着零件的使用寿命的长短。

(3)剧烈磨损阶段

经过稳定磨损阶段后，零件表面材料不断损失，使运动副间隙增大，引起附加动载荷，产生噪声和振动，磨损速度会急剧增大。此时，必须及时更换零件，以免造成事故。

在设计或使用机械时,应该力求缩短磨合期,延长稳定磨损期,推迟剧烈磨损的到来。

2. 磨损的类型

根据磨损机理可将磨损分为粘着磨损、磨粒磨损、疲劳磨损及腐蚀磨损等。

(1)粘着磨损

当摩擦表面的不平度的尖峰相互作用的各点发生粘着后,在相对滑动时,材料从运动副的一个表面转移到另一个表面,故而形成粘着磨损。严重的粘着磨损会造成运动副咬死,不能正常运转。

(2)磨粒磨损

进入摩擦面之间的游离颗粒,如磨损造成的金属微粒,会在较软材料的表面上刨犁出许多沟纹,这样的切削过程叫作磨粒磨损。

(3)疲劳磨损

当做滚动或滑动的高副受到反复作用的应力(如滚动轴承运转或齿轮传动)时,如果应力超过材料的接触疲劳强度,就会在零件表面或一定深度处形成疲劳裂纹,随着裂纹的扩展与相互连接,造成许多微粒从零件表面上脱落下来,致使表面上出现许多月牙形浅坑,叫作疲劳磨损,也称疲劳点蚀或简称点蚀。

(4)腐蚀磨损

腐蚀磨损是指摩擦副受到空气中的酸、润滑油或燃油中残存的少量无机酸(如硫酸)及水分的化学作用或电化学作用,在相对运动中造成的材料损失。腐蚀可以在没有摩擦的条件下形成。

3. 减少磨损的措施

通过磨损的理论研究和生产实践所获得的经验,可以从以下几方面采取措施以防止和减少机件的磨损。

(1)进行有效的润滑

润滑是减少磨损的重要措施,应根据不同的工况条件,正确选用润滑剂,并尽可能地使摩擦副处于液体润滑或混合润滑的状态下工作。

(2)正确选用摩擦副的配对材料

正确选用摩擦副的配对材料是减少磨损的重要途径。当以粘着磨损为主时,应当选用互溶性小的材料;当以磨粒磨损为主时,一般是提高材料的硬度,增加其耐磨性;当以疲劳磨损为主时,除应设计提高材料的硬度外,还应严格控制钢中非金属夹杂物的含量。

(3)采用适当的表面处理

实践证明,适当的表面处理是最有效而且经济的提高材料耐磨性的措施。如表面淬火、表面化学热处理、复合镀等。

(4)改进结构设计

正确的结构设计有利于摩擦副间表面保护膜的形成和恢复、压力的均匀分布、摩擦热的散逸和磨屑的排出等,从而减少磨损。

(5)正确地使用、维修与保养

机器的使用寿命长短与是否正确使用和保养关系极大。因此,对于任何一台机器,都应遵照产品使用说明书的要求,正确使用和操作,并进行定期的维护和保养。

15.1.3 润滑

润滑不仅可降低摩擦、减轻磨损,而且还具有防锈、散热、减振等功用。

1. 润滑剂的类型

润滑剂一般可分为四大类:

(1)流体润滑剂,如动植物油、矿物油、合成油、水等;

(2)半固体润滑剂,如润滑脂;

(3)固体润滑剂,如石墨、二硫化钼、聚四氟乙烯等;

(4)气体润滑剂,如空气、氮气、氢气等。

绝大多数的零件均采用润滑油或润滑脂润滑,固体和气体润滑剂多用在高温、高速及要求防止污染的场合,对于橡胶、塑料制成的零件,宜用水润滑。

2. 润滑油主要性能指标

(1)润滑油的黏度

黏度是流体流动时的摩擦力大小的标志,是选用润滑油时的基本参数。图 15-3 为两相对运动平板间流体做层流运动时的模型。由于润滑油分子的吸附作用,使黏附在移动件上的油层以同样的速度 v 随板移动,黏附在静止件上的油层静止不动。其他沿 y 方向的油层将以不同速度 v 移动,于是各油层间存在相对滑动及相应的剪切应力 τ。实验研究表明剪切应力 τ 与流体沿 y 方向速度的梯度 $\frac{\mathrm{d}u}{\mathrm{d}y}$ 有如下关系式:

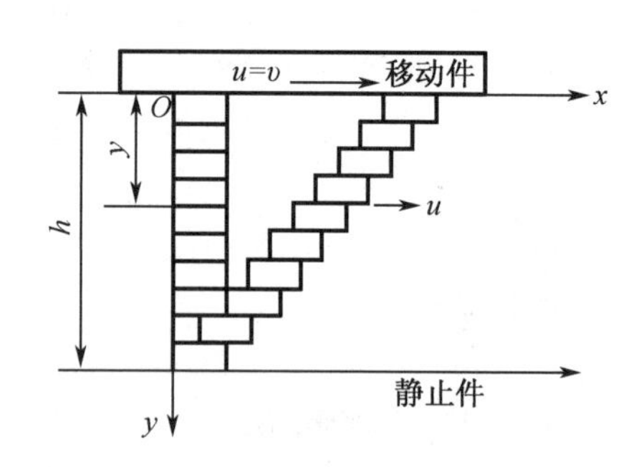

图 15-3 润滑油流动的速度梯度

$$\tau = -\eta \frac{\mathrm{d}u}{\mathrm{d}y} \tag{15-1}$$

式中 η——流体的动力黏度,常称为黏度,Pa·s;“-”表示 u 随 y 的增大而减小。

式(15-1)称为牛顿流体黏性定律,凡符合此定律的流体称为牛顿流体。

动力黏度 η 与液体密度 ρ(kg/m^3)之比称为运动黏度,即

$$\nu = \frac{\eta}{\rho} \tag{15-2}$$

运动黏度 ν 的单位是 m^2/s。由于 m^2/s 单位较大,故常采用 cm^2/s 或 mm^2/s 作为单位。

润滑油的黏度随温度变化的情况非常明显,一般随温度的升高,润滑油的黏度下降。图 15-4 为几种常用全损耗系统用油的黏-温曲线。润滑油的黏度随压力的升高而增大,在高压时尤为显著。

(2)油性(润滑性)

油性是指润滑油在金属表面上的吸附能力。吸附能力越强,油性越好。一般认为动、植物油和脂肪酸油油性较高。

除了黏度、油性以外,对工作在特殊工况下(如高温、低温、腐蚀等)的润滑油,其燃点、闪点、凝点、化学稳定性等性能指标也是非常重要的。我国石油产品是用运动黏度标定的,表 15-1 为几种润滑油性能及用途,表中润滑油是以 40 ℃时运动黏度为基础的牌号。

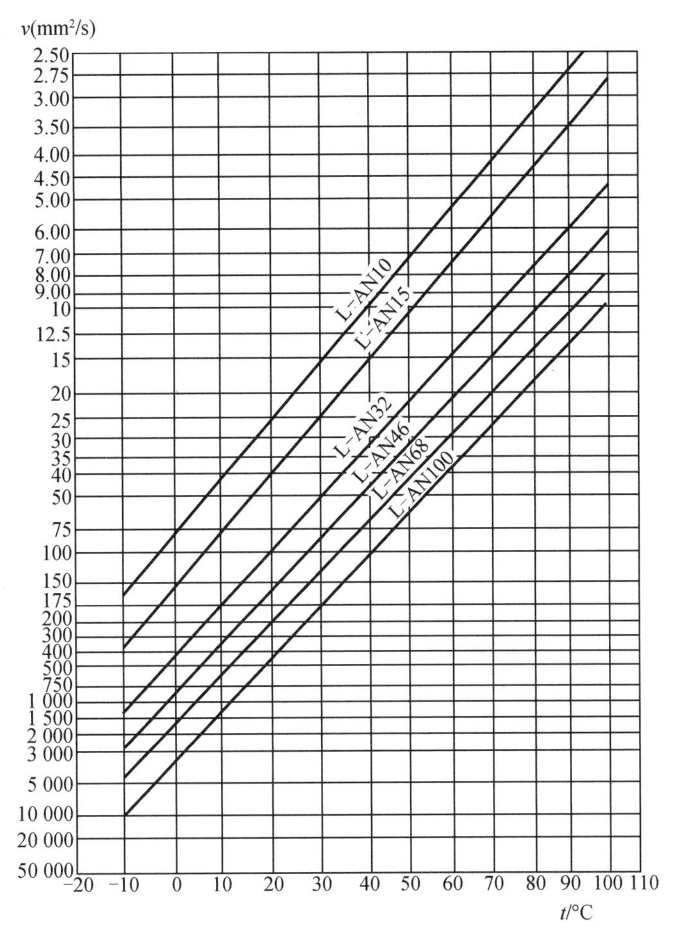

图15－4　几种全损耗系统用油的黏－温曲线

表15－1　几种润滑油的主要性能和用途

名称	牌号	40 ℃时的黏度 ν(mm²/s)	凝点 ≤℃	闪点(开式) ≥℃	主要用途
全损耗系统用油、(GB 443—1989)	L－AN7	6.12～7.48	－10	110	用于高速低负荷机械、精密机床,纺织纱锭的润滑和冷却
	L－AN10	9.0～11.0		125	
	L－AN15	13.5～16.5	－15	165	普通机床的液压油。用于一般滑动轴承、齿轮、涡轮的润滑。
	L－AN32	28.5～35.2	－15	170	
	L－AN46	41.4～50.6	－10	180	
	L－AN68	61.2～74.8	－10	190	用于重型机床导轨、矿山机械的润滑
	L－AN100	90.0～110	0	210	
汽轮机油(GB 11120—1989)	L－TSA32	28.8～35.2	－7	180	用于汽轮机、发电机等高速高负荷轴承和各种小型液体润滑轴承
	L－TSA46	41.4～50.6			

3. 润滑脂的主要性能指标

润滑脂是润滑油与稠化剂的膏状混合物。由于润滑油和稠化剂的不同,润滑脂的性能也不同,其主要性能指标有锥入度、滴点等。

(1)锥入度

锥入度是表征润滑脂稀稠度的指标。锥入度越小,表示润滑脂越稠。在使用中润滑脂的稠度会发生变化,一般随温度的升高变稀,即锥入度增加。

(2)滴点

滴点是表示润滑脂受热后开始滴落时的温度。脂的滴点决定了脂的最高使用温度,一般使用温度要比脂的滴点低 20 ~ 30 ℃。

4. 添加剂

为了改善润滑剂的性能而向其中加入的少量物质称为添加剂。常用的添加剂类型有耐磨损添加剂、分散净化剂、耐腐蚀剂、抗氧化剂、油性剂、极压剂、防锈剂等。

另外,还有一些能改变润滑油物理性能的添加剂,如降低凝点的降凝剂、提高黏度的增黏剂和消除泡沫的抗泡剂等。

15.2 滑动轴承的结构形式

15.2.1 滑动轴承的类型

按承受载荷的方向不同,滑动轴承主要分为:①径向滑动轴承,又称向心滑动轴承,主要承受径向载荷,如图 15 - 5(a)所示;②推力滑动轴承,承受轴向载荷,如图 15 - 5(b)所示。

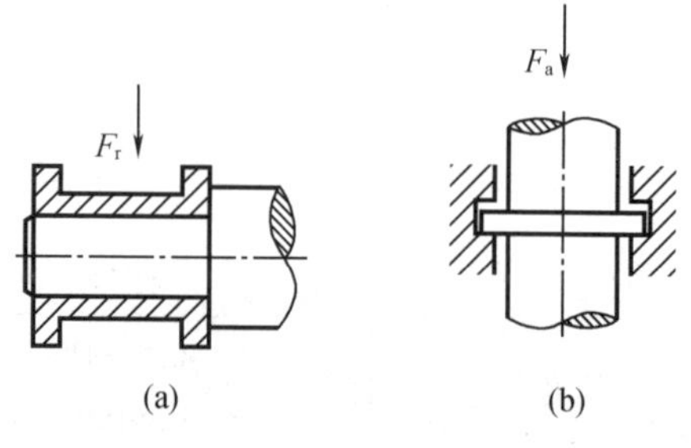

图 15 - 5 滑动轴承的类型

(a)径向滑动轴承;(b)推力滑动轴承

按轴承工作时的润滑状态,滑动轴承可分为液体润滑轴承和非液体润滑轴承。轴承工作时,如果满足一定的条件,轴颈和轴瓦表面间可以形成一层足够的润滑油膜把两表面完全隔开,阻止两表面任何金属微观尖峰的直接接触,这种状态称为液体润滑状态。在液体润滑状态下工作的轴承,称为液体润滑滑动轴承,简称液体滑动轴承。对于液体润滑滑动轴承,根据其工作时轴颈和轴承之间润滑油膜形成方式的不同,又可分为液体动压润滑滑动轴承和液体静压润滑滑动轴承;当不具备形成液体润滑的条件时,轴颈和轴瓦之间的润滑油膜不能完全阻止两金属表面的直接接触,这种具有局部微观尖峰直接接触的状态,叫作非液体润滑状态。在非液体润滑状态下工作的轴承,称为非液体润滑滑动轴承,简称非液体滑动轴承。

15.2.2 径向滑动轴承的结构形式

1. 整体式

图 15 - 6 所示为整体式径向滑动轴承的典型结构,它由轴承座、减摩材料制成的整体轴瓦等组成。轴承座上面设有安装润滑油杯的螺纹孔,在轴瓦上开有油孔,并在轴瓦的内表面上开有油槽。这种轴承具有结构简单、成本低等优点;缺点是磨损后无法调节轴颈和轴承孔

之间的间隙，且轴颈只能从轴承端部安装和拆卸，很不方便，无法用于中间轴颈上。整体式径向滑动轴承多用于低速、轻载、间歇工作而又不经常拆卸的地方以及不重要的场合，如某些农业机械、手动机械等。

2. 剖分式（对开式）

剖分式滑动轴承由轴承座1、轴承盖2、上轴瓦3和下轴瓦4以及连接螺栓5等组成，如图15－7所示。

为了保证上、下轴瓦的对中，轴承座和轴承盖的剖分面做成阶梯形定位止口，同时止口还能保证连接螺栓不受横向力的作用，而只承受轴线方向上的拉力。装配时，在通过中心的剖分面间放有调整垫片，当轴瓦工作表面磨损后，适当地减少垫片并刮研轴瓦，可调节轴颈轴瓦的间隙。在轴承盖上加工出安装油杯或油管的螺纹孔，润滑油可由此通过轴瓦上的油孔、油沟进入轴承的承载工作面，从而达到轴承润滑的目的。

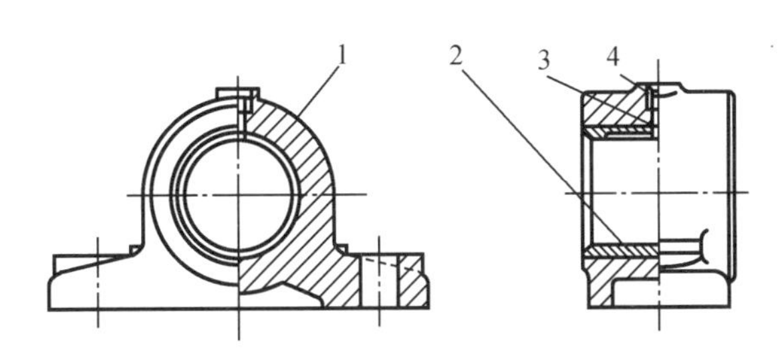

图15－6　整体式径向滑动轴承

1—轴承座；2—整体轴瓦；3—油孔；4—螺纹孔

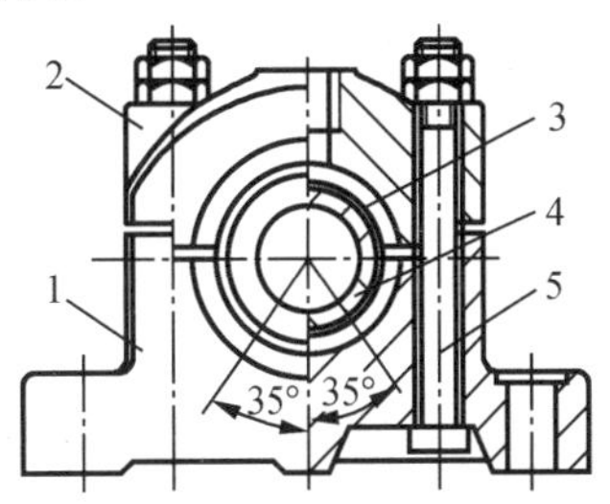

图15－7　剖分式滑动轴承

1—轴承座；2—轴承盖；3—上轴瓦；4—下轴瓦；5—连接螺栓

剖分式滑动轴承所能承受径向载荷的方向与剖分面垂线的夹角不应超过35°，以防剖分面位于承载区出现泄漏，降低承载能力。多数轴承的剖分面是水平的（图15－7），还有倾斜式剖分滑动轴承（图15－8）。

剖分式滑动轴承的优点是装拆方便，轴承间隙可调，故应用广泛。剖分式轴承的结构尺寸选用见JB/T 2561—2007。

3. 调心式滑动轴承

当轴颈较长（即$L/d>1.5\sim2.0$）或轴的刚度较小、轴承不是安装在同一刚性的机架上、其同心度难以保证时，易引起轴颈与轴瓦端局部接触而出现严重的磨损，此时应采用调心式滑动轴承，如图15－9所示。调心式滑动轴承的结构特点是轴承体与支承座之间为球面副连接，当轴变形时，轴承可随轴自动调位，从而保证轴与轴瓦均匀接触。

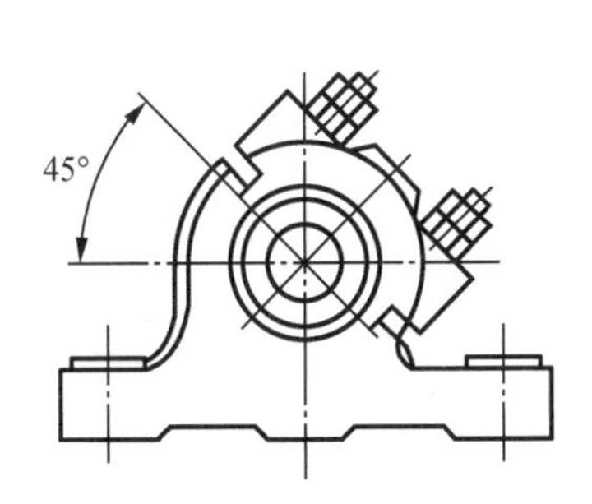

图15－8　倾斜式剖分滑动轴承

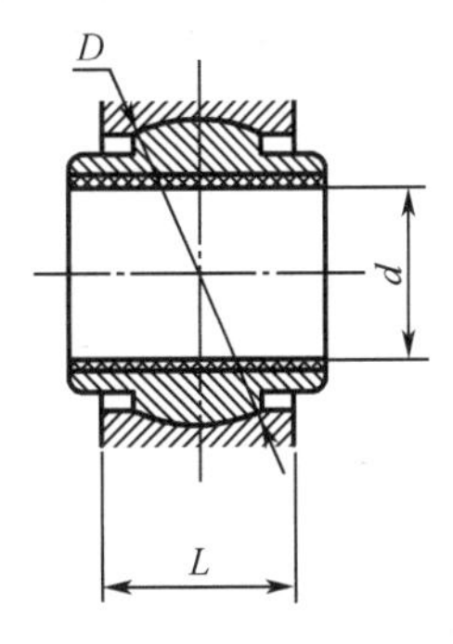

图15－9　调心式滑动轴承

15.2.3 推力滑动轴承的结构形式

推力滑动轴承由轴承座和止推轴颈组成。如图 15－10 所示，止推轴颈承受轴向力 F_a 的止推面可以是轴的端面，也可在轴的中段做出凸肩或装上推力圆盘。其中环形止推面上压力分布较均匀，润滑条件较圆止推面有所改善；单止推环利用轴颈的环形端面止推，结构简单，润滑方便，广泛用于低速、轻载的场合；多止推环不仅能承受较大的轴向载荷，有时还可承受双向轴向载荷。由于各环间载荷分布不均，其单位面积的承载能力比单环式低 50%。

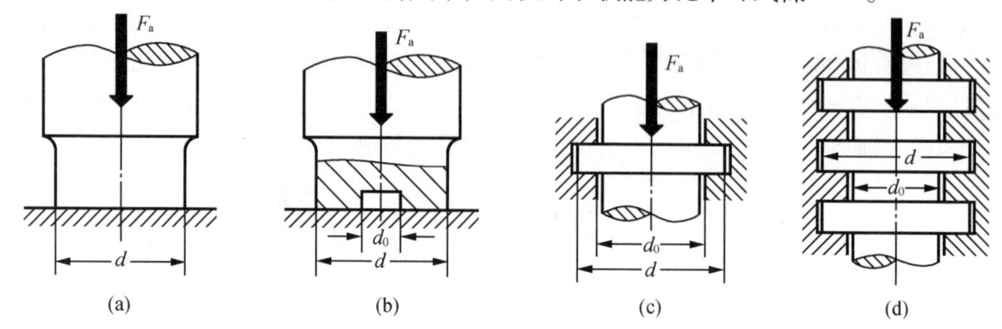

图 15－10 推力滑动轴承止推轴颈结构形式

(a)圆止推面；(b)环形止推面；(c)单止推环；(d)多止推环

另外，由于两平行平面之间是不能形成动压油膜的（见本书 15.6 节），因此在轴承止推环面上，分布有若干有楔角的扇形块，其数量一般为 6～12。图 15－11(a)所示为固定式推力轴承，其楔形的倾斜角固定不变，在楔形顶部留出平台，用来承受停车后的轴向载荷。图 15－11(b)为可倾式推力轴承，其扇形块的倾斜角能随载荷、转速的改变而自行调整，因此性能更为优越。

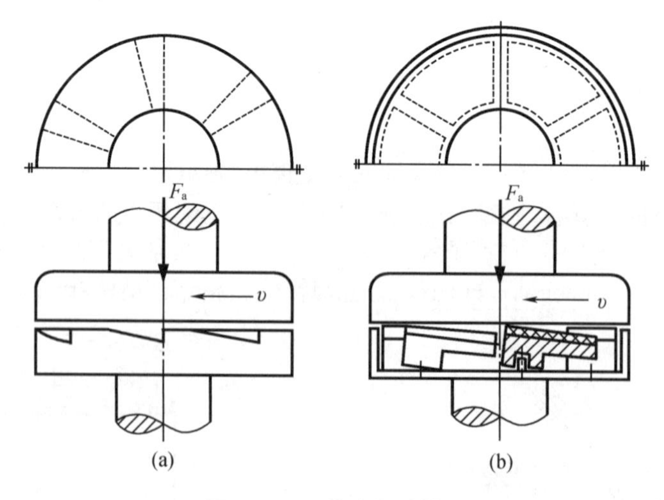

图 15－11 推力滑动轴承

(a)固定式推力轴承；(b)可倾式推力轴承

15.2.4 轴瓦的结构形式

轴瓦是滑动轴承上直接与轴颈相接触的零件，它应具有一定的强度和刚度，在轴承中应定位可靠,便于输入润滑剂,容易散热,并且装、拆和调整方便。因此设计轴瓦时应根据不同的工作条件采用不同的结构。

常用的轴瓦有整体式和剖分式两种。整体式轴瓦又称为轴套,一般开有油孔和油沟以便润滑,如图 15－12(b)所示。油孔用于供应润滑油,油沟用于使润滑油均匀分布。但粉末冶金制成的轴套一般不带油沟,如图 15－12(a)所示;图 15－13 为剖分式轴瓦,其由上、下两半瓦组成。若载荷 F 方向向下,则下轴瓦为承载区,上轴瓦为非承载区。润滑油应由非承载区引入,所以在顶部开有油孔(图 15－14)。

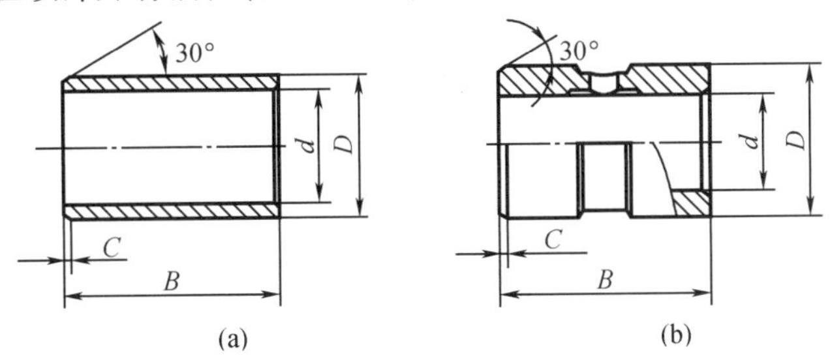

图 15－12 整体式轴瓦

(a)无油沟轴套;(b)有油沟轴套

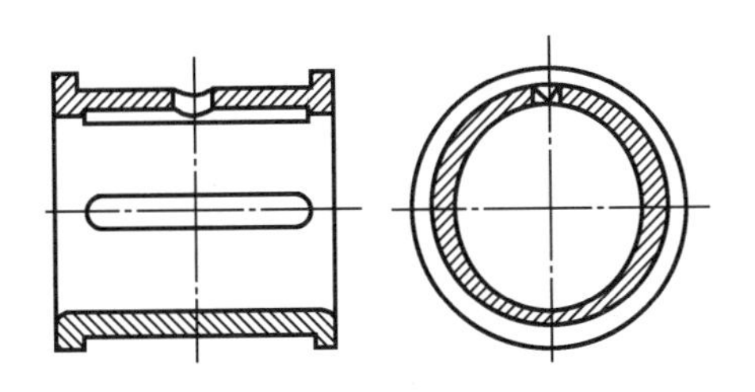

图 15－13 剖分式轴瓦

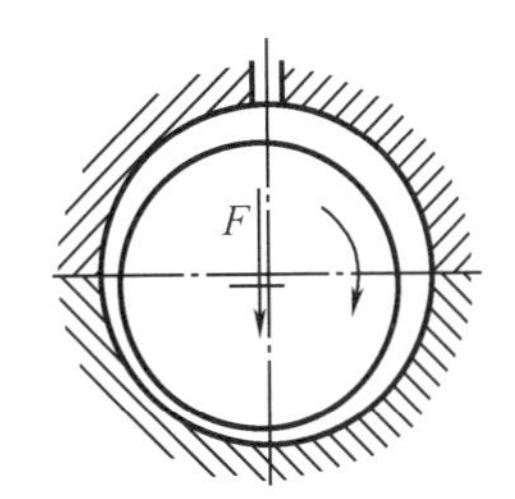

图 15－14 进油孔开在非承载区

在轴瓦内表面,以进油孔为中心沿纵向、斜向或横向开有油沟,以利于润滑油均匀分布在整个轴颈上。图 15－15 为几种常见的油沟形状。一般油沟与轴瓦端面保持一定距离,以防止漏油。

轴瓦和轴承座不允许有相对移动,可将轴瓦的两端做成凸缘(图 15－13)实现轴向定位,或用紧定螺钉或销钉将其固定在轴承座上(图 15－16)。

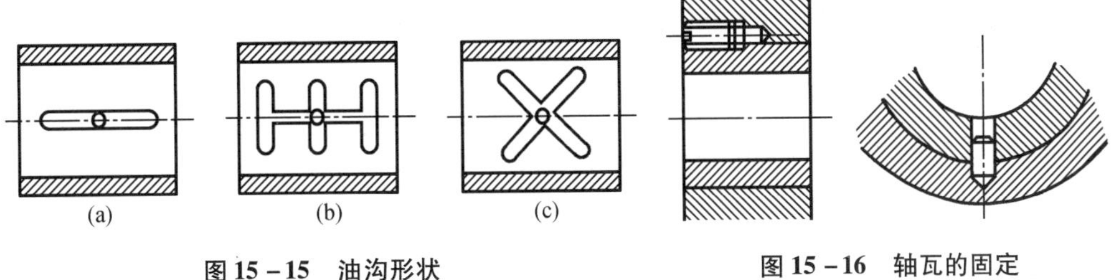

图 15－15 油沟形状

(a)一字形;(b)王字形;(c)X 形

图 15－16 轴瓦的固定

15.3 轴瓦及轴承衬材料

滑动轴承工作时,轴瓦与轴颈直接接触构成摩擦副。轴瓦的磨损和胶合是其主要的失效形式,因此要求轴瓦材料具备下述性能:①摩擦因数小;②导热性好,热膨胀系数小;③耐磨、耐蚀、抗胶合能力强;④有足够的机械强度和可塑性。

能同时满足上述要求的材料是难找的,但应根据具体情况满足主要使用要求。较常见的是用两层不同金属做成的轴瓦,两种金属在性能上取长补短。在工艺上可以用浇注或压合的方法,将薄层材料黏附在轴瓦基体上。黏附上去的薄层材料通常称为轴承衬。为使轴承衬与轴瓦结合牢固,应在轴瓦上做出沟槽,如图 15 - 17 所示。

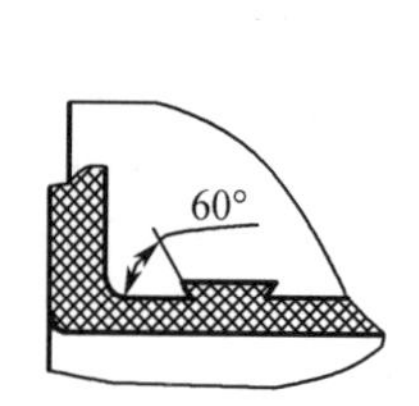

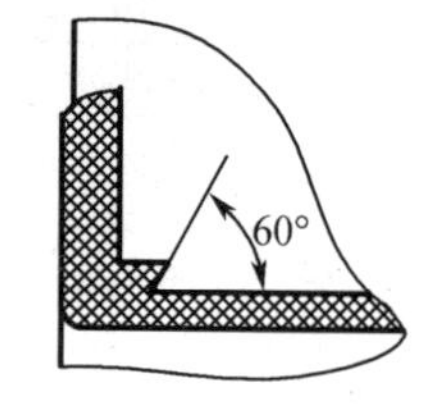

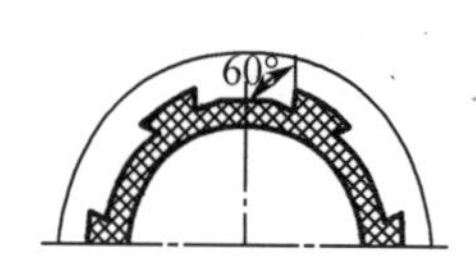

图 15 - 17 轴承衬与轴瓦结合的沟槽

常用的轴瓦和轴承衬材料有以下几种:

15.3.1 轴承合金(巴氏合金)

轴承合金有锡锑轴承合金和铅锑轴承合金两类。轴承合金的弹性模量和弹性极限都很低;在所有轴承材料中,它的嵌入性及摩擦顺应性最好;其耐磨性、跑合性、导热性等都较好,而且容易制造。但价格昂贵、强度较低,因此它们不能单独使用,只能作为轴承衬的材料把它们浇铸到由铸铁、钢和青铜等制成的轴瓦的内表面上。此类轴承适用于中高速、重载的场合。

15.3.2 青铜合金

青铜合金具有较高的强度,较好的减磨性和耐磨性,且价格比轴承合金便宜,是一般机械中常用的轴承材料。常用的青铜合金有锡青铜、铅青铜和铝青铜等。锡青铜硬度高,但跑合性及嵌入性差,适用于中速重载场合;铅青铜抗黏附能力强,适用于高速重载轴承;铝青铜的强度及硬度较高,但抗黏附能力较差,适用于低速、重载轴承。

15.3.3 铸铁

铸铁中的片状或球状石墨成分在轴承表面上可起润滑作用,减小摩擦。铸铁性脆、磨合性能差,但价格便宜,故适用于低速、轻载或不重要的场合。

15.3.4 铝基合金

铝基合金具有良好的耐蚀性和耐磨性,有较高的疲劳强度,在部分领域可以取代轴承合金和青铜合金。其可以做成轴套等单金属零件,也可以做成以钢为轴承衬背,以铝基合金为轴承衬的轴瓦。

15.3.5 粉末冶金材料

粉末冶金材料是用不同金属粉末经压制、烧结而成的轴承材料。其孔隙占体积的10%～35%，可存储润滑油，故又称为含油轴承。它具有自润性，但韧性小，适用于平稳无冲击载荷及中低速场合。我国已有专门制造含油轴承的工厂，需用时可根据设计手册选用。

除以上几种常用金属材料外，一些非金属材料（如塑料和尼龙等）也可以作轴瓦材料。常用的几种轴瓦和轴承衬材料及其性能见表15－2。

表15－2 常用轴瓦及轴承衬金属材料许用值和性能比较

<table>
<tr><th rowspan="2">材料类别</th><th rowspan="2">牌号（名称）</th><th colspan="3">最大许用值①</th><th rowspan="2">最高工作温度/℃</th><th rowspan="2">轴颈硬度/HBW</th><th colspan="3">性能比较②</th><th rowspan="2">应用范围</th></tr>
<tr><th>[p]/MPa</th><th>[v]/(m/s)</th><th>[pv]/(MPa·m/s)</th><th>抗咬黏性</th><th>耐蚀性</th><th>疲劳强度</th></tr>
<tr><td rowspan="4">锡基轴承合金</td><td rowspan="4">ZSnSb11－6
ZSnSb8－4</td><td colspan="3">平稳载荷</td><td rowspan="4">150</td><td rowspan="4">150</td><td rowspan="4">1</td><td rowspan="4">1</td><td rowspan="4">5</td><td rowspan="4">用于高速重载荷下工作的重要轴承，变载荷下易于疲劳，价格高</td></tr>
<tr><td>25</td><td>80</td><td>20</td></tr>
<tr><td colspan="3">冲击载荷</td></tr>
<tr><td>20</td><td>60</td><td>15</td></tr>
<tr><td rowspan="2">铅基轴承合金</td><td>ZChPbSb16－16－2</td><td>15</td><td>12</td><td>10</td><td rowspan="2">150</td><td rowspan="2">150</td><td rowspan="2">1</td><td rowspan="2">3</td><td rowspan="2">5</td><td rowspan="2">用于中速、中等载荷下工作的轴承，冲击小</td></tr>
<tr><td>ZChPbSb15－5－3</td><td>5</td><td>8</td><td>5</td></tr>
<tr><td rowspan="2">锡青铜</td><td>ZCuSn10Pb1
（10－1锡青铜）</td><td>15</td><td>10</td><td>15</td><td rowspan="2">280</td><td rowspan="2">200～300</td><td rowspan="2">3</td><td rowspan="2">1</td><td rowspan="2">1</td><td>用于中速重载及受变载荷的轴承</td></tr>
<tr><td>ZCuSn5Pb5Zn5
（5－5－5锡青铜）</td><td>8</td><td>3</td><td>15</td><td>用于中速中载的轴承</td></tr>
<tr><td>铅青铜</td><td>ZCuPb30
（30铅青铜）</td><td>25</td><td>12</td><td>30</td><td>280</td><td>300</td><td>3</td><td>4</td><td>2</td><td>用于高速重载轴承，能承受变载冲击的轴承</td></tr>
<tr><td>铝青铜</td><td>ZCuAl10Fe3
（10－3铝青铜）</td><td>15</td><td>4</td><td>12</td><td>280</td><td>300</td><td>5</td><td>5</td><td>2</td><td>最宜用于润滑充分的低速重载的轴承</td></tr>
<tr><td>灰铸铁</td><td>HT150～HT250</td><td>1～4</td><td>0.5－2</td><td>－</td><td>－</td><td>－</td><td>4</td><td>1</td><td>1</td><td>宜用于低速轻载的不重要轴承，价格低廉</td></tr>
</table>

注：①[*pv*]值适用于混合润滑工况，对于液体润滑，因与散热条件有很大的关系，故限制[*pv*]值无意义。

②性能比较：1～5依次由好到差。

15.4 滑动轴承的润滑和润滑装置

15.4.1 滑动轴承润滑剂的选择

滑动轴承常用的润滑剂为润滑脂和润滑油，其中以润滑油应用最广。

对于要求不高，难以经常供油，或者低速重载以及做摆动运动的非液体润滑滑动轴承，可采用润滑脂。目前使用最多的是钙基润滑脂，可根据轴承的压强 p、圆周速度 v 和最高工作温度 t 由表 15－3 来确定。

表 15－3 滑动轴承润滑脂选择表

轴承压强 p/MPa	轴颈圆周速度 v/(m/s)	最高工作温度 t /℃	润滑脂牌号
<1.0	≤1.0	75	3 号钙基脂
1.0~6.5	0.5~5.0	55	2 号钙基脂
1.0~6.5	≤1.0	－50~100	2 号锂基脂
≤6.5	0.5~5.0	120	2 号钠基脂
>6.5	≤0.5	75	3 号钙基脂
>6.5	≤0.5	110	1 号钙钠基脂

对于液体润滑轴承均采用润滑油润滑。当转速高、压力小时，应选黏度较低的润滑油，当工作温度高于 60 ℃时，所选润滑油的黏度应比通常的高一些。黏度选好后，再确定润滑油牌号，具体选择时可参考润滑油产品手册。

非液体润滑轴承可采用润滑脂润滑，也可采用润滑油润滑，选择润滑油牌号时可参考表 15－1。

15.4.2 润滑方法和润滑装置的选择

为了保证轴承良好的润滑状态，除了选用合理的润滑剂之外，合理选择润滑方法和润滑装置也十分重要。滑动轴承润滑方法的选择可由经验公式确定：

$$K = \sqrt{pv^3} = \sqrt{\frac{F_r v^3}{Bd}} \tag{15-3}$$

式中 K——平均载荷系数；

p——轴承中的平均压强，MPa；

F_r——轴承上的径向载荷，N；

d——轴承的直径，mm；

B——轴承的宽度，mm；

v——轴颈的圆周速度，m/s。

当 $K \leqslant 1\,900$ 时，用润滑脂或采用间断润滑；当 $K = 1\,900 \sim 16\,000$ 时，用滴油润滑；当 $K = 16\,000 \sim 30\,000$ 时，用油杯或飞溅润滑；当 $K > 30\,000$ 时，用压力循环油润滑。

由于采用的润滑方法不同,所使用的润滑装置也不一样。下面介绍几种常用的润滑方法及其相应的润滑装置。

1. 间断式润滑

间断式润滑是指定期向轴承中加油或脂的润滑方式,其只适用于低速、轻载和不重要的地方。实现这种润滑的加油方式有以下两种。

(1)手工加油

定期用油刷、油壶、油枪或油杯向轴承中加油或脂。图15-18所示为旋盖式油脂杯,杯内储满润滑脂,定期旋转杯盖即可将润滑脂挤入轴承中。

(2)滴油润滑

通过针阀式或油芯式油杯定期或不断地将油滴入轴承。图15-19所示为装在轴承油孔上的油芯式油杯,其是利用棉线的毛细管作用把油引入到轴承中。此法可以实现自动连续供油,但不能调节供油量。油杯中油面高时供的油多,油面低时供的油少。停车时仍在继续供油,直到油流完为止。

图15-20所示为油孔上的针阀式油杯。当手柄在如图所示位置时,则停止供油,而当手柄竖立起来时,则将油路打开进行供油。供油量的大小可通过螺母进行调节。

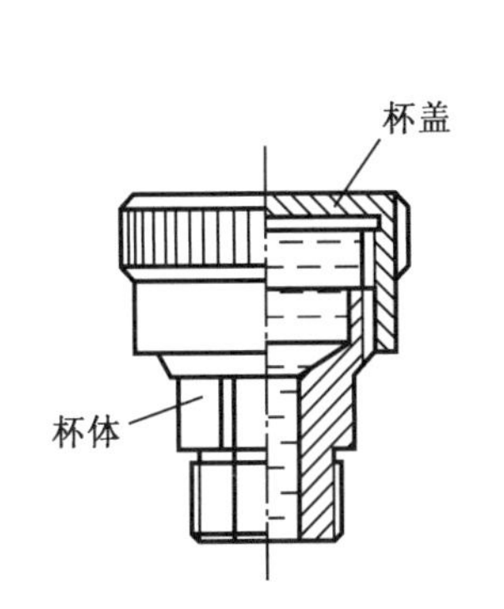

图15-18　旋盖油杯

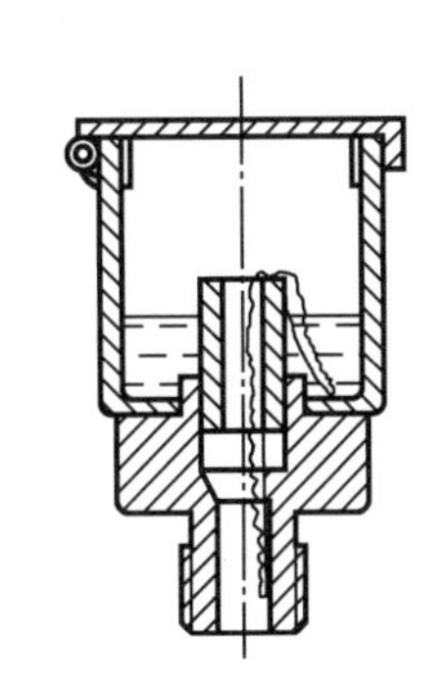

图15-19　油芯式油杯

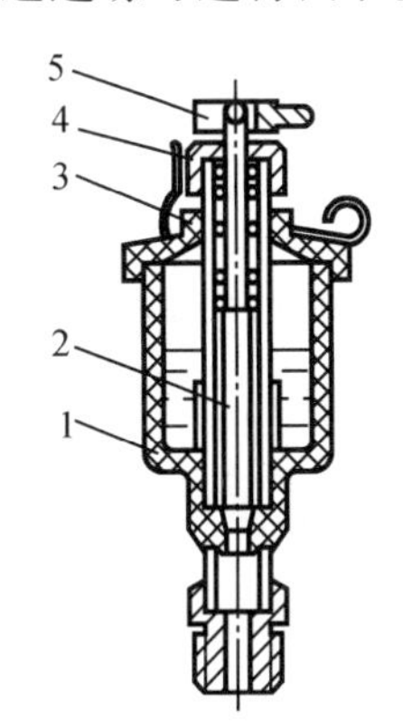

图15-20　针阀式油杯

1—杯体;2—针阀;3—弹簧;4—调节螺母;5—手柄

2. 连续润滑

连续润滑是由润滑装置连续不断地供给轴承润滑油的润滑方式。常用的方法有以下几种。

(1)油环润滑

如图15-21所示,油环套在轴颈上,其下部浸入油中,当轴转动时,油环就被带动,油由油环带入轴承中。这种润滑方法适用于转速为$n=100\sim200$ r/min的水平轴。如果轴承太宽时,在轴承上可采用双油环。

(2)飞溅式油浴润滑

如图15-22所示,当浸入油中的齿轮转动时,把油甩到被润滑的轴承上或利用集油槽把甩在箱体上的油汇集起来导入轴承中,这种润滑方式称为飞溅式油浴润滑。此时要求浸入油中的回转件的圆周速度大于2~3 m/s,如速度小于2 m/s时,可利用刮油板把回转件上的油刮下来导入轴承中。油池中的装油量,一般应按0.45~0.7 L/kW加入润滑油。这种润滑方式应用十分广泛。

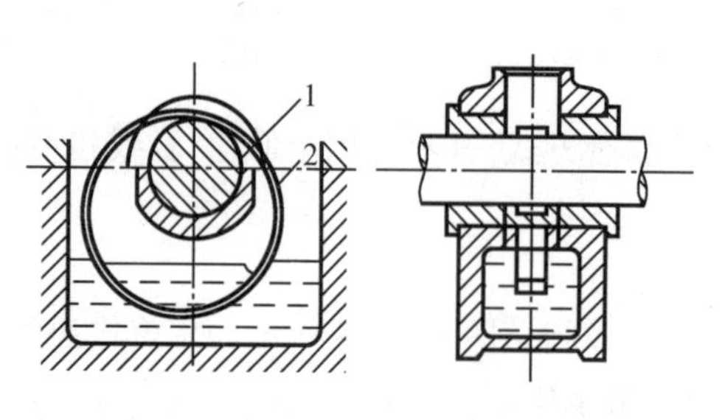

图 15-21 油环润滑

1—轴颈;2—油环

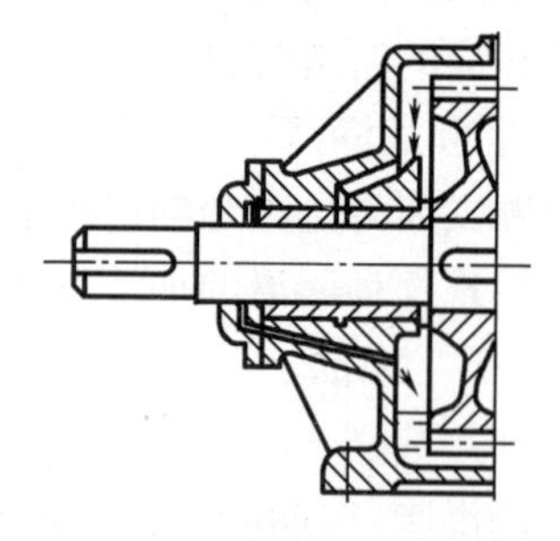

图 15-22 飞溅式油浴润滑

(3)压力油润滑

用油泵给油加压,并送到轴承中进行润滑。此种润滑方式适用于高速、重载和要求多处润滑的地方。其缺点是必须具备专门的润滑系统,而优点是润滑效果好、散热能力强,可以多处润滑。

15.5 非液体润滑滑动轴承的设计

工程实际中,对于工作要求不高、速度较低、载荷不大、易维护等条件下工作的轴承,往往设计成非液体润滑滑动轴承。

15.5.1 非液体润滑滑动轴承的设计准则及步骤

非液体润滑滑动轴承的工作表面不能被润滑油完全隔开,只能形成边界油膜,存在局部金属表面的直接接触,故工作表面磨损和因边界油膜破裂而导致的胶合是其主要失效形式。因此设计准则为维持边界油膜不遭破裂。但是促使边界油膜破裂的因素较复杂,目前还没有完善的计算方法。通常采用简化的、间接的、条件性计算作为滑动轴承的计算方法,即限制轴承的压强 $p \leqslant [p]$,以防过度磨损;限制压强与轴颈线速度的乘积 $pv \leqslant [pv]$,防止温升过高而发生胶合。

通常,在设计滑动轴承时,轴的设计已完成,即轴的转速 n、轴颈直径 d 和轴承的载荷 F 是已知的。因此进行非液体润滑滑动轴承的设计计算步骤如下:

(1)根据轴承工作条件及使用要求,确定轴承的结构形式和轴承材料;

(2)根据相关空间尺寸或结构要求,选定轴承宽径比 B/d(一般取 $B/d \approx 0.5 \sim 1.5$),进而确定轴承宽度 B;

(3)验算轴承的工作能力;

(4)选择润滑剂、润滑方法及配合。

15.5.2 非液体润滑径向滑动轴承的校核计算

1. 校核轴承的平均压强 p

轴承压强 p 过大,会使轴瓦产生塑性变形,润滑油从工作表面被挤出。为保证径向滑动轴承(图 15－23)和推力滑动轴承(图 15－24)的良好润滑,不产生过渡磨损,应保证平均压强 p 不超过许用值[p],即

$$p=\frac{F_r}{dB}\leqslant[p] \tag{15-4}$$

式中 p——轴承中的平均压强,MPa;

F_r——轴承上的径向载荷,N;

d——轴颈的直径,mm;

B——轴瓦宽度,mm;

[p]——轴瓦材料的许用压强,MPa,见表 15－2。

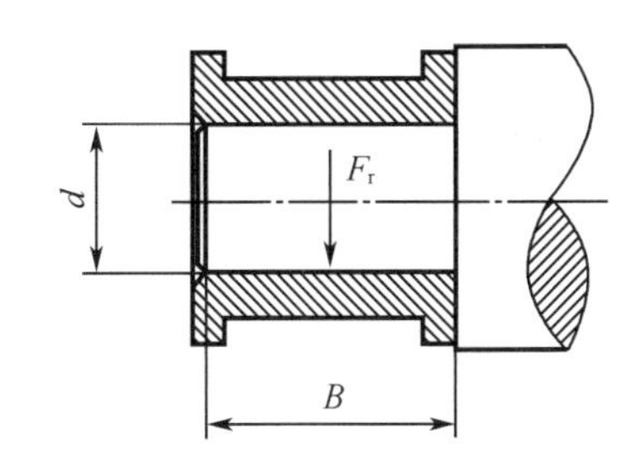

图 15－23 径向滑动轴承

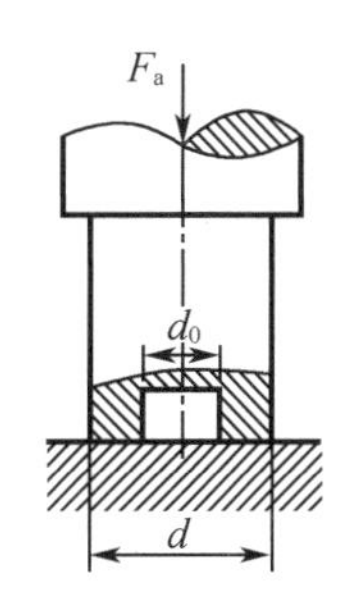

图 15－24 推力滑动轴承

2. 校核轴承的 pv 值

pv 值与摩擦功率损耗成正比,它简略地表征轴承的发热因素。pv 值越大,表明轴承摩擦损耗越大,发热量越大,因而温升高。为避免轴承过热,引起边界油膜破裂,产生胶合,故应限制 pv 值,即

$$pv=\frac{F_r}{dB}\cdot\frac{\pi dn}{60\times1\ 000}\leqslant[pv] \tag{15-5}$$

式中 v——轴颈的圆周转速,m/s;

n——轴的转速,r/min;

[pv]——轴瓦材料的许用 pv 值,MPa·m/s,见表 15－2。

3. 校核圆周速度 v

当平均压强 p 值较小时,即使 p 和 pv 值都在许用范围内,也可能由于轴颈的圆周速度过高使轴瓦加速磨损。为保证轴承工作的安全可靠,需限制圆周速度 v,即

$$v=\frac{\pi dn}{60\times1\ 000}\leqslant[v] \tag{15-6}$$

式中 [v]——轴颈的许用圆周转速,m/s,见表 15－2。

当验算不合格时,可改用较好的轴瓦材料或重新确定轴颈直径 d 和轴瓦宽度 B 的值。

15.5.3 非液体润滑推力滑动轴承的校核计算

对于推力滑动轴承,只需要校核轴承的平均压强 p 及 pv_m 值。对于图 15－24 所示结构的推力滑动轴承,平均压强 p 的校核式为

$$p=\frac{F_a}{\frac{\pi}{4}(d^2-d_0^2)zk}\leqslant[p] \tag{15-7}$$

式中 F_a——轴承的轴向载荷，N；

d_0——推力环内径，mm；

d——推力环外径，mm；

z——推力环数；

k——油沟对推力环承载面积的减少系数，取0.85～0.95。

pv_m 值的校核式为

$$pv_m = p \cdot \frac{\pi d_m n}{60 \times 1\ 000} \leq [pv_m] \tag{15-8}$$

式中 $d_m = \frac{d_0 + d}{2}$ ——推力环的平均直径，mm；

$v_m = \frac{\pi d_m n}{60 \times 1\ 000}$ ——推力环支承面上的平均速度，m/s；

$[pv_m]$——推力滑动轴承轴瓦材料的许用值，MPa · m/s，由表15－4选取。

表15－4 推力滑动轴承材料及许用值$[p]$和$[pv_m]$

轴材料	未淬火钢			淬火钢	
轴瓦(衬)材料	铸铁	青铜	轴承合金	青铜	轴承合金
$[p]$/(MPa)	2.0～2.5	4.0～5.0	5.0～6.0	7.5～8.0	8.0～9.0
$[pv_m]$/(MPa · m · s^{-1})	2～4				

由于推力滑动轴承与径向滑动轴承在支承面上的压力分布不同，又不能形成楔形间隙，因而润滑条件较差，所以推力滑动轴承轴瓦材料的$[p]$和$[pv]$值比径向滑动轴承轴瓦材料的偏小。

例15－1 试设计一台电动绞车卷筒的滑动轴承。已知滑动轴承所受的径向载荷 F_r = 80 kN，转速 n = 10 r/min，轴颈直径 d = 80 mm，试按非液体润滑滑动轴承设计此轴承。

解 (1)选择轴承类型和轴承材料

为装拆方便，选用剖分式结构的轴承。由于轴承所受载荷大、速度低，根据表15－2选取铝青铜ZCuAl10Fe3作为轴承材料，查得$[v]$ = 4 m/s，$[p]$ = 15 MPa，$[pv]$ = 12 MPa · m/s。

(2)选择轴承宽径比

取滑动轴承宽径比 B/d = 1.1，则轴承宽度：

$B = \frac{B}{d} \cdot d = 1.1 \times 80 = 88$ mm，取 B = 90 mm，则 B/d = 1.125。

(3)验算轴承的工作能力

①校核平均压强 p

$$p = \frac{F_r}{dB} = \frac{80 \times 1\ 000}{90 \times 80} = 11.1 \text{ MPa} < [p]$$

②校核 pv 值

$$pv = \frac{F_r}{dB} \cdot \frac{\pi dn}{60 \times 1\ 000} = \frac{80\ 000}{90 \times 80} \cdot \frac{\pi \times 80 \times 10}{60 \times 1\ 000} = 0.465 \text{ MPa} \cdot \text{m/s} \leq [pv]$$

经上述校核计算，可知轴承 p 及 pv 值均不超过许用范围。因为轴承转速较低，可不必校核 v。故所设计的轴承符合使用要求。

(4)选择轴承配合和表面粗糙度

参考机械设计手册,选取轴承与轴颈的配合为 H8/f7,轴瓦滑动表面粗糙度 Ra 为 3.2 μm,轴颈表面粗糙度 Ra 为 1.6 μm。

15.6　液体动压润滑的基本原理

15.6.1　液体动压润滑的形成原理和条件

先分析如图 15－25(a)所示的 A,B 两平行板的情况。A,B 两平行板间充满了具有一定黏度的润滑油,其中板 B 静止不动,板 A 以速度 v 沿 x 方向运动。由于润滑油的黏性及吸附作用,与板 A 紧贴的流层流速 u 等于板速 v,与板 B 紧贴的流层流速为零。当板上无载荷时两平行板之间各流层的速度呈三角形分布,板 A,B 之间带进的油量等于带出的油量,因此两板间油量保持不变,即板 A 不会下沉。但若板 A 上承受载荷 F,则油向两侧挤出,于是板 A 逐渐下沉,直至与板 B 接触。这就说明两平行板之间是不可能形成压力油膜的。

图 15－25(b)所示两平板相互倾斜,形成楔形间隙,且板 A 承受载荷 F。当板 A 沿着从间隙较大的一方向着间隙较小的一方移动时,若两端的速度按照虚线所示的三角形分布,则必然进油多而出油少。由于液体实际上是不可压缩的,液体分子必将在间隙内“拥挤”而形成压力。迫使进口端的速度曲线向内凹,出口端的速度曲线向外凸,不会是三角形分布。进口端间隙大而速度曲线内凹,出口端间隙小而速度曲线向外凸,于是有可能使带进油量等于带出油量。同时,间隙内形成的流体压力将与外载荷 F 平衡。这就说明在间隙内形成了压力油膜。这种借助相对运动而在轴承间隙中形成的压力油膜称为动压油膜。图 15－25(b)还表明从截面 $a-a$ 到截面 $c-c$ 之间,各截面的速度分布是各不相同的,但必有一截面 $b-b$,使油的速度呈三角形分布。

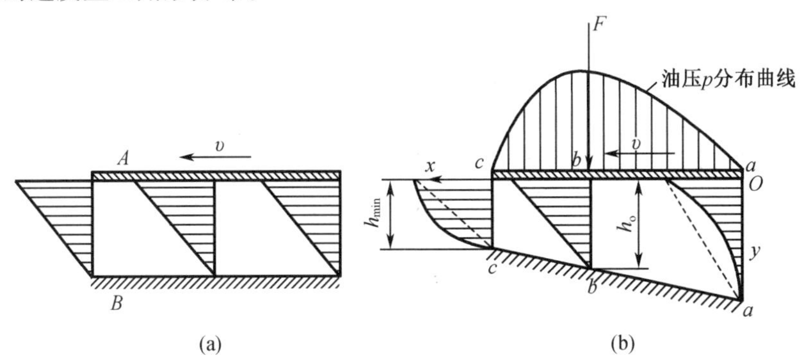

图 15－25　两相对运动平板间油层中的速度分布和压力分布

根据以上分析可知,形成动压油膜的必要条件是:①两工作表面间必须有楔形间隙;②两工作表面间必须连续充满润滑油或其他黏性流体;③两工作表面间必须有相对滑动速度,其运动方向必须保证润滑油从大截面流进,从小截面流出。此外,对于一定的载荷 F,必须使速度 v、黏度 η 及间隙等匹配恰当。

现进一步观察径向滑动轴承形成动压油膜的过程。径向滑动轴承的轴瓦、轴径间必须具有一定的间隙。图 15－26(a)表示停车状态,轴颈沉在下面,轴颈表面与轴承孔表面自然形成了楔形间隙,这就满足了形成动压油膜的首要条件。开始启动时,轴颈沿轴承孔内壁向上爬,如图 15－26(b)所示。当转速继续增加时,楔形间隙内形成的油膜压力将轴颈托起而与轴承脱离接触,如图 15－26(c)所示。但此情况不能持久,因油膜内各点压力的合力有向左推动轴颈的分力存在,因而轴颈继续向左移动。最后,当达到机器的工作转速时,轴颈则处于 15－26(d)所示的位置。此时油膜内各点的压力其垂直方向的合力与载荷 F 平衡,其水平方向的压力左、右自行抵消,于是轴颈就稳定在此平衡位置上旋转。从图 15－26 中可以明显看出,轴颈中心 O_1 与轴承孔中心 O 不重合,$OO_1=e$,称为偏心距。其他条件相同,工作转速越高,e 值越小,即轴颈中心越接近轴承孔中心。

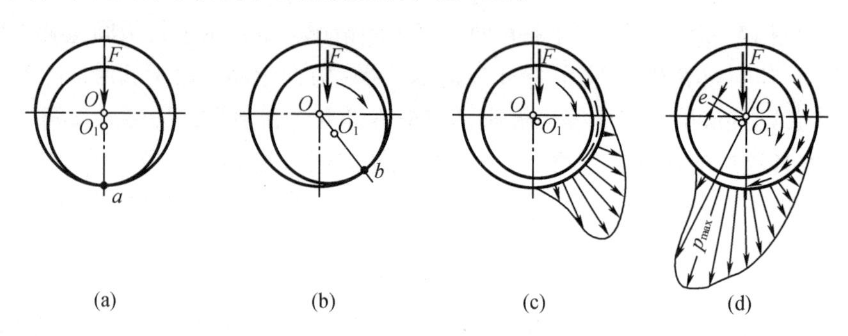

图 15－26 径向轴承动压油膜形成过程

(a)停车状态;(b)开始启动;(c)转速增加;(d)达到工作转速

15.6.2 液体动压润滑的基本方程

为得到简化形式的流体动力平衡方程,对照图 15－27 作如下假设:①z 向无限长,润滑油在 z 向没有流动;②压力 p 不随 y 值的大小而变化,即同一油膜截面上压力为常数(由于油膜很薄,故这种假设是合理的);③流体黏度 η 不随压力而变化,并且忽略油层的重力和惯性;④润滑油处于层流状态。

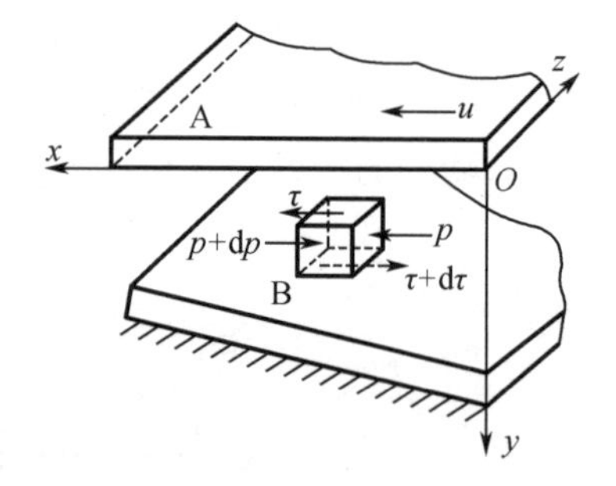

图 15－27 液体动压分析

从油膜中取一微单元体,作用在此单元体右面和左面的油压分别为 p 和 $p+dp$;作用在单元体上、下两面的剪切应力分别为 τ 和 $\tau+d\tau$。根据 x 方向的平衡条件,得

$$p\mathrm{d}y\mathrm{d}z-(\tau+\mathrm{d}\tau)\mathrm{d}x\mathrm{d}z-(p+\mathrm{d}p)\mathrm{d}y\mathrm{d}z+\tau\mathrm{d}x\mathrm{d}z=0$$

整理后得

$$\frac{\mathrm{d}p}{\mathrm{d}x}=-\frac{\mathrm{d}\tau}{\mathrm{d}y}$$

由式(15－1)知

$$\tau=-\eta\frac{\mathrm{d}u}{\mathrm{d}y}$$

因此

$$\frac{\mathrm{d}p}{\mathrm{d}x}=\eta\cdot\frac{\mathrm{d}^2u}{\mathrm{d}y^2}\qquad(15-9)$$

式(15－9)表明，任意一点的油膜压力 p 沿 x 轴方向的变化率 $\frac{\mathrm{d}p}{\mathrm{d}x}$ 与该点速度梯度(y 向)的导数有关。

将式(15－9)对 y 积分(根据假设②，$\frac{\mathrm{d}p}{\mathrm{d}x}$ 是一常数)得

$$u=\frac{1}{2\eta}\frac{\mathrm{d}p}{\mathrm{d}x}y^2+C_1y+C_2$$

式中 C_1，C_2——积分常数，可由边界条件来确定。

当 $y=0$ 时，$u=v$，所以 $C_2=v$；

当 $y=h$ 时，$u=0$，所以 $C_1=-\frac{1}{2\eta}\frac{dp}{dx}h-\frac{v}{h}$；

代回原式并整理得

$$u=\frac{1}{2\eta}\frac{\mathrm{d}p}{\mathrm{d}x}(y^2-hy)-\frac{y+h}{h}v \tag{15-10}$$

根据流体的连续性原理，流过不同截面的流量应该是相等的，为此先求任意截面上的流量(z 方向取单位长)，即

$$q_x=\int_0^h u\mathrm{d}y=-\frac{1}{12\eta}\frac{\mathrm{d}p}{\mathrm{d}x}h^3+\frac{hv}{2}$$

再求特定截面上的流量，现取图 15－25 上的 $b-b$ 截面，该处速度呈三角形分布，间隙厚度 h_0，故

$$q_x=\frac{1}{2}vh_0$$

因流经两个截面上的流量相等，故

$$\frac{\mathrm{d}p}{\mathrm{d}x}=6\eta v\cdot\frac{h-h_0}{h^3} \tag{15-11}$$

当 $h=h_0$(即图 15－25(b)中 $b-b$ 截面处)时，$\frac{\mathrm{d}p}{\mathrm{d}x}=0$，$p$ 有极大值 $p_{\max}$，所以点 p 是对应于 $p_{\max}$ 处的特定点。又 $\frac{\mathrm{d}p}{\mathrm{d}x}=0$，即 $\frac{\mathrm{d}^2u}{\mathrm{d}y^2}=0$，所以速度梯度 $\frac{\mathrm{d}u}{\mathrm{d}y}$ 必须是常量，亦即 $b-b$ 截面处的速度呈三角形分布。

式(15－11)为液体动压润滑的基本方程，称为一维雷诺(Reynolds)方程。它描述了两平板间油膜压力 p 的变化与润滑油的动力黏度 η、相对滑动速度 v 及油膜厚度 h 之间的关系。由式(15－11)可求出油膜压力 p 沿 x 方向分布的曲线(图 15－25(b))，再根据油膜压力的合力，便可确定油膜的承载能力。

15.7 液体动压润滑径向滑动轴承的设计

15.7.1 径向滑动轴承的几何关系和承载量系数

液体动压润滑径向滑动轴承工作时轴颈的位置如图 15－28 所示。轴承和轴颈的连心线 OO_1 与外载荷 F 的方向形成一个偏位角 φ_a。轴承孔和轴颈的直径分别用 D 和 d 表示，则

轴承直径间隙为

$$\Delta = D - d \tag{15-12}$$

半径间隙为

$$\delta = \Delta / 2 \tag{15-13}$$

直径间隙与轴颈直径 d 之比为相对间隙 ψ，即

$$\psi = \delta / r = \Delta / d \tag{15-14}$$

轴在稳定运转时，轴颈中心 O 偏离孔中心 O_1 的距离，称为偏心距，用 e 表示。偏心距与半径间隙之比称为偏心率，以 χ 表示，即

$$\chi = e/\delta$$

由图可见，最小油膜厚度为

$$h_{\min} = \delta - e = \delta(1-\chi) = r\psi(1-\chi) \tag{15-15}$$

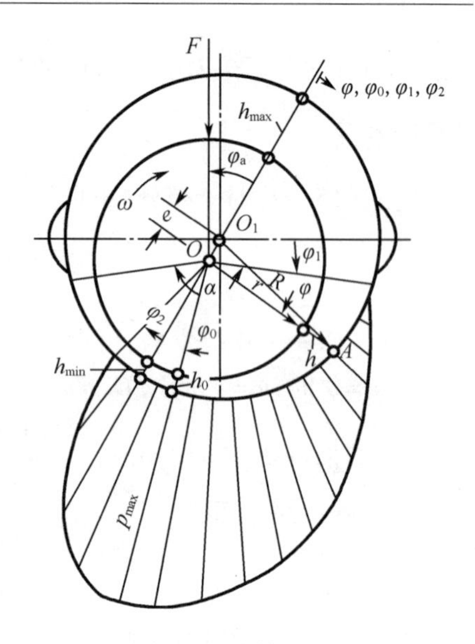

图 15-28 径向滑动轴承的几何参数和油压分布

用极坐标来描述，则更显方便。以轴心 O 为极点，OO_1 为极轴，对应于任意极角 φ 的轴承油膜厚度 h，可由 ΔAOO_1 应用余弦定理求得

$$R^2 = e^2 + (r+h)^2 - 2e(r+h)\cos\varphi \tag{15-16}$$

解式(15-16)并略去微量 $\left(\frac{e}{R}\right)^2 \sin^2\varphi$，可求得任意极角 φ 处的轴承油膜厚度为

$$h = \delta(1+\chi\cos\varphi) = r\psi(1+\chi\cos\varphi) \tag{15-17}$$

在油膜压力最大处 $p_{\max}$ 的油膜厚度为

$$h_0 = \delta(1+\chi\cos\varphi_0) \tag{15-18}$$

式中 φ_0——与 $p_{\max}$ 相应的极角。

将式(15-11)转换为极坐标形式，令 $dx = r d\varphi$，$v = rw$ 并将 h，h_0 值代入该式，则

$$\frac{dp}{d\varphi} = 6\eta \frac{\omega}{\psi^2} \cdot \frac{\chi(\cos\varphi - \cos\varphi_0)}{(1+\chi\cos\varphi_0)^3} \tag{15-19}$$

将式(15-19)从油膜压力起始角 φ_1 到任意角 φ 积分，可得极角为 φ 处的油膜压力为

$$p_\varphi = 6\eta \frac{\omega}{\psi^2} \int_{\varphi_1}^{\varphi} \cdot \frac{\chi(\cos\varphi - \cos\varphi_0)}{(1+\chi\cos\varphi)^3} d\varphi \tag{15-20}$$

把所有 p_φ 在外载荷方向的分量相加(积分)，即可得单位宽度的油膜承载能力。再把全宽度上的承载能力相加(积分)，可得总承载能力 F。考虑轴承有端泄，即两端的油压为零，油压沿宽度呈抛物线分布(图 15-29)，且最大油压也有所降低。由此可得

$$F = \frac{\eta\omega dB}{\psi^2} C_P \tag{15-21}$$

或

$$C_P = \frac{F\psi^2}{\eta\omega dB} = \frac{F\psi^2}{2\eta vB} \tag{15-22}$$

式中 η——润滑油在平均工作温度下的动力黏度，$N \cdot s/m^2$；

B——轴承宽度，m；

F——承载力，N；

v——轴的圆周速度,m/s。

C_p 为承载量系数,其值等于上述三重积分总值,与轴承包角 α,宽径比 B/d 和偏心率 χ 有关,由于求积分通解比较困难,可用数值积分法求解。表 15-5 所示为轴瓦包角为 180° 时,在非承载区提供无压供油的 C_p 值。

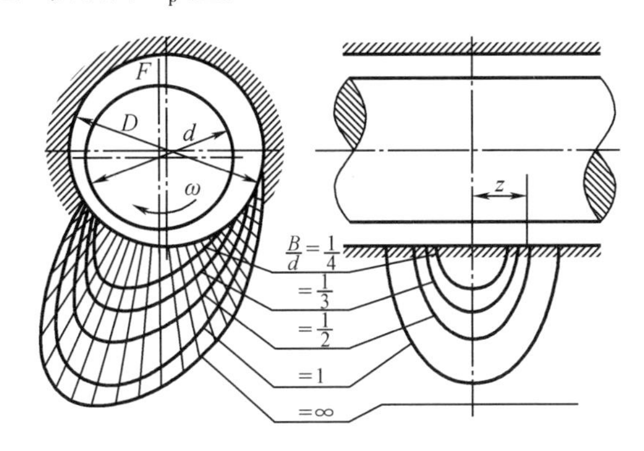

图 15-29 不同宽径比时沿轴承周向和轴向的压力分布

表 15-5 有限宽轴承的承载量系数 C_p

B/d	χ													
	0.3	0.4	0.5	0.6	0.65	0.7	0.75	0.8	0.85	0.9	0.925	0.95	0.975	0.99
	承载量系数 C_p													
0.3	0.052 2	0.082 6	0.128	0.203	0.259	0.347	0.475	0.699	1.122	2.074	3.352	5.73	15.15	50.52
0.4	0.089 3	0.141	0.216	0.339	0.431	0.573	0.776	1.079	1.775	3.195	5.055	8.393	21.00	65.26
0.5	0.133	0.209	0.317	0.493	0.622	0.819	1.098	1.572	2.428	4.261	6.615	10.706	25.62	75.86
0.6	0.182	0.238	0.427	0.655	0.819	1.070	1.418	2.001	3.036	5.214	7.956	12.64	29.17	83.21
0.7	0.234	0.361	0.538	0.816	1.014	1.312	1.720	2.399	3.580	6.029	9.072	14.14	31.88	88.90
0.8	0.287	0.439	0.647	0.972	1.199	1.538	1.965	2.754	4.053	6.721	9.992	15.37	33.99	92.89
0.9	0.339	0.515	0.754	1.118	1.371	1.745	2.248	3.067	4.459	7.294	10.753	16.37	35.66	96.35
1.0	0.391	0.589	0.853	1.253	1.528	1.929	2.469	3.372	4.808	7.772	11.38	17.18	37.00	98.95
1.1	0.440	0.658	0.947	1.377	1.669	2.097	2.664	3.580	5.106	8.186	11.91	17.86	38.12	101.15
1.2	0.487	0.723	1.033	1.489	1.796	2.247	2.838	3.787	5.364	8.533	12.35	18.43	39.04	102.90
1.3	0.529	0.784	1.111	1.590	1.912	2.379	2.990	3.968	5.586	8.831	12.73	18.91	39.81	104.42
1.5	0.610	0.891	1.248	1.763	2.099	2.600	3.242	4.266	5.947	9.304	13.34	19.68	41.07	106.84
2.0	0.763	1.091	1.483	2.070	2.446	2.981	3.671	4.778	6.545	10.091	14.34	20.97	43.11	110.79

15.7.2 最小油膜厚度 h_{min}

由式(15-15)和表 15-5 可知,在其他条件不变的情况下,h_{min}越小,则χ越大,C_p也越大,即轴承的承载能力 F 也越大。然而,h_{min}不能无限制地减小,因为它受到轴径和轴瓦表面粗糙度、轴的刚度及几何形状误差等的限制。为保证轴承获得完全液体摩擦,最小油膜厚

度 h_{min} 必须大于或等于许用油膜厚度[h],即

$$h_{min} = r\psi(1-\chi) \geqslant [h] \tag{15-23}$$

而

$$[h] = S(R_{Z_1} + R_{Z_2}) \tag{15-24}$$

式中 R_{Z_1}, R_{Z_2}——轴轴径和轴瓦表面微观不平度的十点平均高度,对于一般轴承,可分别取 R_{Z_1} 和 R_{Z_2} 值为 3.2 μm 和 6.3 μm,或 1.6 μm 和 3.2 μm;对于重要轴承,可取 0.8 μm 和 1.6 μm。

S——安全系数,常取 $S \geqslant 2$。

15.7.3 热平衡计算

液体动压润滑滑动轴承工作时的功耗主要是内摩擦产生的热量,它会使润滑油温度升高,黏度降低,轴承的承载能力下降;且在外载荷不变的情况下,使最小油膜厚度减少。因此要对轴承进行热平衡计算,控制轴承的温升 Δt 在允许的范围内。

滑动轴承工作中产生的热量一部分通过流动的润滑油带走,另一部分通过传导和辐射散发到周围介质中。轴承达到热平衡状态的条件是:单位时间内产生的摩擦热量 H 等于同一时间内由润滑油带走的热量 H_1 与轴承散发的热量 H_2 之和,即

$$H = H_1 + H_2$$

每秒钟轴承产生的热量

$$H = fpv$$

式中 f——摩擦因数,$f = \frac{\pi}{\psi} \cdot \frac{\eta\omega}{p} + 0.55\psi\xi$;

ξ——随轴承宽径比而变化的系数。

对于 $B/d < 1$ 的轴承,$\xi = (d/B)^{1.5}$;$B/d \geqslant 1$ 时,$\xi = 1$;ω 为轴颈角速度,单位为 rad/s;p 为轴承的平均压强,Pa;v 为轴颈圆周速度,m/s。

每秒钟润滑油带走的热量

$$H_1 = q\rho c(t_0 - t_i)$$

式中 q——润滑油流量,按润滑油流量系数求出,m^3/s;

ρ——润滑油的密度,对矿物油为 850 ~ 900 kg/m^3;

c——润滑油的比热容,对矿物油为 1 675 ~ 2 090 J/(kg·℃);

t_0——油的出口温度,℃;

t_i——油的入口温度,℃。

轴承散发的热量 H_2 与轴承的散热表面的面积、空气流动速度等有关,很难精确计算。因此,通常采用近似计算。若以油的出口温度 t_0 代表轴承温度,油的入口温度 t_i 代表周围介质的温度,则

$$H_2 = a_s \pi dB(t_0 - t_i)$$

式中 α_s——轴承的散热系数,随轴承结构的散热条件而定。

轻型轴承或散热困难的环境,$\alpha_s = 50$ W/(m^2·℃);中型轴承或一般通风条件,$\alpha_s = 80$ W/(m^2·℃);重型轴承或散热条件良好时,$\alpha_s = 140$ W/(m^2·℃)。

因此轴承热平衡时,有

$$fpv = q\rho c(t_0 - t_i) + a_s \pi dB(t_0 - t_i) \tag{15-25}$$

于是得出为了达到热平衡而必需的润滑油温度差 Δt 为

$$\Delta t = t_0 - t_i = \frac{\left[\frac{f}{\psi}\right]p}{c\rho\left[\frac{q}{\psi vBd}\right] + \frac{\pi a_s}{\psi v}} \tag{15-26}$$

式中　$\frac{q}{\psi vBd}$——润滑油流量系数，是一个无量纲数，可根据轴承的宽径比 B/d 及偏心率 χ 查图 15－30。

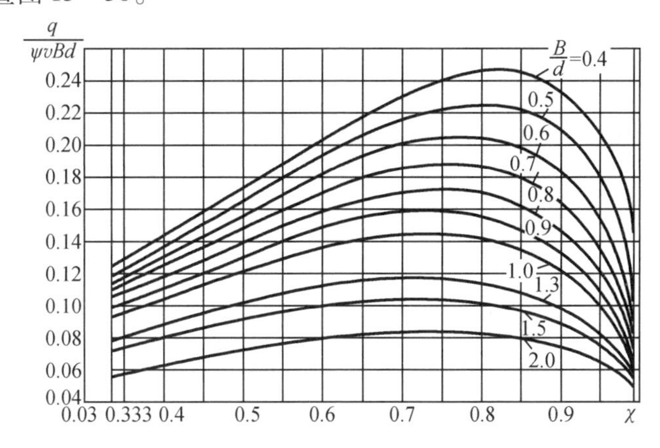

图 15－30　润滑油流量系数线图

式(15－26)求出的只是润滑油的平均温差。实际上，润滑油从入口至出口，温度是逐渐升高的，因而各处油的黏度不等。计算轴承承载能力时，应采用润滑油平均温度下的黏度。润滑油平均温度为

$$t_m = t_i + \frac{\Delta t}{2} \tag{15-27}$$

平均温度一般不应超过 75 ℃，入口温度 t_i 一般控制在 30～45 ℃。

15.7.4　参数选择及设计步骤

1. 参数选择

(1)宽径比 B/d

宽径比 B/d 对轴承承载能力、耗油量和轴承温升影响很大。B/d 小，承载能力小，耗油量大，温升小。通常 B/d 控制在 0.3～1.5。高速重载轴承温度高，B/d 宜取小值；低速重载轴承为提高轴承刚度，B/d 宜取大值；高速轻载轴承，如对刚性无过高要求，B/d 取小值。常用机器的宽径比 B/d 见表 15－6。

表 15－6　常用机器的宽径比 B/d

机器	汽轮机	发动机 发电机	压缩机 离心泵	轧钢机	减速器	机床	传动轴	车辆 轴承箱
B/d	0.25～1.0	0.6～1.5	0.5～1.2	0.6～0.9	0.6～1.2	0.86～1.2	0.8～1.5	1.4～2.0

注：优先选用下限值。

(2)相对间隙ψ

相对间隙是影响工作性能的一个主要参数,从式(15-21)知,轴承的承载能力与ψ^2成反比。ψ愈小,轴承承载能力愈高。但ψ小会使轴承温度升高,润滑油的黏度降低,使轴承承载能力下降。一般对于高速轻载的轴承,ψ取值较大,有利于散热;低速重载时,ψ取小值,以提高承载能力;旋转精度要求高的轴承ψ取小值。设计时,可按下面的公式初取ψ,即

$$\psi \approx \frac{\left(\frac{n}{60}\right)^{\frac{4}{9}}}{10^{\frac{31}{9}}} \tag{15-28}$$

各种常用机器的相对间隙ψ值见表15-7。

表15-7 常用机器的相对间隙ψ

机器	汽轮机、发动机 发电机	轧钢机、铁路机车	机床、内燃机	鼓风机、离心泵
相对间隙ψ	0001~0.002	0.000 2~0.001 5	0.000 2~0.001 25	0.001~0.003

(3)润滑油黏度η

润滑油黏度η对轴承的承载能力和温升有重要的影响。通常低速重载时选用黏度大的润滑油;高速轻载时选用黏度小的润滑油。另外,在工作环境温度高时应选用黏度大的润滑油,以减少温度对润滑油黏度的影响。

2.设计步骤

(1)初步确定设计方案

根据轴颈直径d、转速n及外载荷F等工作条件,初步确定:

①轴承的结构形式;

②主要参数,如B/d,ψ,η等;

③选择轴瓦结构和材料;

④选择轴承配合和润滑油牌号。

(2)校核计算

除了校核平均压强p,pv值及轴颈圆周速度v外,还要校核最小油膜厚度h_{min}和润滑油温升Δt。

例15-2 设计汽轮机转子的动压润滑径向滑动轴承。已知:轴颈直径$d=100$ mm,径向载荷$F=28\ 000$ N,轴颈转速$n=600$ r/min,载荷垂直向下,工作情况稳定,要求径向安装。

解 (1)选取轴承宽径比

根据汽轮机轴承,初选$B/d=1.0$,则轴承宽度$B=100$ mm。

(2)轴承工作性能的条件性计算

平均压强

$$p=\frac{F}{Bd}=\frac{28\ 000}{100\times 100}=2.8\ \text{MPa}$$

轴颈的圆周速度

$$v=\frac{\pi dn}{60\times 1\ 000}=\frac{\pi\times 100\times 600}{60\times 1\ 000}=3.14\ \text{m/s}$$

pv 值

$$pv=2.8\times3.14=8.792\ \text{MPa}\cdot\text{m/s}$$

3. 选择轴承材料

根据轴承条件性计算的结果，参考表15－2，选用铅基轴承合金ZChPbSb16－16－2，其相应的许用值为$[p]=15$ MPa，$[v]=12$ m/s，$[pv]=10$ MPa·m/s。

4. 确定轴承的相对间隙ψ

由式(15－28)可知 $\psi=\dfrac{\left(\dfrac{n}{60}\right)^{\frac{4}{9}}}{10^{\frac{31}{9}}}=\dfrac{\left(\dfrac{600}{60}\right)^{\frac{4}{9}}}{10^{\frac{31}{9}}}=0.001$，取为0.001 25。

5. 选择轴颈与轴承的公差配合

根据直径间隙$\Delta=\psi d=0.001\ 25\times100=0.125$ mm，按GB/T 1801—1999选配合$\dfrac{H6}{d7}$，查得孔的公差为$\phi100_{0}^{+0.022}$，轴的公差为$\phi100_{-0.155}^{-0.120}$，故：

最大直径间隙

$$\Delta_{\max}=0.022-(-0.155)=0.177\ \text{mm}$$

最小直径间隙

$$\Delta_{\min}=0-(-0.120)=0.12\ \text{mm}$$

因$\Delta=0.125$ mm在$\Delta_{\max}$与$\Delta_{\min}$之间，故所选配合适用。

6. 选择润滑油牌号

根据表15－1推荐使用的润滑油，选择全损耗系统用油L－AN46，并取其密度$\rho=880\ \text{kg/m}^3$，比热容$c=1\ 800$ J/(kg·℃)，散热系数$\alpha_s=80\ \text{W/(m}^2\cdot℃)$。

7. 验算最小油膜厚度

按$t_m=50$ ℃查出L－AN46的运动黏度，由图15－4查得$v_{50}=40\ \text{mm}^2/\text{s}$，则动力黏度

$$\eta_{50}=\rho v_{50}\times10^{-6}=880\times40\times10^{-6}=0.035\ 2\ \text{Pa}\cdot\text{s}$$

按加工精度要求取轴颈表面粗糙度$R_{Z_1}=1.6$ μm，轴瓦孔表面粗糙度$R_{Z_2}=3.2$ μm，安全系数$S=2$，由式(15－24)得

$$[h]=S(R_{Z_1}+R_{Z_2})=2\times(1.6+3.2)=9.6\ \mu\text{m}$$

(1)最大间隙时，$\psi=\Delta_{\max}/d=0.177/100=0.001\ 7$，由式(15－22)得承载量系数为

$$C_p=\frac{F\psi^2}{2\eta vB}=\frac{28\ 000\times0.001\ 7^2}{2\times0.035\ 2\times3.14\times100\times10^{-3}}=3.661$$

根据C_p及B/d的值查表15－5，经插算求出偏心率$\chi=0.81$。

由式(15－22)得$h_{\min}=\dfrac{d}{2}\psi(1-\chi)=\dfrac{100}{2}\times0.001\ 7\times(1-0.81)=16\ \mu\text{m}$，因$h_{\min}>[h]$，故满足工作要求。

(2)最小间隙时，$\psi=\Delta_{\min}/d=0.12/100=0.001\ 2$，从而得

$$C_p=\frac{F\psi^2}{2\eta vB}=\frac{28\ 000\times0.001\ 2^2}{2\times0.035\ 2\times3.14\times100\times10^{-3}}=1.824$$

查表15－5得$\chi=0.687$。

由式(15－23)得$h_{\min}=\dfrac{d}{2}\psi(1-\chi)=\dfrac{100}{2}\times0.001\ 2\times(1-0.687)=18.78\ \mu\text{m}$，因$h_{\min}>[h]$，故

也能满足工作要求。

8. 校核轴承的温升

因 $B/d=1.0$，取随宽径比变化的系数 $\xi=1$，由摩擦因数计算式

$$f=\frac{\pi}{\psi}\cdot\frac{\eta\omega}{p}+0.55\psi\xi$$

(1)最大间隙时

$$f=\frac{\pi\times0.035\ 2\times\dfrac{2\pi\times600}{60}}{0.001\ 7\times2.8\times10^{6}}+0.55\times0.001\ 7\times1=0.002\ 39$$

由 B/d 及 χ 的值查图 15－30，得润滑油流量系数

$$\frac{q}{\psi vBd}=0.14$$

由式(15－26)得

$$\Delta t=\frac{\left[\dfrac{f}{\psi}\right]p}{c\rho\left[\dfrac{q}{\psi vBd}\right]+\dfrac{\pi a_{s}}{\psi v}}=\frac{\left[\dfrac{0.002\ 39}{0.001\ 7}\right]\times2.8\times10^{6}}{1\ 800\times880\times0.14+\dfrac{\pi\times80}{0.001\ 7\times3.14}}=14.642\ ℃$$

由式(15－27)得

$$t_{i}=t_{m}-\frac{\Delta t}{2}=50-\frac{14.642}{2}=42.679\ ℃$$

(2)最小间隙时

$$f=\frac{\pi\times0.035\ 2\times\dfrac{2\pi\times600}{60}}{0.001\ 2\times2.8\times10^{6}}+0.55\times0.001\ 2\times1=0.002\ 73$$

查图 15－30 得

$$\frac{q}{\psi vBd}=0.142$$

由式(15－26)得

$$\Delta t=\frac{\left[\dfrac{f}{\psi}\right]p}{c\rho\left[\dfrac{q}{\psi vBd}\right]+\dfrac{\pi a_{s}}{\psi v}}=\frac{\left[\dfrac{0.002\ 73}{0.001\ 2}\right]\times2.8\times10^{6}}{1\ 800\times880\times0.142+\dfrac{\pi\times80}{0.001\ 2\times3.14}}=21.843\ ℃$$

$$t_{i}=50-\frac{21.843}{2}=39.079\ ℃$$

因 t_i 数值也在 30 ℃至 45 ℃之间，满足入口温度条件。

15.8 其他滑动轴承简介

15.8.1 多油楔滑动轴承

前述径向动压滑动轴承只有一个油楔产生油膜压力，称为单油楔滑动轴承。这类轴承在高速条件下，轴心容易偏离平衡位置做有规律或无规律的运动。难于自动返回原来的平

衡位置，这种状态称为轴承失稳。轴承失稳的机理比较复杂，一般转速越高，越容易失稳。为了提高高速滑动轴承的工作稳定性和旋转精度，常采用多油楔轴承（图15－29）。

图15－29（a）所示为椭圆轴承，在轴颈上下各有一个收敛的油楔，可形成上下两个动压油膜，有利于提高稳定性。图15－29（b）所示为固定瓦三油楔轴承，工作时，各油楔同时产生油膜压力，以助于提高轴的旋转精度及轴承的稳定性。固定瓦三油楔轴承只能单向运转。图15－29（c）所示为摆动瓦多油楔轴承，轴瓦由三块或多块（通常为奇数）扇形块组成，扇形瓦块的背面有调整螺钉的球面支撑。各支点不在轴瓦正中而偏向同一侧，由于支撑面是球面，使瓦块的倾角可随轴承工作情况的改变而改变，以适应轴承在不同转速、不同载荷以及轴因变形而偏斜的工作状况，保持动压油膜的承载能力。

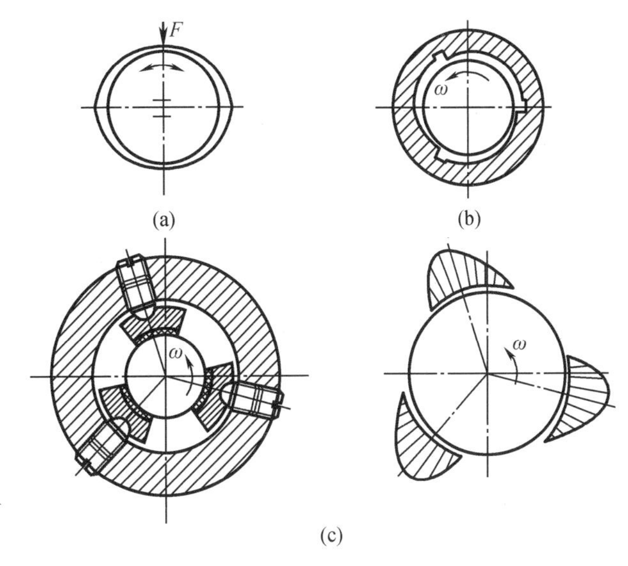

图15－29　多油楔滑动轴承

（a）椭圆轴承；（b）固定瓦三油楔轴承；（c）摆动瓦多油楔轴承

15.8.2　液体静压滑动轴承

液体静压滑动轴承是利用外部供油装置，将有一定压力的液体通过进油孔送入轴承的油腔，使轴颈与轴承表面分开，形成承载油膜的一种轴承。它具有启动力矩小，使用寿命长，回转精度高，油膜刚度大，阻尼性能好，对轴承材料无特殊要求等优点。其缺点是必须有一套复杂的供给压力油系统，成本高。

图15－30为流体静压径向轴承系统。轴承有4个完全相同的油腔。分别通过各自的节流器与供油管路相连接。在轴承外载荷 F 为零时，轴与轴颈同心，各油腔的油压相等。当轴承受到外载荷 F 时，轴颈的轴线下移了 e，各油腔附近的间隙发生变化。受力较大的下油腔间隙减小，节流器流量减少，节流器中的压力也随之减小。但因为油泵供油压力 p_b 保持不变，所以下腔压力增大。同理，上腔间隙增大，其压力减小。因此，在轴承的上下两油腔产生压力差，由此压力差所产生的向上的力来平衡载荷 F。

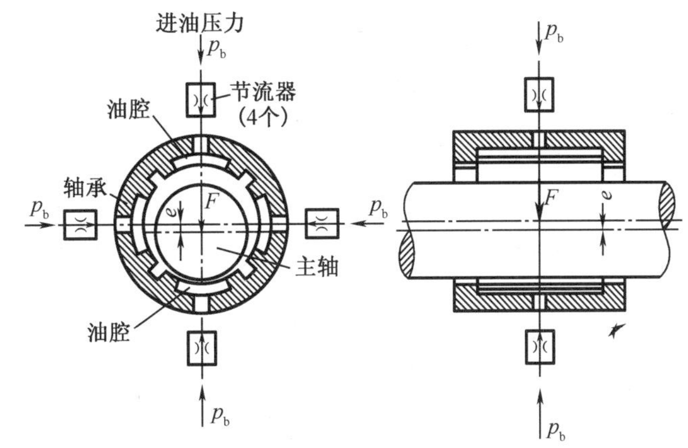

图15－30　流体静压径向滑动轴承

15.8.3 气体润滑轴承

当轴颈转速达到每分钟几十万转时，用液体润滑剂的轴承即使在液体润滑状态下工作，摩擦损失还是很大的。气体的黏度仅为液体的1/4 000，且受温度变化的影响小。因此，如改用气体润滑剂，可极大地降低摩擦损失，并可解决超高速轴承的温升问题。气体润滑轴承也分为动压轴承和静压轴承两大类。动压气体轴承形成的气膜很薄，最大不超过20 μm，故制造要求十分严格，空气的黏度很少受温度的影响，因此有可能在低温及高温中应用。它没有油类污染的危险，而且回转精度高、运行噪声低。它的主要缺点是承载量不能太高，密封较困难，且气体需经严格过滤。气体润滑轴承常用于高速磨头、陀螺仪表、医疗设备等处。

习　题

15－1　用轴承合金作轴承衬时，用青铜瓦背比用钢瓦背有何优点？

15－2　简述滑动轴承主要应用在哪几种情况？

15－3　液体动压径向滑动轴承的设计计算中，为什么要计算最小油膜厚度 h_{min}？

15－4　滑动轴承相对间隙 ψ 对轴承工作性能有何影响？设计时应如何合理选取？

15－5　滑动轴承宽径比 B/d 对轴承的工作性能有何影响？设计时应如何合理选取？

15－6　如图15－31所示，试根据液体动压润滑一维雷诺方程 $\frac{\partial p}{\partial x}=6\eta v\frac{h-h_0}{h^3}$，说明下列问题：

(1)产生压力油膜的必要条件是什么？

(2)定性画出油膜压力沿 x 轴的分布图。

(3)当水平板上载荷 F 增大为 F_1 时，水平板将如何变化？为什么变化后仍可支撑 F_1 载荷？

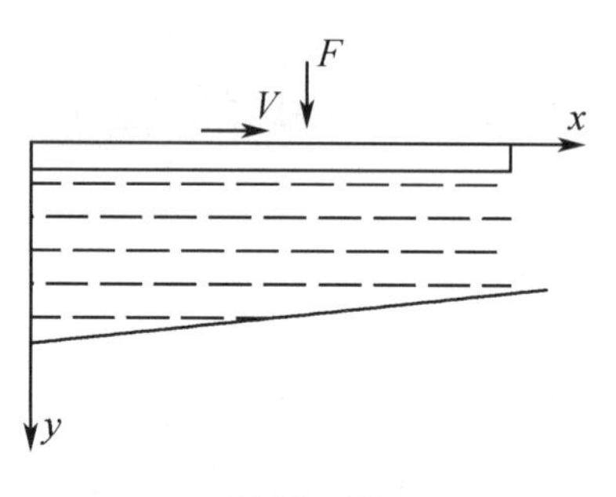

图15－31

15－7　校核滚筒上的一对滑动轴承。已知装载量加自重为18 000 N，转速为40 r/min，两端轴颈的直径为120 mm，轴瓦宽度径比为1.2，材料为锡青铜ZCuSn5Ph5Zn5，润滑脂润滑。

15－8　有一非液体摩擦向心滑动轴承，轴颈直径100 mm，轴承宽度100 mm，轴转速1 200 r/min，轴承材料ZCuSn10P1，它最大可以承受多大的径向载荷？

15－9　已知一起重机卷筒的滑动轴承所承受的径向载荷 $F=10^5$ N，轴颈直径 $d=90$ mm，轴颈转速 $n=9$ r/min，轴承材料采用铸铝铜ZCuAl10Fe3，试设计此轴承。

第16章　滚动轴承

16.1　滚动轴承概述

滚动轴承是机械中广泛应用的支承件，工作时依靠主要元件间的滚动接触来支承转动零件，滚动轴承的类型、尺寸、公差等已经标准化，并由专业工厂大量制造及供应各种常用规格的轴承。在机械设计中，设计者只需要根据工作条件正确选择轴承的类型和尺寸并进行滚动轴承的组合设计，包括安装、配置、固定、调整、润滑、密封等问题。

16.1.1　滚动轴承的组成

滚动轴承一般由外圈、内圈、滚动体和保持架等四部分组成，如图16－1所示。

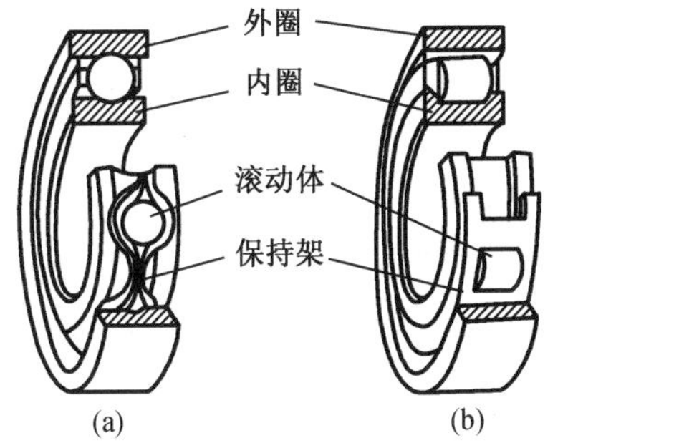

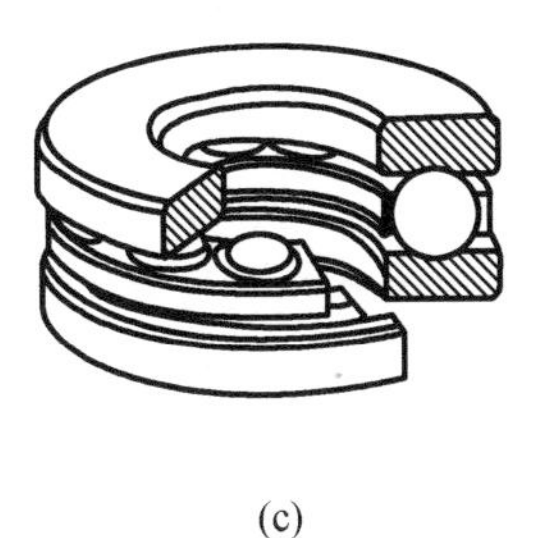

图16－1　滚动轴承的组成

通常内圈装配在轴上并与轴一起旋转，外圈与轴承座孔装配在一起，起支承作用。但也有轴承外圈旋转、内圈固定的，少数情况下还有内、外圈分别按不同转速旋转的使用情况。轴承内、外圈上的滚道多为凹槽形状，它有限制滚动体侧向位移的作用。

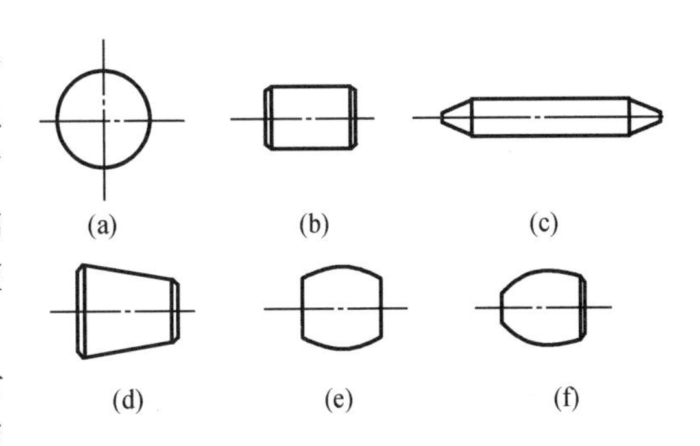

图16－2　滚动体的形状

(a)球形；(b)圆柱滚子；(c)滚针；
(d)圆锥滚子；(e)球面滚子；(f)非对称球面滚子

滚动体是滚动轴承的核心元件，它使相对运动表面间的滑动摩擦变为滚动摩擦。图16－2为滚动体的不同形状，有球、圆柱滚子、滚针、圆锥滚子、球面滚子、非对称球面滚子等。保持架将滚动体等距离排列隔开，以避免滚动体直接接触，减少发热和磨损。

滚动轴承除了上述四个基本元件外，有些轴承还根据使用要求附加各种特殊元件或结构，如外圈上加止动环等。

16.1.2 滚动轴承的材料及特点

滚动轴承的内圈、外圈和滚动体使用强度高、耐磨性好的轴承钢(铬锰合金钢)制造,常用牌号有 GCr15,GCr15SiMn 等(G 表示专用的滚动轴承钢)。淬火后硬度一般不低于 60 ~ 65 HRC,工作表面要求磨削抛光,从而达到很高的精度。由于一般轴承的这些元件都经过 150 ℃的回火处理,所以通常当轴承的工作温度不高于 120 ℃时,元件的硬度不会下降。

轴承保持架有冲压的和实体的两种,冲压保持架一般用低碳钢板冲压制成,它与滚动体间有较大的间隙。实体保持架常用铜合金、铝合金或塑料经切削加工制成,有较好的定心作用。

滚动轴承与滑动轴承相比,其特点如下:滚动轴承具有滚动摩擦的特点,摩擦阻力小,启动及运转力矩小,启动灵敏,功率损耗小且轴承单位宽度承载能力较大,润滑、安装及维修方便等。与滑动轴承相比,滚动轴承的缺点是径向轮廓尺寸大,接触应力高,高速重载下轴承寿命较低且噪声较大,抗冲击能力较差。

16.2 滚动轴承的类型及其代号

16.2.1 滚动轴承的结构特性

1. 公称接触角

滚动轴承的滚动体与外圈滚道接触点的法线和轴承半径方向的夹角 α,称为轴承公称接触角(简称接触角)。公称接触角 α 的大小反映了轴承承受轴向载荷的能力,接触角 α 越大,轴承承受轴向载荷的能力越大。

2. 游隙

滚动轴承中滚动体与内圈、外圈滚道之间的间隙,称为滚动轴承的游隙。游隙分为径向游隙和轴向游隙,其定义是当轴承的一个套圈固定不动,另一个套圈沿径向或轴向的最大移动量,称为轴承的径向游隙和轴向游隙。

轴承标准中将径向游隙分为基本游隙组和辅助游隙组,应优先选用基本游隙组值。轴向游隙值可由径向游隙值按一定关系换算得到。

16.2.2 滚动轴承的类型

滚动轴承类型繁多,可以从不同角度进行分类。按滚动体的形状可分为球轴承和滚子轴承。球形滚动体与内、外圈是点接触,运转时摩擦损耗小,承载能力和抗冲击能力弱;滚子滚动体与内、外圈是线接触,承载能力和抗冲击能力强,但运转时摩擦损耗大。按滚动体的列数,滚动轴承又分为单列、双列及多列。

按轴承所承受的载荷的方向或公称接触角的不同,滚动轴承可分为以下几种。

1. 向心轴承

向心轴承主要用于承受径向载荷,$0° \leqslant \alpha \leqslant 45°$。向心轴承又分为径向接触轴承($\alpha = 0°$,如图 16-3(a)所示)和向心角接触轴承($0° < \alpha \leqslant 45°$,如图 16-3(c)所示)。

2. 推力轴承

推力轴承(图16-3(b))主要用于承受轴向载荷,$45° < \alpha \leq 90°$。推力轴承又可分为轴向接触轴承($\alpha = 90°$)和推力角接触轴承($45° < \alpha < 90°$)。

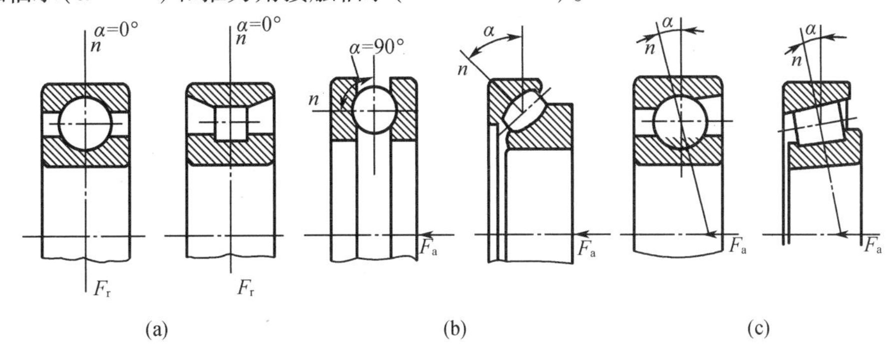

图16-3 滚动轴承接触角

(a)$\alpha = 0°$;(b)$45° < \alpha \leq 90°$;(c)$0° < \alpha \leq 45°$

在国标GB/T 271—2008中,滚动轴承是按轴承所承受的载荷的方向及结构的不同进行分类。常用的滚动轴承类型及特性如表16-1所示。

表16-1 滚动轴承的主要类型和特性

轴承名称 类型代号	结构简图及承载方向	极限转速	允许偏转角	主要特性和应用
调心球 轴承 1		中	3°	主要承受径向载荷,同时也能承受少量的双向轴向载荷; 主要用在载荷作用下弯曲较大的传动轴,以及支承座孔不易保证严格同心的地方
调心滚 子轴承 2		低	1°~2.5°	主要承受径向载荷,也可同时承受少量的双向轴向载荷; 滚动体为鼓形,外圈滚道为球面,因而具有调心性能; 主要用在载荷作用下弯曲较大的传动轴,以及支承座孔不易保证严格同心的地方
推力调心 滚子轴承 2		低	1.5°~2.5°	承受轴向载荷为主的轴、径向联合载荷,但径向载荷不得超过轴向载荷的55%

表 16－1(续 1)

轴承名称 类型代号	结构简图及承载方向	极限转速	允许偏转角	主要特性和应用
圆锥滚子 轴承 3	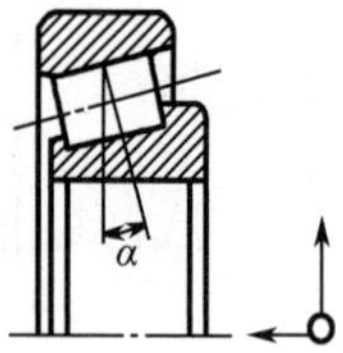 α	中	2′	主要承受以径向载荷为主的径、轴向联合载荷; 为分离型轴承,其内圈(含圆锥滚子和保持架)和外圈可以分别安装,在安装和使用过程中可以调整轴承的径向和轴向游隙,也可以预过盈安装,单列的在径向载荷作用下,会产生附加轴向力,因此,一般应成对配置
推力球 轴承 5	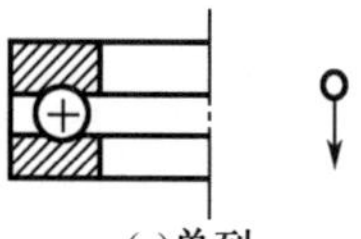 (a)单列 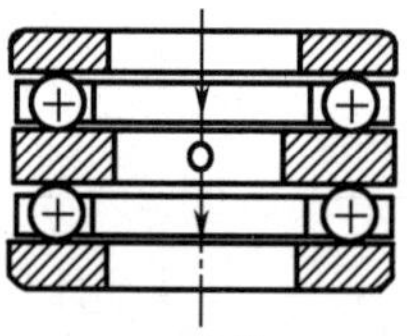 (b)双列	低	0°	只能承受轴向载荷,具体有两种类型:单列——承受单向推力和双列——承受双向推力; 运转中必须施加足够的轴向力,为分离型轴承,两支承平面必须平行,不允许有任何偏差,轴中心线与外壳支承面应保证垂直,若不能保证,可采用球面座圈和调心垫圈加以补偿
深沟球 轴承 6	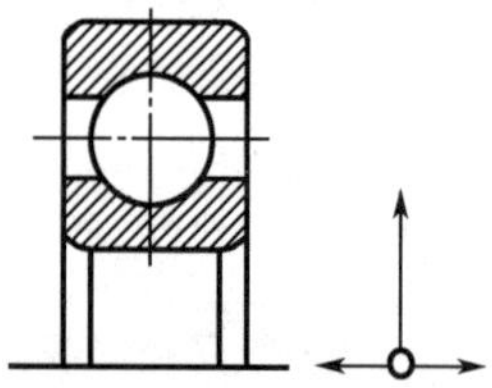	高	8′～16′	主要承受径向载荷,也可承受少量的双向轴向载荷。当转速很高、不宜用推力轴承时,可承受较轻纯轴向载荷; 结构简单,使用方便,在安装、密封、配合无特殊要求的地方,均可采用
角接触球 轴承 7	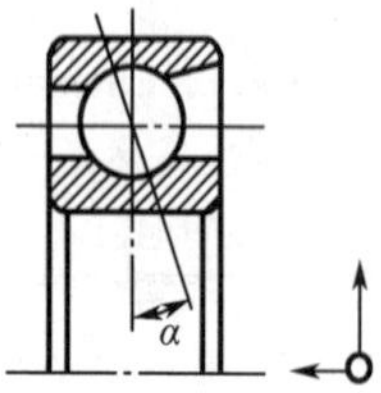 α	较高	2′	能同时承受径向和单向轴向载荷,不宜受纯轴向载荷,公称接触角越大,轴向承载能力也越大,公称接触角 α 有 15°,25°,40°三种,内部结构代号分别为 C,AC 和 B,通常成对使用,可以分装于两个支点或同装于一个支点上

表 16－1(续2)

轴承名称 类型代号	结构简图及承载方向	极限转速	允许偏转角	主要特性和应用
圆柱滚子 轴承 N		较高	2′～4′	仅能承受径向载荷,内、外圈的带挡边的单列轴承可承受较小的轴向载荷; 因系线接触,内、外圈只允许较小的轴线偏斜度,故只能用于刚性较大的轴上,并要求支承座孔很好的对中,常用于受外力弯曲较小的固定短轴上,或因发热而使轴伸长的机件上
滚针轴承 NA	(a) (b)	低	0°	只能承受径向载荷; 适用于径向安装尺寸受限制的地方,无保持架的极限转速比有保持架的低

16.2.3 滚动轴承的代号

在常用的各类滚动轴承中,每种类型又可做成几种不同的结构、尺寸和公差等级,以便适应不同的技术要求。为了统一表征各类轴承的特点,便于组织生产和选用,GB/T 272—1993 和 JB/T 2974—2004 规定了一般用途的滚动轴承代号的编制方法。滚动轴承代号由字母和数字表示,并由前置代号、基本代号和后置代号三部分构成,如表 16－2 所示。基本代号是轴承代号的主体,表示轴承的基本类型、结构和尺寸,它由轴承类型代号、直径系列、宽(高)度系列和内径代号构成。前置代号和后置代号是轴承在结构形状、尺寸、公差、技术要求等方面有改变时,在基本代号左右增加的补充代号。

表 16－2 滚动轴承代号的构成

<table>
<tr><td>前置代号</td><td colspan="5">基本代号</td><td colspan="8">后置代号</td></tr>
<tr><td rowspan="3">成套轴承分部件</td><td>五</td><td>四</td><td>三</td><td>二</td><td>一</td><td rowspan="3">内部结构</td><td rowspan="3">密封与防尘套圈变形</td><td rowspan="3">保持架及其材料</td><td rowspan="3">轴承材料</td><td rowspan="3">公差等级</td><td rowspan="3">游隙</td><td rowspan="3">配置</td><td rowspan="3">其他</td></tr>
<tr><td rowspan="2">类型代号</td><td colspan="2">尺寸系列代号</td><td colspan="2" rowspan="2">内径代号</td></tr>
<tr><td>宽(高)度系列代号</td><td>直径系列代号</td></tr>
<tr><td>字母</td><td>数字或字母</td><td>数字</td><td>数字</td><td colspan="2">2 位数字</td><td colspan="8">字母(＋数字)</td></tr>
</table>

注:基本代号下面的一至五表示代号自右向左的位置序数。

1. 类型代号

类型代号用数字或字母表示,其代号如表 16-1 所示。若代号为“0”(双列角接触球轴承),则可省略。

2. 尺寸系列代号

尺寸系列代号由轴承的宽(高)度系列代号和直径系列代号组合而成。对于同一内径的轴承,在承受大小不同的载荷时,可使用大小不同的滚动体,从而使轴承的外径和宽度相应地也发生了变化。显然,使用的滚动体越大,承载能力越大,轴承的外径和宽度也越大。

宽度系列是指相同内外径的向心轴承有几个不同的宽度,宽度系列代号有 8,0,1,2,3,4,5,6,对应于相同内径轴承的宽度尺寸依次递增。其中 8 为特窄;0 为窄;1 为正常;2 为宽;3,4,5,6 为特宽。当宽度系列为 0 系列(1,2 系列)时,对多数轴承在代号中不标出,但对于调心滚子轴承和圆锥滚子轴承,宽度系列代号 0 应该标出;高度系列是指相同内外径的推力轴承有几个不同的高度,高度系列代号有 7,9,1,2,对应于相同内径轴承的高度尺寸依次递增。

直径系列是指相同内径的轴承有几个不同的外径,直径系列代号有 7,8,9,0,1,2,3,4,5,对应于相同内径轴承的外径尺寸依次递增。部分直径系列之间的尺寸对比如图 16-4 所示。其中 7 为超特轻;8,9 为超轻;0,1 为特轻系列;2 为轻系列;3 为中系列;4 为重系列。

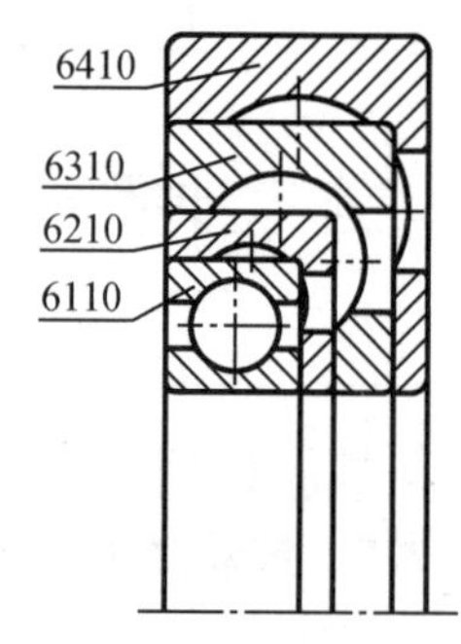

图 16-4　直径系列的对比

3. 内径代号

内径代号表示轴承内圈孔径的大小,滚动轴承内径可以从 1 mm 到几百毫米变化,如表16-3所示。对常用内径 d = 20 ~ 480 mm 的轴承,内径一般为 5 的倍数,内径代号的两位数字表示轴承内径尺寸被 5 除得的商数,如 04 表示 d = 20 mm;12 表示 d = 60 mm等。对于内径为10 mm,12 mm,15 mm, 17 mm 的轴承,内径代号依次为 00,01,02 和 03。对于内径为 500 mm,22 mm,28 mm,32 mm 的轴承,用公称内径毫米数直接表示,但在与尺寸系列代号之间用“/”分开。

表 16-3　内径代号

轴承内径 d/mm		内径代号	示例
10 ~ 17	10	00	深沟球轴承 6201 内径 d = 12 mm
	12	01	
	15	02	
	17	03	
20 ~ 480 (22,28,32 除外)		用内径除以 5 得的商数表示。当商只有个位数时,需在十位数处用 0 占位	深沟球轴承 6210 内径 d = 50 mm
≥500 以及 22,28,32		用内径毫米数直接表示,并在尺寸系列代号与内径代号之间用“/”号隔开	深沟球轴承 62/500,内径 d = 500 mm 62/22,内径 d = 22 mm

4. 内部结构代号

内部结构代号表示轴承内部结构变化。代号含义随不同类型、结构而异，如表16-4所示。如接触角为15°，25°和40°的角接触轴承分别用C，AC，B表示内部结构的不同。

表16-4 内部结构代号

代号	示例		
C	角接触球轴承	公称接触角 $\alpha = 15°$	7210C
AC	角接触球轴承	公称接触角 $\alpha = 25°$	7210AC
B	角接触球轴承	公称接触角 $\alpha = 40°$	7210B
B	圆锥滚子轴承	接触角 α 加大	32310B
E	加强型，改进结构设计，增大承载能力		NU207E

5. 公差等级代号

公差等级代号表示轴承的精度等级，如表16-5所示。分为2级、4级、5级、6级、6X级和0级，共6个级别，依次由高级到低级，其代号分别为/P2，/P4，/P5，/P6，/P6X和/P0。公差等级中，6X级仅适用于圆锥滚子轴承；0级为普通级，在轴承代号中不标出。

表16-5 公差等级代号

	精度低——→精度高					示例
代号	/P0	/P6	/P5	/P4	/P2	6206/P5
公差等级	0	6	5	4	2	5级

6. 游隙代号

常用的轴承径向游隙系列分为1组、2组、0组、3组、4组和5组，共6个组别，依次由小到大。0组游隙是常用的游隙组别，在轴承代号中不标出，其余的游隙组别在轴承代号中分别用/C1，/C2，/C3，/C4，/C5表示，如表16-6所示。

表16-6 游隙组代号

代号	/C1	/C2	—	/C3	/C4	/C5
含义	游隙符合标准规定的1组	游隙符合标准规定的2组	游隙符合标准规定的0组	游隙符合标准规定的3组	游隙符合标准规定的4组	游隙符合标准规定的5组

公差等级代号与游隙代号需同时表示时，可进行简化，取公差等级代号加上游隙组号(0组不表示)组合表示，例如/P63表示轴承公差等级P6级，径向游隙3组。

7. 配置代号

配置代号表示一对轴承的配置方式，如表16-7所示。

表 16-7 轴承的配置代号

代号	/DB	/DF	/DT
含义	成对背对背安装	成对面对面安装	成对串联安装

8. 成套轴承分部件代号

成套轴承分部件代号表示轴承的分部件,用字母表示。滚动轴承的分部件是指可以自由地从轴承上分离下来的带或不带滚动体,或带保持架和滚动体的轴承套圈或轴承垫圈,以及可以自由地从轴承上分离下来的滚动体与保持架的组件。如用 L 表示可分离轴承的可分离内圈或外圈;K 表示滚子和保持架组件。

例 16-1 试说明轴承代号 6206,32315E,7312C 及 51410/P6 的含义。

解 6206:(从左至右)6 表示深沟球轴承;2 为尺寸系列代号,直径系列为 2、宽度系列为 0(省略);06 为轴承内径 30 mm;公差等级为 0 级。

32315E:(从左至右)3 为圆锥滚子轴承;23 为尺寸系列代号,直径系列为 3、宽度系列为 2;15 为轴承内径 75 mm;E 表示加强型;公差等级为 0 级。

7312C:(从左至右)7 为角接触球轴承;3 为尺寸系列代号,直径系列为 3、宽度系列为 0(省略);12 为轴承内径 60 mm;C 表示公称接触角 $\alpha = 15$;公差等级为 0 级。

51410/P6:(从左至右)5 为推力轴承;14 为尺寸系列代号,直径系列为 4、宽度系列为 1;10 为轴承直径 50 mm; P6 前有"/",为轴承公差等级。

16.3 滚动轴承的选择

滚动轴承的选用,包括类型、尺寸、精度、游隙、配合以及支承形式的选择与寿命计算,选择轴承时,首先是选择轴承类型,通常可按以下步骤进行:

(1)根据工作条件确定轴承部件的结构形式;

(2)根据支承形式及轴承的工作特性确定轴承类型、精度;

(3)通过轴承部件的结构设计、强度与寿命计算,确定具体的轴承型号;

(4)验算轴承的负载能力与极限转速。

各种轴承的结构形式、外形尺寸及其基本性能参数见轴承手册。

16.3.1 轴承的载荷

轴承所受载荷的大小、方向和性质,是选择轴承类型的主要依据。

1. 根据轴承所受载荷的大小

在选择轴承类型时,由于滚子轴承中主要元件间是线接触,宜用于承受较大的载荷,承载后的变形也较小。而球轴承中主要为点接触,宜用于承受较轻的或中等的载荷,故在载荷较小时,应优先选用球轴承。

2. 根据轴承所受载荷的方向

在选择轴承类型时,对于纯轴向载荷,一般选用推力轴承;对于受较小的纯轴向载荷可选用推力球轴承;较大的纯轴向载荷可选用推力滚子轴承。对于纯径向载荷,一般选用深沟球轴承、圆柱滚子轴承或滚针轴承。当轴承在承受径向载荷 F_r 的同时，还有不大的轴向载荷 F_a 时，可选用深沟球轴承或接触角不大的角接触球轴承或圆锥滚子轴承；当轴向载荷较大时，可选用接触角较大的角接触球轴承或圆锥滚子轴承，或者选用向心轴承和推力轴承组合在一起的结构，分别承担径向载荷和轴向载荷。

16.3.2 轴承的转速

在一般转速下，转速的高低对类型的选择不产生什么影响，只有在转速较高时，才会有比较显著的影响。滚动轴承的工作转速上升到一定限度后，滚动体和保持架的惯性力以及极小的形状偏差，不仅会导致运转状态的恶化，而且造成摩擦面间温度升高和润滑剂的性能变化，从而引起滚动体回火或轴承元件的胶合失效。在一定载荷和润滑条件下，滚动轴承所能允许的最高转速称为轴承的极限转速。它与轴承的类型、尺寸、载荷大小及方向、润滑剂的种类及用量、润滑方式以及散热条件等因素有关。轴承样本中列入了各种类型、各种尺寸轴承的极限转速 n_{lim} 值。这个转速是指载荷不太大（即当量动载荷 $P \leqslant 0.1C$，C 为基本额定动载荷）、润滑与冷却条件正常且为0级公差轴承时的最大允许转速。但是，由于极限转速主要是受工作时温升的限制，因此，不能认为样本中的极限转速是一个绝对不可超越的界限。从工作转速对轴承的要求看，可以确定以下几点：

(1)球轴承与滚子轴承相比较，有较高的极限转速，故在高速时应优先选用球轴承。

(2)在内径相同的条件下，外径越小，则滚动体就越小，运转时滚动体加在外圈滚道上的离心惯性力也就越小，因而也就更适于在更高的转速下工作。故在高速时，宜选用同一直径系列中外径较小的轴承。外径较大的轴承，宜用于低速重载的场合。若用一个外径较小的轴承而使承载能力达不到要求时，可再装一个相同的轴承，或者考虑采用宽系列的轴承。

(3)保持架的材料与结构对轴承转速影响极大。实体保持架比冲压保持架允许高一些的转速、青铜实体保持架允许更高的转速。

(4)推力轴承的极限转速均很低。当工作转速高时，若轴向载荷不十分大，可以用角接触球轴承承受纯轴向力。

(5)若工作转速略超过样本中规定的极限转速，可以用提高轴承的公差等级，或者适当地加大轴承的径向游隙、选用循环润滑或油雾润滑、加强对循环油的冷却等措施来改善轴承的高速性能。若工作转速超过极限转速较多，应选用特制的高速滚动轴承。

16.3.3 轴承的调心性能

由于箱体孔、轴的加工与安装误差，以及受载后轴的挠曲变形，轴和内外圈轴线在工作中不可能保持重合，必将产生一定的偏转。轴线的偏转将引起轴承内部接触应力的不均匀分布，造成轴承的早期失效。这时，应采用有一定调心性能的调心轴承或带座外球面的球轴承。这类轴承在轴与轴承座孔的轴线有不大的相对偏转时仍能正常工作。

轴承能够自动补偿轴和箱体孔中心线的相对偏转，从而保证轴承正常工作状态的能力称为轴承的调心性。调心球轴承和调心滚子轴承都具有良好的调心性能，它们所允许的轴线偏转角分别为3°和1°~2.5°。

圆柱滚子轴承和滚针轴承对轴承的偏转最为敏感，这类轴承在偏转状态下的承载能力可能低于球轴承。因此在轴的刚度和轴承座孔的支承刚度较低时，应尽量避免使用这类轴承。

16.3.4 轴承的安装和拆卸

便于装拆,也是在选择轴承类型时应考虑的一个出素。在轴承座没有剖分面而必须沿轴向安装和拆卸轴承部件时,应优先选用内、外圈可分离的轴承(如 N0000,NA0000,30000 等)。当轴承在长轴上安装时,为了便于装拆,可以选用其内圈孔为 1:12 的圆锥孔(用以安装在紧定衬套上)的轴承。

16.3.5 运转精度

用滚动轴承支承的轴,其轴向及径向运转精度既与轴承零件的精度及弹性变形有关,也与相邻部件的精度及弹性变形有关。如轴承与轴和箱体孔的配合间隙会导致轴的中心偏移,影响轴承与轴的运转精度。因此,对于运转精度要求高的轴承,需选用过盈配合。对于游动支承常使用圆柱滚子轴承,因为这种轴承的两个套圈在安装时都可采用过盈配合。轴承的套圈一般比较薄,因此与轴承相配合的轴和箱体孔的形状误差也会影响轴承的运转精度,故配合件的精度必须与轴承相一致。

16.3.6 经济性要求

球轴承比滚子轴承价格便宜,调心轴承价格较高。从经济角度看,精度低的轴承比精度高的轴承便宜。普通结构轴承比特殊结构的轴承便宜。在满足使用功能的前提下,应尽量选用球轴承、低精度、低价格的轴承。

此外,轴承类型的选择还应考虑轴承装置整体设计要求,如轴承的配置使用性、游动性等要求,如支承刚度要求较高时,可成对采用角接触型轴承,需调整径向间隙时宜采用带内锥孔的轴承,支点跨距大、轴的变形大或多支点轴,宜采用调心轴承,空间受限制时,如径向尺寸受限,可采用滚针轴承。

16.4 滚动轴承的载荷分析、失效形式和设计准则

16.4.1 滚动轴承的工作情况分析

1. 滚动轴承工作时各元件间的运动关系

滚动轴承是承受载荷而又旋转的支承件。作用于轴承上的载荷通过滚动体由一个套圈(指内圈或外圈)传递给另一个套圈。内、外圈相对回转,滚动体既自转又绕轴承中心公转。

2. 滚动轴承中的载荷分布

以向心轴承为例,在径向载荷作用下向心轴承中载荷的分布可参考图 16-5。为了简化受力分析,假定轴承仅受径向载荷;内、外圈不变形;滚动体与滚道的变形在弹性变形范围内;径向游隙为零。考虑有一个滚动体的中心位于径向载荷的作用线上,上半圈的滚动体不承受载荷,下半圈滚动体受载荷,且滚动体在不同位置承受的载荷大小也在变化。

在载荷 F_r 作用下,内圈中心相对于外圈中心下沉了 δ_0(参考图 16-5 所示位置)。最下边一个滚动体受力最大,其内圈滚道上最大变形量为 $\delta_{max}=\delta_0$,下半圈其余各滚动体与内圈滚道接触处的变形量由几何关系可得 $\delta_i=\delta_0\cos i\gamma$,$i=1,2,\cdots$,$i\gamma$ 是各滚动体的中心角。图

中 $F_0, F_1, \cdots, F_i$ 是各滚动体所受的力，其中 F_0 为滚动体所受的最大载荷，其他载荷向两边逐渐减小。各滚动体从开始受力到受力终止所对应的区域叫作承载区。实际上由于轴承内存在间隙，故由径向载荷 F_r 产生的承载区的范围将小于180°。根据力的平衡原理，所有滚动体作用在内圈上的反力 F_i 的向量和等于径向载荷 F_r。

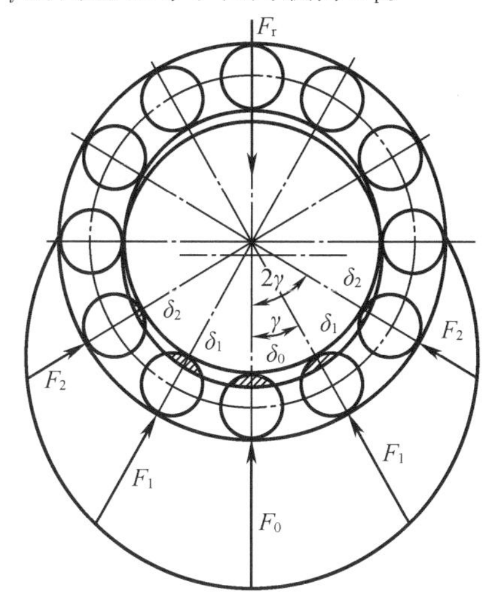

图16－5　滚动体间的载荷分布简图

3. 轴承元件上的载荷及应力变化

由轴承的载荷分布可知，滚动轴承工作时，滚动体所处位置不同，轴承各元件所受的载荷和应力随时都在变化。在承载区内，滚动体所受的载荷由零逐渐增加到最大值，然后再逐渐减小到零。滚动体受的是变载荷和变应力。

轴承工作时，假设内圈旋转、外圈固定。进入承载区的内圈上某一点与滚动体接触一次，就受一次载荷作用，载荷由零到最大值再变到零，内圈该点上的载荷和接触应力也是周期性地不稳定变化（图16－6）。

对于固定的外圈上某一定点，每当一个滚动体滚过时，便受一次载荷，其承受载荷的最大值是固定的，该点受稳定的脉动循环载荷作用，接触应力的变化如图16－7所示。

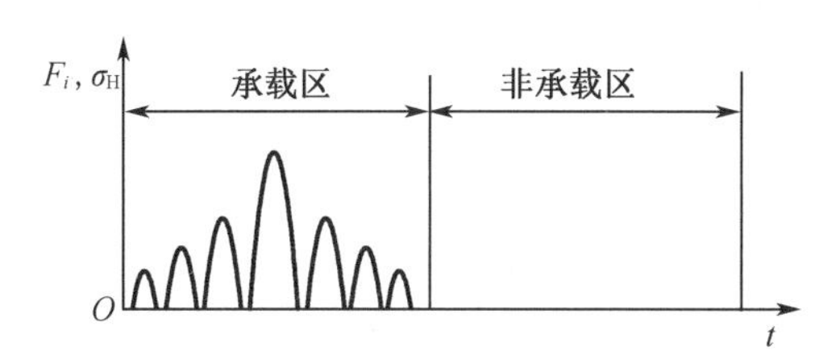

图16－6　轴承内圈上一点载荷及应力变化

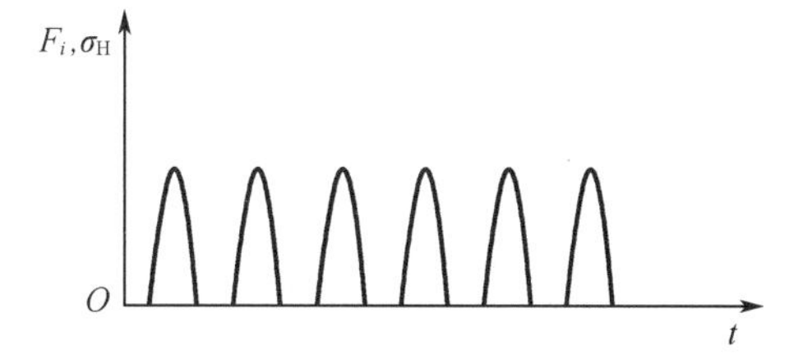

图16－7　轴承外圈上一点载荷及应力变化

16.4.2　滚动轴承的失效形式及设计准则

1. 滚动轴承的主要失效形式

（1）疲劳点蚀

滚动轴承在工作时，滚动体或套圈的滚动表面反复受脉动循环变化接触应力的作用，工作一段时间后，出现疲劳裂纹并继续发展，使金属表层产生麻坑或片状剥落，造成疲劳点蚀。

在发生点蚀破坏后，轴承在运转中将会产生较强烈的振动、噪声和发热现象，最后导致失效而不能正常工作，通常疲劳点蚀是滚动轴承的主要失效形式，轴承的设计就是针对这种失效而展开的。

(2)塑性变形

对于低速($n<10$ r/min)、摆动或不转动的轴承，一般不会产生疲劳破坏。但在较大的静载荷及冲击载荷作用时，在滚动接触表面上将产生永久性的凹坑，或由于不正确的安装、外来硬物质的侵入等原因造成套圈或滚动体表面产生压痕。以上这些都会增大摩擦力矩，在轴承运转中产生强烈振动和噪声，降低运转精度，即轴承因塑性变形而失效。因此对这种工况下的轴承需做静强度计算。

(3)磨损

由于密封不好、灰尘及杂质侵入轴承造成滚动体和滚道表面产生磨粒磨损，或由于润滑不良引起轴承早期磨损或烧伤。

(4)其他失效形式

由于装拆操作、维护不当引起元件破裂，如滚子轴承因内、外圈偏斜引起挡边破裂，还有滚动体破碎、保持架磨损、锈蚀等。

2. 滚动轴承设计准则

选定轴承类型后，决定轴承尺寸时，应针对主要失效形式进行计算。疲劳点蚀失效是疲劳寿命计算的主要依据，塑性变形是静强度计算的依据。对一般工作条件下做回转的滚动轴承应进行接触疲劳寿命计算，还应做静强度计算；对于不转动、摆动或转速低的轴承，要求控制塑性变形，应做静强度计算；高速轴承由于发热易造成粘着磨损和烧伤，除进行寿命计算外，还要核验极限转速。

此外，决定轴承工作能力的因素还有轴承组合的合理结构、润滑和密封等，它们对保证轴承正常工作起重要作用。

16.5 滚动轴承尺寸的选择计算

16.5.1 基本额定寿命 L

一个滚动轴承的寿命是指轴承中任一个滚动体或滚道首次出现疲劳扩展之前，一个套圈相对于另一个套圈的转数，或在一定转速下的工作小时数。

滚动轴承的疲劳寿命是相当离散的，由于制造精度、材料的均质程度等的差异，即使是同样材料、同样尺寸以及同一批生产出来的轴承在完全相同的条件下工作，它们的寿命也会不相同，有的相差可达几十倍。

对一个具体轴承很难预知其确切寿命，但大量实验表明，对一批轴承可用数理统计方法，分析计算一定可靠度 R 或失效概率 n 下的轴承寿命。一般在计算中取 $R=0.9$，此时 $L_n=L_{10}$，称为基本额定寿命。即基本额定寿命是指一批相同的轴承，在相同运转条件下，其中90%的轴承在发生疲劳点蚀前所能运转的总转数或在一定转速下所能运转的总工作小时数。

16.5.2 基本额定动载荷 C

轴承的寿命与所受载荷的大小有关，工作载荷越大，引起的接触应力也就越大，因而在发生点蚀破坏前所能经受的应力变化次数也就越少,亦即轴承的寿命越短。把基本额定寿命 $L=10^6$ 转时轴承所能承受的最大载荷取为基本额定动载荷。基本额定动载荷指的是大小和方向恒定的载荷,是向心轴承承受纯径向载荷或推力轴承承受纯轴向载荷的能力。

各类轴承的基本额定动载荷 C_r(径向基本额定动载荷)或 C_a(轴向基本额定动载荷)可在产品目录中查得,本书附表1,2,3,4中列举了少量轴承的 C 值供参考。

16.5.3 当量动载荷 P

对于具有基本额定动载荷 C(C_r 或 C_a)的轴承,当它所受的载荷恰好为 C 时,其基本额定寿命就是 10^6r。但当所受的载荷不等于 C 时,轴承的寿命为多少?这就是轴承寿命计算所要解决的一类问题。滚动轴承的实际运转条件,一般与确定额定动载荷的条件不同,为了进行寿命计算,须将实际载荷换算成一个与 C 载荷性质相同的假定载荷。在这个假定载荷作用下,轴承的寿命与实际载荷作用下的寿命相同,称该假定载荷为当量动载荷,用 P 表示。

在恒定的径向载荷 F_r 和轴向载荷 F_a 作用下,当量动载荷为

$$P = XF_r + YF_a \tag{16-1}$$

式中 X,Y——径向动载荷系数和轴向动载荷系数,可由表16-8查取。

向心轴承只承受径向载荷时

$$P = F_r \tag{16-1a}$$

推力轴承只能承受轴向载荷时

$$P = F_a \tag{16-1b}$$

表16-8中 e 为判断系数(即界限值)。单列向心轴承当 $\frac{F_a}{F_r}\leqslant e$ 时,$Y=0$,$P=F_r$,即轴向载荷对当量动载荷的影响可以不计。深沟球轴承和角接触球轴承的 e 值将随 $\frac{iF_a}{C_0}$ 的增加而增大(C_0 为轴承的额定静载荷),$\frac{iF_a}{C_0}$ 反映轴向载荷的相对大小,它通过接触角的变化而影响 e 值。

表16-8 径向系数 X 和轴向系数 Y

轴承类型	$\frac{iF_a}{C_0}$	单列轴承				双列轴承				界限值 e
		$\frac{F_a}{F_r}\leqslant e$		$\frac{F_a}{F_r}>e$		$\frac{F_a}{F_r}\leqslant e$		$\frac{F_a}{F_r}>e$		
		X	Y	X	Y	X	Y	X	Y	
深沟球轴承	0.014	1	0	0.56	2.30					0.19
	0.028				1.99					0.22
	0.056				1.71					0.26
	0.084				1.55					0.28
	0.11				1.45					0.30
	0.17				1.31					0.34
	0.28				1.15					0.38
	0.42				1.04					0.42
	0.56				1.00					0.44

表 16－8(续)

轴承类型		$\frac{iF_a}{C_0}$	单列轴承				双列轴承				界限值 e
			$\frac{F_a}{F_r}\leqslant e$		$\frac{F_a}{F_r}>e$		$\frac{F_a}{F_r}\leqslant e$		$\frac{F_a}{F_r}>e$		
			X	Y	X	Y	X	Y	X	Y	
调心球轴承（双列）		—	—	—	—	—	1	$0.42\cot\alpha$	0.65	$0.65\cot\alpha$	$1.5\tan\alpha$
角接触球轴承	$\alpha=15°$	0.015	1	0	0.44	1.47	1	1.65	0.72	2.39	0.38
		0.029				1.40		1.57		2.28	0.40
		0.058				1.30		1.46		2.11	0.43
		0.087				1.23		1.38		2.00	0.46
		0.12				1.19		1.34		1.93	0.47
		0.17				1.12		1.26		1.82	0.50
		0.29				1.02		1.14		1.66	0.55
		0.44				1.00		1.12		1.63	0.56
		0.58				1.00		1.12		1.63	0.56
	$\alpha=25°$	—	1	0	0.41	0.87	1	0.92	0.67	1.41	0.68
	$\alpha=40°$	—	1	0	0.35	0.57	1	0.55	0.57	0.93	1.14
圆锥滚子轴承		—	1	0	0.40	$0.4\cot\alpha$	1	$0.45\cot\alpha$	0.67	$0.67\cot\alpha$	$1.5\tan\alpha$

注：①C_0 是轴承的额定静载荷；i 是滚动体的列数；α 是接触角。

②对于深沟球轴承及角接触球轴承，先根据算得的$\frac{iF_a}{C_0}$值查出对应的 e 值，然后再查出对应的 X,Y 值。对于表中未列出的$\frac{iF_a}{C_0}$值，可按线性插值法求出对应的 e,X,Y 值。

③两套相同的角接触球轴承（或圆锥滚子轴承）安装在同一支点上“背靠背”或“面对面”配置作为一个整体（成对安装）运转时，这时轴承的当量动载荷按一套双列角接触球轴承（或圆锥滚子轴承）计算，并用双列轴承的 X,Y 值。

④调心轴承和圆锥滚子轴承中计算 e 和 Y 所需的接触角 α 由滚动轴承样本或机械设计手册查得。

16.5.4 寿命计算

在大量试验研究的基础上，得出的代号为 6207 轴承的载荷－寿命曲线如图 16－8 所示。该曲线表示这类轴承的载荷 P 与基本额定寿命 L_{10} 之间的关系。其他型号轴承的载荷－寿命曲线的函数规律也与此类似，其方程为

$$P^{\varepsilon}L_{10}=C^{\varepsilon}\times 1=\text{常数} \qquad (16-2)$$

式中 P——当量动载荷，N；

L_{10}——基本额定寿命，10^6 r；

C——基本额定动载荷，N；

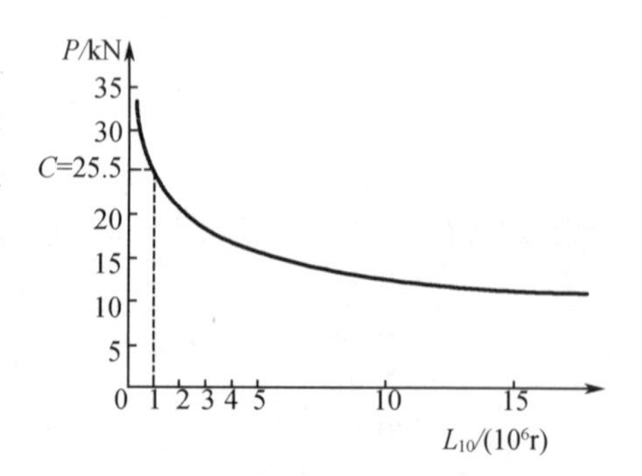

图 16－8　轴承的载荷－寿命曲线

ε——寿命指数，对于球轴承 $\varepsilon=3$，滚子轴承 $\varepsilon=\frac{10}{3}$。

由式(16－2)可得滚动轴承的基本额定寿命 L_{10} 为

$$L_{10}=\left(\frac{C}{P}\right)^{\varepsilon} \tag{16-3}$$

在实际工程计算中，轴承寿命常用小时表示，此时基本额定寿命 L_h（单位为小时）为

$$L_h=\frac{10^6}{60n}\left(\frac{C}{P}\right)^{\varepsilon} \tag{16-4}$$

式中 n——轴承转速，r/min。

通常取机器的中修或大修年限作为轴承的设计寿命。实际上，达到设计寿命时只有少数轴承需要更换，多数仍能正常工作。轴承的预期寿命的荐用值可参考表16－9。

表16－9 轴承预期寿命的荐用值

机器种类		预期寿命/h
不经常使用的仪器设备		300～3 000
间断使用的机器	中断使用不致引起严重后果的手动机械、农业机械、装配吊车、自动送料装置	3 000～8 000
	中断使用会引起严重后果，如发电站辅助设备、流水作业的传动装置、带式输送机、车间吊车	8 000～12 000
每天工作8小时的机器	经常不是载荷使用，如电机、一般齿轮装置、压碎机、起重机和一般机械	10 000～25 000
	满载荷使用，如机床、木材加工机械、工程机械、印刷机械、分离机、离心机	20 000～30 000
连续工作24小时的机器	压缩机、电动机、泵、轧机齿轮装置、纺织机械	40 000～50 000
	中断使用将引起严重后果，如纤维机械、造纸机械、电站主要设备、给排水装置、矿用泵、矿用通风机	约100 000

如果载荷 P 和转速 n 已知，预期计算寿命 L_h' 也已确定，则所需轴承应具有的基本额定动载荷 C'（单位为N）可根据式(16－4)计算得出，即

$$C'=P\sqrt[\varepsilon]{\frac{60nL_h'}{10^6}} \tag{16-5}$$

据此可以从轴承手册中查出已选定轴承的型号，该型号轴承的基本额定动载荷 $C\geqslant C'$。在较高温度下工作的轴承应该采用经过高温回火处理的高温轴承。由于在轴承样本中列出的基本额定动载荷值是对一般轴承而言的，因此，如果要将该数值用于高温轴承，需要将 C 乘以温度系数 f_t（由表16－10选取），即对 C 值进行修正。

表 16-10 温度系数 f_t

轴承工作温度/℃	≤120	125	150	175	200	225	250	300
温度系数 f_t	1.00	0.95	0.90	0.85	0.80	0.75	0.70	0.6

考虑机械工作时的冲击、振动对轴承载荷的影响，应将 P 乘以载荷系数 f_P（由表 16-11 选取），对当量动载荷进行修正。

表 16-11 载荷系数 f_P

负荷性质	机械举例	载荷系数 f_P
无冲击或轻微冲击	电动机、汽轮机、通风机、水泵	1.0~1.2
中等冲击	车辆、机床、起重机、冶金设备、内燃机	1.2~1.8
强大冲击	破碎机、轧钢机、振动筛、石油钻机	1.8~3.0

修正后，式(16-3)、式(16-4)、式(16-5)变为

$$L_{10}=\left(\frac{f_t C}{f_P P}\right)^{\varepsilon} \tag{16-6}$$

$$L_h=\frac{10^6}{60n}\left(\frac{f_t C}{f_P P}\right)^{\varepsilon}\quad \mathrm{h} \tag{16-7}$$

$$C'=\frac{f_P P}{f_t}\left(\frac{60n}{10^6}L_h'\right)^{1/\varepsilon}\quad \mathrm{N} \tag{16-8}$$

式(16-6)、式(16-7)和式(16-8)是设计计算时常用的轴承寿命计算式，由此可确定轴承的寿命或型号。

16.5.5 角接触向心轴承轴向载荷的计算

当角接触球轴承和圆锥滚子轴承承受径向载荷 F_r 时，如图 16-9 所示，由于滚动体与滚道的接触线与轴承轴线之间夹一个接触角 α，因而作用在承载区内第 i 个滚动体上的法向力 F_i 可分解为径向分力 F_i''和轴向分力 F_i'。所有轴向分力 F_i'之和组成轴承的内部轴向力 F'。内部轴向力 F'的大小可按照表 16-12 中的公式计算。

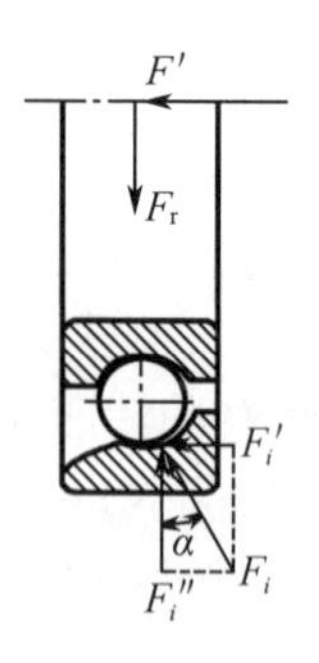

图 16-9 径向载荷产生的轴向分量

表 16-12 内部轴向力 F'

圆锥滚子轴承	角接触球轴承		
	70000C($\alpha=15°$)	70000AC($\alpha=25°$)	70000B($\alpha=40°$)
$F'=F_r/(2Y)$①	$F'=eF_r$②	$F'=0.68F_r$	$F'=1.14F_r$

注：①Y 是对应表 16-8 中 $\frac{F_a}{F_r}>e$ 的 Y 值；

②e 值由表 16-8 查出，初算时可取 $e\approx0.4$。

为了使角接触向心轴承的内部轴向力得到平衡，以免轴窜动，通常这种轴承都要成对使用，对称安装。安装方式有两种：图16-10(a)为两外圈窄边相对（正安装），图16-10(b)为两外圈宽边相对（反安装）。图中 F_A 为轴向外载荷。计算轴承的轴向载荷 F_a 时还应将径向载荷 F_r 产生的内部轴向力 F' 考虑进去。图中 O_1，O_2 点分别为轴承1和轴承2的压力中心，即支反力作用点。O_1，O_2 与轴承端面的距离 a_1，a_2，可由轴承样本或有关手册查得，但为了简化计算，通常可认为支反力作用在轴承宽度的中点。

如图16-10所示，把内部轴向力 F' 的方向与外加轴向载荷 F_A 的方向一致的轴承标为2，另一端标为轴承1。取轴和与其相配合的轴承内圈为分离体，如达到轴向平衡时，应满足

$$F_A + F_2' = F_1' \tag{16-9}$$

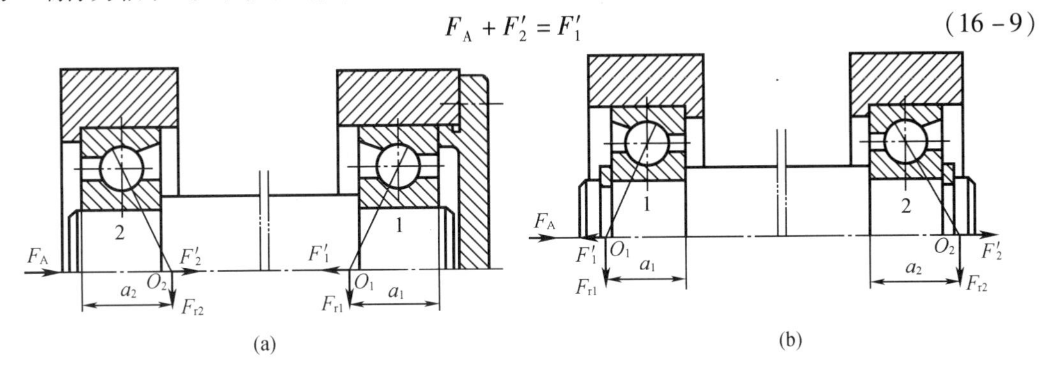

图16-10 角接触向心轴承轴向载荷的分析

(a)正安装；(b)反安装

如果按表16-12中的公式求得的 F_1' 和 F_2' 不满足上面的关系式(16-9)时，就会出现下面两种情况：

(1)当 $F_A + F_2' > F_1'$ 时，则轴有向右窜动的趋势，相当于轴承1被“压紧”，轴承2被“放松”，但实际上轴必须处于平衡位置（即轴承座必然要通过轴承元件施加一个附加的轴向力来阻止轴的窜动），所以被“压紧”的轴承1所受的总轴向力 F_{a1} 必须与 $F_A + F_2'$ 相平衡，即

$$F_{a1} = F_A + F_2' \tag{16-10}$$

而被“放松”的轴承2只受其本身内部轴向力 F_2'，即

$$F_{a2} = F_2' \tag{16-11}$$

(2)当 $F_A + F_2' < F_1'$ 时，同前理，被“放松”的轴承1只受其本身内部轴向力 F_1'，即

$$F_{a1} = F_1' \tag{16-12}$$

而被“压紧”的轴承2所受的总轴向力为

$$F_{a2} = F_1' - F_A \tag{16-13}$$

综上可知，计算角接触向心轴承所受轴向力的方法可以归结为：先通过内部轴向力及外加轴向载荷的计算与分析，判定被“放松”或被“压紧”的轴承；然后确定被“放松”轴承的轴向力仅为其本身内部轴向力，被“压紧”轴承的轴向力则为除去本身内部轴向力后其余各轴向力的代数和。

16.5.6 滚动轴承的静载荷

1. 基本额定静载荷 C_0

对于转速很低（$n<10$ r/min）或缓慢摆动的滚动轴承，一般不会产生疲劳点蚀。但为了防止滚动体和内、外因产生过大的塑性变形，应进行静强度计算。为此，必须对每个型号的

轴承规定一个不能超过的外载荷界限。GB/T 4662—2003 规定,轴承受力最大的滚动体与滚道接触中心处引起的接触应力达到一定值的载荷,作为轴承静载荷的界限,称为基本额定静载荷,以 C_0 表示。对向心轴承来说,基本额定静载荷是指使轴承套圈仅产生相对纯径向位移的载荷的径向分量,称之为径向基本额定静载荷,用 C_{0r}表示。对推力轴承,基本额定静载荷是指中心轴向载荷,称为轴向基本额定静载荷,用 C_{0a}表示。各类轴承的基本额定静载荷 C_0 值由制造厂根据轴承的参数和尺寸算出列于产品目录或有关手册中。

2. 当量静载荷 P_0

如果轴承的实际载荷情况与基本额定静载荷的假定情况不同时,要将实际载荷换算为一个假想载荷。在该假想载荷作用下轴承中受载最大的滚动体与滚道接触处产生的永久变形量与实际载荷作用下的相同,把这个假想载荷叫作当量静载荷。其计算式为

$$P_0 = X_0 F_r + Y_0 F_a \tag{16-14}$$

式中 X_0,Y_0——径向静载荷系数和轴向静载荷系数,其值可查轴承手册。

3. 按静载荷选择轴承

按轴承静载能力选择轴承的公式为

$$C_0 \geqslant S_0 P_0 \tag{16-15}$$

式中 S_0——静强度安全系数,见表 16-13;

P_0——当量静载荷,N。

表 16-13 滚动轴承静强度安全系数 S_0

轴承使用情况	使用要求、载荷性质和使用场合	S_0
旋转轴承	对旋转精度和运转平稳性要求较高,或承受较大的冲击载荷	1.2~2.5
	正常使用	0.8~1.2
	对旋转精度和运转平稳性要求较低,没有冲击振动	0.5~0.8
不旋转或摆动轴承	水坝闸门装置	0.5~0.8

S_0 的取值取决于轴承的使用条件,当要求轴承转动很平稳时,则 S_0 应取大于 1,以避免轴承滚动表面的局部塑性变形量过大;当对轴承转动平稳性要求不高时,或轴承仅做摆动运动时,则 S_0 可取 1 或小于 1,以尽量使轴承在保证正常运行条件下发挥最大的静载能力。

例 16-2 某传动装置的一轴上装有两个角接触球轴承。已知轴承所受的径向载荷分别为 $F_{r1}=2\ 100$ N,$F_{r2}=810$ N,轴向载荷 $F_A=230$ N。该轴的转速 $n=1\ 460$ r/min,常温下工作,载荷平稳,安装形式如图 16-11 所示。要求轴颈直径 $d=40$ mm,轴承寿命不低于 30 000 h,试确定轴承型号。

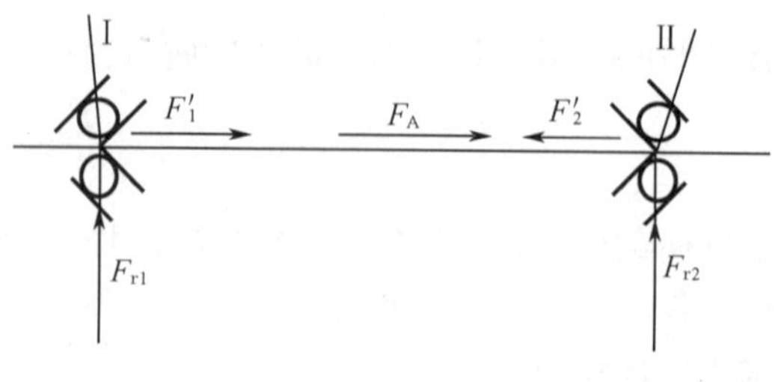

图 16-11

解 根据轴颈直径、载荷性质,初选轴承型号为 7208AC,由手册查得基本额定动载荷 $C=35\ 200$ N。

(1)计算内部轴向力

由表 16-12 知:7208AC 型轴承($e\approx0.68$)$F'=0.68F_r$,则 $F'_1=0.68\times2\ 100\ \text{N}=$

1 428 N, $F_2' = 0.68 \times 810\ \text{N} = 550.8\ \text{N}$

(2)计算单个轴承的轴向载荷

比较 $F_1' + F_A$ 与 F_2':

$$F_1' + F_A = 1\ 428 + 230 > F_2'$$

由图示结构知,Ⅰ轴承"放松",Ⅱ轴承"压紧"。因此

$$F_{a1} = F_1' = 1\ 428\ \text{N}$$

$$F_{a2} = F_1' + F_A = 1\ 428 + 230 = 1\ 658\ \text{N}$$

(3)计算当量动载荷

$$P = XF_r + YF_a$$

由表16-8,得

$$\frac{F_{a1}}{F_{r1}} = \frac{1\ 428}{2\ 100} = 0.68 = e, X_1 = 1, Y_1 = 0$$

$$\frac{F_{a2}}{F_{r2}} = \frac{1\ 658}{810} = 2.05 > e, X_2 = 0.41, Y_2 = 0.87$$

则

$$P_1 = 1 \times 2\ 100 + 0 \times 1\ 428 = 2\ 100\ \text{N}$$

$$P_2 = 0.41 \times 810 + 0.87 \times 1\ 658 = 1\ 774.6\ \text{N}$$

(4)计算寿命

取 P_1, P_2 中的较大值代入寿命计算公式。由表16-11,得 $f_P = 1.1$,则

$$L_h = \frac{10^6}{60n}\left(\frac{f_t C}{f_P P}\right)^{\varepsilon} = \frac{16\ 670}{1\ 460}\left(\frac{1 \times 35\ 200}{1.1 \times 2\ 100}\right)^3 = 40\ 399\ \text{h} > 30\ 000\ \text{h}$$

结论:所选轴承7208AC符合要求。

16.6 滚动轴承的组合设计

为了保证滚动轴承在预定期限内正常工作,除了正确地选择轴承类型和确定轴承的尺寸以外,还应合理地设计轴承组合。轴承装置的设计主要是正确解决轴承的安装、配置、固定、调整、润滑、密封等问题。下面提出一些设计中的注意要点以供参考。

16.6.1 轴与轴承座孔的刚度和同轴度

轴和安装轴承的箱体或轴承座,以及轴承组合中受力的其他零件必须有足够的刚度。因为这些零件的变形都要阻碍滚动体的滚动而导致轴承的提前失效。箱体及轴承座孔壁均应有足够的厚度,壁板上的轴承座的悬臂应尽可能地缩短,并用加强肋来增强支撑部位的刚性。如果箱体是用轻合金或非金属制成的,安装轴承处应采用钢或铸铁制的套杯。

为了保证轴承正常工作,应保证轴的两轴颈的同轴度和箱体上两轴承孔的同轴度。保证同轴度最有效的办法是采用整体结构的箱体,并将安装轴承的两个孔一次加工而成。如在一根轴上装有不同尺寸的轴承时,箱体上的轴承孔仍应一次镗出,这时可利用套杯来安装尺寸较小的轴承。当两个轴承孔分在两个箱体上时,则应把两个箱体组合在一起进行镗孔。

16.6.2 轴承的配置

一般来说，一根轴需要两个支点，每个支点可由一个或一个以上的轴承组成。合理的轴承配置应保证轴和轴上零件在工作中的正确位置，防止轴向窜动，固定其轴向位置，当受到轴向力时，能将力传到机体上；同时，为了避免轴因受热伸长致使轴承受过大的附加载荷，甚至卡死，又须允许它有一定的轴向游动量。为此，采取的配置办法有下列三种。

1. 双支点各单向固定

这种方法是由两个轴承各限制一个方向的轴向移动。图 16－12 所示的两个支点上均为内部游隙不能调整的深沟球轴承，考虑到轴受热伸长，在一端的轴承外圈与轴承盖端面之间留有一定的间隙（间隙大小根据跨距和温升情况取值，因其值很小通常不画出）。

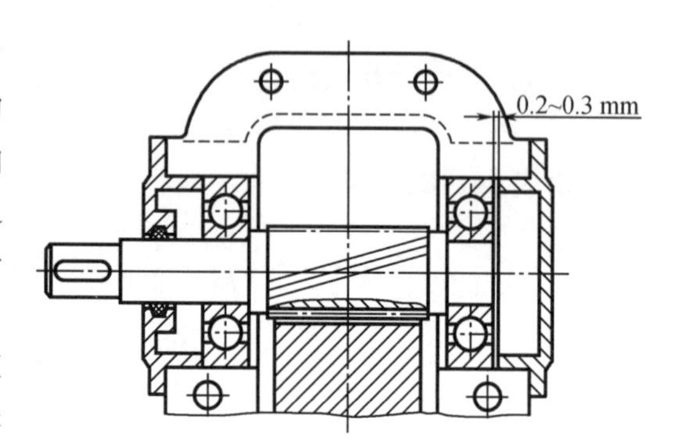

图 16－12 两端固定式支承

对于可调游隙式轴承，如 70000 型，则在装配时将间隙留在轴承内部，例如靠垫片组来调整间隙。这种固定方法简单，便于安装调整，适于支承跨距较短、轴与支承外圈的箱体温差不大的场合。

对于两个反向安装的角接触轴承或圆锥滚子轴承，两个轴承各限制一个方向的轴向移动，如图 16－13 和图 16－14 所示。安装时，通过调整轴承外圈（图 16－13）或内圈（图 16－14）的轴向位置，可使轴承达到理想的游隙或所要求的预紧程度。图 16－13 和图 16－14 所示的结构均为悬臂支承的小锥齿齿轮轴。两图对比可知，在支承距离 b 相同的情况下，压力中心距离 $L_1 < L_2$，故前者悬臂较长，支承刚性较差。在受热变形方面，因轴转动时温度一般高于箱体的温度，轴的轴向和径向热膨胀将大于箱体的热膨胀，由于图 16－13 的结构减小了预紧的间隙，可能导致卡死，而图 16－14 的结构可以避免这种情况。

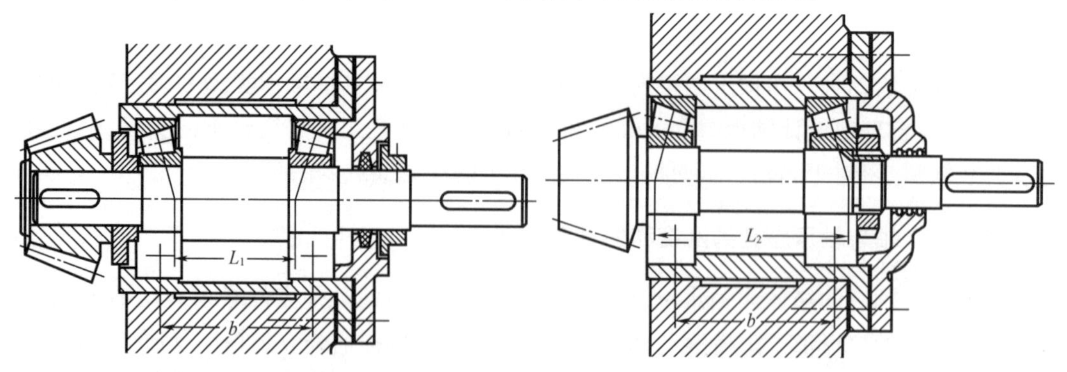

图 16－13 小锥齿轮轴支承结构之一

图 16－14 小锥齿轮轴支承结构之二

2. 一支点双向固定，另一端支点游动

对于跨距较大（如大于 350 mm）且工作温度较高的轴，其热伸长量大，应采用一支点双向固定，另一端支点游动的支承结构。

作为固定支撑的轴承，应能承受双向轴向载荷，故内、外圈在轴向都要固定。若作为补偿轴的热膨胀的游动支承采用内、外圈不可分离型轴承，只需固定内圈，其外圈不固定，以便轴与此轴承一起在孔内能轴向游动，如图16－15所示。若游动支承采用可分离型圆柱滚子轴承或滚针轴承，其内、外圈都应固定，如图16－16所示。当轴向载荷较大时，作为固定的支点可以采用向心轴承和推力轴承组合在一起的结构，如图16－17所示。也可以采用两个角接触球轴承（或圆锥滚子轴承）“背对背”或“面对面”组合在一起的结构，如图16－18所示（左端两轴承“面对面”安装）。

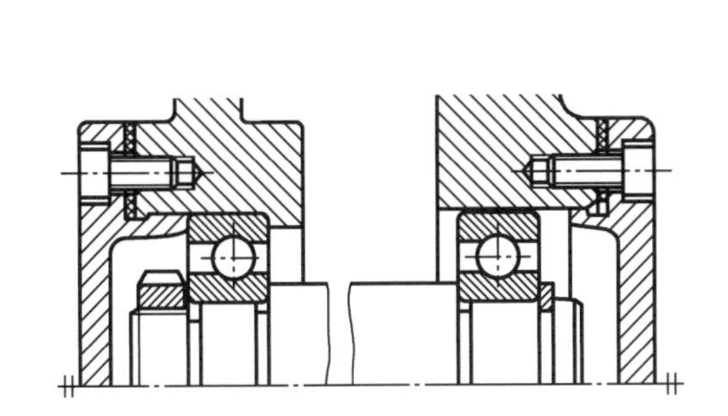

图16－15 一端固定，另一端游动支承方案之一

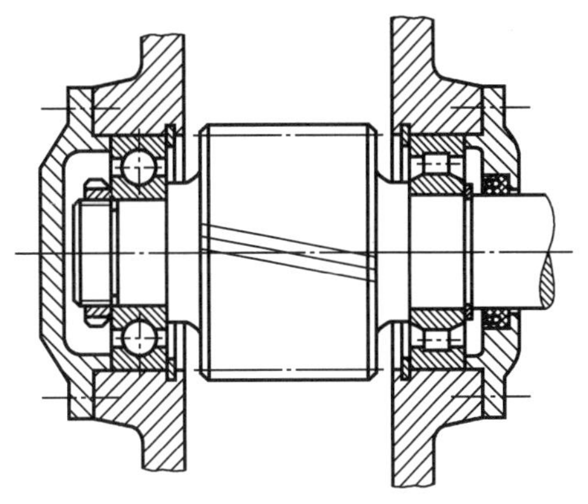

图16－16 一端固定，另一端游动支承方案之二

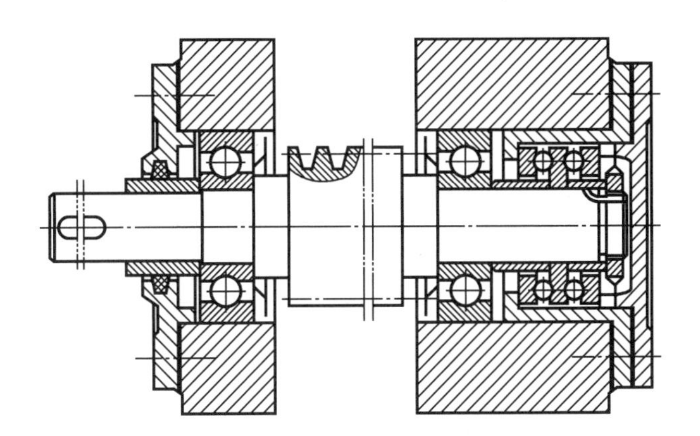

图16－17 一端固定，另一端游动支承方案之三

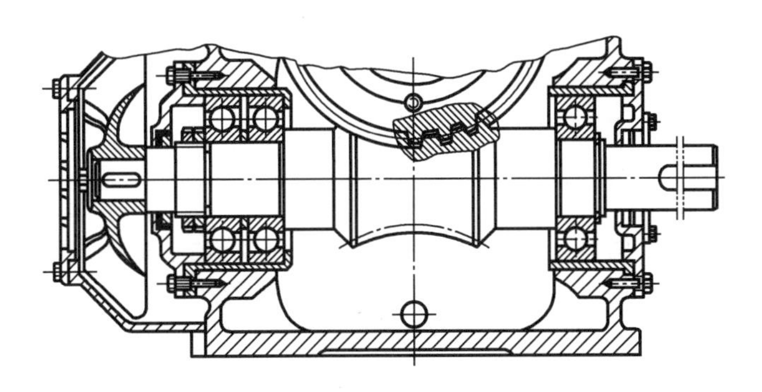

图16－18 一端固定，另一端游动支承方案之四

3. 两支点全游动

当轴和轴上零件已从其他方面得到轴向固定时，两个支承就应该全是游动的。人字齿

轮传动轴承组合的结构如图 16 - 19 所示。大人字齿轮的轴已双向固定,由于人字齿轮的啮合作用,小人字齿轮的轴向位置亦随之固定,因此,这时小人字齿轮轴的两个轴承必须是游动的,以防止齿轮卡死或轮齿两侧受力不均匀。

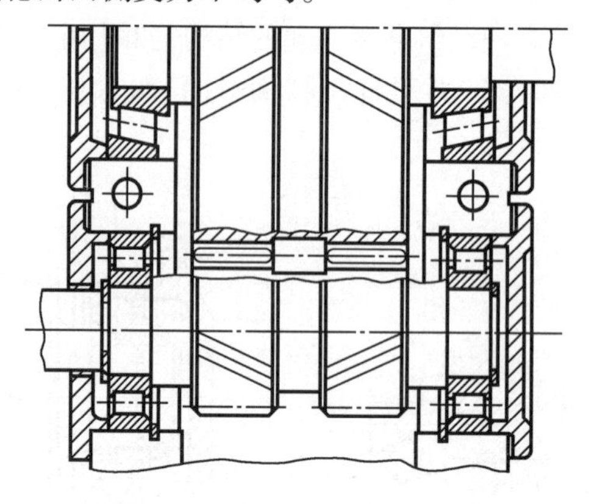

图 16 - 19　两端游动支承(小人字齿轮轴)

16.6.3　滚动轴承的轴向固定

轴承内、外圈都应可靠固定,固定方法的选择取决于轴承上的载荷性质、大小及方向,以及轴承类型和其在轴上的位置等。当冲击振动愈严重,轴向载荷愈大,转速愈高时,所用的固定方法应愈可靠。

轴承内圈轴向固定的常用方法有:(1)用轴用弹性挡圈和轴肩固定如图 16 - 20(a)所示,它结构简单、轴向尺寸小,主要用于承受轴向载荷不大及转速不很高的单列向心球轴承。(2)用轴端挡圈和轴肩固定,如图 16 - 20(b)所示,可用于轴径较大的场合,能在高转速下承受较大的轴向载荷。(3)用圆螺母和止动垫圈固定,如图 16 - 20(c)所示,它拆装方便,用于轴向载荷大、转速高的场合。(4)用紧定衬套、止动垫圈和圆螺母固定,用于光轴上轴向力和转速都不大的、内圈为圆锥孔的轴承,如图 16 - 20(d)所示。

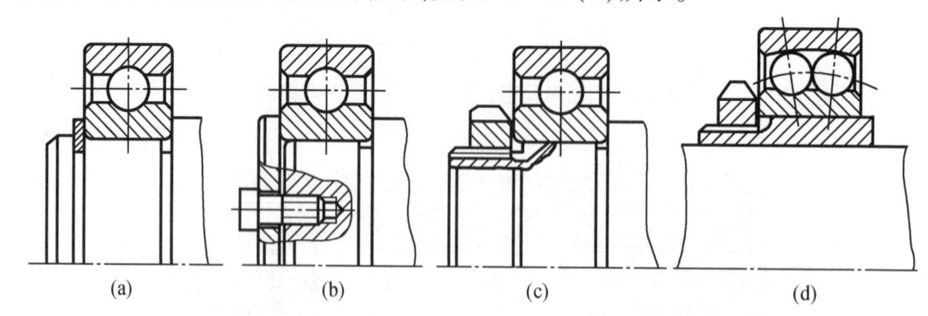

图 16 - 20　轴承内圈的几种轴向固定的方法

(a)用轴用弹性挡圈和轴肩固定;(b)用轴端挡圈和轴肩固定;
(c)用圆螺母和止动垫圈固定;(d)用紧定衬套、止动垫圈和圆螺母固定

轴承外圈轴向固定的常用方法有:(1)用嵌入箱体沟槽内的孔用弹性挡圈和凸台固定,如图 16 - 21(a)所示,这种方法所占轴向尺寸小,常用于单列向心球轴承;(2)用轴用弹性挡圈嵌入轴承外圈的止动槽内固定(图 16 - 21(b)),它适用于箱体不便设置凸台且外圈带有止动槽的轴承;(3)用轴承端盖和凸台固定(图 16 - 21(c)),适用于高速及承受很大轴向

载荷的各类向心和向心推力轴承；(4)用轴承盖和套杯的凸台固定(图16-21(d))，适用于不宜在箱体上设置凸台等场合；(5)用螺纹环固定(图16-21(e))，适用于轴承转速高，轴向载荷大，而不适于使用轴承固定的场合。

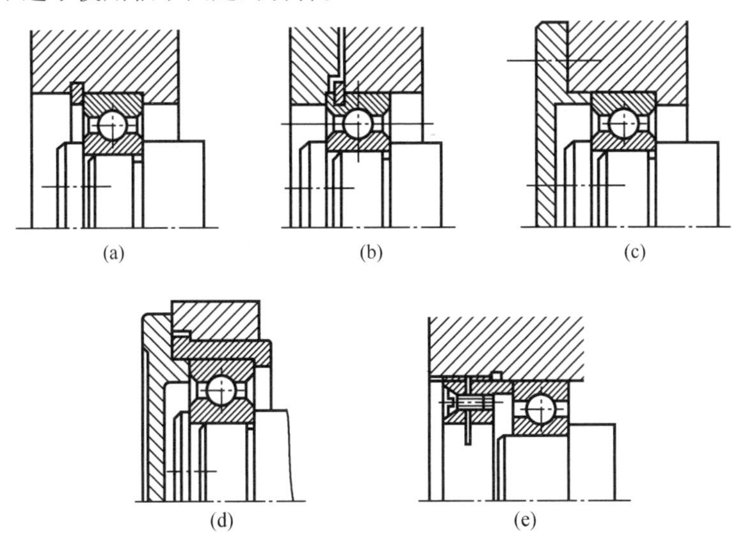

图16-21 轴承外圈的几种轴向固定的方法

(a)用嵌入箱体沟槽内的孔用弹性挡圈和凸台固定；(b)用轴用弹性挡圈嵌入轴承外圈的止动槽内固定；(c)用轴承端盖和凸台固定；(d)用轴承盖和套杯的凸台固定；(e)用螺纹环固定

16.6.4 滚动轴承游隙的调整方法

为保持轴承正常工作，应使轴承内部留有一定的间隙，称为轴承游隙。游隙大小对轴承寿命、摩擦力矩、旋转精度、温升和噪声都有很大的影响，因此，安装时应正确调整。

调整游隙的常用方法如下。

(1)加厚或减薄端盖与箱体间垫片的方法来调整游隙，如图16-22(a)所示。

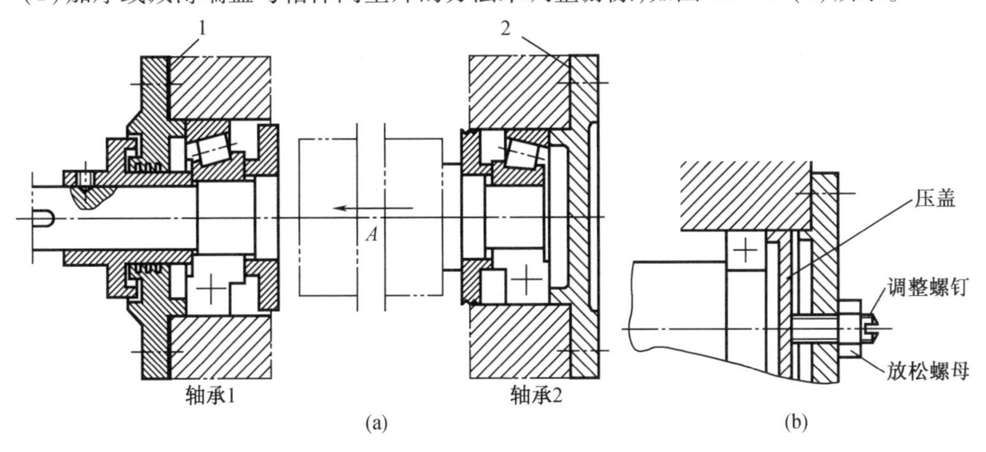

图16-22 两圆锥滚子轴承支承的轴

(2)通过调整螺钉，经过轴承外圈压盖，移动外圈来实现，在调整后应拧紧防松螺母，如图16-22(b)所示。

(3)靠轴上的圆螺母来调整,但这种方法由于必须在轴上制出应力集中严重的螺纹,削弱了轴的强度,如图16-14所示。

当轴上有圆锥齿轮或蜗轮等零件时,为了获得正确的啮合位置,在安装时或工作中需要有适当调整轴承的游隙和位置的装置。图16-13、图16-14所示的结构有两组调整垫片,套杯和端盖之间的垫片用来调整轴承游隙;套杯和箱体之间的垫片用来调整轴承组合的位置,以保证圆锥齿轮获得正确的啮合。

16.6.5 滚动轴承的预紧

滚动轴承的预紧,就是在安装轴承时用某种方法使滚动体和内、外圈之间产生一定的初始压力和预变形,以保持轴承内、外圈均处于压紧状态,使轴承在工作载荷下,处于负游隙状态运转。预紧的目的是:增加轴承的刚度;使旋转轴在轴向和径向正确定位,提高轴的旋转精度;降低轴的振动和噪声,减小由于惯性力矩所引起的滚动体相对于内、外圈滚道的滑动;补偿因磨损造成的轴承内部游隙变化;延长轴承寿命。预紧力的大小一般应根据工作要求由实验确定。如预紧的主要目的是为了消除游隙、减小振动和提高旋转精度,预紧力应取小些;如主要目的是为了提高刚度,预紧力应取大些。

常用的预紧装置有:

(1)夹紧一对圆锥滚子轴承的外圈而预紧,如图16-23(a)所示;

(2)在一对轴承中间装入长度不等的套筒而预紧,如图16-23(b)所示,预紧力可由两套筒的长度差控制;

(3)夹紧一对磨窄了的轴承内圈或外圈而预紧,如图16-23(c)所示,亦可在两个内圈或外圈间加装金属衬垫而预紧;

(4)上述三种装置由于工作时的温升而使各零件间的尺寸关系发生变化时,预紧力的大小也随之而改变,采用预紧弹簧,如图16-23(d)所示,则可以得到稳定的预紧力。

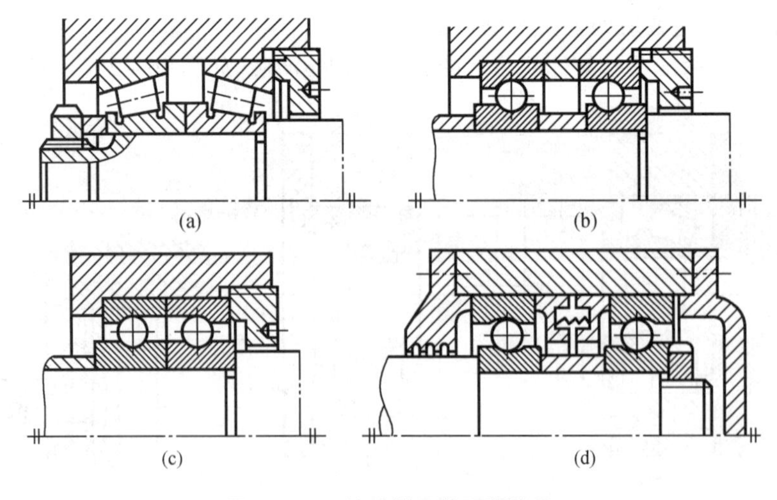

图16-23 滚动轴承的预紧结构

16.6.6 滚动轴承的配合与装拆

为了防止轴承内圈与轴以及外圈与外壳孔在机器运转时产生不应有的相对滑动,必须选择正确的配合。滚动轴承是标准件,其内圈的孔为基准孔,与轴的配合采用基孔制;外圈的外圆柱面为基准轴,与轴承座孔的配合采用基轴制。通常,回转轴和机座孔与轴承配合的常用公差及配合情况如图16－24所示。

在选择轴承配合种类时,一般的原则是对于转速高、载荷大、温度高、有振动的轴承应选用较紧的配合,而经常拆卸的轴承或游动支承的外圈,则应选用较松的配合。

需要注意的是,当外载荷方向固定不变时,内圈随轴一起转动,内圈与轴的配合应选紧一些的有过盈的过渡配合;而装在轴承座孔中的外圈静止不转时,半圈受载,外圈与轴承座孔的配合常选用较松的过渡配合,以使外圈做极缓慢的转动,从而使受载区域有所变动,发挥非承载区的作用,延长轴承的寿命。

轴承组合设计时,应考虑轴承的装拆,以使在装拆过程中不致损坏轴承和其他零件。安装轴承时,常用手锤把轴承打入轴颈,内圈垫上铜管或软钢管,如图16－25所示,也可用压力机把轴承压在轴颈上。对尺寸大的轴承应采用热装,即把轴承在油中煮至80～100℃,最高不超过120℃,然后把轴承套在轴颈上。

拆卸时,常用拆卸器或压力机把轴承从轴上拆下来,为便于拆卸应使轴承内圈与轴肩、外圈与轴承孔的台肩留有足够的拆卸高度 e,如图16－26所示。e 值可由《机械设计手册》查得。

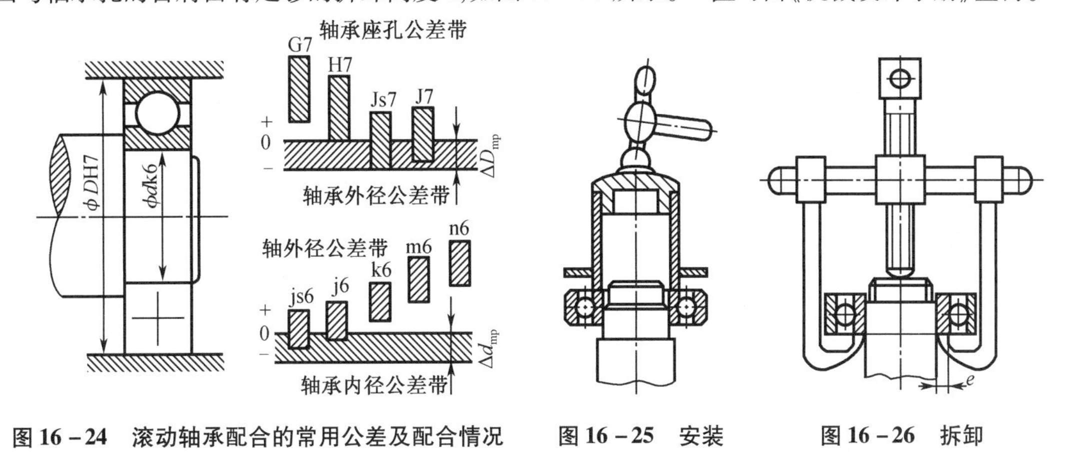

图16－24　滚动轴承配合的常用公差及配合情况　　**图16－25　安装**　　**图16－26　拆卸**

16.6.7　滚动轴承的润滑

滚动轴承润滑的主要目的是降低摩擦阻力、减轻磨损。此外,润滑还有降低接触应力、散热、吸振、防锈等作用。

轴承的润滑剂有润滑脂和润滑油两类。此外,也有使用固体润滑剂润滑的。一般情况下,滚道轴承采用润滑脂润滑,但在轴承附近已经有润滑油源时,也可采用润滑油润滑。具体选择可按速度因数 dn (mm·r/min)值来定。d 代表轴承内径(mm),n 代表轴承套圈的转速(r/min),dn 值间接地反映了轴颈的圆周速度。

1. 脂润滑

对于球轴承 $dn<160\ 000$,圆柱、圆锥轴承 $dn<100\ 000 \sim 120\ 000$,调心滚子轴承 $dn<80\ 000$,推力球轴承 $dn<40\ 000$,一般采用润滑脂润滑。采用脂润滑的结构简单,润滑脂不易流失,受温度影响不大,对载荷性质、运动速度的变化有较大的适应性,使用时间较长。由于润滑脂的摩擦阻力大且冷却效果差,过多的润滑脂会引起轴承发热,所以填充量一般为轴

承空间的1/3～2/3。

常用润滑脂为钙基润滑脂和钠基润滑脂。钙基润滑脂的耐水性好，滴点低，故适用于温度较低，环境潮湿的轴承部件中。钠基润滑脂易溶于水，滴点高，故适用于温度较高，环境干燥的轴承部件中。

2. 油润滑

从滚动轴承润滑和散热效果看，采用油润滑较好，但需要较复杂的供油系统和密封装置。一般齿轮箱中的轴承可利用齿轮将油飞溅起来，得到较经济的油润滑。速度很高时，则应采取喷油润滑或油雾润滑。表16－14可作为选择润滑方式的参考。滚动轴承常用的润滑油有机械油、汽油、机油、汽轮机油、气缸油等。润滑油最重要的性能指标是黏度，当载荷大和温度高时，选用黏度较大的油。具体选择可参考《机械设计手册》。

表16－14　不同润滑方式下滚动轴承容许的 dn 值　单位：$\times 10^3$ mm·r/min

轴承类型	润滑方式			
	油浴润滑	滴油润滑	压力循环润滑	油雾润滑
深沟球轴承 调心球轴承 角接触球轴承 圆柱滚子轴承	<250	<400	<600	>600
圆锥滚子轴承 调心滚子轴承	<120～160	<230 —	<250～300	>600
推力角接触球轴承	<600	<120	<150	>600

油润滑时，常用的润滑方法有下列几种。

（1）油浴润滑

把轴承局部浸入润滑油中，对水平轴，油面在最下面的转动体的一半地方；对垂直轴，浸泡轴承的70%～80%。这种方法适用于低中、速，不适于高速（$dn < 10^5$ mm·r/min），因为搅动油液剧烈时要造成很大的能量损失，以致引起油液和轴承的严重过热。

（2）滴油润滑

用给油器使油成滴滴下，油因转动部分的搅动，在轴承箱内形成油雾状，滴下的油将运动中摩擦热量带走，起冷却作用。轴承最高温度不超过70 ℃，适用于较高速度和中等速度的小型轴承，一般是每分钟5～6滴。

（3）飞溅润滑

用浸入油池内的齿轮或甩油环的旋转将油飞溅进行润滑，适用于较高速度，可同时对若干轴承供油。

（4）喷油润滑

用油泵将润滑油增压，通过油管或机体上特制的油孔，经喷嘴将油喷射到轴承中去；流过轴承后的润滑油，经过过滤冷却后再循环使用。为了保证油能进入高速转动的轴承，喷嘴应对准内圈和保持架之间的间隙。适用于转速高，载荷大，要求润滑可靠的轴承。

(5)油雾润滑

超高速的轴承可以采用油雾润滑,高速、轻载荷的中、小轴承最适用。润滑油在油雾发生器中变成油雾,其温度较液体润滑油的温度低,这对冷却轴承来说是有利的。但润滑轴承的油雾可能部分地随空气散逸,污染环境。故必要时,应该用油气分离器来收集油雾,或者采用通风装置来排除废气。

3. 固体润滑

在一些特殊条件下,如果使用脂润滑和油润滑达不到可靠的润滑要求时,则可采用固体润滑方法。例如在高温中使用的轴承(如工业焙烧炉用轴承)、真空环境中工作的轴承等。常用固体润滑方法有:

(1)用黏结剂将固体润滑剂黏结在滚道和保持架上;

(2)把固体润滑剂加入工程塑料和粉末冶金材料中,制成有自润滑性能的轴承零件;

(3)用电镀、高频溅射、离子镀层、化学沉积等技术使固体润滑剂或软金属(金、银、铟、铅等)在轴承零件摩擦表面形成一层均匀致密的薄膜。

常用的固体润滑剂有二硫化钼、石墨、聚四氟乙烯等。

16.6.8 滚动轴承的密封

密封是为防止灰尘、水分及其他杂质进入轴承,并阻止轴承内润滑剂的流失。

轴承的密封方法很多,通常可归纳成两大类,即接触式密封和非接触式密封。

1. 接触式密封

这类密封的密封件与轴接触。工作时轴旋转,密封件与轴之间有摩擦与磨损,故轴的转速较高时不宜采用。

(1)毛毡圈密封(图16-27)

将矩形截面毛毡圈安装在轴承端盖的梯形槽内,利用毛毡圈与轴接触起密封作用。适用于环境清洁,轴的圆周速度 $v<5$ m/s,工作温度低于90 ℃脂润滑的轴承。

(2)密封圈密封(图16-28)

密封圈由耐油橡胶、皮革或塑料制成。安装时用螺旋弹簧把密封唇口箍紧在轴上,有较好的密封效果,适用于轴的圆周速度 $v<7$ m/s,工作温度为 -40~100 ℃的用脂或油润滑的轴承。

图16-28(a)密封圈的唇口朝里,封油效果好。图16-28(b)密封圈的唇口朝外,防尘性能好。

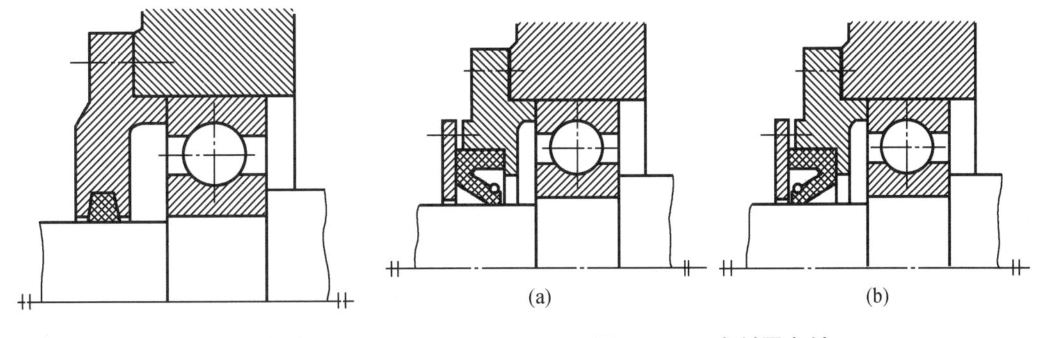

图16-27 毛毡圈密封

图16-28 密封圈密封

(a)密封圈唇口朝里;(b)密封圈唇口朝外

2. 非接触式密封

这类密封是利用间隙(或加甩油环)密封,转动件与固定件不接触,故允许轴有很高的速度。

(1)间隙密封(图 16-29(a))

在轴承端盖与轴间留有很小的径向间隙(0.1~0.3 mm)而获得密封,间隙越小,轴向宽度越长,密封效果愈好。若在端盖配合面上再制出几个宽为 3~5 mm,深为 4~5 mm 的环形槽(图 16-29(b)),并填充润滑脂,可提高密封效果,这种密封适用于干燥清洁环境、用脂润滑的轴承。

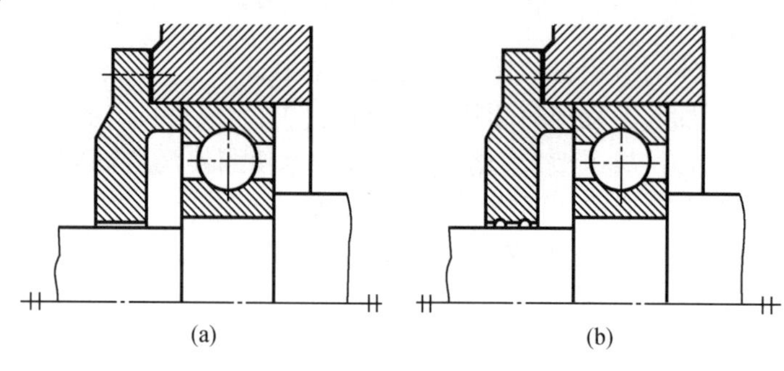

图 16-29 间隙密封

(2)迷宫式密封(图 16-30)

在轴承端盖和固定于轴上转动件间制出曲路间隙而获得密封,有径向迷宫式(图 16-30(a))和轴向迷宫式(图 16-30(b))两种,曲路中的径向间隙取 0.1~0.2 mm,轴向间隙取1.5~2 mm;若在曲路中填充润滑脂可提高密封效果。这种密封可靠,适用于油或脂润滑的轴承,轴的最高圆周速度可达 30 m/s。

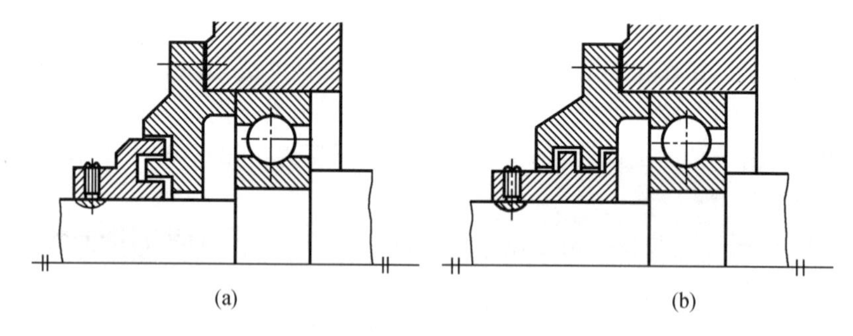

图 16-30 迷宫式密封

(a)径向迷宫式;(b)轴向迷宫式

(3)挡油环密封(图 16-31)

挡油环与轴承座孔间有小的径向间隙,且挡油环外突出轴承座孔端面 $\Delta=1\sim2$ mm。工作时挡油环随轴一同转动,利用离心力甩去落在挡油环上的油和杂物,起密封作用。挡油环常用于减速器内的齿轮用油润滑,轴承用脂润滑时轴承的密封。

(4)甩油密封(图 16-32)

油润滑时,在轴上开出沟槽(图 16-32(a))或装入一个环(图 16-32(b)),都可以把欲向外流失的油甩开,再经过轴承端盖的集油腔及与轴承腔相通的油孔流回。或者在紧贴轴承处装一甩油环,在轴上车有螺旋式送油槽,可有效地防止油外流,但这时螺旋线方向与轴的旋转方向相反,以便把欲向外流失的润滑油借螺旋的输送作用而送回到轴承腔内。

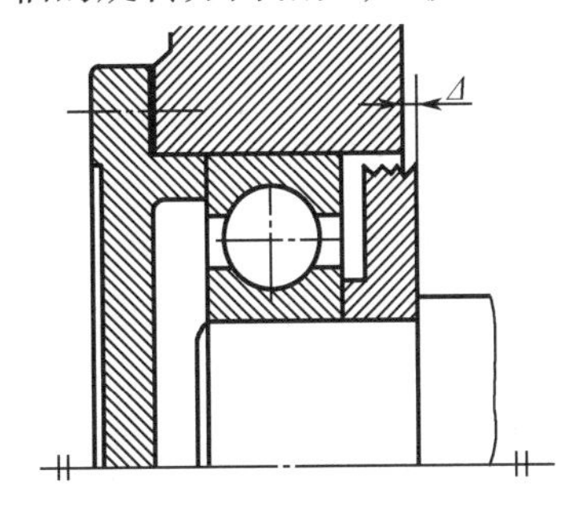

图 16-31 挡油环密封

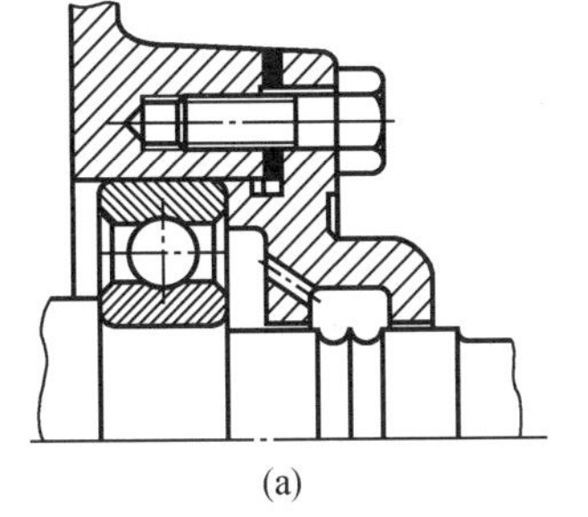

(a)

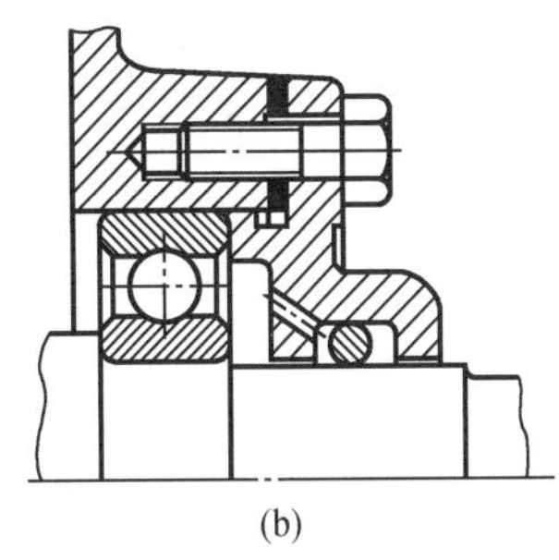

(b)

图 16-32 甩油密封

(5)组合密封

将上述各种密封方式组合在一起,以充分发挥其密封性能,提高整体密封效果。如毛毡圈密封与间隙密封的组合,间隙密封和迷宫密封的组合等。如图 16-33 所示,由间隙密封与甩油环组成。这种密封除了间隙起密封作用外,甩油环可以把向外流的油甩在透盖上,流回油池。这样可以达到更好的密封效果。

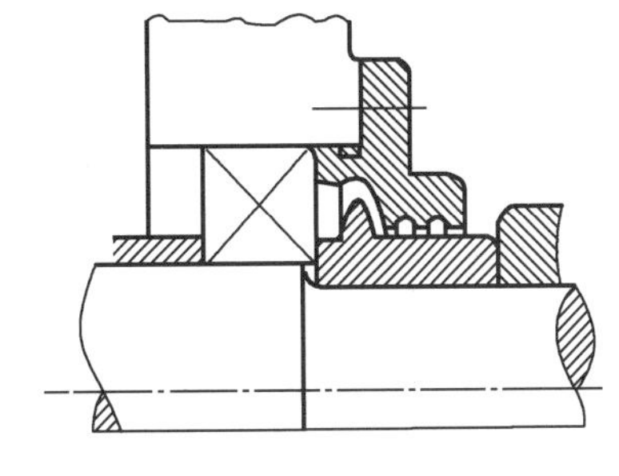

图 16-33 组合密封

习 题

16-1 滚动轴承由哪些元件组成,各元件起什么作用,它们都常用什么材料?

16-2 滚动轴承共分几大类型,写出它们的类型代号及名称,并说明各类轴承能承受何种载荷(径向或轴向)。

16-3 根据如下滚动轴承的代号,指出它们的名称、精度、内径尺寸、直径系列及结构特点:6210,7309C,30308,N209E。

16-4 试说明下列各轴承的内径有多大?哪个轴承公差等级最高?哪个允许的极限转速最高?哪个承受径向载荷能力最高?哪个不能承受径向载荷?

N307/P4 6207/P2 30207 51307/P6

16-5 滚动轴承的当量动载荷与基本额定动载荷有什么区别,当量动载荷超过基本额定动载荷时,该轴承是否可用?

16-6 分别指出受径向载荷的滚动轴承,当外圈不转或内圈不转时,不转的套圈上哪点受力最大?

16-7 为什么 30000 型和 70000 型轴承常成对使用,成对使用时,什么叫正装及反装,什么叫"面对面"及"背靠背"安装,试比较正装与反装的特点。

16-8 角接触型轴承的派生轴向力是怎样产生的,它的大小和方向与哪些因素有关?

16-9 已知某深沟球轴承的工作转速为 n_1,当量动载荷为 P_1 时,预期寿命为8 000 h,求:

(1)当转速 n_1 保持不变,当量动载荷增加到 $P_2=2P_1$ 时其寿命应为多少小时?

(2)当量动载荷 P_1 保持不变,若转速增加到 $n_2=2n_1$ 时,其寿命为多少小时?

(3)当转速 n_1 保持不变,欲使预期寿命增加一倍时,当量动载荷有何变化?

16-10 某深沟球轴承需在径向载荷 $F_r=7\ 150$ N 作用下,以转速 $n=1\ 800$ r/min 工作 3 800 h。试求此轴承应有的径向基本额定动载荷 C_r 值。

16-11 某轴用一对 6313 深沟球轴承支撑,径向载荷 $F_{r1}=5\ 500$ N, $F_{r2}=6\ 400$ N, 轴向载荷 $F_A=2\ 700$ N,工作转速 $n=250$ r/min,运转时有较大冲击,常温下工作,预期寿命 $L_h'=5\ 000$ h,试分析轴承是否适用。

16-12 深沟球轴承 6304 承受的径向载荷 $F_r=4$ kN,$n=960$ r/min,载荷平稳,室温下工作,求该轴承的基本额定寿命,并说明能达到或超过此寿命的概率。若载荷改为 $F_r=2$ kN,轴承的基本额定寿命是多少?

16-13 某机械传动装置中轴的两端各采用一个深沟球轴承支撑,轴径 $d=35$ mm,转速 $n=2\ 000$ r/min,每个轴承承受径向载荷 $F_r=2\ 000$ N,常温下工作,载荷平稳,预期寿命 $L_h'=8\ 000$ h,试选择轴承。

16-14 根据工作条件,决定在某传动轴上安装一对 7205AC 型角接触球轴承,如图 16-34 所示。已知轴上轴向力 $F_A=600$ N,轴承的径向载荷分别为 $F_{r1}=2\ 000$ N, $F_{r2}=1\ 000$ N,转速 $n=960$ r/min,常温下运转,有中等冲击,试计算轴承的寿命。

16-15 根据工作条件,决定在某传动轴上安装一对 7210AC 角接触球轴承,支承如图 16-35 所示。已知径向载荷 $F_{r1}=1\ 470$ N,$F_{r2}=2\ 650$ N,轴向外载荷 $F_A=1\ 000$ N,转速 $n=5\ 000$ r/min,常温下工作,有中等冲击,预期寿命 $L_h'=2\ 000$ h,问轴承是否适用。

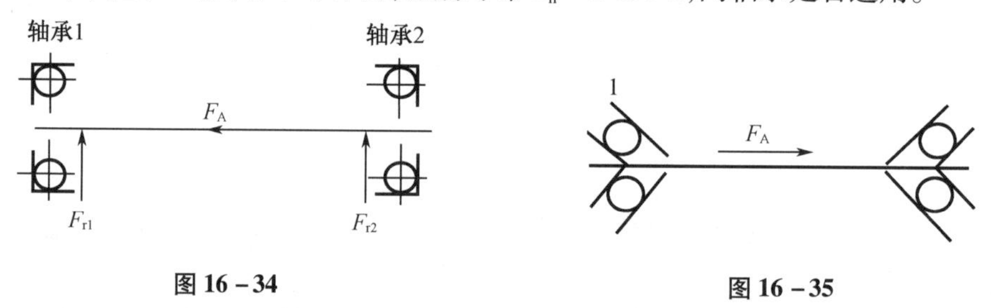

图 16-34　　　　图 16-35

16-16 如图 16-36 所示,轴上装有一斜齿圆柱齿轮,轴支撑在一对正装的 7209AC 轴承上。齿轮轮齿上受到圆周力 $F_t=8\ 100$ N,径向力 $F_R=3\ 052$ N,轴向力 $F_A=2\ 170$ N,转速 $n=300$ r/min,载荷系数 $f_P=1.2$。试计算两个轴承的基本额定寿命。(想一想:若两轴承反装,轴承的基本额定寿命将有何变化?)

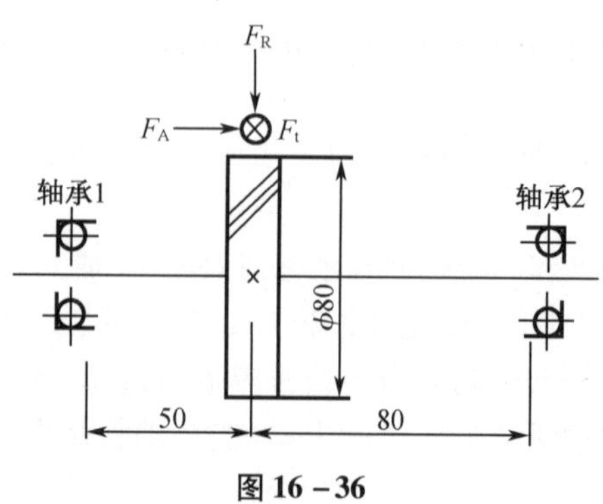

图 16-36

16－17　某轴由一对30206轴承支承，如图16－37所示。已知径向载荷$F_{r1}=1\ 600$ N，$F_{r2}=1\ 530$ N，轴向外载荷$F_A=865$ N，轴的转速$n=384$ r/min，载荷平稳，无冲击，常温下工作，试求轴承的基本额定寿命。

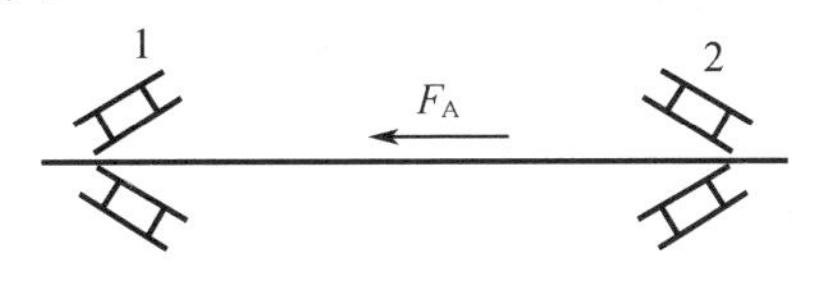

图16－37

16－18　如图16－38所示，轴由一对32306圆锥滚子轴承支撑，已知转速$n=1\ 380$ r/min，$F_{r1}=5\ 200$ N，$F_{r2}=3\ 800$ N，轴向外负荷F_A的方向如图所示，若载荷系数$f_P=1.8$，工作温度在120 ℃以下，要求寿命$L_h=6\ 000$ h，试计算该轴允许的最大外加轴向负荷F_{Amax}等于多少？

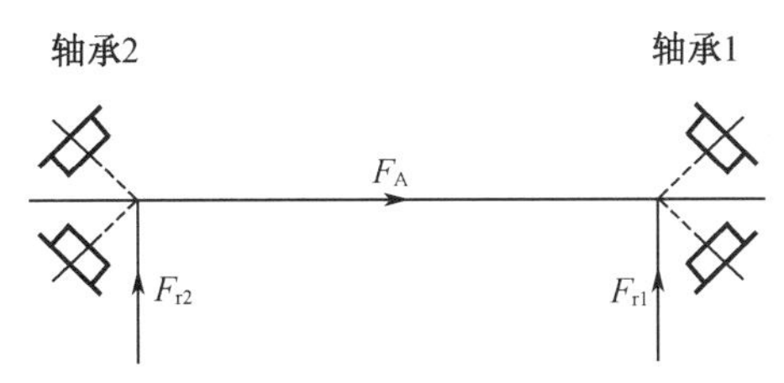

图16－38

第 17 章　联轴器、离合器和制动器

联轴器、离合器和制动器是机器中常见的机械部件。联轴器和离合器主要用于轴与轴或轴与回转件之间的连接，传递运动和动力。被联轴器连接的轴或回转件只有在机器停车后才能拆卸或安装联轴器进行连接或分离。而离合器可以在机器工作中随时将两轴连接或者分离。制动器是用来降低机械运转速度或使机械停止运转，并使之保持刹住不动状态的装置。

联轴器和离合器的类型很多，其中常用的已经标准化。在设计时，先根据工作条件和要求选择合适的类型，然后按轴的直径 d、转速 n 和计算转矩 T_c 选择所需要的型号和尺寸。必要时，对少数关键零件作校核计算。计算转矩

$$T_c = KT \quad \mathrm{N \cdot mm} \tag{17-1}$$

式中　T——轴的名义转矩，N·mm；

K——载荷系数，如表 17－1 所示。

表 17－1　载荷系数(电动机驱动时)

机械类别	K	机械类别	K
金属切削机床	1.3～1.5	曲柄式压力机械	1.1～1.3
汽车、车辆	1.2～3	拖拉机	1.5～3
船舶	1.3～2.5	轻纺机械	1.2～2
起重运输机械		农业机械	2～3.5
在最大载荷下接合	1.35～1.5	挖掘机械	1.2～2.5
在空载下接合	1.25～1.35	钻探机械	2～4
活塞泵(多缸)、通风机(中等)、压力机	1.3	活塞泵(单缸)、大型通风机、压缩机、木材加工机床	1.7
冶金矿山机械	1.8～3.2		

注：(1)刚性联轴器取较大值，弹性联轴器取较小值。

(2)摩擦离合器取中间值。当原动机为活塞式发动机时，将表内 K 值增大 20%～40%。

17.1　联　轴　器

联轴器是连接两轴或轴和回转件，在传递运动和动力过程中，一起转动而不脱开的一种装置。同时联轴器还具有补偿两轴相对位移、缓冲、减振和安全防护等功能。

由于制造和安装存在误差，以及工作受载时基础、机架和其他部件的弹性变形与温度变形，联轴器所连接的两轴线不可避免地要产生相对偏移。被连两轴可能出现的相对偏移有轴向偏移(17－1(a))、径向偏移(17－1(b))和角向偏移(17－1(c))，以及三种偏移同时出现的组合偏移(17－1(d))。两轴相对偏移的出现，将在轴、轴承和连轴器上引起附加载荷，

甚至出现剧烈振动。因此，联轴器还应具有一定的补偿两轴偏移的能力，以消除或降低被连两轴相对偏移引起的附加载荷，改善传动性能，延长机械寿命。同时为了减少机械振动、降低冲击载荷，联轴器还应具有一定的缓冲减震性能。

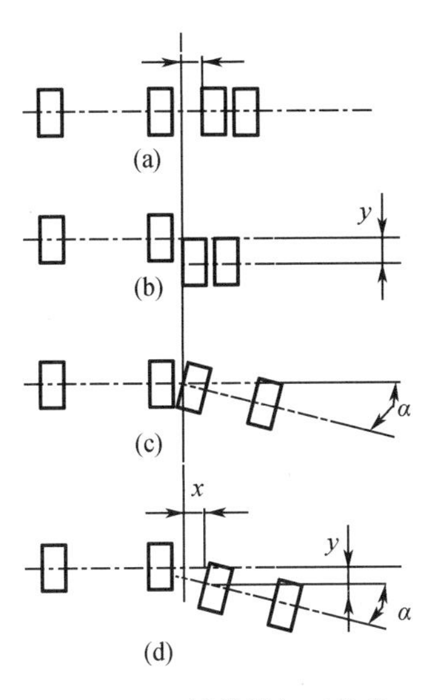

图 17－1　轴线的相对位移

(a)轴向偏移;(b)径向偏移;(c)角向偏移;(d)组合偏移

联轴器大多已标准化。机械式联轴器分类如下：

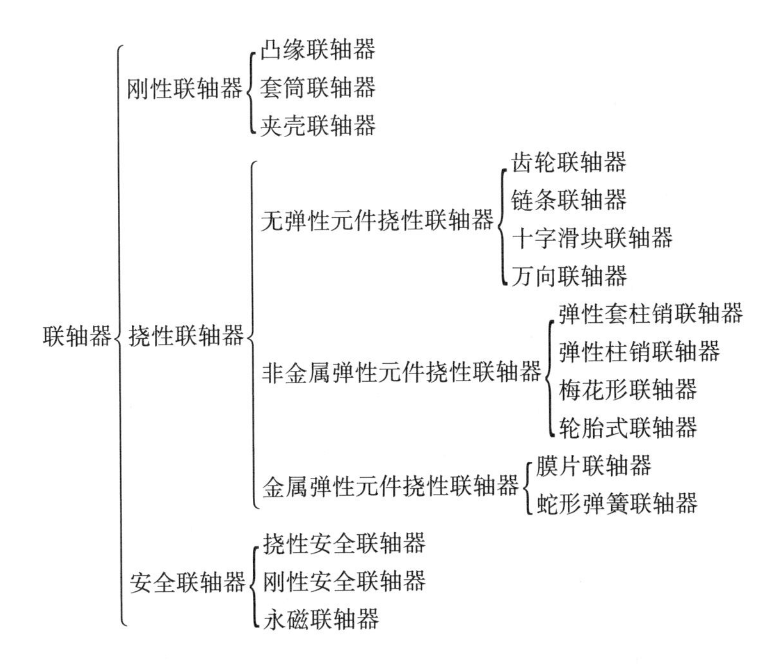

刚性联轴器适用于两轴能严格对中，并在工作中不发生相对位移的场合；挠性联轴器适用于两轴有偏斜(可分为同轴线、平行轴线、相交轴线)或在工作中有相对位移(可分为轴向位移、径向位移、角位移和综合位移)的场合。挠性联轴器又有无弹性元件、非金属弹性元件和金属弹性元件之分，后两种统称为弹性联轴器。

17.1.1 刚性联轴器

刚性联轴器结构简单，价格便宜，但不具有补偿两轴相对偏移的能力和缓冲减振性能，只有在载荷平稳、转速稳定、能保证被连两轴轴线相对偏移极小的情况下，才可选用刚性联轴器。常用的刚性联轴器有凸缘联轴器、套筒联轴器和夹壳联轴器等。

1. 凸缘联轴器

凸缘联轴器是常用的固定式刚性联轴器。如图 17－2 所示，凸缘联轴器是由两个各具有凸缘和毂的半联轴器所组成。各半联轴器用平键分别与轴相连，然后用螺栓把两个半联轴器连成一体。此处连接螺栓可用普通螺栓靠凸缘端面间的摩擦力传递转矩，并常用一个半联轴器端面上的对中榫和另一个半联轴器端面上的凹槽实现对中，如图 17－2(a)所示，也可以用铰制孔用螺栓靠螺栓杆受挤压和剪切传递转矩，并实现两轴对中，而且装拆时不需被联两轴做轴向移动，如图 17－2(b)(c)所示。

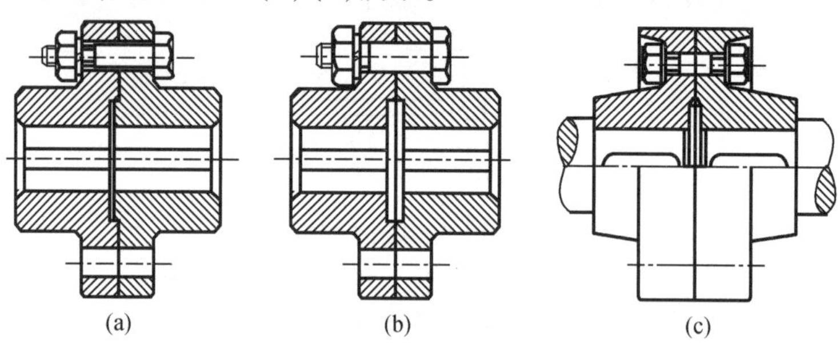

图 17－2　凸缘联轴器

为了安全需要，凸缘联轴器最好加装防护罩或采用相应结构，如图 17－2(c)，把螺栓遮掩起来。这种结构的凸缘联轴器不需要加装防护罩，还可以兼作制动轮或带轮使用。

制造时，凸缘联轴器的凸缘端面应与轴线垂直，安装时应使两轴精确对中。

半联轴器的材料通常为铸铁，当受重载或圆周速度 $v \geq 30$ m/s 时，可采用铸钢或锻钢。

凸缘联轴器的结构简单，刚性好，工作可靠，装拆和使用方便，可传递的转矩较大，但不能缓冲减振，常用于对中精度良好、转速低、载荷较平稳的两轴连接。

2. 套筒联轴器

套筒联轴器通过一个公用套筒用键、销或过盈配合将两轴连接在一起，而且用紧定螺钉来实现轴向固定。如图 17－3 所示，(a)用销连接轴和套筒，而(b)用键连接轴和套筒。套筒与轴除用圆锥销连接或平键连接，也可以采用半圆键、花键连接，其中紧定螺钉用于轴向定位。键连接的套筒联轴器可用于传递较大转矩的场合；若用销钉连接，则常用于传递较小转矩的场合，或用作减销式安全联轴器。

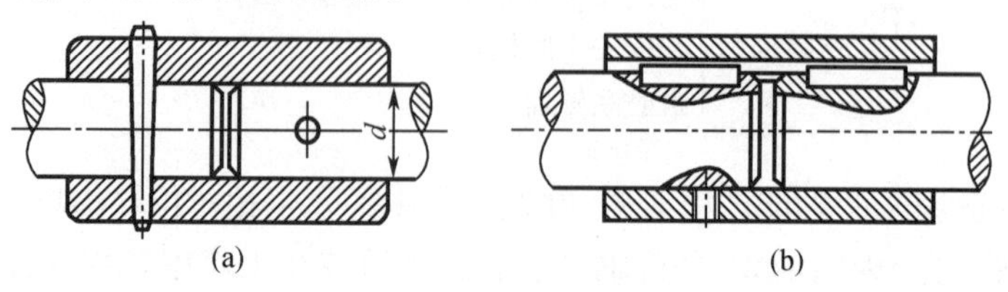

图 17－3　套筒联轴器

套筒联轴器结构简单紧凑，组成零件少，径向尺寸小，成本低廉，但装拆不方便，常用于径向尺寸受限的传动中，但不能缓冲减振。

3. 夹壳联轴器

夹壳联轴器是将套筒做成剖分夹壳结构，通过拧紧螺栓产生的预紧力使两夹壳与轴连接，并依靠键以及夹壳与轴表面之间的摩擦力来传递扭矩，如图 17－4 所示。为使旋转平衡，相邻螺栓组装配时其头部应方向相反。

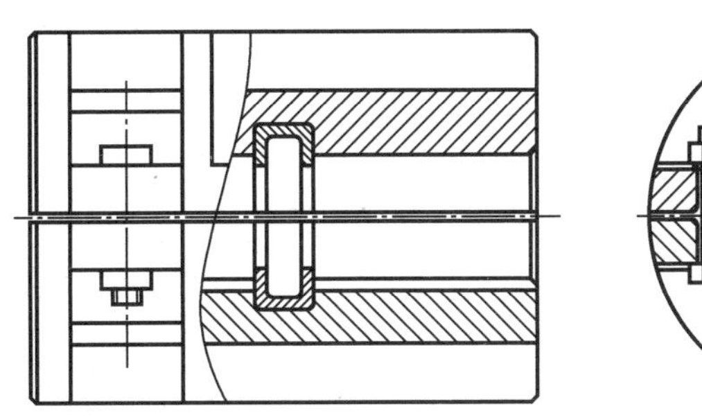

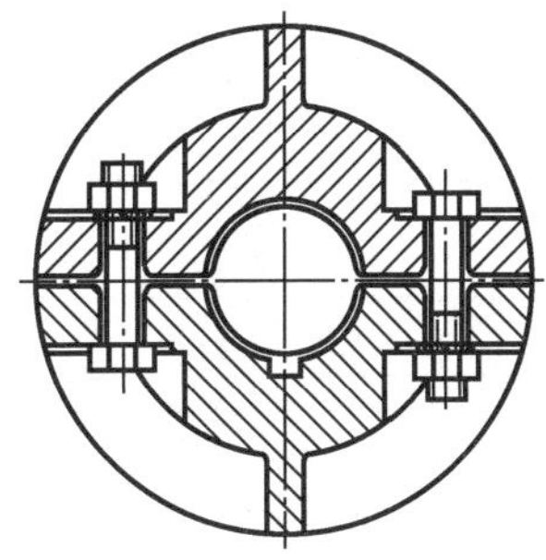

图 17－4　夹壳联轴器

夹壳联轴器无须沿轴向移动即可方便装拆，但不能连接直径不同的两轴，外形复杂且不易平衡，高速旋转时会产生离心力，平衡精度低，制造成本高。常用于等轴径连接，低速、轻载、平稳、无冲击、长传动轴的场合，如搅拌器、立式泵等。

17.1.2　挠性联轴器

挠性联轴器具有补偿两轴相对偏移的能力。当被联两轴的同轴度不易保证时，应选用挠性联轴器。

1. 无弹性元件挠性联轴器

无弹性元件挠性联轴器不仅能传递运动和转矩，而且具有不同程度的轴向、径向以及角向补偿能力。但因无弹性元件，故不能缓冲减振。

(1) 齿轮联轴器

如图 17－5 所示，齿轮联轴器主要由两个具有外齿的半联轴器和两个具有内齿的外壳组成。两外壳用螺栓连成一体，两半联轴器分别装在主动轴和从动轴上，外壳与半联轴器通过内、外齿的相互啮合而相连。工作时，靠啮合的齿轮传递转矩，轮齿间留有较大的齿侧间隙，外齿轮的齿顶做成球面，球面中心位于齿轮的轴线上，故能补偿两轴的综合位移。

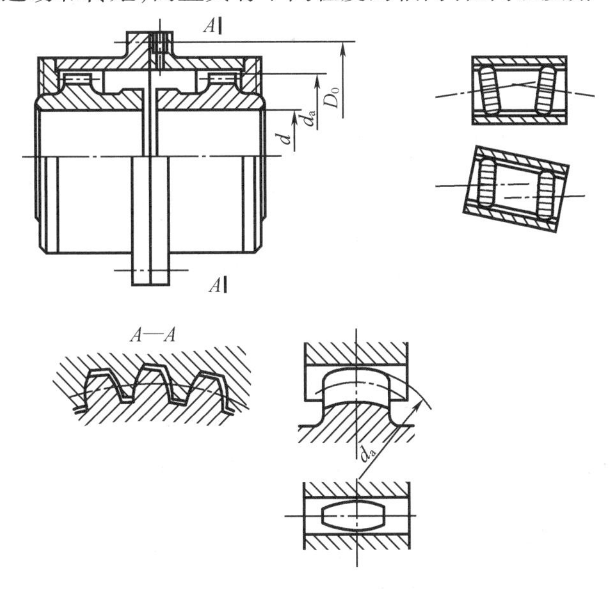

图 17－5　齿轮联轴器

齿轮联轴器能传递较大的转矩，但结构较复杂，制造较困难，在重型机器和起重设备中应用较广。用于高速传动时,必须进行高精度加工,并经动平衡,还需要良好的润滑和密封。齿轮联轴器不适用于立轴。

(2)链条联轴器

图 17-6 所示为链条联轴器,主要由公用的双排链条 2 和两个齿数相同的并列链轮 1,4 啮合来实现两个半联轴器的连接。不同结构形式的链条联轴器主要是采用不同的链条,常用的有双排滚子链联轴器、单排滚子链联轴器、齿形链联轴器、尼龙链联轴器等。为了改善润滑条件并防止污染,一般都将联轴器密封在罩壳 3 内。

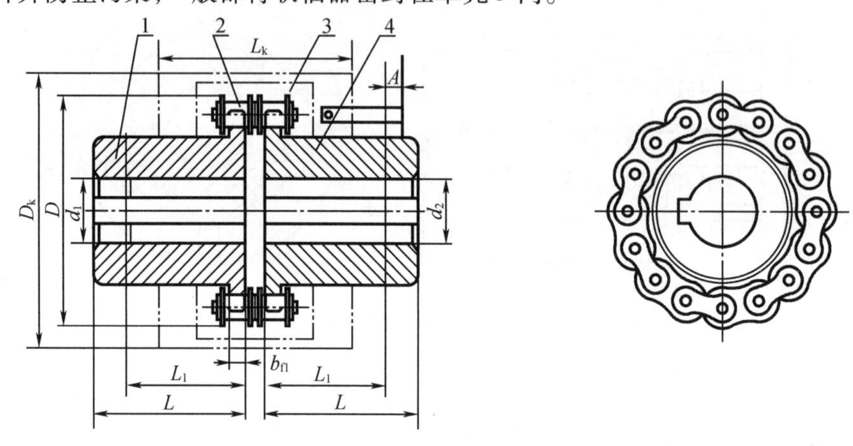

图 17-6 链条联轴器

链条联轴器具有结构简单、装拆方便、尺寸紧凑、质量小、维修容易、成本低、寿命较长、工作可靠等优点。适用于高温、潮湿和多尘工况环境,不适用于高速、有剧烈冲击载荷和传递轴向力的场合,链条联轴器应在良好的润滑并有防护罩的条件下工作。

(3)十字滑块联轴器

如图 17-7 所示为十字滑块联轴器,由两个带有凹槽的半联轴器 1,3 和两端面都有榫的中间原盘 2 组成。圆盘两面的榫位于互相垂直的两条直径方向上,可以分别嵌入半联轴器相应的凹槽中。

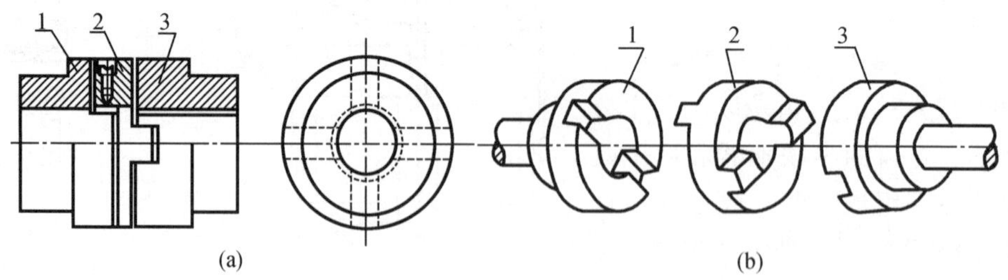

图 17-7 十字滑块联轴器

滑块联轴器允许两轴有一定的径向位移。当被连接的两轴有径向位移时,中间圆盘将在半联轴器的凹槽中做偏心回转,由此引起的离心力将使工作表面压力增大而加快磨损。为了减少摩擦和磨损,使用时应从中间盘的油孔中注油进行润滑。

滑块联轴器主要用于没有剧烈冲击载荷而又允许两轴线有径向位移的低速轴连接。

(4)万向联轴器

图 17-8 所示为万向联轴器,主要由两个分别固定在主、从动轴上的叉形接头和一个十

字形零件(称十字头)组成。叉形接头和十字接头是铰接的,因此允许被连接两轴的轴线夹角很大,最大可达 45°。但当两轴线不重合时,主动轴等速转动,而从动轴将在一定范围内做周期性的变速转动,会在传动中引起附加动载荷。为了克服这一点,常将万向联轴器成对使用,构成双万向联轴器,如图 17－9 所示,但应注意安装时必须保证两轴与中间轴之间的夹角相等,并且中间轴的叉形接头应在同一平面内,此时从动轴转速与主动轴转速相同。

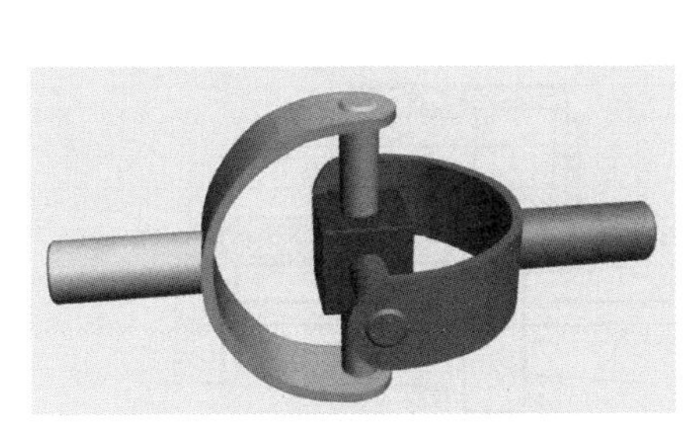

图 17－8　十字滑块联轴器

图 17－9　双万向联轴器

2. 非金属弹性元件挠性联轴器

非金属弹性元件挠性联轴器在转速不平稳时有很好的缓冲减振性能。但由于非金属(橡胶、尼龙等)弹性元件强度低、寿命短、承载能力小、不耐高温和低温,故适用于高速、轻载和常温的场合。

(1)弹性套柱销联轴器

弹性套柱销联轴器的结构与凸缘联轴器相似,只是用带有非金属(如橡胶等)弹性套的柱销取代连接螺栓,如图 17－10 所示。它靠弹性套的弹性变形来缓冲减振和补偿两轴的相对偏移。安装这种联轴器时,应在两个半联轴器之间留出一定轴向间隙,使更换橡胶套时简便而不必拆移机器。为了补偿轴向位移,安装时应注意留出相应大小的间隙。弹性套柱销联轴器在高速轴上应用十分广泛,适用于启动频繁、载荷变化但不很大的场合,缺点是弹性套易磨损,寿命较短。

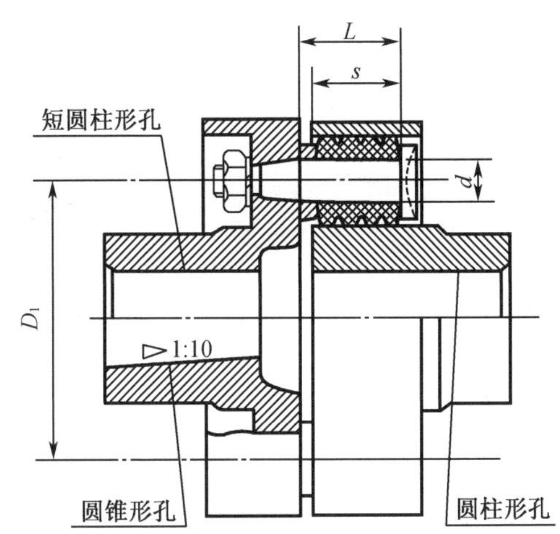

图 17－10　弹性套柱销联轴器

(2)弹性柱销联轴器

弹性柱销联轴器是将若干非金属材料制成的柱销置于两个半联轴器凸缘的孔中,以实现两轴的连接,如图 17-11 所示。为了防止柱销滑出,在柱销两端配置环形挡板。装配挡板时应注意留出间隙。弹性柱销联轴器传递转矩的能力很大,结构更为简单,安装、制造方便,耐久性好,弹性柱销有一定的缓冲和吸振能力,允许被连接两轴有一定的轴向位移以及少量的径向位移和角位移,适用于轴向窜动较大、正反转变化较多和启动频繁的场合,由于尼龙柱销对温度敏感,故使用温度限制为 -20~70 ℃。

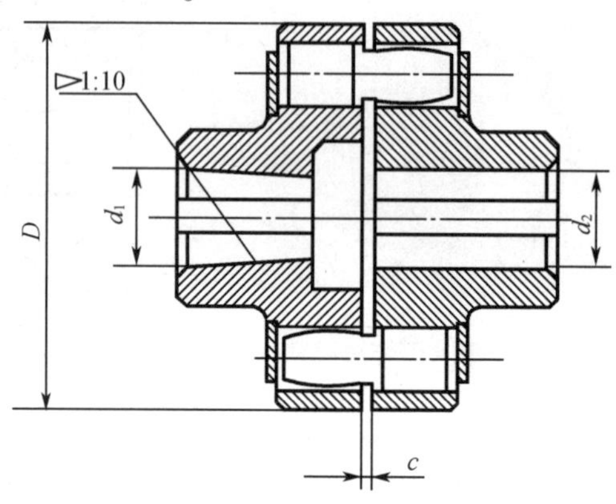

图 17-11 弹性柱销联轴器

(3)梅花形联轴器

梅花形弹性联轴器是利用梅花形弹性元件置于两半联轴器凸爪之间实现连接的,如图 17-12 所示。弹性元件可根据使用要求选用不同硬度的聚氨酯、尼龙、橡胶等材料制造。工作时,弹性元件受挤压,联轴器凸爪受剪切和弯曲应力。传递转矩的能力主要取决于弹性元件的挤压强度。

梅花形弹性联轴器(图 17-12)的特点是结构简单,具有良好的缓冲、减振能力,补偿两轴相对位移量大,工作温度范围为 -35~80 ℃,短时工作温度可达 100 ℃,传递的公称转矩范围为 16~25 000 N·m。适用范围广,可用于各种中小功率传动。

图 17-12 梅花形联轴器

(4)轮胎式联轴器

轮胎式联轴器(图 17-13)的弹性元件是用橡胶或橡胶织物制成轮胎状,两端用压板及螺钉分别压制两个半联轴器上。这种联轴器富有弹性,具有良好的消振能力,能有效地降低动载荷和补偿较大的轴向位移,而且绝缘性能好,运转时无噪声。缺点是径向尺寸 D 较大,当转矩较大时会因过大扭转变形而产生附加轴向载荷。轮胎式联轴器适用于潮湿、多尘、冲击大以及相对位移较大的场合。

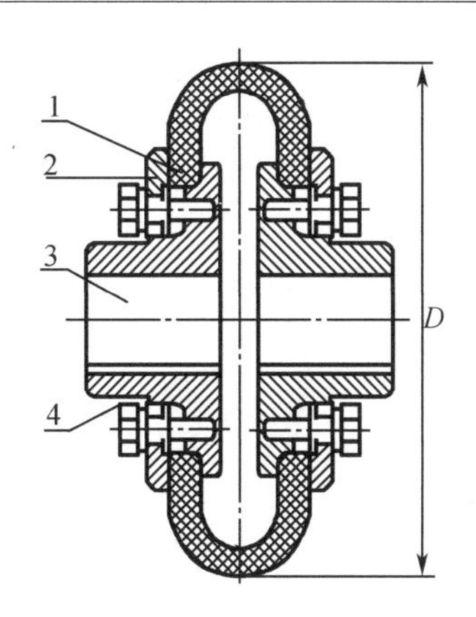

图17－13　轮胎式联轴器

3. 金属弹性元件挠性联轴器

金属弹性元件联轴器的弹性元件由金属加工而成，能产生较大弹性变形，除了具有可移性外，还具有较好的缓冲减振性能，承载能力较大，寿命较长，不宜老化，性能稳定。适用于速度和载荷变化较大及高温或低温场合。

(1)膜片联轴器

膜片联轴器的弹性元件为多个环形金属薄片叠合而成的膜片组，膜片圆周上有若干个螺栓孔。用铰制孔螺栓交错间隔与半连轴器连接，如图17－14所示。这种将弹性元件上的弧段分为交错受压缩和受拉伸的两部分，拉伸部分传递转矩，压缩部分趋向皱折。当所连接的两轴存在轴向、径向和角位移时，金属膜片便产生波状变形。这种联轴器结构简单，弹性元件的连接之间没有间隙，不需要润滑，维护方便、平衡容易、质量小、对环境的适应性强。但扭转弹性较低，缓冲减振性能差，主要用于载荷平稳的高速传动，如直升机尾翼轴。

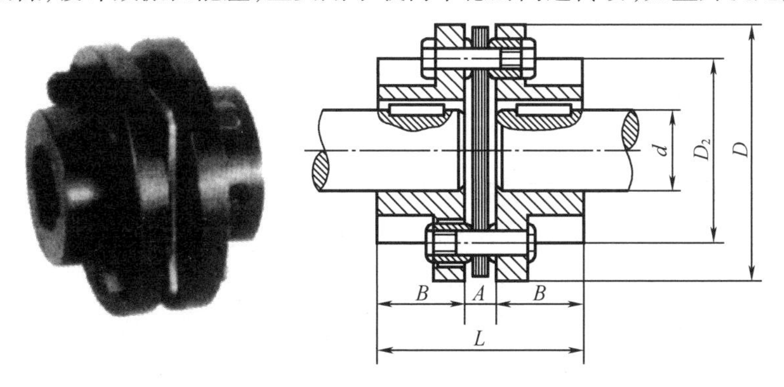

图17－14　单型弹性膜片联轴器

(2)蛇形弹簧联轴器

蛇形弹簧联轴器是一种结构先进的金属弹性联轴器，由两半联轴器和蛇形弹簧片组成，蛇形弹簧片将两半联轴器连接并传递扭矩，如图17－15所示。联轴器外壳将弹簧罩住，防止弹簧因惯性离心力脱落，还可以存储润滑脂。蛇形弹簧联轴器减振性好，使用寿命长。梯形截面的蛇形弹簧片采用优质弹簧钢，经严格的热处理，并特殊加工而成，具有良好的力学性能，寿命长。承受变载荷范围大，启动安全；传动效率高，运行可靠；噪声低，润滑好；结构简单，装拆方便，整机零件少，体积小，重量轻；允许有较大的安装偏差，由于弹簧片与齿弧面是点接触,所以使联轴器能获得较大的挠性;能在同时有径向、角向以及轴向偏差的情况下正常工作。在冶金、矿山机械中应用较多。缺点是结构和制造工艺较复杂,成本高。

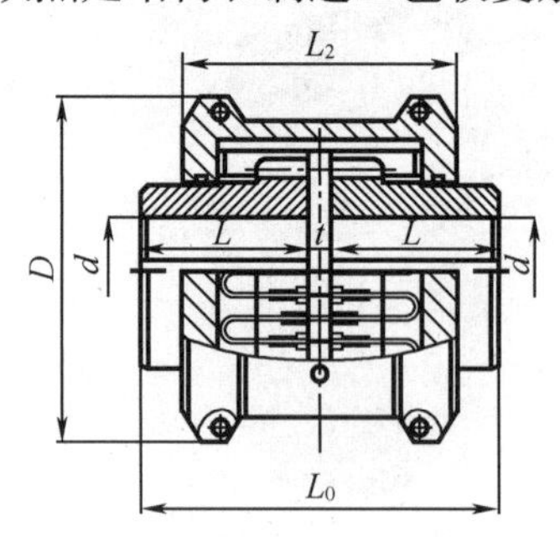

图 17-15 蛇形弹簧联轴器

17.1.3 安全联轴器

安全联轴器的作用是传递运动和转矩,并起到过载保护作用,即当工作转矩超过允许的极限转矩时,联轴器中的连接件将发生折断、脱开或打滑,从而保护机器中的重要零件。挠性安全联轴器还具有不同程度的补偿功能。

17.1.4 联轴器的选择与设计

目前,常用的联轴器大多已标准化或规格化,一般情况下,只需正确选择联轴器的类型,确定联轴器的型号和尺寸。必要时,可对其易损的薄弱环节进行载荷能力的校核计算,转速高时,还应验算其外缘的离心应力和弹性元件的变形,进行平衡试验等。若现有的联轴器工作性能不能满足要求,则需设计专用的联轴器。选择或设计联轴器,一般不仅要考虑整个机械的工作性能、载荷特性、使用寿命和经济性问题,同时也应考虑维修和保养等问题。

联轴器选择与设计中应注意以下几点:

(1)单万向联轴器不能实现两轴间同步传动;

(2)要求同步传动时不宜用有弹性元件的联轴器;

(3)中间轴无支撑时两端不宜采用十字滑块联轴器;

(4)在转矩变动源和飞轮之间不宜采用挠性联轴器;

(5)十字滑块联轴器不宜设置在高速端;

(6)高速轴的挠性联轴器应尽量靠近轴承。

17.2 离 合 器

离合器是一种可以通过各种操纵方式,在机器运行过程中,根据工作的需要使两轴随时分离或接合的装置。离合器的主要功能是用来操纵机器传动系统的断续,以便进行变速及换向等。按离合方法不同分类如下:

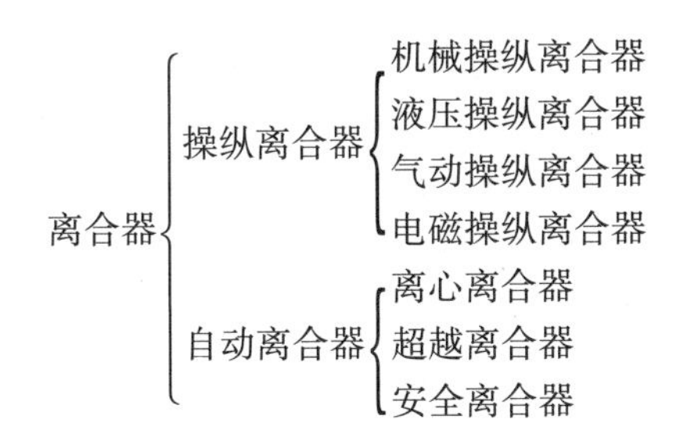

一般地，离合器应具有便于接合和分离，操纵方便省力，且接合和分离迅速可靠，接合时振动小；调节维修方便；尺寸小，质量轻；耐磨性好，散热性好等性能。

17.2.1　几种典型离合器

下面介绍几种典型操纵离合器和自动离合器。

1. 操纵离合器

(1)牙嵌离合器

牙嵌离合器属于机械离合器，主要由端面带齿的两个半离合器组成，通过齿的啮合来传递运动和动力，齿的分离实现主动轴与从动轴的脱开。如图17－16所示，半联轴器1固定在主动轴上，半联轴器3可以沿导向平键在从动轴上移动。利用操纵杆移动滑环4可使两半离合器的牙相互嵌合或分离。在半离合器1中装有对中环2，从动轴可在对中环中滑动。

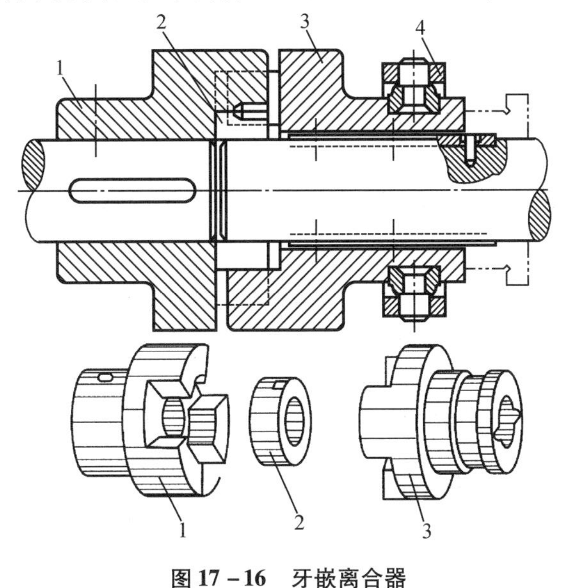

图17－16　牙嵌离合器

1,3—半离合器；2—对中环；4—滑环

离合器牙的形状有三角形、梯形、锯齿形和矩形。三角形牙传递中、小转矩，牙数为15～60，用于低速离合器。梯形和锯齿形牙可传递较大转矩，接合和分离也较容易，牙数为3－15。梯形牙可以补偿磨损后的牙侧间隙。锯齿牙只能单向工作，反转时由于有较大的轴向分力，会迫使离合器自行分离。矩形齿制造容易，但只有在齿与槽对准时方能接合，因而接合困难。同时接合后齿与齿接触的工作面间无轴向分力作用，所以分离也较困难，故应用较少。要求传递转矩大时，应取较少牙数；要求接合时间短时，应取较多牙数。但牙数越多，载荷分布越不均匀。牙嵌离合器各牙应精确等分，以便载荷分布均匀。

牙嵌离合器结构简单,外廓尺寸小,能传递较大的转矩,故应用较多。但牙嵌离合器只宜在两轴不回转或转速差很小时才能接合,否则牙齿可能会受到撞击而折断。

为提高齿面耐磨性,牙嵌离合器的齿面应具有较大的硬度。牙嵌离合器的材料通常用低碳钢表面渗碳,或中碳钢表面淬火处理,对不重要的和静止时离合的牙嵌离合器也可采用铸铁。

牙嵌离合器的承载能力主要取决于齿根弯曲应力 σ_b。由于频繁离合的牙嵌离合器将产生齿面磨损,因此,常通过限制齿面压强 p 来控制磨损。

即

$$\sigma_b = \frac{KTh}{zD_0W} \leqslant [\sigma_b] \text{ MPa} \tag{17-2}$$

$$p = \frac{2KT}{zD_0A} \leqslant [p] \text{ MPa} \tag{17-3}$$

式中 K——载荷系数,见表 17-1;

T——轴传递的转矩,N·mm;

z——齿数;

D_0——离合器牙齿所在圆环平均直径,mm;

h——齿高,mm;

W——齿根处抗弯截面系数,mm^3;

A——每个齿的接触面积,mm^2。

对于表面淬火的钢制牙嵌离合器,当停车离合时:$[\sigma_b] = \frac{\sigma_s}{1.5}$ MPa,$[p] = 90 \sim 120$ MPa;当低速运转离合时:$[\sigma_b] = \frac{\sigma_s}{3}$ MPa,$[p] = 50 \sim 70$ MPa。

(2)圆盘摩擦离合器

摩擦离合器是靠两半离合器接合面间的摩擦力传递转矩的。圆盘摩擦离合器是摩擦式离合器中应用最广的一种离合器,其优点包括:①不需要停车,在任何不同转速条件下两轴都可以进行接合;②控制离合器的接合过程,就能调节从动轴的加速时间,减少接合时的冲击和振动,实现平稳接合;③过载时,摩擦面间将发生打滑,可以避免其他零件的损坏。摩擦离合器外廓尺寸较大。在接合和分离的过程中会产生滑动摩擦,故发热量较大,磨损也较大。为了散热和减轻磨损,可以把摩擦离合器浸入油中工作。根据是否浸入润滑油中工作,摩擦离合器分为干式与油式。

常用的圆盘摩擦离合器按摩擦盘数可以分为单圆盘式和多片式。

①单圆盘摩擦离合

如图 17-17 所示,单片式圆盘摩擦离合器由两个半离合器 1,2 组成。转矩通过两个半离合器接触面之间的摩擦力来传递。半联轴器 1 固定在主动轴上,半离合器 2 利用导向平键(或花键)安装在从动轴上,通过操纵杆和滑环 3 可以在从动轴上滑移。

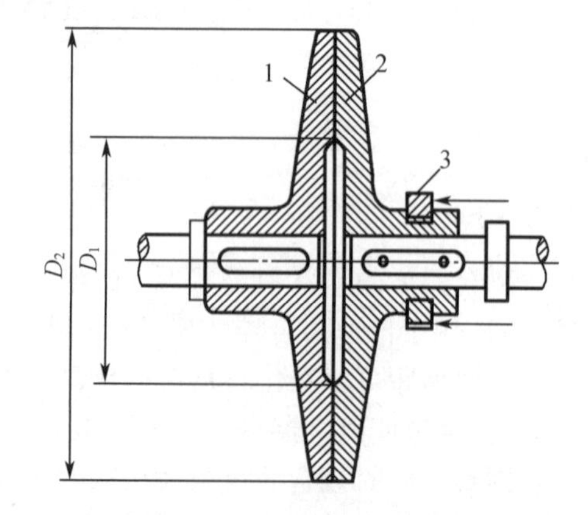

图 17-17 单圆盘摩擦离合器

1,2—半离合器;3—滑环

设单片圆盘摩擦离合器两圆盘接触面材料的许用压力为$[p]$,摩擦因数为f,圆盘内径为D_1,外径为D_2,则摩擦盘所能承受的最大压紧力为

$$F_{Q\max} = \frac{[p]\pi(D_2^2 - D_1^2)}{4}$$

则摩擦离合器所能传递的最大转矩 $T_{\max}$ 为

$$T_{\max} = F_{Q\max} \cdot f \cdot \frac{D_2 - D_1}{4}$$

单片圆盘摩擦离合器结构简单，散热性好，但传递的转矩小。当需要传递较大转矩时，可采用多片式摩擦离合器。

②多片式摩擦离合器

多片式摩擦离合器由两组摩擦片组成，如图17－18所示，一组外摩擦片，以其外缘齿插入主动轴上鼓轮内缘的纵向槽内，随鼓轮一起转动，并可在曲臂压杆的作用下沿轴向移动。另一组内摩擦片，与从动轴上的内套筒相连并与从动轴一起转动。滑环左移则压紧曲臂压杆，通过杠杆作用压板压紧内摩擦片组和外摩擦片组，使主动轴和从动轴处于接合状态；滑环右移则放松曲柄压杆，压板向左移动，使内摩擦片组和外摩擦片组分离，主动轴则和从动轴处于脱开状态。圆螺母用来调整摩擦片间压力的大小。

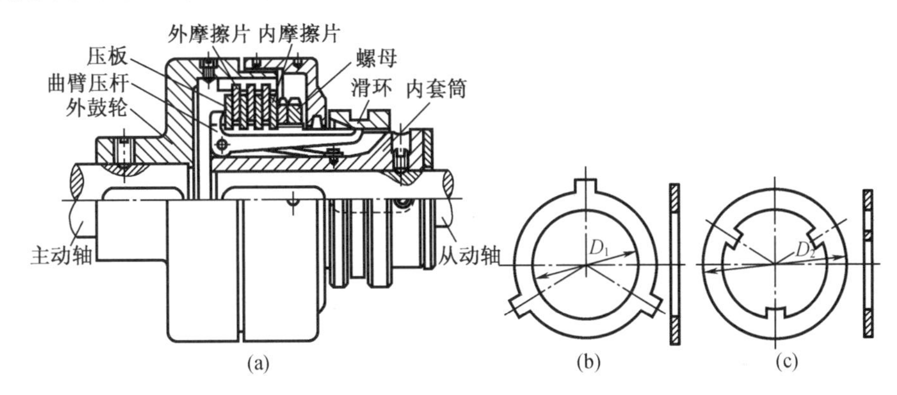

图17－18　多片式摩擦离合器

摩擦片数目越多，所传递的转矩越大。但如果摩擦片数过多，各摩擦片间压力将分布不均匀，所以一般摩擦片数不超过12～15片。

摩擦离合器的操纵方法有多种，除图17－18所示多片式摩擦离合器所用的杠杆机构属于机械操纵的，还有电磁的、气动的和液压的等数种。如图17－19所示电磁摩擦离合器就是依靠电磁力操纵离合器接合与分离的。

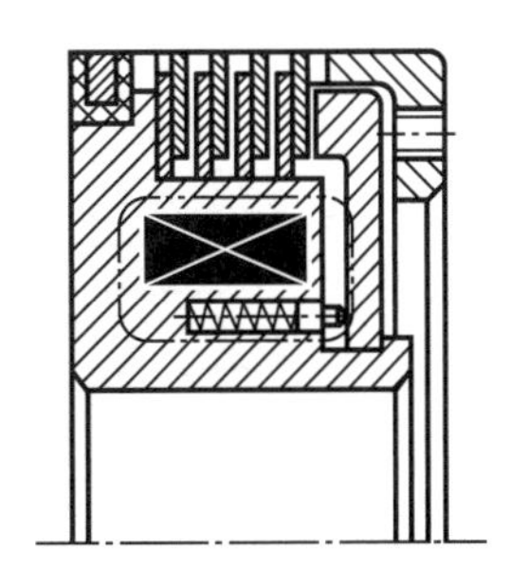

图17－19　电磁摩擦离合器

(3)磁粉离合器

磁粉离合器主要由主动外轮鼓、从动内轮芯、励磁线圈、磁粉(导磁铁粉混合物)等组成，如图17－20所示。主动轴1与外轮鼓2用螺栓进行联接，从动轴7与内轮芯5用键联接。在励磁线圈不工作时，散沙似的微粒状粉末不阻碍主、从动件之间的相对运动，外轮鼓2与内轮芯5分离，主动轴无法带动从动轴一起转动。当励磁线圈通电时，通电后磁粉被磁化，彼此相互吸引聚集，依靠磁粉的结合力以及磁粉与两工作面之间的摩擦力传递转矩。这种离合器在过载滑动时，会产生高温。当温度超过磁粉的居里点时，则磁粉磁性消失，离合器即分离，从而可以起到安全保护的作用。

磁粉要求磁导率高、剩磁小、流动性好、耐磨、耐热和具有不烧结性。磁粉材料一般为铁钴镍、铁钴钒等合金粉,加入少量二硫化钼。磁粉形状为球形或椭球形,颗粒直径为 20 ~ 70 μm。

磁粉离合器转矩调节简单而且精确,调节范围宽;操纵方便、离合平稳、工作可靠;使用寿命较长,可远距离操纵,结构简单;可用作恒张力控制,是造纸机、纺织机、印刷机、绕线机等的理想装置;若将主动件固定,则可作制动器使用。

磁粉离合器相对而言比较笨重,工作一定时间后需更换磁粉。磁粉离合器适用于机械传动系统主、从动端离合和控制系统调节转矩、调节速度、张力控制、空载启动、过载保护、伺服启动、测试加载、换向等。

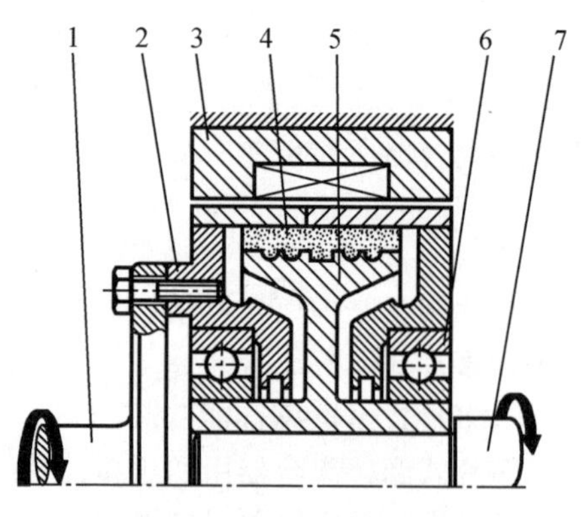

图 17-20 磁粉离合器

1—主动轴;2—外轮鼓;3—励线圈组件;4—磁粉;5—内轮芯;6—滚动轴承;7—从动轴

2. 自动离合器

自动离合器是一种能根据机器运动或动力参数(转矩、转速、转向等)的变化而自动完成接合和分离动作的离合器,常用的有离心离合器、定向离合器和安全离合器。

(1)离心离合器

离心离合器的特点是当主动轴的转速达到某一定值时能自行接合或分离。

瓦块式离心离合器的工作原理如图 17-21 所示。在静止状态下,弹簧力 F_s 使瓦块 m 受拉,从而使离合器分离(图 17-21(a))或使瓦块 m 受压,从而使离合器接合(图 17-21(b))。前者称为开式,后者称为闭式。当主动轴达到一定转速时,离心力 F_c > 弹簧力 F_s,而使离合器相应地接合或分离,调整弹簧力 F_s,便可控制需要接合或分离的转速。

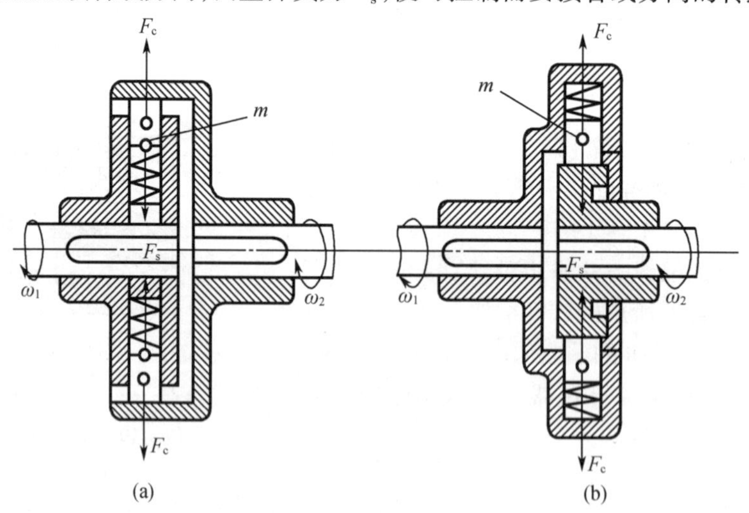

图 17-21 离心离合器

开式离合器主要用于启动装置,如在启动频繁时,机器中采用这种离合器,可使电动机在运转稳定后才接入负载,而避免电机过热或防止传动机构受动载过大。闭式离合器主要用作安全装置,当机器转速过高时起安全保护作用。

(2)超越离合器

超越离合器是靠主、从动部分的相对速度变化或回转方向变换能自动接合或脱开的离合器。单向超越离合器的特点只能在一个转向传递转矩，反向时自动分离。双向超越离合器可双向传递转矩。图17－22为一种应用广泛的单向滚柱超越式离合器。它是由星轮1、外圈2、滚柱3和弹簧顶杆4等组成。滚柱被弹簧顶杆以不大的推力向前推进而处于半楔紧状态，当星轮为主动轮做如图所示的顺时针方向转动时，滚柱被楔紧在星轮和外圈之间的楔形槽内，因而外圈将随星轮一起旋转，离合器处于接合状态。但当星轮逆向做反时针方向转动时，滚柱被推向楔形槽的宽敞部分，不再楔紧在槽内，外圈就不随星轮一起旋转，离合器处于分离状态。这种离合器工作时没有噪声，宜于高速传动，但制造精度要求较高。

(3)安全离合器

安全离合器的种类很多，它们的作用是当转矩超过允许数值时能自动分离。

图17－23为销钉式安全离合器，这种离合器的结构类似于刚性凸缘联轴器，但不用螺栓，而用钢制销钉连接。过载时，销钉被剪断。销钉的尺寸 d 由强度决定。这类联轴器由于销钉材料力学性能不稳定，以及制造尺寸的误差等原因，致使工作精度不高，因更换销钉既费时又不方便，因此这种联轴器不宜用在经常发生过载的地方。

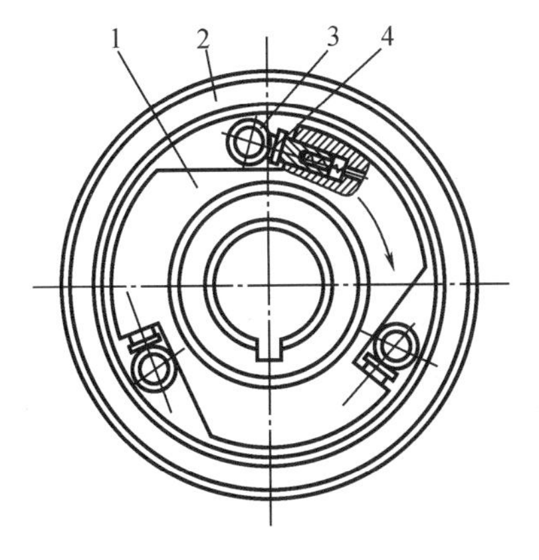

图17－22　超越离合器

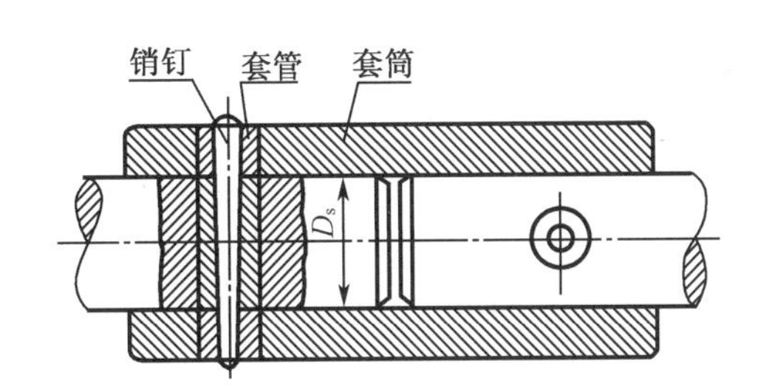

图17－23　销钉式安全离合器

图17－24为摩擦式安全离合器，其结构类似多盘摩擦离合器，但不用操纵机构，而是用适当的弹簧1将摩擦盘压紧，弹簧施加的轴向压力 F_Q 的大小可由螺母2进行调节。调节完毕并将螺母固定后，弹簧的压力就保持不变。当工作转矩超过要限制的最大转矩时，摩擦盘间即发生打滑而起到安全作用。当转矩降低到某一值时，离合器又自动恢复接合状态。

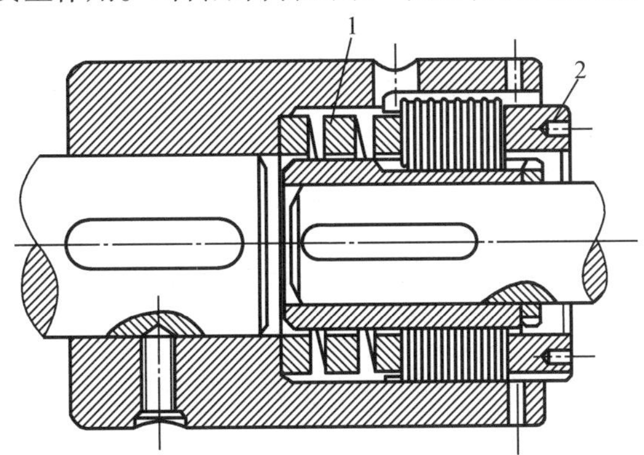

图17－24　摩擦式安全离合器

17.3 制 动 器

制动器是利用摩擦力来减低运动物体的速度或迫使其停止运动的装置,具有制动、减速及支持功能。多数常用的制动器已经标准化、系列化。制动器的种类很多,按照制动零件的结构特征分,有块式、带式、盘式制动器,前述图 17－17 所示的单圆盘摩擦离合器的从动轴固定即为典型的圆盘制动器。按工作状态分,有常闭式和常开式制动器。常闭式制动器经常处于紧闸状态,施加外力时才能解除制动(例如,起重机用制动器)。常开式制动器经常处于松开状态,施加外力时才能制动(例如,车辆用制动器)。为了减小制动力矩,常将制动器装在高速轴上。

制动器的选择,应根据使用要求与工作条件确定。制动器应满足工作机械的工作性质和条件,能够产生足够的制动转矩,松闸与合闸迅速平稳,调整与维修方便,构造简单,具有较高的耐磨性和耐热性。

以下介绍几种典型的制动器。

17.3.1 带式制动器

最为常见的带式制动器的工作原理如图 17－25 所示。当施加外力 Q 时,利用杠杆 3 收紧闸带 2 而抱住制动轮 1,靠带和制动轮间的摩擦力达到制动的目的。

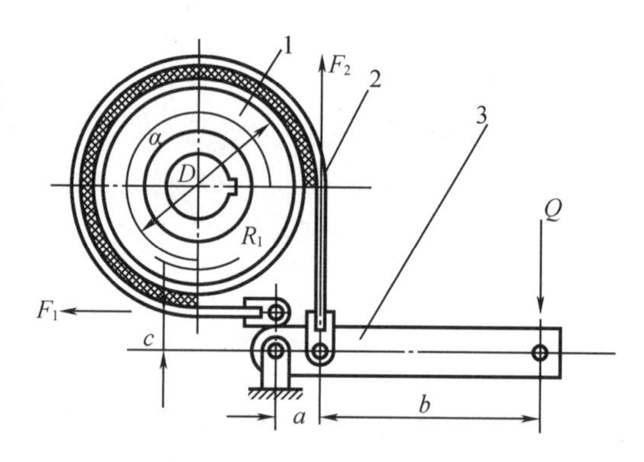

图 17－25 带式制动器

计算时设制动力矩为 T,圆周力为 F,制动轮直径为 D,则

$$F=\frac{2T}{D}$$

制动力矩作用在带上时,将使带的两端产生拉力 F_1 和 F_2,则

$$F=F_1-F_2$$

由欧拉公式知

$$F_1=F_2 e^{f\alpha}$$

式中 e——自然对数的底($e\approx2.718$);

f——带与轮间的摩擦系数;

α——带绕在制动轮上的包角,一般为 $\pi\sim3\pi/2$。

则

$$F_2=\frac{F}{e^{f\alpha}-1}=\frac{2T}{D}\left(\frac{1}{e^{f\alpha}-\alpha}\right)$$

在图 17－25 中,若取力臂 $a=c$,则由力的平衡式可得杠杆上的制动所需 Q 力为

$$Q=\frac{a}{a+b}\left(F_2+F_1\right)=\frac{2T}{D}\frac{a}{a+b}\cdot\frac{e^{f\alpha}+1}{e^{f\alpha}-1} \tag{17－4}$$

Q 力可用人力、液力、电磁力等方式来施加。为了增加摩擦作用,闸带材料一般为钢带上覆以石棉基摩擦材料。

带式制动器制动轮轴和轴承受力大，带与轮间压力不均匀，从而磨损也不均匀，且易断裂，但结构简单，尺寸紧凑，可以产生较大的制动力矩，所以目前也常应用。

17.3.2　块式制动器

块式制动器如图 17－26 所示，靠瓦块与制动轮间的摩擦力来制动。通电时，电磁线圈 1的吸力吸住衔铁 2，再通过一套杠杆使瓦块 5 松开，机器便能自由运转。当需要制动时，则切断电源，电磁线圈释放衔铁 2，依靠弹簧力并通过杠杆使瓦块 5 抱紧制动轮 6。其结构原理如图 17－27 所示。

电磁块式制动器制动和开启迅速，尺寸小，质量轻，易于调整瓦块间隙，更换瓦块、电磁铁也方便，但制动时冲击大，电能消耗也大，不宜用于制动力矩大和需要频繁制动的场合。

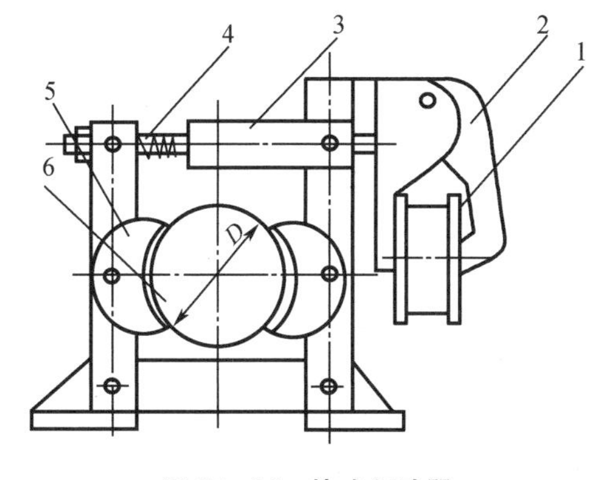

图 17－26　块式制动器

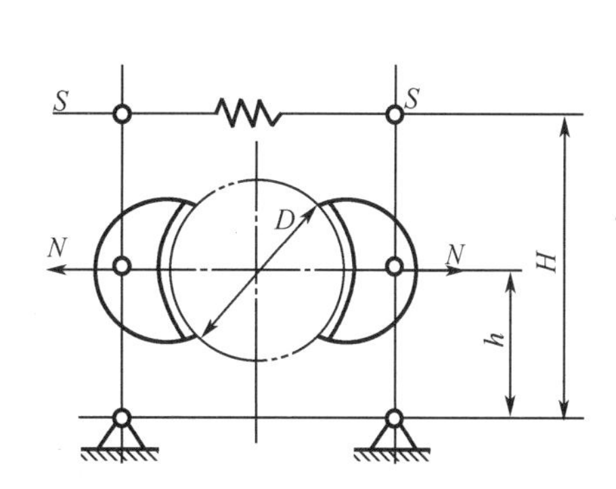

图 17－27　块式制动器原理图

17.3.3　内涨式制动器

图 17－28 为内涨式制动器工作简图。两个制动爪 2，7 分别通过两个销轴 1，8 与机架铰接，制动器表面装有摩擦片 3，制动轮 6 与需要制动的轴固联。当压力油进入油缸 4 后，推动左右两个活塞，克服拉簧 5 的作用使制动爪 2，7 分别与制动轮 6 相互压紧，即产生制动作用。油路卸压后，弹簧 5 使两制动爪与制动轮分离松闸。这种制动器结构紧凑，广泛应用于各种车辆以及结构尺寸受到限制的机械中。

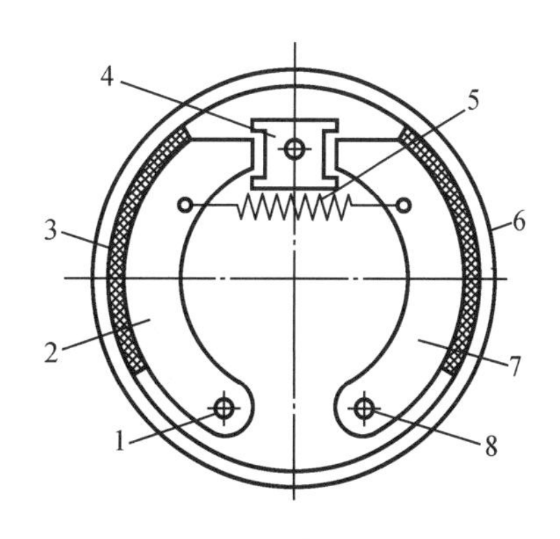

图 17－28　内涨式制动器

习　　题

17－1　联轴器、离合器和制动器在机械设备中的作用是什么？

17－2　联轴器所连两轴轴线的位移形式有哪些？试说明哪种联轴器具有补偿综合位移能力。

17－3　联轴器和离合器的共同点和区别是什么？

17－4　刚性联轴器和挠性联轴器的区别是什么？

17 -5　制动器什么情况下采用常闭式为宜?什么情况下采用常开式为宜?

17 -6　在带式运输机的驱动装置中,电动机与减速器之间、齿轮减速器与带式运输机之间分别用联轴器连接。其有两种方案;(1)高速级选用弹性联轴器,低速级选用刚性联轴器;(2)高速级选用刚性联轴器,低速级选用弹性联轴器。试问上述两种方案哪个好,为什么?

第18章 弹　　簧

18.1 弹簧的功用与类型

弹簧是靠弹性变形工作的弹性零件。在外载荷作用下,弹簧产生较大的弹性变形,把机械功或动能转变为变形能。当卸载后弹簧变形消失并迅速恢复原状,将弹性变形能释放转化为机械能。由于弹簧具有变形和储能特点,所以弹簧是广泛应用于各种机械中的弹性零件。

18.1.1 弹簧的功用

弹簧的主要功用如下:

1. 缓冲和减振

利用弹簧变形来吸收冲击和振动时的能量,如车辆中的缓冲弹簧和联轴器中的吸振弹簧等。

2. 控制机构的运动或零件的位置

利用弹簧的弹力保持零件之间的位置或接触状态,如内燃机中的阀门弹簧、液压阀中的控制弹簧以及安全阀上的安全弹簧等。

3. 储存及输出能量

利用弹簧变形时所存储的能量做功,如钟表和仪表中的发条、盘簧、枪栓弹簧等。

4. 测力和力矩的大小

利用弹簧变形量与其承受载荷呈线性关系的特性来测量载荷或力矩的大小,如测力器和弹簧秤的弹簧等。

18.1.2 弹簧的分类

按弹簧所受载荷类型不同,弹簧可分为拉伸弹簧、压缩弹簧、扭转弹簧和弯曲弹簧等;按弹簧结构形状不同,可分为螺旋弹簧、板弹簧、环形弹簧、碟形弹簧、蜗卷形弹簧等;按弹簧材料不同,可分为金属弹簧、非金属的空气弹簧以及橡胶弹簧等。

图18-1所示为常用弹簧的基本类型。在一般机械中,最常用的是圆柱形螺旋弹簧。本章主要介绍这类弹簧的结构形式和设计计算方法。

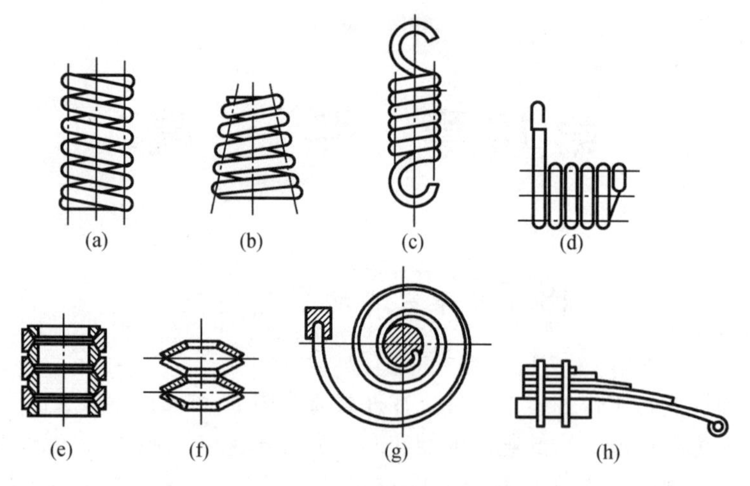

图 18-1 弹簧的基本类型

(a)圆柱螺旋压缩弹簧;(b)圆锥形螺旋弹簧;(c)圆柱螺旋拉伸弹簧;
(d)圆柱螺旋扭转弹簧(e)环形弹簧;(f)蝶形弹簧;(g)平面蜗卷弹簧;(h)钢板弹簧

18.2 弹簧的材料和许用应力及制造

18.2.1 弹簧的材料和许用应力

弹簧多数在变应力下工作,其性能与使用寿命在很大程度上取决于材料的选择。弹簧材料要具有较高的疲劳极限、屈服极限和弹性极限,高的冲击韧性,不易松弛,良好的热处理性能。对淬火、回火的弹簧材料要求具有良好的淬透性、低的过热敏感性,且不易脱碳等性能。常用弹簧材料的力学性能、许用应力及用途见表 18-1,弹簧丝的抗拉强度见表 18-2。实践中应用最广泛的就是弹簧钢,其品种又有碳素弹簧钢、低锰弹簧钢、硅锰弹簧钢和铬钒钢等。

表18-1 弹簧的材料和许用应力(GB/T 23935—2009)

<table>
<tr><th rowspan="2">类别</th><th rowspan="2">牌号</th><th colspan="3">许用扭应力[τ]</th><th colspan="2">许用弯曲应力[σ_b]/MPa</th><th rowspan="2">切变模量G/GPa</th><th rowspan="2">弹性模量E/GPa</th><th rowspan="2">推荐硬度范围HRC</th><th rowspan="2">推荐使用温度/℃</th><th rowspan="2">特性及用途</th></tr>
<tr><th>Ⅰ类弹簧</th><th>Ⅱ类弹簧</th><th>Ⅲ类弹簧</th><th>Ⅰ类弹簧</th><th>Ⅱ类弹簧</th></tr>
<tr><td rowspan="5">钢丝</td><td>25~80
40Mn~70Mn</td><td>0.3σ_B</td><td>0.4σ_B</td><td>0.5σ_B</td><td>0.5σ_B</td><td>0.625σ_B</td><td>81.5~78.5</td><td>204~202</td><td>–</td><td>-40~120</td><td>强度高,性能好,适于做小弹簧</td></tr>
<tr><td>60Si2Mn
60Si2MnA</td><td>471</td><td>627</td><td>785</td><td>785</td><td>981</td><td rowspan="4">78</td><td rowspan="4">197</td><td>45~50</td><td>-40~200</td><td>弹性好,回火稳定,易脱碳,适于做受大载荷的弹簧</td></tr>
<tr><td>65Si2MnWA
60Si2CrVA</td><td>560</td><td>745</td><td>931</td><td>931</td><td>1 167</td><td>47~52</td><td>-40~250</td><td>强度好,耐高温,弹性好</td></tr>
<tr><td>30W4Cr2VA</td><td rowspan="2">442</td><td rowspan="2">588</td><td rowspan="2">735</td><td rowspan="2">735</td><td rowspan="2">920</td><td>43~47</td><td>-40~350</td><td>高温强度好,淬透性好</td></tr>
<tr><td>50CrVA</td><td>45~50</td><td>-40~210</td><td>高疲劳强度,淬透性和回火稳定性好</td></tr>
<tr><td rowspan="3">不锈钢</td><td>1Cr18Ni9Ti</td><td>324</td><td>432</td><td>540</td><td>540</td><td>677</td><td>71.5</td><td>193</td><td>–</td><td>-250~300</td><td>耐腐蚀,耐高温,适于做小弹簧</td></tr>
<tr><td>4Cr13</td><td>442</td><td>588</td><td>735</td><td>735</td><td>920</td><td>75.5</td><td>215</td><td>48~53</td><td>-40~300</td><td>耐腐蚀,耐高温,适于做大弹簧</td></tr>
<tr><td>Co40CrNiTiMo</td><td>500</td><td>666</td><td>834</td><td>834</td><td>1 000</td><td>76.5</td><td>197</td><td>=</td><td>-40~500</td><td>耐腐蚀,高强度,无磁,高弹性</td></tr>
<tr><td rowspan="3">青铜丝</td><td>QSi-3</td><td rowspan="2">265</td><td rowspan="2">353</td><td rowspan="2">442</td><td rowspan="2">442</td><td rowspan="2">550</td><td>40.2</td><td rowspan="2">93</td><td rowspan="2">HBS90~120</td><td rowspan="3">-40~120</td><td rowspan="2">耐腐蚀,防磁好</td></tr>
<tr><td>QSn4-3</td><td>39.2</td></tr>
<tr><td>QBe2</td><td>353</td><td>442</td><td>550</td><td>550</td><td>735</td><td>42.2</td><td>129.5</td><td>37~40</td><td>耐腐蚀,防磁,导电性及弹性好</td></tr>
</table>

注:①按受力循环次数 N 不同,弹簧分为三类:Ⅰ类 $N>10^6$;Ⅱ类 $N=10^3\sim10^5$,可用作受冲击载荷的弹簧;Ⅲ类 $N<10^3$。

②拉伸弹簧的许用剪应力为压缩弹簧的80%。

③表中[τ],[σ_b],G 和 E 值,是在常温下按表中推荐硬度范围的下限值时的数值。

表 18-2 弹簧丝的抗拉强度 σ_B(GB/T 23935—2009) 单位:MPa

直径/mm	R_m/MPa						直径/mm	R_m/MPa					
	GB/T 4357—1989 碳素弹簧钢丝			YB/T 5311 重要用途碳素弹簧钢丝				GB/T 4357—1989 碳素弹簧钢丝			YB/T 5311 重要用途碳素弹簧钢丝		
	B 级	C 级	D 级	E 组	F 组	G 组		B 级	C 级	D 级	E 组	F 组	G 组
0.08	2 400	2 740	2 840	3 330	2 710		1.20	1 629	1 910	2 250	1 920	2 270	1 820
0.09	2 350	2 600	2 840	3 320	2 700		1.40	1 620	1 860	2 150	1 870	2 200	1 780
0.10	2 300	2 650	2 790	3 310	2 690		1.60	1 570	1 810	2 110	1 830	2 160	1 750
0.12	2 250	3 630	2 740	2 300	2 680		1.80	1 520	1 760	2 010	1 800	2 060	1 700
0.14	2 200	2 860	2 740	2 290	2 670		2.00	1 470	1 710	1 900	1 760	1 970	1 670
0.16	2 150	1 800	2 690	2 280	2 660		2.20	1 420	1 660	1 800	1 720	1 870	1 620
0.18	2 150	2 460	2 690	2 270	2 050		2.60	1 420	1 660	1 760	1 680	1 779	1 620
0.20	2 150	2 400	2 690	2 250	2 640		2.80	1 370	1 620	1 710	1 630	1 720	1 570
0.22	2 110	2 510	2 690	3 240	2 620		3.00	1 370	1 570	1 510	1 610	1 690	1 570
0.25	2 060	2 300	2 640	2 220	2 600		3.30	1 320	1 570	1 660	1 560	1 670	1 570
0.28	2 010	2 300	2 640	2 220	2 600		3.50	1 320	1 570	1 660	1 520	1 620	1 470
0.30	2 030	2 400	2 640	2 210	2 600		4.00	1 320	1 620	1 620	1 410	1 500	1 470
0.32	1 960	2 250	2 600	2 210	2 590		4.50	1 320	1 620	1 520	1 410	1 500	1 470
0.35	1 960	2 250	2 600	2 210	2 590		5.00	1 320	1 470	1 570	1 380	1 480	1 420
0.40	1 910	2 250	2 600	2 200	2 580		5.50	1 270	1 470	1 570	1 330	1 440	1 400
0.45	1 860	2 200	2 550	2 190	2 570		6.00	1 220	1 420	1 520	1 320	1 420	1 350
0.50	1 860	2 200	2 550	2 180	2 560		6.30	1 220	1 420	—			
0.55	1 810	2 150	2 500	2 170	2 550		7.00	1 170	1 370	—			
0.60	1 760	2 110	2 450	2 160	2 540		8.00	1 170	1 370	—			
0.63	1 760	2 110	2 450	2 140	2 520		9.00	1 130	1 320	—			
0.70	1 710	2 060	2 450	2 120	2 500		10.00	1 130	1 320	—			
0.80	1 710	2 010	2 400	2 110	2 490		11.00	1 080	1 270	—			
0.90	1 710	2 010	2 350	2 060	2 390		12.00	1 080	1 270	—			
1.00	1 660	1 960	2 300	2 020	2 350	1 850	13.00	1 010	1 220	—			

注:表中 σ_B 值均为下限值。

18.2.2 弹簧的制造

螺旋弹簧的制造工艺过程包括卷制、挂钩制作(拉簧)或端圈加工(压簧)、热处理、工艺实验等,特别重要的弹簧还要进行强压处理。

卷制又分为冷卷及热卷两种。当弹簧丝直径 $d<8\sim10$ mm 时,直接用预先经过热处理的弹簧丝在常温下卷制,称为冷卷。经冷卷后的弹簧,一般需要进行低温回火,以消除卷制

时所产生的内应力。对于直径较大的弹簧丝,卷制时要在800~1 000 ℃的温度下进行,称为热卷。热卷弹簧必须进行淬火和中温回火等处理。冷卷和热卷压缩弹簧的代号为Y,L,拉伸弹簧的代号为RY,RL。

重要压缩弹簧的端面要磨平,以保证两端面与弹簧轴线垂直。拉伸及扭转弹簧,为便于连接、加强,两端应制有挂钩。

对于一些重要弹簧还要进行工艺检查和冲击疲劳等实验。为了提高弹簧的承载能力,可将弹簧在超过工作极限载荷作用下持续强压6~48 h,以便在弹簧丝截面的危险区产生塑性变形和残余应力,从而提高弹簧的强度。在长期振动、高温或腐蚀性介质中工作的弹簧及一般用途的弹簧不应进行强压处理。为提高弹簧的疲劳强度,常采用喷丸处理,使弹簧表面产生有益的残余应力。经过强压处理或喷丸处理的弹簧不得再进行热处理。

弹簧的表面状况严重影响弹簧的疲劳强度和抗冲击强度,所以弹簧表面必须光洁,没有裂缝和伤痕等缺陷。表面脱碳将严重降低弹簧材料的疲劳强度和抗冲击性能,因此对脱碳层深度和其他表面缺陷要求都应在弹簧技术要求中明确规定,重要用途的弹簧还须进行表面处理,如镀锌等,普通弹簧一般涂油或漆。

18.3 圆柱形压缩(拉伸)螺旋弹簧的设计计算

18.3.1 圆柱形压缩(拉伸)螺旋弹簧的结构

1. 圆柱形压缩螺旋弹簧的结构

图18-2所示为圆柱形压缩螺旋弹簧的结构。弹簧在自由状态下,各圈之间应有适当间隙δ,以便弹簧受压时,能产生相应的变形。弹簧在最大载荷作用下各圈之间必须保持一定的间隙δ_1,推荐为$\delta_1=0.1d\geqslant 0.2$ mm,d为弹簧丝直径。

压缩螺旋弹簧的端部结构如图18-3所示,弹簧两端有$\frac{3}{4}\sim 1\frac{1}{4}$圈与邻圈并紧,只起支承作用,不参加变形,所以称为支承圈。当弹簧圈数$n\leqslant 7$时,支承圈约为$\frac{3}{4}$圈;$n>7$时,支承圈约有$1\sim 1\frac{1}{4}$支承圈端面与弹簧座接触。YⅠ型(冷卷)和RYⅠ型(热卷)端面圈与邻圈并紧且磨平;YⅡ型两端面圈与邻圈并紧但不磨平;RYⅡ型两端面圈制扁不磨平或磨平;YⅢ型两端面圈不并紧。在弹簧受变载荷的重要场合应采用YⅠ或RYⅠ型,以保证支承端面与弹簧轴线垂直,防止弹簧受压时发生歪斜。

2. 圆柱形拉伸螺旋弹簧的结构

图18-4所示为圆柱形拉伸螺旋弹簧的结构,弹簧在自由状态下各圈相互并紧,端部制成挂钩,以便安装和加载。挂钩的结构形式如图18-5所示,其中LⅠ型、RLⅠ型和LⅡ型、RLⅡ型制造简便,应用广泛,但在挂钩过渡处弯曲应力较大,所以只适用于弹簧丝直径$d\leqslant$ 10 mm的弹簧。LⅦ型和LⅧ型挂钩受力情况较好,安装方便,适用于载荷大的重要弹簧。

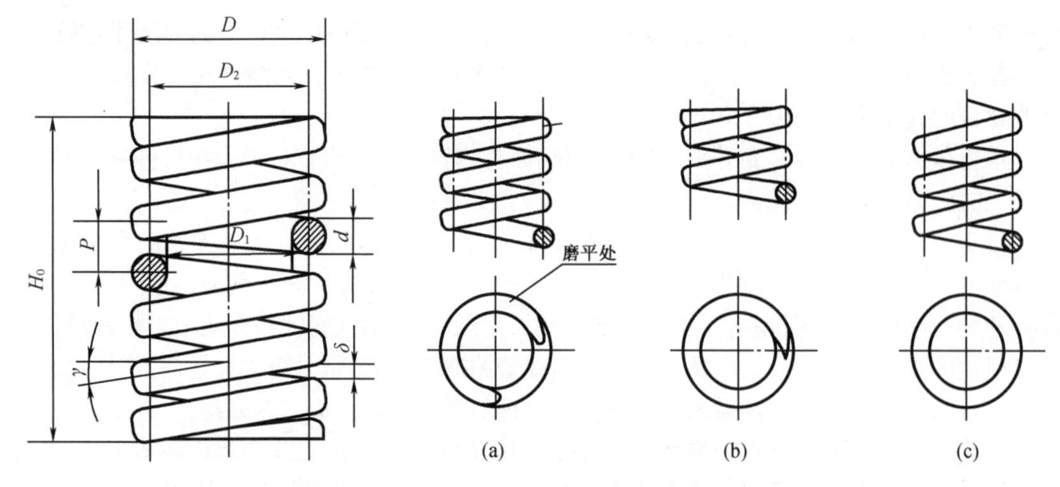

图 18－2 圆柱形压缩弹簧

图 18－3 圆柱形压缩弹簧端部结构

(a)YⅠ型和RYⅠ型;(b)YⅡ型和RYⅡ型;(c)YⅢ型

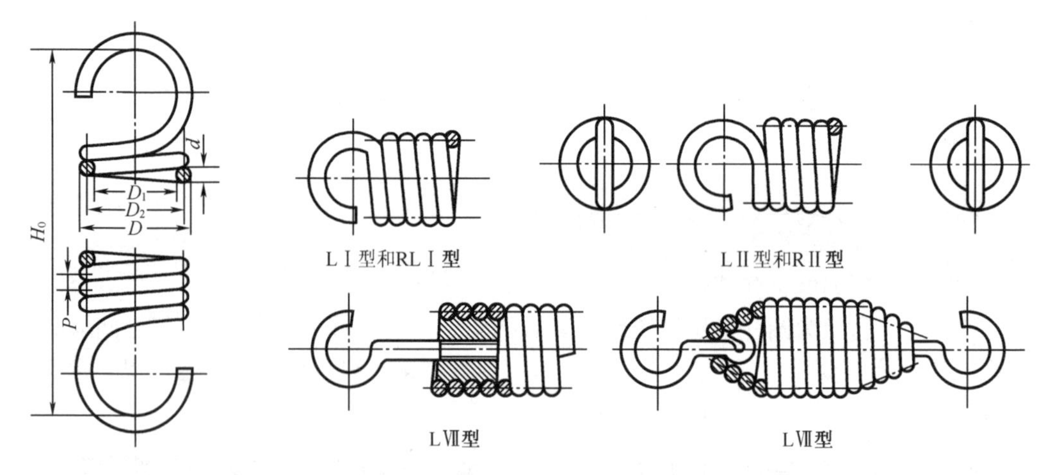

图 18－4 圆柱形拉伸螺旋弹簧

图 18－5 圆柱形拉伸螺旋弹簧挂钩形式

18.3.2 圆柱形压缩(拉伸)螺旋弹簧的几何尺寸

圆柱形压缩(拉伸)螺旋弹簧的主要参数包括:弹簧丝直径 d、弹簧中径 D_2、内径 D_1、外径 D、节距 P、螺旋角 γ、自由高度 H_0、有效圈数 n、总圈数 n_1、间距 δ 等。圆柱形压缩(拉伸)螺旋弹簧的几何计算公式见表 18－3。

表 18－3 圆柱形压缩(拉伸)螺旋弹簧的几何尺寸计算公式

名称与代号	压缩螺旋弹簧	拉伸螺旋弹簧
弹簧直径 d / mm	由强度计算公式确定	
弹簧中径 D_2/ mm	$D_2 = Cd$	
弹簧内径 D_1/mm	$D_1 = D_2 - d$	

表 18－3(续)

名称与代号	压缩螺旋弹簧	拉伸螺旋弹簧
弹簧外径 D/mm	$D = D_2 + d$	
弹簧指数 C	$C = D_2/d$ 一般 $4 \leqslant C \leqslant 6$	
螺旋升角 γ/°	对压缩弹簧,推荐 $\gamma = 5° \sim 9°$	
有效圈数 n	由变形条件计算确定,一般 $n > 2$	
总圈数 n_1	压缩 $n_1 = n + (2 \sim 2.5)$;拉伸 $n_1 = n$ $n_1 = n + (1.5 \sim 2)$(YⅠ型 热卷);n_1 的尾数为 1/4,1/2,3/4 或整圈,推荐 1/2 圈	
自由高度或长度 H_0/mm	两端圈磨平 $n_1 = n + 1.5$ 时,$H_0 = nP + d$ $n_1 = n + 2$ 时,$H_0 = nP + 1.5d$ $Yn_1 = n + 2.5$ 时,$H_0 = nP + 2d$ 两端圈不磨平 $n_1 = n + 2$ 时,$H_0 = nP + 3d$ $n_1 = n + 2.5$ 时,$H_0 = nP + 3.5d$	LI 型 $H_0 = (n+1)d + D_1$ LⅡ型 $H_0 = (n+1)d + 2D_1$ LⅢ型 $H_0 = (n+1.5)d + 2D_1$
工作高度或长度 H_n/mm	$H_n = H_0 - \lambda_n$	$H_n = H_0 + \lambda_n$,λ_n－变形量
节距 P/mm		$P = d$
间距 δ/mm	$\delta = P - d$	$\delta = 0$
压缩弹簧高径比 b	$b = H_0/D2$	－
展开长度 L/mm	$L = \pi D_2 n_1/\cos\gamma$	$L = n\pi D_2$ + 钩部展开长度

表 18－3 中的弹簧指数 C(又称旋绕比)值的范围为 4～16,常用值为 5～8。

弹簧丝直径 d 相同时,由 $C = D_2/d$ 知,C 值愈小,说明弹簧圈的中径愈小,弹簧刚度愈大,但弹簧的曲率也大,卷绕成形困难,弹簧工作时,弹簧圈内侧的应力也大;C 值大时,则情况与上述相反。C 值太大时,弹簧将发生颤动。C 值的选用范围可参考表 18－4。

表 18－4 弹簧指数 C 的选用范围(GB/T 1239.6—2009)

d/mm	0.2～0.4	0.5～1.0	1.1～2.2	2.5～6.0	7.0～16	≥18
$C = D_2/d$	7～14	5～12	5～10	4～9	4～8	4～6

圆柱形压缩螺旋弹簧的 d,D_2,P 已标准化,设计时可查阅弹簧标准。

18.3.3 圆柱形压缩(拉伸)螺旋弹簧的特性曲线

表示弹簧工作过程中所受载荷与弹性变形量之间的关系曲线,称为弹簧特性曲线,它是弹簧设计、质量检验或实验的重要依据。

1. 压缩螺旋弹簧的特性曲线

图 18－6 所示为圆柱形压缩螺旋弹簧特性曲线。设 H_0 为弹簧未受载荷时的自由高度,F_{min} 为最小工作载荷,它是为了使弹簧可靠地安装在工作位置上所加的初始载荷。在 F_{min} 作用下,弹簧从自由高度 H_0 被压缩到 H_1,这时弹簧的压缩变形量为 λ_{min}。F_{max} 为弹簧的最大工作载荷,在 F_{max} 作用下,弹簧高度压缩到 H_2,这时弹簧的变形量为 λ_{max}。弹簧的工作行程

$h=H_1-H_2=\lambda_{max}-\lambda_{min}$。$F_{lim}$为弹簧的极限载荷，在$F_{lim}$作用下，弹簧丝的应力达到了材料的弹性极限，弹簧的相应高度为H_{lim}，变形量为λ_{lim}。

2. 拉伸螺旋弹簧的特性曲线

图 18－7 所示为圆柱形拉伸螺旋弹簧的特性曲线。根据制造方法的不同，拉伸弹簧分为“无初应力”和“有初应力”（不需淬火的冷卷弹簧）拉伸弹簧两种。无初应力拉伸弹簧的特性曲线与压缩弹簧的特性曲线相同。有初应力拉伸弹簧的特性曲线中增加一段假想变形χ，相应的初拉力为F_0，即在自由状态下拉伸弹簧已经承受了一定的初拉力F_0，当工作拉力大于F_0时，弹簧才开始伸长，所以$F_0<F_{min}$。

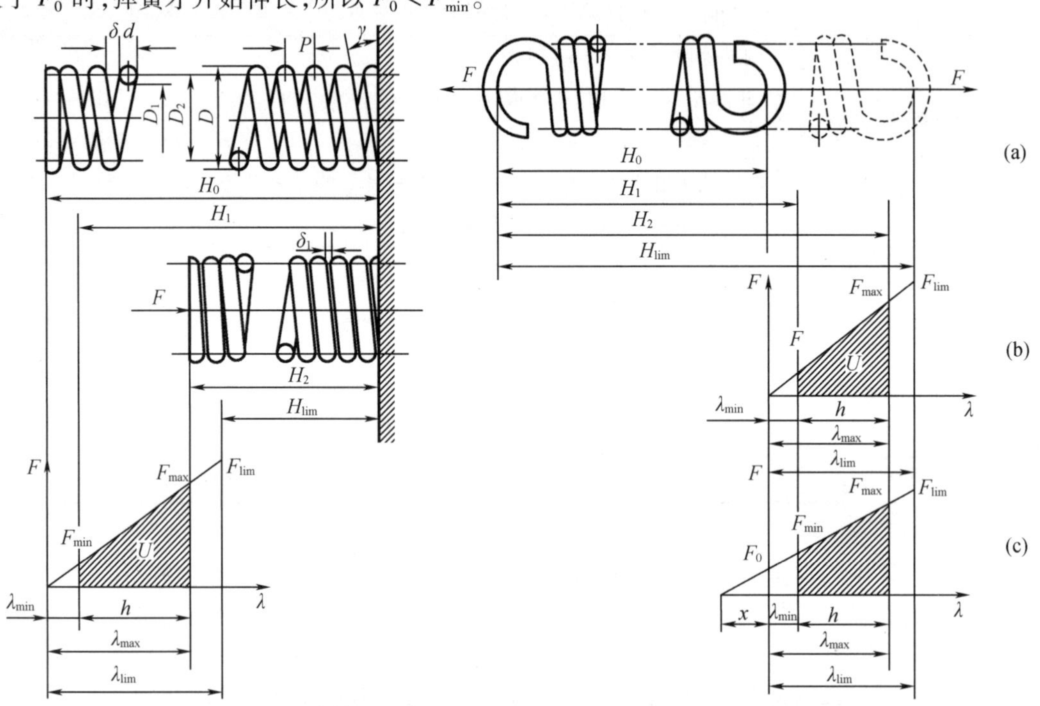

图 18－6 圆柱形压缩螺旋弹簧特性曲线

图 18－7 圆柱形拉伸螺旋弹簧特性曲线

圆柱形压缩（拉伸）螺旋弹簧的最小与最大工作载荷通常取$F_{min}\geqslant 0.2F_{lim}$，$F_{max}\leqslant 0.8F_{lim}$。因此，弹簧的工作变形量取值为$(0.2\sim0.8)\lambda_{lim}$，以便保持弹簧的线性特性。

等节距的圆柱形压缩（拉伸）螺旋弹簧的特性曲线为直线，即：

压缩、无初应力拉伸弹簧

$$\frac{F_{min}}{\lambda_{min}}=\frac{F_{max}}{\lambda_{max}}=\frac{F_{lim}}{\lambda_{lim}}=\text{常数} \tag{18-1}$$

有初应力拉伸弹簧

$$\frac{F_0}{\chi}=\frac{F_{max}}{\chi+\lambda_{max}}=\frac{F_{min}}{\chi+\lambda_{min}}=\frac{F_{lim}}{\chi+\lambda_{lim}}=\text{常数} \tag{18-2}$$

弹簧的特性曲线应绘在弹簧工作图中，作为检验和实验时的依据之一。此外，在设计弹簧时，利用特性曲线分析受载与变形的关系也较为方便。

18.3.4 圆柱形压缩（拉伸）螺旋弹簧的强度计算

现对压缩螺旋弹簧的受力与应力进行分析。

由于弹簧丝具有升角γ，所以弹簧轴向截面$A-A$上弹簧丝的截面形状为椭圆，弹簧丝法向截面形状为圆形。由于螺旋升角较小，可假设两截面重合，从而使计算简化。

由图18－8中的外、内力平衡图可知，弹簧丝的截面$A-A$上产生剪力F和扭转$T=FD_2/2$，分别引起的剪应力如下。

剪力引起的剪应力

$$\tau_F=\frac{F}{\pi d^2/4}$$

扭矩引起的剪应力

$$\tau_T=\frac{FD_2/2}{\pi d^3/16}$$

合成最大剪应力

$$\tau_\Sigma=\tau_F+\tau_T=\frac{F}{\pi d^2/4}+\frac{FD_2/2}{\pi d^3/16}=\frac{8FD_2}{\pi d^3}\left[\frac{1}{2C}+1\right] \tag{18-3}$$

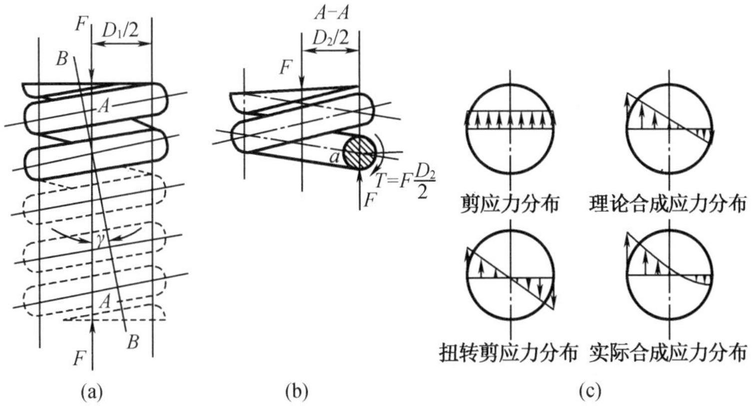

(a)　(b)　(c)

剪应力分布　理论合成应力分布　扭转剪应力分布　实际合成应力分布

图18－8　压缩螺旋弹簧的受力和应力

由图18－8中的应力分布图可知，最大剪应力τ_{max}发生在弹簧丝截面$A-A$内侧a点。由实验说明，弹簧丝的破坏大多由这一点开始。考虑到弹簧丝升角和曲率对应力的影响，在弹簧丝最大剪应力计算公式(18－3)中引入曲度系数K，修正后弹簧丝内侧最大剪应力的计算公式为

$$\tau_{max}=K\frac{8F_{max}D_2}{\pi d^3}\text{MPa} \tag{18-4}$$

式(18－4)中曲度系数K按下式计算，即

$$K=\frac{4C-1}{4C-4}+\frac{0.615}{C} \tag{18-5}$$

K值也可由表18－5查得。

表18－5　弹簧的曲度系数K

C	4	4.5	5	5.2	5.4	5.5	5.6	5.8	6	6.2～6.4	6.5～6.6
K	1.40	1.35	1.31	1.30	1.29	1.28	1.27	1.26	1.25	1.24	1.23
C	6.8	7～7.2	7.4～7.5	7.6～7.8	8	9	10	11	12	14	
K	1.22	1.21	1.20	1.19	1.18	1.16	1.14	1.13	1.12	1.10	

弹簧丝的强度核验公式为

$$\tau_{\max} = K\frac{8F_{\max}D_2}{\pi d^3} \leqslant [\tau] \text{ MPa} \tag{18-6}$$

将 $D_2 = Cd$ 代入式(18－6)得弹簧丝直径设计公式为

$$d \geqslant 1.6\sqrt{\frac{KF_{\max}C}{\tau}} \text{ mm} \tag{18-7}$$

式中　$F_{\max}$——弹簧的最大工作载荷,N;

　　$[\tau]$——许用剪应力,由表 18－1 查得。

用式(18－7)计算弹簧丝直径时,因弹簧指数 C 和许用剪应力$[\tau]$均与弹簧丝直径有关,所以应先初步试选弹簧丝直径 d 值,进行试算,直到计算得到的直径与试选直径近似相等为止,求得的弹簧丝直径 d 应圆整为标准值(表 18－6)。

表 18－6　圆柱形螺旋弹簧标准尺寸系列(GB/T 1358—2009)

弹簧材料截面直径 d/mm	第一系列	0.1 0.7 5 45	0.12 0.8 6 50	0.14 0.9 8 60	0.16 1 10	0.2 1.2 12	0.25 1.6 15	0.3 2 16	0.35 2.5 20	0.4 3 25	0.45 3.5 30	0.5 4 35	0.6 4.5 40
	第二系列	0.05 1.8 22	0.06 2.2 28	0.07 2.8 32	0.08 3.2 38	0.09 4.2 42	0.18 5.5 55	0.22 6.5	0.28 7	0.32 9	0.55 11	0.65 14	1.4 1.8
弹簧中径 D_2/mm		0.3 2 5 16 50 100 170 290	0.4 2.2 5.5 18 52 105 180 300	0.5 2.5 6 20 55 110 190 320	0.6 2.8 6.5 22 58 115 200 340	0.7 3 7 25 60 120 210 360	0.8 3.2 7.5 28 65 125 220 380	0.9 3.5 8 30 70 130 230 400	1 3.8 8.5 32 75 135 240 450	1.2 4 9 38 80 140 250 500	1.4 4.2 10 42 85 145 260 550	1.6 4.5 12 45 90 150 270 600	1.8 4.8 14 48 95 160 280
有效圈数 n/圈	压缩弹簧	2 5 11.5	2.25 5.5 12.5	2.5 6 13.5	2.75 6.5 14.5	3 7 15	3.25 7.5 16	3.5 8 18	3.75 8.5 20	4 9 22	4.25 9.5 25	4.5 10 28	4.75 10.5 30
	拉伸弹簧	2 14 40	3 15 45	4 16 50	5 17 55	6 18 60	7 19 65	8 20 70	9 22 80	10 25 90	11 28 100	12 30	13 35
自由高度 H_0/mm	压缩弹簧(推荐选用)	2 14 32 65 130 300 580 950	3 15 35 70 140 320 600 1000	4 16 38 75 150 340 620	5 17 40 80 160 360 650	6 18 42 85 170 380 680	7 19 45 90 180 400 700	8 20 48 95 190 420 720	9 22 50 100 200 450 750	10 24 52 105 220 480 780	11 26 55 110 240 500 800	12 28 58 115 260 520 850	13 30 60 120 280 550 900

注:①本表适用于压缩、拉伸和扭转的圆截面圆柱形螺旋弹簧。

②应优先选用第一系列。

③拉伸弹簧有效圈数除去表中规定外,由于两勾环相对位置不同,其尾数还可为 0.25,0.5,0.75。

式(18－7)也适用于拉伸弹簧设计,但考虑挂钩处弯曲应力的影响,拉伸弹簧的许用剪应力应取压缩弹簧许用剪应力的80%。

18.3.5 圆柱形压缩(拉伸)螺旋弹簧的变形计算

由材料力学可以求得圆柱形螺旋弹簧的变形计算公式为

$$\lambda = \frac{8FC^3 n}{Gd}\ \mathrm{mm} \tag{18-8}$$

式中 G——材料的剪切弹性模量,见表18－1。

最大轴向变形量计算公式如下。

对于压缩弹簧和无初应力拉伸弹簧

$$\lambda_{max} = \frac{8F_{max} C^3 n}{Gd} \tag{18-9}$$

对于压缩弹簧和有初应力的拉伸弹簧

$$\lambda_{max} = \frac{(8F_{max} - F_0) C^3 n}{Gd} \tag{18-10}$$

由不需淬火的弹簧钢丝制成的拉伸弹簧,均有一定的初应力。如不需要初拉力时,各圈间应有间隙。经淬火的弹簧没有初应力,当选取初拉力时,按下式计算:

$$F_0 = \frac{\pi d^3 \tau_0'}{8KD_2}\ \mathrm{N} \tag{18-11}$$

式中 τ_0'——初应力,按图18－9中阴影区内选取。

根据式(18－9)、式(18－10)可以求出弹簧有效圈数的计算公式。

对于压缩弹簧和无初应力的拉伸弹簧:

$$n = \frac{Gd}{8F_{max} C^3} \lambda_{max} \tag{18-12}$$

对于有初应力的拉伸弹簧:

$$n = \frac{Gd}{(8F_{max} - F_0) C^3} \lambda_{max} \tag{18-13}$$

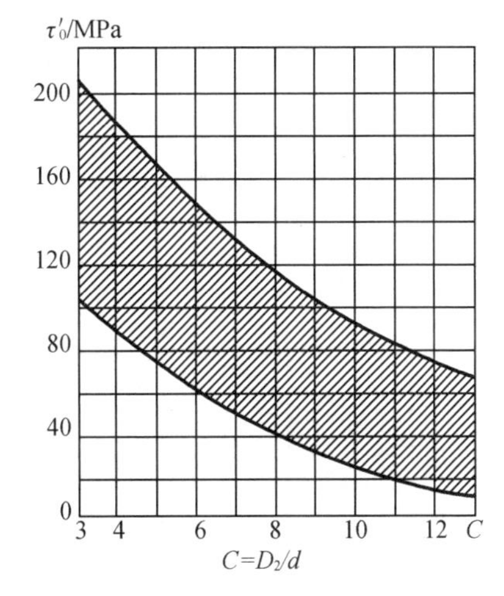

图18－9 弹簧初应力的选择线图

有效圈数 $n \geqslant 2$ 时才能保证弹簧具有稳定性能;否则,应重新选择弹簧指数 C,并计算 d 和 n。对于拉伸弹簧,弹簧总圈数 $n_1 > 20$ 时,一般圆整为整数;$n_1 < 20$ 时,则可圆整为$\frac{1}{2}$圈。压缩弹簧总圈数 n_1 的尾数宜取$\frac{1}{4}$,或整圈数,常用$\frac{1}{2}$圈。

弹簧产生单位轴向变形所需的载荷称为弹簧刚度,用 j 表示。

由式(18－8)求得弹簧刚度计算公式为

$$j = \frac{F}{\lambda} = \frac{Gd}{8C^3 n} \tag{18-14}$$

弹簧刚度是表征弹簧性能的主要参数之一,它表明使弹簧产生单位变形时所需载荷的大小。由式(18－14)可知,j 与 C^3 成反比,所以 C 值的大小对弹簧的刚度影响最大。此外,在其他条件相同的情况下,弹簧有效圈数 n 愈少,弹簧刚度愈大;反之,刚度愈小。设计过程中调整弹簧刚度 j 时,应综合考虑 G,d,C,n 各因素的影响。

18.3.6 弹簧的稳定性验算

当压缩弹簧圈数较多(自由高度太大),中径较小,即弹簧高径比 $b=H_0/D_2$ 较大,外载荷达到一定数值时,弹簧有可能发生如图 18-10 所示的侧向弯曲而失去稳定性。因此,应验算高径比 b 是否超过许可值。一般规定,对两端固定支承的弹簧,要求 $b\leqslant5.2$;一端固定,另一端铰链支承,$b\leqslant3.7$;两端铰链支承,$b\leqslant2.6$。

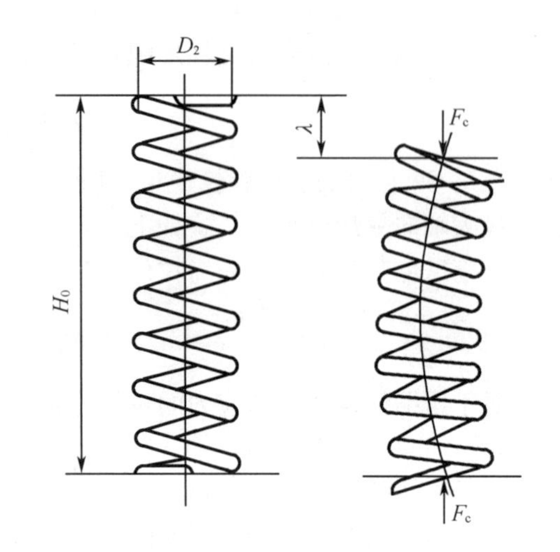

图 18-10 压缩弹簧失稳

当弹簧的高径比 b 大于上述极限值时,应按下式进行稳定性验算,即

$$F_{max}<F_c=C_BjH_0 \qquad (18-15)$$

式中 F_c——弹簧保持稳定的许可载荷,一般应满足条件:$F_c\geqslant1.25F_{max}$;

C_B——弹簧不稳定系数,C_B 的值由图 18-11 查得。

若 $F_c<F_{max}$,则应重新选取参数以减小 b 值,提高 F_c 值。若受结构限制不能改变参数,则应增设导杆或导套(图 18-12),以保证弹簧的稳定性。弹簧与导杆或导套间的间隙 Δ 由表 18-7 查得。

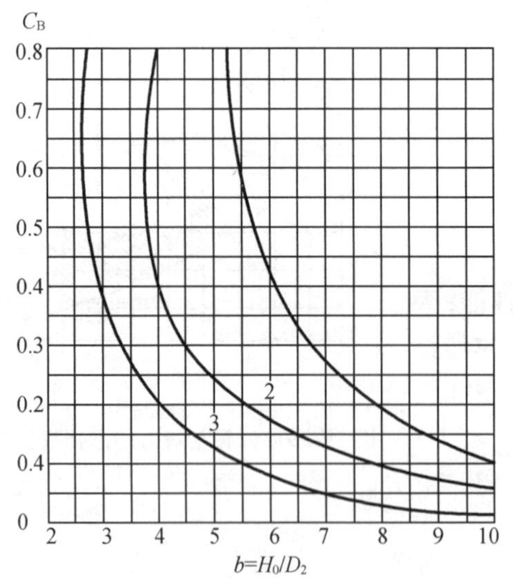

图 18-11 不稳定系数 C_B 线图

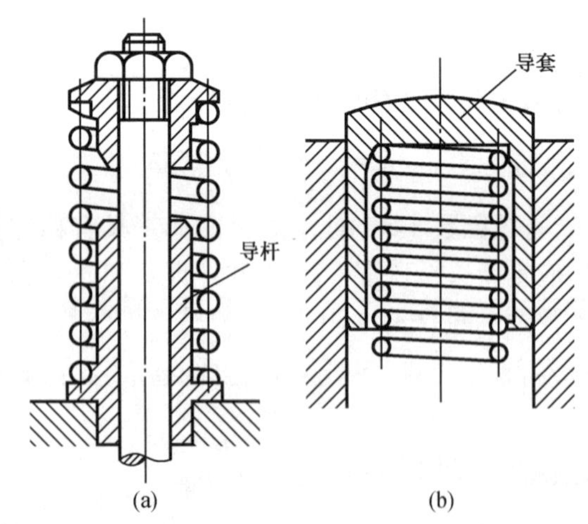

图 18-12 弹簧的导杆与导套

(a)导杆;(b)导套

表18－7 弹簧与导杆或导套的间隙

弹簧中径 D_2	≤5	>5～10	>10～18	>18～30	>30～50	>50～80	>80～120	>120～150
间隙 Δ	0.5	1	2	3	4	5	6	7

弹簧支座形式和结构如图18－13所示。

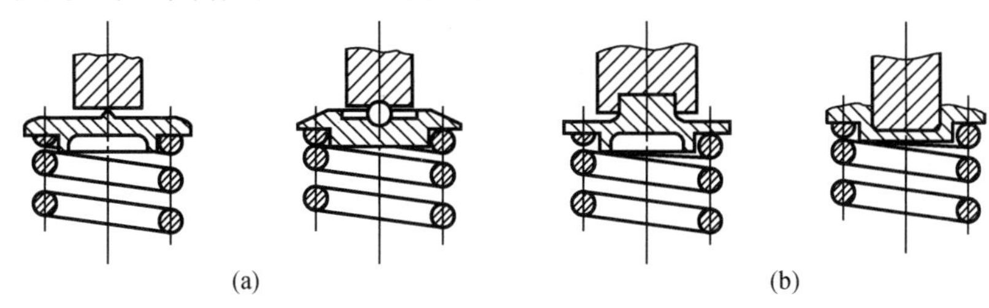

图18－13 弹簧支座形式和结构

(a)铰链支座;(b)固定支座

例18－1 试设计一圆柱形压缩螺旋弹簧。已知最小工作载荷 $F_{min}=200$ N,最大工作载荷 $F_{max}=500$ N,工作行程 $h=20$ mm,载荷是逐渐均匀增加的,受力循环次数 $N=10^2$,工作介质为空气,两端为固定支承,要求弹簧外径 $D=30$ mm。

解 按题意属于Ⅱ类弹簧,弹簧材料可选用Ⅱ类淬火－回火碳素弹簧钢丝。试选弹簧丝直径 $d=3$ mm和4 mm两种尺寸。设计步骤如表18－8所示。

表18－8 计算步骤表

计算项目	计算依据	单位	计算方案比较	
			Ⅰ	Ⅱ
1.计算弹簧丝直径				
(1)试选弹簧丝直径 d	$D_2=D-d=30-3(4)$	mm	3	4
(2)弹簧丝中径 D_2	$C=D_2/d=27(26)/3(4)$	mm	27	26
(3)弹簧指数 C	由表18－4查取		9	6.5
(4)曲度系数 K	由表18－5查取		1.21	1.23
(5)弹簧丝的抗拉强度 σ_B	由表18－2查取	MPa	1 570(C级)	1 520(C级)
(6)许用剪切应力$[\tau]$	$[\tau]=(0.4-0.47)\ \sigma_B$	MPa	628～738	608～714
(7)计算弹簧丝直径 d	$D=1.6\sqrt{\frac{KF_{max}C}{[\tau]}}$	mm	4.5(舍弃)	3.93取4
2.计算弹簧圈数				
(1)计算有效圈数 n	$n=\frac{Gd}{8F_{max}C^3}\lambda_{max}=\frac{Gd(h-\frac{F_{max}}{F_{max}-F_{min}})}{8F_{max}C^3}$	圈		9.12取9.5
(2)弹簧总圈数 n_1	$n_1=n+1.5$	圈		LI(YI型)

表 18-8(续)

计算项目	计算依据	单位	计算方案比较	
			Ⅰ	Ⅱ
3. 计算变形量				
(1)极限变形量 λ_{lim}	$\lambda_{lim}=\frac{8F_{lim}C^3n}{Gd}=\frac{8\left(\frac{F_{max}}{0.8}\right)C^3n}{Gd}$	mm		45.294
(2)最大变形量 λ_{max}	$\lambda_{max}=0.8\lambda_{lim}$	mm		36.235
(3)最小变形量 λ_{min}	$\lambda_{min}=\lambda_{max}-h$	mm		16.235
4. 实际最小载荷 F_{min}	$F_{min}=\frac{\lambda_{min}Gd}{8C^3n}$	N		245.8
5. 计算其他尺寸参数				
(1)内径 D_1	$D_1=D_2-d$	mm		22
(2)外径 D	$D=D_1+d$	mm		30
(3)节距 P	$P=d+\lambda_{max}/n+\delta_1=d+\lambda_{max}/n+0.1d$	mm		8.2 取 8.5
(4)最小间距 δ_1	$\delta_1=P-d-\lambda_{max}/n$	mm		0.686
(5)自由高度 H_0	$H_0=nP+1.5d$	mm		86.75 取 90
(6)螺旋升角 γ	$\gamma=\arctan(P/(D_2))$	(°)		5°56′
(7)间距 δ	$\delta=P-d$	mm		4.5
(8)展开长度 L	$L=\frac{\pi D_2n_1}{\cos\gamma}$	mm		900
6. 计算稳定性				
高径比 b	$b=H_0/D_2$			3.46 稳定

压缩弹簧零件图如图 18-14 所示。

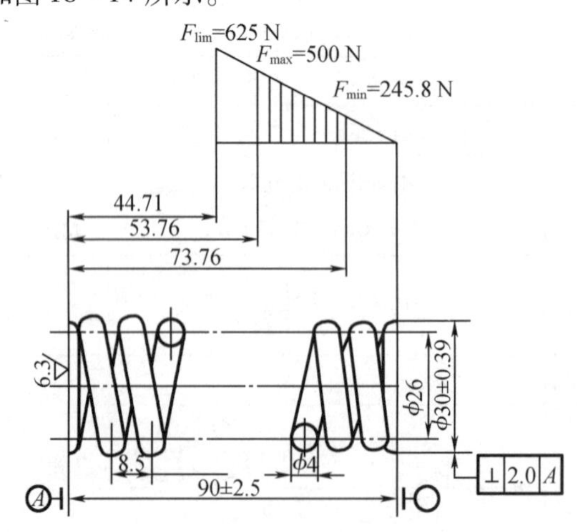

图 18-14　压缩弹簧零件图

18.3.7 受变载荷螺旋弹簧的计算

对承受变载荷的重要弹簧,当载荷循环次数 $N>10^3$ 次时,除了对弹簧应进行疲劳强度验算,还要对受振动载荷进行振动验算。

1. 强度验算

受变载荷的弹簧一般应进行疲劳强度计算,但如变载的循环次数 $N\leqslant10^3$ 次时,或载荷变化的幅度不大时,通常只进行静强度计算。如上述两种情况不能明确判别时,应同时进行疲劳强度和静强度验算。

(1)疲劳强度计算

当弹簧所受载荷在 F_{min} 与 F_{max} 之间变化时,弹簧丝产生的最小和最大剪应力为

$$\tau_{min}=\frac{8KF_{min}D_2}{\pi d^3}$$

$$\tau_{max}=\frac{8KF_{max}D_2}{\pi d^3}$$

弹簧的疲劳强度的安全系数验算公式为

$$S_{ca}=\frac{\tau_0+0.75\tau_{min}}{\tau_{max}}\geqslant[S] \tag{18-16}$$

式中 τ_0——弹簧丝材料的脉动循环的剪切疲劳极限,按变载荷循环次数 N,由表 18-9 中查得;

$[S]$——弹簧疲劳强度许用安全系数,当弹簧设计计算和材料实验数据精度较高时,取 $[S]=1.3\sim1.7$;精度较低时,取 $[S]=1.8\sim2.2$。

表 18-9 弹簧丝材料的剪切疲劳极限 τ_0

变载荷循环次数 N	$<10^4$	10^5	10^6	10^7
脉动剪切疲劳极限 τ_0	$0.45\sigma_B$	$0.35\sigma_B$	$0.33\sigma_B$	$0.30\sigma_B$

注:①对于喷丸处理的弹簧,表中数值可提高 20%;

②对于硅青铜和不锈钢丝,τ_0 的值为 $0.35\sigma_B$。

(2)静强度计算

弹簧的静强度安全系数验算公式为

$$S_{ca}=\frac{\tau_s}{\tau_{max}}\geqslant[S] \tag{18-17}$$

式中 τ_s——弹簧丝材料的剪切屈服极限。

静强度安全系数与疲劳强度安全系数相同。

2. 受振动载荷弹簧的强度计算

弹簧在载荷 $F(t)=F_m+F_a\sin 2\pi f_r t$(其中,$F_m$ 为平均载荷;F_a 为载荷振幅)作用下,如果载荷振动频率 f_r 与弹簧的自振动频率 f 接近或重合时,将发生共振,应考虑振动对弹簧强度的影响。

根据理论力学,求得

$$F_{max}=F_m+\frac{1}{1-\frac{f_r}{f}}F_a \tag{18-18}$$

$$F_{min}=F_m-\frac{1}{1-\frac{f_r}{f}}F_a \tag{18-19}$$

由此得到受振动载荷弹簧的最小和最大剪应力计算公式为

$$\tau_{min}=\frac{KD_2}{\pi d^3}\left[F_m-\frac{1}{1-\frac{f_r}{f}}F_a\right] \tag{18-20}$$

$$\tau_{max}=\frac{8KD_2}{\pi d^3}\left[F_m+\frac{1}{1-\frac{f_r}{f}}F_a\right] \tag{18-21}$$

求得 τ_{min} 和 τ_{max} 后，按上述疲劳强度验算方法进行受振动载荷弹簧的强度计算。但若 $f_r/f<0.1$ 时，则不考虑共振影响。

由式(18-20)、式(18-21)可知，弹簧的一阶自振频率 f 是受振动弹簧中的一个主要参数。不同弹簧支承形式的 f 计算公式如下。

(1)一端固定、一端自由的弹簧

这种支承形式的弹簧的一阶自振频率为

$$f=\frac{1}{4}\sqrt{\frac{jg}{W}}=\frac{d}{4\pi D_2^2 n}\sqrt{\frac{Gg}{2\rho}}\quad \text{Hz} \tag{18-22}$$

式中 j——弹簧刚度，N/m；

g——重力加速度，9.8 m/s^2；

W——弹簧自重，N；

ρ——弹簧密度，kg/m^3；

G——剪切弹性模量，MPa。

对于钢弹簧丝，$G=79\ 000$ MPa，$\rho=7.85\times10^3\ kg/m^3$，$g=9.8\ m/s^2$ 代入式(18-22)，则得一端固定、一端自由支承的钢弹簧的一阶自振频率为

$$f=1.78\times10^5\quad \text{Hz} \tag{18-23}$$

(2)两端固定的弹簧

一阶自振频率为$\frac{d}{nD_2^2}$，有

$$f=\frac{1}{2}\sqrt{\frac{jg}{W}}=\frac{d}{2\pi D_2^2 n}\sqrt{\frac{Gg}{2\rho}}\quad \text{Hz} \tag{18-24}$$

将 G,ρ,g 代入式(18-24)得

$$f=3.56\times10^5\ \frac{d}{nD_2^2}\quad \text{Hz} \tag{18-25}$$

(3)一端固定、一端与其他零件连接的弹簧

设 W_c 为弹簧端部连接其他零件的质量，则此系统的一阶自振频率为

$$f=\frac{1}{2\pi}\sqrt{\frac{jg}{W_c+\frac{W}{3}}}\quad \text{Hz} \tag{18-26}$$

若 W 与 W_c 相比很小时,可以略去 W 不计。

例 18 -2 一气门弹簧,其两端为固定支承,弹簧丝直径 $d=5$ mm,中径 $D_2=40$ mm,工作有效圈数 $n=8$,自由高度 $H_0=80$ mm。安装后所受压力 $F_{min}=260$ N,气门放开最大时所受力 $F_{max}=500$ N,凸轮转速 $n=980$ r/min,弹簧丝材料为 50CrVA。试验算此气门弹簧的静强度、疲劳强度、共振性和稳定性。

解 (1)静强度验算

弹簧指数:$C=D_2/d=40/5=8$

曲度系数:查表 18 -5 得 $K=1.18$

最大剪应力:由式(18 -4)求得

$$\tau_{max}=\frac{8KF_{max}D_2}{\pi d^3}=\frac{8\times 1.18\times 500\times 40}{\pi\times 5^3}=482\ \text{MPa}$$

安全系数:查表 18 -1 得 $\sigma_B=1\ 470$ MPa,求得 $\tau_s\approx 0.5\sigma_B=0.5\times 1\ 470=735$ MPa,由式(18 -17)求得安全系数为

$$S_{ca}=\frac{\tau_s}{\tau_{max}}=\frac{735}{482}=1.525$$

因 $S_{sca}\approx S_{ca}$,合格。

(2)疲劳强度验算

最小剪应力:

$$\tau_{min}=\frac{8KF_{min}D_2}{\pi d^3}=\frac{8\times 1.18\times 260\times 40}{\pi\times 5^3}=251\ \text{MPa}$$

安全系数:由式(18 -16)求得

$$S_{ca}=\frac{\tau_0+0.75\tau_{min}}{\tau_{max}}=\frac{0.3\sigma_B+0.75\tau_{min}}{\tau_{max}}=\frac{0.3\times 1\ 470+0.75\times 251}{482}=1.305$$

因 $S_{ca}\approx[S]$,合格。

(3)共振性验算

弹簧一阶自振频率:由式(18 -25)求得

$$f=3.56\times 10^5\ \frac{d}{nD_2^2}=3.56\times 10^5\times\frac{5}{\pi\times 40^2}=139.06\ \text{Hz}$$

载荷引起的振动频率为

$$f_r=\frac{n}{60}=\frac{980}{60}=16.33$$

频率比为

$$f_r/f=16.33/139.06\approx 0.11\approx 0.1$$

可以不考虑振动影响。

(4)稳定性验算

高径比为

$$b=\frac{H_0}{D_2}=\frac{80}{40}=2$$

因 $b<5.3$,所以满足稳定性要求。

18.4 圆柱形扭转螺旋弹簧的设计计算

18.4.1 圆柱形扭转螺旋弹簧的结构

扭转弹簧常用于压紧、储能及传递扭矩。图 18－15 所示为常用扭转弹簧结构形式，弹簧两端带杆臂或挂钩，以便连接和加载。图中所示 NⅠ型为内臂扭转弹簧，NⅡ型为外臂扭转弹簧，NⅢ型为中心扭转弹簧，NⅣ型为双扭弹簧。扭转弹簧在相邻两圈间一般留有微小的间隙，避免弹簧受扭时相邻圈发生摩擦。

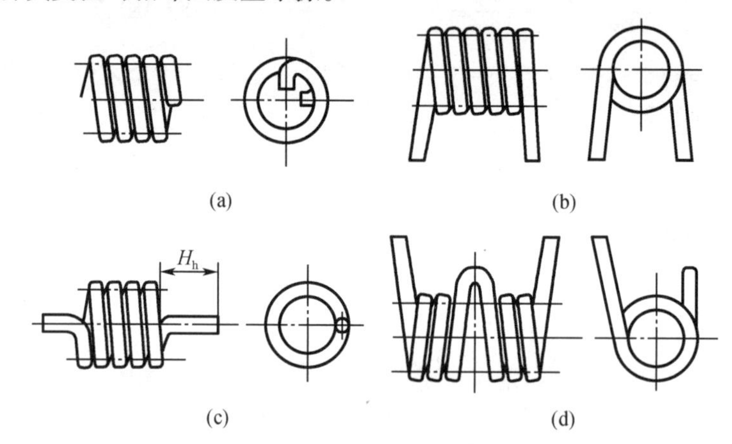

图 18－15 扭转弹簧结构

(a)NⅠ型；(b)NⅡ型；(c)NⅢ型；(d)NⅣ型

18.4.2 圆柱形扭转螺旋弹簧的特性曲线

图 18－16 所示为扭转弹簧特性曲线。设 $T_{\min}$ 为最小工作扭矩；$T_{\max}$ 为最大工作扭矩；$T_{\lim}$ 为极限工作扭矩，即工作扭矩达到 $T_{\lim}$ 时，弹簧丝中的应力已接近弹性极限；δ 为弹簧相邻两圈间的轴向间距；$\varphi_{\min}$，$\varphi_{\max}$，$\varphi_{\lim}$ 分别为 $T_{\min}$，$T_{\max}$，$T_{\lim}$ 对应的扭转角。

18.4.3 扭转弹簧的强度计算

图 18－16 所示圆柱形扭转弹簧承受扭转 T，在垂直于弹簧丝轴线的任意截面上的内力有弯矩 $M' = T\cos\gamma$，扭矩 $T' = T\sin\gamma$。由于螺旋升角 γ 很小，T' 可以略去不计，弯矩近似取 $M' = T$。所以扭转弹簧丝主要受弯曲应力，可以近似按弯曲强度计算。扭转弹簧的强度条件为

$$\sigma_{\max} = \frac{K_1 T_{\max}}{W} \approx \frac{K_1 T_{\max}}{0.1d^3} \leqslant [\sigma_b] \tag{18-27}$$

式中 W——圆弹簧丝横截面的抗弯截面模量，$W \approx 0.1d^3$；

K_1——扭转弹簧曲度系数，$K_1 = \frac{4C-1}{4C-4}$，一般取 $C = 4 \sim 16$；

$[\sigma_b]$——许用弯曲应力，由表 18－1 查得。

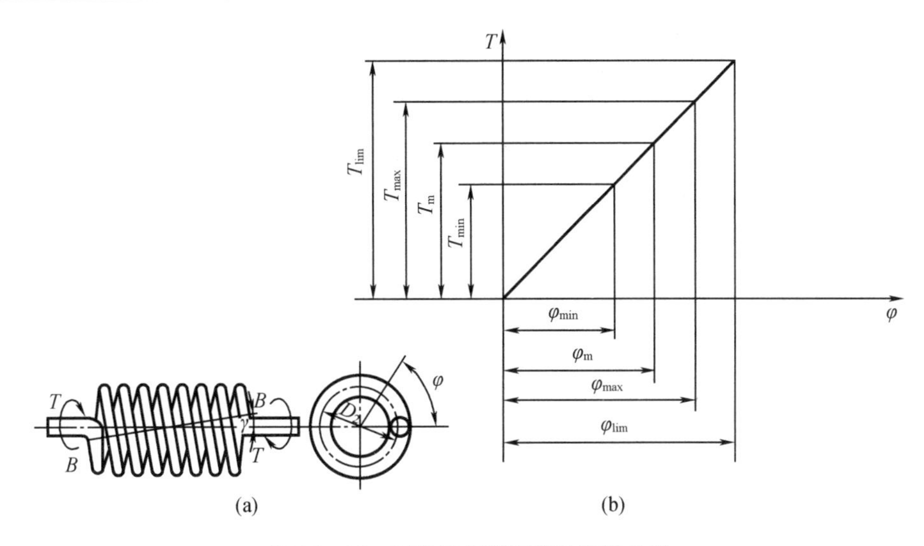

图 18-16　圆柱形扭转弹簧的特性曲线

由于在面积相同的条件下，矩形截面的抗弯截面模量比圆形截面的抗弯截面模量大，所以采用矩形截面弹簧丝的承载能力大。但由于圆截面扭簧工艺性好，因此应用较为普遍。

由式(18-27)得到扭转弹簧的设计公式为

$$d \geqslant \sqrt[3]{\frac{K_1 T_{max}}{0.1[\sigma_b]}} \text{ mm} \tag{18-28}$$

18.4.4　扭转弹簧的变形计算

扭转弹簧的扭转角(图 18-16)的近似计算公式为

$$\varphi \approx \frac{180 T D_2 n}{EJ} \ (^\circ) \tag{18-29}$$

式中　φ——扭转角，(°)；

J——弹簧丝圆截面的轴惯性矩，$J=\frac{\pi d^4}{64}$ mm^4；

E——拉、压弹性模量(表 18-1)MPa。

扭转弹簧刚度

$$j_T = \frac{T}{\varphi} = \frac{EJ}{180 D_2 n} \quad \text{N}\cdot\text{mm}/(^\circ) \tag{18-30}$$

18.4.5　扭转弹簧的主要尺寸和参数计算

1. 弹簧的旋向

扭转弹簧的旋向应与外加扭矩方向相同，这样可以使弹簧圈内侧产生的最大应力为压缩应力。另外，冷卷弹簧时，旋向与外加扭矩方向相同可抵消部分残余应力。

2. 弹簧的节距和螺旋升角

节距计算公式为

$$P = d + \delta \tag{18-31}$$

式中　d——弹簧丝直径；

δ——弹簧圈的间距,一般取 $\delta \approx 0.5$ mm。

螺旋升角计算公式为

$$\gamma = \arctan \frac{P}{\pi D_2} \tag{18-32}$$

扭转弹簧的节距较小,因此螺旋角也小。

3. 弹簧有效圈数

弹簧有效圈数由式(18-29)求得

$$n = \frac{EJ\varphi}{\pi T D_2} \tag{18-33}$$

4. 弹簧的自由高度

弹簧的自由高度计算与弹簧具体结构相关,自由高度计算公式为

$$H_0 = nP + d \tag{18-34a}$$

或

$$H_0 = nP + \text{挂钩在弹簧轴线上的长度}(H_h) \tag{18-34b}$$

5. 弹簧丝展开长度

展开长度计算公式为

$$L = \pi D_2 n + \text{挂钩部分长度}(L_h) \tag{18-35}$$

例 18-3 试设计一NⅢ型圆柱螺旋扭转弹簧。最大工作扭矩 $T_{max} = 7$ N·m,最小工作扭矩 $T_{min} = 2$ N·m,工作扭转角 $\varphi = \varphi_{max} - \varphi_{min} = 50°$,载荷循环次数 N 为 10^5。

解 (1)选择材料并确定其许用弯曲应力。根据弹簧的工作情况,属于Ⅱ类弹簧,现选用碳素弹簧钢丝B级制造。估取弹簧钢丝直径5 mm,由表18-2查得 $\sigma_B = 1\ 320$ MPa,所以 $[\sigma_b] = 0.5\sigma_B = 660$ MPa。

(2)选择弹簧指数 C 并计算曲度系数 K_1,取 $C = 6$,则

$$K_1 = \frac{4C-1}{4C-4} = \frac{4\times6-1}{4\times6-4} = \frac{23}{20} = 1.15$$

(3)计算弹簧丝直径。由式(18-28)求得

$$d \geqslant \sqrt[3]{\frac{K_1 T_{max}}{0.1[\sigma_b]}} = \sqrt[3]{\frac{1.15\times70\ 000}{0.1\times660}} = 4.95 \text{ mm}$$

取值 $d = 5$ mm。

(4)计算弹簧的其他参数和尺寸

$$D_2 = Cd = 6\times5 = 30 \text{ mm}$$

$$D = D_2 + d = 30 + 5 = 35 \text{ mm},\text{则}$$

$$D_1 = D_2 - d = 30 - 5 = 25 \text{ mm}$$

取间距 $\delta = 0.5$ mm

$$P = d + \delta = 5 + 0.5 = 5.5 \text{ mm}$$

$$\gamma = \arctan \frac{P}{\pi D_2} = \arctan \frac{5.5}{30\pi} = 3°20'$$

(5)计算有效圈数。按转角要求计算有效圈数。已知 $E = 200\ 000$ MPa,$J = \frac{\pi d^4}{64} = \frac{\pi\times5^4}{64} = 30.68$ mm^4。代入式(18-33)得

$$n=\frac{EJ\varphi}{\pi TD_2}=\frac{200\ 000\times 30.68\times 50}{180\times(7\ 000-2\ 000)\times 30}=11.36$$

取 $n=11.5$。

(6)计算弹簧的扭转刚度。由式(18－30)得

$$j_T=\frac{T}{\varphi}=\frac{EJ}{180D_2n}=\frac{200\ 000\times 30.68}{180\times 30\times 11.5}=98.8\ \text{N}\cdot\text{mm}/(°)$$

(7)计算 φ_{max},φ_{min}。因 $T_{max}=j_T\varphi_{max}$,所以

$$\varphi_{max}=\frac{T_{max}}{j_T}=\frac{7\ 000}{98.8}\approx 70.85°$$

$$\varphi_{min}=\varphi_{max}-\varphi=70.85°-50°=20.85°$$

(8)计算自由高度。取 $H_h=40$ mm,则

$$H_0=n(d+\delta)+H_h=11.5\times(5+0.5)+40=103.25\ \text{mm}$$

(9)计算展开长度。取 $L_h=H_h=400$ mm,则

$$L\approx\pi D_2n+L_h=\pi\times 30\times 11.5+40=1\ 123.8\ \text{mm}$$

(10)绘制零件图

(略)

扭转弹簧的零件图与圆柱形螺旋弹簧基本相同。

习　　题

18－1　如果圆柱形螺旋弹簧的轴向载荷固定不变,可采用哪些办法来增大弹簧变形量?

18－2　何谓弹簧的特性曲线?它与弹簧的刚度有什么关系?

18－3　已知一圆柱形螺旋压缩弹簧的材料为碳素弹簧钢丝,Ⅱ类弹簧,它的中径 $D_2=20$ mm,簧丝直径 $d=2.5$ mm,总圈数 $n_1=8$,支承圈数 $n_2=2$,计算其弹簧所能承受的最大工作载荷 F_{max}和相应的变形量 λ_{max}。

18－4　某圆柱形扭转螺旋弹簧用在760 mm宽的门上,如图18－17所示。当关门后,手把加4.5 N的推力 F 能将门打开。当门转到180°时,手把上的推力为13.5 N。弹簧丝的许用弯曲应力$[\sigma_b]=1\ 100$ MPa。试计算弹簧丝直径 d,弹簧中径 D_2,所需初变形角 φ_{min} 及弹簧有效圈数 n。

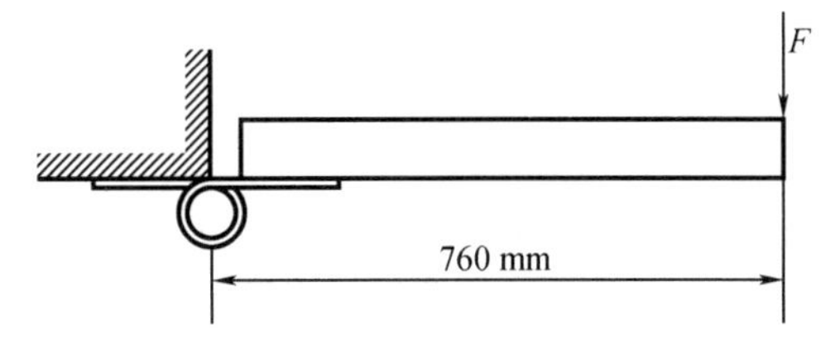

图18－17　扭矩弹簧计算图

附　　录

附表 1　常用深沟球轴承的径向基本额定动荷载 C_r 和径向额定静载荷 C_{0r}　　单位:kN

轴承内径 /mm	深沟球轴承(60000 型)							
	(0)0		(0)2		(0)3		(0)4	
	C_r	C_{0r}	C_r	C_{0r}	C_r	C_{0r}	C_r	C_{0r}
10	4.58	1.98	5.10	2.38	7.65	3.48	—	—
12	5.10	2.38	6.82	3.05	9.72	5.08	—	—
15	5.58	2.85	7.65	3.72	11.5	5.42	—	—
17	6.00	3.25	9.58	4.78	13.5	6.58	22.7	10.8
20	9.38	5.02	12.8	6.65	15.8	7.88	31.0	15.2
25	10.0	5.85	14.0	7.88	22.2	11.5	38.2	19.2
30	13.2	8.30	19.5	11.5	27.0	15.2	47.5	24.5
35	16.2	10.5	25.5	15.2	33.2	19.2	56.8	29.5
40	17.0	11.8	29.5	18.0	40.8	24.0	65.5	37.5
45	21.0	14.8	31.5	20.5	52.8	31.8	77.5	45.5
50	22.0	16.2	35.0	23.2	61.8	38.0	97.2	55.2
55	30.2	21.8	43.2	29.2	71.5	44.8	100	62.5
60	31.5	24.2	47.8	32.8	81.8	51.8	108	70.0

附表 2　常用圆柱滚子轴承的径向基本额定动载荷 C_r 和径向额定静载荷 C_{0r}　　单位:kN

轴承内径 /mm	轴承代号			基本额定动载荷							
	NU 型	NJ 型	NUP 型	10		(0)2		(0)3		(0)4	
				C_r	C_{0r}	C_r	C_{0r}	C_r	C_{0r}	C_r	C_{0r}
15	NU202	NJ202	—	—	—	8.35	5.5	—	—	—	—
17	NU203	NJ203	NUP203	—	—	9.55	7.0	—	—	—	—
20	NU1004	—	—	11.0	9.2	—	—	—	—	—	—
	NU204E	NJ204E	NUP204E	—	—	27.0	24.0	—	—	—	—
	NU304E	NJ304E	NUP304E	—	—	—	—	30.5	25.5	—	—
25	NU1005	—	—	11.5	10.2	—	—	—	—	—	—
	NU205E	NJ205E	NUP205E	—	—	28.5	26.8	—	—	—	—
	NU305E	NJ305E	NUP305E	—	—	—	—	40.2	35.8	—	—

附表 2(续)

轴承内径/mm	轴承代号			基本额定动载荷							
	NU 型	NJ 型	NUP 型	10		(0)2		(0)3		(0)4	
				C_r	C_{0r}	C_r	C_{0r}	C_r	C_{0r}	C_r	C_{0r}
30	NU1006	—	—	13.5	12.8	—	—	—	—	—	—
	NU206E	NJ206E	NUP206	—	—	37.8	35.5	—	—	—	—
	NU306E	NJ306E	NUP306E	—	—	—	—	51.5	48.2	—	—
	NU406	NJ406	NUP406	—	—	—	—	—	—	59.8	53.0
35	NU1007	—	—	20.5	18.8	—	—	—	—	—	—
	NU207E	NJ207E	NUP207E	—	—	48.8	48	—	—	—	—
	NU307E	NJ307E	NUP307E	—	—	—	—	65.0	63.2	—	—
	NU407	NJ407	NUP407	—	—	—	—	—	—	74.2	68.2
40	NU1008	NJ1008	—	22.0	22.0	—	—	—	—	—	—
	NU208E	NJ208E	NUP208E	—	—	54.0	53.0	—	—	—	—
	NU308E	NJ308E	NUP308E	—	—	—	—	80.5	77.8	—	—
	NU408	NJ408	NUP408	—	—	—	—	—	—	94.9	89.8
45	NU1009	NJ1009	—	24.2	23.8	—	—	—	—	—	—
	NU209E	NJ209E	NUP209E	—	—	61.2	63.8	—	—	—	—
	NU309E	NJ309E	NUP309E	—	—	—	—	97.5	98.0	—	—
	NU409	NJ409	NUP409	—	—	—	—	—	—	108	100
50	NU1010	NJ1010	—	26.2	27.5	—	—	—	—	—	—
	NU210E	NJ210E	NUP210E	—	—	64.2	69.2	—	—	—	—
	NU310E	NJ310E	NUP310E	—	—	—	—	110	112	—	—
	NU410	NJ410	NUP410	—	—	—	—	—	125	120	
55	NU1011	NJ1011	—	37.5	40.0	—	—	—	—	—	—
	NU211E	NJ211E	NUP211E	—	—	84.0	95.5	—	—	—	—
	NU311E	NJ311E	NUP311E	—	—	—	—	135	138	—	—
	NU411	NJ411	NUP411	—	—	—	—	—	—	135	132
60	NU1012	NJ1012	—	40.2	45.0	—	—	—	—	—	—
	NU212E	MJ212E	NUP212E	—	—	94.0	102	—	—	—	—
	NU312E	NJ312E	NUP312E	—	—	—	—	148	155	—	—
	NU412	NJ412	NUP412	—	—	—	—	—	—	162	162

附表 3 常用角接触球轴承的径向基本额定动载荷 C_r 和径向额定静载荷 C_{0r} 单位:kN

轴承内径/mm	70000C 型($\alpha=15°$)				70000AC 型($\alpha=25°$)				70000B 型($\alpha=40°$)			
	(0)0		(0)2		(0)0		(0)2		(0)0		(0)2	
	C_r	C_{0r}	C_r	C_{0r}	C_r	C_{0r}	C_r	C_{0r}	C_r	C_{0r}	C_r	C_{0r}
10	4.92	2.25	5.82	2.95	4.75	2.12	5.58	2.82	—	—	—	—
12	5.42	2.65	7.35	3.52	5.20	2.55	7.10	3.35	—	—	—	—
15	6.25	3.42	8.68	4.62	5.95	3.25	8.35	4.40	—	—	—	—
17	6.60	3.85	10.8	5.95	6.30	3.68	10.5	5.65	—	—	—	—
20	10.5	6.08	14.5	8.22	10.0	5.78	14.0	7.82	14.0	7.85	—	—
25	11.5	7.45	16.5	10.5	11.2	7.08	15.8	9.88	15.8	9.45	26.2	15.2
30	15.2	10.2	23.0	15.0	14.5	9.85	22.0	14.2	20.5	13.8	31.0	19.2
35	19.5	14.2	30.5	20.0	18.5	13.5	29.0	19.2	27.0	18.8	38.2	24.5
40	20.0	15.2	36.8	25.8	19.0	14.5	35.2	24.5	32.5	23.5	46.2	30.5
45	25.8	20.5	38.5	28.5	25.8	19.5	36.8	27.2	36.0	26.2	59.5	39.8
50	26.5	22.0	42.8	320	35.2	21.0	40.8	30.5	37.5	29.0	68.2	48.0
55	37.2	30.5	52.8	40.5	35.2	29.2	50.5	38.5	46.2	36.0	78.8	56.5
60	38.2	32.8	61.0	48.5	36.2	31.5	58.5	46.2	56.0	44.5	90.8	66.3

附表 4 常用圆锥滚子轴承的径向基本额定动荷载 C_r 和径向额定静载荷 C_{0r} 单位:kN

轴承代号	轴承内径/mm	C_r	C_{0r}	α	轴承代号	轴承内径/mm	C_r	C_{0r}	α
30203	17	21.8	21.8	12°57′10″	30303	17	29.5	27.2	10°45′29″
30204	20	29.5	30.5	12°57′10″	30304	10	34.5	33.2	11°18′36″
30205	25	33.8	37.0	14°02′10″	30305	25	49.0	48.0	11°18′36″
30206	30	45.2	50.5	14°02′10″	30306	30	61.8	63.0	11°51′35″
30207	35	56.8	63.5	14°02′10″	30307	35	78.8	82.5	11°51′35″
30208	40	66.0	74.0	14°02′10″	30308	40	95.2	108	12°57′10″
30209	45	71.0	83.5	15°06′34″	30309	45	113	130	12°57′10″
30210	50	76.8	92.0	15°38′32″	30310	50	135	158	12°57′10″
30211	55	95.2	115	15°06′34″	30311	55	160	188	12°57′10″
30212	60	108	130	15°06′34″	30312	60	178	210	12°57′10″

参考文献

[1] 陈立德. 机械设计基础[M]. 3版. 北京:高等教育出版社,2012.

[2] 康凤华,张磊. 机械设计基础[M]. 北京:冶金工业出版社,2011.

[3] 王春华. 机械设计基础[M]. 北京:北京理工大学出版社,2013.

[4] 朱家诚,王纯贤. 机械设计基础[M]. 合肥:合肥工业大学出版社,2003.

[5] 杨恩霞,李立全. 机械设计[M]. 3版. 哈尔滨:哈尔滨工程大学出版社,2017.

[6] 师素娟,林青,杨晓兰. 机械设计基础[M]. 武汉:华中科技大学出版社,2008.

[7] 张鄂,王晓瑜,王晓薇. 机械设计基础[M]. 北京:国防工业出版社,2004.

[8] 吴昌林,张卫国,姜柳林. 机械设计[M]. 3版. 武汉:华中科技大学出版社,2011.

[9] 于惠力,向敬忠,张春宜. 机械设计[M]. 2版. 北京:科学出版社,2013.

[10] 濮良贵,陈国定,吴立言. 机械设计[M]. 9版. 北京:高等教育出版社,2013.

[11] 杨可桢,程光蕴,李仲生,等. 机械设计基础[M]. 6版. 北京:高等教育出版社,2013.

[12] 李威,王小群. 机械设计基础[M]. 北京:机械工业出版社,2003.

[13] 王宁侠. 机械设计[M]. 北京:机械工业出版社,2010.

[14] 李国斌,侯文峰. 机械设计基础习题集及学习指导[M]. 北京:机械工业出版社,2015.

[15] 成大先. 机械设计手册(单行本. 轴及其连接)[K]. 6版. 北京:化学工业出版社,2017.

[16] 成大先. 机械设计手册(单行本. 弹簧)[K]. 6版. 北京:化学工业出版社,2017.

[17] 成大先. 机械设计手册:第2卷,第3卷[K]. 北京:化学工业出版社,2016.

[18] 王立涛, 田君, 李兵. 机械设计基础[M]. 武汉:华中科技大学出版社,2014.

[19] 尹喜云, 杨国庆, 马克新. 机械设计基础:非机类[M]. 北京:北京航空航天大学出版社,2015.

[20] 唐林. 机械设计基础[M]. 北京:清华大学出版社,2008.

[21] 郑文纬,吴克坚,郑星河. 机械原理[M]. 7版. 北京:高等教育出版社,1997.

[22] 史晓君, 封金祥, 王大卫. 机械设计基础[M]. 北京:北京理工大学出版社,2016.

[23] 赵自强, 张春林. 机械原理习题集:英汉双语[M]. 北京:机械工业出版社,2012.

[24] 邹慧君,沈乃勋. 机械原理学习与考研指导[M]. 北京:科学出版社,2004.

[25] 王大康. 机械设计基础[M]. 3版. 北京:机械工业出版社,2014.

[26] 侯玉英, 孙立鹏. 机械设计习题集[M]. 2版. 北京:高等教育出版社,2008.

[27] 申永胜. 机械原理辅导与习题[M]. 2版. 北京:清华大学出版社,2006.

[28] 杨家军, 张卫国. 机械设计基础[M]. 2版. 武汉:华中科技大学出版社,2014.